长江下游地区常见硅藻图集

Atlas of Common Diatoms in the Lower Yangtze River

王全喜　尤庆敏　主编

科 学 出 版 社
北 京

内 容 简 介

本书收录了我国长江下游地区常见硅藻植物 2 纲 11 目 28 科 115 属 712 种（含变种及变型）。书中记录了每个物种的中文名、拉丁名、引证文献、形态特征、生境等信息，所有种类均附有光镜或电镜照片，共计 242 个图版。

本书可作为生物学、植物学、藻类学、生态学、环境科学等领域的研究人员以及相关专业师生的科研用书，也可供环境监测、环境保护部门的工作人员参考。

图书在版编目（CIP）数据

长江下游地区常见硅藻图集/王全喜，尤庆敏主编. —北京：科学出版社，2024.2

ISBN 978-7-03-077599-3

Ⅰ. ①长… Ⅱ. ①王… ②尤… Ⅲ. ①长江中下游–硅藻门–图谱 Ⅳ. ①Q949.27-64

中国国家版本馆 CIP 数据核字（2024）第 012101 号

责任编辑：王 静 王海光 王 好 / 责任校对：杨 赛
责任印制：肖 兴 / 封面设计：金舵手世纪

科学出版社 出版
北京东黄城根北街 16 号
邮政编码: 100717
http://www.sciencep.com
河北鑫玉鸿程印刷有限公司 印刷
科学出版社发行 各地新华书店经销
*
2024 年 2 月第 一 版 开本：787×1092 1/16
2024 年 2 月第一次印刷 印张：12 插页：122
字数：647 000

定价：398.00 元

（如有印装质量问题，我社负责调换）

序

硅藻（diatom）是水生态系统的重要组成部分，它在水产养殖、水环境监测与生态评估等方面发挥着重要作用。虽然近年来国际上有关藻类的分类系统有很大变化，也有一些新方法被用于藻类分类和鉴定，但显微镜观察和形态学特征的识别仍然是藻类分类和鉴定的基础，难以被替代。浮游植物个体小，观察鉴定困难，相关鉴定书籍也多以手绘图为主，因此出版高质量的浮游植物图集，对藻类的鉴定和应用具有重要价值。

上海师范大学王全喜教授团队从事淡水藻类分类和生态研究 20 多年，积累了丰富的经验和大量的科学资料，在人才培养和科研成果方面成效显著。他们将多年来积累的硅藻资料整理编写成《长江下游地区常见硅藻图集》，书中展示了长江下游地区常见硅藻 115 属 712 种（含变种与变型），每种都附有光镜或电镜照片，是目前国内种类最全的淡水硅藻图集之一，内容丰富，可读性和实用性兼备。

该书是我国淡水藻类生物多样性研究的重要书籍，对淡水藻类分类鉴定、生态环境等方面的研究可起到推动作用。

为祝贺该书出版，特为做序。

2023 年 7 月

前　言

硅藻是浮游植物的重要类群，它具有硅质组成的细胞壁，细胞壁的结构和形态是其鉴定依据。鉴定硅藻时，往往需要将硅藻标本进行酸处理，去掉细胞壁内的原生质体，在高倍显微镜下才能看清细胞壁上的纹饰结构，许多种类的鉴定需要在电子显微镜下才能完成。因此，硅藻鉴定与其他浮游植物有明显的不同。鉴于此，我们在编写《长江下游地区常见浮游植物图集》时未收录硅藻，而是将其独立出来，单独成册。

硅藻种类繁多，分布广泛，它是水生态系统的重要组成部分，在二氧化碳固定、生态环境监测、古环境分析等方面都有重要价值。近年来，随着国家对水生态环境的重视，浮游植物在水生态环境监测与评价中的作用也越来越受关注，特别是在生态环境部发布的《水生态监测技术指南　河流水生生物监测与评价（试行）》（HJ 1295—2023）中，将硅藻综合指数列为评价方法之一，这让人们对硅藻鉴定的需求更加迫切。为满足广大环境监测者和浮游植物鉴定者的需求，我们把近年来在长江下游地区淡水生态环境（包括河流、湖泊、池塘、湿地等）调查中积累的硅藻照片，经过认真筛选和鉴定，汇编成本书，为相关工作人员提供参考。

本书收录了长江下游地区常见硅藻 115 属 712 种（含变种及变型）。有关硅藻的分类系统，随着分子生物学方法的应用，近年来发生了较大变化，学者们也有很多新观点。在此情况下，本书采用即将出版的《中国淡水硅藻属志》的系统。

本书撰写过程跨越两三年，常因其他事务间断，加上作者水平有限，书中不足之处在所难免，敬请读者批评指正。

2022 年 3 月

目　录

中心纲 Centricae

直链藻目 Melosirales

直链藻科 Melosiraceae

直链藻属 *Melosira* Agardh 1824

壳体圆柱形，通过壳面互相连接成链状群体。壳面圆形，光镜下纹饰不可见，电镜下可观察到壳缘及壳面中部具密集的硅质小刺。带面观矩形。

1. 变异直链藻 (图版 1: 1-8)

Melosira varians Agardh, 1872; 齐雨藻, 1995, p. 34, pl. II, figs. 8-9.

壳体圆柱形，通过壳面及壳缘小刺连接成链状群体。壳面圆形；直径 9～13μm，高 20～34.5μm。

分布：广泛分布。

沟链藻科 Aulacoseiraceae

沟链藻属 *Aulacoseira* Thwaites 1848

细胞通过壳缘刺连接成链状群体。壳面圆形，壳缘具 1 至多个的壳针。壳套面具直或弯曲排列的点纹，壳套面边缘具一圈窄的无纹区，内具一圈向内突起的硅质增厚，称为颈环（ringleiste），颈环内侧常具小的唇形突。带面观矩形。

1. 模糊沟链藻 (图版 5: 1-2, 5-6)

Aulacoseira ambigua (Grunow) Simonsen, 1979; 齐雨藻, 1995, p. 6, pl. II, figs. 1-2.

壳体圆柱形，通过壳缘刺连接成紧密的链状群体。壳面圆形；直径 3～4μm，高 23～25μm。

分布：湖泊。

2. 颗粒沟链藻 (图版 2: 1-5, 10-11)

Aulacoseira granulata (Ehrenberg) Simonsen, 1979; 齐雨藻, 1995, p. 14, pl. II, fig. 4.

壳体圆柱形，通过壳缘刺连接成紧密的链状群体。壳面圆形；直径 7～10.5μm，高 24.5～38.5μm。

分布：广泛分布。

3. 颗粒沟链藻极狭变种 (图版 2: 6-9, 12)

Aulacoseira granulata var. ***angustissima*** (Müller) Simonsen, 1979; 齐雨藻, 1995, p. 15, fig. 14.

本种与原变种的区别为：壳体细长，壳体高度和壳面直径比值更大；直径 3.5～7μm，高 33.5～43μm。

分布：广泛分布。

4. 颗粒沟链藻弯曲变种 (图版 3: 1-6, 10)

Aulacoseira granulata var. ***curvata*** (Grunow) Yang & Wang, 2022; 齐雨藻, 1995, p. 16, fig. 16.

本种与原变种的区别为：链状群体呈弧形弯曲；直径 3.5～5.5μm，高 20～28μm。

分布：河流、湖泊。

5. 曼氏沟链藻 (图版 4: 1-5, 14-15)

Aulacoseira muzzanensis (Meister) Krammer, 1991, p. 89-112, figs. I-X.

壳体圆柱形，通过壳缘刺连接成紧密的链状群体。壳面圆形；直径 15～20μm，高 21.5～28μm。

分布：河流、湖泊。

6. 矮小沟链藻 (图版 4: 6-13, 16)

Aulacoseira pusilla (Meister) Tuji & Houki, 2004; Meister, 1913, p. 311, pl. IV, fig. 2.

壳体圆柱形，通过壳缘刺连接成紧密的链状群体。壳面圆形；直径 4.5～6μm，高 6.5～9.5μm。

分布：广泛分布。

7. 卡利普索沟链藻 (图版 3: 7-9, 11)

Aulacoseira calypsi Tremarin, Torgan & Ludwig, 2013; Tremarin et al., 2013, p. 293, figs. 1-19.

壳体圆柱形，通过壳缘刺连接成紧密的链状群体。壳面圆形；直径 10～12μm，壳套高 4.5～6.5μm。

分布：公园水体。

8. 近北极沟链藻 (图版 5: 3-4, 7-8)

Aulacoseira subarctica (Müller) Haworth, 1990; Müller, 1906, p. 78, pl. II, figs. 7-11.

壳体圆柱形，通过壳缘刺连接成紧密的链状群体。壳面平，圆形；直径 3～4μm，高 10～15μm。

分布：河流、湖泊。

正盘藻科 Orthoseiraceae

正盘藻属 *Orthoseira* Thwaites 1848

细胞通过壳缘刺连接成链状群体。壳面圆形，壳缘具刀片状的刺，壳面由不同类型的孔纹组成，壳面中部具 1 至多个脊突。带面圆柱形。

1. 角状正链藻 (图版 6: 1-5)

Orthoseira roeseana (Rabenhorst) Pfitzer, 1871; Rabenhorst, 1853, p. 13, pl. X, fig. 5.

壳体圆柱形，通过壳缘刺连接成紧密的链状群体。壳面圆形，中央区具 2～3 个脊突；直径 27～41μm。

分布：河流。

圆筛藻目 Coscinodiscales

圆筛藻科 Coscinodiscaceae

圆筛藻属 *Coscinodiscus* Ehrenberg 1839

细胞单生。壳面圆形，呈同心波曲或者中部略凹入或凸起。线纹辐射状排列，孔纹多为六角形，壳面中部具玫瑰纹区。壳缘具一圈唇形突。无支持突。

1. 宽缘翼圆筛藻 (图版 6: 6-9)

Coscinodiscus latimarginatus Guo, 1981, p. 152, pl. 1, fig. 2.

壳面平坦，圆盘形；中部有 5 个较大的由孔纹组成的玫瑰纹区；直径 30～42μm。

分布：长江口广泛分布。

2. 小眼圆筛藻 (图版 7: 1-2)

Coscinodiscus oculatus (Fauv.) Petit, 1881; Guo, 2003, p. 97, fig. 74.

壳面圆盘形；中央孔六角形，周围有 6 个排列整齐的孔纹；直径 41～43μm。

分布：长江口广泛分布。

半盘藻科 Hemidiscaceae

辐环藻属 *Actinocyclus* Ehrenberg 1837

细胞单生。壳面圆形，平或波曲。线纹辐射状排列，孔纹粗糙。壳缘具一圈唇形突。无支持突。

1. 诺尔曼辐环藻 (图版 7: 3-8)

Actinocyclus normanii (Gregory ex Greville) Hustedt, 1957; 齐雨藻, 1995, p. 80, pl. IX, fig. 4.

壳面圆盘形，中央略鼓起；孔纹近圆形，在中央区稀疏；直径 20～35μm。

分布：广泛分布。

辐盘藻科 Actinodiscaceae

辐裥藻属 *Actinoptychus* Ehrenberg 1843

细胞单生或形成小群体。壳面圆形至多角形。孔纹分为辐射小区，一凹一凸相间排列，孔纹多为六边形，中央区无纹饰。壳缘具多个唇形突。无支持突。

1. 环状辐裥藻 (图版 8: 1-2)

Actinoptychus annulatus (Wallich) Grunow, 1883; 齐雨藻, 1995, p. 76, fig. 87.

壳面三角形，角端呈圆形；中央和角端有无纹区；直径 40～42μm。

分布：长江口广泛分布。

2. 华美辐裥藻 (图版 8: 3-6)

Actinoptychus splendens (Shadbolt) Ralfs, 1861; Guo, 2003, p. 166, fig. 152.

壳面圆盘形，常分为 10～16 个凹凸相间排列的扇形区；中央具圆形无纹区；直径 37～63μm。

分布：长江口广泛分布。

3. 波状辐裥藻 (图版 9: 1-4)

Actinoptychus undulatus (Kützing) Ralfs, 1861; 齐雨藻, 1995, p. 77, fig. 88.

壳面圆盘形，常分为 6 个大小相等、凹凸相间排列的扇形区；中央具圆形无纹区；直径 32～47μm。

分布：长江口广泛分布。

海链藻目 Thalassiosirales

海链藻科 Thalassiosiraceae

海链藻属 *Thalassiosira* Cleve 1873

细胞单生或通过胶质丝连接成链状群体。壳面圆形，平坦或无规则的波曲。线纹辐射状排列，通常由单个大的圆形孔纹组成，不成束。壳缘具 1 至多个唇形突，壳缘具一圈支持突。壳面具 1 至多个支持突。

1. 双线海链藻 (图版 10: 1-7, 12-13)

Thalassiosira duostra Pienaar, 1990; Pienaar and Pieterse, 1990, p. 106, figs. 1-11.

壳面圆形；壳缘具一圈支持突，壳面具 3～5 个支持突；具 1～3 个唇形突，位于壳缘处；直径 11～15μm。

分布：湖泊。

2. 吉思纳海链藻 (图版 10: 8-11, 14-15)

Thalassiosira gessneri Hustedt, 1956, p. 95, pl. 1, figs. 1-5.

壳面圆形，波曲；壳缘和壳面均具一圈支持突；具 1 个唇形突，位于壳缘处；直径 30～35μm。

分布：河流、湖泊。

线筛藻属 *Lineaperpetua* Yu, You, Kociolek & Wang 2023

细胞单生。壳面圆形，横向波曲。线纹在内壳面由小点纹组成，排列成连续的带状。壳缘和壳面中部均具一圈支持突。壳缘具 1 个唇形突。

1. 湖沼线筛藻 (图版 11: 1-4, 11-12)

Lineaperpetua lacustris (Grunow) Yu, You, Kociolek & Wang, 2023; Yu et al., 2023, p. 3, figs. 1-5.

壳面圆形，横向波曲；壳缘和壳面中部均具一圈支持突；具 1 个唇形突，位于壳缘处；直径 11.5～39.5μm。

分布：河流、湖泊。

筛环藻属 *Conticribra* Stachura-Suchoples & Williams 2009

细胞单生或通过胶质丝连接成链状群体。壳面圆形，平坦。线纹在内壳面由小点纹组成，排列成连续或半连续的束状。壳缘和壳面中部均具一圈支持突。壳缘具 1 个唇形突。

1. 中华筛环藻 (图版 11: 5-10, 13-14)

Conticribra sinica Yu, You & Wang, 2022; Yu et al., 2022a, p. 240, 246, 247, figs. 1-118.

壳面圆形，平坦；壳缘和壳面中部均具一圈支持突，壳面中部支持突 4～11 个；具 1 个唇形突，位于壳缘处；直径 13～22μm。

分布：湖泊。

2. 魏斯筛环藻 (图版 12: 1-8)

Conticribra weissflogii (Grunow) Stachura-Suchoples & Williams, 2009; 齐雨藻, 1995, p. 40, fig. 47.

壳面圆形，平坦；壳缘具一圈支持突，中部支持突 5 个排列成一圈；具 1 个唇形突，位于壳缘处；直径 7.5～10μm。

分布：湖泊。

骨条藻科 Skeletonemataceae

骨条藻属 *Skeletonema* Greville 1865

细胞通过壳缘支持突连接成链状群体。壳面圆形，平坦或呈冠状突起。线纹辐射状排列。壳缘具一圈支持突。唇形突 1 个，位于壳面或壳缘。

1. 中肋骨条藻 (图版 12: 9-16)

Skeletonema costatum (Greville) Cleve, 1878; 齐雨藻, 1995, p. 41, fig. 48.

壳体短圆柱形。壳面圆形；壳缘具一圈支持突，具 1 个唇形突；直径 4～5.5μm。

分布：长江口广泛分布。

2. 江河骨条藻 (图版 13: 1-7)

Skeletonema potamos (Weber) Hasle, 1976; Weber, 1970, p. 151, figs. 2-3.

壳体短圆柱形，常形成短链状群体。壳面圆形；壳缘具一圈支持突，具 1 个唇形突；直径 3～4μm。

分布：河流、湖泊。

3. 近盐骨条藻 (图版 13: 8-15)

Skeletonema subsalsum (Cleve) Bethge, 1928; Cleve-Euler, 1912, p. 509, fig. 1.

壳体短圆柱形。壳面圆形；壳缘具一圈支持突，具 1 个唇形突；直径 3～6μm。

分布：河流、湖泊。

冠盘藻科 Stephanodiscaceae

冠盘藻属 *Stephanodiscus* Ehrenberg 1845

细胞单生。壳面多圆形。线纹辐射状排列。壳缘具壳针，具一圈支持突，多数种类具壳面支持突；壳缘处具 1～2 个唇形突。

1. 高山冠盘藻 (图版 14: 1-6, 13-14)

Stephanodiscus alpinus Hustedt, 1942, p. 412, fig. 508.

壳面圆形，同心波曲；壳缘具一圈支持突，壳面中部支持突 2 个；具 1 个唇形突，位于壳缘处；直径 10～13.5μm。线纹辐射状排列，每条线纹 2～3 列孔纹，15～17 条/10μm，壳面中部线纹单列。

分布：湖泊。

2. 汉氏冠盘藻 (图版 14: 7-12, 15-16)

Stephanodiscus hantzschii Grunow, 1880; Cleve and Grunow, 1880, p. 115, pl. VII, fig. 131.

壳面圆形，平坦；壳缘具一圈支持突；具 1 个唇形突，位于壳缘处；直径 8～12μm。线纹辐射状排列，每条线纹 2～3 列孔纹，11～16 条/10μm，壳面中部线纹单列。

分布：河流、湖泊。

3. 汉氏冠盘藻细弱变型 (图版 15: 1-4, 8-9)

Stephanodiscus hantzschii f. ***tenuis*** (Hustedt) Håkansson & Stoermer, 1984; Hustedt, 1939, p. 583, fig. 3.

壳面圆形，平坦；壳缘具一圈支持突；具 1 个唇形突，位于壳缘处；直径 14.5～18.5μm。线纹辐射状排列，每条线纹 2 至多列孔纹，9～10 条/10μm，壳面中部线纹单列。

分布：河流、湖泊。

4. 新星形冠盘藻 (图版 15: 5-7)

Stephanodiscus neoastraea Håkansson & Hickel, 1986, p. 41, figs. 1-11.

壳面圆形，同心波曲；壳缘具一圈支持突；具 1 个唇形突，位于壳缘处；直径 23～25μm。线纹辐射状排列，9～10 条/10μm，壳面中部线纹单列。

分布：河流、湖泊。

5. 细小冠盘藻 (图版 16: 1-6, 15-16)

Stephanodiscus parvus Stoermer & Håkansson, 1984, p. 505, figs. 1-11.

壳面圆形，同心波曲；壳缘具一圈支持突，中部具 1 个支持突；具 1 个唇形突，位于壳缘处；直径 4～6.5μm。线纹辐射状排列，每束线纹 2 列孔纹，壳面中部孔纹单列。

分布：湖泊。

环冠藻属 *Cyclostephanos* Round 1987

细胞单生。壳面多圆形，平坦或微波曲。壳面具两种形态的线纹，均呈辐射状排列。壳缘具一圈支持突。壳缘处具 1 个唇形突。

1. 可疑环冠藻 (图版 16: 7-14)

Cyclostephanos dubius (Hustedt) Round, 1988; Hustedt, 1930, p. 367, fig. 192.

壳面圆形，同心波曲；壳缘具一圈支持突，中部具 1 个支持突；具 1 个唇形突，位于壳缘处；直径 10～20.5μm。线纹辐射状排列，每条线纹 2～4 列孔纹，9～13 条/10μm，壳面中部线纹单列。

分布：河流、湖泊。

小环藻属 *Cyclotella* (Kützing) Brébisson 1838

细胞单生。壳面多圆形，中央平坦或波曲，中部常不具孔纹，壳缘具呈束状排列的肋纹。壳缘具一圈支持突，壳面支持突数个。唇形突 1 个，常位于壳缘处。

1. 极微小环藻 (图版 17: 1-8, 15-16)

Cyclotella atomus Hustedt, 1937, p. 143, pl. IX, figs. 1-4.

壳面圆形，平坦；壳缘具一圈支持突，壳面中部具 1 个支持突；具 1 个唇形突，位于壳缘处；直径 4.5～6μm。线纹辐射状排列，由多列孔纹组成，壳面中部不具孔纹。

分布：湖泊。

2. 波罗地小环藻 (图版 18: 1-6)

Cyclotella baltica (Grunow) Håkansson, 2002, p. 104, figs. 373-380.

壳面圆形，横向波曲；壳缘具一圈支持突；壳面中部具 8～10 个支持突；直径 35～50μm。线纹辐射状排列，壳面中部不具孔纹。

分布：河流。

3. 伽马小环藻 (图版 19: 1-4, 10-11)

Cyclotella gamma Sovereign, 1963, p. 350, figs. 1-2.

壳面圆形，横向波曲；壳缘具一圈支持突，壳面中部具 1 个支持突；具 1 个唇形突，位于壳缘处；直径 15～19μm。线纹辐射状排列，由多列孔纹组成，9～11 条/10μm，壳面中部不具孔纹。

分布：湖泊。

4. 湖北小环藻 (图版 19: 5-9, 12-13)

Cyclotella hubeiana Chen & Zhu, 1985; 陈嘉佑和朱慧忠, 1985, p. 80, figs. 3-4.

壳面圆形，同心波曲；壳缘具一圈支持突；具 1 个唇形突，位于壳缘处；直径 6.5～25.5μm。线纹辐射状排列，由双列孔纹组成，10～13 条/10μm，壳面中部不具孔纹。

分布：河流、湖泊。

5. 中位小环藻 (图版 20: 1-6, 13)

Cyclotella meduanae Germain, 1981, p. 36, pl. 8, fig. 28, pl. 154, fig. 4a.

壳面圆形，平坦；壳缘具一圈支持突；具 1 个唇形突，位于壳缘处；直径 5～8.5μm。线纹辐射状排列，由多列孔纹组成，10～12 条/10μm，壳面中部不具孔纹。

分布：湖泊。

6. 梅尼小环藻 (图版 20: 7-12, 14-16)

Cyclotella meneghiniana Kützing, 1844, p. 50, pl. 30, fig. 68.

壳面圆形，横向波曲；壳缘具一圈支持突，壳面中部具 1～3 个支持突；具 1 个唇形突，位于壳缘处；直径 11.5～18.5μm。线纹辐射状排列，由多列孔纹组成，9～10 条/10μm，壳面中部不具孔纹。

分布：河流、湖泊。

蓬氏藻属 *Pantocsekiella* Kiss & Ács 2016

细胞单生或形成短链状群体。壳面圆形，平或波曲，中部具大或小的凹陷，壳缘处具辐射状排列的线纹。壳缘具一圈支持突。唇形突 1 至多个，位于近壳缘处的肋纹上。

1. 粗肋蓬氏藻 (图版 17: 9-14, 17-18)

Pantocsekiella costei (Druart & Straub) Kiss & Ács, 2016; Druart and Straub, 1988, p. 183, figs. 7-13.

壳面圆形，平坦；壳缘具一圈支持突，壳面中部具 1 个支持突；具 1 个唇形突；直径 7.5～16.5μm。线纹辐射状排列，由多列孔纹组成，22～27 条/10μm，壳面中部不具孔纹。

分布：湖泊。

2. 眼斑蓬氏藻 (图版 24: 1-6, 10-11)

Pantocsekiella ocellata (Pantocsek) Kiss & Ács, 2016; Pantocsek, 1901, p. 134, pl. XV, fig. 318.

壳面圆形，波状起伏；壳缘具一圈支持突，壳面中部具 1～2 个支持突，具多个圆形斑纹；具 1 个唇形突，位于壳面上；直径 8.5～14.5μm。线纹辐射状排列，由多列孔纹组成，15～18 条/10μm，壳面中部不具孔纹。

分布：河流、湖泊。

碟星藻属 *Discostella* Houk & Klee 2004

细胞常形成短链状群体。壳面圆形至椭圆形，具两种形态的线纹，中部具星状的硅质脊，壳缘处具辐射状排列的线纹。壳缘具一圈支持突。唇形突 1 个，位于壳套面两肋纹之间。

1. 星肋碟星藻 (图版 22: 1-5, 12)

Discostella asterocostata (Lin, Xie & Cai) Houk & Klee, 2004, p. 220, figs. 127-128.

壳面圆形；壳缘具一圈支持突；具 1 个唇形突，位于壳缘处；直径 14～32μm。线纹辐射状排列，由 2～3 列孔纹组成。

分布：河流、湖泊。

2. 卡鲁克碟星藻 (图版 21: 1-11)

Discostella lacuskarluki (Manguin ex Kociolek & Reviers) Potapova, Aycock & Bogan, 2020, p. 56, figs. 1-33.

壳面圆形；壳缘具一圈支持突，壳面中部星状的硅质脊不明显；具 1 个唇形突，位于壳缘处；直径 3.5～6.5μm。线纹辐射状排列，由多列孔纹组成。

分布：河流、湖泊。

3. 具星碟星藻 (图版 23: 1-7, 15-16)

Discostella stelligera (Cleve & Grunow) Houk & Klee, 2004; Cleve, 1881, p. 22, pl. V, fig. 63a.

壳面圆形，同心波曲；壳缘具一圈支持突；具 1 个唇形突，位于壳缘处；直径 6.5～10.5μm。线纹辐射状排列，由 2～3 列孔纹组成，中央区具一个游离的孔纹。

分布：河流、湖泊。

4. 沃尔特碟星藻 (图版 23: 8-14, 17)

Discostella woltereckii (Hustedt) Houk & Klee, 2004, p. 223, figs. 119-122.

壳面圆形，同心波曲；壳缘具一圈支持突；具 1 个唇形突，位于壳缘处；直径 4～10μm。线纹辐射状排列，由多列细小的孔纹组成。

分布：湖泊。

琳达藻属 *Lindavia* (Schütt) De Toni & Forti 1900

细胞单生。壳面圆形至卵形，具两种形态的线纹，中部具粗糙的孔纹，壳缘具长或短的辐射状排列的线纹。壳缘具一圈支持突，壳面具多个散生的支持突。唇形突 1 个，位于壳面。

1. 省略琳达藻 (图版 22: 6-11)

Lindavia praetermissa (Lund) Nakov et al., 2015; Lund, 1951, p. 93, figs. 1A-1H, 2A-2L.

壳面圆形，直径 11～15μm。线纹辐射状排列，15～20 条/10μm，壳面中部孔纹粗糙，散生。

分布：河流、湖泊。

盒形藻目 Biddulphiales

盒形藻科 Biddulphiaceae

水链藻属 *Hydrosera* Wallich 1858

细胞通过顶孔区分泌的黏液形成“Z”形群体。壳面六角形。孔纹粗糙，大小和形状各异；假眼斑位于 3 个角隅处。壳面近中央处具 1 个唇形突。无支持突。

1. 黄埔水链藻 (图版 25: 1-6)

Hydrosera whampoensis (Schwarz) Deby, 1891; 齐雨藻, 1995, p. 87, fig. 97.

壳面六角形，孔纹粗糙；假眼斑位于 3 个角隅处；具 1 个唇形突。带面观长柱形。

分布：河流、湖泊。

侧链藻属 *Pleurosira* (Meneghini) Trevisan 1848

细胞通过眼斑分泌的黏液形成“Z”形群体。壳面近圆形，线纹直或弯曲，壳面长轴顶端各具 1 个眼斑。壳面近中部具 2～4 个唇形突。无支持突。

1. 印度侧链藻 (图版 26: 1-4, 8-9)

Pleurosira indica Karthick & Kociolek, 2011, p. 27, figs. 1-2.

壳面近圆形，直径 30～55μm；线纹直或弯曲，孔纹粗糙；具近对称的 2 个眼斑；壳面上具 2～4 个唇形突。

分布：河流、湖泊。

2. 光滑侧链藻 (图版 26: 5-7)

Pleurosira laevis (Ehrenberg) Compère, 1982, p. 177, figs. 1-17, 20, 39.

壳面椭圆形，长 57.5～75μm，宽 50～60μm；线纹直或弯曲，孔纹粗糙；长轴顶端各具 1 个眼斑；壳面上具 2～4 个唇形突。

分布：河流、湖泊。

3. 较小侧链藻 (图版 27: 1-7)

Pleurosira minor Metzeltin, Lange-Bertalot & García-Rodríguez, 2005, p. 203, pl. 7, figs. 4-7.

壳面椭圆形，长 33.5～45.5μm，宽 21.5～25μm；线纹直或弯曲，孔纹粗糙；长轴顶端各具 1 个眼斑；壳面上具 2～3 个唇形突。

分布：湖泊。

角毛藻目 Chaetocerotales

刺角藻科 Acanthocerataceae

刺角藻属 *Acanthoceros* Honigmann 1910

细胞单生。壳面椭圆形，两端各具两个长的中空的管状突起。无支持突和唇形突。带面观矩形，上线壳面由多个具密集小孔纹的环状环带连接。

1. 扎卡刺角藻 (图版 24: 7-9, 12)

Acanthoceras zachariasii (Brun) Simonsen, 1979; Brun, 1894, p. 53, pl. 1, fig. 11.

细胞圆柱状，常见带面观。壳面直径 20～23.5μm。

分布：河流、湖泊。

羽纹纲 Pennatae

脆杆藻目 Fragilariales

脆杆藻科 Fragilariaceae

脆杆藻属 *Fragilaria* Lyngbye 1819

细胞通过壳针连接成带状群体。壳面线形、披针形至椭圆形，中部略有膨大，末端呈钝圆形或小头状。线纹由小的圆形单列点纹组成。壳面两端均具顶孔区。壳面末端具 1 个唇形突。

1. 连结脆杆藻双峰变种 (图版 47: 6-8)

Fragilaria construens var. ***bigibba*** Cleve, 1895, p. 35, pl. 1, fig. 28.

壳面线形，三波曲，中部缢缩，末端呈喙状；长 13.5～20μm，宽 3～4.5μm。线纹中部平行排列，两端辐射状排列，13～15 条/10μm。

分布：河流。

2. 克罗顿脆杆藻 (图版 29: 1-4, 6)

Fragilaria crotonensis Kitton, 1869; 朱蕙忠和陈嘉佑, 2000, p. 289, pl. 6, fig. 1.

壳面长线形，中间略膨大，末端呈小头状；长 68～96μm，宽 2～2.5μm。横线纹平行排列，13～15 条/10μm。

分布：河流、湖泊。

3. 克罗顿脆杆藻俄勒冈变种 (图版 29: 5; 30: 1-8)

Fragilaria crotonensis var. ***oregona*** Sovereign, 1958; 齐雨藻和李家英, 2004, p. 47, pl. V, fig. 1.

壳面线形披针形，中部和中央区两边均略膨大，末端呈头状；长 68～100μm，宽 3～4μm。线纹平行排列，13～15 条/10μm。

分布：河流、湖泊。

4. 远距脆杆藻 (图版 35: 1-4, 9)

Fragilaria distans (Grunow) Bukhtiyarova, 1995; Van Heurck, 1881, pl. XL, fig. 17.

壳面线形披针形，中部略突出，末端呈头状；长 32.5～56μm，宽 3.5～4μm。线纹平行排列，11～13 条/10μm。

分布：河流、湖泊。

5. 脆型脆杆藻 (图版 32: 1)

Fragilaria fragilarioides (Grunow) Cholnoky, 1963, p. 169, pl. 25, figs. 29-30.

壳面线形披针形，中部凹入，末端延伸呈喙形；长 30μm，宽 4μm。线纹平行排列，14 条/10μm。

分布：湖泊。

6. 内华达脆杆藻 (图版 32: 2-7)

Fragilaria nevadensis Linares-Cuesta & Sánchez-Castillo, 2007, p. 128, figs. 1-9.

壳面线形披针形，中部凹入，中央区两边略膨大，末端呈喙状；长 20～37μm，宽 3.5～4μm。线纹平行排列，12～13 条/10μm。

分布：湖泊。

7. 近爆裂脆杆藻 (图版 33: 1-6)

Fragilaria pararumpens Lange-Bertalot, Hofmann & Werum, 2011; Hofmann et al., 2011, p. 269, pl. 8, figs. 4-10.

壳面线形披针形，中央区两边略膨大，末端呈头状；长 37.5～41.5μm，宽 3.5μm。线纹平行排列，13 条/10μm。

分布：河流、湖泊。

8. 篦形脆杆藻 (图版 34: 1-2)

Fragilaria pectinalis (Müller) Lyngbye, 1819; Müller, 1788, p. 91, figs. 4-7.

壳面线形，中央区两边略膨大，末端呈亚头状；长 22.5μm，宽 4μm。线纹平行排列，16 条/10μm。

分布：湖泊。

9. 宾夕法尼亚脆杆藻 (图版 31: 9-12)

Fragilaria pennsylvanica Morales, 2007, p. 163, figs. 2-29.

壳面线形，中央区两边略膨大，末端呈亚喙状；长 17～27μm，宽 2～2.5μm。线纹平行排列，19～21 条/10μm。

分布：湖泊。

10. 放射脆杆藻 (图版 34: 3-11)

Fragilaria radians (Kützing) Williams & Round, 1988; Kützing, 1844, p. 64, pl. 14, figs. 1-4.

壳面线形披针形，末端呈头状；长 18～53.5μm，宽 3～4μm。线纹平行排列，9～10 条/10μm。

分布：湖泊。

11. 小头脆杆藻 (图版 36: 1-8)

Fragilaria recapitellata Lange-Bertalot & Metzeltin, 2009; 齐雨藻和李家英, 2004, p. 58, pl. IV, fig. 11.

壳面线形披针形，中部略突出，末端呈头状；长 22～31.5μm，宽 4μm。线纹平行排列，14～16 条/10μm。

分布：河流。

12. 萨克斯脆杆藻 (图版 31: 7-8)

Fragilaria saxoplanctonica Lange-Bertalot & Ulrich, 2014, p. 30, pl. 13, figs. 1-9.

壳面线形披针形，末端延伸呈圆形；长 40.5～47μm，宽 1.5～2μm。线纹在光镜下不可见。

分布：湖泊。

13. 小头脆杆藻 (图版 47: 13-15)

Fragilaria sundaysensis Archibald, 1982, p. 33, figs. 6-23.

壳面菱形，中部突出，末端呈头状；长 6～12.5μm，宽 5～5.5μm。线纹平行排列，15～16 条/10μm。

分布：河流。

14. 沃切里脆杆藻椭圆变种 (图版 35: 5-8)

Fragilaria vaucheriae var. ***elliptica*** Manguin ex Kociolek & Reviers, 1996; Manguin, 1960, p. 270, pl. 1, fig. 10.

壳面线形椭圆形，末端呈圆形或头状；长 8.5～18.5μm，宽 5.5～6μm。线纹平行排列，11～12 条/10μm。

分布：河流。

肘形藻属 *Ulnaria* (Kützing) Compére 2001

细胞单生或形成短链状群体或形成放射状、簇状群体。壳面线形或披针形。中央区明显，有时具幽灵线纹；中轴区窄且直。线纹由单列点纹组成，少数种类具双列点纹。两端均具顶孔区；两端各具 1 个唇形突。

1. 尖肘形藻 (图版 37: 1-7)

Ulnaria acus (Kützing) Aboal, 2003; 齐雨藻和李家英, 2004, p. 64, pl. V, fig. 15.

壳面线形披针形，末端呈近圆形或近头状；长 100～159μm，宽 3～4μm。线纹平行排列，12～14 条/10μm。

分布：河流、湖泊。

2. 双喙肘形藻 (图版 41: 5-6)

Ulnaria amphirhynchus (Ehrenberg) Compère & Bukhtiyarova, 2006; Ehrenberg, 1843, p. 425, pl. III, fig. 25.

壳面线形披针形，末端呈头形；长 220～254μm，宽 6μm。线纹平行排列，10 条/10μm。
分布：河流。

3. 缢缩肘形藻 (图版 38: 1)

Ulnaria contracta (Østrup) Morales & Vis, 2007, p. 125, figs. 9-11, 29-32.

壳面线形，中部缢缩，末端呈喙状；长 74μm，宽 3～4μm。线纹平行排列，10 条/10μm。
分布：河流。

4. 丹尼卡肘形藻 (图版 41: 7-8)

Ulnaria danica (Kützing) Compère & Bukhtiyarova, 2006; Kützing, 1844, p. 66, pl. 14, fig. 13.

壳面线形披针形，末端呈圆形；长 182～189μm，宽 6.5μm。线纹平行排列，10 条/10μm。
分布：河流。

5. 柔弱肘形藻 (图版 31: 1-3)

Ulnaria delicatissima (Smith) Aboal & Silva, 2004; Smith, 1853, p. 72, pl. 12, fig. 94.

壳面线形披针形，中部略膨大，末端呈头状；长 71～73.5μm，宽 5.5μm。线纹平行排列，20～21 条/10μm。

分布：湖泊。

6. 披针肘形藻 (图版 38: 3-5)

Ulnaria lanceolata (Kützing) Compère, 2001; Kützing, 1844, p. 66, pl. 30, fig. 31.

壳面线形，末端呈喙状；长 50～66.5μm，宽 8.5～9μm。线纹平行排列，8～9 条/10μm。
分布：河流、湖泊。

7. 杆状肘形藻 (图版 41: 3-4)

Ulnaria obtusa (Smith) Reichardt, 2018, p. 100, pl. 23, figs. 1-6.

壳面线形，末端呈圆形；无中央区；长 315μm，宽 8.5μm。线纹平行排列，9 条/10μm。
分布：河流。

8. 尖喙肘形藻 (图版 39: 1-5)

Ulnaria oxyrhynchus (Kützing) Aboal, 2003; Kützing, 1844, p. 66, pl. 14, fig. 8.

壳面线形，中部略缢缩，末端呈喙状；长 50.5～119μm，宽 6～7.5μm。线纹平行排列，9～14 条/10μm。

分布：河流、湖泊。

9. 斯氏肘形藻 (图版 31: 4-6)

Ulnaria schroeteri (Meister) Williams, 2020; Meister, 1912, p. 233, pl. IX, fig. 1.

壳面线形披针形，中部略膨大，末端呈圆状；长 61.5～74.5μm，宽 1.5μm。线纹平行排列，24 条/10μm。

分布：湖泊。

10. 肘状肘形藻 (图版 40: 1-6)

Ulnaria ulna (Nitzsch) Compère, 2001; Nitzsch, 1817, p. 99, pl. V, figs. 1-10.

壳面线形披针形，末端呈头状；长 102.5～140μm，宽 6.5～7μm。线纹平行排列，8～10 条/10μm。

分布：河流、湖泊。

11. 肘状肘形藻匙形变种 (图版 38: 2)

Ulnaria ulna var. ***spathulifera*** (Grunow) Aboal, 2003; Van Heurck, 1881, pl. XXXVIII, fig. 4.

壳面线形，中部略缢缩，末端呈喙状；长 43.5μm，宽 7.5μm。线纹平行排列，13 条/10μm。

分布：河流。

12. 恩格肘形藻 (图版 41: 1-2)

Ulnaria ungeriana (Grunow) Compère, 2001; Grunow, 1863, p. 142, pl. IV, fig. 18.

壳面线形，末端呈宽圆形；无中央区；长 418μm，宽 8.5μm。线纹平行排列，8 条/10μm。

分布：河流。

栉链藻属 *Ctenophora* (Grunow) Williams & Round 1986

细胞单生或通过壳面中部连接成群体。壳面线形披针形。中央区具加厚的中央辐节及假线纹；中轴区窄。线纹由单列点纹组成。两端均具顶孔区；唇形突 2 个，位于末端近中轴区处。

1. 美小栉链藻 (图版 42: 1-5)

Ctenophora pulchella (Ralfs ex Kützing) Williams & Round, 1986; 齐雨藻和李家英, 2004, p. 72, pl. VII, fig. 1.

壳面线形披针形，末端呈头状；长 66.5～88μm，宽 5～6μm。线纹平行排列，14～15 条/10μm。

分布：河流、湖泊。

平格藻属 *Tabularia* Williams & Round 1986

细胞单生或通过壳面一端附生于基质上形成放射状或簇状群体。壳面线形披针形。中轴区较宽。线纹由单列长圆形点纹组成。两端均具顶孔区；具 1 个唇形突，位于末端近中轴区处。

1. 簇生平格藻 (图版 43: 1-6)

Tabularia fasciculata (Agardh) Williams & Round, 1986, p. 326, figs. 46-52.

壳面线形披针形，末端呈头状，中轴区线形披针形；长 24～36μm，宽 3.5～4.5μm。线纹平行排列，14～15 条/10μm。

分布：河流、湖泊。

2. 科巴平格藻 (图版 44: 1-8)

Tabularia kobayasii Hidek, Suzuki & Mitsuishi, 2015; Suzuki et al., 2015, p. 89, figs. 2-32.

壳面线形椭圆形，末端呈圆形，中轴区线形披针形；长 13～19.5μm，宽 5～6μm。线纹平行排列，14～17 条/10μm。

分布：湖泊。

3. 中华平格藻 (图版 45: 1-7)

Tabularia sinensis Cao et al., 2018, p. 180, figs. 1-39.

壳面线形，末端平截呈圆形，中轴区宽线形；长 65～175μm，宽 5.5～6.5μm。线纹平行排列，13～15 条/10μm。

分布：河流、湖泊。

蛾眉藻属 *Hannaea* Patrick 1966

细胞单生或形成短的带状群体。壳面线形或弓形，末端头状；腹缘中部膨大，具无纹区，可见幽灵线纹。中轴区窄；末端具 1～2 个唇形突。

1. 弧形蛾眉藻 (图版 46: 6-8)

Hannaea arcus (Ehrenberg) Patrick, 1966; Patrick and Reimer, 1966, p. 132, pl. 4, fig. 20.

壳面具背腹侧之分，腹缘一侧呈波浪形，背侧呈光滑的弓形，中部微凸出，末端呈头状；长 38.5～51.5μm，宽 5～5.5μm。线纹近平行状排列，15～17 条/10μm。

分布：河流。

2. 弧形蛾眉藻双头变种 (图版 46: 1-5)

Hannaea arcus var. ***amphioxys*** (Rabenhorst) Patrick, 1966; Patrick and Reimer, 1966, p. 132, pl. 4, fig. 21.

壳面具背腹侧之分，腹缘一侧呈波浪形，背侧呈光滑的弓形，中部微凸出，末端呈头状；长 19.5～26.5μm，宽 5.5～6μm。线纹近平行状排列，13～14 条/10μm。

分布：河流。

3. 堪察加蛾眉藻 (图版 46: 9-10)

Hannaea kamtchatica (Petersen) Luo, You & Wang, 2021; Luo et al., 2021, p. 31, figs. 76-79, 84.

壳面背腹侧之分不明显，腹侧中部微凸出，末端呈头状；长 30.5～40μm，宽 5～5.5μm。线纹近平行状排列，12～14 条/10μm。

分布：河流。

十字脆杆藻科 Staurosiraceae

十字脆杆藻属 *Staurosira* Ehrenberg 1843

细胞常通过壳针连接成链状群体。壳面椭圆形或十字形，末端圆形。线纹窄，由小而圆的点纹组成。两端均具顶孔区，大小和结构各不相同，常退化。壳缘具从线纹末端延伸出来的壳针。不具唇形突。

1. 双结十字脆杆藻 (图版 47: 1-5)

Staurosira binodis (Ehrenberg) Lange-Bertalot, 2011; Hofmann et al., 2011, p. 260, pl. 10, figs. 41-57.

壳面线形，中部略缢缩，末端呈喙状或亚头状；长 20.5～23.5μm，宽 3～4.5μm。线纹近平行排列，13～15 条/10μm。

分布：河流。

2. 连结十字脆杆藻 (图版 48: 1-5)

Staurosira construens Ehrenberg, 1843; Krammer and Lange-Bertalot, 1991a, p. 494, pl. 132, figs. 1-5.

壳面十字形，中部膨大，末端呈喙状或亚头状；长 10～15.5μm，宽 6.5～8μm。线纹辐射状排列，18～22 条/10μm。

分布：湖泊。

3. 连结十字脆杆藻不对称变种 (图版 47: 12)

Staurosira construens var. ***asymmetrica*** (Cleve) Zalat & Welc, 2022; Cleve-Euler, 1953, p. 34, fig. 346 f-346h.

壳面不规则三角形，末端呈圆形；长 7.5μm，宽 8μm。线纹辐射状排列。

分布：湖泊。

4. 凸腹十字脆杆藻 (图版 47: 9-10)

Staurosira venter (Ehrenberg) Cleve & Möller, 1879; Ehrenberg, 1854, p. 13, pl. 14, fig. 50.

壳面线形，中部略缢缩，末端呈喙状或亚头状；长 7～7.5μm，宽 4.5μm。线纹近平行排列，16 条/10μm。

分布：湖泊。

窄十字脆杆藻属 *Staurosirella* Williams & Round 1988

细胞通过壳缘刺连接成链状群体。壳面椭圆形，线形或十字形。线纹在光镜下看较宽，由单列纵向呈短线形的点纹组成。两端均具顶孔区或一端不具顶孔区。无唇形突。

1. 柏林窄十字脆杆藻 (图版 50: 15)

Staurosirella berolinensis (Lemmermann) Bukhtiyarova, 1995; Lemmermann, 1900, p. 31.

壳面线形，中部略膨大，末端呈圆形；长 23.5μm，宽 2.5μm。线纹较宽，辐射状排列，13 条/10μm。

分布：河流。

2. 杜氏窄十字脆杆藻 (图版 50: 11-12)

Staurosirella dubia (Grunow) Morales & Manoylov, 2006; Grunow, 1862, p. 368, pl. 7, fig. 8a-8d.

壳面线形椭圆形，中部略膨大，末端呈圆形或喙状；长 13.5～16.5μm，宽 4.5μm。线纹较宽，单列，辐射状排列，7～8 条/10μm。

分布：河流。

3. 狭辐节窄十字脆杆藻 (图版 49: 1-2)

Staurosirella leptostauron (Ehrenberg) Williams & Round, 1988, p. 276, figs. 22-23.

壳面十字形，中部膨大，末端呈圆形；长 19.5μm，宽 13μm。线纹辐射状排列，10 条/10μm。

分布：河流。

4. 微小窄十字脆杆藻 (图版 50: 16-17)

Staurosirella minuta Morales & Edlund, 2003, p. 226, figs. 3-12, 33-38.

壳面线形披针形，末端呈圆形；长 12.5～16μm，宽 2.5～3μm。线纹较宽，在中轴区两侧交叉微辐射状排列，11～12 条/10μm。

分布：河流。

5. 奥尔登堡窄十字脆杆藻 (图版 50: 6-10)

Staurosirella oldenburgiana (Hustedt) Morales, 2005; Hustedt, 1959, p. 29, pl. 1, figs. 20-21.

壳面线形披针形，末端呈圆形；长 11.5～16μm，宽 4～5μm。线纹较宽，单列，在中部近平行，末端微辐射状排列，9～11 条/10μm。

分布：湖泊。

6. 卵形窄十字脆杆藻 (图版 50: 13-14)

Staurosirella ovata Morales, 2006; Morales & Manoylov, 2016, p. 357, figs. 44-56, 108-113.

壳面宽圆形，具顶孔区，末端呈圆形；长 5～7.5μm，宽 4～4.5μm。线纹较宽，单列，辐射状排列，9～10 条/10μm。

分布：湖泊。

7. 羽纹窄十字脆杆藻 (图版 49: 3-7)

Staurosirella pinnata (Ehrenberg) Williams & Round, 1988; Ehrenberg, 1843, p. 415, pl. 3, figs. 6, 8.

壳面线形椭圆形，末端呈圆形；长 10～12.5μm，宽 3.5μm。线纹较宽，单列，在中部近平行，末端微辐射状排列，9～10 条/10μm。

分布：河流、湖泊。

假十字脆杆藻属 *Pseudostaurosira* Williams & Round 1988

细胞常形成链状群体。壳面线形、椭圆形或线形披针形，末端圆形、喙状或头状。中轴区较宽而明显。线纹由单列孔纹组成，孔纹多大而椭圆形，或小而圆形，每条线纹孔纹数少于 4 个。壳缘具分枝状的壳针；两端均具顶孔区。不具唇形突。

1. 寄生假十字脆杆藻 (图版 50: 1-5)

Pseudostaurosira parasitica (Smith) Morales, 2003; Smith, 1856, p. 19, pl. LX, fig. 375.

壳面十字形，中部膨大，末端呈喙状；长 11.5～19μm，宽 4～5μm。线纹辐射状排列，17～19 条/10μm。

分布：河流。

2. 拟寄生假十字脆杆藻 (图版 47: 11)

Pseudostaurosira parasitoides (Lange-Bertalot, Schmidt & Klee) Morales, García & Maidana, 2017; Schmidt et al., 2004, p. 3, figs. 1-5.

壳面线形披针形，中部膨大，末端呈小头状；长 14μm，宽 6μm。线纹辐射状排列，17 条/10μm。

分布：湖泊。

微壳藻属 *Nanofrustulum* Round, Hallsteinsen & Paasche 1999

细胞靠壳缘刺连接成短链状群体，壳体较小。壳面圆形或卵圆形。中轴区或宽或窄，舟形或线形。线纹较短，由数量不定的圆形或长圆形点纹组成，点纹具窗纹状结构。顶孔区两个，由少数几个独立的孔组成。无唇形突。

1. 施氏微壳藻 (图版 51: 1-12)

Nanofrustulum sopotense (Witkowski & Lange-Bertalot) Morales, Wetzel & Ector, 2019; Witkowski and Lange-Bertalot, 1993, p. 67, fig. 6.

壳面椭圆形，末端呈圆形；长 5～7.5μm，宽 4～6.5μm。线纹微辐射状排列，13～15 条/10μm。

分布：公园水体。

平板藻科 Tabellariaceae

平板藻属 *Tabellaria* Ehrenberg ex Kützing 1844

细胞通过顶孔区分泌胶质垫形成长“Z”形群体。壳面长圆形，末端头状，中部膨大。壳面和壳套连接处常具短圆锥形的壳针，顶孔区也具壳针。合部具完全或不完全的隔膜。唇形突 1 个，位于壳面中部一侧。

1. 绒毛平板藻 (图版 52: 1-7)

Tabellaria flocculosa (Roth) Kützing, 1844, p. 127, pl. 17, fig. 21.

壳面线形，中部膨大呈菱形，末端头状；长 17～26μm，宽 5～7μm。线纹辐射状排列，15～17 条/10μm。

分布：河流、湖泊。

星杆藻属 *Asterionella* Hassall 1850

细胞通过顶端连接形成星状群体。壳面线形，末端头状，沿横轴不对称；中轴区窄，不明显；线纹由单列孔纹组成，平行状排列；两端具顶孔区。唇形突 1～2 个，位于壳面末端。

1. 华丽星杆藻 (图版 53: 1-7)

Asterionella formosa Hassall, 1850, p. 10, pl. II, fig. 6.

壳面线形，两端大小不一，均呈头状；长 51～77.5μm，宽 1.5～2μm。线纹近平行排列，27～29 条/10μm。

分布：河流、湖泊。

2. 华丽星杆藻纤细变种 (图版 54: 1-8)

Asterionella formosa var. ***gracillima*** (Hanztsch) Grunow, 1881; Van Heurck, 1881, p. 51, fig. 22.

壳面线形，末端呈头状；长 28～57.5μm，宽 1.5～2μm。线纹近平行排列，25～30 条/10μm。

分布：湖泊。

脆形藻属 *Fragilariforma* Williams & Round 1988

细胞形成线形或"Z"形群体。壳面椭圆形、披针形或线形，末端喙状或头状；壳缘常波曲或在中部膨大。中轴区不明显。线纹较细弱，由单列孔纹组成。壳缘具壳针。唇形突 1 个，位于壳面末端的线纹中。

1. 中狭脆形藻 (图版 55: 1-5)

Fragilariforma mesolepta (Rabenhorst) Kharitonov, 2005; 齐雨藻和李家英, 2004, p. 43, pl. III, fig. 16.

壳面线形，中部缢缩，末端喙状；长 26.5～36μm，宽 2.5～3μm。线纹近平行排列，15～18 条/10μm。

分布：河流。

等片藻属 *Diatoma* Bory de Saint-Vincent 1824

细胞形成线形或"Z"形群体。壳面线形、椭圆形、椭圆披针形或披针形。具线纹及增厚的横肋纹，线纹由单列孔纹组成；内壳面观，横肋纹突起，从胸骨处延伸到壳套部。唇形突 1 个，位于近壳面末端。环带不具隔膜。

1. 普通等片藻 (图版 56: 1-7)

Diatoma vulgaris Bory, 1824, p. 461, fig. 1.

壳面椭圆披针形，末端宽喙状；长 30～42μm，宽 10.5～12μm。横肋纹有 7～9 条/10μm。

分布：河流、湖泊。

扇形藻属 *Meridion* Agardh 1824

细胞通过壳面连接成扇形群体。壳面棒形或倒卵形，沿横轴不对称，具横线纹、横肋纹和窄的胸骨；线纹由小圆形的孔纹组成，在光镜下较难观察到。壳面较宽的末端具 1 个唇形突。带面观楔形。

1. 环状扇形藻 (图版 57: 1)

Meridion circulare (Greville) Agardh, 1831; 齐雨藻和李家英, 2004, p. 29, pl. II, fig. 4.

壳面棒形，上端宽圆形，下端较窄，壳面上端近缘处具 1 个唇形突；长 22μm，宽 5μm。横肋纹有 4 条/10μm。

分布：湖泊。

2. 缢缩扇形藻 (图版 57: 2-7)

Meridion constrictum Ralfs, 1843; 齐雨藻和李家英, 2004, p. 30, pl. II, figs. 5-6.

壳面异极，上端头状，下端近头状；长 18.5～58μm，宽 4.5～6μm。横肋纹有 3～

6 条/10μm。

分布：河流。

缝舟藻目 Rhaphoneidales

缝舟藻科 Rhaphoneidaceae

缝舟藻属 *Rhaphoneis* Ehrenberg 1844

壳面菱形。中轴区窄线形，不明显。线纹由粗糙的孔纹组成，孔纹圆形或椭圆形。

1. 菱形缝舟藻 (图版 58: 1-5)

Rhaphoneis rhomboides Hendey, 1958, p. 52, pl. II, fig. 12.

壳面菱形，末端尖喙状；长 22～38μm，宽 12～17μm。线纹粗糙，平行排列，7～11 条/10μm。

分布：长江口广泛分布。

短缝藻目 Eunotiales

短缝藻科 Eunotiaceae

短缝藻属 *Eunotia* Ehrenberg 1837

细胞常单生或形成带状群体。壳面月形或弓形，沿纵轴不对称；背缘隆起、平滑或具波曲，腹缘直或凹。壳缝位于末端壳套处，壳缝末端裂缝微弯曲或强烈弯曲。唇形突 1 个，位于壳面末端。带面观矩形。

1. 伯特兰短缝藻 (图版 59: 1-3)

Eunotia bertrandii Lange-Bertalot & Tagliaventi, 2011; Lange-Bertalot et al., 2011, p. 59, pl. 131, figs. 1-41.

壳面弓形，背缘弧形，腹缘微凹入，末端头状；长 14.5～23μm，宽 3～3.5μm。线纹中部平行排列，近末端呈放射状排列，18～19 条/10μm。

分布：湖泊。

2. 二齿短缝藻 (图版 60: 1-3)

Eunotia bidens Ehrenberg, 1843; 朱蕙忠和陈嘉佑, 2000, p. 291, pl. 8, fig. 8.

壳面弓形，背缘弧形，具 2 个波峰，腹缘微凹入，末端宽头状；长 47.5～62μm，宽 9～10μm。线纹中部平行排列，末端呈辐射状排列，9～12 条/10μm。

分布：河流、湖泊。

3. 双月短缝藻 (图版 60: 4-7)

Eunotia bilunaris (Ehrenberg) Schaarschmidt, 1880; 朱蕙忠和陈嘉佑, 2000, p. 291, pl. 8, fig. 8.

壳面弓形，背缘弧形，腹缘凹入，末端圆形；长 55～71.5μm，宽 3.5～4μm。线纹中部平行排列，末端呈辐射状排列，13～14 条/10μm。

分布：湖泊。

4. 博库短缝藻 (图版 61: 7-10, 12)

Eunotia botocuda Costa, Bicudo & Wetzel, 2017; Costa et al., 2017, p. 13, pl. 39, figs. 1-12.

壳面弓形，背缘弧形，腹缘微凹入，末端近圆形；长 42.5～50μm，宽 7.5～10μm。线纹中部平行排列，末端呈辐射状排列，12 条/10μm。

分布：湖泊。

5. 驼峰短缝藻 (图版 66: 2)

Eunotia camelus Ehrenberg, 1839, p. 413, pl. 2, fig. 1.

壳面弓形，背缘弧形，具 4 个波峰，腹缘凹入，末端喙状；长 37.5μm，宽 5μm。线纹辐射状排列，7～10 条/10μm。

分布：湖泊。

6. 细短缝藻 (图版 62: 1-3, 10)

Eunotia caniculoides Favaretto, Tremarin, Ludwig & Bueno, 2021, p. 4, fig. 2k-2o.

壳面弓形，背缘弧形，腹缘微凹入，末端近喙状；长 38.5～52.5μm，宽 4～4.5μm。线纹中部平行排列，末端呈辐射状排列，11～15 条/10μm。

分布：湖泊。

7. 圆贝短缝藻 (图版 66: 3)

Eunotia circumborealis Lange-Bertalot & Nörpel, 1993; Lange-Bertalot, 1993, p. 30, pl. 143, figs. 16-23.

壳面弓形，背缘弧形，具 2 个波峰，腹缘凹入，末端头状；长 32μm，宽 5.5μm。线纹中部平行排列，末端呈辐射状排列，11 条/10μm。

分布：湖泊。

8. 库尔塔短缝藻 (图版 62:7-9, 11)

Eunotia curtagrunowii Nörpel-Schempp & Lange-Bertalot, 1996; Lange-Bertalot and Metzeltin, 1996, p. 48, pl. 12, figs. 6-11.

壳面弓形，背缘弧形，腹缘凹入，末端微向背缘反曲呈圆形；长 21.5～25μm，宽 7～7.5μm。线纹辐射状排列，9～11 条/10μm。

分布：湖泊。

9. 埃娃短缝藻 (图版 63: 2)

Eunotia ewa Lange-Bertalot & Witkowski, 2011; Lange-Bertalot et al., 2011, p. 93, pl. 198, figs. 1-18.

壳面弓形，背缘弧形，腹缘凹入，末端微向背缘反曲呈宽头状；长 81μm，宽 12μm。线纹中部平行排列，末端呈辐射状排列，10 条/10μm。

分布：湖泊。

10. 短小短缝藻 (图版 59: 4-6)

Eunotia exigua (Brébisson ex Kützing) Rabenhorst, 1864; 齐雨藻和李家英, 2004, p. 101, pl. X, fig. 8.

壳面弓形，背缘弧形，腹缘凹入，末端向背缘反曲呈半头状；长 12.5～15μm，宽 2～3μm。线纹中部近平行排列，近末端呈辐射状排列，22～24 条/10μm。

分布：河流。

11. 蚁形短缝藻 (图版 63: 4-6)

Eunotia formica Ehrenberg, 1843; 齐雨藻和李家英, 2004, p. 103, pl. XIII, figs. 2-4.

壳面弓形，背缘弧形，腹缘微凹入，中部微膨大，末端向背缘反曲呈头状；长 59.5～94μm，宽 8～8.5μm。线纹中部近平行排列，近末端呈微辐射状排列，7～9 条/10μm。

分布：河流、湖泊。

12. 冰川短缝藻 (图版 65: 12)

Eunotia glacialispinosa Lange-Bertalot & Cantonati, 2010; Cantonati and Lange-Bertalot, 2010, p. 269, figs. 68-71, 73-85.

壳面弓形，背缘微弧形，腹缘微凹入，末端向背缘反曲呈头状；长 81.5μm，宽 4.5μm。线纹中部近平行排列，近末端呈微辐射状排列，14 条/10μm。

分布：湖泊。

13. 印度短缝藻 (图版 64: 1-3, 7)

Eunotia indica Grunow, 1865, p. 5, pl. 1, fig. 7a, 7b.

壳面弓形，背缘弧形，腹缘微凹入，末端向背缘反曲呈近头状；长 40～94.5μm，宽 7.5～8.5μm。线纹中部近平行排列，近末端呈辐射状排列，8～10 条/10μm。

分布：河流、湖泊。

14. 线形短缝藻 (图版 64: 4-6, 8)

Eunotia linearis (Carter) Vinsová, Kopalová & Van de Vijver, 1865; Carter, 1966, p. 479, pl. 68, figs. 15-19.

壳面弓形，背缘弧形，腹缘凹入，末端圆形；长 62.5～91μm，宽 3.5～4.5μm。线纹中部近平行排列，近末端呈辐射状排列，13～15 条/10μm。

分布：湖泊。

15. 默里迪纳短缝藻 (图版 62: 4-6)

Eunotia meridiana Metzeltin & Lange-Bertalot, 1998, p. 67, pl. 59, figs. 7-10.

壳面弓形，背缘弧形，腹缘近平直，末端呈尖圆形；长 23.5～37.5μm，宽 4～5.5μm。线纹辐射状排列，12～13 条/10μm。

分布：湖泊。

16. 较小短缝藻 (图版 65: 1-5)

Eunotia minor (Kützing) Grunow, 1881; Kützing, 1844, p. 39, pl. 16, fig. 10.

壳面弓形，背缘弧形，腹缘微凹入，末端向背缘反曲呈近头状；长 20.5～25μm，宽 4～5μm。线纹辐射状排列，14～17 条/10μm。

分布：河流、湖泊。

17. 黏质短缝藻 (图版 65: 6-7, 13)

Eunotia mucophila (Lange-Bertalot, Nörpel-Schempp & Alles) Lange-Bertalot, 2007; Alles et al., 1991, p. 196, pl. V, figs. 12-21.

壳面弓形，背缘弧形，腹缘凹入，末端向背缘反曲呈圆形；长 88～100.5μm，宽 4μm。线纹中部近平行排列，近末端呈辐射状排列，14～15 条/10μm。

分布：湖泊。

18. 纳格短缝藻 (图版 65: 8-9)

Eunotia naegelii Migula, 1905; 齐雨藻和李家英, 2004, p. 112, pl. XIV, fig. 3.

壳面弓形，背缘弧形，腹缘凹入，末端微向背缘反曲呈圆形；长 78.5～80μm，宽 3.5～4μm。线纹中部近平行排列，近末端呈辐射状排列，14～19 条/10μm。

分布：湖泊。

19. 新喀里短缝藻 (图版 66: 1)

Eunotia novaecaledonica Gerd Moser, 1998; Moser et al., 1998, p. 39, pl. 4, figs. 12-14.

壳面弓形，背缘微弧形，腹缘近平直，末端微向背缘反曲呈宽圆形；长 90μm，宽 10μm。线纹中部近平行排列，近末端呈辐射状排列，9 条/10μm。

分布：湖泊。

20. 似肌状短缝藻 (图版 59: 7-12)

Eunotia paramuscicola Krstić, Levkov & Pavlov, 2013; Krstić et al., 2013, p. 208, figs. 49-83, 91-96.

壳面弓形，背缘弧形，具 3～4 个波峰，腹缘凹入，末端向背缘反曲呈头状；长 11～18μm，宽 2.5～3.5μm。线纹辐射状排列，20～22 条/10μm。

分布：河流。

21. 矮小短缝藻 (图版 61: 1-6, 11)

Eunotia praenana Cleve-Euler, 1953, p. 131, fig. 477.

壳面弓形，背缘弧形，腹缘凹入，末端呈圆状；长 8～16μm，宽 3.5～5μm。线纹辐射状排列，14～18 条/10μm。

分布：湖泊。

22. 拟弯曲短缝藻 (图版 65: 10-11)

Eunotia pseudoflexuosa Hustedt, 1949, p. 71, pl. II, figs. 16-18.

壳面弓形，背缘微弧形，腹缘微凹入，末端微向背缘反曲呈头状；长 113～117.5μm，宽 5.2μm。线纹中部近平行排列，近末端呈辐射状排列，14～15 条/10μm。

分布：湖泊。

23. 假泡短缝藻 (图版 66: 4-6, 12)

Eunotia pseudosudetica Metzeltin, Lange-Bertalot & García-Rodríguez, 2005, p. 57, pl. 24, figs. 15-18.

壳面弓形，背缘弧形，腹缘微凹入，末端微向背缘反曲呈半头状；长 30～37.5μm，宽 6～8μm。线纹辐射状排列，8～9 条/10μm。

分布：湖泊。

24. 里奇巴特短缝藻 (图版 66: 7-8)

Eunotia richbuttensis Furey, Lowe & Johansen, 2011, p. 42, pl. 21, figs. 1-15.

壳面弓形，背缘弧形，具 2 个波峰，腹缘微凹入，末端微向背缘反曲呈截圆状；长 30.5～33.5μm，宽 7～7.5μm。线纹辐射状排列，12～13 条/10μm。

分布：河流。

25. 热带短缝藻 (图版 63: 1)

Eunotia tropica Hustedt, 1927, p. 159, pl. 5, fig. 1.

壳面弓形，背缘弧形，具 4 个波峰，腹缘凹入，末端向背缘反曲呈头状；长 84μm，宽 12.5μm。线纹辐射状排列，15 条/10μm。

分布：河流。

26. 武巴短缝藻 (图版 66: 9-11)

Eunotia vumbae Cholnoky, 1954, p. 212, figs. 54-58.

壳面弓形，背缘弧形，中部突出，腹缘凹入，末端呈圆形；长 32.5～38.5μm，宽 7～7.5μm。线纹近平行排列，9～10 条/10μm。

分布：湖泊。

27. 伊贝短缝藻 (图版 63: 3)

Eunotia yberai Frenguelli, 1933, p. 446, pl. 8, fig. 12.

壳面弓形，背缘弧形，腹缘凹入，末端向背缘反曲呈近头状；长 60μm，宽 12μm。线纹中部近平行排列，近末端呈辐射状排列，15 条/10μm。

分布：湖泊。

双辐藻属 *Amphorotia* Willimas & Reid 2006

壳面弓形，沿纵轴不对称，背缘宽于腹缘。具明显的中轴区。孔纹排列不规则。唇形突 2 个，分别位于近末端处。

1. 克氏双辐藻 (图版 67: 1-2)

Amphorotia clevei (Grunow) Williams & Reid, 2006; 齐雨藻和李家英, 2004, p. 97, pl. XI, figs. 4-6.

壳面弓形，背缘弧形，腹缘凹入，末端钝圆形；长 137.5～156μm，宽 31～35μm。线纹辐射状排列，14～16 条/10μm。

分布：河流。

舟形藻目 Naviculales

舟形藻科 Naviculaceae

舟形藻属 *Navicula* Bory de Saint-Vincent 1822

细胞单生。壳面形态多样，多线形、披针形，末端钝圆、近头状或喙状。中轴区和中央区形态多样；壳缝形态多样，中央胸骨较发达，多两侧发育不均等，一侧较发达；具或不具假隔膜。线纹多由单列孔纹组成，点纹多纵向短裂缝状。

1. 双头舟形藻 (图版 68: 1-5, 17)

Navicula amphiceropsis Lange-Bertalot & Rumrich, 2000; Rumrich et al., 2000, p. 153, pl. 42, figs. 1-12.

壳面线形披针形，末端头状或喙状；长 28.5～31.5μm，宽 7.5～8.0μm。中轴区窄，线形；中央区椭圆形。横线纹辐射状排列，到两端平行或微收敛，11～12 条/10μm。

分布：湖泊。

2. 安东尼舟形藻 (图版 68: 6-10, 18)

Navicula antonii Lange-Bertalot, 2000; Lange-Bertalot, 1993, p. 120, pl. 64, figs. 1-11.

壳面线形披针形，末端喙状；长 16～22.0μm，宽 6.5～7.0μm。中轴区窄，线形；中央区小，椭圆形。横线纹辐射状排列，到两端平行或微收敛，15～16 条/10μm。

分布：湖泊。

3. 布赖滕舟形藻 (图版 68: 11-16, 19)

Navicula breitenbuchii Lange-Bertalot, 2001, p. 224, pl. 37, figs. 8-15.

壳面线形披针形，末端宽圆形；长 22.0～26.5μm，宽 6.5～7.5μm。中轴区窄，线形；中央区小，椭圆形。横线纹辐射状排列，到两端平行或微收敛，12～14 条/10μm。

分布：湖泊。

4. 辐头舟形藻 (图版 69: 1-4, 15)

Navicula capitatoradiata Germain ex Gasse, 1986; Gasse, 1986, p. 86, pl. 19, figs. 8-9.

壳面线形披针形，末端头状或喙状；长 29.0～31.0μm，宽 7.0～8.0μm。中轴区窄，线形；中央区小。横线纹辐射状排列，到两端平行或微收敛，13～15 条/10μm。

分布：广泛分布。

5. 加泰罗尼亚舟形藻 (图版 69: 5-7)

Navicula catalanogermanica Lange-Bertalot & Hofmann, 1993; Lange-Bertalot, 1993, p. 98, pl. 64, figs. 16-20.

壳面线形披针形，末端宽圆形；长 29.5～32.0μm，宽 6.5～8.0μm。中轴区窄，线形；中央区小椭圆形。横线纹辐射状排列，到两端平行或微收敛，12～14 条/10μm。

分布：湖泊。

6. 剑状舟形藻 (图版 69: 8-14, 16)

Navicula cataracta-rheni Lange-Bertalot, 1993, p. 99, pl. 59, figs. 13-15.

壳面线形披针形，末端喙状；长 21.0～25.0μm，宽 7.0～7.5μm。中轴区窄，线形；中央区小椭圆形。横线纹辐射状排列，到两端平行或微收敛，13～14 条/10μm。

分布：湖泊。

7. 隐头舟形藻 (图版 70: 1-4, 15)

Navicula cryptocephala Kützing, 1844; 李家英和齐雨藻, 2018, p. 101, pl. XII, figs. 15-16.

壳面披针形或窄披针形，末端渐窄或微喙状；长 23.0～30.5μm，宽 5.5～6.0μm。中轴区窄，中央区圆形至横向椭圆形。壳缝丝状，近缝端略偏斜。横线纹辐射状排列，到末端微聚集状排列，16～18 条/10μm。

分布：广泛分布。

8. 隐柔弱舟形藻 (图版 70: 8-14, 16)

Navicula cryptotenella Lange-Bertalot, 1985; 李家英和齐雨藻, 2018, p. 125, pl. XIV, fig. 4.

壳面披针形至菱形披针形，末端尖圆形；长 18.5～33.5μm，宽 5～6.0μm。中轴区窄，近线形；中央区略微扩大呈椭圆形。壳缝丝状，近缝端略粗，中央孔微膨大，不弯斜，远缝端细而弯斜。横线纹辐射状排列，到末端微聚集状排列，13～17 条/10μm。

分布：广泛分布。

9. 似隐头状舟形藻 (图版 70: 5-7, 17)

Navicula cryptotenelloides Lange-Bertalot, 1993; 李家英和齐雨藻, 2018, p. 155, pl. XIX, fig. 2.

壳面披针形，末端明显延长呈喙状；长 9.5～10.0μm，宽 3.5～4.5μm。中轴区窄，中央区扩大呈不对称的圆形。壳缝丝状，近缝端直，不偏斜，中央孔明显。横线纹辐射状排列，到末端聚集状排列，15～18 条/10μm。

分布：湖泊。

10. 密矛形舟形藻 (图版 72: 1)

Navicula denselineolata (Lange-Bertalot) Lange-Bertalot, 1991; Krammer and Lange-Bertalot, 1991b, pl. 62, figs. 11-14.

壳面披针形至椭圆披针形，末端喙状至头状；长 17.5～28.0μm，宽 6.5～7.0μm。中轴区窄，近线形；中央区小，仅比中轴区稍扩大。壳缝直，细丝状，近缝端和远缝端无偏斜。横线纹在中部辐射状排列，到末端微聚集状排列，16～17 条/10μm。

分布：湖泊。

11. 多勒罗沙舟形藻 (图版 72: 2)

Navicula dolosa Manguin, 1964, p. 71, pl. 11, fig. 22.

壳面披针形，末端头状，宽圆形；长 17.5μm，宽 5.5μm。中轴区窄，近线形；中央区小，仅比中轴区稍扩大。壳缝直，细丝状。横线纹近平行排列，18 条/10μm。

分布：河流。

12. 艾瑞菲格舟形藻 (图版 71: 1-3, 13)

Navicula erifuga Lange-Bertalot, 1985; Krammer and Lange-Bertalot, 1985, p. 69, pl. 17, figs. 10-12.

壳面披针形，末端尖圆形；长 25.2～30.0μm，宽 5.5～6.0μm。中轴区窄，线形；中央区扩大呈不对称的蝴蝶结形。壳缝丝状。横线纹辐射状排列，到末端聚集状排列，15～16 条/10μm。

分布：湖泊。

13. 埃斯坎比亚舟形藻 (图版 71: 4-5, 14)

Navicula escambia (Patrick) Metzeltin & Lange-Bertalot, 2007, p. 69, pl. 17, figs. 10-12.

壳面披针形，末端尖圆形；长 36～41μm，宽 8.0～8.5μm。中轴区窄，线形；中央区扩大呈不对称的蝴蝶结形。壳缝丝状。横线纹辐射状排列，到末端聚集状排列，12～13 条/10μm。

分布：湖泊。

14. 寒生舟形藻 (图版 72: 3)

Navicula frigidicola Metzeltin, Lange-Bertalot & Soninkhishig, 2009, p. 60, pl. 36, figs. 7-10.

壳面披针形至椭圆披针形，末端喙状至头状；长 28.5μm，宽 8.5μm。中轴区窄，近线形；中央区椭圆形。壳缝直，细丝状，近缝端和远缝端无偏斜。横线纹在中部辐射状排列，到末端近平行排列，18 条/10μm。

分布：湖泊。

15. 冈瓦纳舟形藻 (图版 75: 2)

Navicula gondwana Lange-Bertalot, 1993, p. 111, pl. 57, figs. 1-6.

壳面披针形，末端尖圆形；长 57.0μm，宽 7.5μm。中轴区窄，近线形；中央区略明显膨大。横线纹在中部辐射状排列，向两端呈微聚集状排列，13 条/10μm。

分布：河流。

16. 群生舟形藻 (图版 71: 6-12, 15)

Navicula gregaria Donkin, 1861; 李家英和齐雨藻, 2018, p. 127, pl. XIII, figs. 21-22.

壳面披针形至椭圆披针形，末端喙状至头状；长 17.5～27.5μm，宽 6.5～7.0μm。中轴区窄，近线形；中央区小，仅比中轴区稍扩大。壳缝直，细丝状，近缝端和远缝端无偏斜。横线纹在中部辐射状排列，到末端微聚集状排列，16～17 条/10μm。

分布：河流。

17. 克莱默舟形藻 (图版 72: 4-10)

Navicula krammerae Lange-Bertalot,1996; Lange-Bertalot and Metzeltin, 1996, p. 79, pl. 80, figs. 3-8.

壳面披针形，末端喙状至头状；长 31～37.0μm，宽 7.0～8.0μm。中轴区窄，近线形；中央区小，仅比中轴区稍扩大。壳缝直，细丝状，近缝端和远缝端无偏斜。横线纹在中部辐射状排列，到末端微聚集状排列，14～15 条/10μm。

分布：河流。

18. 隆德舟形藻 (图版 73: 1-8, 17)

Navicula lundii Reichardt, 1985, p. 180, pl. 1, figs. 29-33.

壳面披针形，末端喙状；长 16.5～40μm，宽 4.5～6.5μm。中轴区窄，近线形；中央区小，仅比中轴区稍扩大。壳缝直，细丝状，近缝端和远缝端无偏斜。横线纹在中部辐射状排列，到末端微聚集状排列，13～14 条/10μm。

分布：广泛分布。

19. 美拉尼西亚舟形藻 (图版 73: 9-12, 18)

Navicula melanesica Lange-Bertalot & Steindorf, 1995; Moser et al., 1995, p. 119, pl. 61, figs. 1-7, 11-13.

壳面披针形，末端喙状；长 36.0～44μm，宽 5.0～6.5μm。中轴区窄，近线形；中央区小椭圆形。壳缝直，细丝状，近缝端和远缝端无偏斜。横线纹在中部辐射状排列，到末端微聚集状排列，12～13 条/10μm。

分布：湖泊。

20. 假舟形藻 (图版 73: 13-16)

Navicula notha Wallace, 1960; 李家英和齐雨藻, 2018, p. 119, pl. XX, fig. 7.

壳面窄披针形，末端渐尖喙状；长 24.0～25.5μm，宽 4～4.5μm。中轴区窄，近线形；中央区小，仅比中轴区稍扩大。壳缝直，细丝状。横线纹在中部辐射状排列，向两端逐渐呈平行至微聚集状排列，16～18 条/10μm。

分布：广泛分布。

21. 长圆舟形藻 (图版 74: 1-7)

Navicula oblongata Kützing, 1844; 李家英和齐雨藻, 2018, p. 131, pl. XV, fig. 5.

壳面线形至线形椭圆形，末端宽圆形；长 49.0～69μm，宽 9.0～13.0μm。中轴区中等宽，中央区扩大呈近圆形。壳缝线形。横线纹在中部辐射状排列，向两端逐渐呈微聚集状排列，7～9 条/10μm。

分布：河流。

22. 贫瘠舟形藻 (图版 74: 8-10, 15)

Navicula oligotraphenta Lange-Bertalot & Hofmann, 1993; Lange-Bertalot, 1993, p. 128, pl. 48, figs. 6-11.

壳面披针形，末端渐尖喙状；长 27.5～35.0μm，宽 8.0～9.5μm。中轴区窄，近线形；中央区小，近椭圆形。壳缝直，细丝状。横线纹在中部辐射状排列，向两端逐渐呈平行至微聚集状排列，12～14 条/10μm。

分布：湖泊。

23. 卵形舟形藻 (图版 79: 11)

Navicula omegopsis Hustedt, 1944, p. 275, fig. 8.

壳面宽椭圆披针形，末端喙状；长 40.5μm，宽 18.0μm。中轴区窄，近线形；中央区稍扩大呈椭圆形。横线纹在中部辐射状排列，向两端逐渐呈微聚集状排列，15 条/10μm。

分布：河流。

24. 伪安东尼舟形藻 (图版 74: 12-14)

Navicula pseudoantonii Levkov & Metzeltin, 2007; Levkov et al., 2007, p. 98, pl. 44, figs. 13-25.

壳面披针形，末端喙状；长 16.0～18.0μm，宽 6.0～7.0μm。中轴区窄，近线形；中央区稍扩大呈椭圆形。壳缝直，细丝状。横线纹在中部辐射状排列，向两端逐渐呈平行至微聚集状排列，14～15 条/10μm。

分布：湖泊。

25. 假披针形舟形藻 (图版 76: 1-3, 15)

Navicula pseudolanceolata Lange-Bertalot, 1980, p. 32, pl. 2, figs. 1, 3.

壳面披针形，末端喙状或头状；长 29.5～31.5μm，宽 8.5～9.5μm。中轴区窄线形；中央区相对较大，呈椭圆形。壳缝丝状。横线纹中部辐射状排列，到末端微聚集状排列，12～13 条/10μm。

分布：广泛分布。

26. 放射舟形藻 (图版 75: 1)

Navicula radiosa Kützing, 1844; 李家英和齐雨藻, 2018, p. 134, pl. XVI, fig. 1-3.

壳面线形披针形或狭长披针形，末端尖圆形；长 81.5μm，宽 13.0μm。中轴区窄，中央区大小可变。壳缝直线形，近缝端偏斜，中央孔略明显膨大。横线纹中部辐射状排列，到末端微聚集状排列，12 条/10μm。

分布：湖泊。

27. 新近舟形藻 (图版 76: 4-7, 16)

Navicula recens (Lange-Bertalot) Lange-Bertalot, 1985; Krammer and Lange-Bertalot, 1985, p. 91, pl. 29, figs. 5, 6.

壳面披针形，末端喙状；长 23.5～36.0μm，宽 5.5～6.0μm。中轴区窄，近线形；中央区小。横线纹在中部辐射状排列，向两端逐渐呈微聚集状排列，13～14 条/10μm。

分布：广泛分布。

28. 莱茵哈尔德舟形藻 (图版 79: 12)

Navicula reinhardtii (Grunow) Grunow, 1880; 李家英和齐雨藻, 2018, p. 136, pl. XVI, figs. 6-7.

壳面椭圆披针形，在中部有点膨大，末端宽钝圆形；长 43.0μm，宽 15.0μm。中轴区窄，中央区横向扩大。横线纹在中部辐射状排列，向两端逐渐呈微聚集状排列，9 条/10μm。

分布：湖泊。

29. 喙头舟形藻 (图版 76: 8, 17)

Navicula rhynchocephala Kützing, 1844; 李家英和齐雨藻, 2018, p. 138, pl. XLVI, fig. 1, pl. XLVII, figs. 10-13.

壳面窄披针形，末端近头状；长 39～40.5μm，宽 6.5μm。中轴区窄，中央区稍微扩大形成椭圆形至几乎横矩形。横线纹辐射状排列，逐渐变成平行至末端呈聚集状排列，中部线纹有 16 条/10μm，两端线纹有 18 条/10μm。

分布：湖泊。

30. 短喙形舟形藻 (图版 76: 9-14, 18)

Navicula rostellata Kützing, 1844; 李家英和齐雨藻, 2018, p. 139, pl. XVI, fig. 10.

壳面披针形，末端钝圆形；长 32.5～38μm，宽 8.5～9.0μm。中轴区窄，近线形；中央区稍扩大呈椭圆形。横线纹在中部辐射状排列，向两端逐渐呈微聚集状排列，中部线纹有 12～14 条/10μm，两端线纹有 14～15 条/10μm。

分布：广泛分布。

31. 栖咸舟形藻 (图版 77: 1-3)

Navicula salinicola Hustedt, 1939, p. 638, figs. 61-69.

壳面披针形，末端钝圆形；长 16～20.0μm，宽 4.0～4.5μm。中轴区窄，近线形；中央区小。横线纹在中部辐射状排列，向两端逐渐呈微聚集状排列，17～18 条/10μm。

分布：河流。

32. 斯氏舟形藻 (图版 77: 9, 12)

Navicula schroeteri Meister, 1932, p. 38, fig. 100.

壳面披针形，末端钝圆形；长 29.5～37μm，宽 7.0～9.0μm。中轴区窄，中央区稍扩大呈椭圆形。横线纹在中部辐射状排列，向两端逐渐呈微聚集状排列，13～14 条/10μm。

分布：湖泊。

33. 斯特雷克舟形藻 (图版 77: 10)

Navicula streckerae Lange-Bertalot & Witkowski, 2000; Witkowski et al., 2000, p. 307, pl. 118, figs. 8-15.

壳面披针形，末端喙状；长 27.0μm，宽 7.0μm。中轴区窄，近线形；中央区稍扩大呈椭圆形。横线纹在中部辐射状排列，向两端逐渐呈微聚集状排列，12 条/10μm。

分布：湖泊。

34. 苏普舟形藻 (图版 78: 1-5, 17)

Navicula supleeorum Bahls, 2013b, p. 19, figs. 69-75.

壳面披针形，末端喙状至小头状；长 25.5～31.5μm，宽 5.5～6.5μm。中轴区窄，近线形；中央区稍扩大呈椭圆形。横线纹在中部辐射状排列，向两端逐渐呈微聚集状排列，17～18 条/10μm。

分布：湖泊。

35. 对称舟形藻 (图版 78: 9-12, 19)

Navicula symmetrica Patrick, 1944; 李家英和齐雨藻, 2018, p. 143, pl. XVII, figs. 3-4.

壳面线形至线形披针形，末端近圆形；长 27.0～31.0μm，宽 5.5～6μm。中轴区窄，近线形；中央区稍扩大呈椭圆形。横线纹在中部辐射状排列，向两端逐渐呈微聚集状排列，14～16 条/10μm。

分布：广泛分布。

36. 似柔舟形藻 (图版 78: 13-16, 20)

Navicula tenelloides Hustedt, 1937, p. 269, pl. 19, fig. 13.

壳面披针形，末端喙状；长 27.0～37.0μm，宽 5.5～6.0μm。中轴区窄，近线形；中央区稍扩大呈椭圆形。横线纹在中部辐射状排列，向两端逐渐呈微聚集状排列，12～14 条/10μm。

分布：广泛分布。

37. 三斑点舟形藻 (图版 78: 6-8, 18)

Navicula tripunctata (Müller) Bory de Saint-Vincent, 1822; 李家英和齐雨藻, 2018, p. 143, pl. XVII, figs. 5, 6, pl. XLVI, figs. 3-9.

壳面线形披针形，末端楔状钝圆形；长 40.5～46.0μm，宽 7.0～8.0μm。中轴区窄，中央区稍扩大几乎呈矩形。横线纹在中部辐射状排列，逐渐平行至末端微聚集状排列，11～13 条/10μm。

分布：湖泊。

38. 平凡舟形藻 (图版 79: 1-6, 13)

Navicula trivialis Lange-Bertalot, 1980, p. 31, pl. 1, figs. 5-9, pl. 9, figs. 1-2.

壳面披针形，末端喙状；长 39～58.0μm，宽 8.5～11.5μm。中轴区窄，中央区稍扩大呈椭圆形。横线纹在中部辐射状排列，向两端逐渐呈微聚集状排列，12～15 条/10μm。

分布：广泛分布。

39. 乌普萨舟形藻 (图版 79: 7-10)

Navicula upsaliensis (Grunow) Peragallo, 1903; 李家英和齐雨藻, 2018, p. 168, pl. XLIII, figs. 7-10, pl. XLVIII, figs. 6, 7.

壳面宽披针形，末端略延长近喙状；长 26.5～28.5μm，宽 8.0～9.5μm。中轴区窄，线形；中央区横向扩大呈椭圆形。横线纹在中部辐射状排列，向两端逐渐呈微聚集状排列，11～12 条/10μm。

分布：广泛分布。

40. 万达米舟形藻 (图版 80: 1-7, 13)

Navicula vandamii Schoeman & Archibald, 1987, p. 482, figs. 1-14, 34-36.

壳面窄披针形，末端喙状窄小头状；长 20.5～24.5μm，宽 4.5～5.5μm。中轴区窄，近线形；中央区稍扩大。横线纹在中部辐射状排列，向两端逐渐呈微聚集状排列，15～18 条/10μm。

分布：湖泊。

41. 庄严舟形藻 (图版 75: 3-6)

Navicula venerablis Hohn & Hellerman, 1963, p. 313, pl. 3, fig. 1.

壳面披针形，末端钝圆形；长 52.5～55μm，宽 8.5～9.0μm。中轴区窄，近线形；中央区稍扩大呈椭圆形。横线纹在中部辐射状排列，向两端逐渐呈微聚集状排列，12～13 条/10μm。

分布：湖泊。

42. 微绿舟形藻 (图版 80: 8-12, 14)

Navicula viridulacalcis Lange-Bertalot, 2000; Rumrich et al., 2000, p. 174, pl. 38, fig. 5.

壳面椭圆披针形，末端楔状椭圆形；长 32.0～33.5μm，宽 9.0～9.5μm。中轴区窄，近线形；中央区稍扩大呈椭圆形。横线纹在中部辐射状排列，向两端逐渐呈微聚集状排列，10～11 条/10μm。

分布：湖泊。

多罗藻属 *Dorofeyukea* Kulikovskiy, Maltsev, Andreeva, Ludwig & Kociolek 2019

细胞单生或呈短链状群体。壳面线形椭圆形到线形披针形，末端喙状或头状。中轴区窄线形；中央区窄的横矩形。线纹辐射状排列，在末端近平行排列，由单列孔纹组成。

1. 科奇多罗藻 (图版 74: 11)

Dorofeyukea kotschyi (Grunow) Kulikovskiy, Kociolek, Tusset & Ludwig, 2019; Kulikovskiy et al., 2019, p. 178, figs. 5-7.

壳面窄披针形，末端头状；长 15.0μm，宽 5.0μm。中轴区窄，近线形；中央区扩大呈蝴蝶结形。壳缝直，细丝状。横线纹在中部辐射状排列，向两端逐渐呈平行至微聚集状排列，26 条/10μm。

分布：湖泊。

格形藻属 *Craticula* Grunow 1867

细胞单生。壳面披针形，末端喙状或头状。中轴区窄，中央区微膨大。壳缝直线形，近缝端直或微弯曲，远缝端裂缝钩状。线纹平行或近平行，由单列孔纹组成，排列较紧密，在光镜下观察线纹近似网格形排列。

1. 适中格形藻 (图版 81: 7-9)

Craticula accomoda (Hustedt) Mann, 1990; 李家英和齐雨藻, 2018, p. 16, pl. II, fig. 2.

壳面披针椭圆形，末端短，尖圆或近喙状；长 14.5～18.0μm，宽 6.5～7.5μm。中轴区窄线形，中央区几乎不膨大或略扩大。壳缝直线形，近缝端略向侧弯斜，中央孔不膨大，远缝端分叉近钩状。横线纹近平行排列，22～24 条/10μm。

分布：广泛分布。

2. 模糊格形藻 (图版 81: 1-6, 10)

Craticula ambigua (Ehrenberg) Mann, 1990; 李家英和齐雨藻, 2018, p. 17, pl. II, fig. 3.

壳面菱形披针形，近末端延长略收缩，末端喙状至近头状；长 51.0～67μm，宽 14.3～19μm。中轴区呈很窄的线形，中央区略扩大呈不规则的长方形。横线纹近平行排列，18～20 条/10μm。

分布：湖泊。

3. 橘形格形藻 (图版 82: 1-8, 21)

Craticula citrus (Krasske) Reichardt, 1997, p. 305, figs. 12-23.

壳面宽椭圆披针形，末端短，近小头状；长 14.5～16.5μm，宽 5.5～6.5μm。中轴区窄线形，中央区略扩大。壳缝直线形，近缝端略向侧弯斜，远缝端分叉近钩状。横线纹近平行排列，18～20 条/10μm。

分布：湖泊。

4. 急尖格形藻 (图版 83: 1-4, 12)

Craticula cuspidata (Kützing) Mann, 1990; 李家英和齐雨藻, 2018, p. 18, pl. II, figs. 4-5, pl. XXVII, figs. 7-11.

壳面菱形披针形或舟形，末端渐变细、尖形或钝圆形；长 81.0～103.0μm，宽 20.0～23μm。中轴区明显呈线形，中央区不扩大。壳缝直线形，近缝端直或微弯，远缝端向同一方向呈弯钩状。横线纹纤细，平行排列，14～16 条/10μm。

分布：湖泊。

5. 嗞盐生格形藻细嘴变型 (图版 82: 19)

Craticula halophila f. ***tenuirostris*** (Hustedt) Czarnecki, 1994; 李家英和齐雨藻, 2018, p. 20, pl. IV, fig. 21.

壳面披针形，末端头状；长 37.0μm，宽 7.5μm。中轴区窄，中央区略扩大。壳缝直线形。横线纹均平行排列，21 条/10μm。

分布：湖泊。

6. 类嗜盐生格形藻 (图版 82: 12-18, 22)

Craticula halophilioides (Hustedt) Lange-Bertalot, 2001; 李家英和齐雨藻, 2018, p. 20, pl. III, fig. 6, pl. IV, fig. 19.

壳面披针形，末端略呈喙状；长 20～27.0μm，宽 6.5～7.5μm。中轴区窄线形，中央区不扩大。壳缝直线形，近缝端和远缝端不偏斜。横线纹近平行或略呈辐射状排列，19～20 条/10μm。

分布：湖泊。

7. 极小格形藻 (图版 82: 9-11, 23)

Craticula minusculoides (Hustedt) Lange-Bertalot, 2001; Hustedt, 1942, p. 68, fig. 5.

壳面披针形，末端近头状；长 13.0～17.0μm，宽 4.0～4.5μm。中轴区明显呈线形，中央区略扩大呈不规则的长方形。壳缝直线形。横线纹平行排列，23～25 条/10μm。

分布：湖泊。

8. 河岸格形藻 (图版 82: 20)

Craticula riparia (Hustedt) Lange-Bertalot, 1993, p. 14, pl. 70, figs. 1-8, pl. 71, figs. 1-5.

壳面披针形，末端近头状；长 30.5μm，宽 7.5μm。中轴区窄线形，中央区几乎不扩大。壳缝直线形。横线纹近平行排列，17 条/10μm。

分布：湖泊。

9. 小格形藻 (图版 93: 7-14)

Craticula subminuscula (Manguin) Wetzel & Ector, 2015; Manguin, 1942, p. 139, pl. 2, fig. 39.

壳面线形椭圆形，末端尖圆形；长 9.0～9.5μm，宽 3.0～4.5μm。中轴区窄，中央区微扩大。横线纹辐射状排列，26～28 条/10μm。

分布：广泛分布。

盘状藻属 *Placoneis* Mereschkowsky 1903

细胞单生。壳面线形、椭圆形至披针形，末端喙状或头状。壳缝直或微波曲；中轴区窄，部分种类中央区具 1～2 个孤点。线纹单排。

1. 两栖形盘状藻 (图版 121: 1)

Placoneis amphiboliformis (Metzeltin, Lange-Bertalot & Soninkhishig) Vishnyakov, 2016; Metzeltin et al., 2009, p. 67, pl. 49, figs. 1-5.

壳面宽椭圆形，末端宽喙状；长 29.0μm，宽 16.5μm。中轴区宽，披针形；中央区椭圆形。线纹由点纹组成，微辐射状排列，10 条/10μm。

分布：湖泊。

2. 英国盘状藻 (图版 83: 5)

Placoneis anglica (Ralfs) Cox, 2003, p. 64, fig. 6.

壳面披针形，末端头状；长 21.5μm，宽 7.5μm。中轴区窄线形，中央区扩大呈椭圆形。壳缝直线形。横线纹辐射状排列，13 条/10μm。

分布：湖泊。

3. 英格兰盘状藻 (图版 85: 9-11)

Placoneis anglophila (Lange-Bertalot) Lange-Bertalot, 2005; Krammer and Lange-Bertalot, 1985, p. 86, pl. 23, figs. 8-12.

壳面披针形，末端喙头状；长 27.0～30.5μm，宽 9.0～9.5μm。中轴区窄，中央区几乎不扩大。横线纹辐射状排列，10～11 条/10μm。

分布：湖泊。

4. 温和盘状藻 (图版 83: 6)

Placoneis clementis (Grunow) Cox, 1987, p. 155, figs. 28-33.

壳面椭圆披针形，末端变尖至近头状；长 21.0μm，宽 10μm。中轴区窄线形，中央区横向扩大。横线纹辐射状排列，11 条/10μm。

分布：湖泊。

5. 温和盘状藻线形变种 (图版 84: 1-5, 14)

Placoneis clementis var. ***linearis*** (Brander ex Hustedt) Li & Qi, 2018; 李家英和齐雨藻, 2018, p. 66, pl. VIII, fig. 3, pl. XXII, fig. 11.

壳面椭圆形披针形，末端喙头状；长 16.0～20.5μm，宽 6.5～7.5μm。中轴区窄，线形；中央区小，蝴蝶结形，在中央区一侧具 2 个孤点。壳缝直。横线纹辐射状排列，16～18 条/10μm。

分布：湖泊。

6. 科基盘状藻 (图版 86: 1)

Placoneis cocquytiae Fofana, Sow, Taylor, Ector & van de Vijver, 2014, p. 140, figs. 1-10.

壳面宽椭圆形，末端宽圆形；长 50.5μm，宽 22.0μm。中轴区线形披针形，中央区横向扩大。横线纹辐射状排列，10～11 条/10μm。

分布：湖泊。

7. 埃尔金盘状藻 (图版 83: 7)

Placoneis elginensis (Gregory) Cox, 1988; 李家英和齐雨藻, 2018, p. 68, pl. VIII, fig. 6.

壳面线形椭圆形，末端头状；长 20.5μm，宽 8.5μm。中轴区窄，线形；中央区近圆形。壳缝直，远端缝向同一方向弯曲。横线纹辐射状排列，13 条/10μm。

分布：湖泊。

8. 胃形盘状藻 (图版 84: 9-13)

Placoneis gastrum (Ehrenberg) Mereschkowsky, 1903; 李家英和齐雨藻, 2018, p. 70, pl. VIII, fig. 7, pl. XXXIII, figs. 2-4, pl. XLII, fig. 16.

壳面披针形至椭圆披针形，末端钝，为拉长近喙状；长 34.5～44.5μm，宽 15.5～17.5μm。中轴区窄，中央区横向扩大呈不规则形。壳缝直线形。横线纹辐射状排列，10～13 条/10μm。

分布：湖泊。

9. 忽略盘状藻 (图版 83: 8)

Placoneis ignorata (Schimanski) Lange-Bertalot, 2000; Schimanski, 1978, p. 585, pl. 6, figs. 1-9.

壳面线形椭圆形，末端钝圆形；长 23.0μm，宽 8.5μm。中轴区窄线形，中央区横向扩大。横线纹辐射状排列，14 条/10μm。

分布：湖泊。

10. 马达加斯加盘状藻 (图版 85: 1-2, 17)

Placoneis madagascariensis Lange-Bertalot & Metzeltin; Metzeltin and Lange-Bertalot, 2002, p. 54, pl. 27, figs. 37-40, pl. 28, fig. 4.

壳面边缘三波形，末端钝，为拉长近喙状；长 18～19.5μm，宽 7.0～7.5μm。中轴区窄，中央区几乎不扩大。壳缝直线形。横线纹辐射状排列，13～14 条/10μm。

分布：湖泊。

11. 帕拉尔金盘状藻 (图版 83: 9-10)

Placoneis paraelginensis Lange-Bertalot, 2000; Rumrich et al., 2000, p. 208, pl. 60, figs. 17-20.

壳面披针形，末端近头状；长 20.5～23.0μm，宽 6.5～7.0μm。中轴区窄线形，中央区横向扩大。壳缝直线形。横线纹辐射状排列，12～14 条/10μm。

分布：湖泊。

12. 佩雷尔盘状藻 (图版 83: 11)

Placoneis perelginensis Metzeltin, Lange-Bertalot & García-Rodríguez, 2005, p. 189, pl. 70, figs. 6-13.

壳面披针形，末端近头状；长 20.0μm，宽 6.5μm。中轴区窄线形，中央区横向扩大。壳缝直线形。横线纹辐射状排列，15 条/10μm。

分布：湖泊。

13. 波塔波夫盘状藻 (图版 84: 6-8)

Placoneis potapovae Kociolek, 2014; Kociolek et al., 2014, p. 23, pl. 28, figs. 14-20, pl. 30, figs. 3-4, pl. 31, figs. 1-4.

壳面披针形，末端钝圆形；长 12.5～13.5μm，宽 4.5～5.0μm。中轴区窄线形，中央区横向扩大。横线纹辐射状排列，27～29 条/10μm。

分布：湖泊。

14. 显著盘状藻 (图版 85: 7-8)

Placoneis significans Lange-Bertalot, 2005; Hustedt, 1944, p. 287, fig. 14.

壳面椭圆披针形，末端近喙状；长 15.5～19.5μm，宽 5.5～6.0μm。中轴区窄，中央区横向扩大呈不规则形。横线纹辐射状排列，17～18 条/10μm。

分布：河流。

15. 中华盘状藻 (图版 86: 2)

Placoneis sinensis Li & Metzeltin, 2013; Gong et al., 2013, p. 34, figs. 40-43.

壳面宽椭圆形，末端宽椭圆形；长 52.5μm，宽 20.5μm。中轴区窄，中央区横向扩大呈椭圆形。横线纹辐射状排列，11 条/10μm。

分布：河流。

16. 对称盘状藻 (图版 85: 3-6)

Placoneis symmetrica (Hustedt) Lange-Bertalot, 2005; Hustedt, 1957, p. 289, figs. 40-41.

壳面椭圆披针形，末端喙状；长 23.0～25.0μm，宽 8.5～9.0μm。中轴区窄，中央区横向扩大呈不规则形。横线纹辐射状排列，14～15 条/10μm。

分布：湖泊。

17. 波状盘状藻 (图版 85: 12-16)

Placoneis undulata (Østrup) Lange-Bertalot, 2000; 李家英和齐雨藻, 2018, p. 68, pl. VIII, fig. 5.

壳面边缘三波形，末端喙状至略头状；长 18.0～20.5μm，宽 6.0～6.5μm。中轴区窄，中央区横向扩大。横线纹辐射状排列，14～15 条/10μm。

分布：湖泊。

盖斯勒藻属 *Geissleria* Lange-Bertalot & Metzeltin 1996

细胞单生。壳面椭圆形至线形披针形，末端钝圆、宽圆或头状；中轴区窄线形；中央区圆形、椭圆形或矩形，具 1 个或不具孤点；壳缝直，近缝端末端直或不明显弯曲，远缝端弯曲，末端靠近壳缝处具多个纵向孔纹。线纹由孔纹组成。

1. 适意盖斯勒藻 (图版 86: 3-7)

Geissleria acceptata (Hustedt) Lange-Bertalot & Metzeltin, 1996; 李家英和齐雨藻, 2018, p. 31, pl. IV, fig. 3.

壳面椭圆形至线状椭圆形，末端不延伸的宽圆形；长 7.5～11.0μm，宽 4.0～5.5μm。中轴区窄，线形；中央区轻微扩大呈横矩形，在中节的中央常出现 1 个小黑斑点。横线纹辐射状排列，12～16 条/10μm。

分布：湖泊。

2. 点状盖斯勒藻 (图版 86: 16-21)

Geissleria punctifera (Hustedt) Metzeltin, Lange-Bertalot & García-Rodríguez, 2005; Hustedt, 1952, p. 401, figs. 109-111.

壳面披针形，两侧微波曲，末端喙状；长 19.0～25.0μm，宽 6.0～6.5μm。中轴区窄，中央区横向扩大。横线纹辐射状排列，20～21 条/10μm。

分布：湖泊。

纳维藻属 *Navigeia* Bukhtiyarova 2013

壳面线形椭圆形至线形披针形，部分种类壳缘波曲，末端喙状或头状。中轴区窄线形；中央区横矩形或蝴蝶结形，具或不具孤点。线纹辐射状排列，由单列孔纹组成。

1. 美容纳维藻 (图版 86: 8-13)

Navigeia decussis (Østrup) Bukhtiyarova, 2013; 李家英和齐雨藻, 2018, p. 32, pl. XXVIII, figs. 7-9.

壳面披针椭圆形，近末端收缩，末端近喙状；长 21.5～22.5μm，宽 6.5～7.0μm。中轴区窄线形；中央区横向扩大，近中央节有一个孤点出现或未出现。横线纹辐射状排列，16～19 条/10μm。

分布：湖泊。

2. 无名纳维藻 (图版 86: 14-15)

Navigeia ignota (Krasske) Bukhtiyarova, 2013; 李家英和齐雨藻, 2018, p. 32, pl. XXVIII, figs. 15-16.

壳面线形，两侧边缘三波形，末端头状至近头状；长 19.5～20.5μm，宽 4.5～5.0μm。中轴区窄，线形；中央区横向扩大不达壳面边缘。横线纹辐射状排列，12～15 条/10μm。

分布：河流。

泥栖藻属 *Luticola* Mann 1990

细胞单生，少数形成丝状群体。壳面披针形至线形椭圆形，末端圆形或头状。中轴区线形披针形；中央区矩形，具 1 个孤立孔纹。壳缝直，近缝端两末端略弯向壳面同侧，远缝端钩状或直。线纹由单列孔纹组成，孔纹多长圆形。

1. 斜形泥栖藻 (图版 87: 1-11)

Luticola acidoclinata Lange-Bertalot, 1996; Lang-Bertalot and Metzeltin, 1996, p. 76, pl. 24, figs. 24-26.

壳面椭圆形，末端宽圆形；长 6.5～14.0μm，宽 4.0～7.5μm。中轴区窄，线形；中央区扩大形成不达壳缘的矩形，在中央区一侧有 1 个较大而明显的单孔纹。横线纹由较细孔纹组成，辐射状排列，24～25 条/10μm。

分布：湖泊。

2. 桥佩蒂泥栖藻(图版 87: 12, 23-24)

Luticola goeppertiana (Bleisch) Mann ex Rarick, Wu, Lee & Edlund, 2017; Rabenhorst, 1861, p. 119, fig. 1183.

壳面披针形，末端钝圆形；长 14.0μm，宽 6.0μm。中轴区窄，线形；中央区扩大形成不达壳缘的矩形，在中央区一侧有 1 个较大而明显的单孔纹。横线纹辐射状排列，22 条/10μm。

分布：湖泊。

3. 圭亚那泥栖藻 (图版 87: 21-22)

Luticola guianaensis Metzeltin & Levkov, 2013; Levkov et al., 2013, p. 124, pl. 165, figs. 1-30.

壳面披针椭圆形，末端延伸呈头状；长 25.5～26.0μm，宽 8.5μm。中轴区窄，线形；中央区扩大形成不达壳缘的矩形，在中央区一侧有 1 个较大而明显的单孔纹。横线纹辐射状排列，24～26 条/10μm。

分布：湖泊。

4. 赫卢比科泥栖藻 (图版 87: 15-20, 25)

Luticola hlubikovae Levkov, Metzeltin & Pavlov, 2013; Levkov et al., 2013, p. 130, pl. 55, figs. 18-29.

壳面披针椭圆形，末端钝圆形；长 23.0～30.5μm，宽 7.5～9.5μm。中轴区窄，线形；中央区扩大形成不达壳缘的矩形，在中央区一侧有 1 个较大而明显的单孔纹。横线纹辐射状排列，27～29 条/10μm。

分布：湖泊。

5. 雪白泥栖藻 (图版 88: 1-6, 13-14)

Luticola nivalis (Ehrenberg) Mann, 1990; 李家英和齐雨藻, 2018, p. 51, pl. II, figs. 11-12.

壳面线形椭圆形，两侧边缘三波状，末端宽喙状；长 10.5～17.0μm，宽 4.5～6.5μm。

中轴区窄，线形；中央区扩大但不达壳缘，在中央区一侧有 1 个较大而明显的单孔纹。横线纹辐射状排列，由明显的小孔（点）纹组成，19～21 条/10μm。

分布：湖泊。

6. 豆粒泥栖藻 (图版 89: 1-5, 17)

Luticola peguana (Grunow) Mann ex Rarick, Wu, Lee & Edlund, 2017; Cleve and Möller, 1879, p. 169, fig. 188.

壳面披针形，中部略膨大，末端宽圆形；长 38.0～42.5μm，宽 8.5～9.5μm。中轴区线形；中央区扩大形成不达壳缘的矩形，其中一侧有 1 个清晰的独立孔（点）纹。横线纹辐射状排列，由明显的小孔（点）纹组成，19～20 条/10μm。

分布：湖泊。

7. 近菱形泥栖藻 (图版 89: 9-16)

Luticola pitranensis Levkov, Metzeltin & Pavlov, 2013, p. 187, pl. 11, figs. 7-9.

壳面披针形，末端喙状；长 18.5～29.0μm，宽 6.0～8.5μm。中轴区线形，有时在中央区扩大形成不达壳缘的矩形，其中一侧有 1 个清晰的独立孔（点）纹。横线纹辐射状排列，由明显的小孔（点）纹组成，18～20 条/10μm。

分布：湖泊。

8. 简单泥栖藻 (图版 87: 13-14)

Luticola simplex Metzeltin, Lange-Bertalot & García-Rodríguez, 2005; Metzeltin et al., 2005, p. 116, pl. 87, figs. 1-9.

壳面披针形，中部膨大，末端不延伸的宽圆形；长 23.5～28.0μm，宽 7.5～8.0μm。中轴区窄，线形；中央区扩大形成不达壳缘的矩形，在中央区一侧有 1 个较大而明显的单孔纹。横线纹辐射状排列，18～20 条/10μm。

分布：湖泊。

9. 孤点泥栖藻 (图版 89: 6-8)

Luticola stigma (Patrick) Johansen, 2004; Patrick, 1959, p. 96, pl. 8, fig. 3.

壳面披针形，末端喙头状；长 28.5～35.0μm，宽 7.5～9.0μm。中轴区线形，有时在中央区扩大形成不达壳缘的矩形，其中一侧有 1 个清晰的独立孔（点）纹。横线纹辐射状排列，由明显的小孔（点）纹组成，19～22 条/10μm。

分布：湖泊。

10. 偏凸泥栖藻 (图版 88: 7-12, 15)

Luticola ventricosa (Kützing) Mann, 1990, p. 671；李家英和齐雨藻, 2018, p. 54, pl. XXII, fig. 10.

壳面披针形，末端喙头状；长 14.5～17.0μm，宽 6.0～6.5μm。中轴区线形，有时在中央区扩大形成不达壳缘的矩形，其中一侧有 1 个清晰的独立孔（点）纹。横线纹辐射状排列，由明显的小孔（点）纹组成，19～24 条/10μm。

分布：湖泊。

拉菲亚藻属 *Adlafia* Moser Lange-Bertalot & Metzeltin 1998

细胞单生。壳面长常小于 25μm，线形至线形披针形，末端喙状或头状；中央区多变；壳缝末端向两侧弯曲。线纹由单列孔纹组成，呈放射状排列。

1. 蒙诺拉菲亚藻 (图版 90: 1-10, 21-22)

Adlafia multnomahii Morales & Lee, 2005, p. 151, figs. 1-38.

壳面披针形，末端喙头状；长 11.0～14.5μm，宽 3.5～4.5μm。中轴区很窄；中央区很小，不规则地横向扩大。横线纹辐射状排列，28～30 条/10μm。

分布：湖泊。

2. 嗜碱拉菲亚藻 (图版 90: 11-14)

Adlafia parabryophila (Lange-Bertalot) Gerd Moser, Lange-Bertalot & Metzeltin, 1998; Lange-Bertalot and Metzeltin, 1996, p. 86, pl. 27, figs. 11-15.

壳面线形披针形，末端钝圆形；长 13.5～17.0μm，宽 3.5～4.0μm。中轴区很窄；中央区很小，不规则地横向扩大。横线纹辐射状排列，28 条/10μm。

分布：湖泊。

3. 中华拉菲亚藻 (图版 90: 15-20)

Adlafia sinensis Liu & Williams, 2017; Liu et al., 2017, p. 47, figs. 2-50.

壳面椭圆披针形，末端喙状；长 10.0～16.0μm，宽 3.0～4.5μm。中轴区很窄；中央区很小，不规则地横向扩大。横线纹辐射状排列，24～26 条/10μm。

分布：湖泊。

洞穴形藻属 *Cavinula* Mann & Stickle 1990

细胞单生。壳面线形披针形、椭圆形或近圆形，末端圆形或喙状。壳缝近缝端外壳面观略膨大，远缝端直或向相反方向弯曲，部分种类在远缝端一侧具 1 个近圆形的大孔。线纹多放射状排列，由单列圆形的孔纹组成。

1. 卵形洞穴形藻 (图版 91: 1)

Cavinula cocconeiformis (Gregory ex Greville) Mann & Stickle, 1990; 李家英和齐雨藻, 2018, p. 12, pl. I, fig. 8.

壳面椭圆披针形，末端宽圆形；长 11.0μm，宽 7.0μm。中轴区窄，中央区稍微扩大。横线纹细密，辐射状排列，29 条/10μm。

分布：湖泊。

2. 石生洞穴形藻 (图版 91: 2)

Cavinula lapidosa (Krasske) Lange-Bertalot, 1996; Lange-Bertalot and Metze, p. 30, pl. 24, fig. 17a, 17b.

壳面椭圆披针形，末端钝圆形；长 18.0μm，宽 7.5μm。中轴区窄，中央区横向扩大呈蝴蝶结状。横线纹辐射状排列，30 条/10μm。

分布：湖泊。

3. 伪楯形洞穴形藻 (图版 91: 3)

Cavinula pseudoscutiformis (Hustedt) Mann & Stickle, 1990; 李家英和齐雨藻, 2018, p. 13, pl. I, fig. 9.

壳面宽椭圆形或几乎近圆形，末端宽圆形；长 7.0μm，宽 6.5μm。中轴区近菱形披针形，没有明显的中央区。横线纹在中部辐射，向两端呈非常强烈的辐射状排列，30 条/10μm。

分布：湖泊。

努佩藻属 *Nupela* Vyverman & Compère 1991

壳面长椭圆形，沿纵轴略不对称。中轴区线形披针形；中央区椭圆形。部分种类仅 1 个壳面具壳缝，壳缝在内壳面略弯曲或呈“T”形。线纹多由单列长圆形孔纹组成。

1. 弗雷泽努佩藻 (图版 91: 4-7)

Nupela frezelii Potapova, 2011, p. 84, figs. 40-54, 83-90.

壳面宽椭圆形，末端宽圆形；长 15.0～21.5μm，宽 4.0～4.5μm。中轴区较宽，中央区横向矩形。横线纹辐射状排列，25～26 条/10μm。

分布：河流。

2. 威尔莱瑞努佩藻 (图版 91: 8-19)

Nupela wellneri (Lange-Bertalot) Lange-Bertalot, 2000; Lange-Bertalot and Krammer, 1987, p. 123, pl. 40, figs. 28-31.

壳面披针形，末端喙状；长 12.0～14.0μm，宽 3.0～4.0μm。中轴区宽，中央区扩大呈椭圆形。横线纹光镜下很难看清楚，电镜下辐射状排列，45 条/10μm。

分布：湖泊。

全链藻属 *Diadesmis* Kützing 1844

细胞单生或形成带状或链状群体。壳面椭圆形或披针形，末端圆形或尖圆形。中轴区线形披针形；中央区圆形。外壳面壳缝近缝端膨大呈圆形。线纹辐射状排列，由单列长圆形或圆形孔纹组成。

1. 丝状全链藻 (图版 92: 1-8, 20-21)

Diadesmis confervacea Kützing, 1844, p. 109, pl. 30, fig. 8.

壳面椭圆披针形，末端尖圆形；长 14.0～24.0μm，宽 5.5～7.0μm。中轴区窄，明显，中央区圆形。横线纹微辐射状排列，24～25 条/10μm。

分布：广泛分布。

塘生藻属 *Eolimna* Lange-Bertalot & Schiller 1997

细胞单生。壳面线形或近椭圆形。中轴区窄线形；中央区小。壳缝直，远缝端弯向壳面同侧，近缝端直。线纹由单列或双列孔纹组成，孔纹多为小圆形。

1. 康佩尔塘生藻 (图版 92: 15-19, 24)

Eolimna comperei Ector, Coste & Iserentant, 2000; Coste and Ector, 2000, p. 383, pl. 1, figs. 46-55.

壳面线形椭圆形，末端宽圆形；长 8.0～16.5μm，宽 3.0～4.5μm。中轴区较宽，中央区微扩大。横线纹辐射状排列，21～23 条/10μm。

分布：湖泊。

2. 微小塘生藻 (图版 93: 1-4)

Eolimna minima (Grunow) Lange-Bertalot, 1998; Van Heurck, 1880, p. 14, fig. 15.

壳面椭圆形，末端宽圆形；长 5.0～8.0μm，宽 3.0～3.5μm。中轴区较宽，中央区扩大呈不规则形。横线纹辐射状排列，24～28 条/10μm。

分布：湖泊。

马雅美藻属 *Mayamaea* Lange-Bertalot 1997

细胞单生。壳面椭圆形，末端宽圆形。中央胸骨较粗壮。壳缝丝状，近缝端向一侧偏斜，远缝端向同一侧偏斜呈钩状。线纹辐射状排列，由单列孔纹组成。

1. 阿奎斯提马雅美藻 (图版 94: 1-5, 20)

Mayamaea agrestis (Hustedt) Lange-Bertalot, 2001, p. 134, pl. 105, figs. 7-16.

壳面长椭圆形，末端宽圆形；长 9.5～17.0μm，宽 3.0～4.0μm。轴区与胸骨并合，中央区小或规则扩大。横线纹辐射状排列，24～26 条/10μm。

分布：湖泊。

2. 细柱马雅美藻 (图版 94: 6)

Mayamaea atomus (Kützing) Lange-Bertalot, 1997; 李家英和齐雨藻, 2018, p. 55, pl. VII, figs. 4-5.

壳面椭圆形至宽椭圆形，末端宽圆形；长 9.0μm，宽 4.5μm。轴区与胸骨并合，中央区小或规则扩大或缺乏。壳缝丝状，分叉多，少有拱形，包围在或多或少强壮的壳缝骨中，有凸出的（显著的）中央节和端节。壳面横线纹强烈辐射状排列，22 条/10μm。

分布：河流。

3. 小型马雅美藻 (图版 94: 10-19)

Mayamaea ingenua (Hustedt) Lange-Bertalot & Hofmann, 2011; Hofmann et al., 2011, p. 356, pl. 49, figs. 26-28.

壳面椭圆形，末端宽圆形；长 5.5～7.5μm，宽 3.5～3.5μm。中轴区窄；中央区扩大至壳面边缘，呈不规则形。横线纹辐射状排列，20～22 条/10μm。

分布：湖泊。

宽纹藻属 *Hippodonta* Lange-Bertalot, Witkowski & Metzeltin 1996

细胞单生。壳面椭圆形、披针形或线形，末端头状或圆形。中轴区窄线形，中央区不明显。壳缝直，近缝端末端膨大，远缝端直或略弯曲；末端具一个条带状的无纹区。电镜下线纹由两列孔纹或一列纵向短裂缝状的孔纹组成。

1. 丰富宽纹藻 (图版 94: 7)

Hippodonta abunda Pavlov, Levkov, Williams & Edlund, 2013, p. 15, figs. 102-137.

壳面椭圆披针形，末端宽圆形；长 12.5μm，宽 4.5μm。中轴区窄，中央区扩大呈不规则形。横线纹辐射状排列，12 条/10μm。

分布：河流。

2. 阿维塔宽纹藻 (图版 95: 1-4, 17)

Hippodonta avittata (Cholnoky) Lange-Bertalot, Metzeltin & Witkowski, 1996, p. 253, pl. 1, figs. 30-34, 35-40.

壳面椭圆披针形，末端喙状；长 13.0～19.0μm，宽 3.5～4.5μm。中轴区较宽，中央区扩大呈不规则形。横线纹辐射状排列，11～13 条/10μm。

分布：河流。

3. 头端宽纹藻 (图版 95: 9-16, 18)

Hippodonta capitata (Ehrenberg) Lange-Bertalot, Metzeltin & Witkowski, 1996; 李家英和齐雨藻, 2018, p. 36, pl. IV, figs. 11-12.

壳面椭圆披针形，末端延长近头状至头状；长 15.0～21.5μm，宽 5.0～6.5μm。中轴区窄；中央区略有扩大，远端区有明显的无纹透明区。壳缝直，丝状，近缝端和远缝端不偏斜。壳面横线纹明显宽，在中部辐射，向末端聚集状排列，9～11 条/10μm。

分布：广泛分布。

4. 中肋宽纹藻 (图版 94: 8-9)

Hippodonta costulata (Grunow) Lange-Bertalot, Metzeltin & Witkowski, 1996, p. 254, pl. 4, figs. 6-9.

壳面椭圆披针形，末端喙状；长 12.0～13.0μm，宽 4.0μm。中轴区较宽，中央区扩大呈不规则形。横线纹辐射状排列，10～15 条/10μm。

分布：湖泊。

5. 线形宽纹藻 (图版 95: 5)

Hippodonta linearis (Østrup) Lange-Bertalot, Metzeltin & Witkowski, 1996; 李家英和齐雨藻, 2018, p. 38, pl. XXII, figs. 12-13.

壳面线形，末端宽圆形；长 16.0μm，宽 5.0μm。中轴区窄，线形；中央区扩大形成短的横带。横线纹粗壮，微辐射状排列，向两端近平行，11 条/10μm。

分布：湖泊。

鞍型藻属 *Sellaphora* Mereschkowsky 1902

细胞单生。壳面线形、椭圆形或披针形，末端圆形或头状。壳缝直或微波曲，壳缝两侧具纵向的无纹区。线纹由单列或双列孔纹组成。

1. 专制鞍型藻 (图版 95: 6, 19)

Sellaphora absoluta (Hustedt) Wetzel, Ector, Van de Vijver, Compère & Mann, 2015; Hustedt, 1950, p. 435, pl. 38, figs. 80-85.

壳面披针形，末端喙状至头状；长 18.5～20.0μm，宽 4.5～5.0μm。中轴区窄，中央区微扩大呈不规则形。横线纹辐射状排列，25 条/10μm。

分布：湖泊。

2. 美利坚鞍型藻 (图版 96: 1-2)

Sellaphora americana (Ehrenberg) Mann, 1989; 李家英和齐雨藻, 2018, p. 80, pl. IX, figs. 1-2.

壳面宽线形，有时中部稍微凹入，末端圆形；长 51.5～56.0μm，宽 14.5～15.5μm。中轴区宽，中央区微扩大呈近圆形或椭圆形。横线纹辐射状排列，在中部呈平行状排列，18～19 条/10μm。

分布：湖泊。

3. 阿奇博尔德鞍型藻 (图版 92: 9-14, 22-23)

Sellaphora archibaldii (Taylor & Lange-Bertalot) Ács, Wetzel & Ector, 2017; Taylor and Lange-Bertalot, 2006, p. 178, fig. 3.

壳面宽椭圆形，末端宽圆形；长 5.5～6.0μm，宽 3.0～3.5μm。中轴区较宽，中央区稍扩大。横线纹辐射状排列，28～30 条/10μm。

分布：湖泊。

4. 原子鞍型藻 (图版 100: 1-4, 24)

Sellaphora atomoides (Grunow) Wetzel & Van de Vijver, 2015; Van Heurck, 1880, p. 107, pl. 14, fig. 12.

壳面窄椭圆形，末端宽圆形；长 9.0～14.5μm，宽 2.5～3.0μm。中轴区窄，线形；中央区扩大呈蝴蝶结形。壳缝直，线形。横线纹辐射状排列，19～21 条/10μm。

分布：湖泊。

5. 杆状鞍型藻 (图版 96: 3-4, 18)

Sellaphora bacillum (Ehrenberg) Mann, 1989; 李家英和齐雨藻, 2018, p. 82, pl. IX, fig. 5, pl. XXXV, figs. 4-8.

壳面椭圆形或线椭圆形，末端宽圆形；长 31.0～33.0μm，宽 7.5～8.0μm。中轴区窄，小于壳面宽度的 1/4；中央区扩大呈圆形。横线纹辐射状排列，20～21 条/10μm。

分布：广泛分布。

6. 巴拉瑟夫鞍型藻 (图版 95: 7-8)

Sellaphora balashovae Andreeva, Kulikovskiy & Kociolek, 2018; Andreeva et al., 2018, p. 76, figs. 1-22.

壳面椭圆披针形，末端头状；长 15.5～16.0μm，宽 4.5～5.0μm。中轴区窄，中央区扩大呈蝴蝶结形。横线纹辐射状排列，24 条/10μm。

分布：河流。

7. 布莱克福德鞍型藻 (图版 96: 5-6)

Sellaphora blackfordensis Mann & Droop, 2004; Mann et al., 2004, p. 476, figs. 4g-4i, 19, 33-37.

壳面线形，末端宽圆形；长 26.5～29.0μm，宽 7.0～7.5μm。中轴区窄，线形；中央区蝴蝶结形，但不延伸到壳面边缘。壳缝线形，微波曲，远端缝向同一方向弯曲。横线纹辐射状排列，20～24 条/10μm。

分布：湖泊。

8. 波尔斯鞍型藻 (图版 96: 9)

Sellaphora boltziana Metzeltin, Lange-Bertalot & Soninkhishig, 2009; 李家英和齐雨藻, 2018, p. 84, pl. XXXVI, figs. 1-5.

壳面线形，在中部稍微凸出，末端宽圆形；长 55.5μm，宽 13.0μm。中轴区中等宽，中央区扩大呈圆形。横线纹在中部平行排列，向两端逐渐呈辐射状排列，19 条/10μm。

分布：湖泊。

9. 头状鞍型藻 (图版 99: 7)

Sellaphora capitata Mann & McDonald, 2004; 李家英和齐雨藻, 2018, p. 84, pl. XXXVI, figs. 1-5.

壳面窄椭圆形，末端近头状；长 33.5μm，宽 7.5μm。中轴区窄，中央区横向扩大形成近带状的蝴蝶结形。横线纹辐射状排列，21 条/10μm。

分布：湖泊。

10. 缢缩鞍型藻 (图版 96: 10-17, 19)

Sellaphora constricta Kociolek & You, 2017; You et al., 2017, p. 262, figs. 1-16.

壳面椭圆披针形，中部缢缩明显，末端宽圆形；长 33.5～59.0μm，宽 9.4～11.7μm。中轴区窄，中央区微扩大。横线纹辐射状排列，16～20 条/10μm。

分布：广泛分布。

11. 广生鞍型藻 (图版 121: 4-15, 19)

Sellaphora cosmopolitana (Lange-Bertalot) Wetzel & Ector, 2015; Rumrich et al., 2000, p. 177, pl. 77, figs. 36-38.

壳体小。壳面披针形，末端喙头状；长 9.0～10.5μm，宽 2.5～3.0μm。中轴区窄，线形；中央区椭圆形。线纹中部微辐射状排列，末端聚集状排列，36～40 条/10μm。

分布：河流。

12. 达武鞍型藻 (图版 96: 7, 20)

Sellaphora davoutiana Heudre, Wetzel, Moreau & Ector, 2018, p. 271, figs. 2-17.

壳面椭圆披针形，末端头状；长 9.0～10.3μm，3.3～3.9μm。中轴区窄，中央区微扩大。横线纹辐射状排列，30～32 条/10μm。

分布：湖泊。

13. 胡斯特鞍型藻 (图版 100: 5-6)

Sellaphora hustedtii (Krasske) Lange-Bertalot & Werum, 2004; Krasske, 1923, p. 198, fig. 3.

壳面椭圆披针形，末端喙状至头状；长 11.5～12.5μm，宽 4.0～4.5μm。中轴区窄，线形；中央区小。壳缝直，线形。横线纹辐射状排列，27～29 条/10μm。

分布：湖泊。

14. 光滑鞍型藻 (图版 97: 1-4, 23)

Sellaphora laevissima (Kützing) Mann, 1989; 李家英和齐雨藻, 2018, p. 87, pl. IX, fig. 11, pl. XXXVII, fig. 9.

壳面线形，两侧边缘平行或略凸出，末端圆形；长 27.0～35.0μm，宽 6.5～

7.0μm。中轴区窄；中央区横向扩大，边缘有不规则的短线纹。横线纹辐射状排列，22～24 条/10μm。

分布：广泛分布。

15. 披针鞍型藻 (图版 96: 8)

Sellaphora lanceolata Mann & Droop, 2004; Mann et al., 2004, p. 479, figs. 4p-4r, 22, 48-52.

壳面披针形，末端喙状；长 22.0μm，宽 6.0μm。中轴区窄，中央区扩大呈椭圆形。横线纹辐射状排列，28 条/10μm。

分布：河流。

16. 马达加斯加鞍型藻 (图版 99: 8)

Sellaphora madagascariensis Metzeltin & Lange-Bertalot, 2003, p. 62, pl. 31, figs. 1-3.

壳面窄椭圆形，末端宽圆形；长 25.5μm，宽 6.0μm。中轴区窄，中央区横向扩大呈不规则状。横线纹辐射状排列，23 条/10μm。

分布：湖泊。

17. 南欧鞍型藻 (图版 97: 9-10)

Sellaphora meridionalis Potapova & Ponader, 2008, p. 173, fig. 2A-2L.

壳面披针形，末端喙状；长 20.5～22.5μm，宽 6.5～7.0μm。中轴区窄，中央区横向扩大。横线纹辐射状排列，24～26 条/10μm。

分布：河流。

18. 极小鞍型藻 (图版 97: 11-16, 24)

Sellaphora minima (Grunow) Mann, 1990; Van Heurck, 1880, pl. XIV, fig. 15.

壳面椭圆形或椭圆披针形，末端宽圆形；长 9.0～11.5μm，宽 3.5～4.0μm。中轴区窄，中央区横向扩大。横线纹辐射状排列，27～30 条/10μm。

分布：湖泊。

19. 蒙古鞍型藻 (图版 100: 17-21)

Sellaphora mongolocollegarum Metzeltin & Lange-Bertalot, 2009; 李家英和齐雨藻, 2018, p. 89, pl. XXXVII, figs. 12-14.

壳面椭圆形，末端宽圆形；长 21.0～36.5μm，宽 8.0～9.0μm。中轴区窄，线形；中央区小，椭圆形。壳缝直，线形，有 1 条明显的纵肋包围壳缝，端缝两侧各有 1 条节条纹。横线纹辐射状排列，中部稀疏，向两端密集，在中部 21 条/10μm，在末端 22～26 条/10μm。

分布：湖泊。

20. 变化鞍型藻 (图版 100: 22)

Sellaphora mutatoides Lange-Bertalot & Metzeltin, 2002; Metzeltin and Lange-Bertalot, 2002, p. 64, pl. 31, figs. 23-24.

壳面椭圆披针形，末端喙头状；长 26.5μm，宽 8.0μm。中轴区窄，线形；中央区横矩形，但不延伸到壳面边缘。壳缝较直，线形，远端缝向同一方向弯曲。横线纹辐射状排列，21 条/10μm。

分布：河流。

21. 尼格里鞍型藻 (图版 97: 17-22, 25)

Sellaphora nigri (De Notaris) Wetzel & Ector, 2015; Wetzel et al., 2015, p. 221, figs. 319-393.

壳面椭圆形或椭圆披针形，末端宽圆形；长 5.5～11.5μm，宽 3.5～4.0μm。中轴区窄，中央区横向扩大。横线纹辐射状排列，23～25 条/10μm。

分布：湖泊。

22. 佩拉戈鞍型藻 (图版 97: 5-6)

Sellaphora pelagonica Kochoska, Zaova, Videska & Levkov, 2021; Kochoska et al., 2021, p. 123, figs. 2-39.

壳面线形，两侧边缘平行或略凸出，末端圆形；长 25.5～26.0μm，宽 6.0～6.5μm。中轴区窄；中央区横向扩大，边缘有不规则的短线纹。横线纹辐射状排列，23～24 条/10μm。

分布：河流。

23. 全光滑鞍型藻 (图版 97: 7-8, 26)

Sellaphora perlaevissima Metzeltin, Lange-Bertalot & Soninkhishig, 2009; 李家英和齐雨藻, 2018, p. 90, pl. XXXVIII, fig. 10.

壳面线形，末端圆形；长 29.5～34.5μm，宽 6.5～7.0μm。中轴区窄，线形；中央区横矩形，但不延伸到壳面边缘。壳缝较直，线形。横线纹辐射状排列，22～23 条/10μm。

分布：河流。

24. 亚头状鞍型藻 (图版 98: 1-3, 17)

Sellaphora perobesa Metzeltin, Lange-Bertalot & Soninkhishig, 2009, p. 98, pl. 61, figs. 1-7.

壳面椭圆披针形，末端喙状；长 18.0～26.0μm，宽 6.5～7.0μm。中轴区窄，线形，中央区蝴蝶结形，但不延伸到壳面边缘。横线纹辐射状排列，20～22 条/10μm。

分布：广泛分布。

25. 假凸腹鞍形藻 (图版 100: 11-16)

Sellaphora pseudoventralis (Hustedt) Chudaev & Gololobova, 2015, p. 254, figs. 17-29.

壳面长椭圆形，末端宽圆形；长 9.5～12.5μm，宽 4.5～5.0μm。中轴区窄，线形；

中央区微扩大。壳缝直，线形。横线纹辐射状排列，17～20 条/10μm。

分布：湖泊。

26. 矩形鞍型藻 (图版 100: 23)

Sellaphora rectangularis (Gregory) Lange-Bertalot & Metzeltin, 1996, p. 102, pl. 25, figs. 10-12.

壳面线形，末端宽头状；长 49.5μm，宽 12.0μm。壳缝直，线形；中轴区窄，线形；中央区扩大呈蝴蝶结形。横线纹辐射状排列，19 条/10μm。

分布：河流。

27. 腐生鞍型藻 (图版 98: 4-6, 18)

Sellaphora saprotolerans Lange-Bertalot, Hofmann & Cantonati, 2017; Lange-Bertalot et al., 2017, p. 550, pl. 42, figs. 1-5.

壳面椭圆披针形，末端喙状；长 14.5～21.5μm，宽 5.5～6.5μm。中轴区窄；中央区蝴蝶结形，但不延伸到壳面边缘。横线纹辐射状排列，24～26 条/10μm。

分布：湖泊。

28. 索日鞍型藻 (图版 98: 9-11, 19)

Sellaphora saugerresii (Desmazières) Wetzel & Mann, 2015; Desmazières, 1858, p. 20, fig. 506.

壳面长椭圆形，末端宽圆形；长 12.0～17.5μm，宽 3.5～4.0μm。中轴区窄，中央区横向扩大。横线纹辐射状排列，23～25 条/10μm。

分布：湖泊。

29. 沙德鞍型藻 (图版 77: 4-8, 11; 98: 12-14, 20)

Sellaphora schadei (Krasske) Wetzel, Ector, Van de Vijver, Compère & Mann, 2015; Krasske, 1929, p. 355, fig. 11a, 11b.

壳面椭圆披针形，末端头状；长 10.0～13.5μm，宽 4.0～5.0μm。中轴区窄，近线形；中央区稍扩大。横线纹辐射状排列，24～28 条/10μm。

分布：湖泊。

30. 施罗西鞍型藻 (图版 98: 7-8)

Sellaphora schrothiana Metzeltin, Lange-Bertalot & Soninkhishig, 2009; 李家英和齐雨藻, 2018, p. 94, pl, XXXVIII, figs. 8-9.

壳面线形，末端宽圆形；长 22.5～27.0μm，宽 6.5～7.0μm。中轴区窄，线形；中央区蝴蝶形，但不延伸到壳面边缘。壳缝线形，略弯曲。横线纹辐射状排列，末端近平行排列，23～26 条/10μm。

分布：湖泊。

31. 半裸鞍型藻 (图版 100: 7-10, 25-26)

Sellaphora seminulum (Grunow) Mann, 1989; Grunow, 1860, p. 552, pl. 2, fig. 3.

壳面线形，呈三波曲状，末端头状；长 8.0～12.5μm，宽 3.0～3.5μm。中轴区窄，线形；中央区小。壳缝直，线形。横线纹辐射状排列，30～32 条/10μm。

分布：湖泊。

32. 类鞍型藻 (图版 99: 1-2)

Sellaphora simillima Metzeltin, Lange-Bertalot & Soninkhishig, 2009, p. 102, pl. 251, figs. 1-3.

壳面线形，末端宽圆形；长 38.0～38.5μm，宽 9.0～9.5μm。中轴区窄，中央区微横向扩大呈蝴蝶结形。横线纹辐射状排列，20～21 条/10μm。

分布：湖泊。

33. 近瞳孔鞍型藻 (图版 98: 15-16)

Sellaphora subpupula Levkov & Nakov, 2007; Levkov et al., 2007, p. 124, pl. 107, figs. 9-15.

壳面椭圆披针形，末端喙状；长 11.0～13.5μm，宽 4.0～4.5μm。中轴区窄，中央区微横向扩大。横线纹辐射状排列，24～27 条/10μm。

分布：广泛分布。

34. 三齿鞍型藻 (图版 99: 21-24)

Sellaphora tridentula (Krasske) Wetzel, 2015; 朱蕙忠和陈嘉佑, 2000, p. 312, pl. 29, fig. 3.

壳面线形，呈三波曲状，末端头状；长 11.5～14.5μm，宽 2.5～3.0μm。中轴区窄，线形；中央区小。壳缝直，线形。横线纹在光镜下观察不清楚。

分布：湖泊。

35. 万氏鞍型藻 (图版 93: 5-6, 15-16)

Sellaphora vanlandinghamii (Kociolek) Wetzel, 2015; Kociolek et al., 2014, p. 24, pl. 28, figs. 21-28.

壳面椭圆形，末端宽圆形；长 6.0～8.0μm，宽 3.0～3.5μm。中轴区窄，中央区微扩大。横线纹辐射状排列，28～32 条/10μm。

分布：湖泊。

36. 腹糊鞍型藻 (图版 99: 9-20)

Sellaphora ventraloconfusa (Lange-Bertalot) Metzeltin & Lange-Bertalot, 1998; Lange-Bertalot and Krammer, 1989, p. 165, pl. 79, figs. 36-39.

壳面椭圆披针形，末端近头状；长 20.0～22.0μm，宽 5.0～6.0μm。中轴区窄，中央区横向扩大形成近带状的蝴蝶结形。横线纹辐射状排列，23～25 条/10μm。

分布：河流。

37. 班达鞍型藻 (图版 99: 3-6)

Sellaphora vitabunda (Hustedt) Mann, 1989; Hustedt, 1930, p. 302, fig. 523.

壳面线形，末端宽圆形；长 13.0～20.0μm，宽 4.5～5.0μm。中轴区窄，中央区微横向扩大呈蝴蝶结形。横线纹辐射状排列，27～29 条/10μm。

分布：湖泊。

假伪形藻属 *Pseudofallacia* Liu, Kociolek & Wang 2012

壳面椭圆形、线形至披针形，末端圆形或头状。中轴区两侧具琴形的无纹区；中央区常膨大。线纹由单列孔纹组成。

1. 串珠假伪形藻 (图版 101: 1-2)

Pseudofallacia monoculata (Hustedt) Liu, Kociolek & Wang, 2012; Hustedt, 1945, p. 921, pl. 41, fig. 4.

壳面椭圆形，末端宽圆形；长 9.0～9.5μm，宽 4.0～4.5μm。中轴区窄，线形，两侧具琴形的无纹区；中央区小，近圆形。壳缝直，线形。横线纹微辐射状排列，23～24 条/10μm。

分布：河流。

2. 柔嫩假伪形藻 (图版 101: 3-6)

Pseudofallacia tenera (Hustedt) Liu, Kociolek & Wang, 2012; Hustedt, 1937, p. 259, pl. 18, figs. 11-12.

壳面椭圆形，末端圆形；11.0～14.5μm，宽 5.0～5.5μm。中轴区窄，线形，两侧具琴形的无纹区；中央区小，近圆形。壳缝线形。横线纹辐射状排列，20～22 条/10μm。

分布：广泛分布。

微肋藻属 *Microcostatus* Johansen & Sray 1998

壳面线形披针形或近椭圆形，末端圆形或延长呈头状。中轴区在中央胸骨两侧具凹陷，凹陷内也有横向的肋纹，同中央区形成在光镜下看起来近似琴形的结构。壳缝直，远缝端弯向壳面同侧。线纹由单列孔纹组成。

1. 卡氏微肋藻 (图版 101: 7)

Microcostatus krasskei (Hustedt) Johansen & Sray, 1998; Hustedt, 1930, p. 287, fig. 481.

壳面椭圆披针形，末端宽圆形；长 13.5μm，宽 5.5μm。中轴区窄，披针形；中央区扩大呈椭圆形。横线纹辐射状排列，21 条/10μm。

分布：河流。

伪形藻属 *Fallacia* Stickle & Mann 1990

细胞单生。壳面线形披针形至椭圆形，末端截圆。中轴区两侧具琴形的无纹区。壳缝直线形，近缝端直或向一侧偏斜，远缝端直、弯曲或钩状。线纹多由单列孔纹组成，极少出现双列。

1. 霍氏伪形藻 (图版 101: 8)

Fallacia hodgeana (Patrick & Freese) Li & Suzuki, 2014; Patrick and Freese, 1961, p. 189, pl. 2, fig. 2.

壳面线形椭圆形，末端宽圆形；长 13.0μm，宽 5.5μm。中轴区窄，线形；中央区微扩大。壳缝直，线形。横线纹辐射状排列，25 条/10μm。

分布：湖泊。

2. 矮小伪形藻 (图版 101: 9-11)

Fallacia pygmaea (Kützing) Stickle & Mann, 1990; 李家英和齐雨藻, 2018, p. 30, pl. III, fig. 21, pl. XXVIII, figs. 1-3.

壳面线形，末端宽头状；长 20.0～24.0μm，宽 8.0～9.0μm。中轴区窄，线形，在壳面中央和极端向着壳缝变窄，在中央节处扩大形成宽的透明区。壳缝直，线形。横线纹辐射状排列，25～27 条/10μm。

分布：广泛分布。

3. 小近钩状伪形藻 (图版 101: 12-15)

Fallacia subhamulata (Grunow) Mann, 1990; Van Heurck, 1880, pl. 13, fig. 14.

壳面线形，末端宽圆形；长 15.5～20.5μm，宽 5.0～6.0μm。中轴区窄，线形；中央区微扩大。壳缝直，线形。横线纹辐射状排列，28～29 条/10μm。

分布：广泛分布。

双壁藻属 *Diploneis* (Ehrenberg) Cleve 1894

细胞单生。壳面椭圆形至长椭圆形或近菱形椭圆形，末端圆形或钝圆形。壳缝两侧具发育良好的、增厚的纵向硅质管，管上具单个的孔或长圆形的点孔。线纹由 1～2 列孔纹组成。

1. 灰岩双壁藻 (图版 102: 1-5)

Diploneis calcicolafrequens Lange-Bertalot & Fuhrmann, 2020; Lange-Bertalot et al., 2020, p. 26, pl. 27, fig. 2.

壳面长椭圆形，壳面边缘多少强烈地凸出，末端钝圆形；长 14.5～27.0μm，宽 8.0～13.0μm。中央区较小。横线纹辐射状排列，11～12 条/10μm。

分布：广泛分布。

2. 椭圆双壁藻 (图版 102: 9-11, 15-16)

Diploneis elliptica (Kützing) Cleve, 1894; 李家英和齐雨藻, 2010, p. 96, pl. XV, fig. 7, pl. XXXVI, figs. 3-5.

壳面长椭圆形至菱形椭圆形，壳面边缘多少强烈地凸出，末端钝圆形；长 32.0～

40.0μm，宽 15.0～20.5μm。中央节中等大，圆形至方形。横线纹较粗壮，辐射状排列，10～12 条/10μm。

分布：广泛分布。

3. 小圆盾双壁藻 (图版 102: 6-7)

Diploneis parma Cleve, 1891; 李家英和齐雨藻, 2010, p. 102, pl. XVI, fig. 6.

壳面椭圆形至线状椭圆形，末端钝圆形；长 10.5～15.0μm，宽 7.0～7.5μm。中央区较小。横线纹辐射状排列，17～20 条/10μm。

分布：河流。

4. 长圆双壁藻 (图版 102: 12, 17)

Diploneis oblongella (Nägeli ex Kützing) Cleve-Euler, 1922; 李家英和齐雨藻, 2010, p. 101, pl. XVI, fig. 2, pl. XXXVIII, fig. 4.

壳面线状椭圆形，末端宽圆形；长 34.5～44.0μm，宽 14.0～15.0μm。中央节中等大。横线纹较粗壮，呈辐射状排列，10～11 条/10μm。

分布：湖泊。

5. 眼斑双壁藻 (图版 102: 8)

Diploneis oculata (Brébisson) Cleve, 1894; 李家英和齐雨藻, 2010, p. 100, pl. XXXVIII, figs. 1-2.

壳面线状椭圆形，末端宽圆形；长 13.0μm，宽 4.5μm。中央节小，方形至纵向矩形。中轴区窄，线形；中央区微扩大。壳缝直，线形。横线纹辐射状排列，27 条/10μm。

分布：湖泊。

长篦藻属 *Neidium* Pfitzer 1871

细胞单生。壳面线形、披针形至椭圆形，末端钝或喙状。中轴区线形；中央区椭圆形、矩形或圆形。壳面靠近壳缘处具 1 或数条纵线。线纹由单列孔纹组成。

1. 细纹长篦藻乌马变种 (图版 102: 13-14)

Neidium affine var. ***humeris*** Reimer, 1966; 李家英和齐雨藻, 2010, p. 73, pl. XXXXII, figs. 2, 15.

壳面披针形，末端喙头状；长 40.5～45.0μm，宽 11.0～12.0μm。中轴区窄，中央区对角线椭圆形。壳缝直，近缝端弯向相反的方向。横线纹辐射状排列，21～22 条/10μm。

分布：湖泊。

2. 短尖头长篦藻 (图版 103: 1-2)

Neidium apiculatoides Liu, Wang & Kociolek, 2017; Liu et al., 2007, p. 14, figs. 108-119.

壳面线形披针形，末端延长，喙头状；长 37.0～38.0μm，宽 11.5～13.0μm。中轴区线形，在壳面中部扩大形成 1 个椭圆形的不对称的中央区。壳缝直，近缝端弯向相反的方向。横线纹辐射状排列，向两端逐渐平行，21～25 条/10μm。

分布：湖泊。

3. 二哇长篦藻 (图版 103: 3-4)

Neidium bisulcatum (Lagerstedt) Cleve, 1894; 李家英和齐雨藻, 2010, p. 75, pl. XXXV, figs. 1-2.

壳面线形，末端宽圆形；长 40.5～41.0μm，宽 5.5～6.5μm。中轴区窄，中央区横向椭圆形。壳缝直，近缝端弯向相反的方向。横线纹平行排列，近末端辐射状排列，32 条/10μm。

分布：湖泊。

4. 楔形长篦藻 (图版 103: 5-8, 17)

Neidium cuneatiforme Levkov, 2007; Levkov et al., 2007, p. 106, pl. 114, figs. 1-9.

壳面宽线形，末端近喙状；长 27.0～35.5μm，宽 9.6～10.0μm。中轴区线形，中央区椭圆形。壳缝线形，近缝端直，不弯向相反的方向。线纹微辐射状排列，22～23 条/10μm。壳面边缘各有 1 条纵线纹。

分布：河流。

5. 弯钩长篦藻 (图版 103: 9-10)

Neidium hitchcockii (Ehrenberg) Cleve, 1894; 李家英和齐雨藻, 2010, p. 81, pl. XXXV, fig. 3.

壳面宽线形，壳缘三波形，末端明显收缩延长呈喙状；长 40.0～40.5μm，宽 8.0～8.5μm。中轴区窄，中央区扩大呈横向近椭圆形。壳缝直，近缝端弯向相反的方向。横线纹近平行排列，25～26 条/10μm。

分布：湖泊。

6. 花湖长篦藻 (图版 105: 2)

Neidium lacusflorum Liu, Wang & Kociolek, 2017; Liu et al., 2017, p. 18, figs. 163-166, 173-177.

壳面线形椭圆形，末端逐渐变尖，呈钝圆形；长 71.0μm，宽 18.0μm。中轴区线形，中央区椭圆形。壳缝线形。线纹近平行排列，17 条/10μm。壳面边缘各有多条纵线纹。

分布：湖泊。

7. 舌状长篦藻 (图版 104: 1-4)

Neidium ligulatum Liu, Wang & Kociolek, 2017; Liu et al., 2017, p. 22, figs. 226-230, 237-241.

壳面线形至线形椭圆形，两侧边缘凸起，末端喙状；长 50.0～81.5μm，宽 13.5～18.0μm。中轴区窄，线形；中央区椭圆形。壳缝直，近缝端弯向相反的方向。横线纹辐射状排列，向两端逐渐平行，至末端呈会聚状，21 条/10μm。

分布：湖泊。

8. 黎母长篦藻 (图版 103: 11-13)

Neidium limuae Liu & Kociolek, 2014; Liu et al., 2014, p. 166, figs. 1-20.

壳面披针形，末端喙状；长 33.5～35.0μm，宽 6.0～6.5μm。中轴区窄，中央区呈椭圆形。壳缝直，近缝端弯向相反的方向。横线纹近平行排列，28～32 条/10μm。

分布：湖泊。

9. 极小长篦藻 (图版 103: 14-16)

Neidium perminutum Cleve-Euler, 1934, p. 144, fig. 163.

壳面椭圆形，末端宽圆形；长 23.0～25.5μm，宽 4.5～5.5μm。中轴区窄，中央区横向矩形。壳缝直，近缝端弯向相反的方向。横线纹辐射状排列，31～33 条/10μm。

分布：湖泊。

10. 伸长长篦藻较小变种 (图版 104: 5, 15)

Neidium productum var. ***minus*** Cleve-Euler, 1932; 李家英和齐雨藻, 2010, p. 91, pl. XIV, fig. 7.

壳面宽线形椭圆形，末端宽头状；长 50.0μm，宽 11.5μm。中轴区窄，中央区横椭圆形。壳缝直，近缝端弯向相反的方向。横线纹辐射状排列，向两端逐渐平行，至末端呈会聚状，23 条/10μm。

分布：湖泊。

11. 短喙长篦藻 (图版 104: 12-14)

Neidium rostratum Liu, Wang & Kociolek, 2017; Liu et al., 2017, p. 13, figs. 92-97, 103-107.

壳面线形椭圆形，末端宽圆形；长 34.5～46.5μm，宽 10.5～12.5μm。中轴区线形，中央区椭圆形。壳缝线形。线纹呈微辐射状排列，22～24 条/10μm。壳面边缘各有 1 条纵线纹。

分布：湖泊。

12. 近长圆长篦藻 (图版 105: 3-4)

Neidium suboblongum Liu, Wang & Kociolek, 2017; Liu et al., 2017, p. 10, figs. 45-52, 58-62.

壳体较小，壳面线形椭圆形，末端头状；长 36.0～37.0μm，宽 7.5～8.0μm。中轴区线形，中央区矩形。壳缝线形，近缝端弯向相反的两侧，远缝端呈叉状。线纹辐射状排列，向两端逐渐平行，29～30 条/10μm。壳面边缘各有 1 条纵线纹。

分布：湖泊。

13. 土栖长篦藻 (图版 104: 10-11)

Neidium terrestre Bock, 1970, p. 428, pl. 1, fig. 11.

壳面线形椭圆形，末端宽圆形；长 23.5～26.5μm，宽 4.5～5.0μm。中轴区窄，中央区横椭圆形。壳缝直，近缝端弯向相反的方向。横线纹辐射状排列，向两端逐渐平行，至末端呈会聚状，27～28 条/10μm。

分布：湖泊。

14. 三波长篦藻 (图版 104: 6)

Neidium triundulatum Liu, Wang & Kociolek, 2017; Liu et al., 2017, p. 8, figs. 31-39.

壳面椭圆披针形，末端喙头状；长 67.5μm，宽 15.5μm。中轴区窄，中央区横椭圆形。壳缝直，近缝端弯向相反的方向。横线纹辐射状排列，22 条/10μm。

分布：湖泊。

15. 扭曲长篦藻 (图版 104: 7-9)

Neidium tortum Liu, Wang & Kociolek, 2017; Liu et al., 2017, p. 12, figs. 85-91, 98-102.

壳面椭圆形，末端宽圆形；长 35.5～40.0μm，宽 9.5～10.0μm。中轴区窄，中央区横椭圆形。壳缝直，近缝端弯向相反的方向。横线纹辐射状排列，向两端逐渐平行，至末端呈会聚状，22～24 条/10μm。

分布：湖泊。

16. 若尔盖长篦藻 (图版 105: 1)

Neidium zoigeaeum Liu, Wang & Kociolek, 2017; Liu et al., 2017, p. 17, figs. 153-162.

壳体大，壳面线形椭圆形，末端钝，楔形；长 110.0μm，宽 21.0μm。中轴区窄，中央区横向椭圆形。壳缝波曲状，近缝端弯向相反的两侧，远缝端呈叉状。线纹近平行排列，16 条/10μm。壳面边缘各有多条纵线纹。

分布：湖泊。

长篦形藻属 *Neidiomorpha* Lange-Bertalot & Cantonati 2010

细胞单生。壳面线形披针形，末端延长呈头状或喙状，部分种类壳面中部缢缩。中轴区线形，中央区椭圆形、长方形或方形。壳缝近缝端末端略膨大；两侧具纵向的条带状区域，具很小的点纹。线纹由单列孔纹组成。

1. 双结形长篦形藻 (图版 105: 5-6)

Neidiomorpha binodiformis (Krammer) Cantonati, Lange-Bertalot & Angeli, 2010; Krammer and Lange-Bertalot, 1985, p. 102, pl. 5, figs. 14-15.

壳面线形披针形，中部略缢缩，末端喙状；长 21.5～22.5μm，宽 5.5μm。中轴区线形，中央区椭圆形。壳缝线形。线纹呈微辐射状排列，27～28 条/10μm。

分布：湖泊。

2. 淀山湖长篦形藻 (图版 105: 7-10, 14)

Neidiomorpha dianshaniana Luo, You & Wang, 2019; Luo et al., 2019, p. 99, figs. 1-21.

壳面线形椭圆形，末端喙状；长 18.5～22.0μm，宽 7.0～8.0μm。中轴区线形，中央区椭圆形。壳缝线形。线纹呈微辐射状排列，26～27 条/10μm。

分布：湖泊。

异菱藻属 *Anomoeoneis* Pfitzer 1871

细胞单生。壳面椭圆形、披针形或椭圆形披针形，末端宽圆或近头状。中轴区宽，靠近壳缝处具一列点纹围绕胸骨；中央区对称（琴状）或不对称。壳缝远缝端弯曲。线纹由单列孔纹组成，孔纹排列不规则。

1. 具球异菱藻 (图版 105: 11-13)

Anomoeoneis sphaerophora Pfitzer, 1871；李家英和齐雨藻, 2010, p. 132, pl. XXIII, fig. 7, pl. XXXX, figs. 8-9.

壳面线形椭圆形，末端延长呈喙状或头状；长 75.0～79.0μm，宽 19.0～20.5μm。中轴区线形，中央区呈不规则圆形。壳缝线形。线纹呈微辐射状排列，14～16 条/10μm。壳面边缘各有 1 条纵线纹。

分布：湖泊。

交互对生藻属 *Decussiphycus* Guiry & Gandhi 2019

细胞单生。壳面椭圆形披针形，末端喙状或鸭嘴状至楔状钝形。中轴区窄线形；中央区椭圆形。壳缝直，近缝端末端微膨大，远缝端弯向相反方向。线纹由单列圆形孔纹组成。

1. 扁圆交互对生藻 (图版 106: 1-3)

Decussiphycus placenta (Ehrenberg) Guiry & Gandhi, 2019; Ehrenberg, 1854, p. 30, pl. 33, fig. 23.

壳面线形椭圆形，末端延长呈鸭嘴状；长 29.5～34.5μm，宽 14.5～15.5μm。中轴区线形，中央区扩大呈椭圆形。壳缝线形。线纹呈微辐射状排列，22～27 条/10μm。壳面边缘各有 1 条纵线纹。

分布：湖泊。

小林藻属 *Kobayasiella* Lange-Bertalot 1999

壳面线形至线形披针形，末端头状或喙状。中轴区窄。壳缝直，近缝端略膨大，远缝端完全位于壳面末端，强烈弯曲。线纹在壳面辐射状排列，靠近末端处突然会聚，形成“<”形纹饰，在光镜下较难观察到。线纹由单列长圆形孔纹组成。

1. 微细小林藻 (图版 106: 4)

Kobayasiella parasubtilissima (Kobayasi & Nagumo) Lange-Bertalot, 1999; Kobayasi and Nagumo, 1988, p. 245, figs. 19-37.

壳面线形，末端延长呈喙状；长 22.0μm，宽 4.0μm。中轴区线形，中央区呈不规则形。壳缝线形。横线纹在光镜下不明显。

分布：湖泊。

短纹藻属 *Brachysira* Kützing 1836

细胞常单生。壳面线形至线形披针形，末端圆形或延长，部分种类沿横轴不对称。中轴区窄。壳缝直，部分种类在壳缝两侧具隆起硅质脊。线纹由单列点纹组成，点纹多长圆形，不规则排列，光镜下观察到点纹纵向波曲。

1. 伊拉万短纹藻 (图版 106: 5-7)

Brachysira irawanae (Podzorski & Håkansson) Lange-Bertalot & Podzorski, 1994; Lange-Bertalot and Moser, 1994, p. 35, pl. 31, figs. 1-10.

壳面披针形，末端延长呈喙状或头状；长 25.0～29.0μm，宽 4.5～5.5μm。壳缝线形；中轴区窄，中央区呈不规则圆形。线纹呈微辐射状排列，31～33 条/10μm。

分布：湖泊。

2. 新瘦短纹藻 (图版 106: 10-16, 19-20)

Brachysira neoexilis Lange-Bertalot, 1994; Lange-Bertalot and Moser, 1994, p. 51, pl. 5, figs. 1-35.

壳面椭圆披针形，末端延长呈喙状或头状；长 17.5～28.0μm，宽 4.0～4.5μm。壳缝线形；中轴区窄，中央区呈不规则圆形。线纹呈微辐射状排列，31～34 条/10μm。

分布：湖泊。

3. 透明短纹藻 (图版 106: 8-9)

Brachysira vitrea (Grunow) Ross, 1986; Grunow, 1878, p. 110, figs. 3-4.

壳面椭圆披针形，末端缢缩明显，呈小头状；长 26.5～27.0μm，宽 5.5～6.0μm。壳缝线形；中轴区窄，中央区微扩大呈不规则圆形。线纹呈微辐射状排列，30～32 条/10μm。

分布：湖泊。

喜湿藻属 *Humidophila* (Lange-Bertalot & Werum) Lowe, Kociolek, Johansen, Van de Vijver, Lange-Bertalot & Kopalová 2014

细胞常连接成链状群体。壳面线形、线形椭圆形至椭圆形，末端宽圆或延长。中轴区窄线形，中央区椭圆形、圆形或矩形。壳缝直，近缝端水滴形或锚形，远缝端直。线纹由 1 个横向的长圆形、椭圆形至卵圆形的点纹组成。

1. 孔塘喜湿藻 (图版 107: 1-7, 21)

Humidophila contenta (Grunow) Lowe, Kociolek, Johansen, Van de Vijver, Lange-Bertalot & Kopalová, 2014; Hustedt, 1930, p. 355, fig. 13d, 13e.

细胞小。壳面线形，末端明显膨大呈钝圆形；长 7.0～11.0μm，宽 2.0～2.5μm。中轴区窄，线形；中央区膨大呈矩形。壳缝直。横线纹在光镜下不明显。

分布：广泛分布。

2. 伪装喜湿藻 (图版 107: 8-13)

Humidophila deceptionensis Kopalová, Zidarova & Van de Vijver, 2015; Kopalová et al., 2015, p. 125, figs. 71-91.

细胞小。壳面线形，末端明显膨大呈钝圆形；长 8.0～11.0μm，宽 2.0～2.5μm。中轴区窄，线形；中央区膨大呈卵圆形。壳缝直。横线纹在光镜下不明显。

分布：广泛分布。

3. 爬虫形喜湿藻 (图版 106: 17-18)

Humidophila sceppacuerciae Kopalová, 2015; Kopalová et al., 2015, p. 121, figs. 2-26.

细胞小。壳面线形，末端呈钝圆形；长 11.5～13.0μm，宽 2.5μm。中轴区窄，线形；中央区膨大呈卵圆形。壳缝直。横线纹在光镜下不明显。

分布：广泛分布。

肋缝藻属 *Frustulia* Rabenhorst 1853

细胞单生或在黏质的管中营群体生活。壳面菱形至线形披针形，末端钝圆形。沿壳缝两侧各有 1 个隆起的平行硅质肋条，壳缝位于两肋之间。线纹由单列孔纹组成，沿纵向和横向成列平行或近辐射状排列。

1. 似茧形肋缝藻 (图版 108: 7-8)

Frustulia amphipleuroides (Grunow) Cleve-Euler, 1934; Cleve and Grunow, 1880, p. 47, pl. 3, fig. 59.

壳面披针形，末端钝圆形；长 105.0～105.5μm，宽 18.5～20.0μm。纵肋纹略波曲，中轴区和中央区窄。线纹细密，近平行排列，23～24 条/10μm。

分布：河流。

2. 粗脉肋缝藻 (图版 108: 10-11, 16-17)

Frustulia crassinervia (Brébisson ex Smith) Lange-Bertalot & Krammer, 1996; Lange-Bertalot and Metzeltin, 1996, p. 57, pl. 38, figs. 7-9.

壳面椭圆披针形，末端喙状；长 43.5～45.0μm，宽 11.0～11.5μm。中轴区和中央区窄。线纹近平行排列，31～33 条/10μm。

分布：河流。

3. 边缘肋缝藻 (图版 107: 14)

Frustulia marginata Amossé, 1932, p. 7, pl. 1, fig. 5.

壳面长披针形，末端截圆形；长 31.0μm，宽 8.5μm。中轴区和中央区略宽。壳缝直。线纹在中部平行排列，向两端逐渐呈辐射状排列，33 条/10μm。

分布：湖泊。

4. 类菱形肋缝藻密集变种 (图版 107: 15)

Frustulia rhomboides var. ***compacta*** Cleve-Euler, 1934, p. 87, pl. 5, fig. 147.

壳面菱形披针形，末端不延长，呈截圆形；长 39.5μm，宽 12.0μm。中轴区和中央区略宽。壳缝直。线纹在中部平行排列，向两端逐渐呈辐射状排列，32 条/10μm。

分布：湖泊。

5. 萨克森肋缝藻较小变型 (图版 108: 3-6)

Frustulia saxonica f. ***minor*** Gandhi, 1957, p. 52, pl. 13, fig. 16.

壳面椭圆披针形，末端窄圆形；长 28.0～30.0μm，宽 6.5～7.5μm。纵肋纹略波曲，中轴区和中央区窄。线纹细密，近平行排列，33～35 条/10μm。

分布：河流。

6. 静水肋缝藻 (图版 107: 16-17)

Frustulia stagnalis Moser, 1999, p. 131, pl. 5, figs. 1-6.

壳面长披针形，末端截圆形；长 30.5～35.5μm，宽 9.5～10.0μm。中轴区和中央区窄，沿壳缝两侧各有 1 个隆起的平行硅质肋条。线纹呈微辐射状排列，33～35 条/10μm。

分布：湖泊。

7. 普通肋缝藻 (图版 108: 12-15)

Frustulia vulgaris (Thwaites) De Toni, 1891; 李家英和齐雨藻, 2010, p. 29, pl. IV, fig. 4.

壳面披针形，末端呈宽且钝的圆形；长 39.0～43.5μm，宽 7.5～8.5μm。中轴区狭窄，中央区呈圆形。线纹在壳面中部微辐射，近末端呈聚集状排列，29～31 条/10μm。

分布：河流。

双肋藻属 *Amphipleura* Kützing 1844

细胞单生或形成胶质的管状群体。壳面纺锤形至线形披针形，末端钝圆形。中央胸骨结构较简单且窄，在末端分裂形成一个类似针孔状的结构。壳缝短，位于壳面近末端处。线纹由非常小的孔纹组成，在光学显微镜下很难观察清楚。

1. 林氏双肋藻直变型 (图版 108: 1-2)

Amphipleura lindheimeri f. ***recta*** (Kitton) Kobayasi, 1975; Kitton, 1884, p. 18, pl. 4, fig. 4a.

壳面宽纺锤形，末端尖钝圆形；长 167.0～190.0μm，宽 15.5μm。中央节纵向延长略呈波曲状，中肋分叉短。壳缝短，位于硅质分叉肋之间。线纹近平行排列，仅末端呈微辐射状排列，28～30 条/10μm。

分布：河流。

2. 明晰双肋藻 (图版 107: 18-20)

Amphipleura pellucida (Kützing) Kützing, 1844; 李家英和齐雨藻, 2010, p. 22, pl. III, fig. 4.

壳面纺锤形，末端尖钝圆形；长 80.0～89.0μm，宽 7.5～8.5μm。中央节纵向延长，中肋分叉短。壳缝短，位于硅质分叉肋之间。横线纹在光镜下不明显。

分布：河流。

辐节藻属 *Stauroneis* Ehrenberg 1843

壳面椭圆形至披针形，末端头状或圆形。中轴区窄，中央区增厚，向两侧延伸至壳缘或近壳缘。壳缝直或偏侧，近缝端膨大，远缝端弯向同侧。部分种类末端具假隔膜。线纹由单列孔纹组成。

1. 田地辐节藻膨大变种 (图版 109: 1-5)

Stauroneis agrestis var. ***inflata*** Kobayasi & Ando, 1978, p. 13, pl. I, figs. 1-3.

壳面椭圆披针形，末端头状；长 26.5～27.02μm，宽 5.5～6.5μm。中轴区窄，线形；中央区横矩形，延伸到壳面边缘。壳缝直。线纹呈微辐射状排列，26～28 条/10μm。

分布：河流。

2. 两头辐节藻 (图版 108: 9)

Stauroneis amphicephala Kützing, 1844, p. 105, pl. 30, fig. 25.

壳面椭圆披针形，末端喙状；长 101.5μm，宽 23.5μm。中轴区窄，线形；中央区横矩形，延伸到壳面边缘。壳缝直。线纹呈微辐射状排列，14 条/10μm。

分布：湖泊。

3. 伯特兰德辐节藻 (图版 109: 6-7)

Stauroneis bertrandii Van de Vijver & Lange-Bertalot, 2004; Van de Vijver et al., 2004, p. 23, pl. 106, figs. 1-10.

壳面披针形，末端喙头状；长 20.0～24.0μm，宽 5.0μm。中轴区窄，线形；中央区横矩形，延伸到壳面边缘。壳缝直。线纹呈微辐射状排列，28～30 条/10μm。

分布：河流。

4. 博因顿辐节藻 (图版 109: 8-9)

Stauroneis boyntoniae Bahls, 2013b, p. 21, figs. 85-89.

壳面椭圆披针形，末端喙状；长 47.5～48.5μm，宽 11.0～11.5μm。中轴区窄，线形；中央区横矩形，延伸到壳面边缘。壳缝直。线纹细密，呈微辐射状排列，30～32 条/10μm。

分布：湖泊。

5. 梭形辐节藻 (图版 109: 10)

Stauroneis fusiformis Lohman & Andrews, 1968, p. 22, pl. 2, fig. 10.

壳面椭圆披针形，末端头状；长 53.5μm，宽 12.5μm。中轴区窄，线形；中央区横矩形，略不延伸到壳面边缘。壳缝直。线纹呈微辐射状排列，21 条/10μm。

分布：湖泊。

6. 盖瑟雷辐节藻 (图版 109: 11)

Stauroneis gaiserae Metzeltin & Lange-Bertalot, 2007, p. 241, pl. 121, figs. 4-5.

壳面披针形，末端喙状；长 59.0μm，宽 11.0μm。中轴区窄，线形；中央区横矩形，延伸到壳面边缘。壳缝直。线纹呈微辐射状排列，23 条/10μm。

分布：河流。

7. 克里格辐节藻 (图版 111: 3-4)

Stauroneis kriegeri Patrick, 1945；李家英和齐雨藻, 2010, p. 118, pl. XX, fig. 4.

壳面线形，两侧边缘平行或微微凸出，末端呈头状；长 17.0～17.5μm，宽 4.0～4.5μm。中轴区窄，线形；中央区窄线形，延伸到壳面边缘。线纹细密，呈微辐射状排列，24～26 条/10μm。

分布：湖泊。

8. 近尖细辐节藻 (图版 109: 12-13)

Stauroneis parasubgracilis Metzeltin & Lange-Bertalot, 2002, p. 73, pl. 37, figs. 6-11.

壳面椭圆披针形，末端喙头状；长 49.0～57.5μm，宽 13.0～14.0μm。中轴区窄，线形；中央区横矩形，略不延伸到壳面边缘。壳缝直。线纹呈微辐射状排列，19～20 条/10μm。

分布：河流。

9. 叶状辐节藻中间变种 (图版 110: 1)

Stauroneis phyllodes var. ***intermedia*** Amossé, 1932, p. 9, pl. I, fig. 8.

壳面椭圆披针形，末端喙头状；长 91.0μm，宽 22.0μm。中轴区窄，线形；中央区横矩形，延伸到壳面边缘。线纹呈微辐射状排列，17 条/10μm。

分布：河流。

10. 分离辐节藻 (图版 110: 2-5)

Stauroneis separanda Lange-Bertalot & Werum, 2004; Werum and Lange-Bertalot, 2004, p. 180, pl. 46, figs. 1-12.

壳面椭圆披针形，两侧边缘呈三波曲，中部波凸最宽，末端窄头状；长 19.5～22.0μm，宽 4.0～4.5μm。中轴区窄，线形；中央区窄线形，延伸到壳面边缘。假隔膜明显。线纹呈微辐射状排列，30～32 条/10μm。

分布：河流。

11. 西伯利亚辐节藻 (图版 110: 6)

Stauroneis siberica (Grunow) Lange-Bertalot & Krammer, 1996; Lange-Bertalot and Metzeltin, 1996, p. 104, pl. 35, figs. 1-2.

壳面椭圆披针形，末端喙状；长 46.5μm，宽 12.0μm。中轴区窄，线形；中央区横矩形，延伸到壳面边缘。线纹呈微辐射状排列，31 条/10μm。

分布：河流。

12. 施密斯辐节藻 (图版 110: 9-14)

Stauroneis smithii Grunow, 1860; 李家英和齐雨藻, 2010, p. 125, pl. XXI, fig. 7.

壳面椭圆披针形，两侧边缘呈三波曲，中部波凸最宽，末端窄头状；长 18.5～25.0μm，宽 5.5～6.5μm。中轴区窄，线形；中央区窄线形，延伸到壳面边缘。假隔膜明显。线纹呈微辐射状排列，28～30 条/10μm。

分布：河流。

13. 斯波尔丁辐节藻 (图版 110: 8)

Stauroneis spauldingiae Bahls, 2012, p. 4, figs. 16-21.

壳面椭圆披针形，末端喙状；长 72.5μm，宽 14.0μm。中轴区窄，线形；中央区横矩形，延伸到壳面边缘。线纹呈微辐射状排列，22 条/10μm。

分布：湖泊。

14. 斯氏辐节藻 (图版 110: 7)

Stauroneis strelnikovae Lange-Bertalot & Van de Vijver, 2004; Van de Vijver et al., 2004, p. 68, pl. 43, figs. 3-8.

壳面椭圆披针形，末端喙头状；长 40.5μm，宽 9.0μm。中轴区窄，线形；中央区横矩形，延伸到壳面边缘。线纹呈微辐射状排列，24 条/10μm。

分布：河流。

15. 色姆辐节藻长变种 (图版 111: 5)

Stauroneis thermicola var. ***elongata*** Lund, 1946, p. 61, fig. 3BB-3JJ.

壳面椭圆形，末端宽圆形；长 15.0μm，宽 4.0μm。中轴区窄，线形；中央区扩大呈蝴蝶结形，延伸到壳面边缘。线纹辐射状排列，26 条/10μm。

分布：河流。

16. 西藏辐节藻 (图版 111: 1-2)

Stauroneis tibetica Mereschkowsky, 1906; 王全喜和邓贵平, 2017, p. 188, fig. 156.

壳面披针形，末端近喙状；长 17.5～19.0μm，宽 5.5～6.0μm。中轴区窄，线形；中央区横矩形，延伸到壳面边缘。壳缝直。横线纹呈微辐射状排列，26～28 条/10μm。

分布：湖泊。

前辐节藻属 *Prestauroneis* Bruder & Medlin 2008

壳面椭圆披针形，末端圆形或略延长呈喙状、头状，壳缘略波曲。中轴区窄，线形；中央区小，椭圆形。壳缝直，近缝端略膨大几乎不偏斜，远缝端弯向壳面同侧，具假隔膜。线纹由单列小圆形孔纹组成。

1. 凸出前辐节藻 (图版 111: 7-8)

Prestauroneis protracta (Grunow) Kulikovskiy & Glushchenko, 2016; 李家英和齐雨藻, 2018, p. 77, pl. XII, figs. 1-2.

壳面椭圆披针形，末端宽喙状；长 22.5～28.5μm，宽 6.5～7.0μm。中轴区窄，中央区微扩大呈椭圆形。线纹呈微辐射状排列，20～22 条/10μm。

分布：广泛分布。

卡帕克藻属 *Capartogramma* Kufferath 1956

壳面披针形，末端喙状到头状。中轴区窄；中央区具“×”形的无纹区，延伸到壳缘。壳缝直线形；两末端具假隔膜。线纹由单列小圆形点孔纹组成。

1. 十字卡帕克藻 (图版 111: 6)

Capartogramma crucicula (Grunow) Ross, 1963, p. 59, figs. 1a, 8-11.

壳面披针形，末端头状；长 16.5μm，宽 5.5μm。中轴区窄，线形；中央区具“×”形的无纹区，延伸到壳缘。线纹呈微辐射状排列，34 条/10μm。

分布：湖泊。

胸膈藻属 *Mastogloia* Thwaites 1856

壳面披针形至近椭圆形，末端圆形或延长呈头状。中轴区窄；中央区膨大。壳缝直或弯曲；壳套合部形成隔室，光镜下可见。线纹多由单列孔纹组成。

1. 哈里森胸膈藻 (图版 111: 9-17)

Mastogloia harrisonii Cholnoky, 1959, p. 32, figs. 170-171.

壳面宽舟形，末端呈喙状；长 23.0～26.0μm，宽 9.0～9.5μm。中轴区窄，中央区向两侧扩大呈“H”形的侧区。线纹呈微辐射状排列，20～22 条/10μm。

分布：湖泊。

羽纹藻属 *Pinnularia* Ehrenberg 1843

细胞单生或连接成带状群体。壳面线形、椭圆形到披针形，末端圆形、头状或喙状。中轴区窄线形或宽披针形，中央区向一侧或两侧膨大。壳缝直或复杂。线纹长室状，由多列孔纹组成。

1. 圆顶羽纹藻 (图版 112: 1-7, 17)

Pinnularia acrosphaeria Smith, 1853; 李家英和齐雨藻, 2014, p. 65, pl. XII, figs. 5-7.

壳面线形，在中部膨大，末端圆形；长 34.5～57.5μm，宽 6.5～8.0μm。中轴区宽，相当于壳面宽度的 1/3，围绕中央节向一侧略扩大。横肋纹平行至中部微辐射状排列，13～14 条/10μm。

分布：湖泊。

2. 可爱羽纹藻 (图版 115: 4-5)

Pinnularia amabilis Krammer, 2000, p. 112, pl. 86, figs. 1-9.

壳面线形披针形，两侧边缘略波曲，末端宽头状；长 53.5～60.0μm，宽 9.5～10.5μm。中轴区线形，中央区扩大形成菱形横带直达壳缘。线纹在中部辐射状排列，在末端聚集状排列，10～11 条/10μm。

分布：湖泊。

3. 角形羽纹藻 (图版 121: 2-3)

Pinnularia angulosa Krammer, 2000, p. 27, pl. 6, figs. 11-12.

壳面线形，末端宽圆形；长 24.5～27.0μm，宽 6.0～6.5μm。中轴区宽。线纹粗，微辐射状排列，5～6 条/10μm。

分布：湖泊。

4. 具附属物羽纹藻 (图版 112: 9, 18)

Pinnularia appendiculata (Agardh) Schaarschmidt, 1881; 李家英和齐雨藻, 2014, p. 8, pl. I, fig. 10.

壳面椭圆披针形，末端宽圆形；长 42.0μm，宽 8.0μm。中轴区细长，近中部稍微菱形披针状加宽，中央区呈一条宽横带。线纹在中部辐射状排列，在末端聚集状排列，11 条/10μm。

分布：湖泊。

5. 北方羽纹藻 (图版 112: 10-13)

Pinnularia borealis Ehrenberg, 1843；李家英和齐雨藻, 2014, p. 39, pl. VII, figs. 3-5.

壳面线形至线形椭圆形，末端宽圆形；长 26.0～34.5μm，宽 7.0～9.0μm。中轴区窄；中央区大，圆形。线纹宽，在中部辐射状排列，在末端聚集状排列，7～8 条/10μm。

分布：湖泊。

6. 布氏羽纹藻 (图版 115: 6)

Pinnularia brauniana (Grunow) Studnicka, 1888；李家英和齐雨藻, 2014, p. 9, pl. XXVIII, fig. 4.

壳面椭圆披针形，末端头状；长 40.0μm，宽 9.0μm。中轴区线形，中央区扩大形成大的菱形横带直达壳缘。线纹在中部辐射状排列，在末端聚集状排列，12 条/10μm。

分布：湖泊。

7. 短肋羽纹藻 (图版 115: 2)

Pinnularia brevicostata Cleve, 1891；李家英和齐雨藻, 2014, p. 41, pl. XIII, figs. 3-4.

壳面线形，末端宽圆形；长 107.5μm，宽 18.0μm。中轴区宽，约占壳面宽度的 1/2。线纹在中部辐射状排列，在末端聚集状排列，9 条/10μm。

分布：湖泊。

8. 加拿大羽纹藻 (图版 115: 3)

Pinnularia canadodivergens Kulikovskiy, Lange-Bertalot & Metzeltin, 2010; Cleve-Euler, 1955, p. 52, fig. 1071b, 1071c.

壳面线形，末端宽圆形；长 58.5μm，宽 13.5μm。中轴区线形，中央区扩大形成菱形横带直达壳缘。线纹在中部辐射状排列，在末端聚集状排列，9 条/10μm。

分布：湖泊。

9. 渐弱羽纹藻 (图版 112: 8)

Pinnularia decrescens (Grunow) Krammer, 2000, p. 64, pl. 38, figs. 2-8.

壳面披针形，末端宽圆形；长 48.8μm，宽 9.5μm。中轴区较宽，中央区向两侧扩大呈不规则形。线纹在中部辐射状排列，在末端聚集状排列，11 条/10μm。

分布：河流。

10. 歧纹羽纹藻 (图版 113: 4-5)

Pinnularia divergens Smith, 1853; 李家英和齐雨藻, 2014, p. 22, pl. III, fig. 6.

壳面披针形，末端宽喙状；长 85.0～93.3μm，宽 13.0～13.8μm。中轴区线形或线形披针形，中央区扩大呈圆形或圆菱形。线纹在中部呈辐射状排列，向末端汇聚，12～14 条/10μm。

分布：河流。

11. 巨大羽纹藻 (图版 115: 1)

Pinnularia episcopalis Cleve, 1891; 李家英和齐雨藻, 2014, p. 25, pl. IV, figs. 6-7.

壳面线形，末端宽圆形；长 198.0μm，宽 31.5μm。中轴区线形，中央区菱形，直达壳缘。线纹在中部辐射状排列，在末端聚集状排列，7 条/10μm。

分布：湖泊。

12. 头端羽纹藻 (图版 112: 14)

Pinnularia globiceps Gregory, 1856; 李家英和齐雨藻, 2014, p. 11, pl. XIII, fig. 2.

壳面线形，中部凸出，末端宽头状；长 29.0μm，宽 7.0μm。中轴区窄，中央区扩大形成菱形横带直达壳缘。线纹在中部辐射状排列，在末端聚集状排列，13 条/10μm。

分布：湖泊。

13. 线形羽纹藻 (图版 121: 16)

Pinnularia graciloides Hustedt, 1937, p. 293, pl. 22, figs. 9-10.

壳面长披针形，末端宽喙状；长 76.5μm，宽 10.0μm。中轴区宽，披针形；中央区横向矩形至壳缘。线纹在中部微辐射状排列，末端聚集状排列，12 条/10μm。

分布：湖泊。

14. 线形羽纹藻鲁姆变种 (图版 113: 6-7)

Pinnularia graciloides var. ***rumrichiae*** Krammer, 2000, p. 128, pl. 99, fig. 4.

壳面线形披针形，两侧波曲状，末端宽喙状；长 75.0～77.0μm，宽 11.0～12.0μm。中轴区线形，中央区扩大形成菱形横带直达壳缘。线纹在中部辐射状排列，在末端聚集状排列，13 条/10μm。

分布：湖泊。

15. 线形羽纹藻三波变种 (图版 116: 1)

Pinnularia graciloides var. ***triundulata*** (Fontell) Krammer, 2000, p. 127, pl. 99, figs. 5, 10, pl. 101, figs. 1-3.

壳面披针形，中部和末端膨大，两侧边缘波曲状，末端宽头状；长 95.0μm，宽 17.0μm。

中轴区线形，中央区扩大形成菱形横带直达壳缘。线纹在中部辐射状排列，在末端聚集状排列，11 条/10μm。

分布：湖泊。

16. 卡雷尔羽纹藻 (图版 116: 2)

Pinnularia karelica Cleve, 1891, p. 28, pl. 1, fig. 6.

壳面椭圆披针形，末端宽圆形；长 68.0μm，宽 14.0μm。中轴区线形，中央区扩大呈椭圆形。线纹在中部辐射状排列，在末端聚集状排列，12 条/10μm。

分布：湖泊。

17. 侧身羽纹藻 (图版 113: 8, 12)

Pinnularia latarea Krammer, 2000, p. 110, pl. 80, figs. 1-6, pl. 84, figs. 13-15.

壳面椭圆披针形，末端喙头状；长 45.5～48.0μm，宽 8.5～9.5μm。中轴区窄，中央区扩大形成菱形横带直达壳缘。线纹在中部辐射状排列，在末端聚集状排列，12 条/10μm。

分布：湖泊。

18. 拉特维特塔羽纹藻 (图版 113: 3)

Pinnularia latevittata Cleve, 1894, p. 103, fig. 7.

壳面线形，末端宽圆形；长 138.5μm，宽 19.0μm。中轴区线形，中央区略扩大形成不对称圆形。线纹在中部辐射状排列，在末端聚集状排列，9 条/10μm。

分布：河流。

19. 拉特维特塔羽纹藻多明变种 (图版 113: 1-2)

Pinnularia latevittata var. ***domingensis*** Cleve, 1894; 李家英和齐雨藻, 2014, p. 74, pl. XIV, fig. 5.

壳体较大，壳面线形，中部和两端膨大，末端楔状圆形；长 160.2～184.0μm，宽 17.5～18.5μm。中轴区线形，中央区圆形。线纹在中部辐射状排列，在末端聚集状排列，12 条/10μm。

分布：河流。

20. 豆荚形羽纹藻 (图版 116: 6)

Pinnularia legumen Ehrenberg, 1843; 李家英和齐雨藻, 2014, p. 28, pl. V, figs. 4-6.

壳面线状披针形，两侧边缘轻微三波状，末端宽喙状；长 51.0μm，宽 10.5μm。中轴区宽，中央区扩大形成一条明显的菱形横带。线纹在中部辐射状排列，在末端聚集状排列，11 条/10μm。

分布：湖泊。

21. 隆德羽纹藻 (图版 112: 15-16)

Pinnularia lundii Hustedt, 1954, p. 474, figs. 61-63.

壳面线形，末端宽头状；长 36.0～37.5μm，宽 8.0～8.5μm。中轴区窄，中央区扩大形成菱形横带直达壳缘。线纹在中部辐射状排列，在末端聚集状排列，12～14 条/10μm。

分布：河流。

22. 具节羽纹藻粗壮变种 (图版 113: 9-11)

Pinnularia nodosa var. ***robusta*** (Foged) Krammer, 2000, p. 57, pl. 26, figs. 13-15.

壳面披针形，两侧三波曲状，末端喙头状；长 33.5～34.0μm，宽 7.0μm。中轴区窄，中央区扩大形成菱形横带直达壳缘。线纹在中部辐射状排列，在末端聚集状排列，11～12 条/10μm。

分布：湖泊。

23. 北欧羽纹藻 (图版 116: 3)

Pinnularia nordica Kulikovskiy, Lange-Bertalot & Witkowski, 2010; Kulikovskiy et al., 2010, p. 52, pl. 76, fig. 3.

壳面披针形，末端宽头状；长 78.0μm，宽 9.5μm。中轴区线形，中央区扩大形成菱形横带直达壳缘。线纹在中部辐射状排列，在末端聚集状排列，10 条/10μm。

分布：湖泊。

24. 模糊羽纹藻 (图版 114: 1-7, 25)

Pinnularia obscura Krasske, 1932; 李家英和齐雨藻, 2014, p. 49, pl. IX, fig. 4.

壳面线状椭圆形，末端微喙状或宽圆形；长 19.0～26.5μm，宽 3.5～4.5μm。中轴区窄，线形；中央区扩大形成菱形横带直达壳缘。线纹在中部辐射状排列，在末端聚集状排列，13～15 条/10μm。

分布：湖泊。

25. 瑞卡德羽纹藻 (图版 116: 8-10)

Pinnularia reichardtii Krammer, 2000; 李家英和齐雨藻, 2014, p. 95, pl. XXXIII, fig. 4.

壳面线形，末端宽楔状圆形；长 67.0～85.5μm，宽 15.0～17.0μm。中轴区线形，占壳面宽度的 1/4～1/3；中央区小，不对称圆形。线纹在中部辐射状排列，在末端聚集状排列，8～9 条/10μm。

分布：湖泊。

26. 雷娜塔羽纹藻 (图版 114: 13-14)

Pinnularia renata Krammer, 1992, p. 139, 175, pl. 52, figs. 2-9.

壳面线形椭圆形，末端宽圆形；长 33.0～38.0μm，宽 8.0～9.5μm。中轴区窄；中央区扩大呈椭圆形，并不达壳缘。线纹在中部辐射状排列，在末端聚集状排列，12～14 条/10μm。

分布：湖泊。

27. 腐生羽纹藻 (图版 114: 15-19, 24)

Pinnularia saprophila Lange-Bertalot, Kobayasi & Krammer, 2000; Krammer, 2000, p. 109, pl. 85, figs. 10-18.

壳面披针形，末端喙头状；长 25.5～35.5μm，宽 5.0～6.5μm。中轴区窄，中央区扩大形成菱形横带直达壳缘。线纹在中部辐射状排列，在末端聚集状排列，10～13 条/10μm。

分布：湖泊。

28. 施罗德羽纹藻 (图版 114: 8)

Pinnularia schroeterae Krammer, 2000, p. 114, pl. 88, figs. 1-30.

壳面椭圆披针形，末端喙头状；长 23.0μm，宽 5.0μm。中轴区窄，中央区扩大形成矩形横带直达壳缘。线纹在中部辐射状排列，在末端聚集状排列，12 条/10μm。

分布：湖泊。

29. 近小头羽纹藻 (图版 114: 9-12)

Pinnularia subcapitata Gregory, 1856; 李家英和齐雨藻, 2014, p. 15, pl. II, fig. 9.

壳面线形或线形椭圆形，末端近头状；长 28.0～33.0μm，宽 5.0～6.5μm。中轴区窄，中央区扩大形成明显的横带直达壳缘。线纹在中部辐射状排列，在末端聚集状排列，12～14 条/10μm。

分布：湖泊。

30. 近变异羽纹藻 (图版 116: 4-5)

Pinnularia subcommutata Krammer, 1992; 李家英和齐雨藻, 2014, p. 105, pl. XXXIV, figs. 6-7.

壳面线状椭圆形或披针形，两侧边缘微凸，末端宽圆形；长 50.5～61.5μm，宽 11.0～11.5μm。中轴区窄，中央区扩大形成椭圆形或菱形横带。线纹在中部辐射状排列，在末端聚集状排列，11～12 条/10μm。

分布：湖泊。

31. 三波羽纹藻 (图版 114: 20-23)

Pinnularia turbulenta (Cleve-Euler) Krammer, 2000, p. 100, pl. 83, figs. 1-6.

壳面披针形，两侧三波曲状，末端宽头状；长 33.0～36.0μm，宽 5.5～6.0μm。中轴区窄，中央区扩大形成菱形横带直达壳缘。线纹在中部辐射状排列，在末端聚集状排列，11～13 条/10μm。

分布：河流。

32. 卷边型羽纹藻 (图版 116: 7)

Pinnularia viridiformis Krammer, 1992; 李家英和齐雨藻, 2014, p. 98, pl. XXII, figs. 3-4.

壳面线形，两侧边缘轻微凸出，末端圆形；长 85.0μm，宽 15.5μm。中轴区线形；中央区较轴区较宽，通常为不对称的圆形。线纹在中部辐射状排列，在末端聚集状排列，9 条/10μm。

分布：湖泊。

33. 武夷羽纹藻 (图版 115: 7-15)

Pinnularia wuyiensis Zhang, Pereira & Kociolek, 2016; Zhang et al., 2016, p. 124, figs. 2-30.

壳面披针形，中部和末端膨大，末端宽头状；长 46.0～49.0μm，宽 5.5～7.5μm。中轴区窄，中央区扩大形成菱形横带直达壳缘。线纹在中部辐射状排列，在末端聚集状排列，12～13 条/10μm。

分布：湖泊。

美壁藻属 *Caloneis* Cleve 1894

细胞单生。壳面线形、提琴形、披针形到椭圆形，中部常膨大，末端尖或钝圆形。中轴区和中央区形状多变，部分种类中央区具半月形或不规则的凹陷；具中轴板，覆盖部分线纹。线纹长室孔，由多列孔纹组成。

1. 尖美壁藻 (图版 117: 3-4)

Caloneis acuta Levkov & Metzeltin, 2007; Levkov et al., 2007, p. 33, pl. 184, figs. 1-13.

壳面线形，两侧边缘略波曲，末端宽圆形至喙状；长 30.5～32.0μm，宽 7.0～8.0μm。中轴区线形，中央区矩形或椭圆形。线纹在中部平行排列，在末端辐射状排列，20～22 条/10μm。

分布：湖泊。

2. 蛇形美壁藻 (图版 117: 15, 17)

Caloneis amphisbaena (Bory) Cleve, 1894; 李家英和齐雨藻, 2010, p. 51, pl. VII, fig. 4, pl. XXXII, fig. 5.

壳面椭圆形，末端头状；长 64.5～69.0μm，宽 23.0～23.5μm。中轴区线形，中央区菱形披针形。线纹在中部辐射状排列，在末端聚集状排列，15 条/10μm。

分布：湖泊。

3. 杆状美壁藻 (图版 117: 8-9)

Caloneis bacillum (Grunow) Cleve, 1894; 李家英和齐雨藻, 2010, p. 53, pl. XII, fig. 6.

壳面线形，末端圆形或喙状；长 19.0～21.0μm，宽 5.0～5.5μm。中轴区窄，向壳面中央逐渐加宽，中央区横带形直达壳面边缘。线纹辐射状排列 22 条/10μm。

分布：湖泊。

4. 普兰德美壁藻 (图版 117: 5-7)

Caloneis branderi (Hustedt) Krammer, 1985; Krammer and Lange-Bertalot, 1985, p. 17, pl. 10, figs. 6-7.

壳面披针形，末端喙状；长 17.0～26.0μm，宽 4.5～5.0μm。中轴区线形，中央区蝴蝶结形。线纹辐射状排列，30～32 条/10μm。

分布：湖泊。

5. 福尔曼美壁藻 (图版 117: 10-14, 16)

Caloneis coloniformans Kulikovskiy, Lange-Bertalot & Metzeltin, 2012; Kulikovskiy et al., 2012, p. 61, pl. 84, figs. 1-20.

壳面线形，末端宽圆形；长 21.0～25.5μm，宽 4.5～5.5μm。中轴区线形，中央区矩形。线纹在中部平行排列，在末端聚集状辐射状排列，22～24 条/10μm。

分布：湖泊。

6. 镰形美壁藻 (图版 117: 1-2)

Caloneis falcifera Lange-Bertalot, Genkal & Vekhov, 2004; 王全喜和邓贵平, 2017, p. 165, fig. 115.

壳面线形，中部略凸出；长 43.0～45.0μm，宽 6.5～7.0μm。中轴区狭长；中央区呈矩形，两侧各有 1 个月形增厚，具圆形的中央节和极节。壳缝直，呈线形。壳缝两侧的横线纹互相平行，中部略呈放射状排列，21～22 条/10μm。

分布：湖泊。

7. 膨大美壁藻(图版 118: 1, 17)

Caloneis inflata (Hustedt) Metzeltin & Lange-Bertalot, 2007; Hustedt, 1949, p. 99, pl. 11, figs. 26-31.

壳面线形，末端喙状；长 37.5μm，宽 7.5μm。中轴区线形，中央区横矩形。线纹在中部近平行排列，在末端聚集状排列，19 条/10μm。

分布：湖泊。

8. 伊舒尔顿美壁藻 (图版 120: 1)

Caloneis ishultenii Krammer, 1985; Krammer and Lange-Bertalot, 1985, p. 18, pl. 11, fig. 7.

壳面线形披针形，两侧边缘略波曲，末端宽圆形；长 46.0μm，宽 7.0μm。中轴区线形，中央区横矩形。线纹微辐射状排列，22 条/10μm。

分布：湖泊。

9. 克氏美壁藻 (图版 118: 13-16)

Caloneis kristinae Moser, 1998; Moser et al., 1998, p. 105, pl. 54, figs. 1-6.

壳面披针形，两侧边缘略波曲，末端喙状；长 29.0～32.5μm，宽 5.0～5.5μm。中轴区线形，中央区横矩形。线纹在中部辐射状排列，在末端聚集状排列，23～25 条/10μm。

分布：湖泊。

10. 披针美壁藻钝变种 (图版 118: 6-7)

Caloneis lanceolata var. ***obtusa*** Tynni, 1986, p. 16, pl. 24, figs. 148-150.

壳面椭圆形，末端宽圆形；长 32.0～35.0μm，宽 9.5～10.0μm。中轴区线形；中央区小椭圆形，不达壳缘。线纹在中部近平行排列，在末端聚集状排列，20～21 条/10μm。

分布：河流。

11. 矛状美壁藻 (图版 118: 9-12)

Caloneis lancettula (Schulz) Lange-Bertalot & Witkowski, 1996; Lange-Bertalot and Metzeltin, 1996, p. 29, pl. 87, fig. 18.

壳面披针形，末端喙状；长 15.5～20.5μm，宽 4.0～4.5μm。中轴区线形，中央区宽的横向矩形。线纹辐射状排列，22～28 条/10μm。

分布：广泛分布。

12. 宽叶美壁藻微小变种 (图版 118: 8, 18)

Caloneis latiuscula var. ***parvula*** Zanon, 1941, p. 30, pl. 2, fig. 10.

壳面椭圆形，末端宽圆形；长 39.0μm，宽 11.0μm。中轴区披针形，中央区椭圆形。线纹在中部近平行排列，在末端聚集状排列，17 条/10μm。

分布：湖泊。

13. 华美美壁藻 (图版 118: 2-5)

Caloneis lauta Carter & Bailey-Watts, 1981, p. 540, pl. 23, figs. 6, 8.

壳面椭圆披针形，末端喙状；长 23.5～43.0μm，宽 5.5～7.0μm。中轴区线形，中央区横矩形。线纹在中部近平行排列，在末端聚集状排列，18～19 条/10μm。

分布：湖泊。

14. 极小美壁藻 (图版 119: 10)

Caloneis minuta (Grunow) Ohtsuja & Fujita, 2001; Van Heurck, 1880, pl. 12, fig. 26.

壳面线形披针形，两侧边缘略波曲，末端宽圆形；长 31.5μm，宽 8.0μm。中轴区线形，中央区横矩形。线纹微辐射状排列，22 条/10μm。

分布：河流。

15. 湿生美壁藻 (图版 120: 6)

Caloneis paludosa Manguin, 1964, p. 77, pl. XIII, fig. 3.

壳面线形披针形，中部略凸出，末端宽圆形；长 20.0μm，宽 4.5μm。中轴区披针形，中央区横矩形。线纹微辐射状排列，28 条/10μm。

分布：湖泊。

16. 舒曼美壁藻 (图版 119: 1-2, 18)

Caloneis schumanniana (Grunow) Cleve, 1894; 李家英和齐雨藻, 2010, p. 59, pl. IX, fig. 1, pl. XXXIV, fig. 1.

壳面线状椭圆形，在中部凸起，末端宽圆形；长 33.0～38.0μm，宽 7.0～8.0μm。中轴区窄披针形，中央区椭圆形。线纹微辐射状排列，21～22 条/10μm。

分布：湖泊。

17. 短角美壁藻 (图版 119: 11-17)

Caloneis silicula (Ehrenberg) Cleve, 1894; 李家英和齐雨藻, 2010, p. 61, pl. IX, fig. 4.

壳面线形到线形披针形，在中部和靠近末端略凸出，末端宽圆形；长 30.0～49.0μm，宽 8.0～11.5μm。中轴区呈披针形，中央区略微扩大呈近圆形。壳缝直，有规则的侧斜中央孔。横线纹在中部平行排列，向两端辐射状排列，18～23 条/10μm。

分布：广泛分布。

18. 短角美壁藻椭圆变种 (图版 119: 4-6)

Caloneis silicula var. ***elliptica*** Mayer, 1913, p. 104, pl. 2, fig. 17a.

壳面椭圆形，末端钝圆形；长 12.5～14.0μm，宽 4.5～5.0μm。中轴区线形，中央区大的横矩形。线纹微辐射状排列，24～26 条/10μm。

分布：湖泊。

19. 短角美壁藻膨大变种 (图版 119: 3)

Caloneis silicula var. ***inflata*** (Grunow) Cleve, 1894; 李家英和齐雨藻, 2010, p. 63, pl. IX, fig. 5, pl. XXXIV, fig. 9.

壳面椭圆形，边缘略呈波状，中部略凸出，末端钝圆形；长 37.0μm，宽 10.5μm。中轴区线形，中央区横矩形。横线纹在中部平行排列，向两端辐射状排列，18 条/10μm。

分布：河流。

20. 辐节形美壁藻 (图版 119: 7-9)

Caloneis stauroneiformis (Amossé) Metzeltin & Lange-Bertalot, 2002; Amossé, 1921, p. 254, figs. 6-7.

壳面椭圆形，中部略凸出，末端宽圆形；长 26.0～27.5μm，宽 7.0～8.0μm。中轴区披针形，中央区横矩形。线纹在中部平行排列，在末端聚集状排列，22～23 条/10μm。

分布：河流。

矮羽藻属 *Chamaepinnularia* Lange-Bertalot & Krammer 1996

细胞单生。壳面线形或边缘波曲，末端圆形到头状。中轴区和中央区形状多变。壳缝外壳面远缝端弯曲。线纹长室状，由多列孔纹组成。

1. 索氏矮羽藻 (图版 120: 2-3)

Chamaepinnularia soehrensis (Krasske) Lange-Bertalot & Krammer, 1996; Lange-Bertalot and Metzeltin, 1996, p. 36, pl. 28, figs. 52-55.

壳面线形披针形，两侧边缘三波曲，末端宽圆形；长 12.0～13.0μm，宽 3.0～3.5μm。中轴区线形，中央区小。线纹在光镜下不明显。

分布：河流。

2. 近土栖矮羽藻 (图版 120: 7-9)

Chamaepinnularia submuscicola (Krasske) Lange-Bertalot, 1998; Moser et al., 1998, p. 27, pl. 3, figs. 1-4.

壳面线形披针形，中部凸起，末端宽圆形；长 9.5～12.5μm，宽 2.5～3.0μm。中轴区线形，中央区小。线纹微辐射状排列，20～22 条/10μm。

分布：湖泊。

尼娜藻属 *Ninastrelnikovia* Lange-Bertalot & Fuhrmann 2014（新记录）

细胞形成带状群体。壳面线形披针形，中部明显突出，末端圆形。中轴区宽披针形。壳缝直，近缝端略膨大。线纹短。

1. 驼峰尼娜藻(图版 120: 4-5)（新记录）

Ninastrelnikovia gibbosa (Hustedt) Lange-Bertalot & Fuhrmann, 2014; Hustedt, 1937, p. 253, pl. 18, fig. 10.

壳面线形披针形，中部明显凸起，末端宽圆形；长 18.0～19.5μm，宽 4.0～4.5μm。中轴区宽，披针形。线纹微辐射状排列，15 条/10μm。

分布：河流。

布纹藻属 *Gyrosigma* Hassall 1845

细胞单生。壳面弯曲呈“S”形，末端渐尖或钝圆形。中轴区窄；中央区圆形至椭圆形。壳缝“S”形，外壳面近缝端末端弯向两相反方向。线纹由单列孔纹组成，孔纹排成纵列，平行于中轴区。

1. 尖布纹藻 (图版 122: 1-3, 7)

Gyrosigma acuminatum (Kützing) Rabenhorst, 1853; 李家英和齐雨藻, 2010, p. 34, pl. V, fig. 1.

壳面狭“S”形，壳面从中部向两端逐渐变狭，末端钝圆形；长 86.0～94.0μm，宽 10.6～12.6μm。壳缝在中线上，弯曲度同壳面，中央节椭圆形。壳面线纹由点纹组成，21～22 条/10μm。

分布：广泛分布。

2. 对布纹藻 (图版 122: 4-5)

Gyrosigma dissimile Mikishin, 1991, p. 106, fig. 1.

壳面“S”形，末端斜钝圆形；长 110.0μm，宽 16.0～17.0μm。轴区和壳缝在中线上；中央节大，斜横向。线纹微辐射状排列，15～17 条/10μm。

分布：湖泊。

3. 优美布纹藻 (图版 121: 17)

Gyrosigma eximium (Thwaites) Boyer, 1927; 李家英和齐雨藻, 2010, p. 38, pl. VI, figs. 4-5.

壳面微“S”形，末端刀形；长 81.0μm，宽 10.5μm。轴区和壳缝偏心，斜对角微微“S”形。线纹微辐射状排列，23 条/10μm。

分布：湖泊。

4. 簇生布纹藻细端变种 (图版 123: 9)

Gyrosigma fasciola var. ***tenuirostris*** (Grunow) Cleve, 1894; Cleve and Grunow, 1880, p. 55, pl. 4, fig. 76.

壳面狭“S”形，末端尖头状；长 150.0μm，宽 12.0μm。中央节圆形。线纹微辐射状排列，26 条/10μm。

分布：湖泊。

5. 模糊布纹藻 (图版 122: 6)

Gyrosigma obscurum (Smith) Griffith & Henfrey, 1856; Griffith and Henfrey, 1855, p. 302, pl. 11, fig. 27.

壳面狭“S”形，末端钝圆形；长 116.5μm，宽 11.5μm。壳缝在中线上，微弱“S”形。中央节大，斜横向。线纹微辐射状排列，27 条/10μm。

分布：湖泊。

6. 锉刀状布纹藻 (图版 123: 1-5)

Gyrosigma scalproides (Rabenhorst) Cleve, 1894; 李家英和齐雨藻, 2010, p. 41, pl. VI, fig. 8, pl. XXX, figs. 7-8.

壳面线形至舟形，末端狭圆形；长 37.5～58.0μm，宽 8.0～10.0μm。轴区和壳缝在中线上，靠近末端略微偏心。中央节小，椭圆形。线纹微辐射状排列，23～24 条/10μm。

分布：湖泊。

7. 影伸布纹藻 (图版 121: 18)

Gyrosigma sciotoense (Sullivant) Cleve, 1895; 李家英和齐雨藻, 2010, p. 41, pl. XXX, fig. 4.

壳面线形，末端圆，斜钝；长 98.0μm，宽 14.0μm。轴区和壳缝在中线上。中央节大，斜横向。线纹微辐射状排列，19 条/10μm。

分布：湖泊。

8. 澳立布纹藻 (图版 123: 6-7)

Gyrosigma wormleyi (Sullivant) Boyer, 1922; 李家英和齐雨藻, 2010, p. 44, pl. XXXI, fig. 3.

壳面“S”形，末端呈嘴状；长 74.0～84.0μm，宽 13.5～14.5μm。壳缝在中线上，靠近壳两端略微偏心。中央节圆形。线纹微辐射状排列，21～22 条/10μm。

分布：湖泊。

斜纹藻属 *Pleurosigma* Smith 1852

细胞单生。壳面长舟形，轻微“S”形。中轴区窄“S”形；中央区不明显。壳缝很窄，随着壳面的弯曲呈“S”形。线纹呈对角线形排列。

1. 长斜纹藻 (图版 123: 8)

Pleurosigma elongatum Smith, 1852; 李家英和齐雨藻, 2010, p. 47, pl. VI, fig. 6, pl. XXXII, fig. 1.

壳面“S”形，狭披针形，末端钝形；长 116.5μm，宽 11.5μm。壳缝在中央，仅末端微微“S”形偏心，中央节圆形。线纹微辐射状排列，24 条/10μm。

分布：湖泊。

桥弯藻科 Cymbellaceae

桥弯藻属 *Cymbella* Agardh 1830

细胞附生，产生胶质柄或被包裹在黏质中。壳面具明显的背腹之分。壳缝位于壳面中心或偏离中心，远缝端弯向背缘；两末端都具顶孔区。部分种类中央区具孤点，孤点均位于中央区腹侧。线纹多由单列孔纹组成，常呈辐射状排列。

1. 近缘桥弯藻 (图版 124: 1-4)

Cymbella affinis Kützing, 1844; 施之新, 2013, p. 126, pl. 35, fig. 5.

壳面具明显的背腹之分，末端圆形；长 65.5～74μm，宽 13～14μm。中轴区线形披针形，中央区具 2～3 个孤点。线纹近平行状排列，7～8 条/10μm。

分布：河流、湖泊。

2. 高山桥弯藻 (图版 124: 5-9)

Cymbella alpestris Krammer, 2002, p. 163, pl. 33, figs. 1-13.

壳面具明显的背腹之分，末端头状；长 31～38μm，宽 9～11μm。中轴区线形披针形；中央区不明显，具 1～2 个孤点。线纹辐射状排列，8～10 条/10μm。

分布：河流、湖泊。

3. 粗糙桥弯藻 (图版 125: 1-5)

Cymbella aspera (Ehrenberg) Cleve, 1894; 施之新, 2013, p. 125, pl. 35, fig. 7.

壳面具明显的背腹之分，末端宽圆形；长 100～132.5μm，宽 18～23μm。中轴区线形，中央区呈椭圆形。线纹放射状排列，7～9 条/10μm。

分布：河流、湖泊。

4. 澳洲桥弯藻 (图版 126: 1-3)

Cymbella australica (Schmidt) Cleve, 1894; 施之新, 2013, p. 118, pl. 33, fig. 4.

壳面具明显的背腹之分，末端截圆形；长 80～87μm，宽 16.5～18μm。中轴区窄，线状弯曲形；中央区呈圆形。线纹放射状排列，8～10 条/10μm。

分布：河流、湖泊。

5. 箱形桥弯藻 (图版 127: 1-2, 8)

Cymbella cistula (Ehrenberg) Kirchner, 1878; 朱蕙忠和陈嘉佑, 2000, p. 320, pl. 37, figs. 14-15.

壳面具明显的背腹之分，末端钝圆形；长 51～59μm，宽 13.5～16μm。中轴区窄；中央区呈椭圆形，具 3～4 个孤点。线纹放射状排列，8～9 条/10μm。

分布：河流、湖泊。

6. 瓜形桥弯藻 (图版 128: 1-3)

Cymbella cucumis Schmidt, 1875, p. 9, pl. 9, figs. 21-22.

壳面具背腹之分，末端头状；长 86～100μm，宽 24～28μm。轴区线形披针形，中央区不明显。线纹辐射状排列，8～9 条/10μm。

分布：河流、湖泊。

7. 新月形桥弯藻 (图版 128: 8-9)

Cymbella cymbiformis Agardh, 1830; 施之新, 2013, p. 112, pl. 34, fig. 3.

壳面具背腹之分，末端圆形；长 58.5～60μm，宽 13～14μm。轴区窄，线形；中央区不明显。线纹辐射状排列，7～8 条/10μm。

分布：河流、湖泊。

8. 末端二列桥弯藻 (图版 127: 3-7, 9-10)

Cymbella distalebiseriata Liu & Williams, 2018; Liu et al., 2018, p. 344, figs. 39-46.

壳面略具背腹之分，末端圆形；长 44.5～71μm，宽 11～13.5μm。轴区窄，线形；中央区不明显。线纹近平行状排列，5～8 条/10μm。

分布：河流、湖泊。

9. 切断桥弯藻 (图版 130: 4-7)

Cymbella excisa Kützing, 1844; 施之新, 2013, p. 114, pl. 31, figs. 5-7.

壳面具背腹之分，腹侧中部略凹入，末端亚头状；长 34.5～38.5μm，宽 8.5～11μm。轴区窄，线形；中央区不明显。线纹辐射状排列，9～10 条/10μm。

分布：河流、湖泊。

10. 黑尔姆克桥弯藻 (图版 129: 1-3)

Cymbella helmckei Krammer, 1982, p. 30, pl. 1071, figs. 1-4.

壳面具背腹之分，末端宽圆形；长 111～119μm，宽 20.5～23μm。轴区线形披针形，中央区不明显。线纹辐射状排列，7～9 条/10μm。

分布：湖泊。

11. 淡黄桥弯藻 (图版 130: 1)

Cymbella helvetica Kützing, 1844; 施之新, 2013, p. 135, pl. 38, fig. 3.

壳面具背腹之分，末端圆形；长 65.5μm，宽 12.5μm。轴区线形。线纹辐射状排列，8 条/10μm。

分布：河流。

12. 日本桥弯藻 (图版 128: 4-7)

Cymbella japonica Reichelt, 1898; 施之新, 2013, p. 116, pl. 32, fig. 4.

壳面背腹之分不明显，末端尖圆形；长 42～53μm，宽 10～11.5μm。轴区线形；中央区不明显，具 1 个孤点。线纹辐射状排列，7～8 条/10μm。

分布：河流。

13. 溧阳桥弯藻 (图版 130: 2-3)

Cymbella liyangensis Zhang, Jüttner & Cox, 2018; Zhang et al., 2018, p. 16, figs. 2-16.

壳面具背腹之分，末端圆形；长 45～52.5μm，宽 11～11.5μm。轴区窄，线形；中央区不明显。线纹近平行状排列，6～7 条/10μm。

分布：河流、湖泊。

14. 新箱形桥弯藻 (图版 131: 1-3)

Cymbella neocistula Krammer, 2002; 施之新, 2013, p. 130, pl. 37, figs. 1-4, 8.

壳面具背腹之分，末端圆形；长 74～91μm，宽 15～16.5μm。轴区线形披针形，中央区不明显。线纹辐射状排列，8～9 条/10μm。

分布：河流、湖泊。

15. 新细角桥弯藻 (图版 129: 4-8)

Cymbella neoleptoceros Krammer, 2002, p. 134, pl. 156, figs. 1-8.

壳面背腹之分不明显，末端尖圆形；长 30～38μm，宽 8～9μm。轴区线形，中央区不明显。线纹近平行状排列，8～9 条/10μm。

分布：河流。

16. 中华桥弯藻 (图版 134: 1-2)

Cymbella sinensis Metzeltin & Krammer, 2002; 施之新, 2013, p. 111, pl. 30, figs. 6-7.

壳面略具背腹之分，末端尖圆形；长 47～50μm，宽 12.5μm。轴区窄，弯曲状；中央区小。线纹辐射状排列，9～10 条/10μm。

分布：湖泊。

17. 孤点桥弯藻 (图版 132: 1-5)

Cymbella stigmaphora Østrup, 1910, p. 59, pl. 2, fig. 45.

壳面具背腹之分，末端圆形；长 47～52.5μm，宽 11.5～13μm。轴区线形披针形，中央区不明显。线纹辐射状排列，9～10 条/10μm。

分布：河流、湖泊。

18. 近箱形桥弯藻 (图版 132: 6-9)

Cymbella subcistula Krammer, 2002; 施之新, 2013, p. 129, pl. 37, figs. 5-7.

壳面具背腹之分，末端圆形；长 50～81μm，宽 15.5～18μm。轴区窄，线形；中央区椭圆形，具 2～3 个孤点。线纹辐射状排列，6～8 条/10μm。

分布：河流、湖泊。

19. 近淡黄桥弯藻 (图版 133: 1-4)

Cymbella subhelvetica Krammer, 2002; 施之新, 2013, p. 118, pl. 35, fig. 1.

壳面略具背腹之分，狭披针形，末端狭圆形；长 39.5～47.5μm，宽 9～10μm。轴区窄，线形；中央区不明显。线纹辐射状排列，10～11 条/10μm。

分布：湖泊。

20. 热带桥弯藻 (图版 134: 3-9)

Cymbella tropica Krammer, 2002; 施之新, 2013, p. 113, pl. 32, fig. 1.

壳面具背腹之分，末端亚喙状；长 26.5～49μm，宽 8～15μm。轴区窄，线形；中央区不明显，具 1 个孤点。线纹辐射状排列，9～11 条/10μm。

分布：河流、湖泊。

21. 膨胀桥弯藻 (图版 135: 1-7)

Cymbella tumida (Brébisson) Van Heurck, 1880; 施之新, 2013, p. 117, pl. 33, figs. 1-2.

壳面具背腹之分，末端头状；长 50～65μm，宽 14.5～16μm。轴区窄，弓形弯折；中央区菱形，具 1 个孤点。线纹辐射状排列，10～11 条/10μm。

分布：河流、湖泊。

22. 膨大桥弯藻 (图版 136: 1-13)

Cymbella turgidula Grunow, 1875; 施之新, 2013, p. 127, pl. 34, fig. 4.

壳面具背腹之分，椭圆披针形，末端近头状；长 31.5～41μm，宽 10.5～12.5μm。轴区窄线形；中央区小，具 1～3 个孤点。线纹辐射状排列，8～10 条/10μm。

分布：河流、湖泊。

弯缘藻属 *Oricymba* Jüttner, Krammer, Cox, Van de Vijver & Tuji 2010

壳面新月形，沿纵轴不对称，壳缘具硅质脊，几乎贯穿整个壳面。中轴区线形披针形；中央区椭圆形，腹侧具 1 个孤点；具顶孔区。壳缝偏侧，远缝端弯向壳面背缘，近缝端弯向壳面腹侧。线纹由单列孔纹组成。

1. 沃龙基纳弯缘藻 (图版 137: 1-4)

Oricymba voronkinae Glushchenko, Kulikovskiy & Kociolek, 2015; Kulikovskiy et al., 2015, p. 127, figs. 74-113.

壳面略具背腹之分，线形披针形，末端圆形；长 39.5～42.5μm，宽 10μm。轴区线形，中央区不明显，具 1 个孤点。线纹辐射状排列，8～10 条/10μm。

分布：河流、湖泊。

瑞氏藻属 *Reimeria* Kociolek & Stoermer 1987

壳面线形披针形；背腹分明，背缘略呈弓形，腹缘直或略凹；腹缘中央区一侧明显膨大。中轴区窄；孤点位于两近缝端之间略偏向腹缘；腹缘两末端具顶孔区。壳缝远缝端弯向腹缘。线纹由双列小圆形孔纹组成。

1. 波状瑞氏藻 (图版 137: 5-11)

Reimeria sinuata (Gregory) Kociolek & Stoermer, 1987; 施之新, 2013, p. 102, pl. 29, figs. 1-2.

壳面略具背腹之分，线形披针形，末端圆形；长 15～20μm，宽 4.5～5μm。轴区线形；中央区向腹侧扩大，具 1 个孤点。线纹辐射状排列，9～12 条/10μm。

分布：河流、湖泊。

弯肋藻属 *Cymbopleura* (Krammer) Krammer 1999

多数种类单生。壳面沿纵轴略不对称，壳面宽椭圆形、椭圆披针形、披针形或线形，末端形态多样。中央区无孤点或拟孔；不具顶孔区。壳缝多位于壳面近中部，远缝端弯向背缘。线纹多由单列孔纹组成。

1. 冈瓦纳弯肋藻 (图版 141: 1)

Cymbopleura gondwana Lange-Bertalot, Krammer & Rumrich, 2000; Rumrich et al., 2000, p. 101, pl. 119, figs. 6-11.

壳面具背腹之分，线形椭圆形，末端近喙状；长 52μm，宽 16μm。轴区窄线形，中央区近圆形。线纹辐射状排列，9 条/10μm。

分布：湖泊。

2. 赫西尼弯肋藻 (图版 138: 1-4)

Cymbopleura hercynica (Schmidt) Krammer, 2003, p. 72, pl. 96, figs. 19-21.

壳面具背腹之分，线形椭圆形，末端头状；长 29～39μm，宽 8～10μm。轴区线形披针形，中央区近菱形。线纹辐射状排列，9～11 条/10μm。

分布：河流。

3. 不等弯肋藻 (图版 139: 1-2)

Cymbopleura inaequalis (Ehrenberg) Krammer, 2003, p. 25, pl. 29, figs. 1-9.

壳面具背腹之分，线形椭圆形，末端近头状；长 88～89.5μm，宽 26～28μm。轴区线形披针形，中央区不明显。线纹辐射状排列，5～6 条/10μm。

分布：河流。

4. 不定弯肋藻 (图版 138: 5-8)

Cymbopleura incerta (Grunow) Krammer, 2003, p. 90, pl. 110, figs. 1-16.

壳面具背腹之分，线形披针形，末端圆形；长 30～33μm，宽 6～6.5μm。轴区线形，中央区不规则。线纹辐射状排列，15～17 条/10μm。

分布：湖泊。

5. 拉普兰弯肋藻 (图版 140: 5)

Cymbopleura lapponica (Grunow ex Cleve) Krammer, 2003, p. 85, pl. 107, figs. 1-12.

壳面具背腹之分，线形披针形，末端喙状；长 45μm，宽 9μm。轴区线形披针形，中央区近菱形。线纹辐射状排列，16 条/10μm。

分布：河流。

6. 宽头弯肋藻 (图版 141: 4-5)

Cymbopleura laticapitata (Krammer) Kulikovskiy & Lange-Bertalot, 2009; Krammer, 2003, p. 57, pl. 79, figs. 1-12.

壳面具背腹之分，线形椭圆形，末端头状；长 38～42μm，宽 9.5～10μm。轴区线形，中央区近菱形。线纹辐射状排列，10～11 条/10μm。

分布：河流、湖泊。

7. 梅茨弯肋藻茱莉马变种 (图版 140: 1-4, 6)

Cymbopleura metzeltinii var. ***julma*** Krammer, 2003, p. 95, pl. 115, figs. 11-13.

壳面背腹之分不明显，线形披针形，末端喙状；长 39～51μm，宽 5.5～6μm。轴区线形披针形，中央区不明显。线纹近平行状排列，18～21 条/10μm。

分布：湖泊。

8. 佩兰格里弯肋藻 (图版 141: 2-3)

Cymbopleura peranglica Krammer, 2003, p. 61, pl. 84, figs. 1-4.

壳面具背腹之分，线形椭圆形，末端喙状；长 39.5～42μm，宽 10～11μm。轴区窄线形，中央区椭圆形。线纹辐射状排列，10～11 条/10μm。

分布：湖泊。

9. 亚泰纳弯肋藻 (图版 138: 9-10)

Cymbopleura yateana (Maillard) Krammer, 2003, p. 97, pl. 117, figs. 1-9.

壳面具背腹之分，线形披针形，末端圆形；长 35.5～40μm，宽 7.5～8μm。轴区线形披针形，中央区不明显。线纹辐射状排列，13～16 条/10μm。

分布：河流。

内丝藻属 *Encyonema* Kützing 1833

细胞单生或形成胶质管状群体。壳面具明显背腹之分，背缘强烈弯曲，腹缘近平直；壳面近弓形；壳缝直，靠近壳面腹缘，远缝端弯向壳面腹缘；中央区孤点缺失或在背缘一侧；无顶孔区。线纹由单列孔纹组成。

1. 阿巴拉契内丝藻 (图版 142: 7-14, 16)

Encyonema appalachianum Potapova, 2014, p. 116, figs. 1-12.

壳面线形，末端圆形；长 25～32μm，宽 6～7μm。轴区窄线形，中央区不明显。线纹近平行状排列，7～10 条/10μm。

分布：河流、湖泊。

2. 奥尔斯瓦尔德内丝藻 (图版 144: 5-7)

Encyonema auerswaldii Rabenhorst, 1853, p. 24, pl. 7, fig. 2.

壳面半椭圆形，末端圆形；长 24～26.5μm，宽 8.5～9μm。轴区窄线形，中央区常不明显。线纹辐射状排列，8～11 条/10μm。

分布：河流、湖泊。

3. 清晰内丝藻 (图版 147: 1-6)

Encyonema distinctum Lange-Bertalot & Krammer, 1997; Krammer, 1997, p. 56, pl. 58, figs. 13-16.

壳面半椭圆形，末端圆形；长 15～19.5μm，宽 4.5～5.5μm。轴区窄线形，中央区常不明显。线纹辐射状排列，11～12 条/10μm。

分布：河流、湖泊。

4. 埃尔金内丝藻孤点变种 (图版 144: 2-3)

Encyonema elginense var. ***stigmoideum*** Krammer & Metzeltin, 1998; 施之新, 2013, p. 60, pl. 15, figs. 3-4.

壳面半椭圆形，末端尖圆形；长 36～38μm，宽 10.5μm。轴区窄线形。中央区不明显，在背侧具 1 个孤点。线纹辐射状排列，8～9 条/10μm。

分布：湖泊。

5. 半月内丝藻委内瑞拉变种 (图版 143: 7-10)

Encyonema jemtlandicum var. ***venezolanum*** Krammer, 1997, p. 166, pl. 14, figs. 1-5.

壳面半椭圆形，末端尖圆形；长 21～29.5μm，宽 5～6.5μm。轴区窄线形，中央区不明显。线纹近平行状排列，10～12 条/10μm。

分布：河流、湖泊。

6. 长贝尔塔内丝藻 (图版 142: 1-6, 15)

Encyonema lange-bertalotii Krammer, 1997, p. 96, pl. 5, figs. 1-6.

壳面半椭圆形，末端尖圆形；长 35～42.5μm，宽 9～10μm。轴区窄线形，中央区不明显。线纹近平行状排列，6～9 条/10μm。

分布：河流、湖泊。

7. 隐内丝藻 (图版 143: 1-4)

Encyonema latens (Krasske) Mann, 1990; Krasske, 1937, p. 43, fig. 53.

壳面半椭圆形，末端头状；长 20.5～26μm，宽 7.5～8μm。轴区窄线形，中央区不明显。线纹近平行状排列，9～10 条/10μm。

分布：河流。

8. 李氏内丝藻 (图版 149: 11-15)

Encyonema leei (Krammer) Ohtsuka, Hanada & Nakamura, 2004; Krammer, 2003, p. 147, pl. 162, figs. 15-19.

壳面半月形，末端圆形；长 14.5～22.5μm，宽 4～5μm。轴区窄线形，中央区不明显。线纹近平行状排列，8～11 条/10μm。

分布：河流、湖泊。

9. 莱布内丝藻 (图版 144: 1)

Encyonema leibleinii (Agardh) Silva, Jahn, Ludwig & Menezes, 2013; Agardh, 1830, p. 31, figs. 10-17.

壳面半椭圆形，末端宽圆形；长 65μm，宽 20.5μm。轴区线形，中央区不明显。线纹辐射状排列，7 条/10μm。

分布：河流。

10. 微小内丝藻 (图版 144: 4)

Encyonema minutum (Hilse) Mann, 1990; 施之新, 2013, p. 61, pl. 16, figs. 1-2.

壳面半椭圆形，末端圆形；长 23μm，宽 7μm。轴区窄线形，中央区不明显。线纹辐射状排列，10 条/10μm。

分布：河流。

11. 新纤细内丝藻 (图版 141: 6-9)

Encyonema neogracile Krammer, 1997, p. 177, pl. 82, figs. 1-13.

壳面半椭圆形，末端尖圆形；长 31～36μm，宽 6.5～7μm。轴区窄线形，中央区不明显。线纹辐射状排列，10～12 条/10μm。

分布：河流、湖泊。

12. 挪威内丝藻 (图版 143: 5-6)

Encyonema norvegicum (Grunow) Mayer, 1947; 施之新, 2013, p. 61, pl. 15, fig. 6.

壳面眉月形，末端狭圆形；长 30.5～32μm，宽 6.5～7μm。轴区线形，中央区不明显。线纹近平行状排列，12～13 条/10μm。

分布：湖泊。

13. 西里西亚内丝藻 (图版 145: 1-5, 11)

Encyonema silesiacum (Bleisch) Mann, 1990; 施之新, 2013, p. 70, pl. 41, figs. 1-2.

壳面半椭圆形，末端圆形；长 28.5～38μm，宽 9～10μm。轴区窄线形，中央区不明显。线纹辐射状排列，7～9 条/10μm。

分布：河流、湖泊。

14. 三角型内丝藻 (图版 145: 6-10, 12)

Encyonema trianguliforme Krammer, 1997, p. 176, pl. 73, figs. 1-5.

壳面半椭圆形，末端尖圆形；长 34.5～40.5μm，宽 12～13.5μm。轴区线形，中央区不明显。线纹辐射状排列，6～8 条/10μm。

分布：河流、湖泊。

15. 偏肿内丝藻 (图版 146: 1-9)

Encyonema ventricosum (Agardh) Grunow, 1885; 施之新, 2013, p. 66, pl. 17, figs. 2-4.

壳面半椭圆形，末端狭圆形；长 13～18.5μm，宽 4.5～5.5μm。轴区窄线形，中央区不明显。线纹辐射状排列，12～14 条/10μm。

分布：湖泊。

16. 普通内丝藻 (图版 141: 10-12)

Encyonema vulgare Krammer, 1997, p. 167, pl. 36, figs. 4-10.

壳面半椭圆形，末端圆形；长 44～52μm，宽 10.5～11.5μm。轴区线形，中央区不明显。线纹近平行状排列，7～9 条/10μm。

分布：河流、湖泊。

优美藻属 *Delicatophycus* Wynne 2019

细胞多单生。壳面背腹之分不明显，披针形至线形披针形。中轴区窄；中央区变化较大，常不明显、不规则。壳缝偏腹侧，近缝端明显折向腹侧，远缝端弯向背侧；无孤点；无顶孔区。线纹由单列孔纹组成。

1. 优美藻 (图版 148: 1-8)

Delicatophycus delicatulus (Kützing) Wynne, 2019; 施之新, 2013, p. 73, pl. 19, fig. 4.

壳面狭披针形，末端亚喙状；长 26～37μm，宽 5～6μm。轴区窄线形，中央区常不明显。线纹辐射状排列，12～18 条/10μm。

分布：河流、湖泊。

拟内丝藻属 *Encyonopsis* Krammer 1997

细胞单生。壳面背腹之分不明显，披针形或椭圆形。壳缝直或略波曲，位于壳面中部，远缝端弯向壳面腹缘；无孤点。线纹由单列圆形或长椭圆形孔纹组成。

1. 达科塔拟内丝藻 (图版 149: 1-3)

Encyonopsis dakotae Bahls, 2013a, p. 17, figs. 113-117.

壳面线形披针形，末端头状；长 29～37.5μm，宽 5.5～6.5μm。轴区线形披针形，中央区不明显。线纹近平行状排列，17～21 条/10μm。

分布：湖泊。

2. 杂拟内丝藻 (图版 149: 4-7)

Encyonopsis descripta (Hustedt) Krammer, 1997; Hustedt, 1943, p. 170, fig. 25.

壳面线形披针形，末端喙状；长 15～16.5μm，宽 3～3.5μm。轴区窄线形，中央区不明显。线纹近平行状排列，25～27 条/10μm。

分布：湖泊。

3. 小头拟内丝藻 (图版 150: 1-5)

Encyonopsis microcephala (Grunow) Krammer, 1997; 施之新, 2013, p. 50, pl. 13, fig. 8.

壳面线形披针形，末端头状；长 14～19.5μm，宽 3.5～4μm。轴区窄线形，中央区不明显。线纹辐射状排列，21～25 条/10μm。

分布：河流、湖泊。

4. 微小拟内丝藻 (图版 149: 8-10)

Encyonopsis minuta Krammer & Reichardt, 1997; Krammer, 1997, p. 95, pl. 143a, figs. 1-27.

壳面线形披针形，末端头状；长 15.5～17μm，宽 3～3.5μm。轴区窄线形，中央区不明显。线纹近平行状排列，22～23 条/10μm。

分布：湖泊。

5. 长趾拟内丝藻 (图版 150: 6-10)

Encyonopsis subminuta Krammer & Reichardt, 1997; Krammer, 1997, p. 96, pl. 143, figs. 30-33.

壳面线形披针形，末端头状；长 16～19μm，宽 3.5～4μm。轴区窄线形，中央区不明显。线纹近平行状排列，23～24 条/10μm。

分布：河流、湖泊。

6. 钝姆拟内丝藻 (图版 150: 11-15)

Encyonopsis thumensis Krammer, 1997, p. 103, pl. 154, figs. 13-15.

壳面线形披针形，末端尖圆形；长 8.5～11μm，宽 2.5～3μm。轴区窄线形，中央区不明显。线纹近平行状排列，24～28 条/10μm。

分布：湖泊。

半舟藻属 *Seminavis* Mann 1990

壳面月形，沿纵轴、横轴均不对称，背缘弯曲，腹缘直或略凸。中轴区窄，中央区小披针形。壳缝位于壳面近中部，近缝端略膨大，弯向背缘，远缝端先向腹缘弯曲，又反曲向背缘；无孤点；无顶孔区。线纹由单列短裂缝状孔纹组成。

1. 薄壁半舟藻 (图版 151: 1-4, 9)

Seminavis strigosa (Hustedt) Danieledis & Economou-Amilli, 2003; Hustedt, 1949, p. 44, pl. 1, figs. 30-33.

壳面月形，末端尖圆形；长 16～27μm，宽 4.5～5μm。中央区不明显。线纹微辐射状排列，14～17 条/10μm。

分布：河流、湖泊。

双眉藻科 Amphoraceae

双眉藻属 *Amphora* Ehrenberg & Kützing 1844

壳面沿纵轴略不对称，近弓形。壳缝位于壳面腹缘，具壳缝脊，壳缝直或弯曲或略呈“S”形；腹缘常具无纹的中央区，无孤点。线纹由单列孔纹组成，点纹多长圆形，背缘线纹常被无纹区隔断，腹缘线纹很短。

1. 相等双眉藻 (图版 153: 1)

Amphora aequalis Krammer, 1980; 施之新, 2013, p. 29, pl. 10, figs. 4-6.

壳面具背腹之分，中部微凹入，背侧弓形，腹侧直，末端钝圆；长 27μm，宽 4.5μm。轴区窄线形，中央区向两侧扩大。线纹辐射状排列，18 条/10μm。

分布：湖泊。

2. 近缘双眉藻 (图版 152: 7-11)

Amphora affinis Kützing, 1844, p. 107, pl. 30, fig. 66.

壳面半椭圆形，末端窄圆形；长 26～39μm，宽 5～6.5μm。中央区横矩形。线纹中部近平行状排列，两端辐射状排列，12～14 条/10μm。

分布：河流、湖泊。

3. 结合双眉藻 (图版 152: 1-6)

Amphora copulata (Kützing) Schoeman & Archibald, 1986, p. 429, figs. 11-13.

壳面半椭圆形，末端窄圆形；长 23～31μm，宽 5.5～7μm。中央区圆形到椭圆形。线纹中部近平行状排列，两端辐射状排列，13～17 条/10μm。

分布：河流、湖泊。

4. 模糊双眉藻 (图版 153: 2-4)

Amphora inariensis Krammer, 1980, p. 211, pl. 4, figs. 21-24.

壳面具背腹之分，中部微凹入，背侧弓形，腹侧直，末端钝圆；长 18.5μm，宽 4μm。轴区窄线形，中央区向两侧扩大。线纹辐射状排列，15～17 条/10μm。

分布：湖泊。

5. 不显双眉藻 (图版 153: 5-8)

Amphora indistincta Levkov, 2009, p. 287, pl. 78, figs. 29-39.

壳面具背腹之分，背侧弓形，腹侧直，末端钝圆；长 14.5～18μm，宽 2.5～3.5μm。轴区窄线形，中央区向两侧扩大。线纹辐射状排列，15～16 条/10μm。

分布：河流、湖泊。

6. 虱形双眉藻 (图版 151: 5-8, 10)

Amphora pediculus (Kützing) Grunow, 1875; 施之新, 2013, p. 28, pl. 9, fig. 5.

壳面半椭圆形，末端尖圆形；长 10.5～14μm，宽 2～3μm。中央区横矩形。线纹微辐射状排列，16～18 条/10μm。

分布：河流、湖泊。

海双眉藻属 *Halamphora* (Cleve) Levkov 2009

壳面沿纵轴略不对称，近弓形。壳缝位于壳面腹侧，近缝端外壳面末端弯向背缘。仅在背侧有壳缝脊。线纹由单列孔纹组成。

1. 泡状海双眉藻 (图版 154: 1-7)

Halamphora bullatoides (Hohn & Hellerman) Levkov, 2009, p. 176, pl. 87, figs. 23-36.

壳面近弓形，背侧凸出，腹侧近平直，末端头状；长 19～28μm，宽 4.5～5.5μm。轴区窄，中央区不对称。线纹 17～21 条/10μm。

分布：河流、湖泊。

2. 凯韦伊海双眉藻 (图版 153: 9-12)

Halamphora kevei Levkov, 2009, p. 200, pl. 90, figs. 1-16.

壳面近弓形，背侧凸出，腹侧近平直，末端喙状；长 27～34μm，宽 4～5.5μm。轴区窄，无中央区。线纹 20～22 条/10μm。

分布：河流、湖泊。

3. 山地海双眉藻 (图版 154: 8-11)

Halamphora montana (Krasske) Levkov, 2009, p. 207, pl. 93, figs. 10-19.

壳面近弓形，背侧凸出，腹侧近平直，末端喙状；长 14～19.5μm，宽 2.5～4μm。轴区窄，背侧具加厚的无纹区。线纹在光镜下不易观察。

分布：河流、湖泊。

4. 蓝色海双眉藻 (图版 154: 12-16)

Halamphora veneta (Kützing) Levkov, 2009, p. 242, pl. 94, figs. 9-19.

壳面弓形，背侧凸出，腹侧近平直，末端近喙状；长 15～24μm，宽 3.5～4μm。轴区窄，无中央区。线纹 21～25 条/10μm。

分布：河流、湖泊。

异极藻科 Gomphonemataceae

异极藻属 *Gomphonema* Agardh 1824

细胞单生或通过胶质柄形成伞状群体，部分种类能够形成星状群体或黏质团。壳面异极，棒形或楔形。中央区圆形或横矩形，多数种类中央区具 1 个孤点；足端具顶孔区；具假隔膜。线纹多由 1～2 列孔纹组成。

1. 斜形异极藻 (图版 155: 1)

Gomphonema acidoclinatiforme Metzeltin & Lange-Bertalot, 2002, p. 31, pl. 64, figs. 5-13.

壳面楔形，上端头状，下端尖圆；长 59.5μm，宽 10μm。中轴区窄线形；中央不对称，在一侧具 1 个孤点。线纹辐射状排列，14 条/10μm。

分布：河流。

2. 狭状披针异极藻 (图版 155: 2-6)

Gomphonema acidoclinatum Lange-Bertalot & Reichardt, 2004; Werum and Lange-Bertalot, 2004, p. 160, pl. 92, figs. 1-19.

壳面楔形，上端喙状，下端尖圆；长 50～61.5μm，宽 8～10μm。中轴区线形；中央不对称，在一侧具 1 个孤点。线纹辐射状排列，10～12 条/10μm。

分布：河流、湖泊。

3. 尖异极藻 (图版 155: 9-15)

Gomphonema acuminatum Ehrenberg, 1832; 朱蕙忠和陈嘉佑, 2000, p. 324, pl. 41, fig. 5.

壳面楔状棒形，上端膨大呈头状，顶端尖楔状凸起，中部膨大，下面狭长；长 48～62μm，宽 10～11μm。中轴区窄线形，中央区一侧具 1 个孤点。线纹辐射状排列，9～10 条/10μm。

分布：河流、湖泊。

4. 边缘异极藻斜方变种 (图版 155: 7-8)

Gomphonema affine var. ***rhombicum*** Reichardt, 1999, p. 15, pl. 10, figs. 1-15.

壳面菱形披针形，上端尖圆，下端圆形；长 57.5～68.5μm，宽 10.5～11μm。中轴区线形；中央区小，在一侧具 1 个孤点。线纹辐射状排列，7～8 条/10μm。

分布：河流。

5. 无孔异极藻 (图版 156: 1-9)

Gomphonema apuncto Wallace, 1960, p. 5, pl. 2, fig. 6.

壳面线形披针形，上端圆形，下端近头状；长 22.5～31μm，宽 4～4.5μm。中轴区宽披针形，在中央区一侧具一个孤点。线纹辐射状排列，13～15 条/10μm。

分布：河流、湖泊。

6. 美洲钝异极藻 (图版 156: 10-17)

Gomphonema americobtusatum Reichardt & Lange-Bertalot, 1999; Reichardt, 1999, p. 33, pl. 34, figs. 1-18.

壳面线形披针形，上端宽圆形，下端头状；长 19.5～28μm，宽 6～7μm。中轴区线形披针形，在中央区一侧具 1 个孤点。线纹辐射状排列，12～14 条/10μm。

分布：河流。

7. 窄颈异极藻 (图版 157: 4-6)

Gomphonema angusticlavatum Levkov, Mitic-Kopanja & Reichardt, 2016, p. 28, pl. 70, figs. 1-21.

壳面棒形，上端圆形，下端近头状；长 34～44μm，宽 6～7μm。中轴区线形，在中央区一侧具 1 个孤点。线纹辐射状排列，11～12 条/10μm。

分布：河流。

8. 狭形异极藻 (图版 157: 7)

Gomphonema angustiundulatum Metzeltin, Lange-Bertalot & Soninkhishig, 2009, p. 48, pl. 176, figs. 39-43.

壳面线形披针形，末端头状；长 24μm，宽 5μm。中轴区线形，在中央区一侧具 1 个孤点。线纹辐射状排列，12 条/10μm。

分布：河流。

9. 顶尖异极藻 (图版 157: 1-3)

Gomphonema augur Ehrenberg, 1841; 施之新, 2004, p. 29, pl. VI, figs. 1-3.

壳面楔状棒形，上端喙状，下端尖圆；长 46～47μm，宽 12～13μm。中轴区线形，在中央区一侧具 1 个孤点。线纹中部近平行状排列，两端辐射状排列，10～11 条/10μm。

分布：河流、湖泊。

10. 尖顶型异极藻 (图版 158: 1-7, 15)

Gomphonema auguriforme Levkov, Mitic-Kopanja, Wetzel & Ector, 2016; Levkov et al., 2016, p. 33, pl. 36, figs. 1-26.

壳面楔状棒形，上端喙状，下端尖圆；长 24～39μm，宽 7～8.5μm。中轴区线形，在中央区一侧具 1 个孤点。线纹辐射状排列，12～14 条/10μm。

分布：河流、湖泊。

11. 长耳异极藻 (图版 162: 1-2)

Gomphonema auritum Braun ex Kützing, 1849; 施之新, 2004, p. 131, figs. 6-7.

壳面狭披针状菱形，末端尖圆形；长 25～32μm，宽 5～6μm。中轴区窄线形；中央区小，在一侧具 1 个孤点。线纹辐射状排列，13～15 条/10μm。

分布：河流、湖泊。

12. 彼格勒异极藻 (图版 157: 8-11)

Gomphonema berggrenii Cleve, 1894, p. 185, pl. 5, figs. 6-7.

壳面线形披针形，末端头状；长 36.5～45μm，宽 10～11μm。中轴区线形，在中央区一侧具 1 个孤点。线纹辐射状排列，7～10 条/10μm。

分布：湖泊。

13. 巴西异极藻 (图版 158: 8-14)

Gomphonema brasiliensoides Metzeltin, Lange-Bertalot & García-Rodríguez, 2005, p. 80, pl. 149, figs. 1-10.

壳面菱形披针形，末端圆形；长 15～24.5μm，宽 4.5～6.5μm。中轴区宽披针形，在中央区一侧具 1 个孤点。线纹辐射状排列，16～17 条/10μm。

分布：河流、湖泊。

14. 乔尔诺基异极藻 (图版 159: 5)

Gomphonema cholnokyi Passy, Kociolek & Lowe, 1997, p. 466, figs. 70-93.

壳面棒形，上端圆形，下端尖圆；长 41μm，宽 6.5μm。中轴区窄线形；中央区不对称，在一侧具 1 个孤点。线纹辐射状排列，9 条/10μm。

分布：河流。

15. 棒状异极藻 (图版 159: 1-4)

Gomphonema clavatulum Reichardt, 1999, p. 25, pl. 25, figs. 1-10.

壳面棒形，上端圆形，下端尖圆；长 20～45μm，宽 7～8.5μm。中轴区窄线形，在中央区一侧具 1 个孤点。线纹辐射状排列，7～9 条/10μm。

分布：河流、湖泊。

16. 棒状异极藻尖变种 (图版 178: 1-4)

Gomphonema clavatum var. ***acuminatum*** (Peragallo & Héribaud) Harper, 2012; Héribaud, 1893, p. 55, pl. 3, fig. 8.

壳面菱形棒形，末端圆形；长 46～66.5μm，宽 10～12μm。中轴区窄线形，在中央区一侧具 1 个孤点。线纹辐射状排列，6～7 条/10μm。

分布：河流。

17. 克利夫异极藻 (图版 159: 6-11, 15)

Gomphonema clevei Fricke, 1902; 施之新, 2004, p. 71, pl. XXXII, figs. 1-3.

壳面线形披针形，末端圆形；长 12～27μm，宽 3.5～4.5μm。中轴区宽披针形，在中央区一侧具 1 个孤点。线纹辐射状排列，13～17 条/10μm。

分布：河流、湖泊。

18. 克利夫异极藻中华变种 (图版 159: 12-14)

Gomphonema clevei var. ***sinensis*** Voigt, 1942, p. 75, pl. V, fig. 8.

壳面菱形披针形，上端尖圆形，下端圆形；长 16～20μm，宽 5～6μm。中轴区宽披针形，在中央区一侧具 1 个孤点。线纹辐射状排列，14～15 条/10μm。

分布：河流。

19. 缢缩异极藻 (图版 180: 1-3)

Gomphonema constrictum Ehrenberg, 1844, 施之新, 2004, p. 25, pl. IV, figs. 1-2.

壳面楔状棒形，上端宽圆形，下端圆形；长 32.5～40.5μm，宽 10.5～11.5μm。中轴区宽披针形，在中央区一侧具 1 个孤点。线纹辐射状排列，11～12 条/10μm。

分布：河流、湖泊。

20. 缢缩异极藻膨大变种 (图版 180: 5-9)

Gomphonema constrictum var. ***turgidum*** (Ehrenberg) Grunow, 1880, 施之新, 2004, p. 28, pl. V, figs. 2-3.

壳面棒形，上端宽圆形，下端圆形；长 29～41.5μm，宽 9～11μm。中轴区宽披针形，在中央区一侧具 1 个孤点。线纹辐射状排列，10～13 条/10μm。

分布：河流、湖泊。

21. 似桥弯异极藻 (图版 160: 8)

Gomphonema cymbelloides Frenguelli & Orlando, 1958, p. 97, pl. II, figs. 65-66.

壳面线形披针形，末端圆形；长 23.5μm，宽 5.5μm。中轴区线形披针形，在中央区一侧具 1 个孤点。线纹辐射状排列，12 条/10μm。

分布：河流。

22. 弯曲异极藻 (图版 160: 3-7)

Gomphonema curvipedatum Kobayasi ex Osada, 2006, p. 10, pl. 122, fig. 1.

壳面线形披针形，末端圆形；长 28.5～36μm，宽 5.5～7μm。中轴区宽披针形，在中央区一侧具 1 个孤点。线纹辐射状排列，14～15 条/10μm。

分布：河流、湖泊。

23. 圆头异极藻 (图版 160: 1-2)

Gomphonema daphnoides Reichardt, 1999, p. 15, pl. 12, figs. 1-12.

壳面棒形，末端圆形；长 49～57μm，宽 10.5～11.5μm。中轴区线形，在中央区一侧具 1 个孤点。线纹辐射状排列，6～8 条/10μm。

分布：河流。

24. 二叉形异极藻 (图版 160: 9-15)

Gomphonema dichotomiforme (Mayer) Shi, 2004; 施之新, 2004, p. 72, pl. XXXII, fig. 5.

壳面线形棒形，上端宽圆形，下端狭圆形；长 25～28.5μm，宽 4～4.5μm。中轴区披针形，在中央区一侧具 1 个孤点。线纹辐射状排列，11～13 条/10μm。

分布：河流。

25. 宽头异极藻 (图版 161: 3-4)

Gomphonema eurycephalus Spaulding & Kociolek, 1998, p. 365, figs. 19-24.

壳面棒形，末端圆形；长 34～35μm，宽 6.5～7μm。中轴区窄线形，在中央区一侧具 1 个孤点。线纹辐射状排列，11～13 条/10μm。

分布：河流。

26. 费雷福莫斯异极藻 (图版 161: 5-8)

Gomphonema fereformosum Metzeltin, Lange-Bertalot & García-Rodríguez, 2005, p. 82, pl. 142, figs. 17-22.

壳面线形披针形，末端圆形；长 26～28.5μm，宽 5.5～6μm。中轴区窄线形，在中央区一侧具 1 个孤点。线纹辐射状排列，11～12 条/10μm。

分布：湖泊。

27. 弗里兹异极藻 (图版 161: 1-2)

Gomphonema freesei Lowe & Kociolek, 1984, p. 472, figs. 21-22.

壳面棒形，末端圆形；长 44～48μm，宽 6.5～7μm。中轴区宽披针形，在中央区一侧具 1 个孤点。线纹辐射状排列，14～15 条/10μm。

分布：河流。

28. 纤细异极藻 (图版 161: 9-12)

Gomphonema gracile Ehrenberg, 1838; 施之新, 2004, p. 53, pl. XXII, figs. 1-5.

壳面线形披针形，末端尖圆形；长 64～76μm，宽 9～10μm。中轴区窄线形，在中央区一侧具 1 个孤点。线纹辐射状排列，10～11 条/10μm。

分布：河流、湖泊。

29. 纤细型异极藻 (图版 162: 3-7)

Gomphonema graciledictum Reichardt, 2015, p. 373, figs. 36-61.

壳面线形披针形，末端尖圆形；长 26～32μm，宽 5～5.5μm。中轴区窄线形；中央区小，在一侧具 1 个孤点。线纹辐射状排列，8～11 条/10μm。

分布：河流、湖泊。

30. 瓜拉尼异极藻 (图版 163: 4-8)

Gomphonema guaraniarum Metzeltin & Lange-Bertalot, 2007, p. 147, figs. 9-14.

壳面线形披针形，中部凸出，末端尖圆形或喙状；长 56～59μm，宽 8～10μm。中轴区线形，在中央区一侧具 1 个孤点。线纹微辐射状排列，10～12 条/10μm。

分布：河流、湖泊。

31. 夏威夷异极藻 (图版 164: 1-3)

Gomphonema hawaiiense Reichardt, 2005, p. 119, pl. 2, figs. 1-13.

壳面菱形披针形，末端圆形；长 36～37.5μm，宽 6.5～8μm。中轴区宽披针形，在中央区一侧具 1 个孤点。线纹辐射状排列，14～15 条/10μm。

分布：河流。

32. 赫布里底群岛异极藻 (图版 163: 1-3)

Gomphonema hebridense Gregory, 1854, p. 99, pl. 4, fig. 19.

壳面线形披针形，中部凸出，末端尖圆形；长 69～70μm，宽 10～11μm。中轴区线形，在中央区一侧具 1 个孤点。线纹微辐射状排列，10～12 条/10μm。

分布：河流、湖泊。

33. 不完全异极藻 (图版 164: 4-7)

Gomphonema imperfecta Manguin, 1964, p. 90, pl. 20, fig. 5.

壳面线形棒形，末端圆形；长 37.5～39μm，宽 5～6μm。中轴区线形，在中央区一侧具 1 个孤点。线纹辐射状排列，8～10 条/10μm。

分布：河流。

34. 标帜异极藻 (图版 164: 8)

Gomphonema insigne Gregory, 1856；施之新, 2004, p. 55, pl. XXIII, figs. 3-4.

壳面近菱形，末端尖圆形；长 23μm，宽 6μm。中轴区窄线形，在中央区一侧具 1 个孤点。线纹微辐射状排列，17 条/10μm。

分布：湖泊。

35. 意大利异极藻 (图版 165: 1-4)

Gomphonema italicum Kützing, 1844, p. 85, pl. 30, fig. 75.

壳面棒形，上端宽圆形，下端圆形；长 28～34.5μm，宽 12～13μm。中轴区窄线形，在中央区一侧具 1 个孤点。线纹辐射状排列，11～13 条/10μm。

分布：河流、湖泊。

36. 爪哇异极藻 (图版 164: 9)

Gomphonema javanicum Hustedt, 1937, p. 435, pl. 27, figs. 2-5.

壳面线形披针形，末端圆形；长 22μm，宽 4μm。中轴区窄线形，在中央区一侧具 1 个孤点。线纹辐射状排列，13 条/10μm。

分布：河流。

37. 杰加基亚异极藻 (图版 164: 10-12)

Gomphonema jergackianum Reichardt, 2009, p. 292, figs. 38-57.

壳面线形棒形，末端圆形；长 25～29.5μm，宽 5.5μm。中轴区窄线形，在中央区一侧具 1 个孤点。线纹辐射状排列，9～11 条/10μm。

分布：河流。

38. 卡兹那科夫异极藻 (图版 170: 1-2)

Gomphonema kaznakowii Mereschkowsky, 1906；施之新, 2004, p. 74, pl. XXIV, figs. 1-4.

壳面披针棒形，末端圆形；长 88μm，宽 11μm。中轴区窄线形；中央区不对称，无孤点。线纹辐射状排列，8 条/10μm。

分布：河流、湖泊。

39. 壶型异极藻 (图版 167: 1-5, 12)

Gomphonema lagenula Kützing, 1844, p. 85, pl. 30, fig. 60.

壳面线形椭圆形，末端头状；长 23～35μm，宽 6.5～9μm。中轴区窄线形，在中央区一侧具 1 个孤点。线纹辐射状排列，11～14 条/10μm。

分布：河流、湖泊。

40. 宽颈异极藻 (图版 168: 1-4)

Gomphonema laticollum Reichardt, 2001, p. 199, pl. 5, figs. 1-14.

壳面棒形，上端宽圆形，下端圆形；长 34～39μm，宽 9～10μm。中轴区窄线形，在中央区一侧具 1 个孤点。线纹辐射状排列，9～10 条/10μm。

分布：河流、湖泊。

41. 钟状异极藻 (图版 164: 13-14)

Gomphonema leptocampum Kociolek & Stoermer, 1991, p. 1566, figs. 75-81.

壳面线形棒形，上端圆形，下端尖圆形；长 28.5～55.5μm，宽 5.5～6.5μm。中轴区窄线形，在中央区一侧具 1 个孤点。线纹辐射状排列，10～12 条/10μm。

分布：河流。

42. 细小异极藻 (图版 167: 6-8)

Gomphonema leptoproductum Lange-Bertalot & Genkal, 1999, p. 57, pl. 64, figs. 9-14.

壳面线形椭圆形，上端宽圆形，下端圆形；长 29～30μm，宽 7～7.5μm。中轴区窄线形，在中央区一侧具 1 个孤点。线纹辐射状排列，10～11 条/10μm。

分布：河流、湖泊。

43. 龙感异极藻 (图版 169: 1-18)

Gomphonema longganense You, Yu, Kociolek & Wang, 2022; Yu et al., 2022b, p. 41, figs. 2-43.

壳面线形棒形，上端宽圆形，下端狭圆形；长 26～41μm，宽 5.5～6μm。中轴区窄线形，在中央区一侧具 1 个孤点。线纹微辐射状排列，8～13 条/10μm。

分布：河流。

44. 长头异极藻瑞典变型 (图版 171: 1-3)

Gomphonema longiceps f. ***suecicum*** (Grunow) Hustedt, 1930, p. 375, fig. 708.

壳面线状棒形，上端喙状，下端尖圆形；长 59～61μm，宽 10～11μm。中轴区窄线形，在中央区一侧具 1 个孤点。线纹辐射状排列，8～10 条/10μm。

分布：河流、湖泊。

45. 长线形异极藻 (图版 167: 9)

Gomphonema longilineare Reichardt, 1999, p. 39, pl. 44, figs. 11-13.

壳面线形椭圆形，末端圆形；长 28.5μm，宽 6μm。中轴区窄线形，在中央区一侧具 1 个孤点。线纹辐射状排列，10 条/10μm。

分布：河流。

46. 似舟形异极藻 (图版 170: 3-4)

Gomphonema naviculoides Smith, 1856; 施之新, 2004, p. 54, pl. XXIII, fig. 2.

壳面菱形舟形，末端尖圆形；长 44.5～56μm，宽 6～8.5μm。中轴区窄线形，在中央区一侧具 1 个孤点。线纹近平行状排列，12 条/10μm。

分布：河流、湖泊。

47. 橄榄绿异极藻 (图版 172: 1-6)

Gomphonema olivaceum (Hornemann) Ehrenberg, 1838; 施之新, 2004, p. 65, pl. XXXVII, figs. 4-6.

壳面椭圆棒形，上端宽圆形，下端圆形；长 25～33.5μm，宽 7.5～8.55μm。中轴区窄线形，在中央区一侧具 4 个孤点。线纹辐射状排列，11～14 条/10μm。

分布：河流、湖泊。

48. 微小型异极藻 (图版 182: 5-8, 10)

Gomphonema parvuliforme Levkov, Mitic-Kopanja & Reichardt, 2016, p. 96, pl. 105, figs. 1-34.

壳面线形椭圆形，末端近头状；长 14～15μm，宽 5～6μm。中轴区窄线形，在中央区一侧具 1 个孤点。线纹近平行状排列，14～19 条/10μm。

分布：河流、湖泊。

49. 微细异极藻 (图版 173: 1-3, 7)

Gomphonema parvulius (Lange-Bertalot & Reichardt) Lange-Bertalot & Reichardt, 1996; Lange-Bertalot and Metzeltin, 1996, p. 71, pl. 64, figs. 9-12.

壳面线形椭圆形，末端头状；长 20.5～28μm，宽 5～6.5μm。中轴区窄线形，在中央区一侧具 1 个孤点。线纹近平行状排列，12～14 条/10μm。

分布：河流、湖泊。

50. 小型异极藻 (图版 173: 4-6, 8)

Gomphonema parvulum (Kützing) Kützing, 1849; 施之新, 2004, p. 41, pl. XIV, figs. 2-4.

壳面棒形披针形，末端近喙状；长 18.5～26μm，宽 5～6μm。中轴区窄线形，在中央区一侧具 1 个孤点。线纹近平行状排列，11～13 条/10μm。

分布：河流、湖泊。

51. 小型异极藻近椭圆变种 (图版 167: 10-11)

Gomphonema parvulum var. ***subellipticum*** Cleve, 1894; 施之新, 2004, p. 43, pl. XV, figs. 3-8.

壳面近椭圆形，末端圆形；长 13～18μm，宽 4.5～5μm。中轴区窄线形，在中央区一侧具 1 个孤点。线纹辐射状排列，12～14 条/10μm。

分布：河流。

52. 似橄榄状异极藻 (图版 174: 1-4, 9)

Gomphonema perolivaceoides Levkov, 2007; Levkov et al., 2007, p. 65, pl. 177, figs. 1-21.

壳面椭圆棒形，上端宽圆形，下端圆形；长 20～24.5μm，宽 7～8μm。中轴区窄线形，在中央区靠近近缝端处具 4 个孤点。线纹辐射状排列，13～16 条/10μm。

分布：河流、湖泊。

53. 鄱阳异极藻 (图版 175: 1-18)

Gomphonema poyangense Yu, You, Kociolek & Wang, 2022; Yu et al., 2022b, p. 17, figs. 31-71.

壳面披针形棒形，末端圆形；长 35～41.5μm，宽 6.5～8μm。中轴区宽菱形披针形，在中央区一侧具 1 个孤点。线纹辐射状排列，13～17 条/10μm。

分布：湖泊。

54. 伸长异极藻 (图版 174: 5-6)

Gomphonema productum (Grunow) Lange-Bertalot & Reichardt, 1993; Lange-Bertalot, 1993, p. 71, pl. 73, figs. 14-17.

壳面线形披针形，末端圆形；长 27.5～30μm，宽 4μm。中轴区窄线形，在中央区一侧具 1 个孤点。线纹近平行状排列，11～12 条/10μm。

分布：湖泊。

55. 假具球异极藻 (图版 176: 1-4, 9-10)

Gomphonema pseudosphaerophorum Kobayasi, 1986; Ueyama and Kobayshi, 1986, p. 452, pl. 1, figs. 1-10.

壳面线形椭圆形，上端头状，下端圆形；长 43.5～47μm，宽 8.5～10μm。中轴区宽菱形披针形，在中央区一侧具 1 个孤点。线纹辐射状排列，9～11 条/10μm。

分布：河流、湖泊。

56. 矮小异极藻 (图版 174: 7-8)

Gomphonema pygmaeum Kociolek & Stoermer, 1991, p. 1564, figs. 45-51.

壳面线形披针形，上端头状，下端圆形；长 17.5～29μm，宽 5.5～6μm。中轴区窄线形，在中央区一侧具 1 个孤点。线纹近平行状排列，10～11 条/10μm。

分布：河流。

57. 齐氏异极藻 (图版 166: 1-8)

Gomphonema qii Yu, You, Kociolek & Wang, 2022; Yu et al., 2022b, p. 16, figs. 72-106.

壳面披针形棒形，上端宽圆形，下端狭圆形；长 40～73μm，宽 15～17μm。中轴区窄线形，在中央区一侧具 1 个孤点。线纹辐射状排列，7～12 条/10μm。

分布：河流、湖泊。

58. 青弋异极藻 (图版 177: 1-18)

Gomphonema qingyiense Zhang, Yu & You, 2020; Zhang et al., 2020, p. 41, figs. 2-43.

壳面线形棒形，上端宽圆形，下端狭圆形；长 26～41μm，宽 5.5～6μm。中轴区窄线形，在中央区一侧具 1 个孤点。线纹微辐射状排列，8～13 条/10μm。

分布：河流。

59. 斜方异极藻 (图版 176: 5-8)

Gomphonema rhombicum Fricke, 1904; Schmidt, 1904, p. 248, fig. 1.

壳面线形披针形，末端圆形；长 38～46μm，宽 5.5～6.5μm。中轴区宽披针形，在中央区一侧具 1 个孤点。线纹辐射状排列，14～15 条/10μm。

分布：河流、湖泊。

60. 锥形异极藻 (图版 178: 5-9)

Gomphonema spatiosum Thomas & Kociolek, 2009; Thomas et al., 2009, p. 220, figs. 72-74, 83-90.

壳面菱形披针形，末端尖圆形；长 34.5～46.5μm，宽 8.5～9.5μm。中轴区窄线形，在中部一侧具 1 个孤点。线纹微辐射状排列，11～13 条/10μm。

分布：河流、湖泊。

61. 近棒形异极藻 (图版 178: 10-11)

Gomphonema subclavatum (Grunow) Grunow, 1884; 施之新, 2004, p. 61, pl. XXVII, figs. 5-8.

壳面披针形棒形，上端宽圆形，下端尖圆形；长 33～41μm，宽 7～8.5μm。中轴区窄线形，在中央区一侧具 1 个孤点。线纹辐射状排列，11～12 条/10μm。

分布：湖泊。

62. 泰米伦斯异极藻 (图版 179: 1-4, 9-10)

Gomphonema tamilense Karthick & Kociolek, 2012, p. 190, figs. 76-95.

壳面棒形，上端宽圆形，下端尖圆形；长 25.5～32.5μm，宽 7～8μm。中轴区窄线形，在中央区一侧具 1 个孤点。线纹辐射状排列，8～9 条/10μm。

分布：湖泊。

63. 泰尔盖斯特异极藻 (图版 180: 4)

Gomphonema tergestinum (Grunow) Fricke, 1999; 施之新, 2004, p. 55, pl. XXIV, figs. 1-3.

壳面线形椭圆形，末端圆形；长 13μm，宽 4μm。中轴区窄线形；中央区不对称，在一侧具 1 个孤点。线纹近平行状排列，12 条/10μm。

分布：河流。

64. 塔形异极藻 (图版 181: 1-3, 7-8)

Gomphonema turris Ehrenberg, 1843; 施之新, 2004, p. 34, pl. X, figs. 1-6.

壳面梭状棒形，上端喙状，下端圆形；长 40.5～59μm，宽 9.5～13.5μm。中轴区窄线形；中央区不对称，在一侧具 1 个孤点。线纹近平行状排列，8～14 条/10μm。

分布：河流、湖泊。

65. 塔形异极藻中华变种 (图版 181: 4-6)

Gomphonema turris var. ***sinicum*** (Skvortzov) Shi, 1841; 施之新, 2004, p. 36, pl. XI, fig. 3.

壳面椭圆状棒形，上端喙状，下端圆形；长 34.5～48μm，宽 15～16.5μm。中轴区窄线形；中央区不对称，在一侧具 1 个孤点。线纹近平行状排列，7～9 条/10μm。

分布：河流、湖泊。

66. 变异异极藻 (图版 184: 15-19)

Gomphonema variscohercynicum Lange-Bertalot & Reichard, 1999; Reichard, 1999, p. 37, pl . 41, figs. 1-4.

壳面线形披针形，上端喙状，下端圆形；长 16.5～20.5μm，宽 4.5～5μm。中轴区窄线形，在中央区一侧具 1 个孤点。线纹近平行状排列，12～13 条/10μm。

分布：河流。

67. 泽尔伦斯异极藻 (图版 179: 5-8, 11)

Gomphonema zellense Reichardt, 1999, p. 11, pl. 5, figs. 1-11.

壳面线形棒形，上端宽圆形，下端尖圆形；长 32～47μm，宽 7.5～9μm。中轴区窄线形，在中央区一侧具 1 个孤点。线纹辐射状排列，7～10 条/10μm。

分布：河流、湖泊。

异纹藻属 *Gomphonella* Rabenhorst 1853

壳面异极。中轴区窄线形，中央区椭圆形，无孤点。足端具顶孔区。具隔膜和假隔膜。线纹由 2 至多列小圆形孔纹组成。

1. 橄榄绿异纹藻 (图版 182: 1-4, 9)

Gomphonella olivacea (Hornemann) Rabenhorst, 1853, p. 61, pl. 9, fig. 1.

壳面楔形，上端宽圆形，下端喙状；长 20～30μm，宽 6.5～8μm。中轴区窄线形；中央区小，矩形，无孤点。线纹由双排孔纹组成，辐射状排列，9～11 条/10μm。

分布：河流、湖泊。

异楔藻属 *Gomphoneis* Cleve 1894

细胞多形成群体。壳面楔形；中轴区窄，线形；中央区椭圆形，具 1 个或 4 个孤点。壳缝直，线形；光镜下观察，壳面两侧具明显的纵线，多由中轴板或边缘板形成。足端具顶孔区。具隔膜和假隔膜。线纹由 2 至多列小圆形孔纹组成。

1. 四点异楔藻 (图版 183: 1)

Gomphoneis quadripunctata (Østrup) Dawson ex Ross & Sims, 1978; Østrup, 1908, p. 85, fig. 11.

壳面楔形，末端圆形；长 47.5μm，宽 9.5μm。中轴区窄线形；中央区矩形，具 4 个孤点。线纹辐射状排列，12 条/10μm。

分布：河流。

弯楔藻科 Rhoicospheniaceae

弯楔藻属 *Rhoicosphenia* Grunow 1860

细胞单生。壳面异极；中轴区窄，线形；一个壳面略凹，具几乎贯穿壳面的壳缝，另一个壳面略凸，仅在靠近末端处具有极短的壳缝；无孤点。无顶孔区。具隔膜和假隔膜。线纹由单列点纹组成。

1. 加利福尼亚弯楔藻 (图版 184: 10-14)

Rhoicosphenia californica Thomas & Kociolek, 2015, p. 11, figs. 75-110.

壳面线形披针形，末端圆形；长 24～29μm，宽 4～4.5μm。中轴区窄线形，无中央区。线纹近平行状排列，9-11 条/10μm。

分布：河流、湖泊。

楔异极藻属 *Gomphosphenia* Lange-Bertalot 1995

壳面异极；中轴区窄，线形；中央区横向矩形。壳缝直，外壳面观近缝端与远缝端均较直，内壳面观近缝端具锚形末端；不具孤点。不具顶孔区。不具隔膜和假隔膜。线纹由长圆形孔纹组成。

1. 琵琶湖楔异极藻 (图版 183: 2-10)

Gomphosphenia biwaensis Ohtsuka & Nakai, 2018; Ohtsuka et al., 2018, p. 108, figs. 4-22.

壳面棒形，顶端圆形，底端头状；长 28.5～57.5μm，宽 5.5～8.5μm。中轴区线形披针形，中央区横矩形。线纹辐射状排列，13～14 条/10μm。

分布：湖泊。

2. 格罗夫楔异极藻 (图版 184: 6-9, 20)

Gomphosphenia grovei (Schmidt) Lange-Bertalot, 1995; Schmidt, 1899, pl. 214, figs. 13-18.

壳面棒形，顶端圆形，底端头状；长 22～30.5μm，宽 6.5～7.5μm。中轴区宽披针形。线纹短，辐射状排列，13～14 条/10μm。

分布：河流。

3. 舌状楔异极藻 (图版 184: 1-5)

Gomphosphenia lingulatiformis (Lange-Bertalot & Reichardt) Lange-Bertalot, 1995, p. 242, pl. 4, figs. 1-4.

壳面棒形，顶端尖圆形，底端头状；长 21～46μm，宽 6.5～8μm。中轴区宽披针形。线纹短，辐射状排列，14～16 条/10μm。

分布：河流。

曲壳藻目 Achnanthales

曲壳藻科 Achnanthaceae

曲壳藻属 *Achnanthes* Bory de Saint-Vincent 1822

细胞单生或形成短链状群体。壳面线形至披针形，末端圆形、喙状或头状。具壳缝面凹入，通常有硅质加厚的中央区，呈十字结形。无壳缝面凸出，胸骨窄，一般偏离中心，少见位于壳面中部，无中央区。两个壳面的线纹均单排，少见双排或三排，由孔纹组成，孔纹由复杂的筛孔组成。带面观近弓形。

1. 贴生曲壳藻 (图版 185: 5-8, 10-13)

Achnanthes adnata Bory, 1822, p. 79, fig. 2.

壳面线形椭圆形，中部微缢缩，末端尖圆形；长 30.5～39μm，宽 11～14μm。具壳缝面中轴区窄线形，中央区横矩形；线纹单列，呈辐射状排列，8～9 条/10μm。无壳缝面中轴区位于近中部；线纹中部近平行状排列，末端辐射状排列，7～8 条/10μm。

分布：湖泊。

2. 波缘曲壳藻 (图版 185: 1-4, 9)

Achnanthes crenulata Grunow, 1880; Tsumura and Iwahashi, 1955, p. 58, pl. 1, figs. 1, 2.

壳面线形，壳缘波曲，末端圆形；长 40～63.5μm，宽 14～14.5μm。具壳缝面中轴区窄线形，中央区横矩形；线纹单列，呈辐射状排列，8～9 条/10μm。无壳缝面中轴区位于壳面边缘；线纹中部近平行状排列，末端辐射状排列，7 条/10μm。

分布：河流。

3. 狭曲壳藻 (图版 186: 1-4, 8-9)

Achnanthes coarctata (Brébisson ex Smith) Grunow, 1880; Smith, 1855, p. 8, pl. I, fig. 10.

壳面线形，中部微缢缩，末端截圆形；长 36～45.5μm，宽 8.5～11μm。具壳缝面中轴区窄线形，中央区横矩形；线纹单列，呈辐射状排列，10 条/10μm。无壳缝面中轴区位于壳缘；线纹中部近平行状排列，末端辐射状排列，8 条/10μm。

分布：河流、湖泊。

4. 膨大曲壳藻 (图版 186: 5-7, 10)

Achnanthes inflata (Kützing) Grunow, 1868; Kützing, 1844, p. 105, pl. 30, fig. 22.

壳面线形披针形，中部突出，末端宽圆形；长 41～45.5μm，宽 13μm。具壳缝面中轴区窄线形，中央区横矩形；线纹单列，呈辐射状排列，10～12 条/10μm。无壳缝面中轴区位于壳缘；线纹中部近平行状排列，末端辐射状排列，12 条/10μm。

分布：河流。

5. 小曲壳藻 (图版 187: 1-6, 10-13)

Achnanthes parvula Kützing, 1844, p. 76, pl. 21, fig. 5.

壳面椭圆形，末端圆形；长 12.5～18.5μm，宽 9～11.5μm。具壳缝面中轴区窄线形，中央区横矩形；线纹单列，呈辐射状排列，9～10 条/10μm。无壳缝面中轴区位于近中部；线纹中部近平行状排列，末端辐射状排列，8～10 条/10μm。

分布：湖泊。

卵形藻科 Cocconeidaceae

卵形藻属 *Cocconeis* Ehrenberg 1837

壳面椭圆形或近圆形，末端圆形或略尖形。具壳缝面，靠近壳缘处具无纹区域，壳套部明显；壳缝位于壳面中央，近缝端直；线纹由单列孔纹组成，孔纹多呈小圆形。无壳缝面中轴区窄线形；线纹由单列孔纹组成，孔纹多呈短裂缝状。

1. 贝加尔卵形藻 (图版 188: 11-14)

Cocconeis baikalensis (Skvortzov & Meyer) Skvortzov, 1946; Skvortzov and Meyer, 1928, p. 11, pl. 1, fig. 25.

壳面椭圆形，末端圆形；长 23～41.5μm，宽 16～27μm。具壳缝面中轴区窄线形，中央区不明显；线纹中部近平行状排列，末端辐射状排列，20～22 条/10μm。无壳缝面中轴区窄线形；线纹中部近平行状排列，末端辐射状排列，19 条/10μm。

分布：河流。

2. 虱形卵形藻 (图版 188: 1-5; 189: 1-2)

Cocconeis pediculus Ehrenberg, 1838, p. 194, pl. 21, fig. 11.

壳面椭圆形，末端圆形；长 18～34.5μm，宽 13.5～24μm。具壳缝面中轴区窄线形，中央区小；线纹中部近平行状排列，末端辐射状排列，14～20 条/10μm。无壳缝面中轴区窄线形；线纹中部近平行状排列，末端辐射状排列，14 条/10μm。

分布：河流、湖泊。

3. 扁圆卵形藻 (图版 188: 6-10; 189: 3-4)

Cocconeis placentula Ehrenberg, 1838; 王全喜和邓贵平, 2017, p. 129, fig. 54.

壳面椭圆形，末端圆形；长 13～30.5μm，宽 8～17μm。具壳缝面中轴区窄线形，中央区小；线纹中部近平行状排列，末端辐射状排列，17～22 条/10μm。无壳缝面中轴区窄线形；线纹中部近平行状排列，末端辐射状排列，20～23 条/10μm。

分布：河流、湖泊。

曲丝藻科 Achnantheidaceae

曲丝藻属 *Achnanthidium* Kützing 1844

壳体异面，壳面沿横轴弯曲，具壳缝面凹，无壳缝面凸。壳面通常比较小，窄，呈长圆形至线形披针形，具头状或喙状的末端。具壳缝面远缝端形态变化多样，直或弯曲；线纹由单列孔纹组成，孔纹长圆形或圆形。壳套面具一列窄的点纹，同壳面点纹区分开来。

1. 安徽曲丝藻 (图版 191: 3-15)

Achnanthidium anhuense Yu, You & Wang, 2022; Yu et al., 2022b, p. 13, figs. 1A-1AD, 2-5.

壳面线形披针形，末端圆形或近头状；长 13～35.7μm，宽 3.5～4.5μm。具壳缝面中轴区窄线形披针形，中央区矩形或蝴蝶结形；线纹中部辐射状排列，末端近平行状排列，中部 18～20 条/10μm，末端 26～32 条/10μm。无壳缝面窄线形披针形；线纹近平行状排列，中部 16～26 条/10μm，末端 22～30 条/10μm。

分布：河流。

2. 链状曲丝藻 (图版 192:1-5)

Achnanthidium catenatum (Bily & Marvan) Lange-Bertalot, 1999; Bily and Marvan 1959, p. 35, pl. VIII, figs. 1-4.

壳面线形披针形，末端头状；长 13～15.5μm，宽 2～3μm。具壳缝面中轴区窄线形，中央区小椭圆形；线纹辐射状排列。无壳缝面窄线形，线纹辐射状排列。两个壳面的线纹均细密，光镜不易观察。

分布：河流。

3. 克拉萨姆曲丝藻 (图版 196: 11-16, 22-23)

Achnanthidium crassum (Hustedt) Potapova & Ponader, 2004, p. 38, figs. 19-27.

壳面线形椭圆形，末端圆形；长 7～15μm，宽 4～4.5μm。具壳缝面中轴区窄线形披针形；线纹近平行状排列，中部 24～28 条/10μm，末端 40 条/10μm。无壳缝面窄线形披针形；线纹中部近平行状排列，末端辐射状排列，24～25 条/10μm，末端 40 条/10μm。

分布：河流。

4. 弯曲曲丝藻 (图版 192: 6-11)

Achnanthidium deflexum (Reimer) Kingston, 2000; Patrick and Reimer, 1966, p. 256, pl. 16, figs. 18-20.

壳面线形椭圆形，末端宽圆形；长 13.5～18μm，宽 3.5～4.5μm。具壳缝面中轴区窄线形，中央区小；线纹微辐射状排列，中部 21～23 条/10μm，末端可达 30 条/10μm。无壳缝面窄线形披针形；线纹微辐射状排列，中部 22～25 条/10μm，末端可达 28～30 条/10μm。

分布：河流。

5. 德尔蒙曲丝藻 (图版 192: 12-13)

Achnanthidium delmontii Pérès, Le Cohu & Barthès, 2012; Pérès et al., 2012, p. 190, figs. 1-82.

壳面椭圆形，末端宽圆形；长 7.5μm，宽 4μm。具壳缝面中轴区窄线形披针形，中央区横矩形；线纹辐射状排列，26 条/10μm。无壳缝面窄线形披针形；线纹辐射状排列，中部 18 条/10μm。

分布：河流。

6. 杜氏曲丝藻 (图版 192: 14-23)

Achnanthidium druartii Rimet & Couté, 2010; Rimet et al., 2010, p. 188, pl. I, figs. 1-38.

壳面线形椭圆形，末端头状；长 18.5～21.5μm，宽 4～5μm。具壳缝面中轴区窄线形披针形，中央区不明显；线纹中部近平行状排列，两端辐射状排列，16～19 条/10μm，末端可达 34 条/10μm。无壳缝面窄线形披针形；线纹辐射状排列，中部 16～18 条/10μm，末端可达 28 条/10μm。

分布：河流、湖泊。

7. 富营养曲丝藻 (图版 190: 9-16, 19-20)

Achnanthidium eutrophilum (Lange-Bertalot) Lange-Bertalot, 1999; Lange-Bertalot and Metzeltin, 1996, p. 25, pl. 78, figs. 29-38.

壳面线形椭圆形，末端近头状；长 13～14.5μm，宽 3～3.5μm。具壳缝面中轴区窄线形；线纹辐射状排列，中部 26～28 条/10μm，末端可达 35 条/10μm。无壳缝面中轴区窄线形；线纹辐射状排列，中部 26～28 条/10μm，末端可达 35 条/10μm。

分布：湖泊。

8. 瘦曲丝藻 (图版 193: 1-6)

Achnanthidium exile (Kützing) Heiberg, 1863; Wojtal et al., 2011, p. 222, figs. 108-130.

壳面线形披针形，末端头状；长 17.5～23.5μm，宽 3.5～4μm。具壳缝面中轴区窄线形披针形，中央区小椭圆形；线纹辐射状排列，中部 26～28 条/10μm。无壳缝面窄线形披针形；线纹辐射状排列，中部 26～28 条/10μm。

分布：湖泊。

9. 纤细曲丝藻 (图版 193: 7-8)

Achnanthidium gracillimum (Meister) Lange-Bertalot, 2004; Meister, 1912, p. 234, pl. XII, figs. 21-22.

壳面线形披针形，末端头状；长 24.5～26.5μm，宽 3μm。具壳缝面中轴区窄线形披针形，中央区小；线纹近平行状排列，中部 23～25 条/10μm。

分布：湖泊。

10. 湖生曲丝藻 (图版 193: 9-20)

Achnanthidium lacustre Yu, You & Kociolek, 2019; Yu et al., 2019, p. 34, figs. 1-20, 90-105.

壳面线形披针形，末端宽圆形；长 20～23μm，宽 3～3.5μm。具壳缝面中轴区窄线形，中央区小椭圆形；线纹辐射状排列，中部 27～29 条/10μm，末端 28～32 条/10μm。无壳缝面窄线形；线纹辐射状排列，中部 26～29 条/10μm，末端 28～30 条/10μm。

分布：湖泊。

11. 三角帆曲丝藻 (图版 194: 1-6, 19)

Achnanthidium laticephalum Kobayasi, 1997, p. 151, figs. 19-40.

壳面线形披针形，末端头状；长 16.5～21.5μm，宽 3.5～4μm。具壳缝面中轴区窄线形，中央区小；线纹辐射状排列，中部 23～25 条/10μm。无壳缝面窄线形；线纹辐射状排列，中部 22～23 条/10μm，末端 30～32 条/10μm。

分布：河流、湖泊。

12. 极小曲丝藻 (图版 194: 10-15, 20)

Achnanthidium minutissimum (Kützing) Czarnecki, 1994; Kützing, 1833, p. 578, fig. 54.

壳面线形披针形，末端圆形；长 13～24.5μm，宽 4～5μm。具壳缝面中轴区窄线形，线纹辐射状排列。无壳缝面窄线形，线纹辐射状排列。两个壳面线纹在光镜下均不清晰。

分布：河流、湖泊。

13. 新卡尔多尼亚曲丝藻 (图版 191: 1-2)(新组合)

Achnanthidium neocaledonica (Manguin) Yu & You, 2023; Manguin, 1962, p. 16, pl. 1, fig. 14a, 14b.

壳面线形，末端头状；长 18.5～21μm，宽 2～2.5μm。具壳缝面中轴区窄线形，中央区近圆形；线纹细密，在光镜下难以观察到。

分布：湖泊。

14. 波兰曲丝藻 (图版 190: 1-8, 17-18)

Achnanthidium polonicum Van de Vijver, Wojtal, Morales & Ector, 2011 Wojtal et al., 2011, p. 223, figs. 131-154.

壳面线形披针形，末端近头状；长 14.5～16μm，宽 3μm。具壳缝面中轴区窄线形，中央区矩形；线纹辐射状排列，中部 31～32 条/10μm，末端可达 40 条/10μm。无壳缝面中轴区窄线形；线纹近平行状排列，中部 29～30 条/10μm，末端可达 35 条/10μm。

分布：湖泊。

15. 庇里牛斯曲丝藻 (图版 194: 7-9)

Achnanthidium pyrenaicum (Hustedt) Kobayashi, 1997, p. 148, figs. 1-18.

壳面线形披针形，末端亚喙状；长 20.5～22μm，宽 4～4.5μm。具壳缝面中轴区窄线形，中央区小；线纹近平行状排列，中部 20～22 条/10μm。无壳缝面窄线形；线纹近平行状排列，中部 21 条/10μm，末端 28 条/10μm。

分布：河流、湖泊。

16. 清溪曲丝藻 (图版 195: 1-12)

Achnanthidium qingxiense You, Yu & Wang, 2022; Yu et al., 2022b, p. 18, figs. 1AE-1AS, 6-9.

壳面线形披针形，末端圆形；长 22.5～28μm，宽 3.8～4.6μm。具壳缝面中轴区窄线形披针形；线纹中部微辐射状排列，末端近平行状排列，中部 21～25 条/10μm，末端 42～44 条/10μm。无壳缝面窄线形；线纹近平行状排列，中部 20～24 条/10μm，末端 32～34 条/10μm。

分布：河流。

17. 河流曲丝藻 (图版 196: 1-6, 21)

Achnanthidium rivulare Potapova & Ponader, 2004, p. 36, figs. 1-18, 28-43.

壳面线形椭圆形，末端圆形；长 7～13.5μm，宽 3.5～4.5μm。具壳缝面中轴区窄线形披针形；线纹中部近平行状排列，末端辐射状排列，中部 22～26 条/10μm，末端 40 条/10μm。无壳缝面窄线形披针形；线纹近平行状排列，24～26 条/10μm。

分布：河流。

18. 喙状庇里牛斯曲丝藻 (图版 194: 16-18)

Achnanthidium rostropyrenaicum Jüttner & Cox, 2011; Jüttner et al., 2011, p. 49, figs. 2-13.

壳面线形披针形，末端喙状；长 16.5～21.5μm，宽 3.5～4μm。具壳缝面中轴区窄线形披针形，中央区小；线纹近平行状排列，中部 17～24 条/10μm。无壳缝面窄线形；线纹近平行状排列，24 条/10μm。

分布：河流。

19. 腐生曲丝藻 (图版 196: 7-10, 24)

Achnanthidium saprophilum (Kobayashi & Mayama) Round & Bukhtiyarova, 1996; Kobayasi and Mayama, 1982, p. 195, fig. 2a-2h.

壳面线形披针形，末端头状；长 11.5μm，宽 3～4μm。具壳缝面中轴区窄线形披针形，中央区小；线纹中部辐射状排列，中部 28 条/10μm，末端 35 条/10μm。无壳缝面窄线形；线纹中部近平行状排列，末端辐射状排列，中部 28 条/10μm。

分布：湖泊。

20. 近赫德森曲丝藻 (图版 196: 17-20)

Achnanthidium subhudsonis (Hustedt) Kobayasi, 2006; Hustedt, 1921, p. 144, figs. 9-12.

壳面线形披针形，末端尖圆形；长 11.5～15μm，宽 3.5～4μm。具壳缝面中轴区线形披针形；线纹辐射状排列，中部 20 条/10μm，末端 26 条/10μm。无壳缝面线形披针形；线纹辐射状排列，中部 18～22 条/10μm，末端 24 条/10μm。

分布：河流、湖泊。

21. 近披针曲丝藻 (图版 197: 1-6, 13-14)

Achnanthidium sublanceolatum Yu, You & Kociolek, 2019; Yu et al., 2019, p. 34, figs. 21-55, 106-123.

壳面线形披针形，末端圆形；长 18～35μm，宽 4～4.5μm。具壳缝面中轴区窄线形披针形；线纹近平行状排列，中部 20～23 条/10μm，末端 36～42 条/10μm。无壳缝面窄线形披针形；线纹近平行状排列，中部 21～24 条/10μm，末端 30～36 条/10μm。

分布：湖泊。

22. 太平曲丝藻 (图版 197: 8-12, 15-16)

Achnanthidium taipingense Yu, You & Kociolek, 2019; Yu et al., 2019, p. 35, figs. 56-89, 124-146.

壳面线形至线形椭圆形，末端宽圆形；长 12～24μm，宽 3.5～4μm。具壳缝面中轴区窄线形披针形；线纹近平行状排列，中部 21～25 条/10μm，末端 28～32 条/10μm。无壳缝面窄线形；线纹近平行状排列，中部 20～24 条/10μm，末端 26～30 条/10μm。

分布：湖泊。

高氏藻属 *Gogorevia* Kulikovskiy, Glushchenko, Maltsev & Kociolek, 2020

壳体异面。壳面披针形椭圆形，末端圆形、喙状或头状；具壳缝面近缝端直，远缝端弯向壳面相反方向，中央区横矩形；无壳缝面中央区不对称。两壳面线纹均辐射状，且由单列孔纹组成。

1. 窄喙高氏藻 (图版 198: 6-7)

Gogorevia angustirostrata (Krasske) Yu & You, 2023; Krasske, 1939, p. 371, pl. 11, figs. 5-6.

壳面线形椭圆形，末端喙状；长 16μm，宽 7.5μm。具壳缝面中轴区窄线形，中央区矩形；线纹辐射状排列，32 条/10μm。无壳缝面窄线形披针形，中央区不对称；线纹中部近平行状排列，末端辐射状排列，20 条/10μm。

分布：河流。

2. 缢缩高氏藻 (图版 198: 8-12)

Gogorevia constricta (Torka) Kulikovskiy & Kociolek, 2020; Torka, 1909, p. 125, 131, fig. 3a.

壳面线形椭圆形，中部缢缩，末端近喙状；长 13～16μm，宽 7.5μm。具壳缝面中轴区窄线形，中央区矩形；线纹辐射状排列，36 条/10μm。无壳缝面窄线形披针形，中央区不对称；线纹辐射状排列，16～18 条/10μm。

分布：河流、湖泊。

3. 短小高氏藻 (图版 198: 15-22)

Gogorevia exilis (Kützing) Kulikovskiy & Kociolek, 2020; Kützing, 1844, p. 105, pl. 30, fig. 21.

壳面线形椭圆形，末端头状；长 11.5～12.5μm，宽 4.5～5.5μm。具壳缝面中轴区窄线形，中央区矩形；线纹辐射状排列，30～36 条/10μm。无壳缝面窄线形，中央区不对称；线纹辐射状排列，26～30 条/10μm。

分布：河流、湖泊。

4. 异壳高氏藻 (图版 198: 1-6, 23-24)

Gogorevia heterovalvum (Krasske) Czarnecki, 1994; Krasske, 1923, p. 193, fig. 9a, 9b.

壳面线形椭圆形，末端头状；长 11.5～12.5μm，宽 4.5～5μm。具壳缝面中轴区窄线形，中央区矩形；线纹辐射状排列，25 条/10μm。无壳缝面窄线形披针形，中央区不对称；线纹辐射状排列，24 条/10μm。

分布：河流、湖泊。

5. 宽轴高氏藻 (图版 198: 13-14)

Gogorevia profunda (Skvortsov) Yu & You, 2023; Skvortsov, 1937, p. 312, pl. 5, figs. 3, 26, 31, 37.

壳面线形椭圆形，末端喙状；长 10～12μm，宽 5.5～6.5μm。具壳缝面中轴区窄线形披针形，中央区矩形；线纹辐射状排列，20 条/10μm。无壳缝面宽披针形，中央区不对称；线纹辐射状排列，17 条/10μm。

分布：河流。

沙生藻属 *Psammothidium* Bukhtiyarova & Round 1996

壳体异面，具壳缝面凸，不具壳缝面凹。壳面椭圆形或线形椭圆形。具壳缝面，中央区横矩形或蝴蝶结形，中轴区窄线形；壳缝直，近缝端略膨大，远缝端直或弯向壳面两相反方向。无壳缝面中轴区窄线形或披针形，中央区横矩形或蝴蝶结形或不规则形。两壳面线纹排列方式相近，多由单列孔纹纹组成。

1. 比奥蒂沙生藻 (图版 199: 1-2)

Psammothidium bioretii (Germain) Bukhtiyarova & Round, 1996, p. 9, figs. 26-31.

壳面线形椭圆形，末端圆形；长 17.5～19.5μm，宽 8.5～9μm。无壳缝面窄线形，中央区大，不规则椭圆形；线纹辐射状排列，20～22 条/10μm。

分布：河流。

片状藻属 *Platessa* Lange-Bertalot 2004

壳体异面。壳面多椭圆形至椭圆形披针形。具壳缝面中央区圆形、椭圆形或横矩形，中轴区窄线形；壳缝直，近缝端略膨大，远缝端直；线纹由单列或双列点纹组成。无壳缝面，中轴区宽披针形；线纹由双列点纹组成。

1. 瀑布片状藻 (图版 199: 14-20)

Platessa cataractarum (Hustedt) Lange-Bertalot, 2004; Romero, 2016, p. 65, figs. 9-19, 40-71.

壳面椭圆形，末端圆形或尖圆形；长 10.5～12μm，宽 5～5.5μm。具壳缝面中轴区窄线形，中央区近圆形；线纹辐射状排列，中部 16～18 条/10μm，末端 20～25 条/10μm。无壳缝面中轴区宽披针形；线纹辐射状排列，18～19 条/10μm。

分布：河流、湖泊。

2. 显著片状藻 (图版 199: 3-4)

Platessa conspicua (Mayer) Lange-Bertalot, 2004; Mayer, 1919, p. 198, pl. VI, figs. 9, 10.

壳面线形披针形，末端尖圆形；长 14.5μm，宽 5μm。具壳缝面中轴区窄线形，中央区小矩形；线纹中部近平行排列，末端辐射状排列，13 条/10μm。无壳缝面中轴区窄线形；线纹中部近平行排列，末端辐射状排列，14 条/10μm。

分布：河流。

3. 胡斯特片状藻 (图版 199: 7-13)

Platessa hustedtii (Krasske) Lange-Bertalot, 2004; Krasske, 1923, p. 193, fig. 10a, 10b.

壳面椭圆形，末端圆形；长 11～18μm，宽 4.5～6μm。具壳缝面中轴区窄线形，中央区矩形或椭圆形；线纹辐射状排列，16～20 条/10μm。无壳缝面中轴区宽披针形；线纹辐射状排列，14～19 条/10μm。

分布：河流、湖泊。

4. 椭圆片状藻 (图版 199: 21-27)

Platessa oblongella (Østrup) Wetzel, Lange-Bertalot & Ector, 2017, p. 213, figs. 2-20.

壳面椭圆披针形，末端圆形；长 12.5～16.5μm，宽 5.5～6.5μm。具壳缝面中轴区窄线形，中央区蝴蝶结形；线纹辐射状排列，26～28 条/10μm。无壳缝面中轴区窄披针形；线纹在中部近平行状排列，末端辐射状排列，12～14 条/10μm。

分布：河流。

卡氏藻属 *Karayevia* Round & Bukhtiyarova ex Round 1998

壳体异面。壳面椭圆形至披针形，末端圆形、喙状或头状。具壳缝面中轴区窄线形，中央区微扩大；壳缝直线形，近缝端膨大，远缝端向相同方向弯曲；线纹放射状排列，由长圆形孔纹组成。无壳缝面中轴区窄线形，无中央区；线纹近平行排列，由小圆形孔纹组成。

1. 悦目卡氏藻 (图版 200: 1-8)

Karayevia amoena (Hustedt) Bukhtiyarova, 1999; Hustedt, 1952, p. 386, figs. 66-67.

壳面线形椭圆形，末端宽头状；长 6.5～11.5μm，宽 3～4μm。具壳缝面中轴区窄线形披针形；线纹近平行排列，24～28 条/10μm。无壳缝面线形披针形；线纹近平行排列，19～22 条/10μm。

分布：湖泊。

2. 克里夫卡氏藻 (图版 200: 9-16, 25-26)

Karayevia clevei (Grunow) Bukhtiyarova, 1999; Lange-Bertalot et al., 2017, p. 347, pl. 26, figs. 47-52.

壳面线形披针形，末端圆形；长 13～14μm，宽 5～5.5μm。具壳缝面中轴区窄线形披针形；线纹辐射状排列，22～24 条/10μm。无壳缝面窄线形；线纹辐射状排列，15～16 条/10μm。

分布：河流、湖泊。

3. 线咀卡氏藻 (图版 200: 17-24)

Karayevia laterostrata (Hustedt) Bukhtiyarova, 1999; Cantonati et al., 2017, p. 348, pl. 26, figs. 53-57.

壳面线形椭圆形，末端亚头状；长 8.5～13μm，宽 4.5～6μm。具壳缝面中轴区窄线形披针形；线纹辐射状排列，17～21 条/10μm。无壳缝面窄线形；线纹辐射状排列，13～16 条/10μm。

分布：河流、湖泊。

附萍藻属 *Lemnicola* Round & Basson 1997

壳体异面。壳面线形至线形椭圆形，末端略尖圆。具壳缝面中轴区窄线形，中央区呈不对称的横矩形；壳缝直线形，近缝端微膨大，远缝端微向相反方向弯曲。无壳缝面中轴区线形披针形，中央区不明显或呈小的横矩形。两壳面线纹均由双列孔纹组成。

1. 匈牙利附萍藻 (图版 201: 1-8, 27-28)

Lemnicola hungarica (Grunow) Round & Basson, 1997, p. 77, figs. 4-7, 26-31.

壳面线形椭圆形，末端圆或近喙状；长 13～14μm，宽 5～5.5μm。具壳缝面中轴区线形，中央区呈不对称的横矩形。无壳缝面窄线形，中央区小，不对称。线纹辐射状排列，双排孔纹组成，具壳缝面 20～22 条/10μm，无壳缝面 19～21 条/10μm。

分布：河流、湖泊。

平面藻属 *Planothidium* Round & Bukhtiyarova 1996

壳体异面。壳面椭圆形至披针形，末端圆形，喙状或头状；具壳缝面近缝端直，远缝端弯向壳面同侧；无壳缝面中央区两侧不对称，一侧具无纹区，部分种类无纹区内壳面具硅质增厚，部分种类无纹区内壳面被隆起的帽状结构覆盖。两壳面线纹均放射排列，由多列孔纹组成。

1. 尖型平面藻 (图版 201: 9-14)

Planothidium apiculatum (Patrick) Lowe, 2004; Patrick, 1945, p. 167, pl. 1, figs. 4-5.

壳面椭圆披针形，末端喙状；长 20～23.5μm，宽 8.5～9.5μm。具壳缝面中轴区线形，中央区横矩形；线纹辐射状排列，由多排孔纹组成，10～11 条/10μm。无壳缝面窄线形，中央区一侧具空腔；线纹微辐射状排列，由多排孔纹组成，10～11 条/10μm。

分布：河流。

2. 巴古平面藻 (图版 201: 19-26, 29)

Planothidium bagualense Wetzel & Ector, 2014, p. 203, figs. 2-19.

壳面线形椭圆形，末端圆形；长 20～27.5μm，宽 8.5～9μm。具壳缝面中轴区线形，中央区菱形；线纹辐射状排列，由多排孔纹组成，9～10 条/10μm。无壳缝面窄线形，中央区一侧具凹陷；线纹微辐射状排列，10～11 条/10μm。

分布：湖泊。

3. 隐披针平面藻 (图版 202: 1-6, 21)

Planothidium cryptolanceolatum Jahn & Abarca, 2017; Jahn et al., 2017, p. 100, figs. 59-75.

壳面线形披针形，末端圆形；长 14.5～20μm，宽 5～6.5μm。具壳缝面中轴区线形，中央区横矩形；线纹辐射状排列，由多排孔纹组成，12～14 条/10μm。无壳缝面窄线形，中央区一侧具凹陷；线纹微辐射状排列，13～15 条/10μm。

分布：河流、湖泊。

4. 优美平面藻 (图版 202: 11-16, 22-23)

Planothidium delicatulum (Kützing) Round & Bukhtiyarova, 1996; Kützing, 1844, p. 75, pl. 3, fig. XXI.

壳面披针形，末端近喙状；长 12～17.5μm，宽 5～6.5μm。具壳缝面中轴区线形，中央区横矩形；线纹辐射状排列，由多排孔纹组成，11～14 条/10μm。无壳缝面窄线形披针形，无中央区；线纹近平行状排列，由多排孔纹组成，14～15 条/10μm。

分布：湖泊。

5. 椭圆平面藻 (图版 201: 15-18)

Planothidium ellipticum (Cleve) Edlund, 2001; Cleve, 1891, p. 51, pl. 3, figs. 10-11.

壳面椭圆形，末端圆形；长 20～23.5μm，宽 8.5～9.5μm。具壳缝面中轴区线形，中央区小；线纹辐射状排列，14～16 条/10μm。无壳缝面窄线形披针形，中央区一侧具空腔；线纹辐射状排列，16～18 条/10μm。

分布：河流、湖泊。

6. 普生平面藻 (图版 203: 1-4, 15-16)

Planothidium frequentissimum (Lange-Bertalot) Lange-Bertalot, 1999; Krammer and Lange-Bertalot, 1991b, p. 4, pl. 44, figs. 1-3, 15, pl. 45, fig. 18.

壳面披针形到椭圆形，末端圆形；长 13.5～19.5μm，宽 5.5～6.5μm。具壳缝面中轴区线形，中央区横矩形到椭圆形；线纹辐射状排列，由多排孔纹组成，13～14 条/10μm。无壳缝面窄线形披针形，中央区一侧具空腔；线纹辐射状排列，由多排孔纹组成，15 条/10μm。

分布：河流、湖泊。

7. 普生平面藻马格南变种 (图版 203: 7-11, 17)

Planothidium frequentissimum var. ***magnum*** (Straub) Lange-Bertalot, 1999; Straub, 1985, p. 139, pl. 10, fig. 142a, pl. 11, fig. 142b.

壳面线形披针形，末端圆形；长 25～35μm，宽 6～7.5μm。具壳缝面中轴区线形，中央区横矩形；线纹辐射状排列，由多排孔纹组成，13 条/10μm。无壳缝面窄线形，中央区一侧具空腔；线纹近平行状排列，12 条/10μm。

分布：河流、湖泊。

8. 普生平面藻小型变种 (图版 203: 12-14)

Planothidium frequentissimum var. ***minus*** (Schulz) Lange-Bertalot, 1999; Schulz, 1926, p. 191, fig. 42.

壳面椭圆形，末端圆形；长 25～35μm，宽 6～7.5μm。具壳缝面中轴区线形，中央区小。无壳缝面窄线形披针形，中央区一侧具空腔。两个壳面线纹均呈辐射状排列，由多排孔纹组成，16 条/10μm。

分布：河流。

9. 忽略平面藻 (图版 204: 1-6, 13)

Planothidium incuriatum Wetzel, Van de Vijver & Ector, 2013; Wetzel et al., 2013, p. 49, figs. 19-36, 51-89.

壳面披针形，末端近喙状；长 20.5～23.5μm，宽 5～6.5μm。具壳缝面中轴区线形，中央区横矩形到椭圆形。无壳缝面窄线形披针形，中央区一侧具空腔。两个壳面线纹均呈微辐射状排列，由多排孔纹组成，13～14 条/10μm。

分布：河流、湖泊。

10. 披针形平面藻 (图版 204: 7-12, 14-15)

Planothidium lanceolatum (Brébisson ex Kützing) Lange-Bertalot, 1999; Krammer and Lange-Bertalot, 1991b, p. 75, figs. 1-8, 25.

壳面披针形，末端圆形；长 27.5～31.5μm，宽 8.5～-10μm。具壳缝面中轴区线形，中央区横矩形；线纹辐射状排列，9～11 条/10μm。无壳缝面窄线形，中央区一侧具凹陷；线纹辐射状排列，9～10 条/10μm。

分布：河流、湖泊。

11. 喙头平面藻 (图版 202: 7-10, 17-20)

Planothidium rostratum (Østrup) Lange-Bertalot, 1999; Østrup, 1902, p. 35, pl. I, fig. 11.

壳面线形椭圆形，末端喙状；长 10～16.5μm，宽 5～6μm。具壳缝面中轴区线形，中央区小；线纹辐射状排列，12～14 条/10μm。无壳缝面窄线形披针形，中央区一侧具空腔；线纹辐射状排列，12～14 条/10μm。

分布：河流、湖泊。

12. 维氏平面藻 (图版 203: 5-6)

Planothidium victorii Novis, Braidwood & Kilroy, 2012; Novis et al., 2012, p. 22, figs. 26-41.

壳面线形椭圆形，末端喙状；长 18.5μm，宽 5.5μm。具壳缝面中轴区线形，中央区横矩形；线纹辐射状排列，13 条/10μm。无壳缝面窄线形披针形，中央区一侧具空腔；线纹辐射状排列，14 条/10μm。

分布：湖泊。

斯卡藻属 *Skabitschewskia* Kuliskovskiy & Lange-Bertalot 2015

壳体异面。壳面椭圆披针形到披针形，末端从圆形到头状。具壳缝面具单排线纹，无壳缝面具双排线纹。具壳缝面几乎是平的或者微凹，无壳缝面凸。从带面观看，壳体线形或略微弯曲。

1. 佩拉加斯卡藻 (图版 199: 5-6)

Skabitschewskia peragalloi (Brun & Héribaud) Kuliskovskiy & Lange-Bertalot, 2015; Héribaud, 1893, p. 50, pl. I, fig. 4.

壳面椭圆披针形，末端喙状；长 17μm，宽 7μm。具壳缝面中轴区窄线形，中央区蝴蝶结形；线纹辐射状排列，25 条/10μm。无壳缝面中轴区宽披针形，中央区一侧具硅质加厚的马蹄形结构；线纹辐射状排列，19 条/10μm。

分布：河流。

真卵形藻属 *Eucocconeis* Cleve ex Meister 1912

壳体异面，部分种类的壳体沿纵轴扭曲。壳面线形椭圆形至披针形，末端圆形或略延长呈喙状，中央区明显扩大；具壳缝面，远缝端弯向壳面两相反方向，形成近“S”形壳缝；无壳缝面，胸骨也呈“S”形。两壳面线纹均由单列小圆形孔纹组成。

1. 平滑真卵形藻 (图版 187: 7-9)

Eucocconeis laevis (Østrup) Lange-Bertalot, 1999; Østrup, 1910, p. 130, pl. III, fig. 80.

壳面椭圆形，末端宽圆形；长 15～18.5μm，宽 6.5～8μm。具壳缝面中轴区窄线形，中央区不对称的横矩形；线纹辐射状排列，27 条/10μm。无壳缝面中轴区窄线形，中央区大，不对称的椭圆形；线纹辐射状排列，28～30 条/10μm。

分布：湖泊。

双菱藻目 Surirellales

杆状藻科 Bacillariaceae

杆状藻属 *Bacillaria* Gmelin 1788

细胞形成形状可变且可运动的带状群体。壳面线形至披针形，末端尖喙状。管壳缝位于壳面近中部，在壳面中部连续；龙骨突呈弓形与壳面相连。线纹由单列孔纹组成。

1. 奇异杆状藻 (图版 205: 1-13)

Bacillaria paxillifera (Müller) Marsson, 1901; 王全喜, 2018, p. 11, pl. I, figs. 1-4.

壳面线形，末端喙状；长 43～98.5μm，宽 5～7μm。壳缝位于中线或稍离心，龙骨突清晰，6～8 个/10μm；线纹 20～25 条/10μm。

分布：河流、湖泊。

菱形藻属 *Nitzschia* Hassall 1845

细胞单生或连接成链状或星状群体。壳面直或略“S”形，呈线形、披针形或椭圆形，末端形态多样；壳缝位于略隆起的龙骨上，关于壳面呈镜面对称或对角线对称，中缝端有或无，具形状多样的龙骨突。线纹由单列孔纹组成。

1. 针形菱形藻 (图版 206: 1-4, 13)

Nitzschia acicularis (Kützing) Smith, 1853, p. 43, pl. 15, fig. 122.

壳面线形披针形，末端延长呈喙状；长 36～60μm，宽 2.5～3.5μm。龙骨突 14～16 个/10μm；线纹细密，在光镜下难以分辨。

分布：河流、湖泊。

2. 阿格纽菱形藻 (图版 206: 5-12, 14)

Nitzschia agnewii Cholnoky, 1962, p. 94, figs. 18, 19.

壳面线形披针形，末端延长呈喙状；长 16～36.5μm，宽 2～3μm。龙骨突 20～22 个/10μm；线纹细密，在光镜下难以分辨。

分布：河流、湖泊。

3. 两栖菱形藻 (图版 207: 1-5, 20)

Nitzschia amphibia Grunow, 1862, p. 574, pl. 28, fig. 23.

壳面线形披针形，末端延长呈喙状；长 9.5～26μm，宽 3.5～4.5μm。龙骨突 7～10 个/10μm，线纹 16～18 条/10μm。

分布：河流、湖泊。

4. 短形菱形藻 (图版 207: 6-10)

Nitzschia brevissima Grunow, 1880; Hustedt, 1930, p. 421, fig. 816.

壳面线形，呈“S”形，末端呈喙状；长 22.5～29μm，宽 6～6.5μm。龙骨突 6～8 个/10μm，线纹 23～24 条/10μm。

分布：湖泊。

5. 克劳斯菱形藻 (图版 207: 11-19, 21)

Nitzschia clausii Hantzsch, 1860, p. 40, pl. 6, fig. 7.

壳面线形，略呈“H”形，末端延长呈圆形；长 9.5～26μm，宽 3.5～4.5μm。龙骨突 9～10 个/10μm，线纹 31～34 条/10μm。

分布：河流、湖泊。

6. 细端菱形藻 (图版 208: 1-5)

Nitzschia dissipata (Kützing) Rabenhorst, 1860; Kützing, 1844, p. 64, pl. 14, fig. 3.

壳面披针形，末端喙状；长 48～54μm，宽 5～6μm。壳缝龙骨稍离心，龙骨突 7～10 个/10μm；线纹细密，在光镜下难以分辨。

分布：河流。

7. 额雷菱形藻 (图版 208: 6-9)

Nitzschia eglei Lange-Bertalot, 1987, p. 15, pl. 28, figs. 1-3.

壳面线形披针形，末端头状；长 95～106.5μm，宽 5～6μm。壳缝龙骨稍离心，龙骨突 12～13 个/10μm；线纹 31～34 条/10μm。

分布：河流、湖泊。

8. 丝状菱形藻 (图版 208: 10-14)

Nitzschia filiformis (Smith) Van Heurck, 1896, p. 406, pl. 33, fig. 882.

壳面线形披针形，微呈“S”形，末端钝圆形；长 46～68μm，宽 5μm。龙骨突 12～13 个/10μm，线纹 31～32 条/10μm。

分布：河流、湖泊。

9. 折曲菱形藻 (图版 209: 1-2)

Nitzschia flexa Schumann, 1862, p. 186, pl. 8, fig. 23.

壳面线形披针形，末端头状，带面观“S”形；长 157.5～180.5μm，宽 4～6μm。龙骨突 6～7 个/10μm；线纹细密，在光镜下难以分辨。

分布：河流、湖泊。

10. 屈肌菱形藻 (图版 209: 6)

Nitzschia flexoides Geitler, 1987, p. 207, fig. 1.

壳面“S”形，末端楔形；长 92.5μm，宽 4μm。龙骨突 15 个/10μm，线纹 50 条/10μm。

分布：湖泊。

11. 细长菱形藻针形变型 (图版 210: 1-4, 15)

Nitzschia gracilis f. ***acicularoides*** Coste & Ricard, 1980, p. 191, pl. 1, fig. 2.

壳面线形披针形，末端延长呈喙状；长 60～94.5μm，宽 2.5～3.5μm。龙骨突 12～13 个/10μm，线纹 26～28 条/10μm。

分布：河流、湖泊。

12. 汉氏菱形藻 (图版 209: 9-12)

Nitzschia hantzschiana Rabenhorst, 1860, p. 40, pl. 6, fig. 6.

壳面线形，末端头状；长 15～21μm，宽 3～3.5μm。龙骨突 10～12 个/10μm，线纹 25～30 条/10μm。

分布：河流。

13. 平庸菱形藻 (图版 211: 1-8, 13-14)

Nitzschia inconspicua Grunow, 1862, p. 579, pl. 28, fig. 25.

壳面线形披针形，末端尖圆形；长 5.5～12.5μm，宽 2.5～3μm。龙骨突 12～14 个/10μm，线纹 22～28 条/10μm。

分布：河流、湖泊。

14. 中型菱形藻 (图版 211: 15-20)

Nitzschia intermedia Hantzsch ex Cleve & Grunow, 1880; 王全喜, 2018, p. 37, pl. XXXI, figs. 1-5.

壳面线形；长 67～110μm，宽 4.5μm。龙骨突 8～10 个/10μm，线纹 23～26 条/10μm。

分布：河流、湖泊。

15. 拉库姆菱形藻 (图版 209: 13-16)

Nitzschia lacuum Lange-Bertalot, 1980, p. 49, figs. 91-97.

壳面线形披针形，末端喙状；长 13～18μm，宽 3～3.5μm。龙骨突 12～14 个/10μm，线纹 29～31 条/10μm。

分布：河流。

16. 平滑菱形藻 (图版 211: 9-12)

Nitzschia laevis Hustedt, 1939, p. 662, figs. 116-118.

壳面线形披针形，末端楔形；长 27.5～36μm，宽 9～10μm。龙骨突 9～11 个/10μm，线纹 30～32 条/10μm。

分布：河流、湖泊。

17. 线形菱形藻 (图版 212: 3-7)

Nitzschia linearis Smith, 1853, p. 39, pl. 13, fig. 110.

壳面线形披针形，末端头状；长 79.5～102μm，宽 4～5μm。龙骨突 9～11 个/10μm，线纹 30～32 条/10μm。

分布：河流、湖泊。

18. 洛伦菱形藻 (图版 213: 1-4)

Nitzschia lorenziana Grunow, 1880; 王全喜, 2018, p. 47, pl. XXXIII, figs. 8-11.

壳面窄披针形，微“S”形弯曲，末端尖圆形；长 76～132.5μm，宽 3μm。龙骨突 7～9 个/10μm，线纹 15～20 条/10μm。

分布：河流、湖泊。

19. 小头菱形藻 (图版 210: 9-10)

Nitzschia microcephala Grunow, 1880; 王全喜, 2018, p. 38, pl. XXVI, figs. 13-14.

壳面线形，末端头状；长 10～11μm，宽 3μm。龙骨突 14 个/10μm；线纹细密，在光镜下难以分辨。

分布：河流。

20. 微型菱形藻 (图版 213: 8-10)

Nitzschia nana Grunow, 1881; 王全喜, 2018, p. 21, pl. IX, figs. 1-2.

壳面线形，微“S”形弯曲，末端圆形；长 42.5～59μm，宽 2.5～3μm。龙骨突 11～15 个/10μm；线纹细密，在光镜不易看清。

分布：河流、湖泊。

21. 钝端菱形藻 (图版 214: 1-4, 10)

Nitzschia obtusa Smith, 1853; 王全喜, 2018, p. 19, pl. X, figs. 1-3.

壳面线形，微“S”形弯曲，末端钝圆形；长 79～123μm，宽 6.5～8μm。龙骨突 7～8 个/10μm，线纹 32～34 条/10μm。

分布：湖泊。

22. 谷皮菱形藻 (图版 214: 5-9)

Nitzschia palea (Kützing) Smith, 1856; 王全喜, 2018, p. 40, pl. XXVII, figs. 1-11.

壳面线形披针形；长 25～55μm，宽 4.5～5μm。龙骨突 10～11 个/10μm；线纹细密，在光镜不易看清。

分布：河流、湖泊。

23. 小型菱形藻 (图版 210: 11)

Nitzschia parvula Smith, 1853, p. 41, pl. 13, fig. 106.

壳面线形，末端喙状；长 44μm，宽 7μm。龙骨突 8 个/10μm，线纹 25 条/10μm。

分布：河流。

24. 直菱形藻 (图版 215: 1-3, 14)

Nitzschia recta Hantzsch ex Rabenhorst, 1862; 王全喜, 2018, p. 18, pl. VI, figs. 5-8.

壳面线形披针形，末端尖头或近圆头状；长 41.5～55.5μm，宽 4～5μm。龙骨突 9～11 个/10μm，线纹 27～29 条/10μm。

分布：河流、湖泊。

25. 反曲菱形藻 (图版 213: 5-7)

Nitzschia reversa Smith, 1853, p. 43, pl. 15, fig. 121.

壳面纺锤形，微“S”形弯曲，末端喙状；长 69～81μm，宽 3.5～4.5μm。龙骨突 13～15 个/10μm；线纹细密，在光镜下难以分辨。

分布：河流、湖泊。

26. 斜方矛状菱形藻 (图版 215: 4-7, 12)

Nitzschia rhombicolancettula Lange-Bertalot & Werum, 2014, p. 123, figs. 1-2.

壳面线形披针形至菱形，末端延伸呈喙状；长 13～21.5μm，宽 3.5～4μm。龙骨突 12～13 个/10μm，线纹 26～28 条/10μm。

分布：湖泊。

27. 刀形菱形藻 (图版 213: 11-14)

Nitzschia scalpelliformis Grunow, 1880; 王全喜, 2018, p. 20, pl. X, figs. 4-7.

壳面线形，微“S”形弯曲，末端头状；长 30.5～40μm，宽 3～4μm。龙骨突 11～12 个/10μm；线纹细密，在光镜下不易看清。

分布：河流、湖泊。

28. 弯菱形藻 (图版 209: 3-5)

Nitzschia sigma (Kützing) Smith, 1853, p. 39, pl. 13, fig. 108.

壳面“S”形，中部线形披针形，末端长楔形；长 80～104μm，宽 5.5～6.5μm。龙骨突 8～11 个/10μm，线纹 29～31 条/10μm。

分布：河流、湖泊。

29. 类 S 状菱形藻 (图版 216: 1-3)

Nitzschia sigmoidea (Nitzsch) Smith, 1853; 王全喜, 2018, p. 15, pl. II, figs. 1-2.

壳面“S”形；长 250μm，宽 12μm。龙骨突 5 个/10μm，线纹 24 条/10μm。

分布：河流。

30. 交际菱形藻 (图版 210: 12-13)

Nitzschia sociabilis Hustedt, 1957, p. 354, figs. 91-94.

壳面线形披针形，末端喙状；长 40.5～47μm，宽 4.5μm。龙骨突 7～8 个/10μm；线纹细密，在光镜下难以分辨。

分布：河流。

31. 常见菱形藻 (图版 215: 8-11, 13)

Nitzschia solita Hustedt, 1953, p. 152, figs. 3-4.

壳面线形披针形，末端尖喙状；长 23～35μm，宽 4～5μm。龙骨突 10～12 个/10μm，线纹 30～32 条/10μm。

分布：河流、湖泊。

32. 近针形菱形藻 (图版 210: 5-8, 14)

Nitzschia subacicularis Hustedt, 1938, p. 490, pl. 41, fig. 12.

壳面“S”形，中部线形披针形，末端长楔形；长 22～38μm，宽 2.5μm。龙骨突 12～14 个/10μm，线纹 29～31 条/10μm。

分布：河流、湖泊。

33. 近粘连菱形藻斯科舍变种 (图版 216: 4-6, 12)

Nitzschia subcohaerens var. ***scotica*** (Grunow) Van Heurck, 1896; 王全喜, 2018, p. 22, pl. VIII, figs. 15-18.

壳面弯刀形，末端渐尖；长 48～40μm，宽 4～5μm。龙骨突 7～9 个/10μm；线纹细密，在光镜下不易看清。

分布：河流、湖泊。

34. 土栖菱形藻 (图版 216: 7-9)

Nitzschia terrestris (Petersen) Hustedt, 1934; 王全喜, 2018, p. 23, pl. VIII, fig. 14.

壳面线形，末端头状；长 30.5～39.5μm，宽 3.5～4μm。龙骨突 7～8 个/10μm；线纹细密，在光镜下难以分辨。

分布：河流。

35. 脐形菱形藻 (图版 216: 10-11, 13)

Nitzschia umbonata (Ehrenberg) Lange-Bertalot, 1978; 王全喜, 2018, p. 28, pl. XVI, figs. 10-16.

壳面线形，末端短喙状；长 56.5～61μm，宽 7～8μm。龙骨突 8 个/10μm，线纹 25 条/10μm。

分布：河流、湖泊。

36. 蠕虫状菱形藻 (图版 209: 7-8)

Nitzschia vermicularis (Kützing) Hantzsch, 1860; Kützing, 1833, p. 555, pl. 14, fig. 34.

壳面线形披针形，末端头状；长 56～63.5μm，宽 4μm。龙骨突 10～12 个/10μm；线纹细密，在光镜下难以分辨。

分布：河流、湖泊。

西蒙森藻属 *Simonsenia* Lange-Bertalot 1979

细胞单生。壳面披针形，末端渐尖；壳缘具明显隆起的龙骨，对角线对称，形成管状结构，壳缝位于其上；线纹多由双列孔纹组成。

1. 德洛西蒙森藻 (图版 217: 1-2)

Simonsenia delognei (Grunow) Lange-Bertalot, 1979, p. 132, figs. 1-19.

壳面窄披针形，末端尖，略延长；长 11.5～17.5μm，宽 3.5～4μm。横肋纹 12～14 个/10μm；线纹细密，在光镜不可见。

分布：湖泊。

2. 茂兰西蒙森藻 (图版 217: 3)

Simonsenia maolaniana You & Kociolek, 2016; You et al., 2016, p. 270, figs. 1-31.

壳面窄披针形，末端尖喙状；长 16.5μm，宽 2.5μm。横肋纹 14 个/10μm；线纹细密，在光镜不可见。

分布：河流。

菱板藻属 *Hantzschia* Grunow 1877

细胞单生。壳面具背腹之分，腹侧凹入、直或微凸出，背侧弧形凸出，末端呈喙状或小头状。线纹单排或双排，壳缝位于腹侧，两壳面壳缝位于同侧，具龙骨突。

1. 丰富菱板藻 (图版 217: 4-6)

Hantzschia abundans Lange-Bertalot, 1993, p. 75, pl. 14, fig. 34.

壳面弓形，背侧略凸出，腹侧凹入，末端头状；长 49.5～53.5μm，宽 6～6.5μm。龙骨突 5～8 个/10μm，线纹 17～22 条/10μm。

分布：湖泊。

2. 两尖菱板藻 (图版 217: 14-15)

Hantzschia amphioxys (Ehrenberg) Grunow, 1880; 王全喜, 2018, p. 59, pl. XXXIV, figs. 1-12.

壳面弓形，背侧略凸出，腹侧凹入，末端喙状；长 37～37.5μm，宽 5μm。龙骨突 9 个/10μm，线纹 25～26 条/10μm。

分布：湖泊。

3. 两尖菱板藻相等变种 (图版 217: 16)

Hantzschia amphioxys var. ***aequalis*** Cleve-Euler, 1952; 王全喜, 2018, p. 60, pl. XXXV, figs. 3-8.

壳面背腹之分不明显，末端头状；长 37μm，宽 6μm。龙骨突 6 个/10μm，线纹 23 条/10μm。

分布：湖泊。

4. 两尖菱板藻头端变型 (图版 217: 13)

Hantzschia amphioxys f. ***capitata*** Müller, 1909; 王全喜, 2018, p. 60, pl. XXXV, fig. 2.

壳面弓形，背侧略凸出，腹侧凹入，末端头状；长 37μm，宽 6μm。龙骨突 6 个/10μm，线纹 21 条/10μm。

分布：湖泊。

5. 嫌钙菱板藻 (图版 217: 10)

Hantzschia calcifuga Reichardt & Lange-Bertalot, 2004; 王全喜, 2018, p. 56, pl. XLII, figs. 1-12.

壳面弓形，背侧略凸出，腹侧中部微凹入，末端小头状；长 90μm，宽 6μm。龙骨突 5 个/10μm，线纹 16 条/10μm。

分布：湖泊。

6. 显点菱板藻 (图版 217: 12)

Hantzschia distinctepunctata Hustedt, 1921; 王全喜, 2018, p. 52, pl. XXXV, fig. 1.

壳面具背腹之分；长 74μm，宽 8μm。龙骨突 8 个/10μm，线纹 9 条/10μm。

分布：湖泊。

7. 盖斯纳菱板藻 (图版 218: 2-4)

Hantzschia giessiana Lange-Bertalot & Rumrich, 1993; 王全喜, 2018, p. 55, pl. XLI, figs. 1-5.

壳面具背腹之分，背侧边缘平直，腹侧边缘略凹入，末端小头状；长 62～82μm，宽 8.5μm。龙骨突 7～9 个/10μm，线纹 22 条/10μm。

分布：湖泊。

8. 仿密集菱板藻 (图版 217: 7-9, 17-18)

Hantzschia paracompacta Lange-Bertalot, 2003; 王全喜, 2018, p. 59, pl. XXXIV, figs. 1-12.

壳面弓形，背侧略凸出，腹侧凹入，末端喙状；长 34～46μm，宽 7～8.5μm。龙骨突 5～7 个/10μm，线纹 13～19 条/10μm。

分布：湖泊。

9. 拟巴德菱板藻 (图版 218: 1)

Hantzschia pseudobardii You & Kociolek, 2015; 王全喜, 2018, p. 57, pl. XLVII, figs. 1-7.

壳面弓形，背侧略凸出，腹侧中部略凹入，末端略凸出，末端喙状；长 95μm，宽 8μm。龙骨突 7 个/10μm，线纹 17 条/10μm。

分布：湖泊。

10. 近石生菱板藻 (图版 217: 11)

Hantzschia subrupestris Lange-Bertalot, 1993; 王全喜, 2018, p. 58, pl. XXXVII, figs. 1-3.

壳面弓形，背侧边缘凸出，中部凹入，腹侧略凸出，末端小头状；长 88μm，宽 10μm。龙骨突 4 个/10μm，线纹 11 条/10μm。

分布：湖泊。

沙网藻属 *Psammodictyon* Mann 1990

壳面提琴形宽线形，壳面不平，略波曲；龙骨被中央节隔开；点纹通常在光镜下清晰可见，圆形、多边形或不规则形。

1. 太湖沙网藻 (图版 218: 5-9)

Psammodictyon taihuense Yang, You & Wang, 2020; Yang et al., 2020, p. 145, figs. 2-23.

壳面提琴形；长 16.5～25μm，宽 10～12.5μm。龙骨突 8～11 个/10μm，线纹 18～22 条/10μm。

分布：河流、湖泊。

盘杆藻属 *Tryblionella* Smith 1853

细胞单生。壳面椭圆形、线形或提琴形，末端钝圆或尖形；表面波状；壳缝位于龙骨上，具龙骨突。线纹由单排至多排的小圆形孔纹组成。

1. 尖锥盘杆藻 (图版 219: 1-3)

Tryblionella acuminata Smith, 1853; 王全喜, 2018, p. 63, pl. LIII, figs. 7-8.

壳面宽线形，中部略凹入，末端尖圆；长 41～50.5μm，宽 7.5～8.5μm。龙骨突和线纹密度数量相等，均为 11 个（条）/10μm。

分布：河流、湖泊。

2. 渐窄盘杆藻 (图版 226: 1)

Tryblionella angustata Smith, 1853; 王全喜, 2018, p. 62, pl. LII, figs. 1-10.

壳面线形，末端钝圆形；长 59μm，宽 10μm。龙骨突和线纹密度数量相等，均为 12 个（条）/10μm。

分布：湖泊。

3. 狭窄盘杆藻 (图版 219: 9-12)

Tryblionella angustatula (Lange-Bertalot) Cantonati & Lange-Bertalot, 2017; 王全喜, 2018, p. 63, pl. LIII, figs. 1-6.

壳面线形，末端钝圆；长 12～16.5μm，宽 3.5～4μm。龙骨突和线纹密度数量相等，均为 18～21 个（条）/10μm。

分布：湖泊。

4. 细尖盘杆藻 (图版 219: 7-8)

Tryblionella apiculata Gregory, 1857; 王全喜, 2018, p. 64, pl. LIV, figs. 1-14.

壳面线形，末端喙状；长 63.5～66.5μm，宽 6.5～7μm。龙骨突和线纹密度数量相等，均为 16～17 个（条）/10μm。

分布：河流、湖泊。

5. 暖温盘杆藻 (图版 220: 1-5, 11)

Tryblionella calida (Grunow) Mann, 1990; 王全喜, 2018, p. 66, pl. LVII, figs. 1-6.

壳面线形，两侧中部微凹入，末端短喙状；长 29～34μm，宽 6～7.5μm。龙骨突不明显，线纹 19～20 条/10μm。

分布：河流、湖泊。

6. 狭盘杆藻 (图版 220: 6-10)

Tryblionella coarctata (Grunow) Mann, 1990; Krammer and Langer-Bertalot, 1999, p. 292, pl. 38, figs. 13-15A.

壳面线形，两侧中部微凹入，末端渐尖；长 41.5～47.5μm，宽 9～11μm。龙骨突不明显，线纹 11～12 条/10μm。

分布：河流。

7. 扁形盘杆藻 (图版 221: 1-6, 11)

Tryblionella compressa (Bailey) Poulin, 1990; Poulin et al., 1990, p. 96, fig. 98.

壳面椭圆形，末端渐尖；长 15.5～19.5μm，宽 6.5～7.5μm。龙骨突和线纹密度数量相等，均为 18～20 个（条）/10μm。

分布：河流、湖泊。

8. 缢缩盘杆藻 (图版 221: 7-10, 12)

Tryblionella constricta (Kützing) Poulin, 1990; Poulin et al., 1990, p. 96, figs. 107-108.

壳面线形，末端近喙状；长 27.5～42μm，宽 4～5μm。龙骨突 10～12 个/10μm，线纹 27～28 条/10μm。

分布：河流、湖泊。

9. 柔弱盘杆藻 (图版 219: 13-15)

Tryblionella debilis Arnott & Meara, 1873; Krammer and Langer-Bertalot, 1999, p. 270, pl. 27, figs. 5-10.

壳面线形椭圆形，末端圆形；长 16～17μm，宽 7μm。龙骨突和线纹密度数量相等，均为 22～23 个（条）/10μm。

分布：河流。

10. 汉氏盘杆藻 (图版 219: 4)

Tryblionella hantzschiana Grunow, 1862, p. 551, pl. 18, fig. 29a-29c.

壳面宽线形，末端尖圆；长 66.5μm，宽 10.5μm。龙骨突和线纹密度数量相等，均为 10 个（条）/10μm。

分布：湖泊。

11. 匈牙利盘杆藻 (图版 219: 5-6)

Tryblionella hungarica (Grunow) Frenguelli, 1942; 王全喜, 2018, p. 65, pl. LV, figs. 1-8.

壳面线形，末端喙状；长 57.5～80μm，宽 5.5～7μm。龙骨突 8～10 个/10μm，线纹 18～26 条/10μm。

分布：河流、湖泊。

12. 细长盘杆藻 (图版 222: 1-3)

Tryblionella gracilis Smith, 1853; 王全喜, 2018, p. 66, pl. LVIII, figs. 1-4.

壳面线形椭圆形，末端钝圆形；长 100～116μm，宽 17.5μm。龙骨突 6～7 个/10μm，线纹在光镜下不易看清。

分布：湖泊。

13. 颗粒盘杆藻 (图版 222: 4-8)

Tryblionella granulata (Grunow) Mann, 1990; Krammer and Langer-Bertalot, 1999, p. 286, pl. 35, figs. 9-13.

壳面线形椭圆形，末端钝圆形；长 28～36μm，宽 13～15μm。龙骨突和线纹密度数量相等，均为 6～7 个（条）/10μm。

分布：湖泊。

14. 莱维迪盘杆藻 (图版 223: 1-5, 11-12)

Tryblionella levidensis Smith, 1856; 王全喜, 2018, p. 67, pl. LIII, figs. 10-15.

壳面线形椭圆形，末端钝圆形；长 28～31μm，宽 13～14.5μm。龙骨突和线纹密度数量相等，均为 7～8 个（条）/10μm。

分布：河流、湖泊。

15. 维多利亚盘杆藻 (图版 223: 6-10)

Tryblionella victoriae Grunow, 1862; 王全喜, 2018, p. 68, pl. LVI, figs. 3-6.

壳面线形椭圆形，末端钝圆形；长 33.5～40μm，宽 10.5～13μm。龙骨突和线纹密度数量相等，均为 6～8 个（条）/10μm。

分布：河流、湖泊。

细齿藻属 *Denticula* Kützing 1844

细胞单生或连接成短链状群体。壳面线形至披针形，末端尖，钝圆形或喙状；壳缝位于壳面略偏离中部，两壳面壳缝呈菱形对称，具龙骨突。线纹单排，由粗糙的孔纹组成。

1. 华美细齿藻 (图版 224: 2-3, 17)

Denticula elegans Kützing, 1844; 王全喜, 2018, p. 72, pl. LXI, figs. 20-26.

壳面线形，末端钝圆形；长 11～13.5μm，宽 3μm。横肋纹 4～6 条/10μm。

分布：河流。

2. 库津细齿藻 (图版 224: 1)

Denticula kuetzingii Grunow, 1862; 王全喜, 2018, p. 69, pl. LXII, figs. 15-17.

壳面线形披针形，末端近喙状；长 19μm，宽 5.5μm。龙骨突 6 个/10μm，线纹 16 条/10μm。

分布：湖泊。

格鲁诺藻属 *Grunowia* Rabenhorst 1864

壳面线形椭圆形，末端圆形或头状；壳缝位于壳缘，龙骨略隆起，龙骨突较大。线纹由粗糙的孔纹组成。

1. 索尔根格鲁诺藻 (图版 224: 4-8)

Grunowia solgensis (Cleve-Euler) Aboal, 2003; 王全喜, 2018, p. 25, pl. IX, fig. 8, pl. X, figs. 8-18.

壳面披针形，末端头状；长 10～31μm，宽 3～6μm。龙骨突 5～6 个/10μm，线纹

17～20 条/10μm。

分布：河流、湖泊。

2. 平片格鲁诺藻 (图版 224: 9-16, 18)

Grunowia tabellaria (Grunow) Rabenhorst, 1864; 王全喜, 2018, p. 25, pl. IX, figs. 11-16.

壳面菱形，中部膨大，末端头状；长 12～22.5μm，宽 4.5～7.5μm。龙骨突 5～6 个/10μm，线纹 20～21 条/10μm。

分布：河流、湖泊。

棒杆藻科 Rhopalodiaceae

棒杆藻属 *Rhopalodia* Müller 1895

细胞单生。壳面具背腹性，线形或弓形；壳缝位于龙骨上；龙骨位于壳面背缘。线纹单排至多排。

1. 弯棒杆藻 (图版 225: 1-5)

Rhopalodia gibba (Ehrenberg) Müller, 1895; 王全喜, 2018, p. 90, pl. LXXV, figs. 1-5.

壳面弓形，背侧弧形，腹侧平直，末端楔形或尖端；长 60～120μm，宽 8～10μm。肋纹 6～8 条/10μm。

分布：河流、湖泊。

2. 驼峰棒杆藻 (图版 226: 2-3, 10)

Rhopalodia gibberula (Ehrenberg) Müller, 1895; 王全喜, 2018, p. 95, pl. LXXIX, figs. 1-6.

壳面新月形，背侧弧形，腹侧平直或略凹入；长 37.5～43.5μm，宽 10μm。肋纹 3 条/10μm，线纹 15 条/10μm。

分布：河流。

3. 肌状棒杆藻 (图版 226: 5)

Rhopalodia musculus (Kützing) Müller, 1900; 王全喜, 2018, p. 94, pl. LXXVII, figs. 7-8.

壳面新月形，背侧弧形，腹侧平直或略凹入，末端钝尖；长 26μm，宽 8.5μm。肋纹 5 条/10μm，线纹 15 条/10μm。

分布：河流。

4. 具盖棒杆藻 (图版 226: 6-9)

Rhopalodia operculata (Agardh) Håkanasson, 1979; 王全喜, 2018, p. 93, pl. LXXX, figs. 1-6.

壳面新月形，背侧弧形，腹侧平直或略凹入；长 26.5～39μm，宽 7～8μm。肋纹 4～

5 条/10μm，线纹 15～18 条/10μm。

分布：河流。

5. 石生棒杆藻 (图版 226: 4)

Rhopalodia rupestris (Smith) Krammer, 1987; 王全喜, 2018, p. 97, pl. LXXX, figs. 7-9.

壳面新月形，背侧弧形，腹侧略凹入；长 44μm，宽 7μm。肋纹 3 条/10μm，线纹 19 条/10μm。

分布：湖泊。

窗纹藻属 *Epithemia* Kützing 1844

细胞单生。壳面具明显的背腹之分，壳面弓形，末端钝圆至宽圆形；壳缝位于腹缘，在靠近壳面中央处弧形向背缘延伸。线纹单排，由单列点纹组成。

1. 侧生窗纹藻 (图版 227: 1-6)

Epithemia adnata (Kützing) Brébisson, 1838; 王全喜, 2018, p. 84, pl. LXV, figs. 1-2.

壳面新月形，背侧凸出，腹侧微凹入，末端钝圆；长 25～100μm，宽 8.5～11μm。肋纹 3～4 条/10μm，线纹 12-15 条/10μm。

分布：河流。

2. 侧生窗纹藻顶生变种 (图版 228: 3-5)

Epithemia adnata var. ***proboscidea*** (Kützing) Hendey, 1954; 王全喜, 2018, p. 86, pl. LXVII, figs. 1-2.

壳面新月形，背侧凸出，腹侧微凹入，末端头状；长 55μm，宽 9.5μm。肋纹 3 条/10μm，线纹 16 条/10μm。

分布：湖泊。

3. 鼠形窗纹藻 (图版 228: 2)

Epithemia sorex Kützing, 1844; 王全喜, 2018, p. 80, pl. LXX, figs. 6-7.

壳面新月形，背侧凸出，腹侧凹入，末端头状；长 33.5μm，宽 8μm。肋纹 7 条/10μm，线纹 14 条/10μm。

分布：湖泊。

4. 膨大窗纹藻 (图版 228: 1)

Epithemia turgida (Ehrenberg) Kützing, 1844; 王全喜, 2018, p. 82, pl. LXXIV, figs. 1-7.

壳面新月形，背侧凸出，腹侧凹入，末端钝圆；长 77μm，宽 17μm。肋纹 4 条/10μm，线纹 9 条/10μm。

分布：湖泊。

茧形藻科 Entomoneidaceae

茧形藻属 *Entomoneis* Ehrenberg 1845

细胞单生。壳体沿纵轴扭曲，常见带面观，沙漏形或提琴形，壳面观略“S”形。壳面中部具隆起的龙骨，壳缝位于其上，近缝端直或略膨大，远缝端直。线纹多由单列小圆形孔纹组成。

1. 三波曲茧形藻 (图版 229: 1-3, 6)

Entomoneis triundulata Liu & Williams, 2018; Liu et al., 2018, p. 242, figs. 2-50.

壳面扭曲呈三波曲状；长 45～47.5μm，宽 9～10μm。线纹 22～24 条/10μm。

分布：河流。

双菱藻科 Surirellaceae

双菱藻属 *Surirella* Turpin 1828

细胞单生。壳体等极或异极。壳面线形至椭圆形、倒卵形或提琴形，表面平坦或呈凹面，有时具波纹；壳缝环绕壳面边缘，位于龙骨上，龙骨突肋状或盘状。外壳面肋纹不明显，线纹多排。

1. 岩生双菱藻 (图版 230: 1, 6)

Surirella agmatilis Camburn, 1978; Camburn et al., 1978, p. 228, pl. 19, figs. 292-296.

壳面异极，椭圆披针形，一端钝圆，一端尖圆；长 60μm，宽 17μm。翼状管 4 个/10μm。

分布：湖泊。

2. 两尖双菱藻 (图版 238: 5-6)

Surirella amphioxys Smith, 1856, p. 124, pl. 35, figs. 12-13.

壳面线形椭圆形，末端尖圆形；长 28～33.5μm，宽 11～13μm。没有翼状管，龙骨突 7～8 个/10μm。

分布：河流。

3. 窄双菱藻 (图版 230: 3-5)

Surirella angusta Kützing, 1844; 王全喜, 2018, p. 106, pl. XCIV, figs. 1-11.

壳面线形，末端楔形；长 18.5～30.5μm，宽 6～7.5μm。没有翼状管，龙骨突 7～8 个/10μm。

分布：河流、湖泊。

4. 澳大利亚双菱藻 (图版 238: 3-4)

Surirella australovisurgis Van de Vijver, Cocquyt, Kopalová & Zidarova, 2013; Van de Vijver et al., 2013, p. 101, figs. 51-64.

壳面宽线形，末端圆形；长 27～29.5μm，宽 10.5～11μm。没有翼状管，龙骨突 5～6 个/10μm。

分布：河流。

5. 二额双菱藻 (图版 231: 1, 3)

Surirella bifrons (Ehrenberg) Ehrenberg, 1843; 王全喜, 2018, p. 116, pl. CVIII, figs. 1-3.

壳面近菱形；长 50.5～51.5μm，宽 18～20μm。翼状管 3～4 个/10μm。

分布：湖泊。

6. 二列双菱藻 (图版 231: 2, 4)

Surirella biseriata Brébisson, 1835; 王全喜, 2018, p. 117, pl. CXIII, figs. 1-3.

壳面线形披针形；长 145.5μm，宽 34μm。翼状管 2～3 个/10μm。

分布：湖泊。

7. 二列双菱藻缩小变种 (图版 232: 1-2, 4, 6)

Surirella biseriata var. ***diminuta*** Cleve, 1952; 王全喜, 2018, p. 118, pl. CXIV, figs. 3-4.

壳面线形披针形，较原种壳体小；长 33～55.5μm，宽 14～20μm。翼状管 3 个/10μm。

分布：湖泊。

8. 布列双菱藻 (图版 232: 3)

Surirella brebissonii Krammer & Lange-Bertalot, 1987; 王全喜, 2018, p. 114, pl. CIII, figs. 1-8.

壳面卵形，一端宽圆形，一端楔形；长 37.5μm，宽 22μm。没有翼状管，龙骨突 5 个/10μm。

分布：河流。

9. 卡普龙双菱藻 (图版 233: 1)

Surirella capronii Brébisson & Kitton, 1869; 王全喜, 2018, p. 120, pl. CXIV, fig. 1.

壳面卵形，两端不等；长 121.5μm，宽 48.5μm。翼状管 2 个/10μm。

分布：湖泊。

10. 十字双菱藻 (图版 234: 1, 3)

Surirella cruciata Schmidt, 1877, p. 56, figs. 15-16.

壳面卵形，两端不等；长 70μm，宽 28μm。翼状管 3 个/10μm。

分布：湖泊。

11. 美丽双菱藻 (图版 233: 3)

Surirella elegans Ehrenberg, 1843; 王全喜, 2018, p. 120, pl. CXV, figs. 1-2.

壳面卵圆披针形；长 136μm，宽 50μm。翼状管 3 个/10μm。

分布：湖泊。

12. 流水双菱藻 (图版 233: 2)

Surirella fluminensis Grunow, 1862, p. 463, fig. 13.

壳面卵圆形；长 53.5μm，宽 38μm。翼状管 2 个/10μm。

分布：河流。

13. 流线双菱藻 (图版 232: 5)

Surirella fluviicygnorum John, 1983, p. 180, pl. 76, figs. 1-7.

壳面近椭圆形，一端宽圆形，一端楔圆形；长 55μm，宽 34μm。翼状管 2 个/10μm。

分布：河流。

14. 细长双菱藻 (图版 230: 2)

Surirella gracilis (Smith) Grunow, 1862; 王全喜, 2018, p. 105, pl. XCV, figs. 7-12.

壳面线形，末端楔圆形；长 62μm，宽 12μm。没有翼状管，龙骨突 7 个/10μm。

分布：湖泊。

15. 霍里达双菱藻缢缩变型 (图版 229: 4-5, 7)

Surirella horrida f. ***constricta*** Hustedt, 1942, p. 157, fig. 396.

壳面宽线形，中部微缩缢，末端圆形；长 35.5～51μm，宽 10.5～11.5μm。没有翼状管，龙骨突 5～7 个/10μm。

分布：河流、湖泊。

16. 线性双菱藻 (图版 234: 2, 4)

Surirella linearis Smith, 1853; 王全喜, 2018, p. 108, pl. XCVIII, figs. 1-9.

壳面线形椭圆形，一端宽圆形，一端楔形；长 85.5μm，宽 20μm。翼状管 3 个/10μm。

分布：湖泊。

17. 微小双菱藻 (图版 235: 1-3, 7)

Surirella minuta Brébisson ex Kützing, 1849; 王全喜, 2018, p. 118, pl. CXVI, figs. 1-5.

壳面线形披针形，末端钝圆形；长 22～28μm，宽 7.5～9μm。没有翼状管，龙骨突 6～7 个/10μm。

分布：河流、湖泊。

18. 羽纹双菱藻 (图版 235: 4-6)

Surirella pinnata Smith, 1853, p. 34, pl. 9, fig. 72.

壳面线形，末端钝圆形；长 52.5～70μm，宽 12.5～14μm。没有翼状管，龙骨突 5～6 个/10μm。

分布：河流。

19. 粗壮双菱藻 (图版 236: 1-2)

Surirella robusta Ehrenberg, 1840; 王全喜, 2018, p. 123, pl. CXX, figs. 1, 2.

壳面卵形，一端宽圆形，一端楔形；长 178.5～206.5μm，宽 51.5～56.5μm。翼状管 2 个/10μm。

分布：河流、湖泊。

20. 华彩双菱藻 (图版 236: 3-4)

Surirella splendida (Ehrenberg) Ehrenberg, 1844; 王全喜, 2018, p. 123, pl. CXXIV, figs. 1-3.

壳面椭圆披针形，一端钝圆形，一端圆形；长 75～96μm，宽 31.5μm。翼状管 2 个/10μm。

分布：湖泊。

21. 石笋双菱藻 (图版 237: 1-4, 13)

Surirella stalagma Hohn & Hellerman, 1963, p. 327, pl. 6, fig. 6.

壳面线形椭圆形，一端宽圆形，一端头状；长 8～12μm，宽 3.5～5μm。没有翼状管，龙骨突 8～10 个/10μm。

分布：河流、湖泊。

22. 近盐生双菱藻 (图版 237: 5-8)

Surirella subsalsa Smith, 1853; 王全喜, 2018, p. 113, pl. CII, fig. 2.

壳面宽倒卵形；长 13.5～16.5μm，宽 7.5～8.5μm。没有翼状管，龙骨突 7～8 个/10μm。

分布：河流、湖泊。

23. 瑞典双菱藻 (图版 237: 9-12, 14)

Surirella suecica Grunow, 1881; Van Heurck, 1881, pl. 73, fig. 19.

壳面异极，一端宽圆形，一端楔形；长 16～32μm，宽 6.5～8μm。没有翼状管，龙骨突 9～10 个/10μm。

分布：河流、湖泊。

24. 柔软双菱藻 (图版 238: 1-2, 7)

Surirella tenera Gregory, 1856; 王全喜, 2018, p. 121, pl. CXXV, figs. 1-3.

壳面椭圆披针形，一端钝圆，一端尖圆；长 99μm，宽 26.5μm。翼状管 2～3 个/10μm。

分布：河流、湖泊。

25. 泰特尼斯双菱藻 (图版 239: 5-8)

Surirella tientsinensis Skvortzow, 1927; 王全喜, 2018, p. 106, pl. CII, fig. 1.

壳面线形，两侧明显凹入，末端宽圆；长 59.5～69.5μm，宽 9.5～11μm。没有翼状管，龙骨突 4～5 个/10μm。

分布：河流、湖泊。

26. 维苏双菱藻 (图版 239: 1-4)

Surirella visurgis Hustedt, 1957; 王全喜, 2018, p. 114, pl. CII, figs. 7-10.

壳面线形，一端宽圆，一端钝楔形；长 26～44μm，宽 9.5～14μm。没有翼状管，龙骨突 5～7 个/10μm。

分布：河流、湖泊。

长羽藻属 *Stenopterobia* Brébisson ex Van Heurck 1896

壳面“S”形或线形，表面轻微波曲。横肋纹表面具蘑菇状的突起或瘤状物，线纹多排。壳缝环绕壳面边缘，位于龙骨上。

1. 中型长羽藻 (图版 212: 1-2)

Stenopterobia intermedia (Lewis) Van Heurck & Hanna, 1933; 王全喜, 2018, p. 126, pl. CXXVII, fig. 6.

壳面“S”形，末端喙状；长 117.5～131.5μm，宽 5～6μm。线纹 25～27 条/10μm。

分布：湖泊。

波缘藻属 *Cymatopleura* Smith 1851

细胞单生。壳体等极，偶尔关于顶轴扭曲。壳面椭圆形、线形或提琴形，纵轴呈横向上下起伏，具较规律的横向波曲；壳缝环绕壳面边缘，位于龙骨上。带面观多为矩形，两侧具明显的波状褶皱。线纹单排。

1. 扭曲波缘藻 (图版 240: 1-2)

Cymatopleura aquastudia Kociolek & You, 2017; 王全喜, 2018, p. 103, pl. LXXXVIII, figs. 1-6.

壳面提琴形，一端宽圆，一端窄；长 62.5～71μm，宽 15.5～19μm。肋纹 9～10 个/10μm。

分布：河流。

2. 椭圆波缘藻 (图版 240: 3)

Cymatopleura elliptica (Brébisson) Smith, 1851; 王全喜, 2018, p. 99, pl. LXXXI, figs. 1-6.

壳面宽椭圆形，末端宽圆；长 100μm，宽 49μm。龙骨突 4 个/10μm。

分布：河流。

3. 草鞋形波缘藻 (图版 241: 2-6)

Cymatopleura solea (Brébisson) Smith, 1851; 王全喜, 2018, p. 100, pl. LXXXII, figs. 3-4.

壳面宽线形，中部缢缩，末端钝圆形；长 58.5～126.5μm，宽 10.5～18.5μm。龙骨突 7～14 个/10μm。

分布：河流、湖泊。

4. 草鞋形波缘藻细长变种 (图版 241: 1)

Cymatopleura solea var. ***gracilis*** Grunow, 1862; 王全喜, 2018, p. 101, pl. LXXXII, figs. 1, 2.

壳面宽线形，中部缢缩，末端钝圆形；长 187.5μm，宽 18.5μm。龙骨突 9 个/10μm。

分布：湖泊。

5. 草鞋形波缘藻整齐变种 (图版 242: 1-3)

Cymatopleura solea var. ***regula*** (Ehrenberg) Grunow, 1862; 王全喜, 2018, p. 102, pl. LXXXI, figs. 7-9.

壳面宽线形，两侧平直，末端钝圆形；长 67～103μm，宽 12～15μm。龙骨突 7～8 个/10μm。

分布：河流、湖泊。

6. 新疆波缘藻 (图版 242: 4-5)

Cymatopleura xinjiangiana You & Kociolek, 2017; 王全喜, 2018, p. 103, pl. XCI, figs. 1-6.

壳面扭曲，宽楔形，末端圆形；长 52.5～68.5μm，宽 18.5～21μm。龙骨突 7～8 个/10μm。

分布：河流。

褶盘藻属 *Tryblioptychus* Hendey 1958

细胞单生。壳面椭圆形或卵形，呈同心波曲。孔纹粗糙呈不规则辐射状排列。壳缘具一圈支持突，壳面具支持突。唇形突 1 个，位于壳缘处。

1. 卵形褶盘藻 (图版 28: 1-6)

Tryblioptychus cocconeiformis (Grunow) Hendey, 1958; Cleve, 1883, p. 502, pl. 38, fig. 78.

壳面椭圆形或卵形，长 29～56μm，宽 27～40μm；孔纹粗糙，不规则排列；壳缘具一圈支持突和 1 个唇形突。

分布：长江口广泛分布。

参 考 文 献

陈嘉佑, 朱蕙忠. 1985. 中国淡水中心纲硅藻研究. 水生生物学集刊, 9(1): 80-83.

李家英, 齐雨藻. 2010. 中国淡水藻志 第十四卷 硅藻门 舟形藻科(I). 北京: 科学出版社.

李家英, 齐雨藻. 2014. 中国淡水藻志 第十九卷 硅藻门 舟形藻科(II). 北京: 科学出版社.

李家英, 齐雨藻. 2018. 中国淡水藻志 第二十三卷 硅藻门 舟形藻科(III). 北京: 科学出版社.

齐雨藻. 1995. 中国淡水藻志 第四卷 硅藻门 中心纲. 北京: 科学出版社.

齐雨藻, 李家英. 2004. 中国淡水藻志 第十卷 硅藻门 羽纹纲 (无壳缝目、拟壳缝目). 北京: 科学出版社.

施之新. 2004. 中国淡水藻志 第十二卷 硅藻门 异极藻科. 北京: 科学出版社.

施之新. 2013. 中国淡水藻志 第十六卷 硅藻门 桥弯藻科. 北京: 科学出版社.

王全喜. 2018. 中国淡水藻志 第二十二卷 硅藻门 管壳缝目. 北京: 科学出版社.

王全喜, 邓贵平. 2017. 九寨沟自然保护区常见藻类. 北京: 科学出版社.

朱蕙忠, 陈嘉佑. 2000. 中国西藏硅藻. 北京: 科学出版社.

Ács E, Wetzel C E, Buczkó K, et al. 2017. Biogeography and morphology of a poorly known *Sellaphora* species. Fottea, 17(1): 57-64.

Agardh C A. 1830. Conspectus criticus diatomacearum. Part 2. Lundae: Literis Berlingianus: 17-32.

Alles E, Nörpel-Schempp M, Lange-Bertalot H. 1991. Zur systematic und ökologie charakterischer Eunotia-Arten (Bacillariophyceen) in elektrolytarmen Bachoberlaufen. Nova Hedwigia, 53(1-2): 171-213.

Amossé A. 1921. Diatomées contenues dans les dépôts calcaires des sources thermales d'Antsirabe (Madagascar). Bulletin du Museum National d'Histoire Naturelle, 27: 249-256, 320-327.

Amossé A. 1932. Diatomées de la Loire-Inférieure. Bulletin de la Société des Sciences Naturelles de l'Ouest de la France (Nantes), 2(1-3): 1-57.

Andreeva S, Kociolek J P, Maltsev E, et al. 2018. Sellaphora balashovae (Bacillariophyta), a new species from Siberian mountain Lake Frolikha (Baikal region), Russia. Phytotaxa, 371(2): 73-83.

Archibald R E M. 1982. Diatoms of South Africa 1. New species from the Sundays River (Eastern Cape Province). Bacillaria, 5: 23-42.

Bahls L. 2012. Five new species of *Stauroneis* (Bacillariophyta, Stauroneidaceae) from the northern Rocky Mountains, USA. Phytotaxa, 67: 1-8.

Bahls L L. 2013b. New diatoms (Bacillariophyta) from western North America. Phytotaxa, 82(1): 7-28.

Bahls L L. 2013a. Northwestern Diatoms, Volume 5, *Encyonopsis* (Bacillariophyta, Cymbellaceae) from western North America: 31 species from Alberta, Idaho, Montana, Oregon, South Dakota, and Washington, incl. 17 species described as new. Montana: Montana Diatom Collection.

Bily J, Marvan P. 1959. *Achnanthes catenata* sp. n. Preslia, 31: 34-35.

Bock W. 1970. Felsen und Mauern als Diatomeenstandorte // Gerlof J, Cholnoky J B. Diatomaceae II. Beihefte zur Nova Hedwigia, 31(3-4): 395-441.

Bory de Saint-Vincent J B G M. 1822. Achnanthe. *Achnanthes.* Baudouin Frèrer, Libraries-Editeurs, Imprimeurs de la société D'Histoire Naturelle, Rue de Vaugirard, 1: 79-80.

Bory de Saint-Vincent J B G M. 1824. Diatome. Diatoma. Baudouin Frèrer, Libraries-Editeurs, Imprimeurs de la société D'Histoire Naturelle, Rue de Vaugirard. Vol. 5: 461.

Boyer C S. 1916. The Diatomaceae of Philadelphia and Vicinity. Philadelphia: J.B. Lippincott Co.

Brun J. 1894. Zwei neue Diatomeen von Ploen. Forschungsberichte aus der Biologischen Station zu Plön, 2: 52-56.

Bukhtiyarova L, Round F E. 1996. Revision of the genus *Achnanthes* sensu lato section Marginulatae Bukh.

sect. nov. of *Achnanthidium* Kütz. Diatom Research, 11(1): 1-30.

Camburn K E, Lowe R L, Stoneburner D L. 1978. The haptobenthic diatom flora of Long Branch Creek, South Carolina. Nova Hedwigia, 30(1-2): 149-280.

Cantonati M, Lange-Bertalot H. 2010. Diatom biodiversity of springs in the Berchtesgaden National Park (north-eastern Alps, Germany), with the ecological and morphological characterization of two species new to science. Diatom Research, 25(2): 251-280.

Cantonati M, Lange-Bertalot H, Angeli N. 2010. *Neidiomorpha* gen. nov. (Bacillariophyta): A new freshwater diatom genus separated from *Neidium* Pfitzer. Botanical Studies, 51: 195-202.

Cao Y, Yu P, You Q, et al. 2018. A new species of *Tabularia* (Kützing) Williams & Round from Poyang Lake, Jiangxi Province, China, with a cladistic analysis of the genus and their relatives. Phytotaxa, 373(3): 169-183.

Carter J R. 1966. Some freshwater diatoms of Tristan da Cunha and Gough Island. Nova Hedwigia, 11(3-4): 443-483.

Carter J R, Bailey-Watts A E. 1981. A taxonomic study of diatoms from standing freshwaters in Shetland. Nova Hedwigia, 33(3-4): 513-629.

Cholnoky B J. 1954. Diatomeen aus Süd-Rhodesien. Portugaliae Acta Biologica, Serie B, Sistematica, 4(3-4): 197-228.

Cholnoky B J. 1959. Neue und seltene Diatomeen aus Afrika. IV. Diatomeen aus der Kaap-Provinz. Österreichische Botanische Zeitschrift, 106(1/2): 1-69.

Cholnoky B J. 1962. Beiträge zur Kenntnis der Ökologie der Diatomeen in Ost-Transvaal. Hydrobiologia, 19(1): 57-120.

Cholnoky B J. 1963. Ein Beitrag zur Kenntnis der Diatomeenflora von Holländisch-Neuguinea. Nova Hedwigia, 5(1-4): 157-198.

Chudaev D A, Gololobova M A. 2015. *Sellaphora smirnovii* (Bacillariophyta, Sellaphoraceae), a new small-celled species from Lake Glubokoe, European Russia, together with transfer of *Navicula pseudoventralis* to the genus *Sellaphora*. Phytotaxa, 226(3): 253-260.

Cleve P T. 1881. On some new and little known diatoms. Kongliga Svenska-Vetenskaps Akademiens Handlingar, 18(5): 1-28.

Cleve P T. 1883. Diatoms collected during the expedition of the Vega. Vega-Expedition Vetenskåpliga Iakttagelser Bearbetade of Deltagare I Resan Och Andra Forskare untgifna af A. E. Nordenskiöld, 3: 457-517.

Cleve P T. 1891. The diatoms of Finland. Acta Societatia pro Fauna et Flora Fennica, 8(2): 1-70.

Cleve P T. 1894. Synopsis of the naviculoid diatoms. Part I. Kongliga Svenska-Vetenskaps Akademiens Handlingar, 26(2): 1-194.

Cleve P T, Grunow A. 1880. Beiträge zur Kenntniss der arctischen Diatomeen. Kongliga Svenska-Vetenskaps Akademiens Handlingar, 17(2): 1-121.

Cleve P T, Möller J D. 1879. Diatoms. Part IV. Esatas Edquists Boktryckeri, Upsala: 169-216.

Cleve-Euler A. 1895. On recent freshwater Diatoms from Lule Lappmark in Sweden. Kongliga Svenska-Vetenskaps Akademiens Handlingar, 21(Afd. III, 2): 44.

Cleve-Euler A. 1912. Das Bacillariaceenplankton in Gewässern bei Stockholm. III. Über Gemeinden des schwach salzigen Wassers und eine neue Charakterart deselben. Arkiv für Hydrobiologie und Planktonkunde, 7: 500-513.

Cleve-Euler A. 1934. The diatoms of Finnish Lapland. Societas Scientiarum Fennica. Commentationes Biologicae, 4(14): 1-154.

Cleve-Euler A. 1953. Die Diatomeen von Schweden und Finnland. Teil II. Arraphideae, Brachyraphideae. Kongliga Svenska-Vetenskaps Akademiens Handlingar, 4(1): 1-158.

Cleve-Euler A. 1955. Die Diatomeen von Schweden und Finnland. Teil IV. Biraphideae 2. Kongliga Svenska-Vetenskaps Akademiens Handlingar, Ser. IV, 5(4): 1-232.

Compère P. 1982. Taxonomic revision of the diatom genus *Pleurosira* (Eupodiscaceae). Bacillaria, 5: 165-190.

Costa L F, Wetzel C E, Lange-Bertalot H, et al. 2017. Taxonomy and ecology of *Eunotia* species (Bacillariophyta) in southeastern Brazilian reservoirs. Stuttgart: J. Cramer in der Gebrüder Borntraeger Verlagsbuchhandlung.

Coste M, Ector L. 2000. Diatomées invasives exotiques ou rares en France: Principales observations effectuées au cours des dernières décennies. Systematics and Geography of Plants, 70(2): 373-400.

Coste M, Ricard M. 1980. Observation en microscopie photonique de quelques *Nitzschia* nouvelles ou intéressantes dont la striation est à la limite du pouvoir de résolution. Cryptogamie: Algologie, 1(3): 187-212.

Cox E J. 1987. *Placoneis* Mereschkowsky: The re-evaluation of a diatom genus originally characterized by its chloroplast type. Diatom Research, 2(2): 145-157.

Cox E J. 2003. *Placoneis* Mereschkowsky (Bacillariophyta) revisited: Resolution of several typification and nomenclatural problems, including the generitype. Botanical Journal of the Linnean Society, 141(1): 53-83.

Desmazières J B H J. 1858. Plantes cryptogames de France. Annals and Magazine of Natural History, Fasc. 20.

Druart J C, Straub F. 1988. Description de deux nouvelles *Cyclotelles* (Bacillariophyceae) de milieux alcalins et eutrophes: *Cyclotella costei* nov. sp. et *Cyclotella wuetrichiana* nov. sp. Schweizerische Zeitschrift für Hydrologie, 50(2): 182-188.

Ehrenberg C G. 1838. Atlas von Vier und Sechzig Kupfertafeln ze Christian Gottfried Ehrenberg über Infusionsthierchen. Leipzig: Verlag von Leopold Voss: 548.

Ehrenberg C G. 1839. Über die Bildung der Kreidefelsen und des Kreidemergels durch unsichtbare Organismen. Abhandlungen der Königlichen Akademie der Wissenschaften zu Berlin, Physikalische Klasse, 1838: 59-147.

Ehrenberg C G. 1843. Verbreitung und Einfluss des mikroskopischen Lebens in Süd- und Nord-Amerika. Abhandlungen der Königlichen Akademie der Wissenschaften zu Berlin, 1841: 291-445.

Ehrenberg C G. 1854. Mikrogeologie. Einundvierzig Tafeln mit über viertausend grossentheils colorirten Figuren, Gezeichnet vom Verfasser. Leipzig: Verlag von Leopold Voss: 31.

Favaretto C C R, Tremarin P I, Medeiros G, et al. 2021. *Eunotia* (Bacillariophyceae) from a subtropical stream adjacent to Iguaçu National Park, Brazil, with the proposition of a new species. Biota Neotropica, 21(1): 1-16.

Fofana C A K, Sow E H, Taylor J, et al. 2014. *Placoneis cocquytiae* a new raphid diatom (Bacillariophyceae) from the Senegal River (Senegal, West Africa). Phytotaxa, 161(2): 139-147.

Frenguelli J. 1933. Contribuciones al conocimiento de las Diatomeas Argentinas. VII. Diatomeas de la región de los Esteros del Ybera. Anales del Museo Nacional de Historia Natural, 37: 365-475.

Frenguelli J, Orlando H A. 1958. Diatomeas y silicoflagelados del sector Antártico Sudamericano. Publ. Inst. Antártico Agentino, 5: 191.

Furey P C, Lowe R L, Johansen J R. 2011. *Eunotia* Ehrenberg (Bacillariophyta) of the Great Smoky Mountains National Park, USA. Stuttgart: J. Cramer in der Gebrüder Borntraeger Verlagsbuchhandlung.

Gandhi H P. 1957. The fresh-water diatoms from Radhanagari-Kolhapur. Ceylon Journal of Science, 1(1): 45-57.

Gasse F. 1986. East African diatoms: Taxonomy, ecological distribution. Stuttgart: J. Cramer in der Gebrüder Borntraeger Verlagsbuchhandlung.

Geitler L. 1987. Typification of *Nitzschia flexoides* (Bacillariophyceae). Plant Systematics and Evolution, 156: 207-208.

Germain H. 1981. Flore des diatomées. Diatomophycées eaux douces et saumâtres du Massif Armoricain et des contrées voisines d'Europe occidentale. Paris: Société Nouvelle des Éditions: 444.

Gong Z J, Li Y L, Metzeltin D, et al. 2013. New species of *Cymbella* and *Placoneis* (Bacillariophyta) from late Pleistocene fossil, China. Phytotaxa, 150(1): 29-40.

Gregory W. 1854. Notice of the new forms and varieties of known forms occurring in the diatomaceous earth of Mull; with remarks on the classification of the Diatomaceae. Quarterly Journal of Microscopical Science, 1-2(6): 90-100.

Griffith J W, Henfrey A. 1855. The micrographic dictionary: A guide to the examination and investigation of the structure and nature of microscopic objects; illustrated by forty-one plates and eight hundred and sixteen woodcuts. London: John van Voorst.

Grunow A. 1860. Über neue oder ungenügend gekannte Algen. Erste Folge, Diatomeen, Familie Naviculaceen. Verhandlungen der kaiserlich-königlichen zoologisch-botanischen Gesellschaft in Wien, 10: 503-582.

Grunow A. 1862. Die österreichischen Diatomaceen nebst Anschluss einiger neuen Arten von andern Lokalitäten und einer kritischen Uebersicht der bisher bekannten Gattungen und Arten. Verhandlungen der kaiserlich-königlichen zoologisch-botanischen Gesellschaft in Wien, 12: 315-472.

Grunow A. 1863. Über einige neue und ungenügend bekannte Arten und Gattungen von Diatomaceen. Verhandlungen der kaiserlich-königlichen zoologisch-botanischen Gesellschaft in Wien, 13: 137-162.

Grunow A. 1865. Über die von Herrn Gerstenberger in Rabenhorst's Decaden ausgegeben Süsswasser Diatomaceen und Desmidiaceen von der Insel Banka, nebst Untersuchungen über die Gattungen Ceratoneis und Frustulia // von Dr. Rabenhorst L. Beiträge zur näheren Kenntniss und Verbreitung der Algen, Heft II. Leipzig: Verlag von Eduard Kummer: 16.

Grunow A. 1878. Algen und Diatomaceen aus dem Kaspischen Meere // Schneider O. Naturwissenschaftliche Beiträge zur Kenntnis der Kaukasusländer, auf Grund seiner Sammelbeute. Dresden: Dresden Burdach: 98-132.

Guiry M D, Gandhi K. 2019. *Decussiphycus* gen. nov.: A validation of "Decussata" (R. M. Patrick) Lange-Bertalot (Mastogloiaceae, Bacillariophyta). Notulae Algarum, 94: 1-2.

Guo Y J. 2003. Flora algarum marinarum sinicarum. Tomus V. Bacillariophyta No. I. Centricae. Beijing: Science Press.

Guo Y C. 1981. Studies on the planktonic *Coscinodiscus* (diatoms) of the South China Sea. Studia Marina Sinica, 18: 149-175.

Håkansson H. 2002. A compilation and evaluation of species in the general *Stephanodiscus*, *Cyclostephanos* and *Cyclotella* with a new genus in the family Stephanodiscaceae. Diatom Research, 17(1): 1-139.

Hakansson H, Hickel B. 1986. The morphology and taxonomy of the diatom *Stephanodiscus neostraea* sp. nov. British Phycological Journal, 21(1): 39-43.

Hantzsch C A. 1860. Neue Bacillarien: *Nitzschia vivax* var. *elongata*, *Cymatopleura nobilis*. Hedwigia, 2(7): 1-40.

Hartley B, Ross R, Williams D M. 1986. A check-list of the freshwater, brackish and marine diatoms of the British Isles and adjoining coastal waters. Journal of the Marine Biological Association of the United Kingdom, 66(3): 531-610.

Hassall A H. 1850. A microscopic examination of the water supplied to the inhabitants of London and the suburban districts; illustrated by coloured plates, exhibiting the living animal and vegetable productions in Thames and other waters, as supplied by the several companies; with an examination, microscopic and general, of their sources of supply, as well as the Henly-on-Thames and Watford plans, etc. London: Samuel Highley: 66.

Hendey N I. 1958. Marine diatoms from some West African Ports. Journal of the Royal Microscopical Society, Series 3, 77(1): 28-85.

Héribaud J F. 1893. Les Diatomées d'Auvergne. Clermont-Ferrand: Pensionnat des Frères des Écoles Chrétiennes.

Heudre D, Wetzel C E, Moreau L, et al. 2018. *Sellaphora davoutiana* sp. nov.: A new freshwater diatom species (Sellaphoraceae, Bacillariophyta) in lakes of Northeastern France. Phytotaxa, 346(3): 269-279.

Hofmann G, Werum M, Lange-Bertalot H. 2011. Diatomeen im Süsswasser: Benthos von Mitteleuropa. Bestimmungsflora Kieselalgen für die ökologische Praxis. Über 700 der häufigsten Arten und ihre Ökologie. Ruggell: A. R. G. Gantner Verlag K. G.

Hofmann G, Werum M, Lange-Bertalot H. 2013. Diatomeen im Süßwasser: Benthos von Mitteleuropa.

Bestimmungsflora Kieselalgen für die ökologische Praxis. Über 700 der häufigsten Arten und ihre Ökologie. 2nd edition. Königstein: Koeltz Scientific Books.

Hohn M H, Hellerman J. 1963. The taxonomy and structure of diatom populations from three eastern North American rivers using three sampling methods. Transactions of the American Microscopical Society, 82(3): 250-329.

Houk V, Klee R. 2004. The stelligeroid taxa of the genus *Cyclotella* (Kützing) Brébisson (Bacillariophyceae) and their transfer into the new genus *Discostella* gen. nov. Diatom Research, 19(2): 203-228.

Huber-Pestalozzi G. 1942. Das Phytoplankton des Süßwassers Systematik und Biologie 2. Teil 2. Hälfte Diatomeen Unter Mitwirkung von Dr. Friedr. Hustedt Bremen // Thienemann A. Die Binnengewässer Einzeldarsstellungen aus der Limnologie und ihren Nachbargebieten. Unter Mitwirkung von Fachgenossen herausgegeben von Dr. August Thienemann. Stuttgart: Schweizerbart'sche Verlagsbuchandlung: 367-549.

Hustedt F. 1921. VI. Bacillariales // Schröder B. Zellpflanzen Ostafrikas, gesammelt auf der Akademischen Studienfahrt 1910, Band 63. Hedwigia: Fortsetzung: 117-173.

Hustedt F. 1927. Fossile Bacillariaceen aus dem Loa-Becken in der Atacama-Wüste, Chile. Archiv für Hydrobiologie, 18(2): 224-251.

Hustedt F. 1930. Bacillariophyta (Diatomeae) Zweite Auflage // Pascher A. Die Süsswasser-Flora Mitteleuropas. Heft 10. Jena: Verlag von Gustav Fischer: 466.

Hustedt F. 1938. Systematische und ökologische Untersuchungen über die Diatomeen-Flora von Java, Bali und Sumatra nach dem Material der Deutschen Limnologischen Sunda-Expedition. Allgemeiner Teil. I. Übersicht über das Untersuchengsmaterial und Charakteristik der Diatomeen flora der einzelnen Gebiete. "Tropische Binnengewässer, Band VII". Archivfür Hydrobiologie (Supplement), 15: 131-506.

Hustedt F. 1939. Die Diatomeenflora des Küstengebietes der Nordsee vom Dollart bis zur Elbemündung. I. Die Diatomeenflora in den Sedimenten der unteren Ems sowie auf den Watten in der Leybucht, des Memmert und bei der Insel Juist. Adhandlungen des Naturwissenschaftlichen Verein zu Bremen, 31(2/3): 571-677.

Hustedt F. 1942. Süßwasser-Diatomeen des indomalayischen Archipels und der Hawaii-Inseln. Nach dem Material der Wallacea-Expedition. Internationale Revue der gesamten Hydrobiologie und Hydrographie, 42(1/3): 1-252.

Hustedt F. 1943. Die Diatomeenflora einiger Hochgebirgsseen der Landschaft Davos in den schweizer Alpen. Internationale Revue der gesamten Hydrobiologie und Hydrographie, 43(1/3): 124-197, 225-280.

Hustedt F. 1944. Neue und wenig bekannte Diatomeen. Bericht der Deutschen Botanischen Gessellschaft, 61: 271-290.

Hustedt F. 1945. Diatomeen aus Seen und Quellgebieten der Balkan-Halbinsel. Archiv für Hydrobiologie, 40(4): 867-973.

Hustedt F. 1949. Süsswasser-Diatomeen // Exploration du Parc National Albert, Mission H. Damas (1935-1936), Fasc. Brussels: Institut des Parcs Nationaux du Congo Belge. 8: 199.

Hustedt F. 1950. Die Diatomeenflora norddeutscher Seen mit besonderer Berücksichtigung des holsteinischen Seengebiets. V-VII. Seen in Mecklenburg, Lauenburg und Nordostdeutschland. Archiv für Hydrobiologie, 43: 329-458.

Hustedt F. 1952. Neue und wenig bekannte Diatomeen. Botaniska Notiser, 4: 366-410.

Hustedt F. 1953. Diatomeen aus der Oase Gafsa in Südtunesien, ein Beitrag zur Kenntnis der Vegetation afrikanischer Oasen. Archiv für Hydrobiologie, 48(2): 145-153.

Hustedt F. 1954. Die Diatomeenflora der Eifelmaare. Archiv für Hydrobiologie, 48(4): 451-496.

Hustedt F. 1956. Diatomeen aus dem Lago de Maracaibo in Venezuela // Ergebnisse der deutschen limnologischen Venezuela-Expedition 1952, Band I. Berlin: Deutscher Verlag der Wissenschaften: 93-140.

Hustedt F. 1957. Die Diatomeenflora des Fluß-systems der Weser im Gebiet der Hansestadt Bremen. Abhandlungen der Naturwissenschaftlichen Verein zu Bremen, 34(3): 181-440.

Hustedt F. 1959. Die Diatomeenflora der Unterweser von der Lesummündung bis Bremerhaven mit Berücksichtigung des Unterlaufs der Hunte und Geeste. Veröffentlichungen des Institut für

Meereforschung in Bremenhaven, Kommissionsverlag Franz Leuwer, 6: 13-176.

Jahn R, Abarca N, Gemeinholzer B, et al. 2017. *Planothidium lanceolatum* and *Planothidium frequentissimum* reinvestigated with molecular methods and morphology: four new species and the taxonomic importance of the sinus and cavum. Diatom Research, 32(1): 75-107.

Johansen J R, Sray J C. 1998. *Microcostatus* gen. nov., a new aerophilic diatom genus based on *Navicula krasskei* Hustedt. Diatom Research, 13(1): 93-101.

Johansen J R, Lowe R, Gómez S R, et al. 2004. New algal species records for the Great Smoky Mountains National Park, USA., with an annotated checklist of all reported algal species for the park. Algological Studies, 111(1): 17-44.

John J. 1983. The diatom flora of the Swan River Estuary western Australia. Bibliotheca Phycologica, 64: 1-359.

Jüttner I, Chimonides J, Cox E J. 2011. Morphology, ecology and biogeography of diatom species related to *Achnanthidium pyrenaicum* (Hustedt) Kobayasi (Bacillariophyceae) in streams of the Indian and Nepalese Himalaya. Algological Studies, 136/137: 45-76.

Karthick B, Kociolek J P. 2011. Four new centric diatoms (Bacillariophyceae) from the Western Ghats, South India. Phytotaxa, 22(1): 25-40.

Karthick B, Kociolek J P. 2012. Reconsideration of the *Gomphonema* (Bacillariophyceae) species from Kolhapur, Northern Western Ghats, India: Taxonomy, typification and biogeography of the species reported by H.P. Gandhi. Phycological Research, 60(3): 179-198.

Kitton F. 1869. Notes on New York Diatoms with description of a new species *Fragilaria crotonensis*. Hardwicke's Science-Gossip, 5: 109-110.

Kitton F. 1884. Description of some new Diatomaceae found in the stomachs of Japanese oysters. Journal of the Quekett Microscopical Club, Series 2, 2: 16-23.

Kobayashi H. 1997. Comparative studies among four linear-lanceolate *Achnanthidium* species (Bacillariophyceae) with curved terminal raphe endings. Nova Hedwigia, 65(1-4): 147-164.

Kobayashi H, Idei M, Mayama S, et al. 2006. Kobayashi hiromu keiso zukan. H. Kobayasi's atlas of Japanese diatoms based on electron microscopy. Tokyo: Uchida Rokakuho Publishing: 531.

Kobayasi H, Ando K. 1978. New species and new combinations in the genus *Stauorneis*. Japanese Journal of Phycology, 26: 13-18.

Kobayasi H, Nagumo T. 1988. Examination of the type materials of Navicula subtilissima Cleve (Bacillariophyceae). Botanical Magazine, Tokyo, 101(1063): 239-253.

Kobayasi H, Mayama S. 1982. Most pollution-tolerant diatoms of severely polluted rivers in the vicinity of Tokyo. Japanese Journal of Phycology, 30: 188-196.

Kochoska H, Zaova D, Videska A, et al. 2021. *Sellaphora pelagonica* (Bacillariophyceae), a new species from dystrophic ponds in the Republic of North Macedonia. Phytotaxa, 496(2): 121-133.

Kociolek J P, Laslandes B, Bennett D, et al. 2014. Diatoms of the United States, 1 Taxonomy, ultrastructure and descriptions of new species and other rarely reported taxa from lake sediments in the western USA. Stuttgart: J. Cramer in der Gebrüder Borntraeger Verlagsbuchhandlung.

Kociolek J P, Stoermer E F. 1991. Taxonomy and ultrastructure of some *Gomphonema* and *Gomphoneis* taxa from the upper Laurentian Great Lakes. Canadian Journal of Botany, 69(7): 1557-1576.

Kopalová K, Kociolk J P, Lowe R L, et al. 2015. Five new species of the genus *Humidophila* (Bacillariophyta) from the Maritime Antarctic Region. Diatom Research, 30(2): 117-131.

Krammer K. 1980. Morphologic and taxonomic investigations of some freshwater species of the diatom genus Amphora Ehr. Bacillaria, 3: 197-225.

Krammer K. 1982. Valve morphology in the genus *Cymbella* C. A. Agardh // Helmcke J G, Krammer K. Micromorphology of diatom valves, Vol XI. Vaduz: J. Camer, Liechtenstein: 299.

Krammer K. 1991. Morphology and taxonomy of some taxa in the genus *Aulacoseira* Thwaites (Bacillariophyceae). I. *Aulacoseira distans* and similar taxa. Nova Hedwigia, 52(1/2): 89-112

Krammer K. 1992. *Pinnularia.* Eine Monographie der europäischen Taxa. Stuttgart: J. Cramer in der Gebrü der Borntraeger Verlagsbuchhandlung.

Krammer K. 1997. Die cymbelloiden Diatomeen. Eine Monographie der weltweit bekannten Taxa. Teil 2. *Encyonema* Part., *Encyonopsis* und *Cymbellopsis*. Stuttgart: J. Cramer in der Gebrüder Borntraeger Verlagsbuchhandlung.

Krammer K. 2000. The genus *Pinnularia* // Diatoms of Europe, Vol. 1, Diatoms of the European inland waters and comparable habitats. Ruggell: A. R. G. Gantner Verlag K. G.

Krammer K. 2002. *Cymbella* // Diatoms of Europe, Vol. 3, Diatoms of the European inland waters and comparable habitats. Ruggell: A. R. G. Gantner Verlag K. G.

Krammer K. 2003. *Cymbopleura*, *Delicata*, *Navicymbula*, Gomphocymbellopsis, *Afrocymbella* // Diatoms of Europe, Vol. 4, Diatoms of the European inland waters and comparable habitats. Ruggell: A. R. G. Gantner Verlag K. G.

Krammer K, Lange-Bertalot H. 1985. Naviculaceae Neue und wenig bekannte Taxa, neue Kombinationen und Synonyme sowie Bemerkungen zu einigen Gattungen. Stuttgart: J. Cramer in der Gebrüder Borntraeger Verlagsbuchhandlung.

Krammer K, Lange-Bertalot H. 1991a. Bacillariophyceae, Teil 3: Centrales, Fragilariaxeae, Eunotiaceae. Süsswasserflora von Mitteleuropa 2/3. Heidelberg: Spektrum Akademischer Verlag

Krammer K, Lange-Bertalot H. 1991b. Bacillariophyceae, Teil 4: Achnanthaceae, Kritische Ergänzungen zu Navicula (Lineolatae) und *Gomphonema*. Die Süsswasserflora von Mitteleuropa 2/4. Heidelberg: Spektrum Akademischer Verlag.

Krammer K, Lange-Bertalot H. 1999. Bacillariophyceae, Teil 2: Bacillariaceae, Epithemiaceae, Surirellaceae. Die Süsswasserflora von Mitteleuropa 2/2. Heidelberg: Spektrum Akademischer Verlag.

Krasske G. 1923. Die Diatomeen des Casseler Beckens und seiner Randgebirge nebst einigen wichtigen Funden aus Niederhessen. Botanisches Archiv, 3(4): 185-209.

Krasske G. 1929. Beitrage zur Kenntnis der Diatomeenflora Sachsens. Botanisches Archiv, 27(3/4): 348-380.

Krasske G. 1937. Spät- und postglaziale Süsswasser-Ablagerungen auf Rügen. II. Diatomeen aus den postglazialen Seen auf Rügen. Archiv für Hydrobiologie, 31(1): 38-53.

Krasske G. 1939. Zur Kieselalgenflora Südchiles. Stuttgart: Archiv für Hydrobiologie und Planktonkunde, 35(3): 349-468.

Krstić S, Pavlov A, Levkov Z, et al. 2013. New Eunotia taxa in core samples from Lake Panch Pokhari in the Nepalese Himalaya. Diatom Research, 28(2): 203-217.

Kulikovskiy M S, Glushchenko A, Kociolek J P. 2015. The diatom genus *Oricymba* in Vietnam and Laos with description of one new species, and a consideration of its systematic placement. Phytotaxa, 227(2): 120-134.

Kulikovskiy M S, Lange-Bertalot H, Metzeltin D, et al. 2012. Lake Baikal: Hotspot of endemic diatoms I // Lange-Bertalot H. Iconographia Diatomologica. Annotated Diatom Micrographs. Vol. 23. Taxonomy-Biogeography-Diversity. Ruggell: A. R. G. Gantner Verlag K. G.

Kulikovskiy M S, Lange-Bertalot H, Witkowski A, et al. 2010. Diatom assemblages from Sphagnum bogs of the world. I. Nur bog in northern Mongolia. Stuttgart: J. Cramer in der Gebrüder Borntraeger Verlagsbuchhandlung.

Kulikovskiy M, Lange-Bertalot H, Metzeltin D. 2010. Specific rank for several infraspecific taxa in the genus Pinnularia Ehrenb. Algologia, 20(3): 357-367.

Kulikovskiy M, Maltsev Y, Andreeva S, et al. 2019. Description of a new diatom genus *Dorofeyukea* gen. nov. with remarks on phylogeny of the family Stauroneidaceae. Journal of Phycology, 55(1): 173-185.

Kützing F T. 1833. Synopsis diatomearum oder Versuch einer systematischen Zusammenstellung der Diatomeen. Linnaea, 8(5): 529-620.

Kützing F T. 1844. Die Kieselschaligen Bacillarien oder Diatomeen. Nordhausen: zu finden bei W. Köhne: 152.

Lange-Bertalot H. 1979. *Simonsenia*, a new genus with morphology intermediate between Nitzschia and Surirella. Bacillaria, 2: 127-136.

Lange-Bertalot H. 1980. Zur taxonomische Revision einiger ökologisch wichtiger "*Naviculae lineolatae*"

Cleve. Die Formenkreise um *Navicula lanceolata*, *N. viridula*, *N. cari*. Cryptogamie, Algologie, 1(1): 29-50.

Lange-Bertalot H. 1993. 85 neue Taxa und über 100 weitere neu definierte Taxa ergänzend zur Süsswasserflora von Mitteleuropa, Vol. 2/1-4. Stuttgart: J. Cramer in der Gebrüder Borntraeger Verlagsbuchhandlung.

Lange-Bertalot H. 1995. *Gomphosphenia paradoxa* nov. spec. et nov. gen. und Vorschlag zur Lösung taxonomischer Probleme infolge eines veränderten Gattungskonzepts von *Gomphonema* (Bacillariophyceae). Nova Hedwigia, 60(1-2): 241-252.

Lange-Bertalot H. 2001. *Navicula* sensu stricto. 10 Genera separated from *Navicula* sensu lato. *Frustulia* // Diatoms of Europe, Vol. 2, Diatoms of the European inland waters and comparable habitats. Ruggell: A. R. G. Gantner Verlag K. G.

Lange-Bertalot H, Genkal S I. 1999. Diatoms from Siberia I. Islands in the Arctic Ocean (Yugorsky-Shar Strait) Diatomeen aus Siberien // Lange-Bertalot H. Iconographia Diatomologica. Annotated Diatom Micrographs. Vol. 6. Diversity-Taxonomy-Geobotany. Konigstein: Koeltz Scientific Books: 292.

Lange-Bertalot H, Krammer K. 1987. Bacillariaceae, Epithemiaceae, Surirellaceae. Neue und wenig bekannte Taxa, neue Kombinationen und Synonyme sowie Bemerkungen und Ergänzungen zu den Naviculaceae. Stuttgart: J. Cramer in der Gebrüder Borntraeger Verlagsbuchhandlung.

Lange-Bertalot H, Krammer K. 1989. *Achnanthes*, eine Monographie der Gattung mit Definition der Gattung Cocconeis und Nachträgen zu den Naviculaceae. Stuttgart: J. Cramer in der Gebrüder Borntraeger Verlagsbuchhandlung.

Lange-Bertalot H, Metzeltin D. 1996. Indicators of oligotrophy. 800 taxa representative of three ecologically distinct lake types, carbonate buffered-Oligodystrophic-weakly buffered soft water with 2428 figures on 125 plates // Lange-Bertalot H. Iconographia Diatomologica. Annotated Diatom Micrographs. Vol. 2. Diversity-Taxonomy-Geobotany. Konigstein: Koeltz Scientific Books: 390.

Lange-Bertalot H, Moser G. 1994. *Brachysira*. Monographie der Gattung und Naviculadicta nov. gen. Stuttgart: J. Cramer in der Gebrüder Borntraeger Verlagsbuchhandlung.

Lange-Bertalot H, Ulrich S. 2014. Contributions to the taxonomy of needle-shaped *Fragilaria* and *Ulnaria* species. Lauterbornia, 78: 1-73.

Lange-Bertalot H, Werum M. 2014. *Nitzschia rhombicolancettula* sp. n. und *Nitzschia vixpalea* sp. n. Beschreibung von zwei neuen Arten benthischer Diatomeen (Bacillariophyta) aus der Weser nahe Porta Westfalica. Lauterbornia, 78: 121-136.

Lange-Bertalot H, Bąk M, Witkowski A. 2011. *Eunotia* and some related genera // Diatoms of Europe, Vol. 2, Diatoms of the European inland water and comparable habitats. Ruggell: A. R. G. Gantner Verlag K. G.

Lange-Bertalot H, Fuhrmann A, Werum M. 2020. Freshwater *Diploneis*: Species diversity in the Holarctic and spot checks from elsewhere // Diatoms of Europe, Vol. 2, Diatoms of the European inland waters and comparable habitats. Ruggell: A. R. G. Gantner Verlag K. G.

Lange-Bertalot H, Hofmann G, Werum M, et al. 2017. Freshwater benthic diatoms of Central Europe: Over 800 common species used in ecological assessments. Königstein: Koeltz Botanical Books.

Lange-Bertalot H, Metzeltin D, Witkowski A. 1996. *Hippodonta* gen. nov. Umschreibung und Begründung einer neuer Gattung der Naviculaceae // Lange-Bertalot H. Iconographia Diatomologica. Annotated Diatom Micrographs. Vol. 4. Diversity-Taxonomy-Geobotany. Königstein: Koeltz Scientific Books: 247-275.

Lemmermann E. 1900. Beiträge zur Kenntnis der Planktonalgen. III. Neue Schwebalgen aus der Umgegend von Berlin. Berichte der deutsche botanischen Gesellschaft, 18: 24-32.

Levkov Z. 2009. *Amphora* sensu lato//Diatoms of Europe, Vol. 5, Diatoms of the European inland waters and comparable habitats. Ruggell: A. R. G. Gantner Verlag K. G.

Levkov Z, Metzeltin D, Pavlov A. 2013. *Luticola* and *Luticolopsis* // Diatoms of Europe, Vol. 7, Diatoms of the European inland waters and comparable habitats. Königstein: Koeltz Scientific Books.

Levkov Z, Krstic S, Metzeltin D, et al. 2007. Diatoms of Lakes Prespa and Ohrid, about 500 taxa from ancient lake system // Lange-Bertalot H. Iconographia Diatomologica. Annotated Diatom Micrographs. Vol. 16. Taxonomy-Biogeography-Diversity. Ruggell: A. R. G. Gantner Verlag K. G.

Levkov Z, Mitic-Kopanja D, Reichardt E. 2016. The diatom genus *Gomphonema* in the Republic of Macedonia. // Diatoms of Europe, Vol. 8, Diatoms of the European inland waters and comparable habitats. Königstein: Koeltz Botanical Books.

Li Y, Suzuki H, Nagumo T, et al. 2014. Morphology and ultrastructure of *Fallacia hodgeana* (Bacillariophyceae). J. Japanese Bot., 89(1): 27-34.

Linares-Cuesta J E, Sánchez-Castillo P M. 2007. *Fragilaria nevadensis* sp. nov., a new diatom taxon from a high mountain lake in the Sierra Nevada (Granada, Spain). Diatom Research, 22(1): 127-134.

Liu B, Williams D M, Ou Y. 2017. *Adlafia sinensis* sp. nov. (Bacillariophyceae) from the Wuling Mountains Area, China, with reference to the structure of its girdle bands. Phytotaxa, 298(1): 43-54.

Liu B, Williams D M, Ector L. 2018. *Entomoneis triundulata* sp. nov. (Bacillariophyta), a new freshwater diatom species from Dongting Lake, China. Cryptogamie Algologie, 39(2): 239-253.

Liu Q, Kociolek J P, You Q M, et al. 2017. The diatom genus *Neidium* Pfitzer (Bacillariophyceae) from Zoigê Wetland, China. Morphology, taxonomy, descriptions. Stuttgart: J. Cramer in der Gebrüder Borntraeger Verlagsbuchhandlung.

Liu Y, Kociolek J P, Fan Y W, et al. 2012. *Pseudofallacia* gen. nov., a new freshwater diatom (Bacillariophyceae) genus based on *Navicula occulta* Krasske. Phycologia, 51(6): 620-626.

Liu Y, Kociolek J P, Wang Q X, et al. 2014. A new species of *Neidium* (Bacillariophyceae) and a check-list of the genus from China. Diatom Research, 29(2): 165-173.

Lohman K E, Andrews G W. 1968. Late Eocene nonmarine diatoms from the Beaver Divide Area, Fremont County, Wyoming. Geological Survey Professional Paper 593-E, Contributions to Paleontology, U.S. Fremont County: Geological Survey, Wyoming : 1-26.

Lowe R L, Kociolek J P. 1984. New and rare diatoms from Great Smoky Mountains National Park. Nova Hedwigia, 39(3-4): 465-476.

Lowe R L, Kociolek P, Johansen J R, et al. 2014. *Humidophila* gen. nov., a new genus for a group of diatoms (Bacillariophyta) formerly within the genus *Diadesmis*: Species from Hawai'i, including one new species. Diatom Research, 29(4): 351-360.

Lund J W G. 1946. Observations on Soil Algae. I. The Ecology, Size and Taxonomy of British Soil Diatoms. Part II. The New Phytologist, 45(1): 56-110.

Lund J W G. 1951. Contributions to our knowledge of British algae. XII. A planktonic *Cyclotella* (*C. praetermissa* n. sp.); notes on *C. glomerata* Bachmann and *C. cateneata* Brun and the occurrence of setae in the genus. Hydrobiologia, 3(1): 93-100.

Luo F, Yang Q, Guo K, et al. 2019. A new species of *Neidiomorpha* (Bacillariophyceae) from Dianshan Lake in Shanghái, China. Phytotaxa, 423(2): 99-104.

Luo F, You Q, Zhang L, et al. 2021. Three new species of the diatom genus *Hannaea* Patrick (Bacillariophyta) from the Hengduan Mountains, China, with notes on *Hannaea* diversity in the region. Diatom Research, 36(1): 23-36.

Manguin E. 1942. Contribution à la connaissance des Diatomées d'eau douce des Açores. Travaux Algologiques, Sér. 1. Muséum National d'Histoire Naturelle, Laboratoire de Criptogamie, 2: 115-160.

Manguin E. 1960. Les Diatomées de la Terre Adélie Campagne du Commandant Charcot 1949-1950. Annales des Sciences Naturelles, Botanique, Sér. 12, 1(2): 223-363.

Manguin E. 1962. Contribution à la connaissance de la flore diatomique de la Nouvelle-Calédonie. Mémoires du Museum National d'Histoire Naturelle, Nouvelle Série, Série B, Botanique, 12(1): 40.

Manguin E. 1964. Contribution à la connaissance des diatomées des Andes du Pérou. Mémoires du Museum National d'Histoire Naturelle, Nouvelle Série, Série B, Botanique, 12(2): 98.

Mann D G. 1989. The diatom genus *Sellaphora*: separation from *Navicula*. British Phycological Journal, 24(1): 1-20.

Mann D G, McDonald S M, Bayer M M, et al. 2004. The *Sellaphora pupula* species complex (Bacillariophyceae): morphometric analysis, ultrastructure and mating data provide evidence for five new species. Phycologia, 43(4): 459-482.

Mayer A. 1913. Die Bacillariaceen der Regensburger Gewässer. Berichte des naturwissenschaftlichen (früher zoologisch-mineralogischen) Vereins zu Regensburg, 14: 1-364.

Mayer A. 1919. Bacillariales von Reichenhall und Umgebung. Kryptogamische Forschungen herausgegeben von der Kryptogamenkommission der Bayerischen Botanischen Gesellschaft zur Erforschung der heimischen, 1(4): 191-216.

Meister F. 1912. Die Kieselalgen der Schweiz. Beitrage zur Kryptogamenflora der Schweiz. Matériaux pour la flore cryptogamique suisse. Bern: Druck und Verlag von K. J. Wyss: 254.

Meister F. 1913. Beiträge zur Bacillariaceenflora Japan. Archiv für Hydrobiologie und Planktonkunde, 8: 305-312.

Meister F. 1932. Kieselalgen aus Asien. Berlin: Gebrüder Borntraeger: 56.

Metzeltin D, Lange-Bertalot H. 1998. Tropical diatoms of South America I: About 700 predominantly rarely known or new taxa representative of the neotropical flora // Lange-Bertalot H. Iconographia Diatomologica. Annotated Diatom Micrographs. Vol. 5. Diversity-Taxonomy-Geobotany. Konigstein: Koeltz Scientific Books: 695.

Metzeltin D, Lange-Bertalot H. 2002. Diatoms from the "Island Continent" Madagascar // Lange-Bertalot H. Iconographia Diatomologica. Annotated Diatom Micrographs. Vol. 11. Taxonomy-Biogeography-Diversity. Ruggell: A. R. G. Gantner Verlag K. G.

Metzeltin D, Lange-Bertalot H. 2007. Tropical diatoms of South America II. Special remarks on biogeography disjunction // Lange-Bertalot H. Iconographia Diatomologica. Annotated Diatom Micrographs. Vol. 18. Taxonomy-Biogeography-Diversity. Ruggell: A. R. G. Gantner Verlag K. G.

Metzeltin D, Lange-Bertalot H, García-Rodriguez F. 2005 // Lange-Bertalot H. Iconographia Diatomologica. Annotated Diatom Micrographs. Vol. 15. Taxonomy-Biogeography-Diversity. Ruggell: A. R. G. Gantner Verlag K. G.

Metzeltin D, Lange-Bertalot H, Soninkhishig N. 2009. Diatoms in Mongolia // Lange-Bertalot H. Iconographia Diatomologica. Annotated Diatom Micrographs. Vol. 20. Taxonomy-Biogeography-Diversity. Ruggell: A. R. G. Gantner Verlag K. G.

Mikishin Y A. 1991. A new species of *Gyrosigma dissimilis* (Bacillariophyta) from the Quaternary deposits in the South of the Primorye territory. Botanicheskii Zhurnal, 76(1): 106-109.

Morales E A, Lee M. 2005. A new species of the diatom genus *Adlafia* (Bacillariophyceae) from the United States. Proceedings of the Academy of Natural Sciences of Philadelphia, 154(1): 149-154.

Morales E A, Edlund M B. 2003. Studies in selected fragilarioid diatoms (Bacillariophyceae) from Lake Hovsgol, Mongolia. Phycological Research, 51(4): 225-239.

Morales E, Manoylov K M. 2006. Morphological studies on selected taxa in the genus *Staurosirella* Williams et Round (Bacillariophyceae) from rivers in North America. Diatom Research, 21(2): 343-364

Morales E A, Vis M L. 2007. Epilithic diatoms (Bacillariophyceae) from cloud forest and alpine streams in Bolivia, South America. Proceedings of the Academy of Natural Sciences of Philadelphia, 156(1): 123-155.

Morales E A. 2007. *Fragilaria pennsylvanica*, a new diatom (Bacillariophyceae) species from North America, with comments on the taxonomy of the genus Synedra Ehrenberg. Proceedings of the Academy of Natural Sciences of Philadelphia, 156(1): 155-166.

Moser G. 1999. Die Diatomeenflora von Neukaledonien. Stuttgart: J. Cramer in der Gebrüder Borntraeger Verlagsbuchhandlung.

Moser G, Lange-Bertalot H, Metzeltin D. 1998. Insel der Endemiten. Geobotanisches Phänomen Neukaledonien. Island of endemics New Caledonia-a geobotanical phenomenon. Stuttgart: J. Cramer in der Gebrüder Borntraeger Verlagsbuchhandlung.

Moser G, Steindorf A, Lange-Bertalot H. 1995. Neukaledonien Diatomeenflora einer Tropeninsel. Revision der Collection Maillard und Untersuchungen neuen Materials. Stuttgart: J. Cramer in der Gebrüder Borntraeger Verlagsbuchhandlung.

Müller O. 1906. Pleomorphismus Auxosporen und Dauersporen bei Melosira-Arten. Jahrbücher für wissenschaftliche Botanik, 43(1): 49-88.

Müller O F. 1788. Nova Acta Academiae Scientiarum Imperialis Petropolitanae. De Confervis palustribus oculo nudo invisibilibus, 3: 89-98.

Nitzsch C L. 1817. Beitrag zur Infusorienkunde oder Naturbeschreibung der Zerkarien und Bazillarien. Neue Schriften der Naturforschenden Gesellschaft zu Halle, 3(1): 1-128.

Novis P M, Braidwood J, Kilroy C. 2012. Small diatoms (Bacillariophyta) in cultures from the Styx River, New Zealand, including descriptions of three new species. Phytotaxa, 64(1): 11-45.

Ohtsuka T, Fujita Y. 2001. The diatom flora and its seasonal changes in a paddy field in Central Japan. Nova Hedwigia, 73(1-2): 97-128.

Ohtsuka T, Kitano D, Nakai D. 2018. *Gomphosphenia biwaensis*, a new diatom from Lake Biwa, Japan: Description and morphometric comparison with similar species using an arc-constitutive model. Diatom Research, 33(1): 105-116.

Østrup E. 1902. Freshwater diatoms // Schmidt J. Flora of Koh Chang. Part VII. Contributions to the knowledge of the Gulf of Siam. Preliminary Report on Botany, Results Danish Expedition to Siam (1899-1900). Botanisk Tidsskrift, 25(1): 28-41.

Østrup E. 1908. Beiträge zur Kenntnis der Diatomeenflora des Kossogolbeckens in der nordwestlichen Mongolei. Hedwigia, 48(1-2): 74-100.

Østrup E. 1910. Danske Diatoméer med 5 tavler et Engelsk résumé. Udgivet paa Carlsbergfondets bekostning. Kjøbenhavn: C. A. Reitzel Boghandel Bianco Lunos Bogtrykkeri: 323.

Pantocsek J. 1901. A Balaton kovamoszatai vagy Bacillariái [The Lake Balaton diatoms or Bacillarieae]. Budapest: Hornyánsky Könyvnyomdája: 143.

Passy S I, Kociolek J P, Lowe R L. 1997. Five new *Gomphonema* species (Bacillariophyceae) from rivers in South Africa and Swaziland. Journal of Phycology, 33(3): 455-474.

Patrick R M. 1945. A taxonomic and ecological study of some diatoms from the Pocono Plateau and adjacent regions. Farlowia, 2(2): 143-221.

Patrick R M. 1959. New species and nomenclatural changes in the genus *Navicula* (Bacillariophyceae). Proceedings of the Academy of Natural Sciences of Philadelphia, 111(1): 91-108.

Patrick R M, Freese L R. 1961. Diatoms (Bacillariophyceae) from Northern Alaska. Proceedings of the Academy of Natural Sciences of Philadelphia, 112(6): 129-293.

Patrick R M, Reimer C W. 1966. The diatoms of the United States exclusive of Alaska and Hawaii. Volume 1: Fragilariaceae, Eunotiaceae, Achnanthaceae, Naviculaceae. Monographs of the Academy of Natural Sciences of Philadelphia, 13: 1-688.

Pavlov A, Levkov Z, Williams D M, et al. 2013. Observations on *Hippodonta* (Bacillariophyceae) in selected ancient lakes. Phytotaxa, 90(1): 1-53.

Pérès F, Barthès A, Ponton E, et al. 2012. *Achnanthidium delmontii* sp. nov., a new species from French rivers. Fottea, 12(2): 189-198.

Pienaar C, Pieterse A J H. 1990. *Thalassiosira duostra* sp. nov. a new freshwater centric diatom from the Vaal River, South Africa. Diatom Research, 5(1): 105-111.

Potapova M. 2011. New species and combinations in the genus *Nupela* from the USA. Diatom Research, 26(1): 73-87.

Potapova M. 2014. *Encyonema appalachianum* (Bacillariophyta, Cymbellaceae), a new species from Western Pennsylvania, USA. Phytotaxa, 184(2): 115-120.

Potapova M G, Ponader K C. 2004. Two common North American diatoms, *Achnanthidium rivulare* sp. nov. and *A. deflexum* (Reimer) Kingston: morphology, ecology and comparison with related species. Diatom Research, 19(1): 33-57.

Potapova M G, Aycock L, Bogan D. 2020. *Discostella lacuskarluki* (Manguin ex Kociolek & Reviers) comb. nov.: A common nanoplanktonic diatom of Arctic and boreal lakes. Diatom Research, 35(1): 55-62.

Potatova M, Ponader K. 2008. New species and combinations in the diatom genus *Sellaphora* (Sellaphoraceae) from the Southeastern United States. Harvard Papers in Botany, 13(1): 171-181.

Poulin M, Bérard-Therriault L, Cardinal A, et al. 1990. Les Diatomées (Bacillariophyta) benthiques de substrats durs des eaux marines et saumâtres du Québec. 9. Bacillariaceae. Le Naturaliste Canadien, 117(2): 73-101.

Rabenhorst L. 1853. Die Süsswasser-Diatomaceen (Bacillarien.): Für Freunde der Mikroskopie. Leipzig: Eduard Kummer: 72.

Rabenhorst L.1860. Erklärung der Tafel VI. Hedwigia, 2: 40.

Rabenhorst L. 1861. Algen Europa's, Fortsetzung der Algen Sachsens, Resp. Mittel-Europa's: 119-120.

Rarick J, Wu S, Lee S S, et al. 2017. The valid transfer of *Stauroneis goeppertiana* to *Luticola* (Bacillariophyceae). Notulae Algarum, 29: 1-2.

Reichardt E. 1985. Diatomeen an feuchten Felsen des südlichen Frankenjuras. Berichte der Bayerischen Botanischen Gessellschaft (zur Erforschung der heimischen Flora), 56: 167-187.

Reichardt E. 1997. Morphologie und Taxonomie wenig bekannten Arten and der Sammelgattung *Navicula* (excl. *Navicula* sensu stricto). Diatom Research, 12(2): 299-320.

Reichardt E. 1999. Zur Revision der Gattung *Gomphonema*. Die Arten um *G. affine/insigne*, *G. angustatum/micropus*, *G. acuminatum* sowie gomphonemoide Diatomeen aus dem Oberoligozän in Böhmen. // Lange-Bertalot H. Iconographia Diatomologica. Annotated Diatom Micrographs. Vol. 8. Taxonomy-Biogeography-Diversity. Ruggell: A. R. G. Gantner Verlag K. G.

Reichardt E. 2001. Revision der Arten um *Gomphonema truncatum* und *G. capitatum* // Jahn R, Kociolek J P, Witkowski A, et al. Lange-Bertalot Festschrift. Studies on diatoms dedicated to Prof. Dr. Dr. h.c. Horst Lange-Bertalot on the occasion of his 65th birthday. Ruggell: A. R. G. Gantner Verlag K. G.

Reichardt E. 2005. Die Identität von *Gomphonema entolejum* Østrup (Bacillariophyceae) sowie Revision änlicher Arten mit weiter Axialarea. Nova Hedwigia, 81(1-2): 115-144.

Reichardt E. 2009. New and recently described *Gomphonema* species (Bacillariophyceae) from Siberia. Fottea, 9(2): 289-297.

Reichardt E. 2015. *Gomphonema gracile* Ehrenberg sensu stricto et sensu auct. (Bacillariophyceae): A taxonomic revision. Nova Hedwigia, 101(3-4): 367-393.

Reichardt E. 2018. Die Diatomeen im Gebiet der Stadt Treuchtlingen. München: Bayerische Botanische Gesellschaft: 1184.

Rimet F, Couté A, Piuz A, et al. 2010. *Achnanthidium druartii* sp. nov. (Achnanthales, Bacillariophyta): A new species invading European rivers. Vie et Milieu-Life and Environment, 60 (3): 185-195.

Romero O E. 2016. Study of the type material of two *Platessa* Lange-Bertalot species (formally *Cocconeis brevicostata* Hust. and *Cocconeis cataractarum* Hust., (Bacillariophyta). Diatom Research, 31 (1): 63-75.

Ross R. 1963. The diatom genus *Capartogramma* and the identity of *Schizostauron*. Bulletin of the British Museum (Natural History), Botany, Series, 3(2): 49-92.

Round F E, Basson P W. 1997. A new monoraphid diatom genus (*Pogoneis*) from Bahrain and the transfer of previously described species *A. hungarica* and *A. taeniata* to new genera. Diatom Research, 12(1): 71-81.

Round F E, Crawford R M, Mann D G. 1990. The diatoms biology and morphology of the genera. Cambridge: Cambridge University Press: 747.

Rumrich U, Lange-Bertalot H, Rumrich M. 2000. Diatoms of the Andes from Venezuela to Patagonia/Tierra del Fuego and two additional contributions // Lange-Bertalot H. Iconographia Diatomologica. Annotated Diatom Micrographs. Vol. 9. Taxonomy-Biogeography-Diversity. Ruggell: A. R. G. Gantner Verlag K. G..

Schimanski H. 1978. Beitrag zur Diatomeeflora des Frankenwaldes. Nova Hedwigia, 30(3-4): 557-634.

Schmid R, Lange-Bertalot H, Klee R. 2004. *Staurosira parasitoides* sp. nov. and *Staurosira microstriata* (Marciniak) Lange-Bertalot from surface sediment samples of Austrian alpine lakes. Algological Studies/Archiv für Hydrobiologie (Supplement Volumes), 114: 1-9.

Schmidt A W F. 1875. Atlas der Diatomaceen-kunde, 1. Aschersleben: Verlag von Ernst Schlegel.

Schmidt A W F. 1899. Atlas der Diatomaceen-kunde, 5. Leipzig: O. R. Reisland.

Schmidt A W F. 1904. Atlas der Diatomaceen-kunde, Series VI: Heft [62/63]. Leipzig: O.R. Reisland.

Schoeman F R, Archibald R E M. 1986. Observations on *Amphora* species (Bacillariophyceae) in the British Museum (Natural History). Some species from the subgenus Amphora, S. Afr. J. Bot., 52: 425-437.

Schoeman F R, Archibald R E M. 1987. *Navicula vandamii* nom. nov. (Bacillariophyceae), a new name for *Navicula acephala* Schoeman, and a consideration of its taxonomy. Nova Hedwigia, 44(3-4): 479-487.

Schulz P. 1926. Die Kieselalgen der Danziger Bucht mit Einschluss derjenigen aus glazialen und postglazialen Sedimenten. Botanische Archiv, 13(3-4): 149-327.

Schumann J. 1862. Preussische Diatomeen. Schriften der koniglichen physikalisch-okonomischen Gesellschaft zu Konigsberg, 3: 166-192.

Skvortsov B V. 1937. Bottom diatoms from Olhon Gate of Baikal Lake, Siberia. Philippine Journal of Science, 62(3): 293-377.

Skvortzov B V, Meyer C I. 1928. A contribution to the Diatoms of Baikal Lake. Proceedings of the Sungaree River Biological Station, 1(5): 1-55.

Smith W. 1853. A synopsis of the British Diatomaceae; with remarks on their structure, function and distribution; and instructions for collecting and preserving specimens. London: John van Voorst, Paternoster Row: 89.

Smith W. 1855. Notes of an excursion to the south of France and the Auvergne in search of Diatomaceae. Annals and Magazine of Natural History, 2(15): 1-9.

Smith W. 1856. A synopsis of the British Diatomaceae; with remarks on their structure, functions and distribution; and instructions for collecting and preserving specimens. The plates by Tuffen West. Vol. 2. London: John van Voorst, Paternoster Row.

Sovereign H E. 1963. New and rare diatoms from Oregon and Washington. Proceedings of the California Academy of Sciences, 31(14): 349-368.

Spaulding S A, Kociolek J P. 1998. New *Gomphonema* (Bacillariophyceae) species from Madagascar. Proceedings of the California Academy of Sciences, 50(16): 361-379.

Stoermer E F, Håkansson H. 1984. *Stephanodiscus parvus*: Validation of an enigmatic and widely misconstrued taxon. Nova Hedwigia, 39: 497-511.

Straub F. 1985. Variabilité comparée d' *Achnanthes lanceolata* (Bréb.) Grun. et d' *Achnanthes rostrata* Østrup (Bacillariophyceae) dans huit populations naturelles du Jura suisse I: Aproche morphologique. Bulletin de la Société Neuchâteloise des Sciences Naturelles, 108: 135-150.

Suzuki H, Mitsuishi K, Nagumo T, et al. 2015. T*abularia kobayasii*: A new araphid diatom (Bacillariophyta, Fragilariaceae) from Japan. Phytotaxa, 219(1): 87-95.

Taylor J C, Lange-Bertalot H. 2006. *Eolimna archibaldii* spec. nov. and *Navigiolum adamantiforme* comb. nov. (Bacillariophyceae): Two possibly endemic elements of the South African diatom flora tolerant to surface water pollution. African Journal of Aquatic Science, 31(2): 175-183.

Thomas E W, Kociolek J P. 2015. Taxonomy of three new *Rhoicosphenia* (Bacillariophyta) species from California, USA. Phytotaxa, 204(1): 1-21.

Thomas EW, Kociolek J P, Lowe R L, et al. 2009. Taxonomy, ultrastructure and distribution of gomphonemoid diatoms (Bacillariophyceae) from Great Smoky Mountains National Park (U.S.A.). Nova Hedwigia, Beiheft, 135: 201-237.

Torka V. 1909. Diatomeen einiger Seen der Provinz Posen. Zeitschroft der Naturwissenschaften Abteilung der deutsch. Gesellsch. f. Kunst. u. Wissensch. in Posen. Jahrgand, 16: 11.

Müller P I, Paiva R S, Ludwig T V, et al. 2013. *Aulacoseira calypsi* sp. nov. (Coscinodiscophyceae) from an Amazonian lake, northern Brazil. Phycological Research, 61(4): 292-298

Tsumura K, Iwahashi Y. 1955. Revizo pri Latinaj nomoj de diatomo *Achnanthes crenulata*, *Ach. subcrenulata* kaj *Ach. repanda*. Bulletin of the Japanese Society of Phycology, 3(3): 58-59.

Tynni R. 1986. Observations of diatoms on the coast of the State of Washington. Geological Survey of Finland; Helsinki, Finland: Govt. Print., Center, 75: 1-25.

Ueyama S, Kobayshi H. 1986. Two *Gomphonema* species with strongly capitate apices: *G. sphaerophorum* Ehr. and *G. pseudosphaerophorum* sp. nov. Proceedings of the Ninth International Diatom Symposium. Königstein: Biopress Ltd., Bristol, and Koeltz Scientific Books: 449-458.

Van de Vijver B, Beyens L, Lange-Bertalot H. 2004. The genus *Stauroneis* in the Arctic and (Sub-) Antarctic Regions. Stuttgart: J. Cramer in der Gebrüder Borntraeger Verlagsbuchhandlung.

Van de Vijver B, Cocquyt C, de Haan M, et al. 2013. The genus *Surirella* (Bacillariophyta) in the sub-Antarctic and maritime Antarctic region. Diatom Research, 28(1): 93-108.

Van Heurck H. 1880. Synopsis des Diatomées de Belgique Atlas. Atlas. Ducaju & Cie., Anvers.

Van Heurck H. 1881. Synopsis des Diatomées de Belgique Atlas. Atlas. Ducaju & Cie., Anvers.

Van Heurck H. 1896. A treatise on the Diatomaceae. Translated by W.E. Baxter. London: William Wesley & Son: 558.

Vishnyakov VS, Kulikovskiy M S, Dorofeyuk N I, et al. 2016. New species and new combinations in the genera *Placoneis* and *Paraplaconeis* (Bacillariophyceae: Cymbellales)]. Bot. Zhurn., 101(11): 1299-1308.

Voigt M. 1942. Les Diatomées du parc de Koukaza dans la Concession Française de Changhi. Musée Heude, Université l'Aurore, Changhai. Notes de Botanique Chinoise, 3: 1-126.

Wallace J H. 1960. New and variable diatoms. Notulae Naturae (Philadelphia), 331: 1-8.

Weber C I. 1970. A new freshwater centric diatom *Microsiphona potamos* gen. et sp. nov. Journal of Phycology, 6(2): 149-153.

Werum M, Lange-Bertalot H. 2004. Diatoms in springs from Central Europe and elsewhere under the influence of hydrologeology and anthropogenic impacts // Lange-Bertalot H. Iconographia Diatomologica. Annotated Diatom Micrographs. Vol. 13. Taxonomy-Biogeography-Diversity. Ruggell: A. R. G. Gantner Verlag K. G.

Wetzel C E, Ector L. 2014. Taxonomy, distribution and autecology of *Planothidium bagualensis* sp. nov. (Bacillariophyta) a commom monoraphid species from southern Brazil rivers. Phytotaxa, 156(4): 201-210.

Wetzel C E, Ector L, Van de Vijver B, et al. 2015. Morphology, typification and critical analysis of some ecologically important small naviculoid species (Bacillariophyta). Fottea, 15(2): 203-234.

Wetzel C E, Lange-Bertalot H, Ector L. 2017. Type analysis of *Achnanthes oblongella* Østrup and resurrection of *Achnanthes saxonica* Krasske (Bacillariophyta). Nova Hedwigia, Beiheft, 146: 209-227.

Wetzel C E, Van de Vijver B, Hoffmann L, et al. 2013. *Planothidium incuriatum* sp. nov. a widely distributed diatom species (Bacillariophyta) and type analysis of *Planothidium biporomum*. Phytotaxa, 138(1): 43-57.

Williams D M, Round F E. 1986. Revision of the genus *Synedra* Ehrenb. Diatom Research, 1(2): 313-339.

Williams D M, Round F E. 1988. Revision of the genus *Fragilaria*. Diatom Research, 2(2): 267-288.

Witkowski A, Lange-Bertalot H. 1993. Established and new diatom taxa related to *Fragilaria schulzii* Brockmann. Limnologica, 23(1): 59-70.

Witkowski A, Lange-Bertalot H, Metzeltin D. 2000. Diatom flora of marine coasts I // Lange-Bertalot H. Iconographia Diatomologica. Annotated Diatom Micrographs. Vol. 7. Taxonomy-Biogeography-Diversity. Ruggell: A. R. G. Gantner Verlag K. G.

Wojtal A Z, Ector L, Van de Vijver B, et al. 2011. The *Achnanthidium minutissimum* complex (Bacillariophyceae) in southern Poland. Algological Studies, 136(1): 211-238.

Yang Q, Liu T, Yu P, et al. 2020. A new freshwater *Psammodictyon* species in the Taibu Basin, Jiangsu Province, China. Fottea, 20(2): 144-151.

You Q M, Kociolek J P, Cai M J, et al. 2017. Morphology and ultrastructure of *Sellaphra constrictum* sp. nov. (Bacillariophyta), a new diatom from Southern China. Phytotaxa, 327(3): 261-268.

You Q M, Kociolek J P, Yu P, et al. 2016. A new species of *Simonsenia* from a karst landform, Maolan Nature Reserve, Guizhou Province, China. Diatom Research, 31(3): 269-275.

Yu P, Yang L, You Q M, et al. 2022a. A new freshwater species *Conticribra sinica* (Thalassiosirales, Bacillariophyta) from the lower reaches of the Yangtze River, China. Fottea, 22(2): 238-255.

Yu P, You Q M, Bi Y H, et al. 2023. Description of *Lineaperpetua* gen. nov., with the combination of morphology and molecular data: a new diatom genus in the Thalassiosirales. Journal of Oceanology and Limnology, https://doi.org/10.1007/s00343-023-2312-5.

Yu P, You Q M, Kociolek J P, et al. 2019. Three new freshwater species of the genus *Achnanthidium* (Bacillariophyta, Achnanthidiaceae) from Taiping Lake, China. Fottea, 19(1): 33-49.

Yu P, You Q M, Pang W T, et al. 2022b. Two new freshwater species of the genus *Achnanthidium* (Bacillariophyta, Achnanthidiaceae) from Qingxi River, China. PhytoKeys, 191: 11-28.

Zanon V. 1941. Diatomee dell'Africa occidentale Francese. Commentationes, Pontificia Academia Scientiarum, 5(1): 1-60.

Zhang L, Yu P, Kociolek J P, et al. 2020. *Gomphonema qingyiensis* sp. nov., a new freshwater species (Bacillariophyceae) from Qingyi River, China. Phytotaxa, 474(1): 40-50.

Zhang W, Jüttner I, Cox E J, et al. 2018. *Cymbella liyangensis* sp. nov., a new cymbelloid species (Bacillariophyceae) from streams in North Tianmu Mountain, Jiangsu province, China. Phytotaxa, 348(1): 14-22.

Zhang W, Pereira A C, Kociolek J P, et al. 2016. *Pinnularia wuyiensis* sp. nov., a new diatom (Bacillariophyceae, Naviculales) from the north region of Wuyi Mountains, Jiangxi Province, China. Phytotaxa, 267(2): 121-128.

中文名索引

D

E

F

G

H

J

K

拉丁名索引

A

B

H

K

L

R

S

图　　版

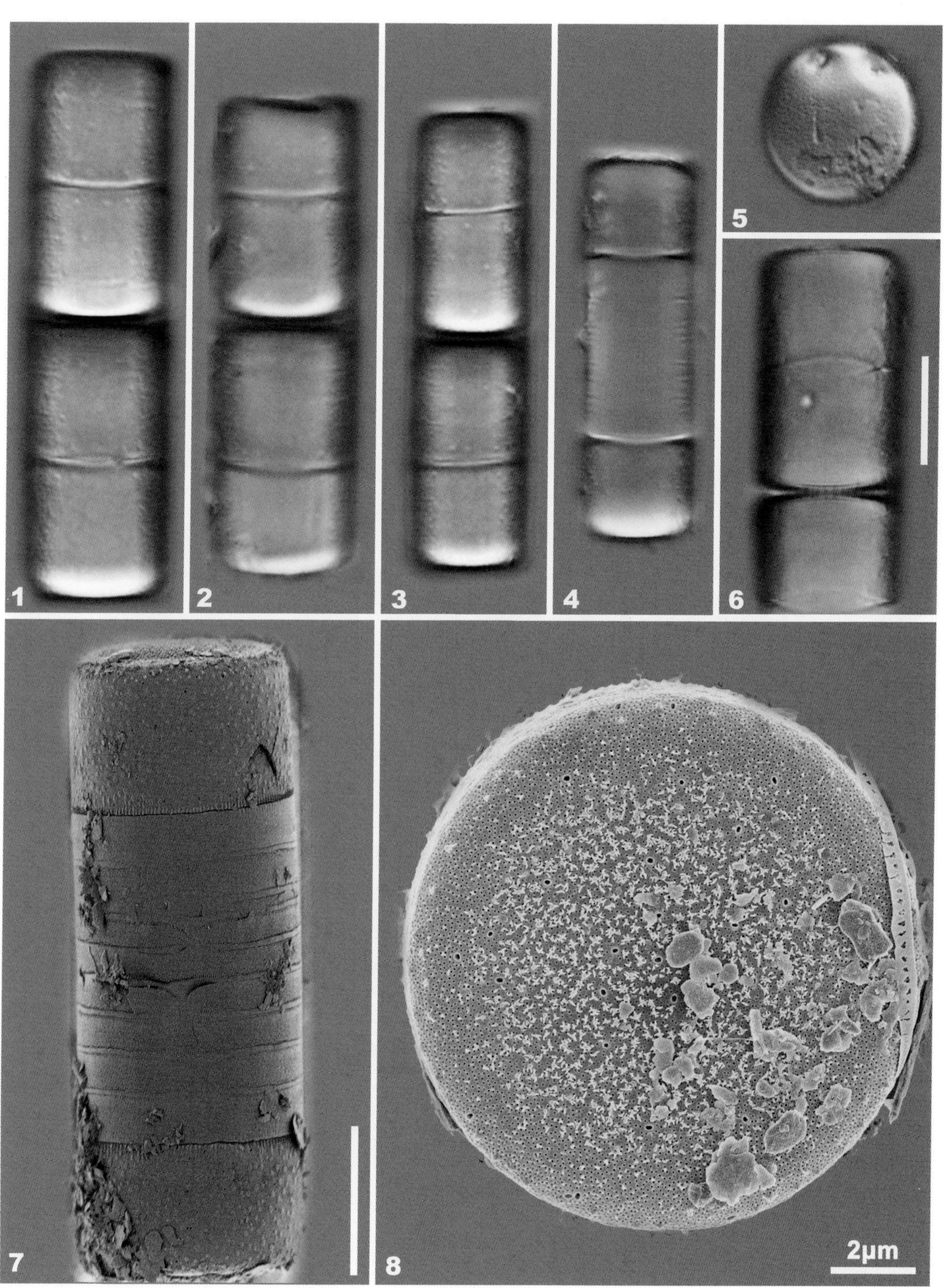

1-8. 变异直链藻 *Melosira varians* Agardh

注：图版中未标注数据的标尺均为 10 μm，下同。

图版 2

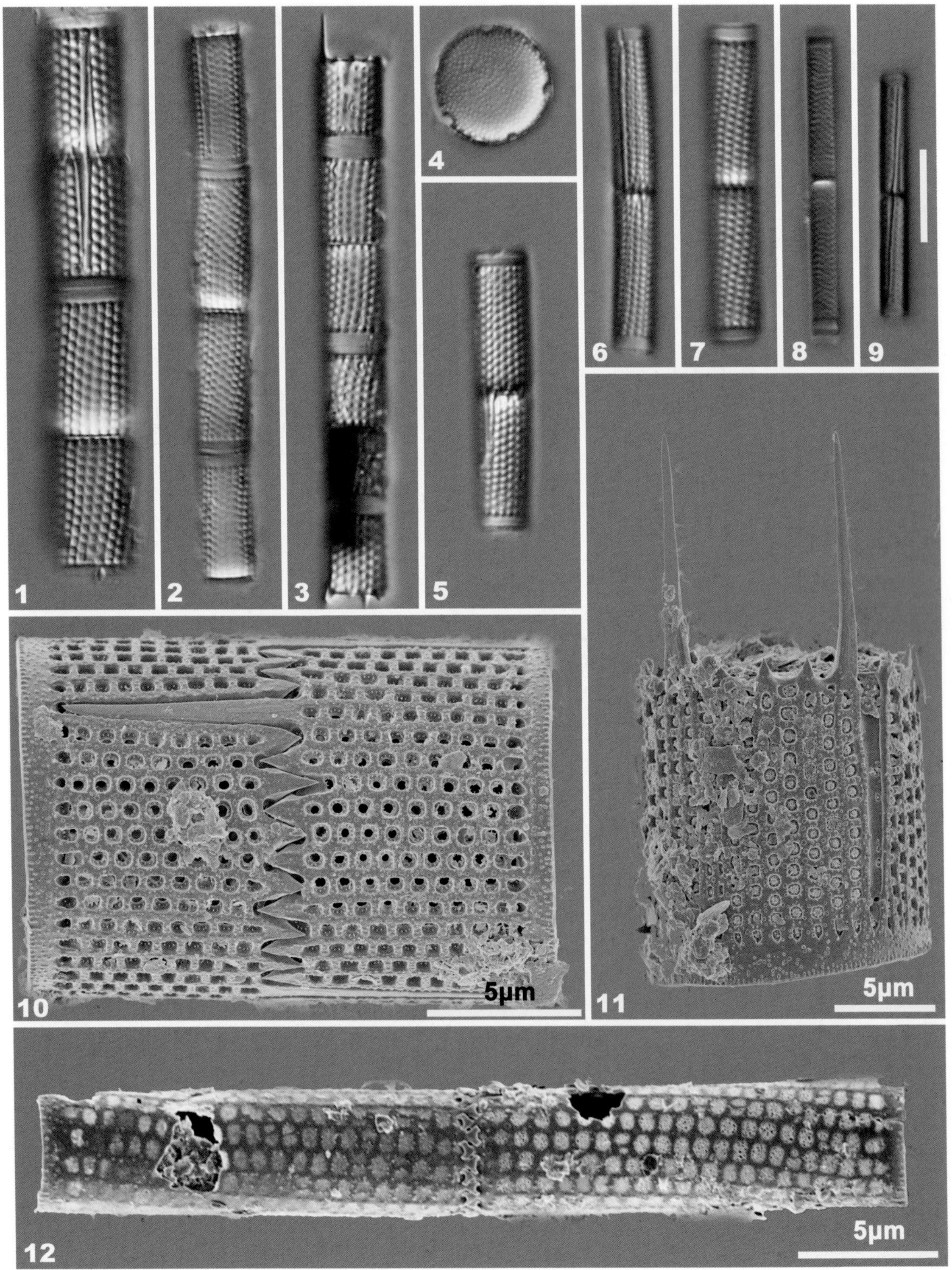

1-5, 10-11. 颗粒沟链藻 *Aulacoseira granulata* (Ehrenberg) Simonsen; 6-9, 12. 颗粒沟链藻极狭变种 *Aulacoseira granulata* var. *angustissima* (Müller) Simonsen

1-6, 10. 颗粒沟链藻弯曲变种 *Aulacoseira granulata* var. *curvata* (Grunow) Yang & Wang; 7-9, 11. 卡利普索沟链藻 *Aulacoseira calypsi* Tremarin, Torgan & Ludwig

图版 4

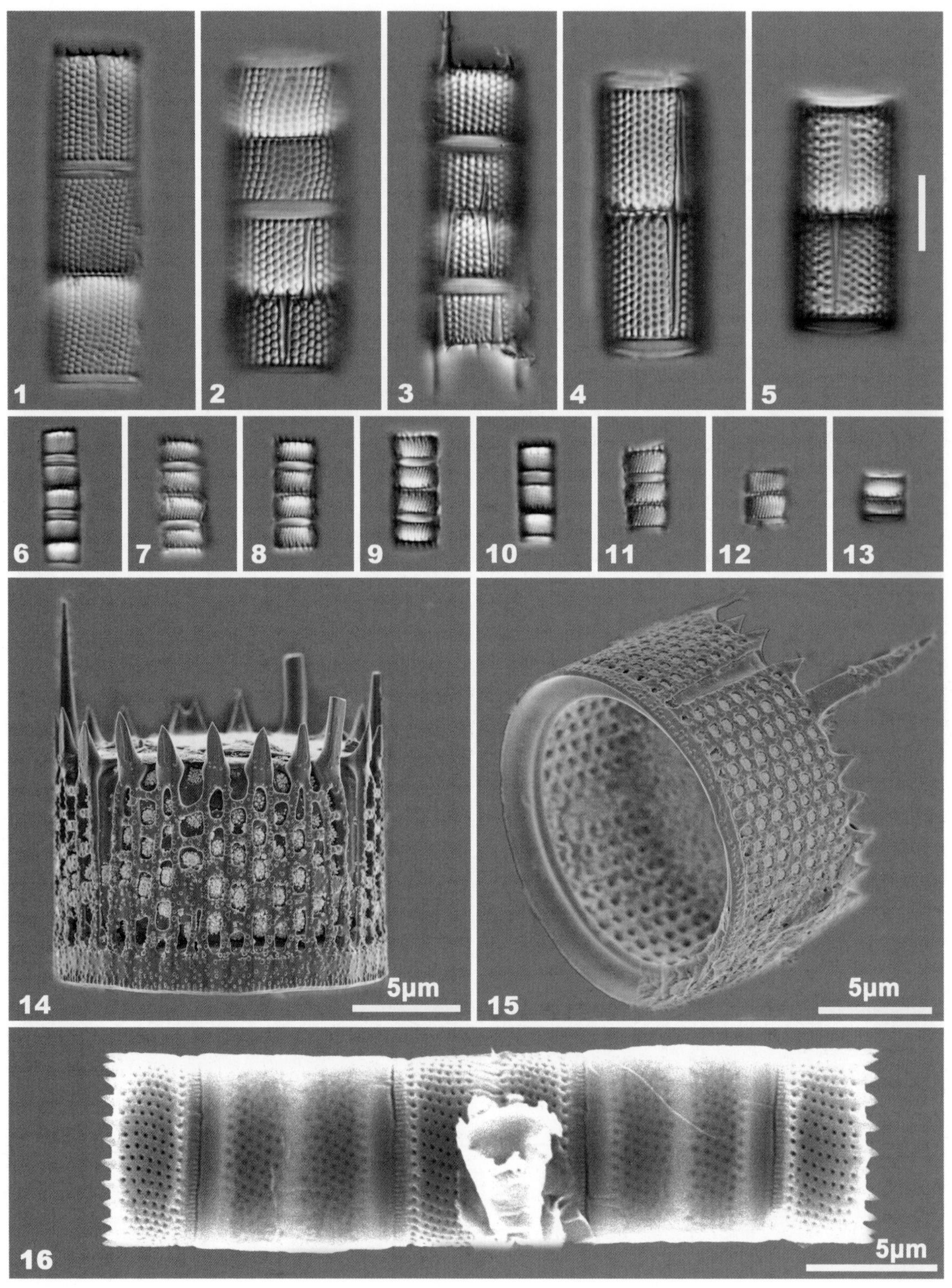

1-5, 14-15. 曼氏沟链藻 *Aulacoseira muzzanensis* (Meister) Krammer; 6-13, 16. 矮小沟链藻 *Aulacoseira pusilla* (Meister) Tuji & Houki

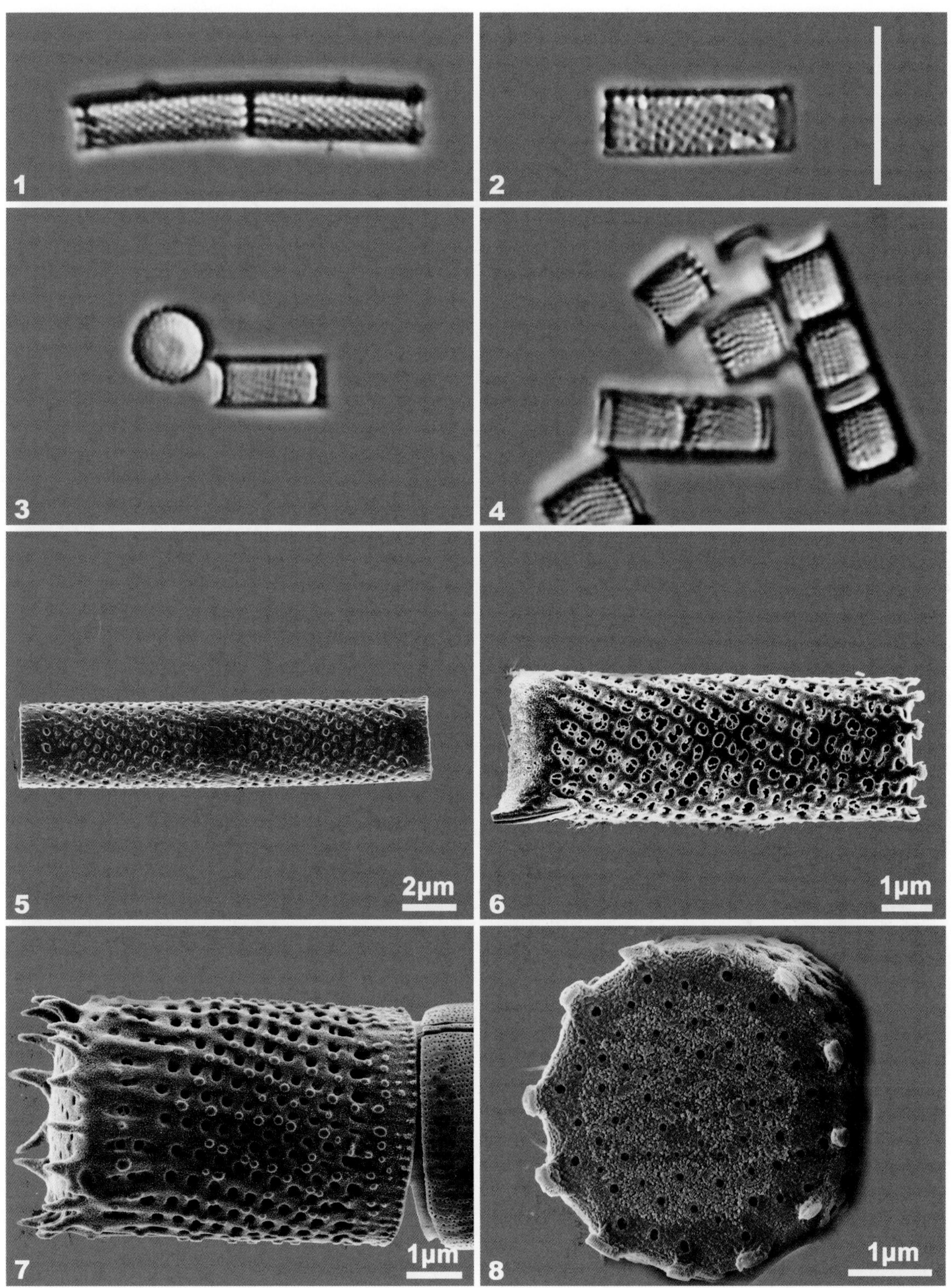

1-2, 5-6. 模糊沟链藻 *Aulacoseira ambigua* (Grunow) Simonsen; 3-4, 7-8. 近北极沟链藻 *Aulacoseira subarctica* (Müller) Haworth

图版 6

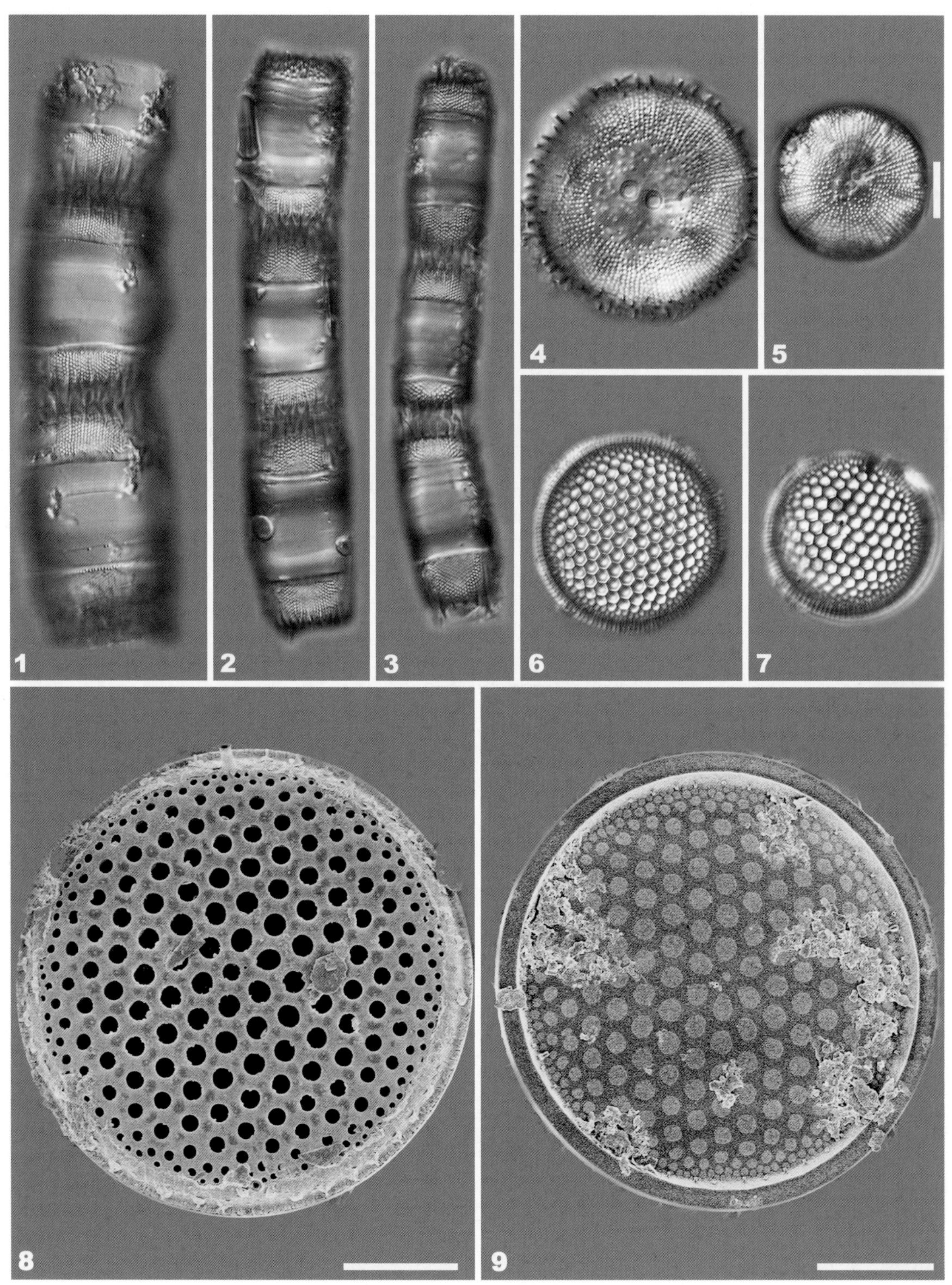

1-5. 角状正链藻 *Orthoseira roeseana* (Rabenhorst) Pfitzer; 6-9. 宽缘翼圆筛藻 *Coscinodiscus latimarginatus* Guo

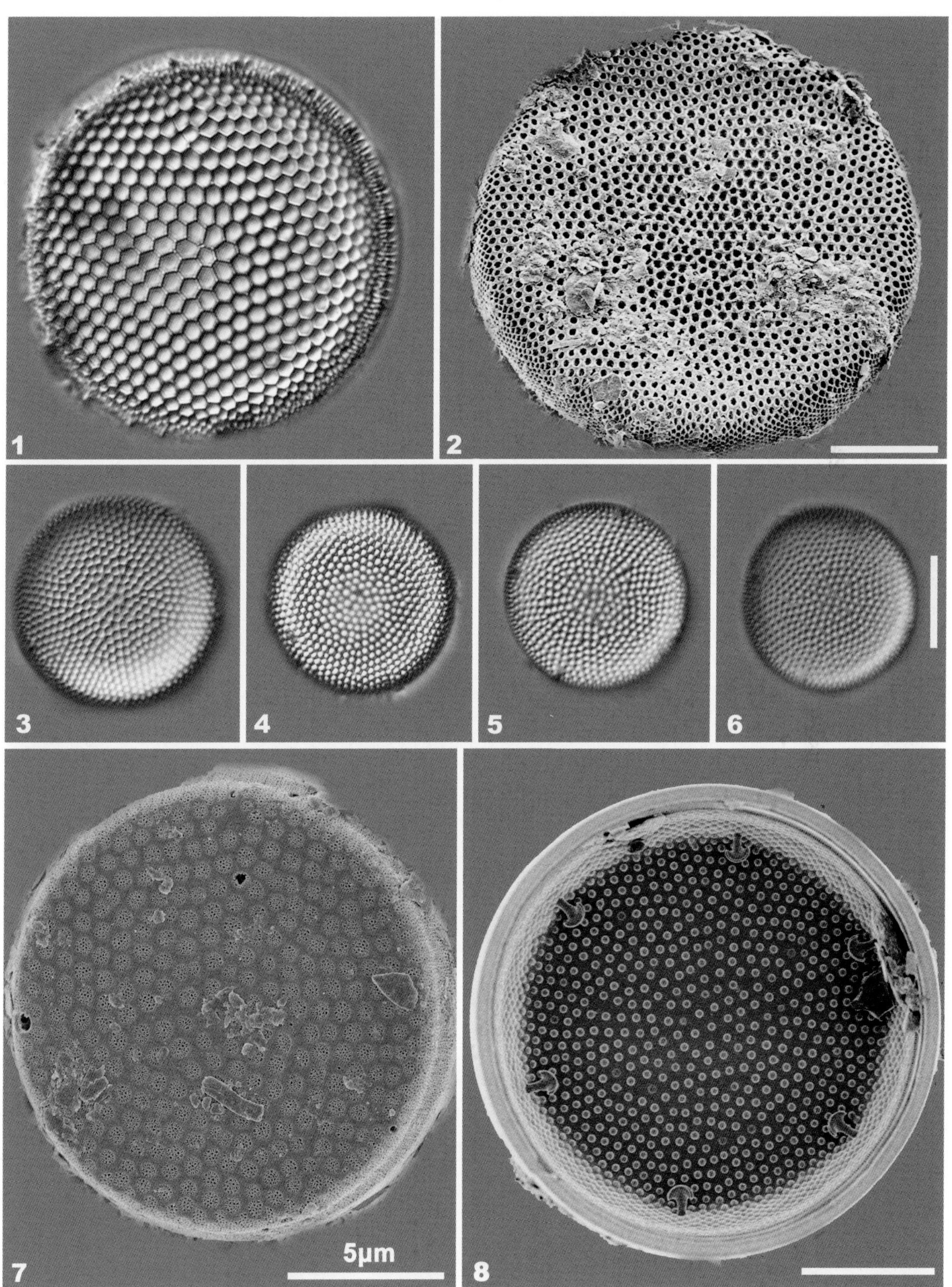

1-2. 小眼圆筛藻 *Coscinodiscus oculatus* (Fauv.) Petit; 3-8. 诺尔曼辐环藻 *Actinocyclus normanii* (Gregory ex Greville) Hustedt

图版 8

1-2. 环状辐裥藻 *Actinoptychus annulatus* (Wallich) Grunow; 3-6. 华美辐裥藻 *Actinoptychus splendens* (Shadbolt) Ralfs

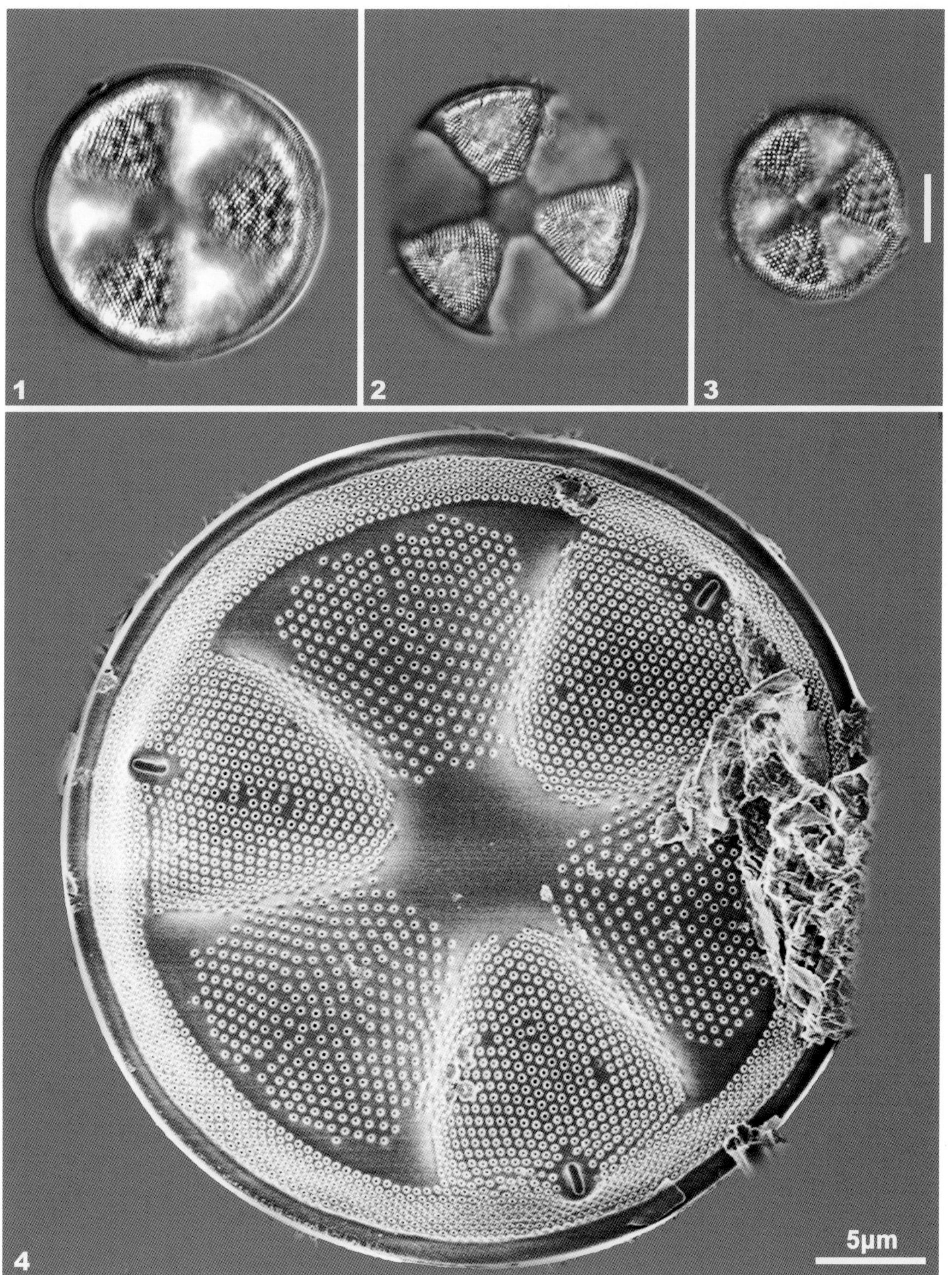

1-4. 波状辐裥藻 *Actinoptychus undulatus* (Kützing) Ralfs

图版 10

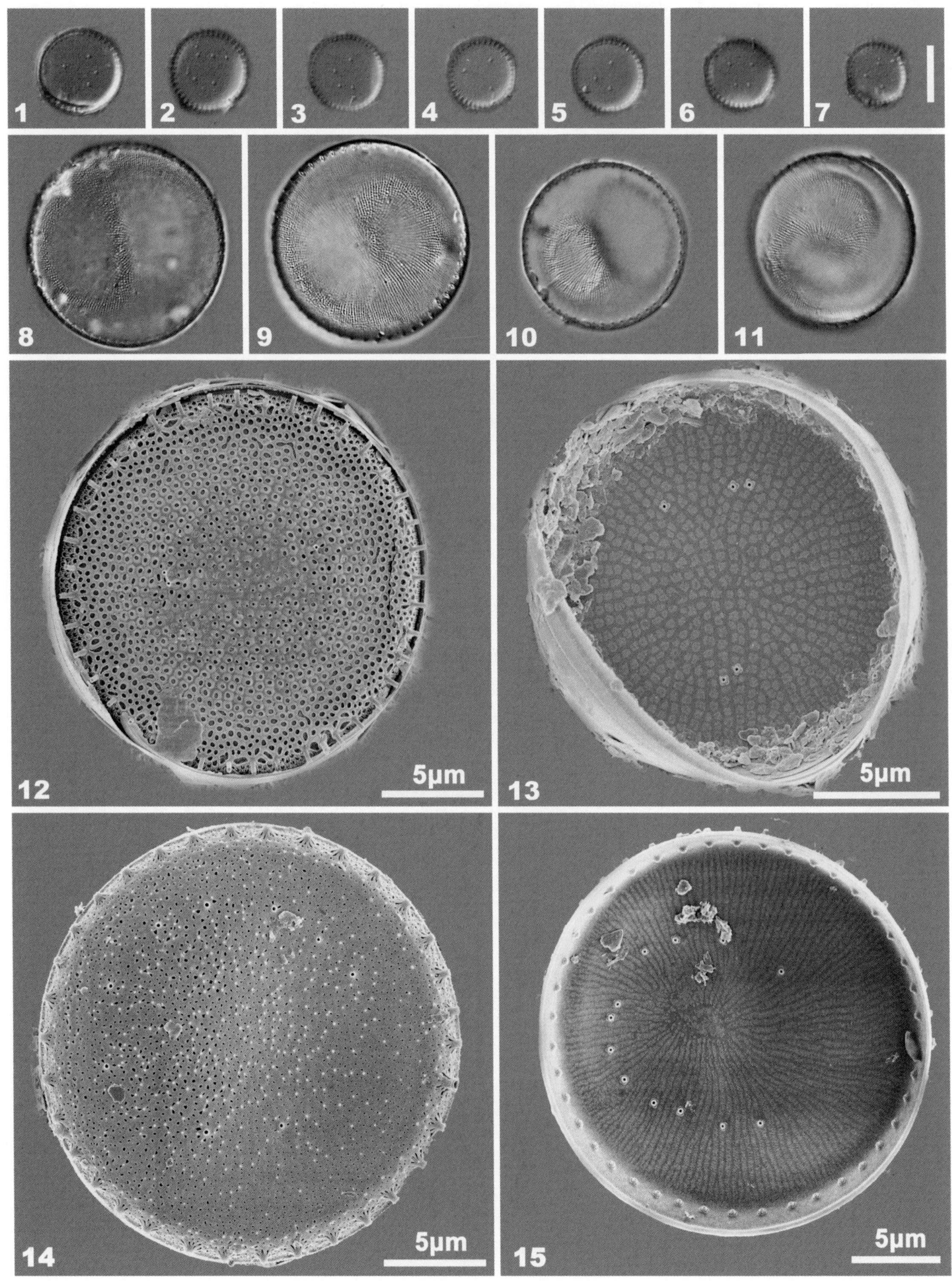

1-7, 12-13. 双线海链藻 *Thalassiosira duostra* Pienaar; 8-11, 14-15. 吉思纳海链藻 *Thalassiosira gessneri* Hustedt

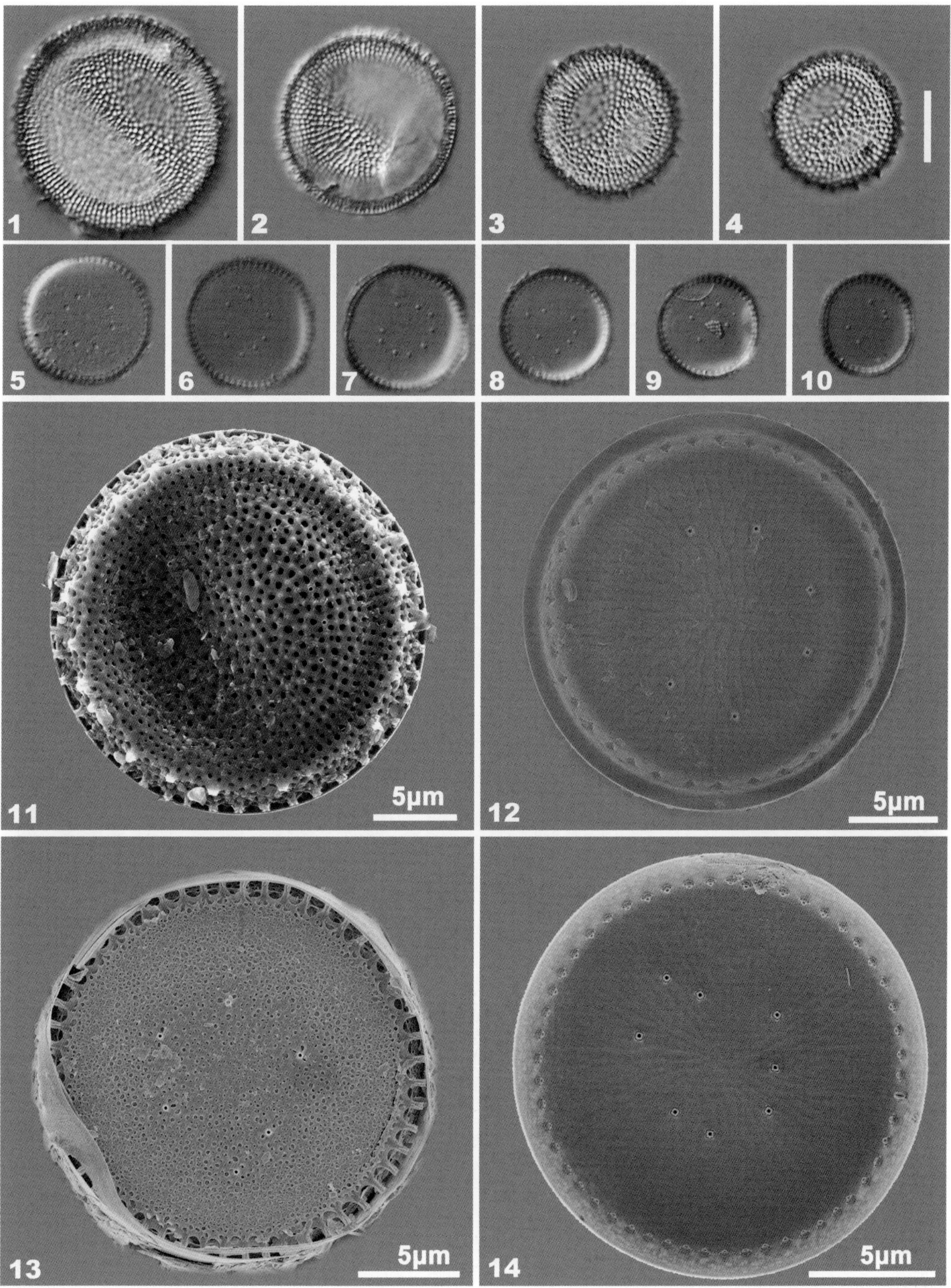

1-4, 11-12. 湖沼线筛藻 *Lineaperpetua lacustris* (Grunow) Yu, You, Kociolek & Wang; 5-10, 13-14. 中华筛环藻 *Conticribra sinica* Yu, You & Wang

图版 12

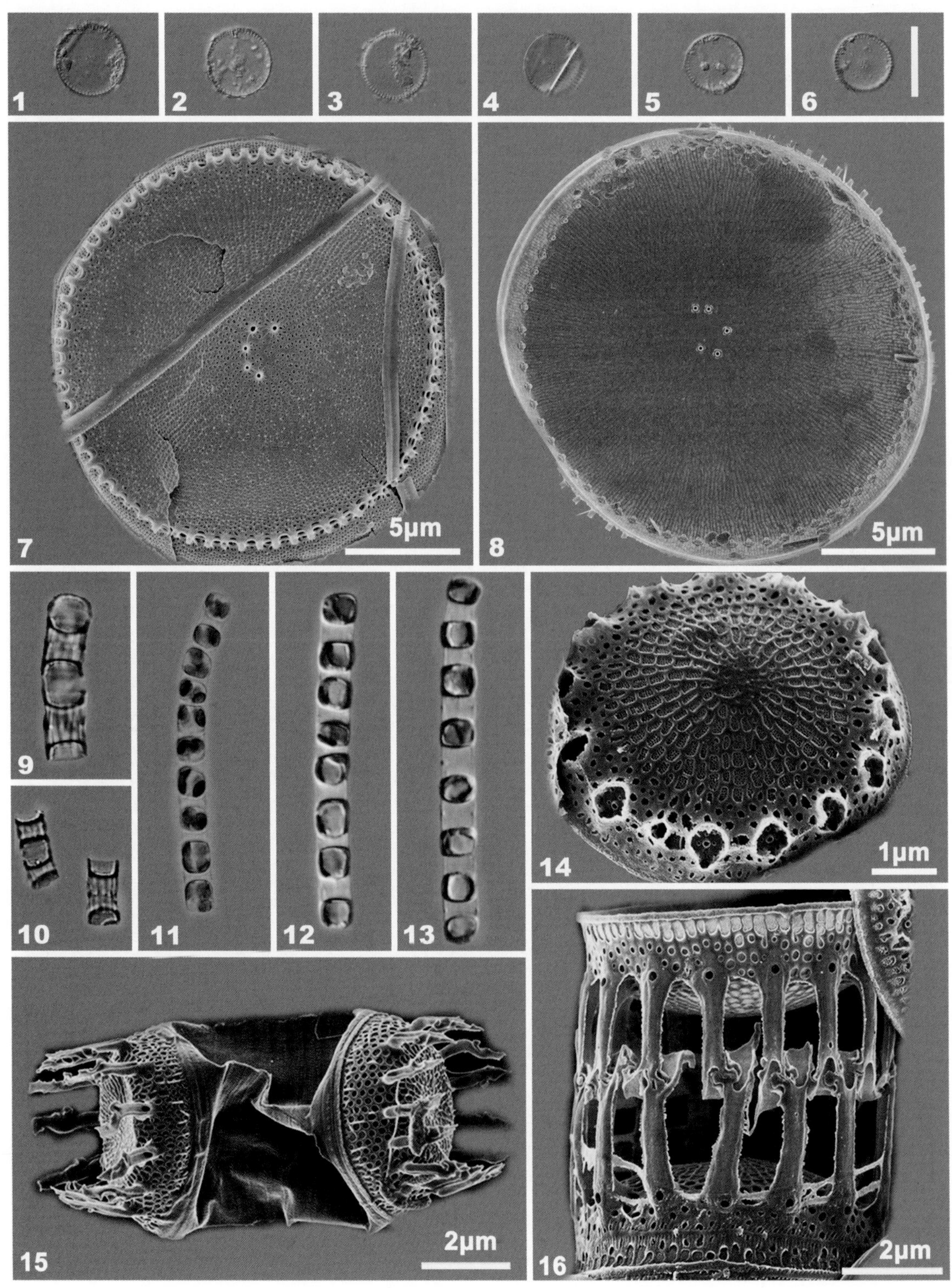

1-8. 魏斯筛环藻 *Conticribra weissflogii* (Grunow) Stachura-Suchoples & Williams; 9-16. 中肋骨条藻 *Skeletonema costatum* (Greville) Cleve

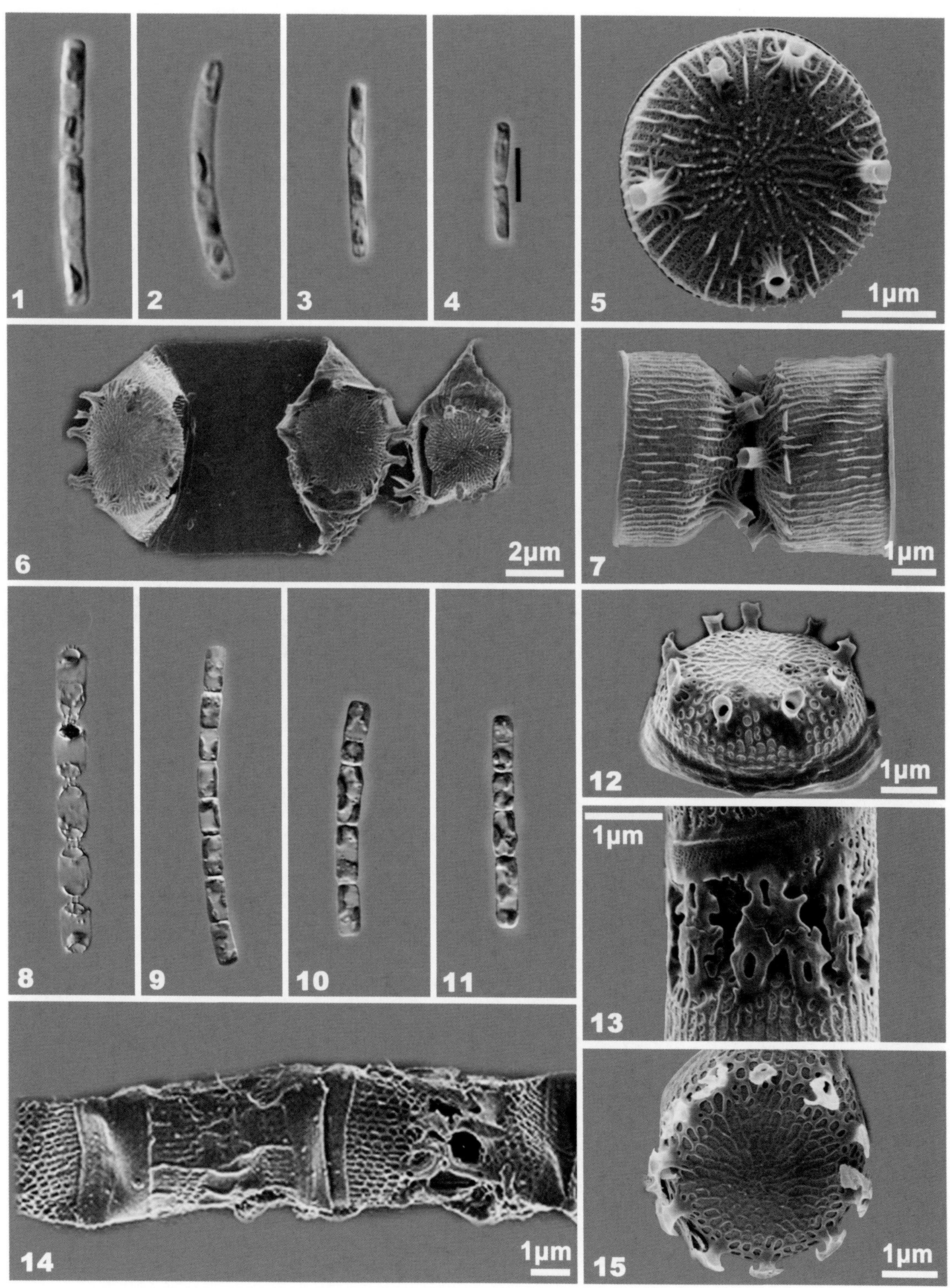

1-7. 江河骨条藻 *Skeletonema potamos* (Weber) Hasle; 8-15. 近盐骨条藻 *Skeletonema subsalsum* (Cleve) Bethge

图版 14

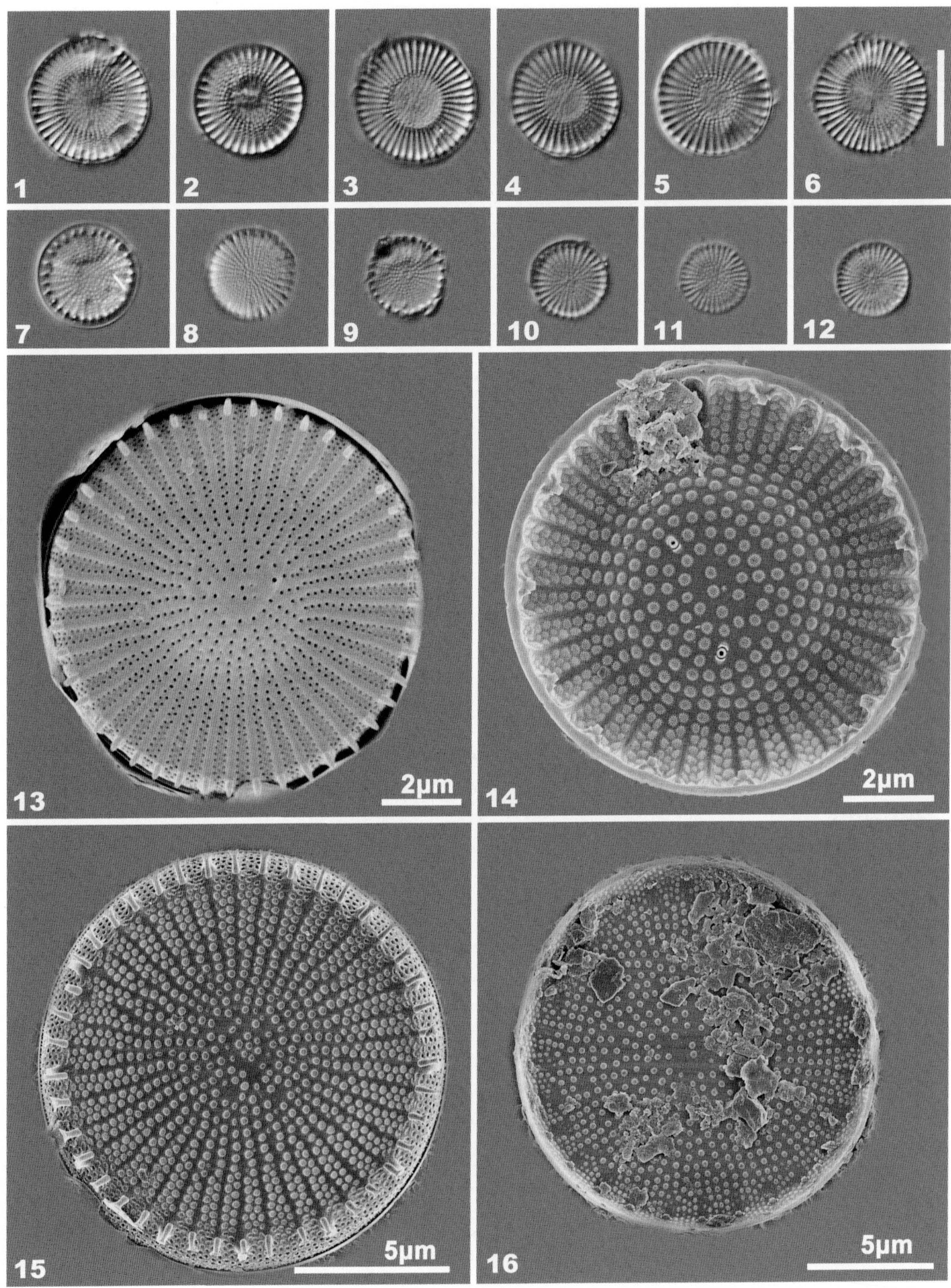

1-6, 13-14. 高山冠盘藻 *Stephanodiscus alpinus* Hustedt; 7-12, 15-16. 汉氏冠盘藻 *Stephanodiscus hantzschii* Grunow

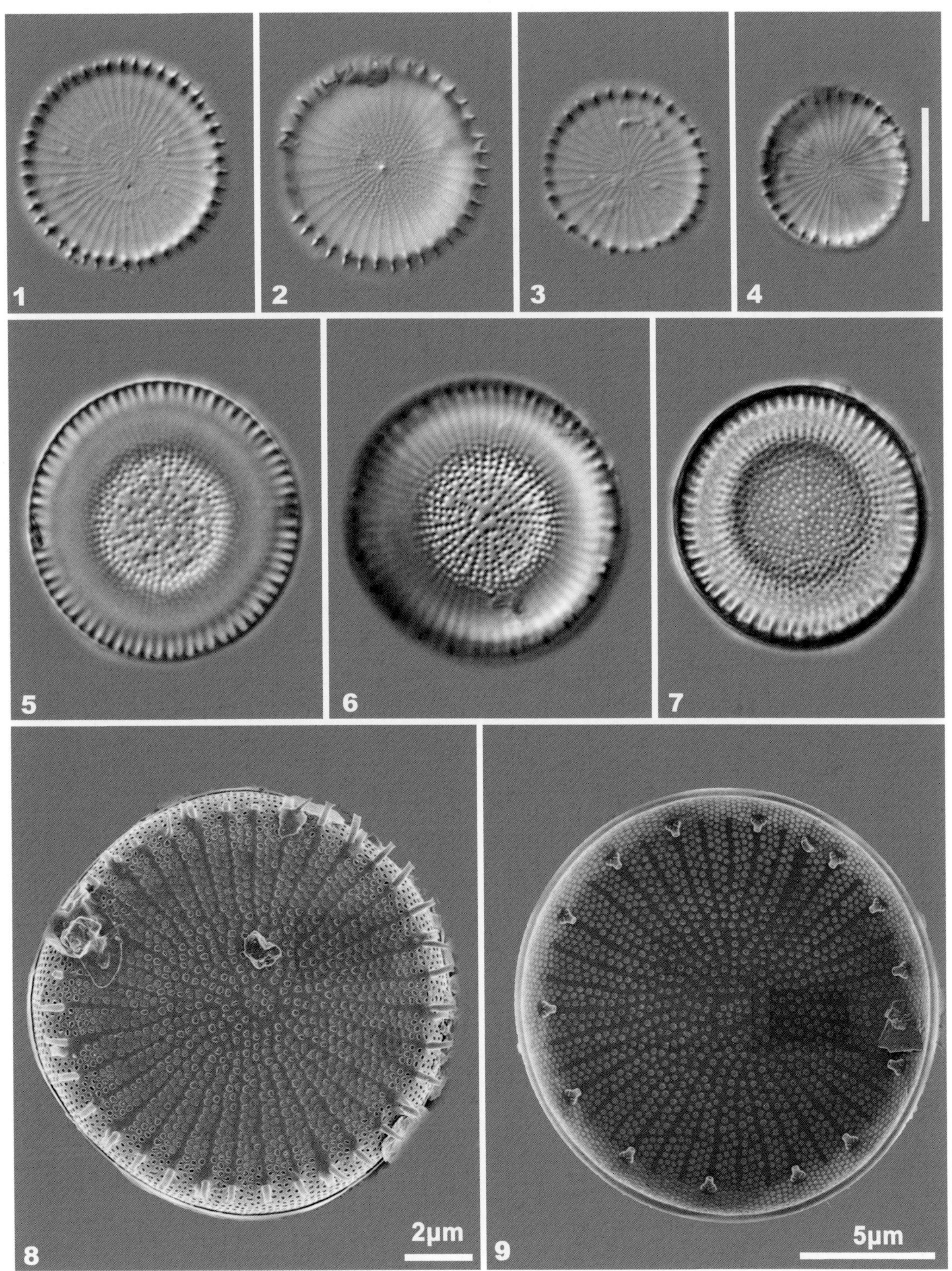

1-4, 8-9. 汉氏冠盘藻细弱变型 *Stephanodiscus hantzschii* f. *tenuis* (Hustedt) Håkansson & Stoermer; 5-7. 新星形冠盘藻 *Stephanodiscus neoastraea* Håkansson & Hickel

图版 16

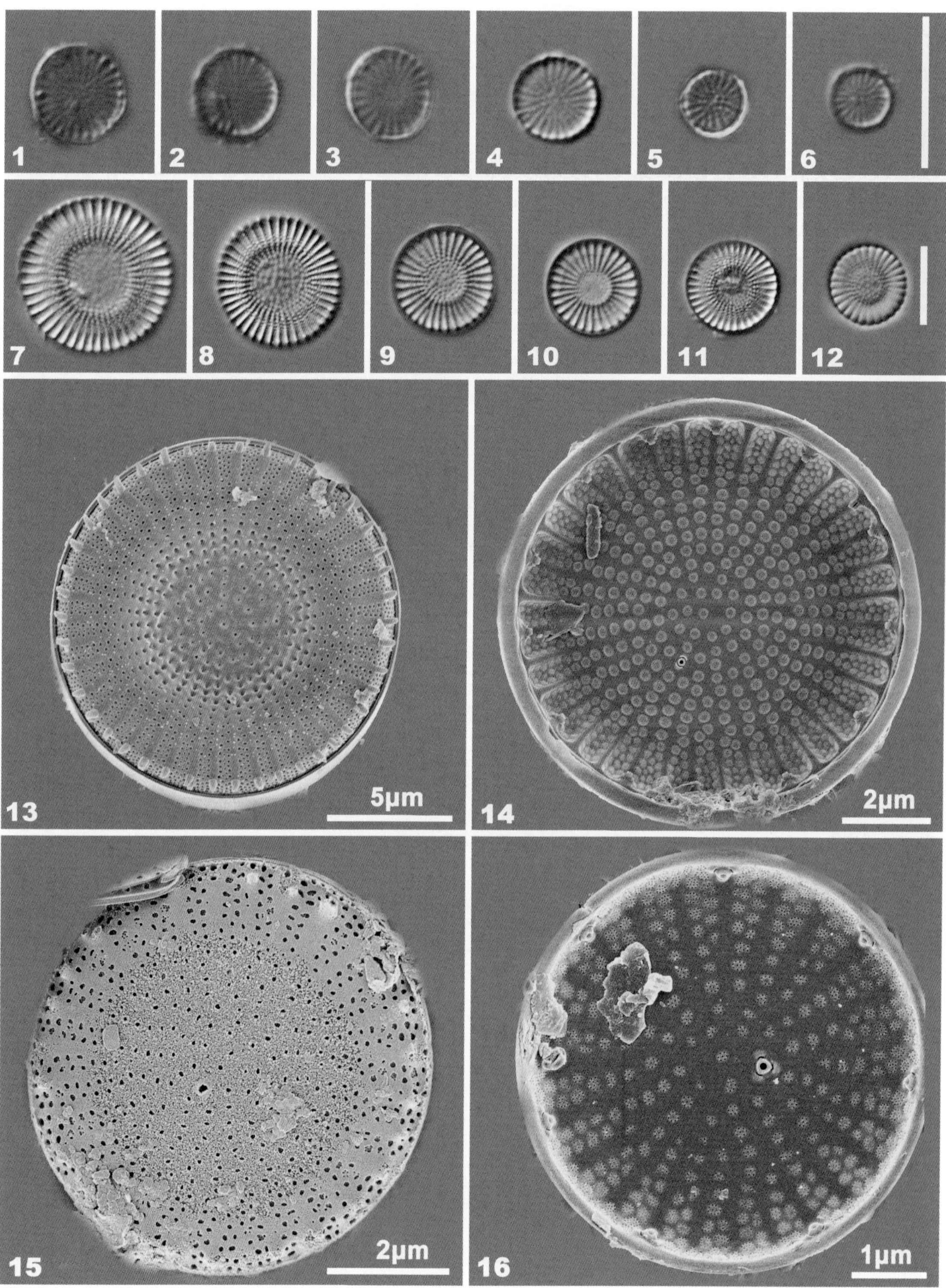

1-6, 15-16. 细小冠盘藻 *Stephanodiscus parvus* Stoermer & Håkansson; 7-14. 可疑环冠藻 *Cyclostephanos dubius* (Hustedt) Round

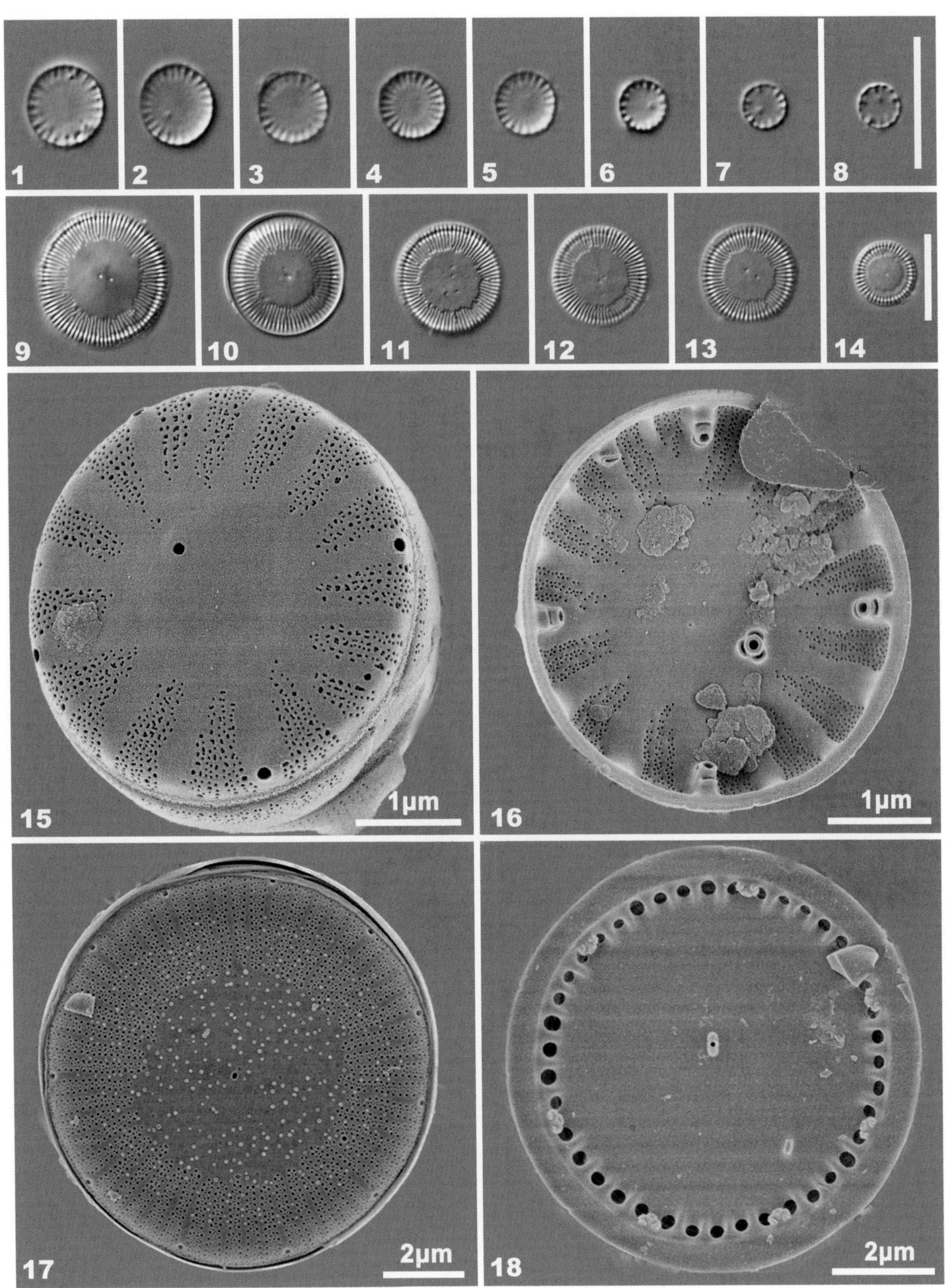

1-8, 15-16. 极微小环藻 *Cyclotella atomus* Hustedt; 9-14, 17-18. 粗肋蓬氏藻 *Pantocsekiella costei* (Druart & Straub) Kiss & Ács

图版 18

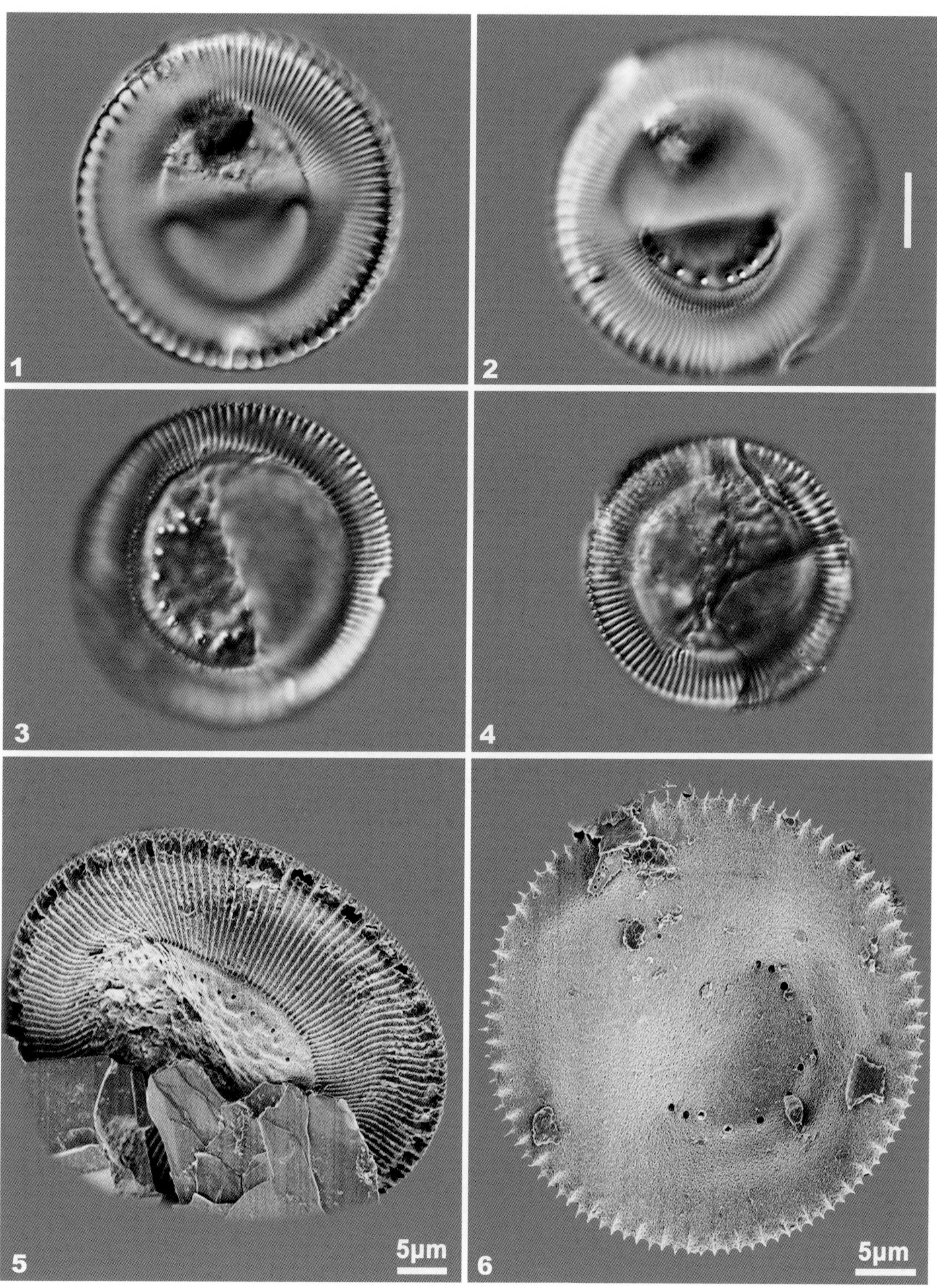

1-6. 波罗地小环藻 *Cyclotella baltica* (Grunow) Håkansson

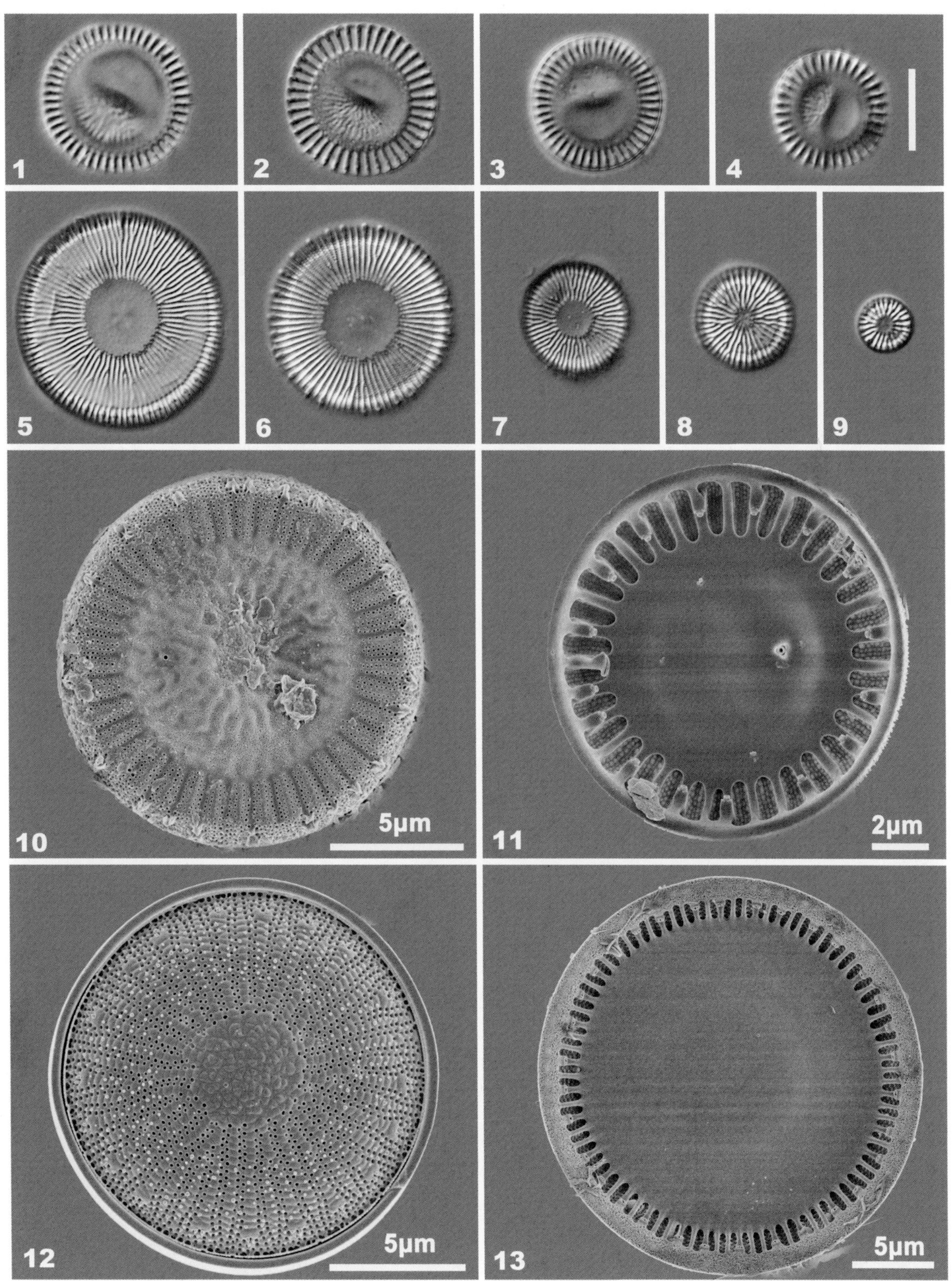

1-4, 10-11. 伽马小环藻 *Cyclotella gamma* Sovereign; 5-9, 12-13. 湖北小环藻 *Cyclotella hubeiana* Chen & Zhu

图版 20

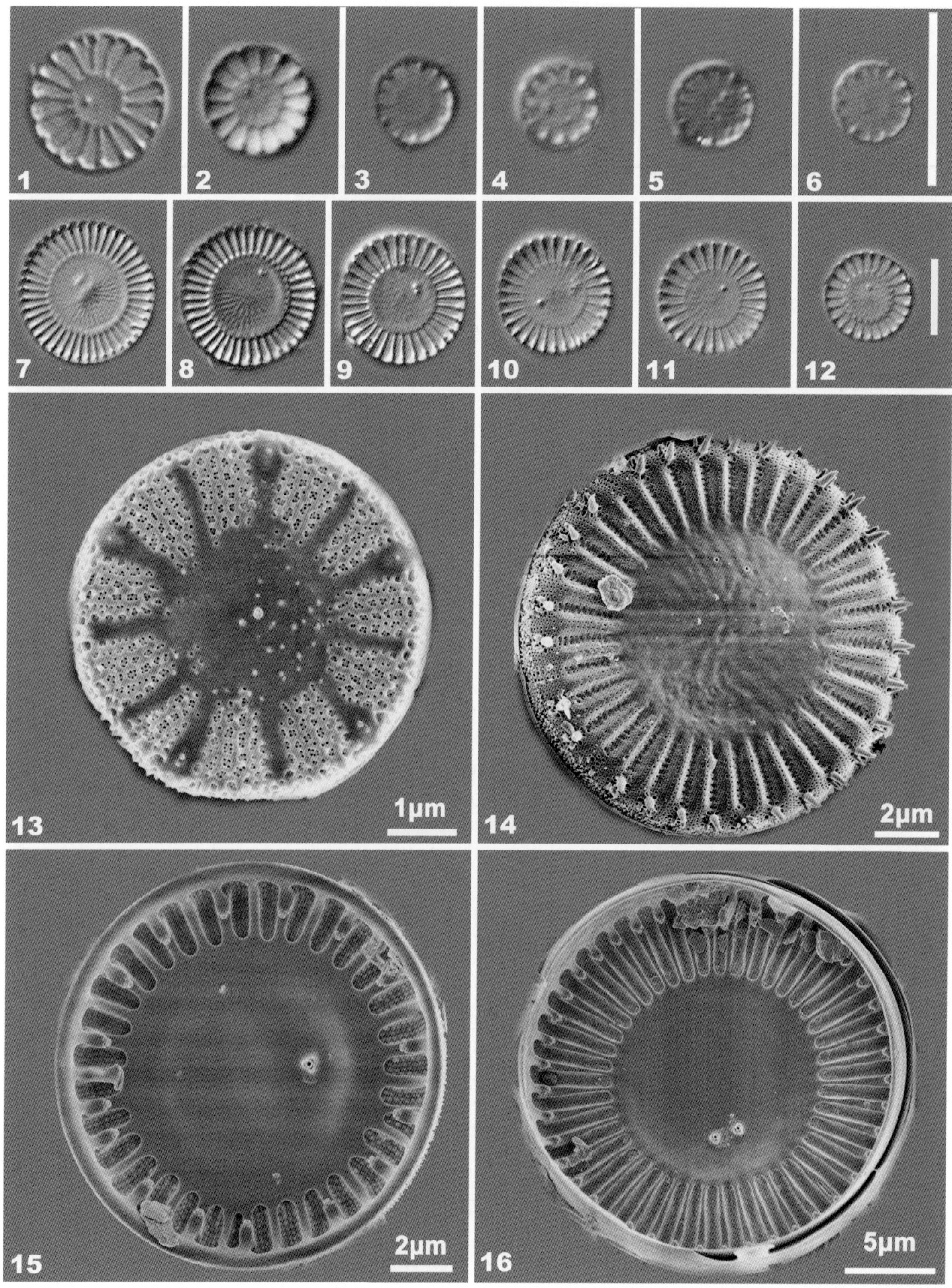

1-6, 13. 中位小环藻 *Cyclotella meduanae* Germain; 7-12, 14-16. 梅尼小环藻 *Cyclotella meneghiniana* Kützing

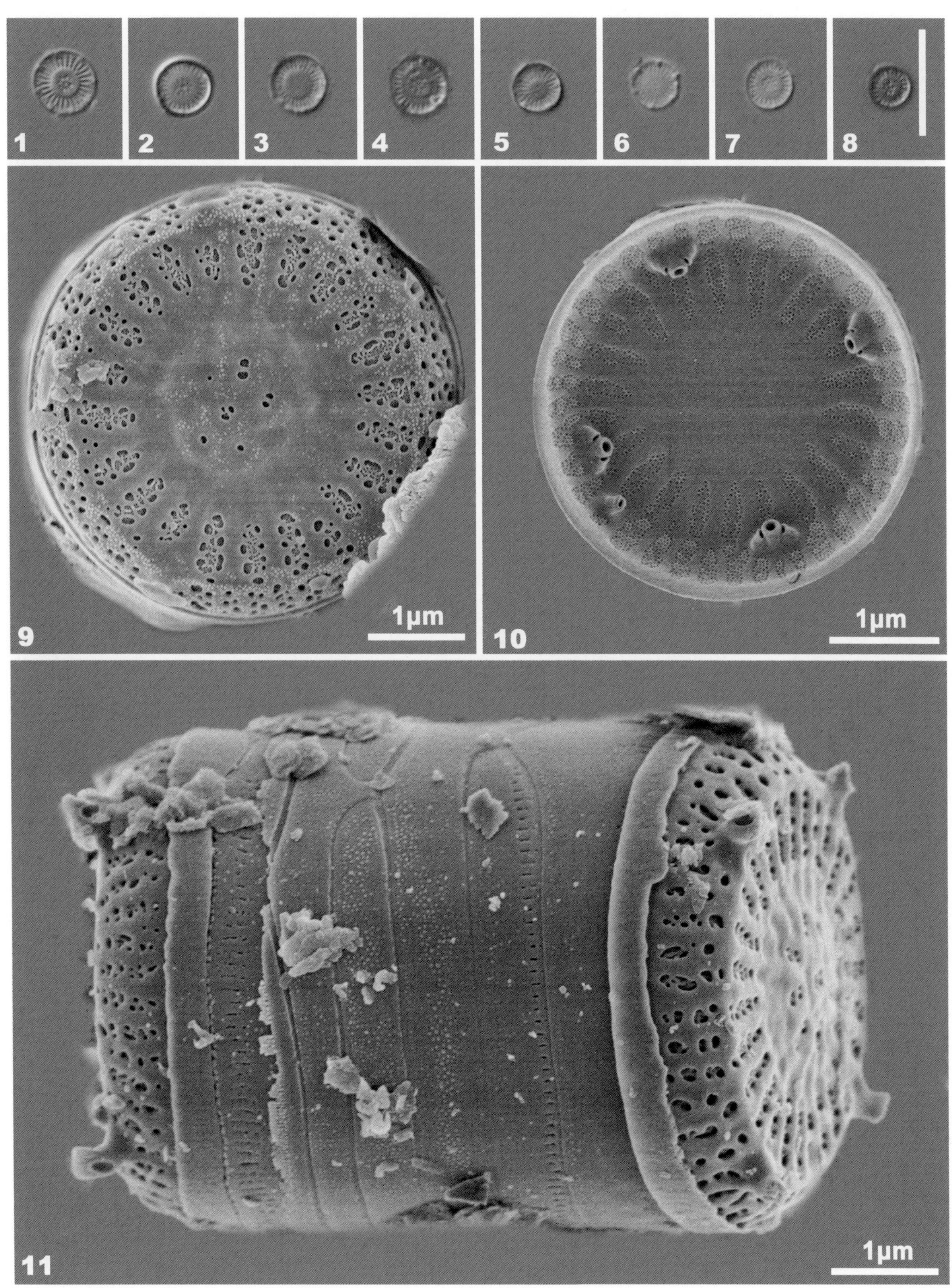

1-11. 卡鲁克碟星藻 *Discostella lacuskarluki* (Manguin ex Kociolek & Reviers) Potapova, Aycock & Bogan

图版 22

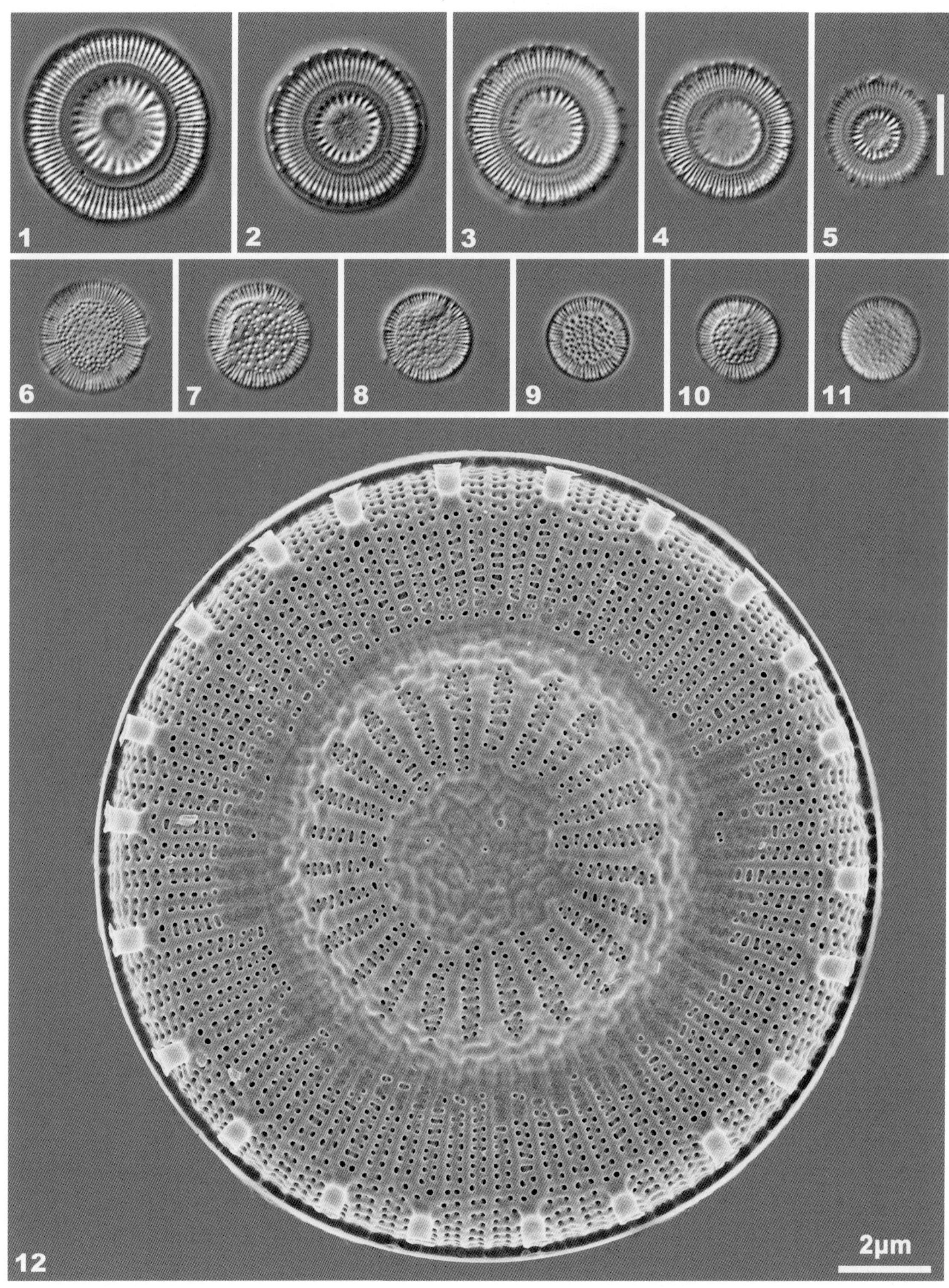

1-5, 12. 星肋碟星藻 *Discostella asterocostata* (Lin, Xie & Cai) Houk & Klee; 6-11. 省略琳达藻 *Lindavia praetermissa* (Lund) Nakov et al.

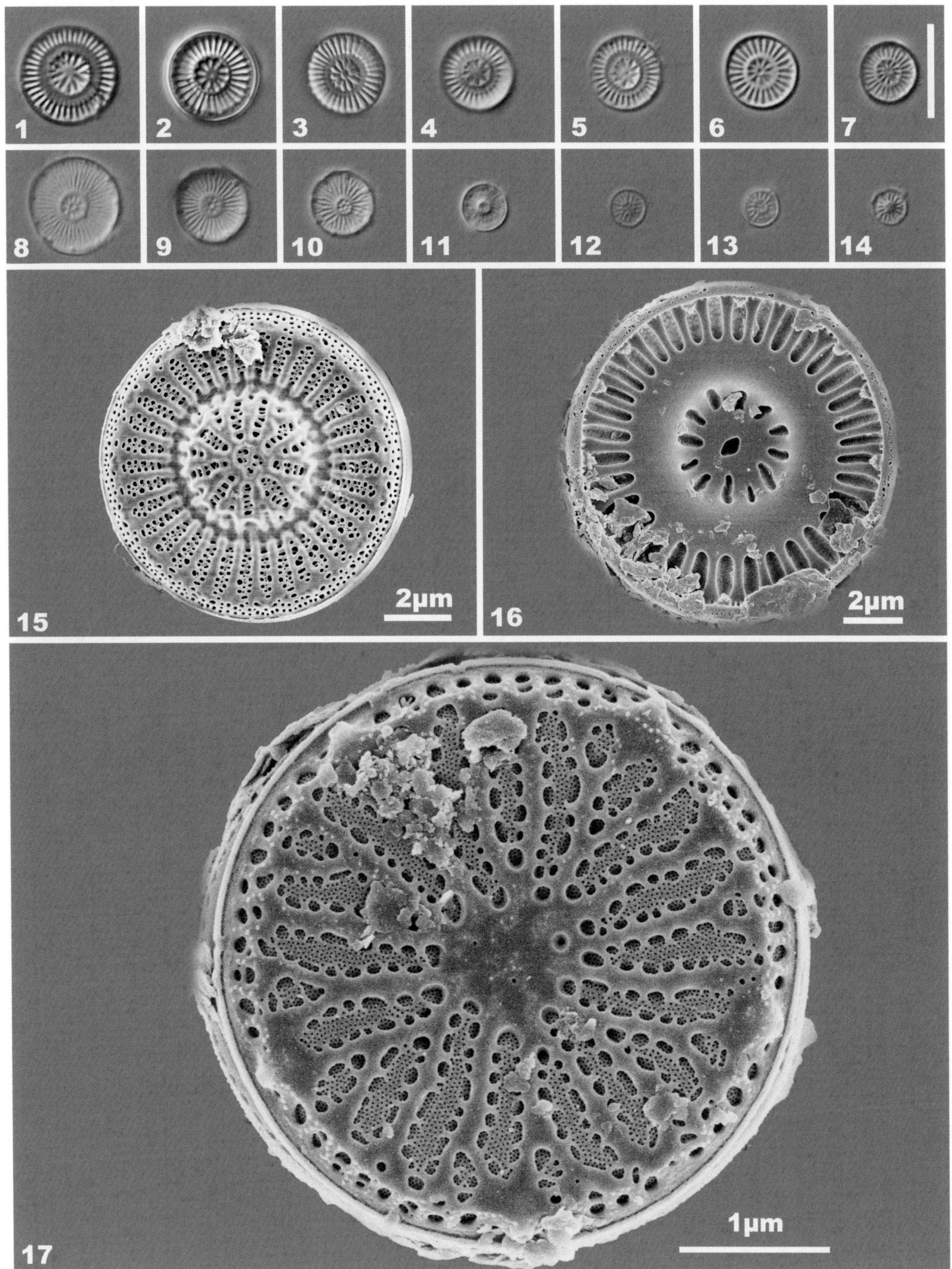

1-7, 15-16. 具星碟星藻 *Discostella stelligera* (Cleve & Grunow) Houk & Klee; 8-14, 17. 沃尔特碟星藻 *Discostella woltereckii* (Hustedt) Houk & Klee

图版 24

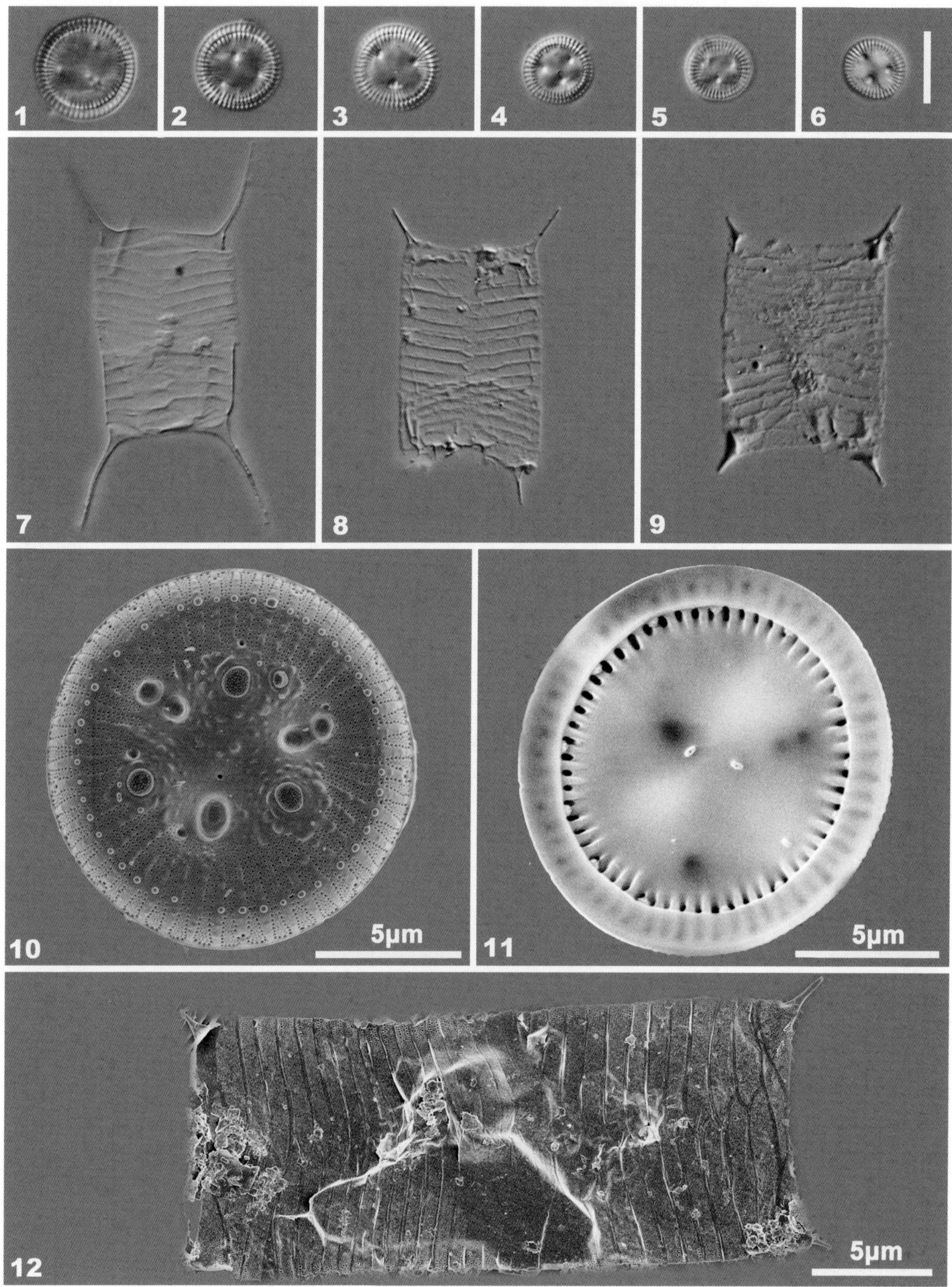

1-6, 10-11. 眼斑蓬氏藻 *Pantocsekiella ocellata* (Pantocsek) Kiss & Ács; 7-9, 12. 扎卡刺角藻 *Acanthoceras zachariasii* (Brun) Simonsen

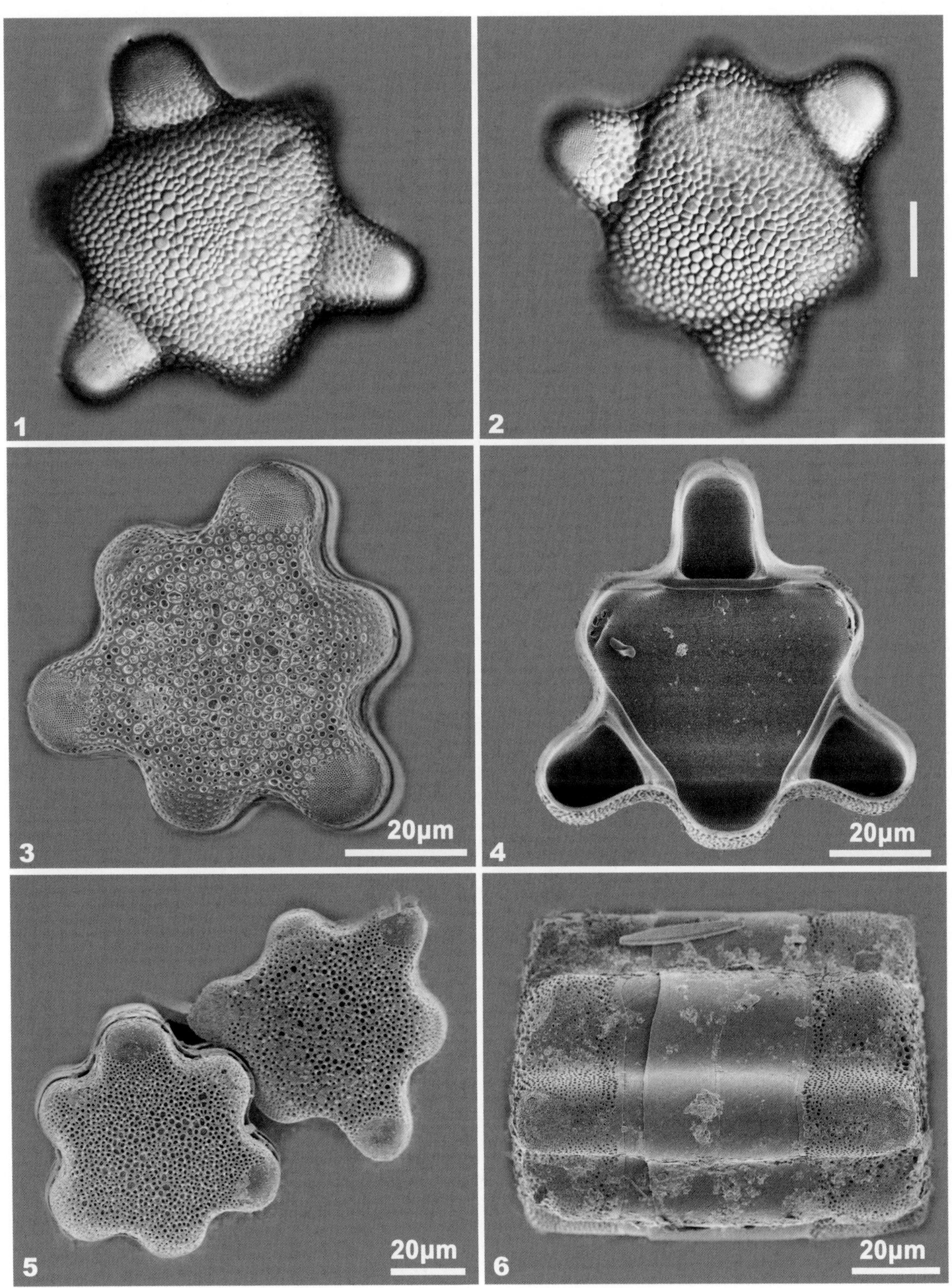

1-6. 黄埔水链藻 *Hydrosera whampoensis* (Schwarz) Deby

图版 26

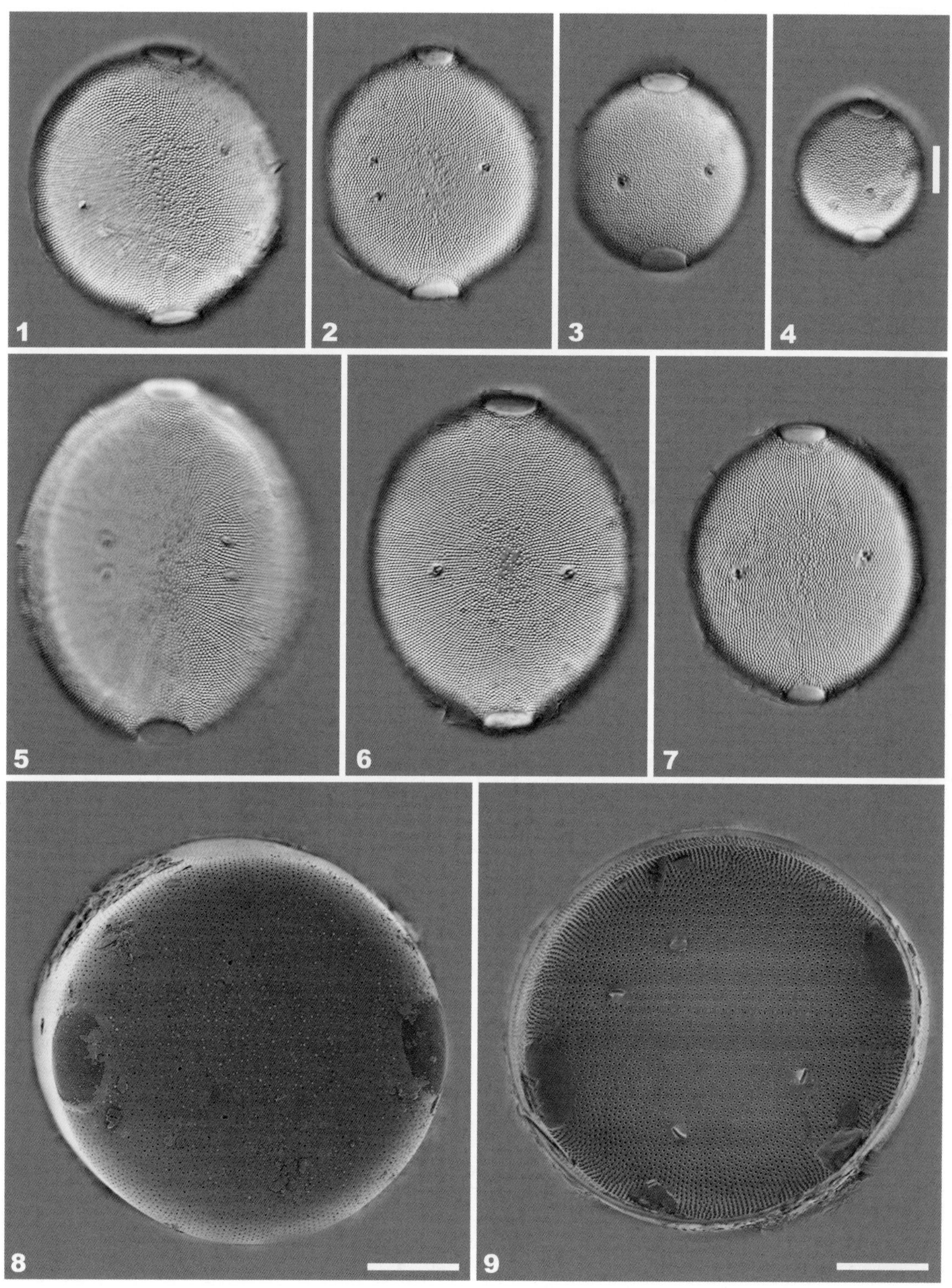

1-4, 8-9. 印度侧链藻 *Pleurosira indica* Karthick & Kociolek; 5-7. 光滑侧链藻 *Pleurosira laevis* (Ehrenberg) Compère

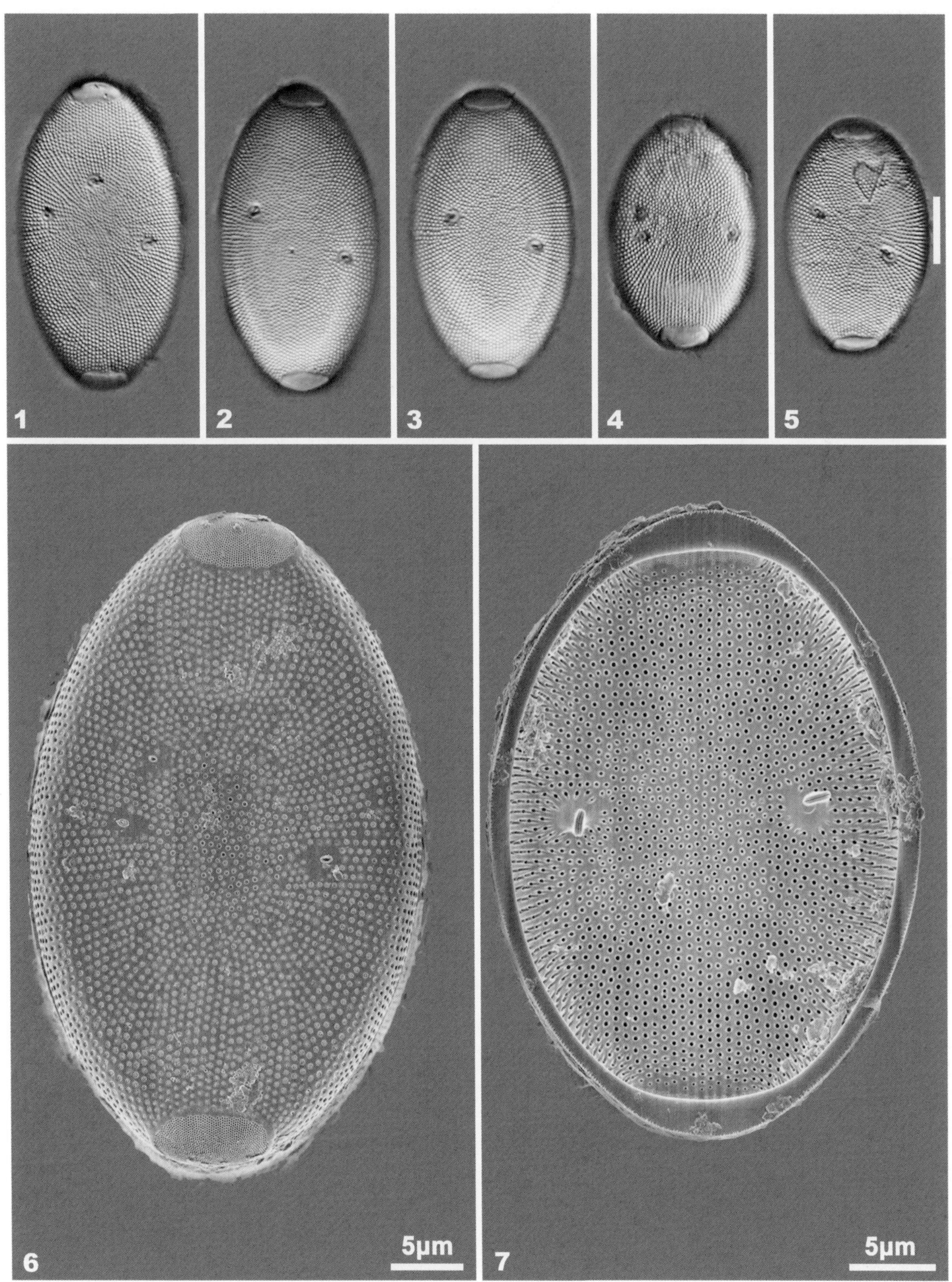

1-7. 较小侧链藻 *Pleurosira minor* Metzeltin, Lange-Bertalot & García-Rodríguez

图版 28

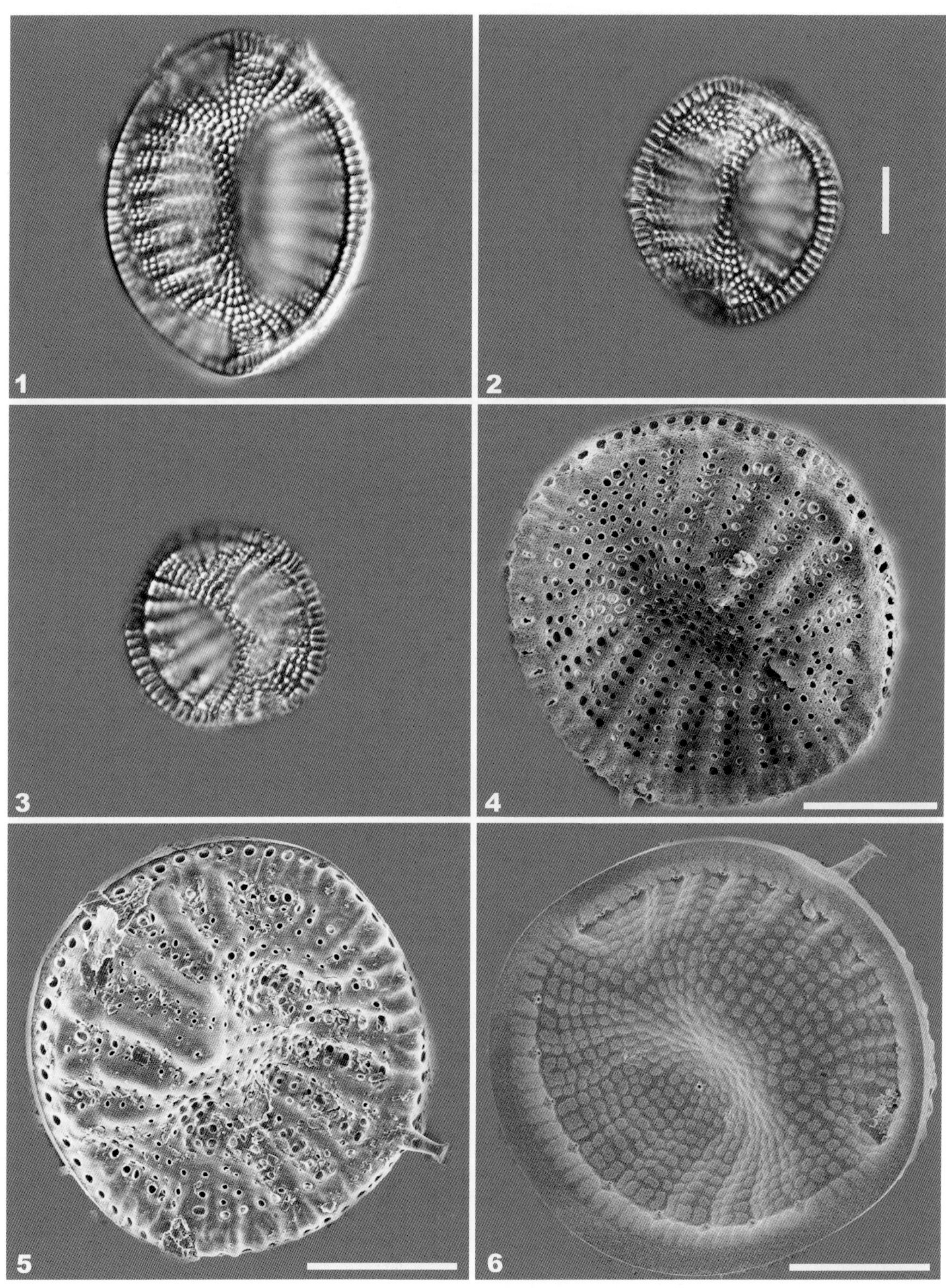

1-6. 卵形褶盘藻 *Tryblioptychus cocconeiformis* (Grunow) Hendey

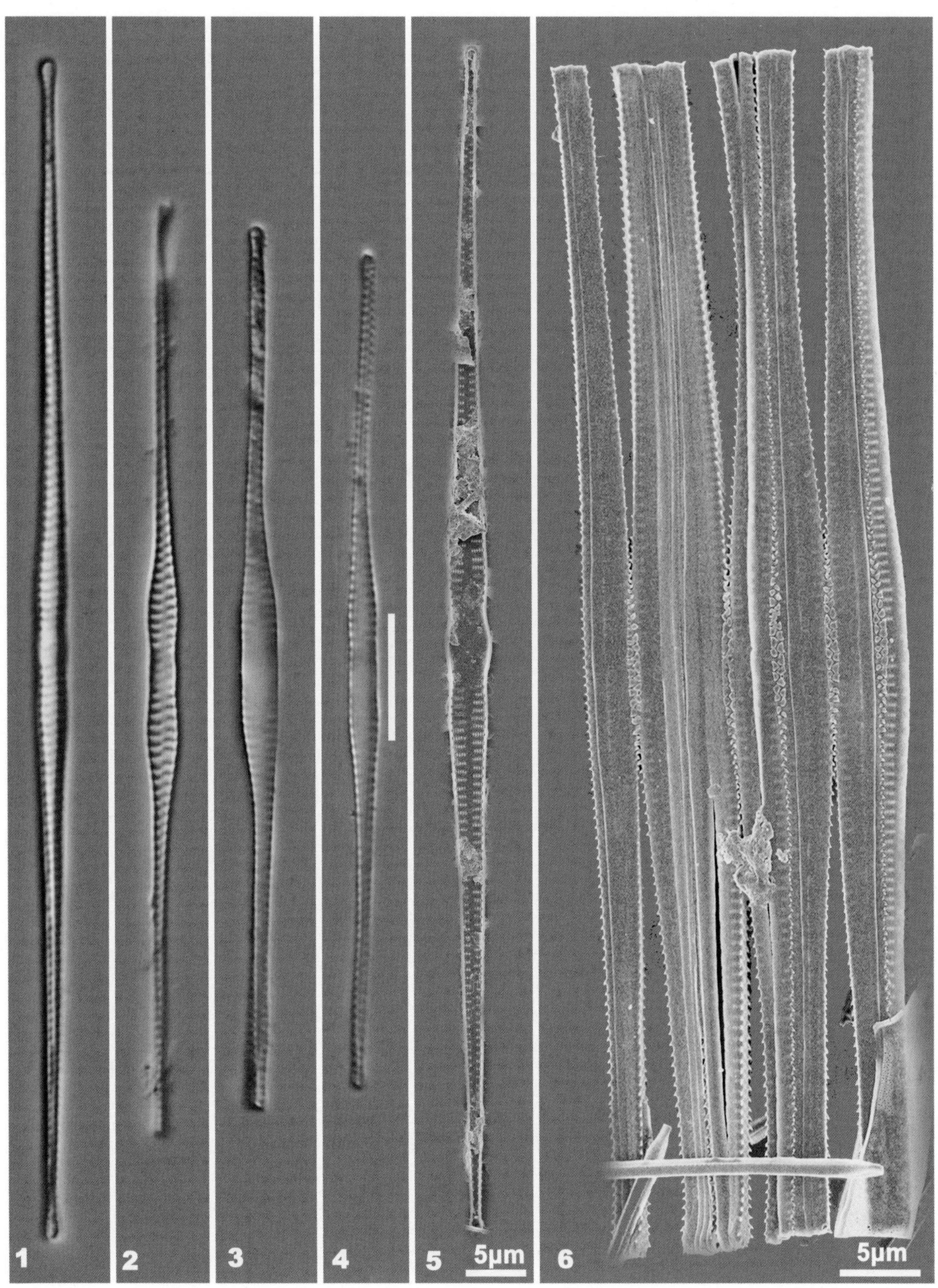

1-4, 6. 克罗顿脆杆藻 *Fragilaria crotonensis* Kitton; 5. 克罗顿脆杆藻俄勒冈变种 *Fragilaria crotonensis* var. *oregona* Sovereign

图版 30

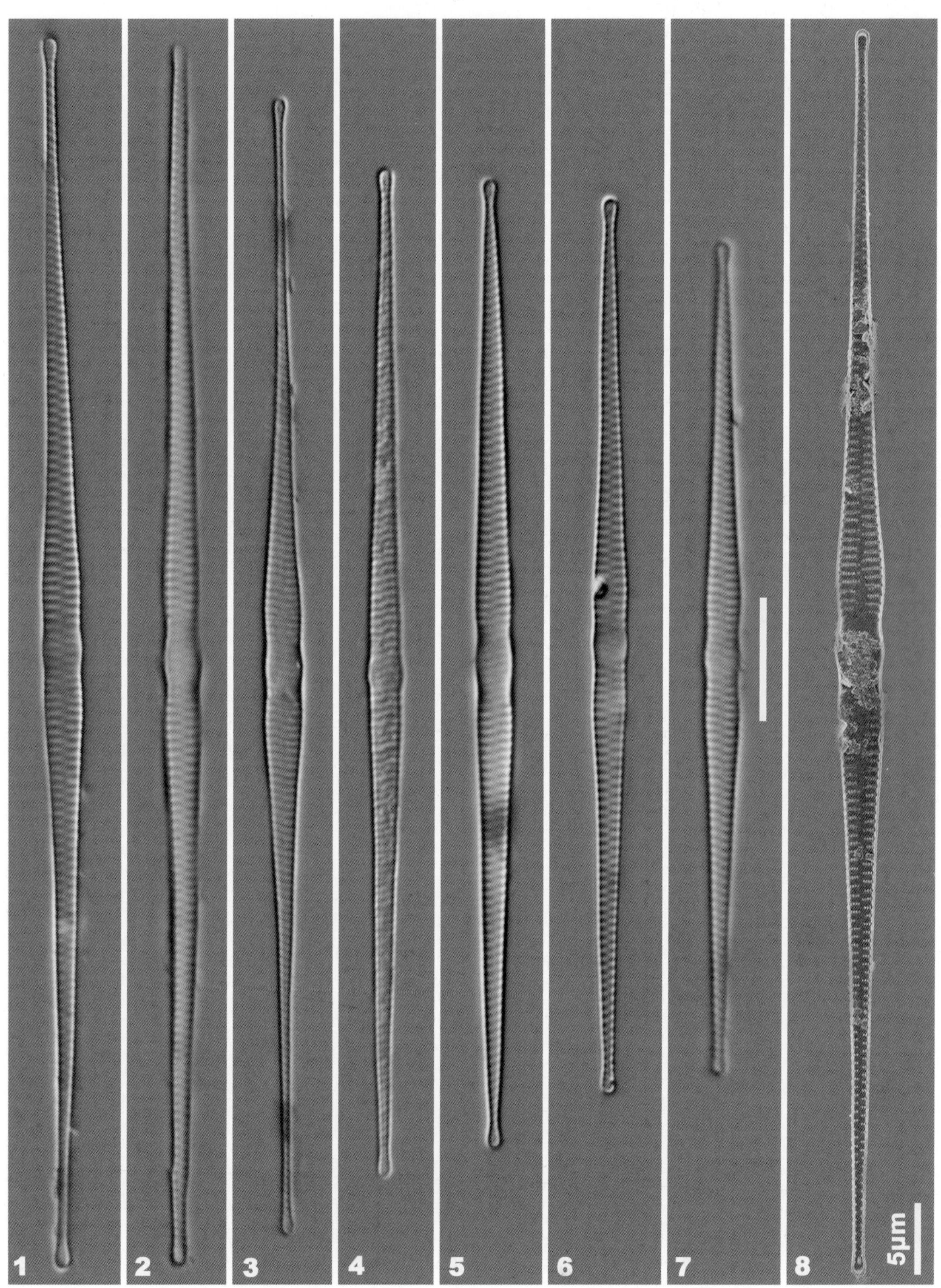

1-8. 克罗顿脆杆藻俄勒冈变种 *Fragilaria crotonensis* var. *oregona* Sovereign

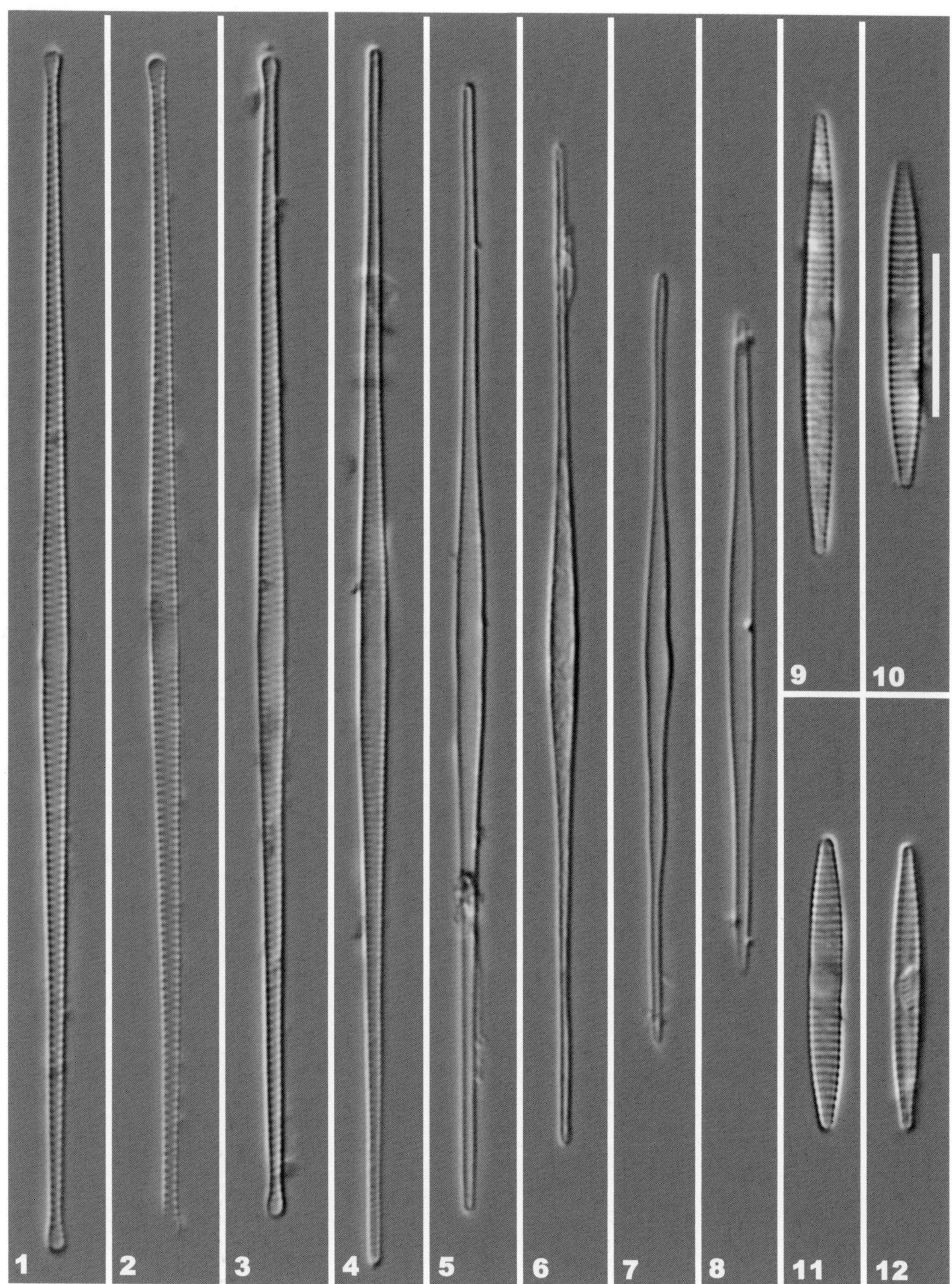

1-3. 柔弱肘形藻 *Ulnaria delicatissima* (Smith) Aboal & Silva; 4-6. 斯氏肘形藻 *Ulnaria schroeteri* (Meister) Williams; 7-8. 萨克斯脆杆藻 *Fragilaria saxoplanctonica* Lange-Bertalot & Ulrich; 9-12. 宾夕法尼亚脆杆藻 *Fragilaria pennsylvanica* Morales

图版 32

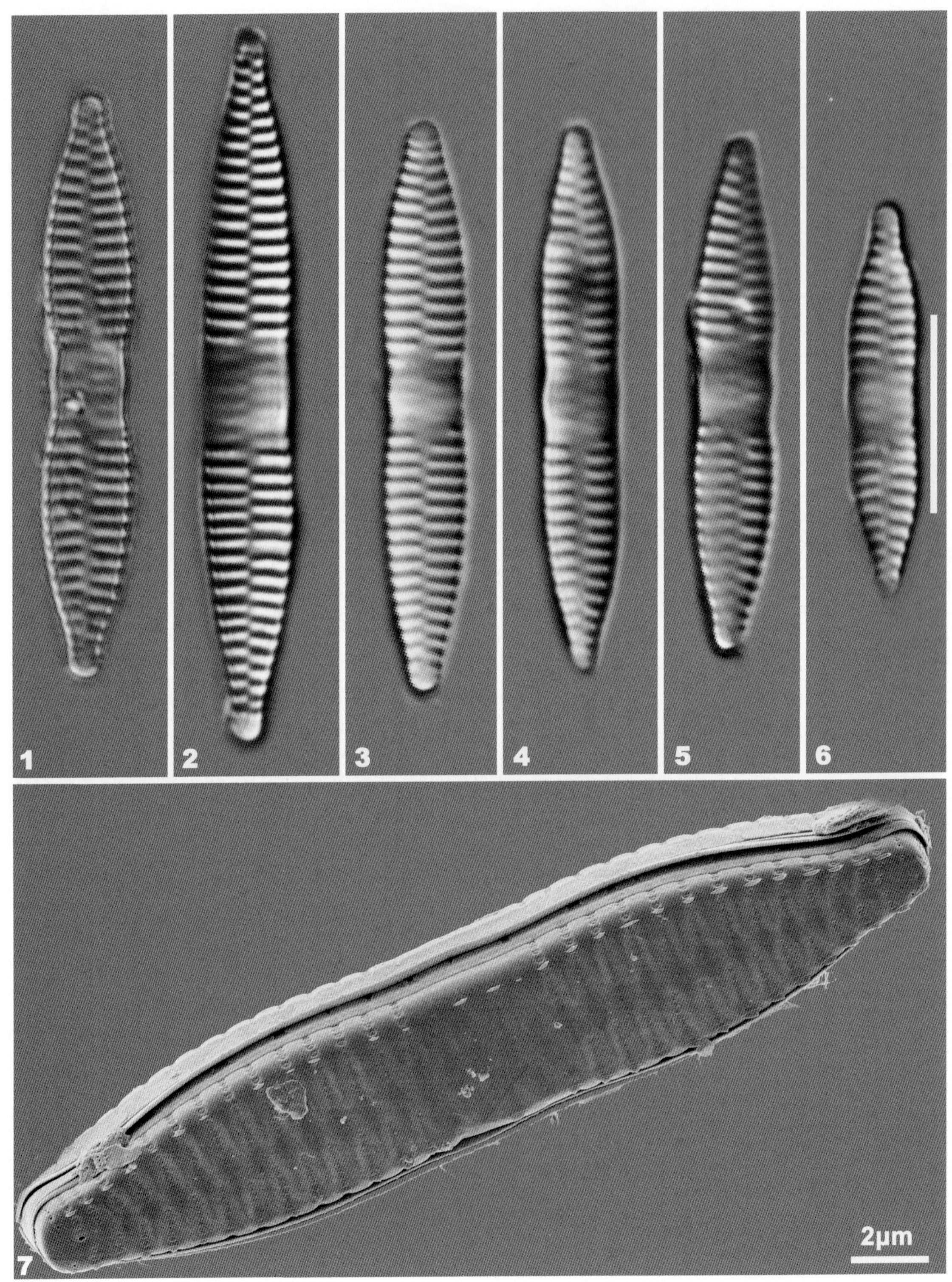

1. 脆型脆杆藻 *Fragilaria fragilarioides* (Grunow) Cholnoky; 2-7. 内华达脆杆藻 *Fragilaria nevadensis* Linares-Cuesta & Sánchez-Castillo

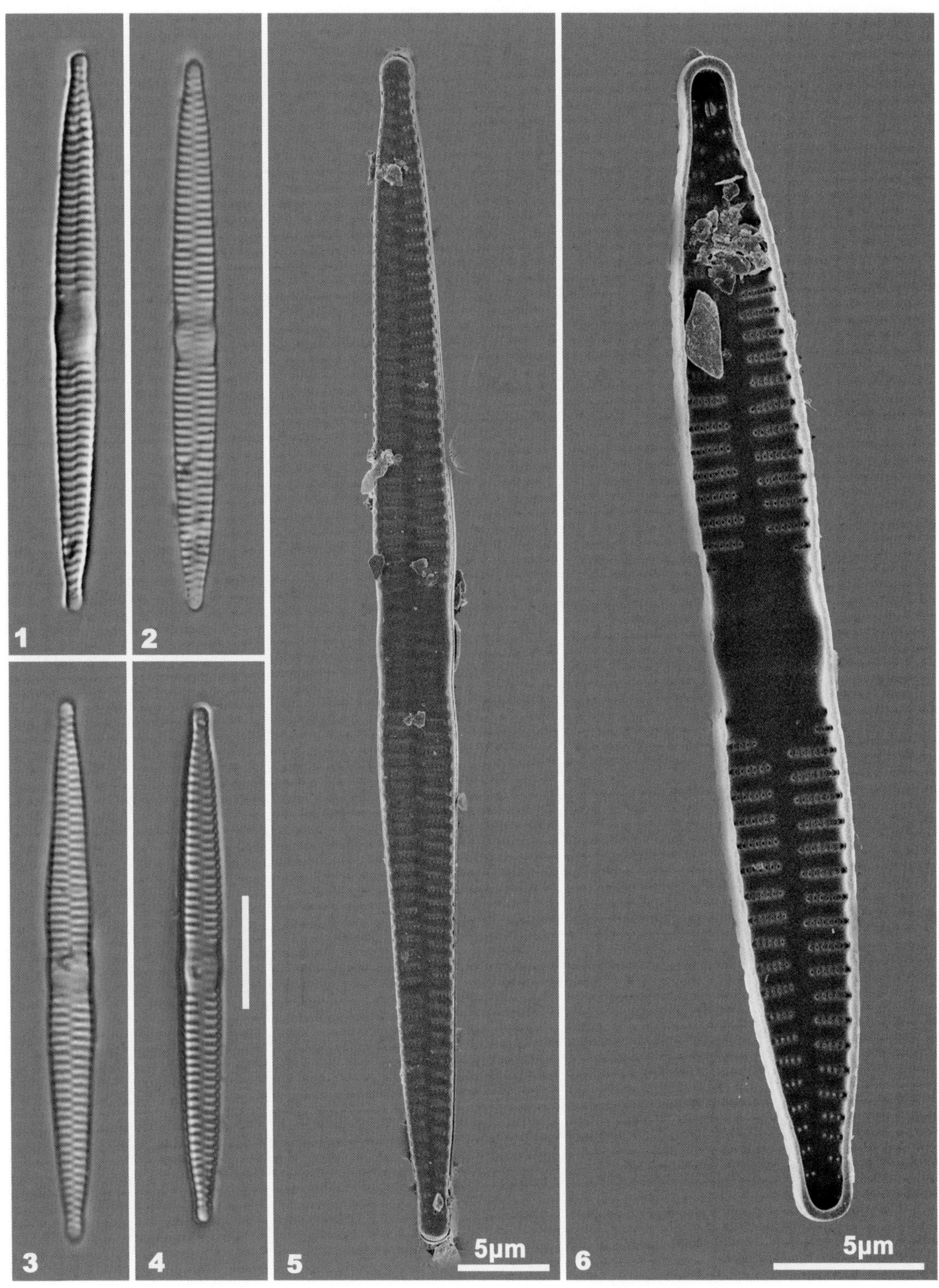

1-6. 近爆裂脆杆藻 *Fragilaria pararumpens* Lange-Bertalot, Hofmann & Werum

图版 34

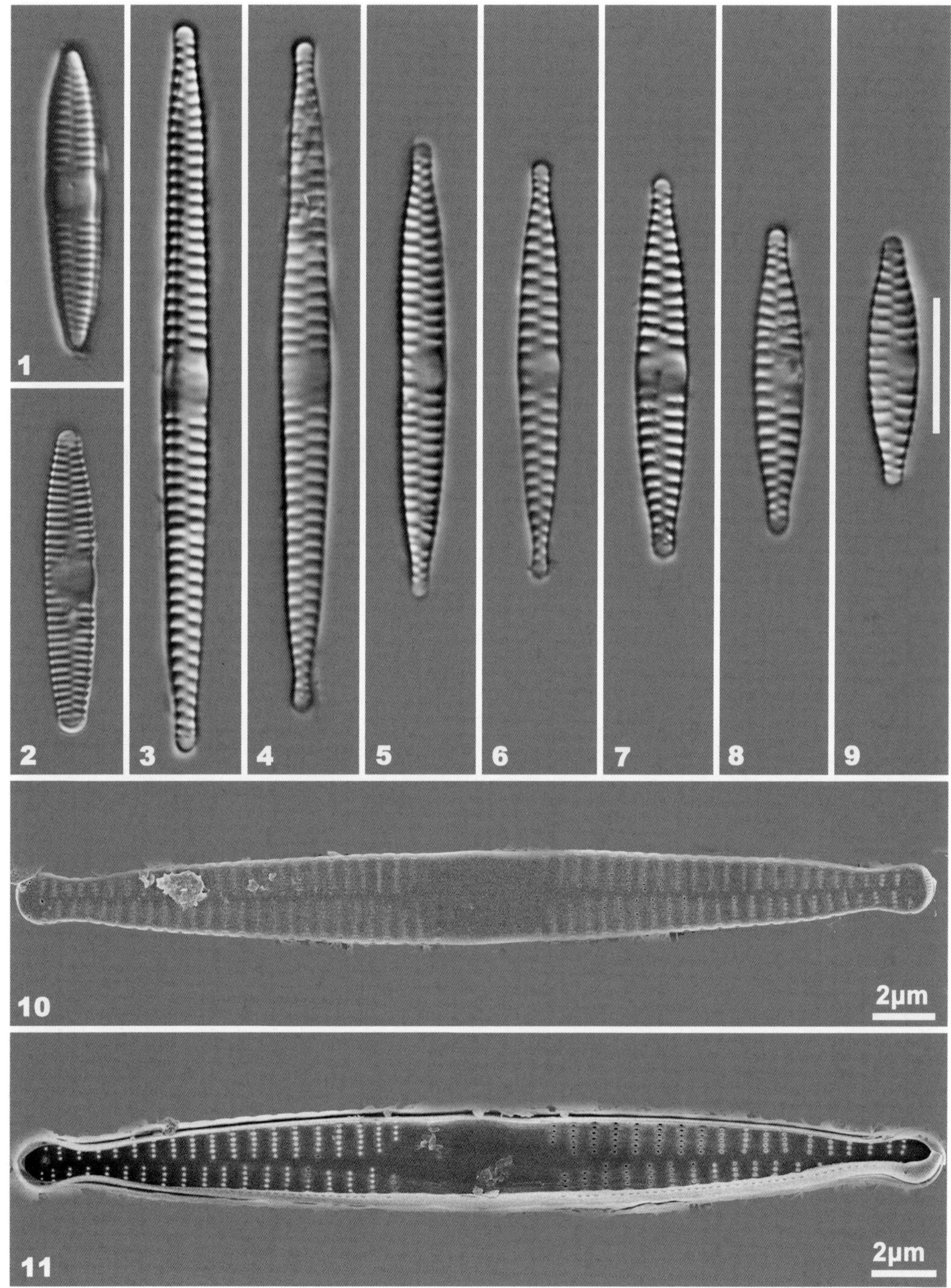

1-2. 篦形脆杆藻 *Fragilaria pectinalis* (Müller) Lyngbye; 3-11. 放射脆杆藻 *Fragilaria radians* (Kützing) Williams & Round

1-4, 9. 远距脆杆藻 *Fragilaria distans* (Grunow) Bukhtiyarova; 5-8. 沃切里脆杆藻椭圆变种 *Fragilaria vaucheriae* var. *elliptica* Manguin

图版 36

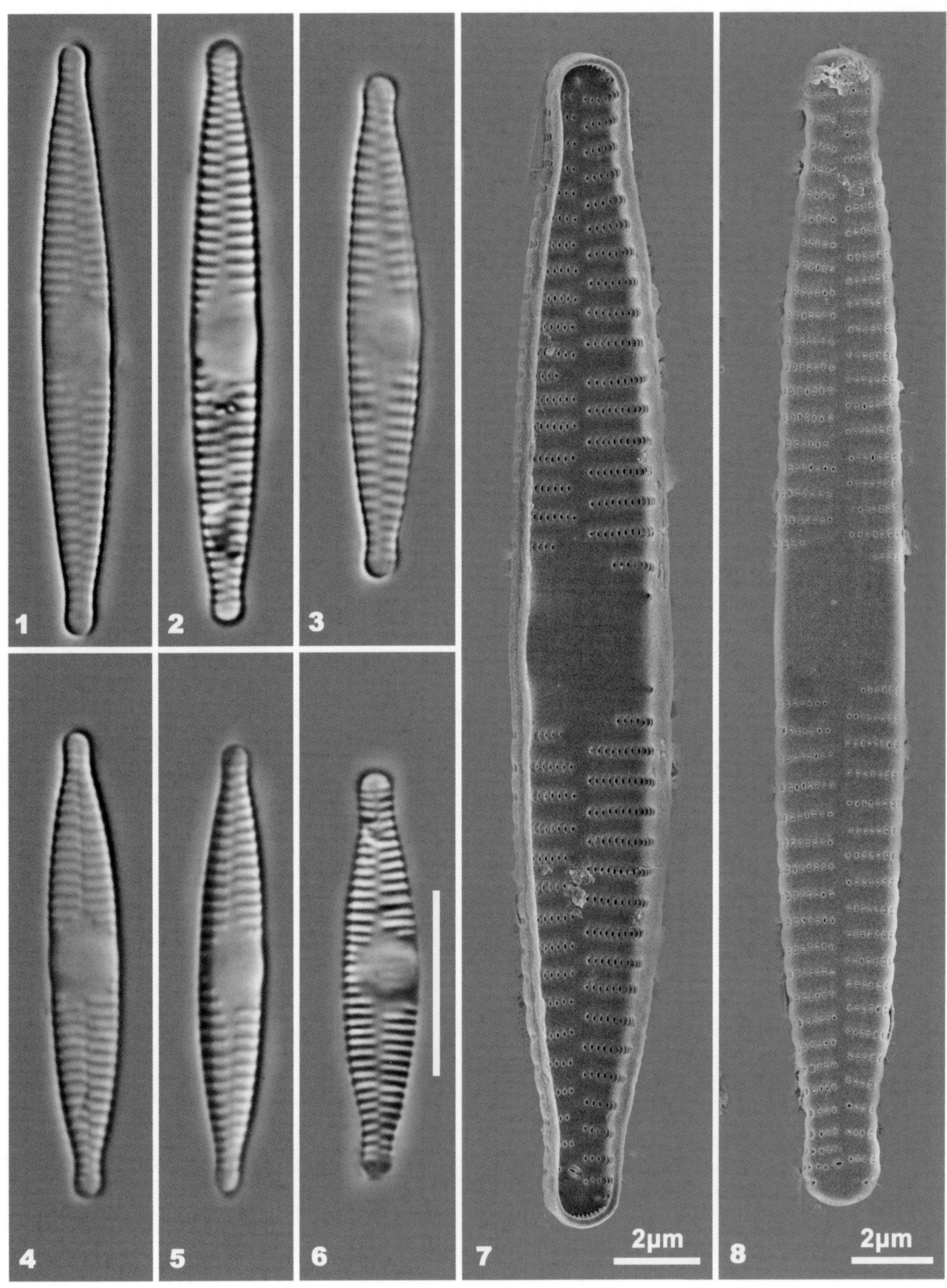

1-8. 小头脆杆藻 *Fragilaria recapitellata* Lange-Bertalot & Metzeltin

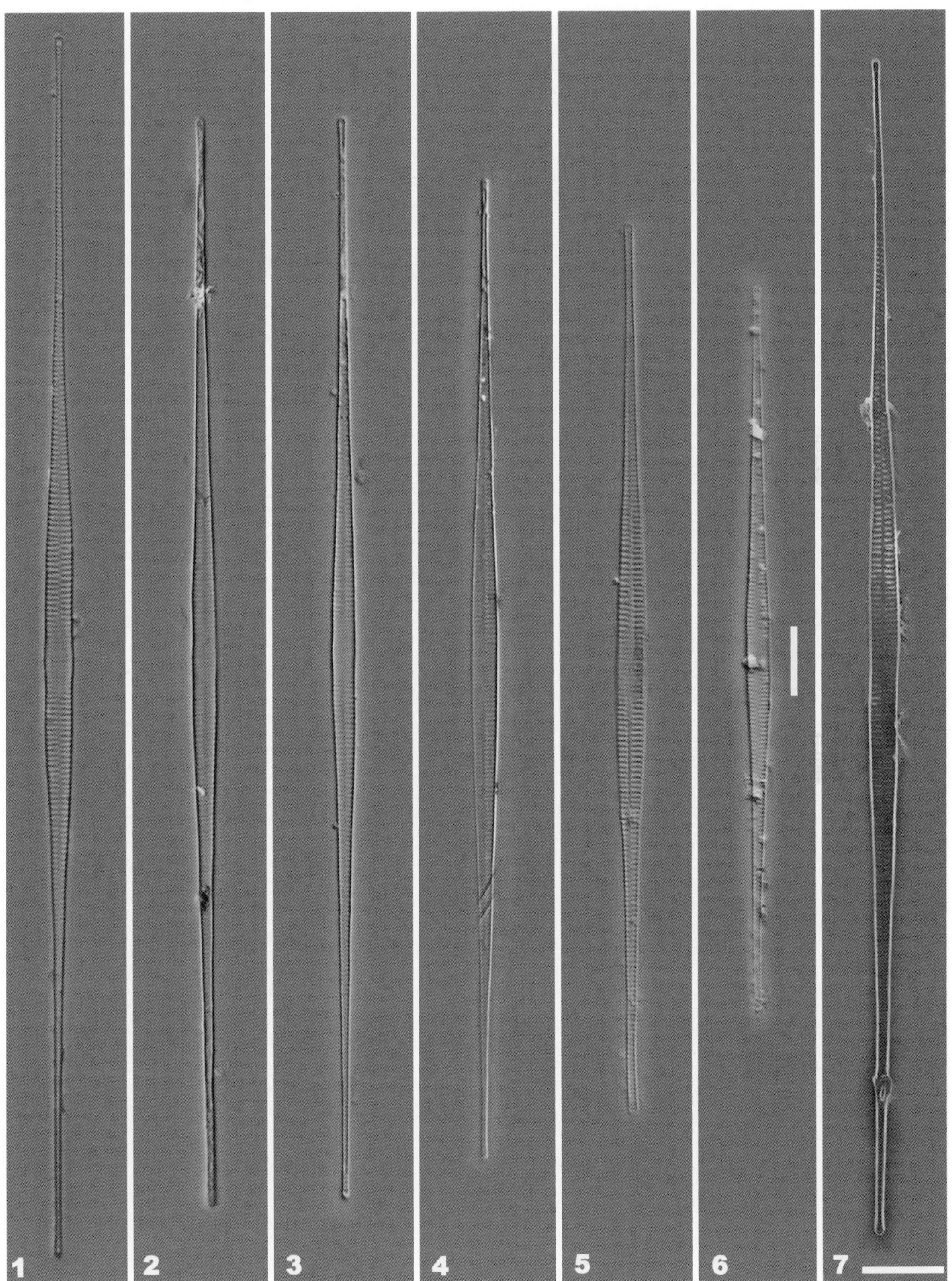

1-7. 尖肘形藻 *Ulnaria acus* (Kützing) Aboal

图版 38

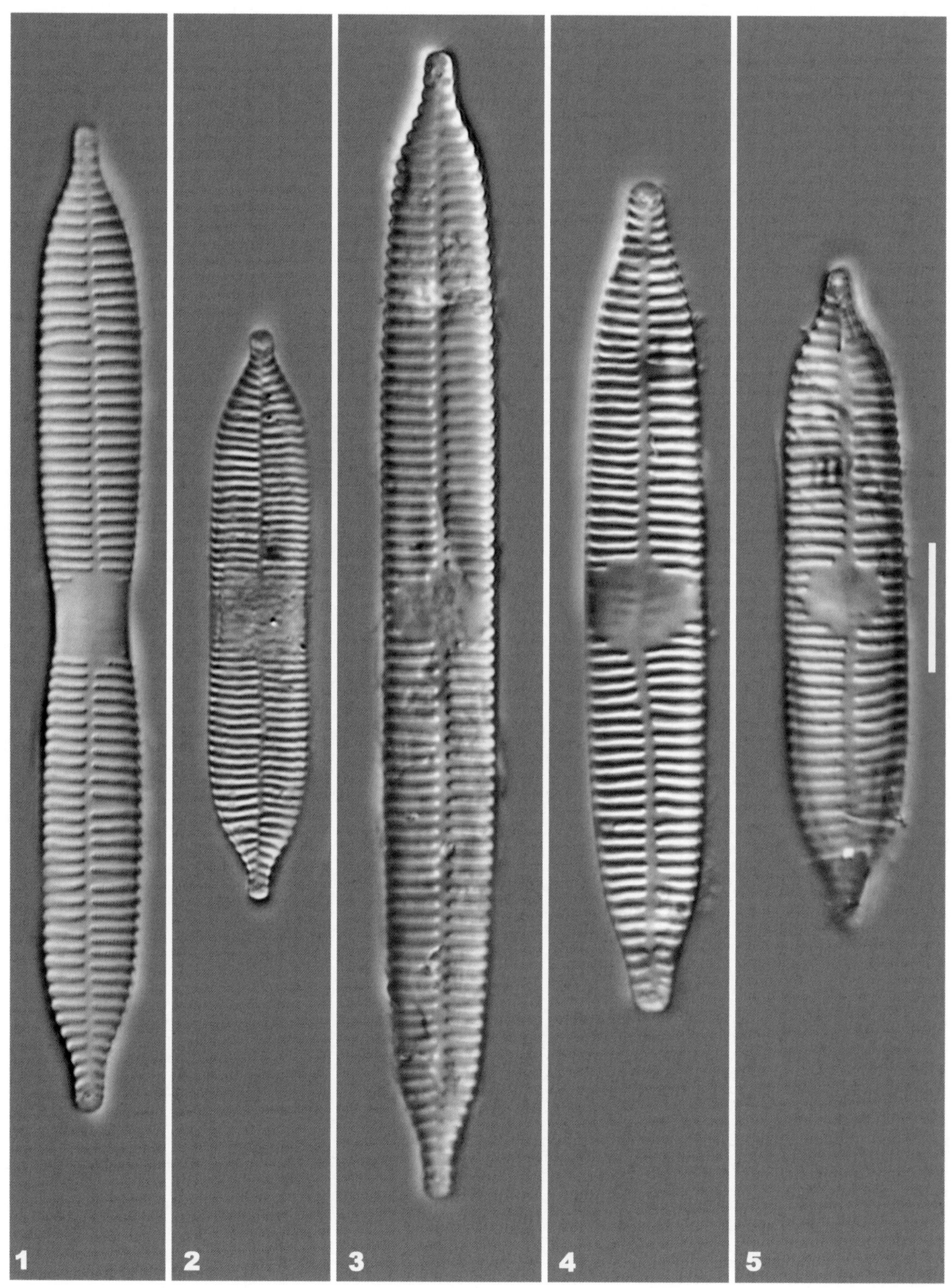

1. 缢缩肘形藻 *Ulnaria contracta* (Østrup) Morales & Vis; 2. 肘状肘形藻匙形变种 *Ulnaria ulna* var. *spathulifera* (Grunow) Aboal; 3-5. 披针肘形藻 *Ulnaria lanceolata* (Kützing) Compère

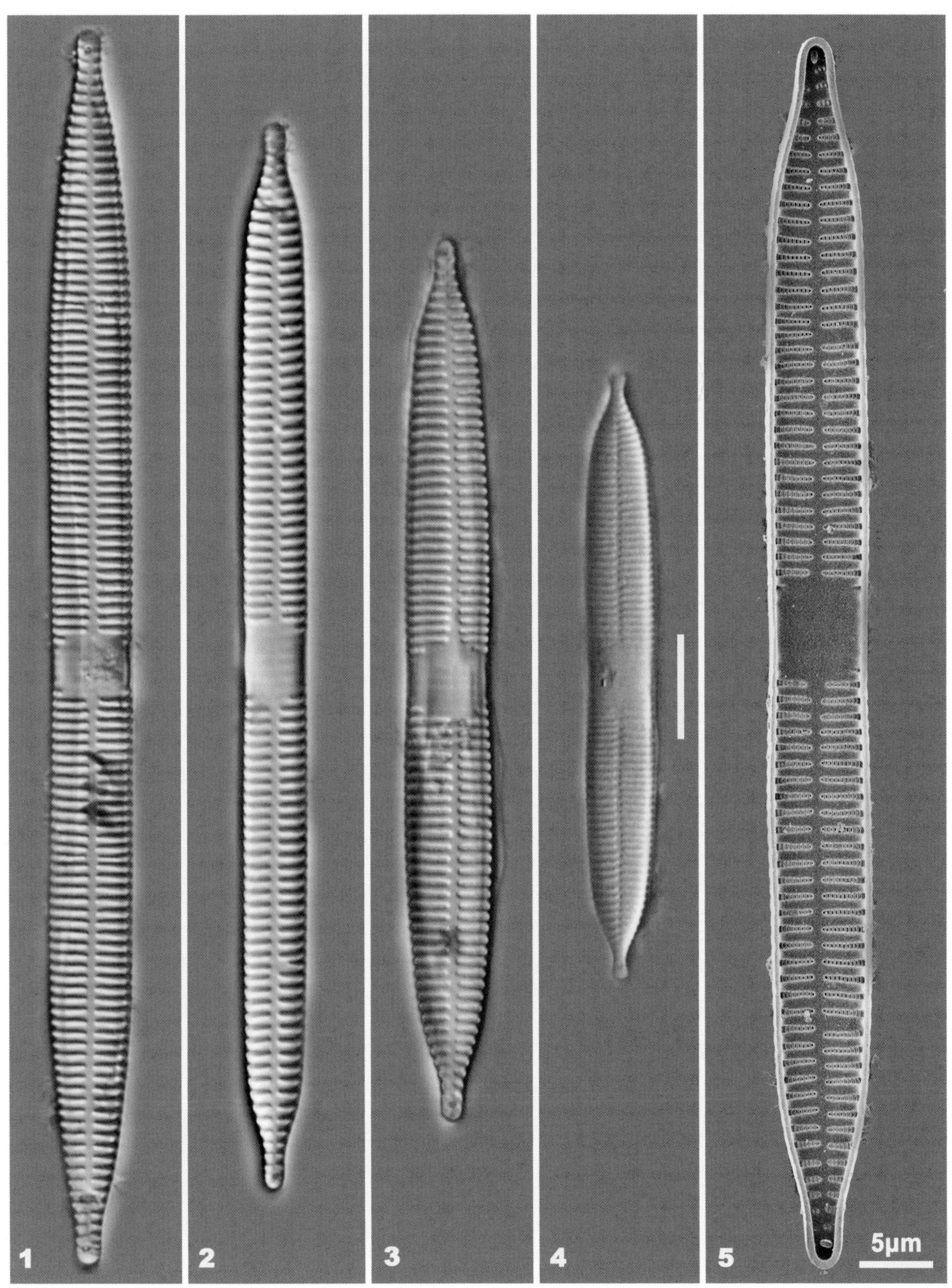

1-5. 尖喙肘形藻 *Ulnaria oxyrhynchus* (Kützing) Aboal

图版 40

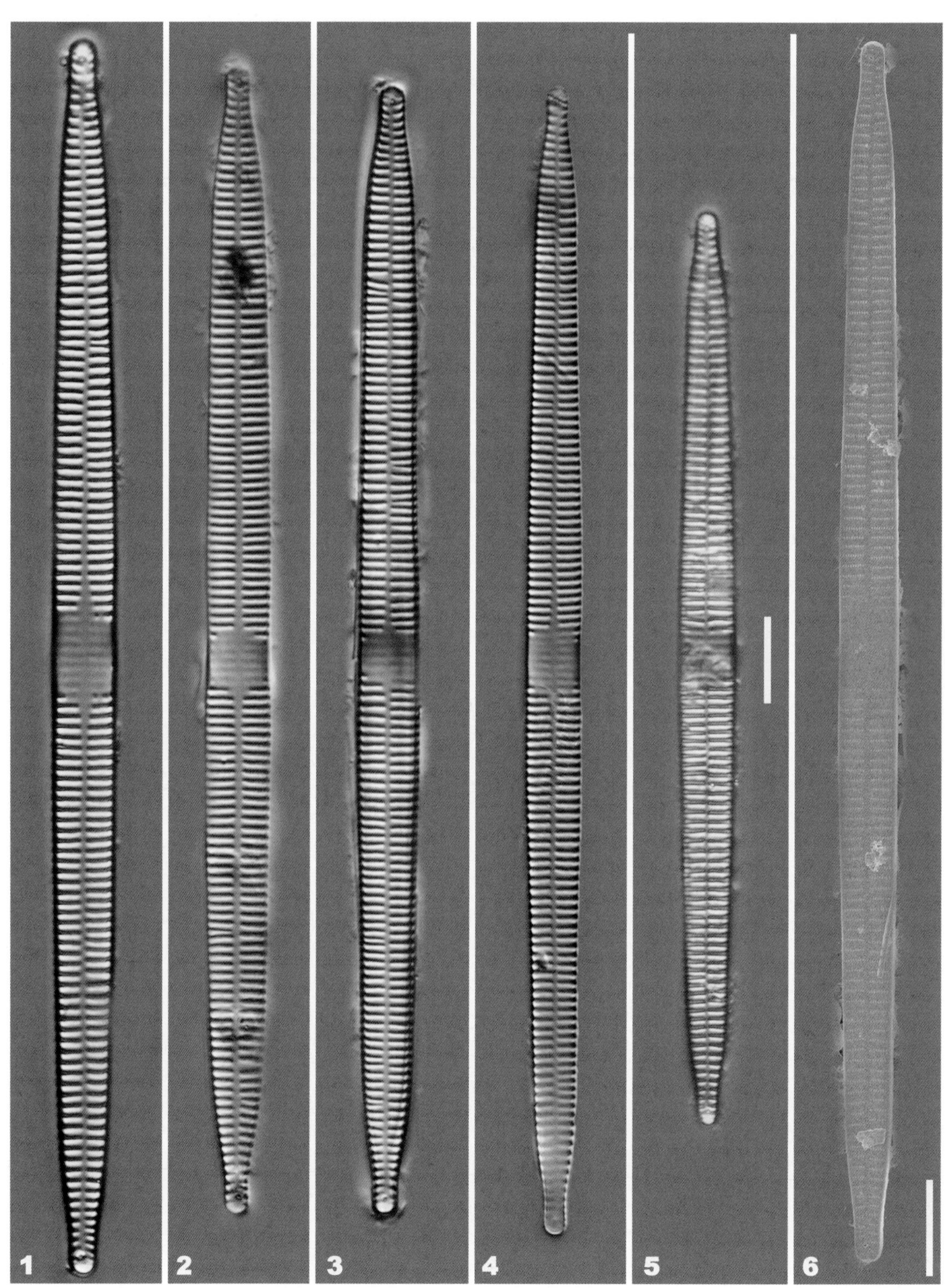

1-6. 肘状肘形藻 *Ulnaria ulna* (Nitzsch) Compère

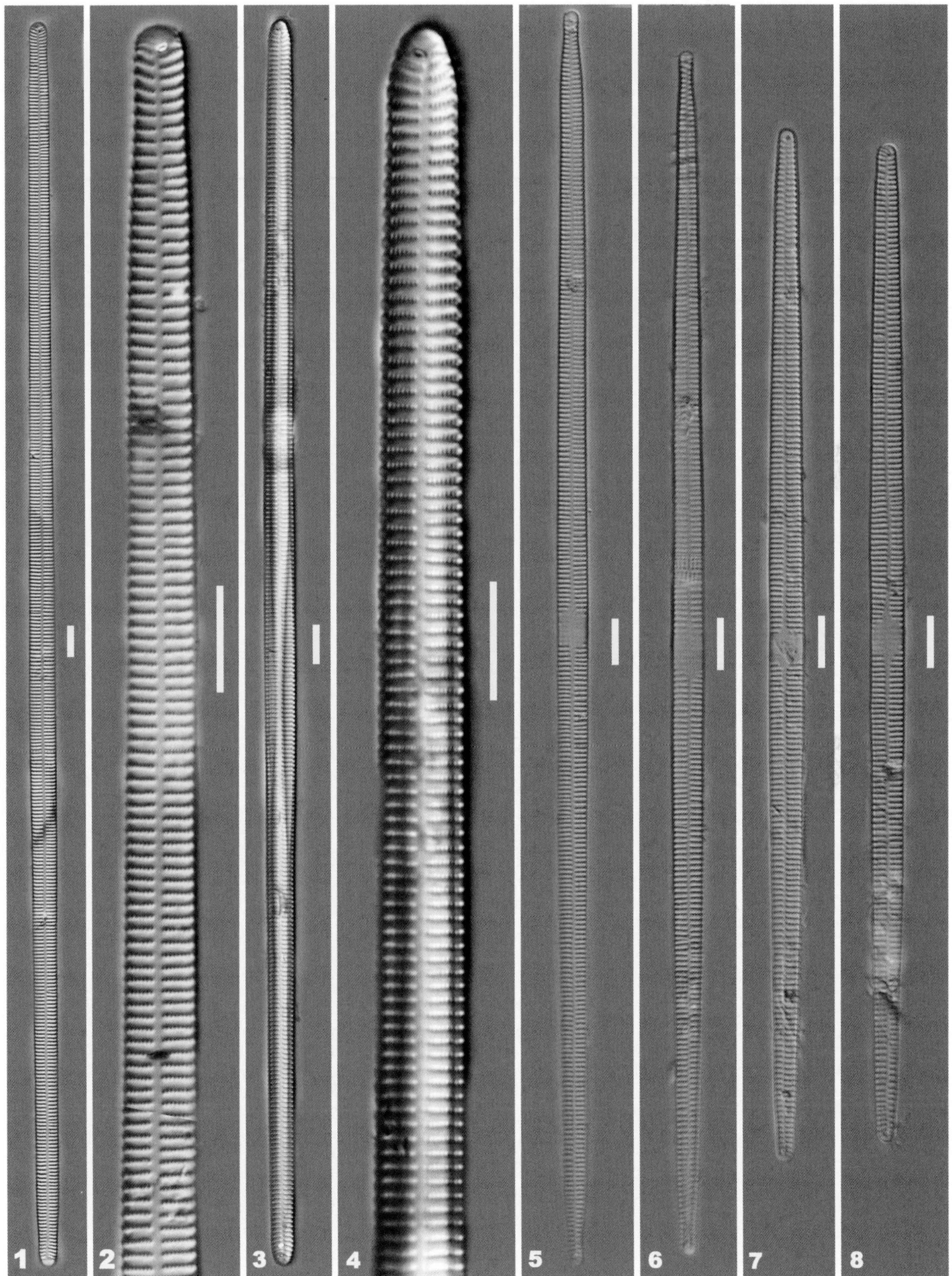

1-2. 恩格肘形藻 *Ulnaria ungeriana* (Grunow) Compère; 3-4. 杆状肘形藻 *Ulnaria obtusa* (Smith) Reichardt; 5-6. 双喙肘形藻 *Ulnaria amphirhynchus* (Ehrenberg) Compère & Bukhtiyarova; 7-8. 丹尼卡肘形藻 *Ulnaria danica* (Kützing) Compère & Bukhtiyarova

图版 42

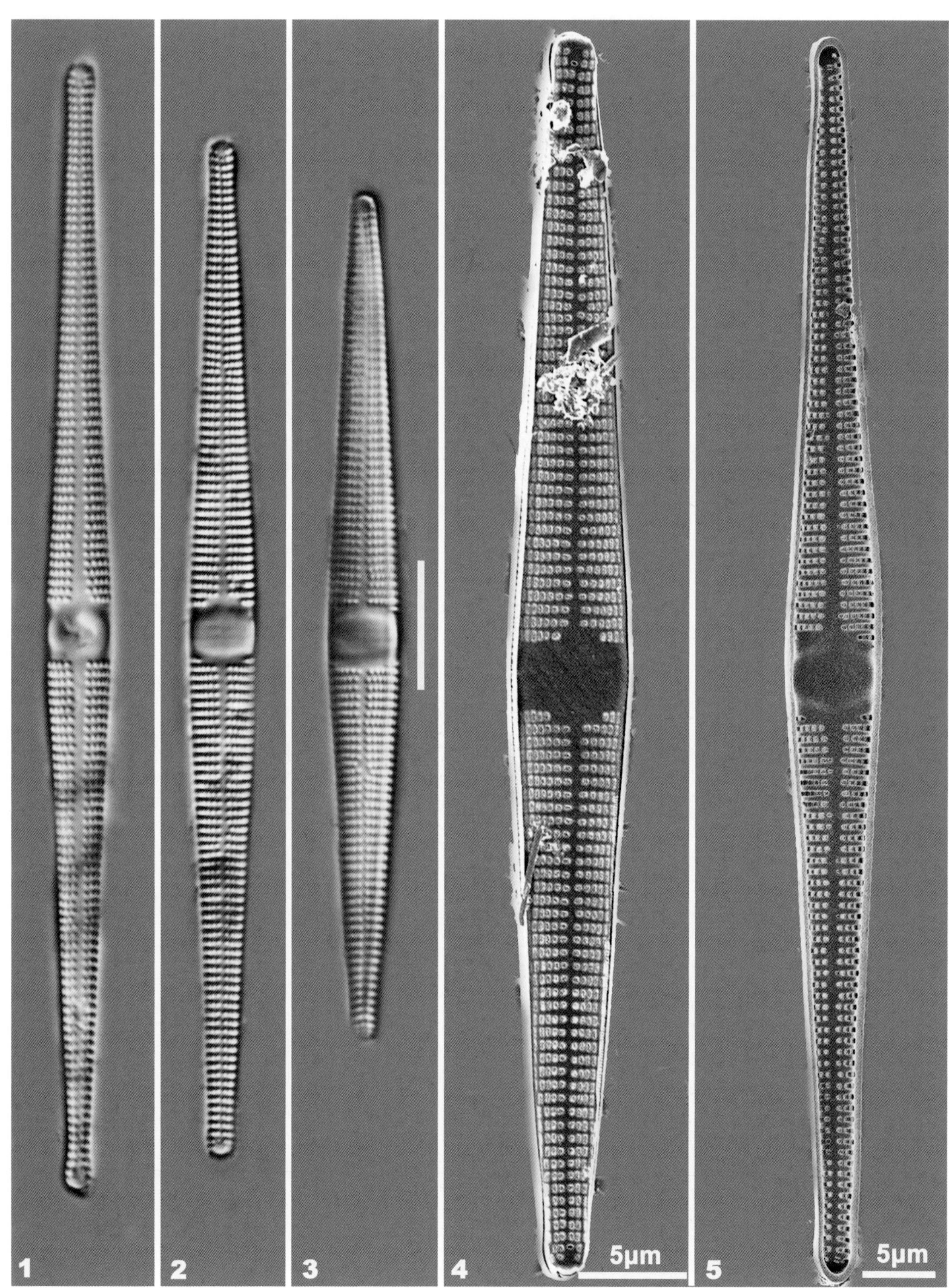

1-5. 美小栉链藻 *Ctenophora pulchella* (Ralfs ex Kützing) Williams & Round

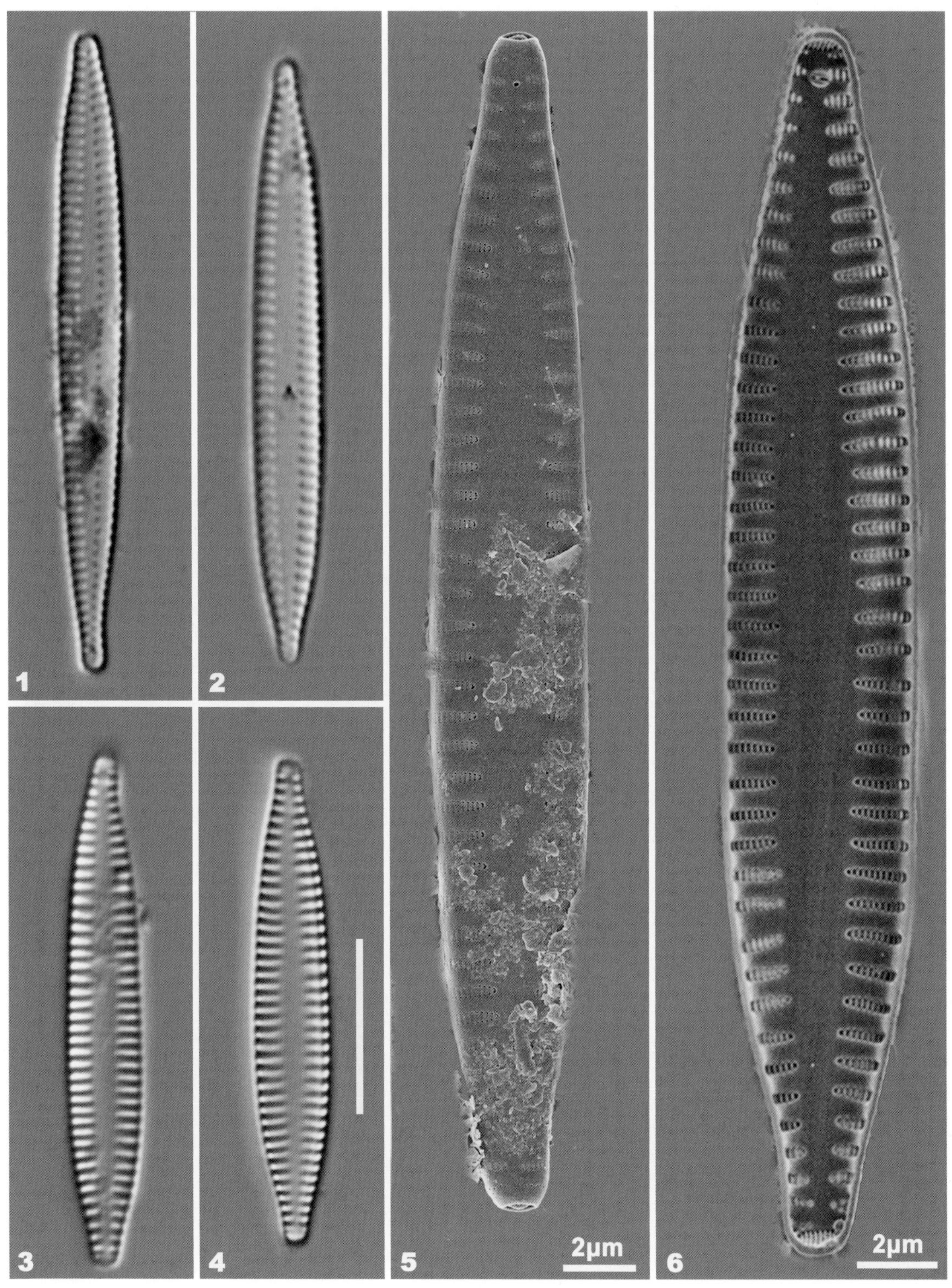

1-6. 簇生平格藻 *Tabularia fasciculata* (Agardh) Williams & Round

图版 44

1-8. 科巴平格藻 *Tabularia kobayasii* Hidek, Suzuki & Mitsuishi

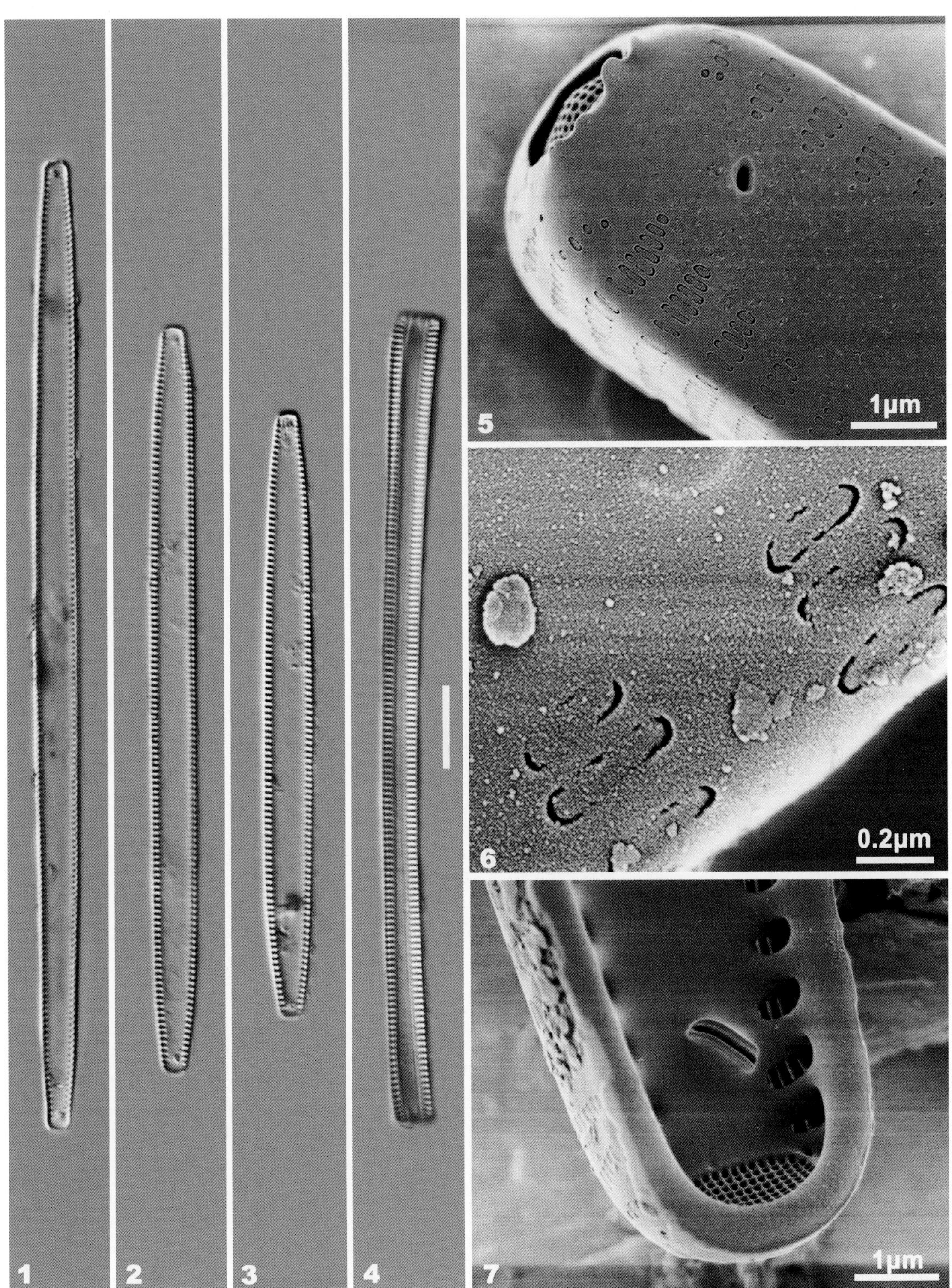

1-7. 中华平格藻 *Tabularia sinensis* Cao et al.

图版 46

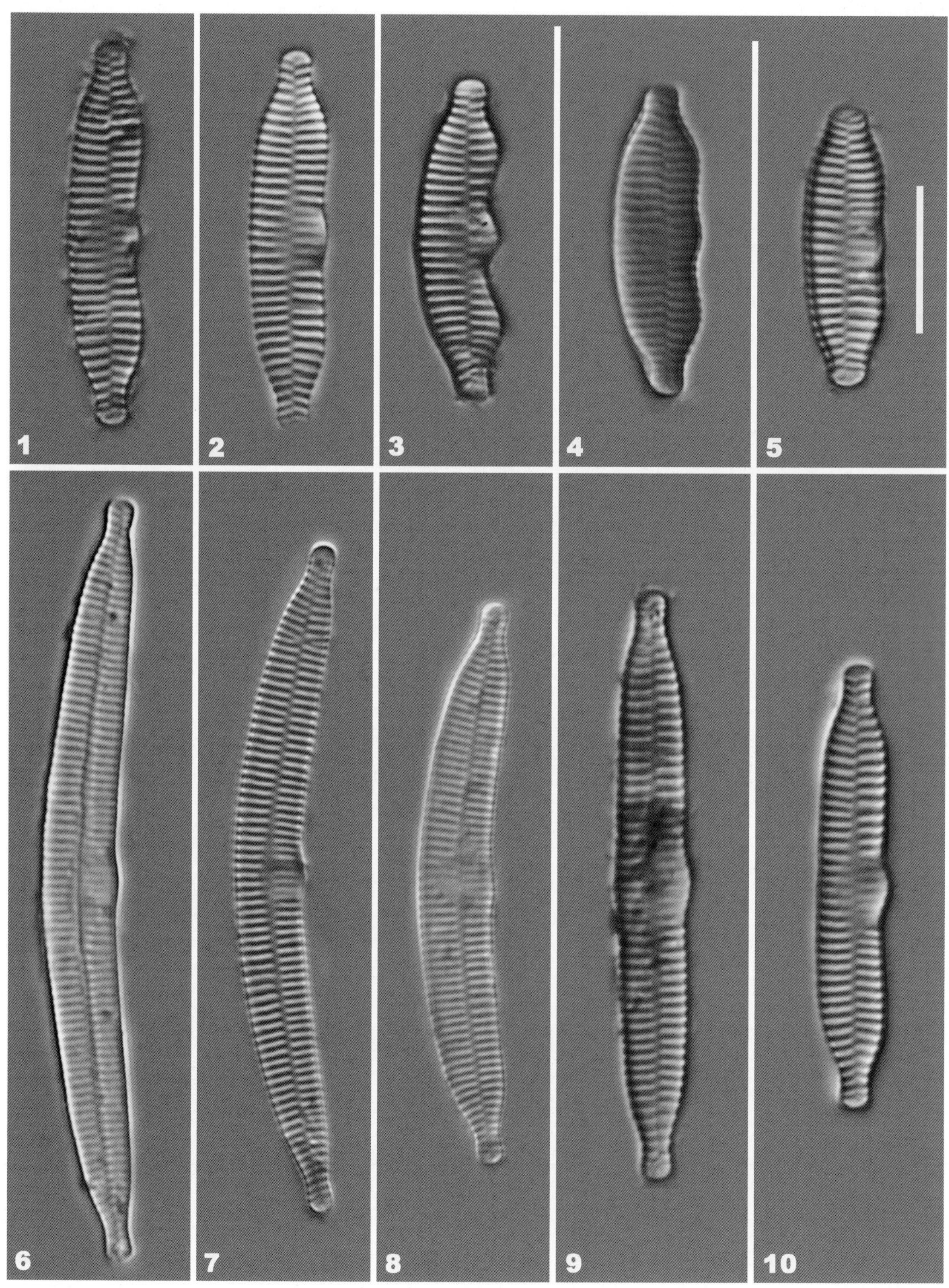

1-5. 弧形蛾眉藻双头变种 *Hannaea arcus* var. *amphioxys* (Rabenhorst) Patrick; 6-8. 弧形蛾眉藻 *Hannaea arcus* (Ehrenberg) Patrick; 9-10. 堪察加蛾眉藻 *Hannaea kamtchatica* (Petersen) Luo, You & Wang

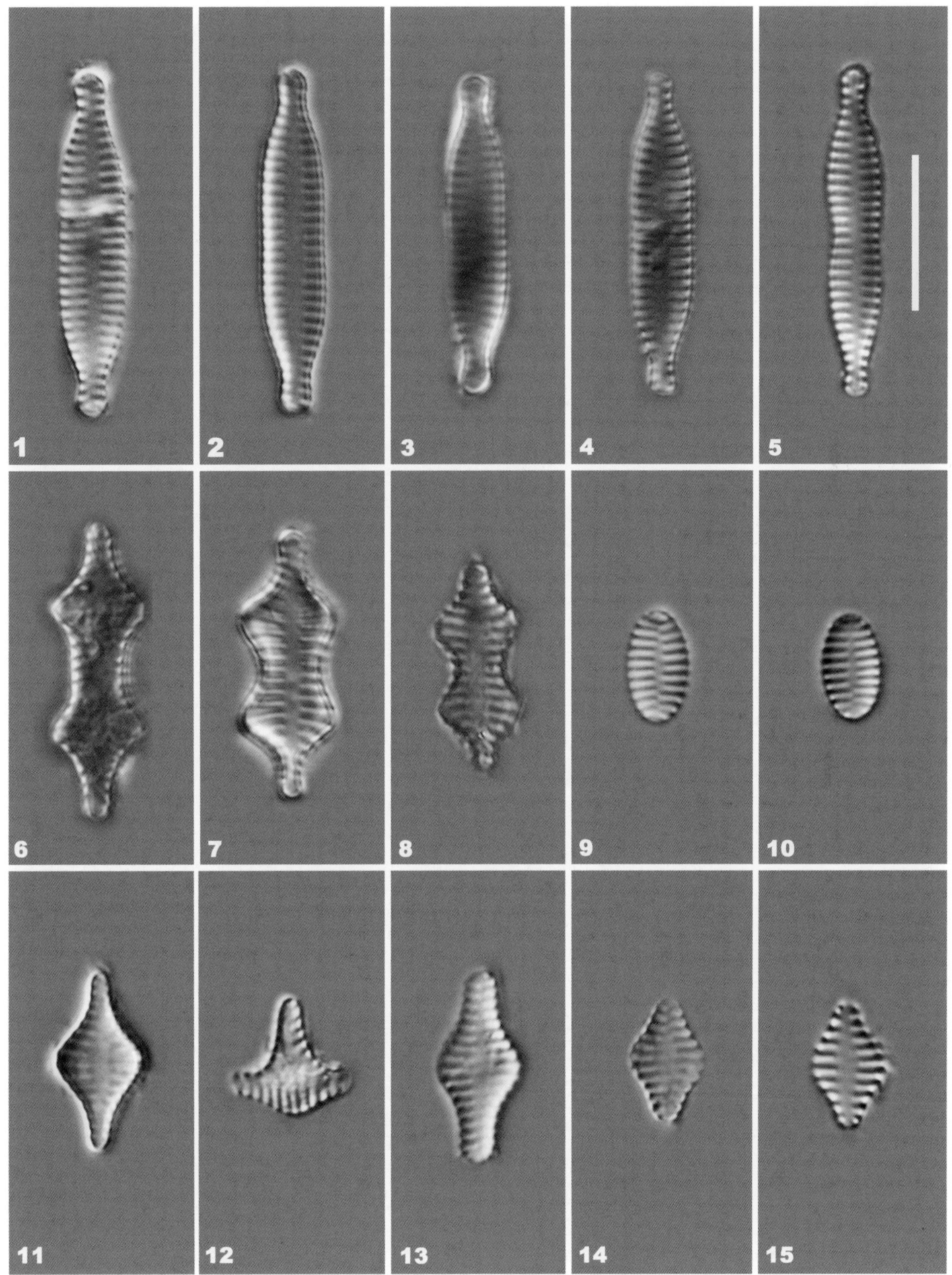

1-5. 双结十字脆杆藻 *Staurosira binodis* (Ehrenberg) Lange-Bertalot; 6-8. 连结脆杆藻双峰变种 *Fragilaria construens* var. *bigibba* Cleve; 9-10. 凸腹十字脆杆藻 *Staurosira venter* (Ehrenberg) Cleve & Möller; 11. 拟寄生假十字脆杆藻 *Pseudostaurosira parasitoides* (Lange-Bertalot, Schmidt & Klee) Morales, García & Maidana; 12. 连结十字脆杆藻不对称变种 *Staurosira construens* var. *asymmetrica* (Cleve) Zalat & Welc; 13-15. 小头脆杆藻 *Fragilaria sundaysensis* Archibald

图版 48

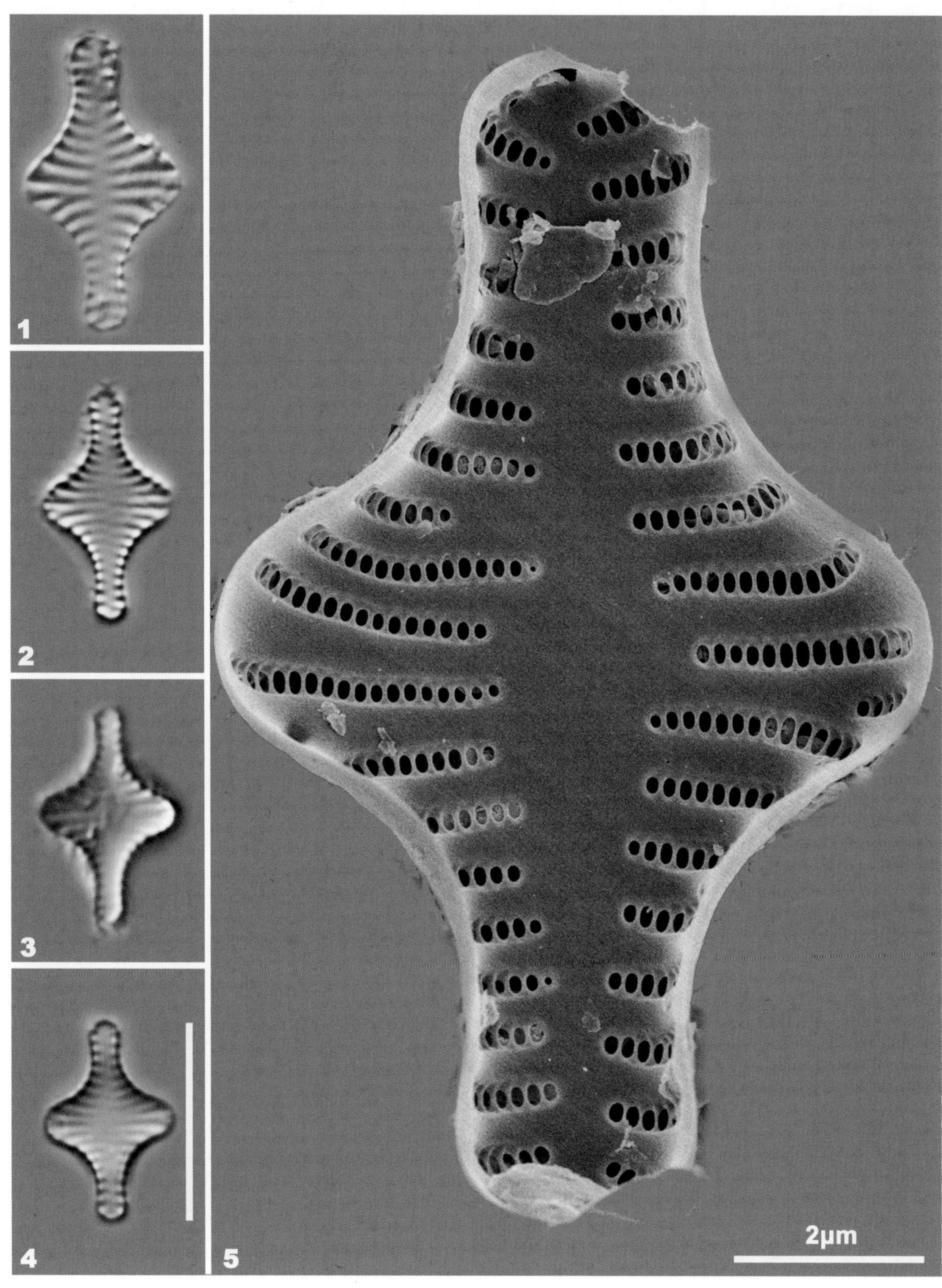

1-5. 连结十字脆杆藻 *Staurosira construens* Ehrenberg

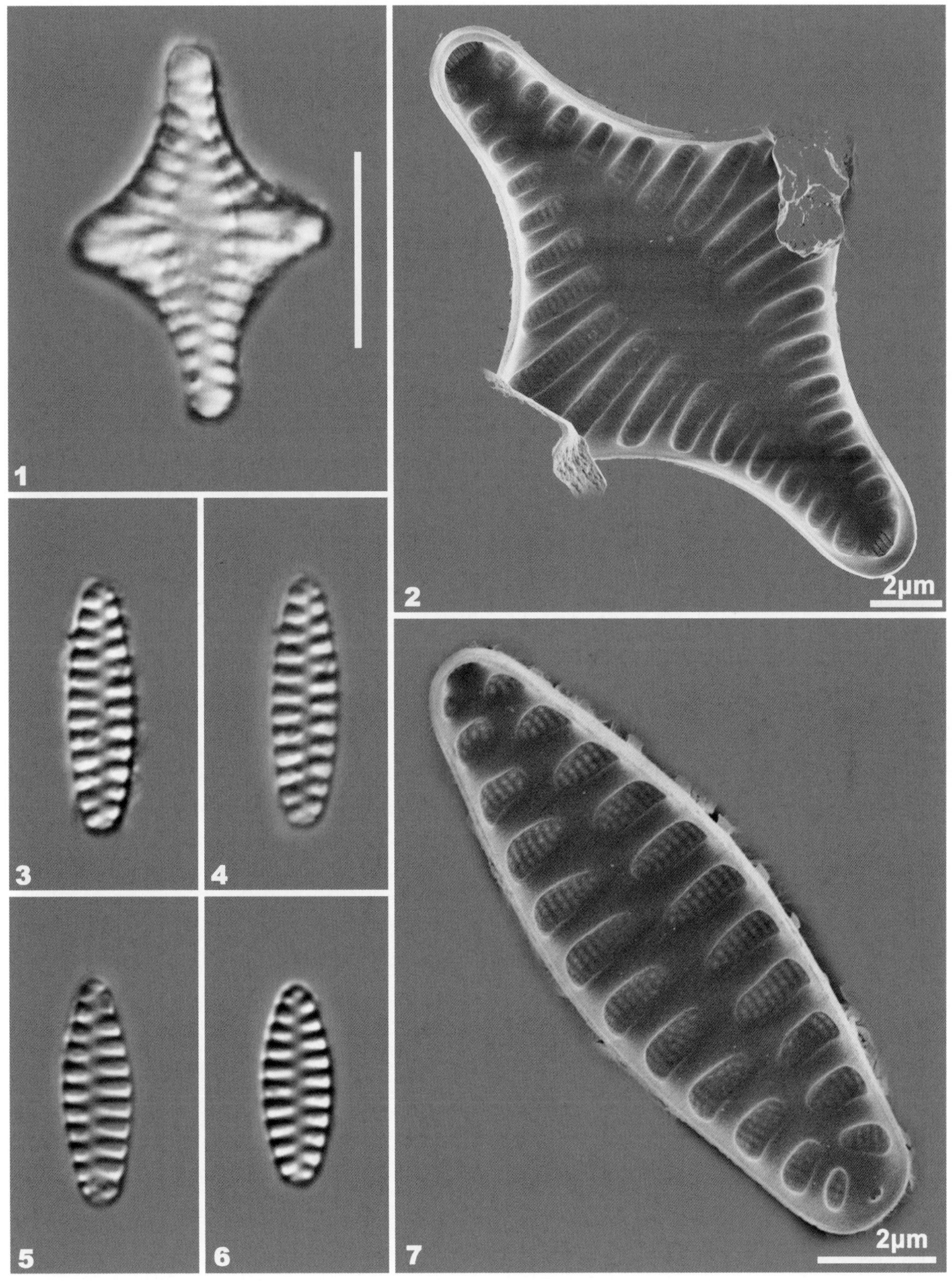

1-2. 狭辐节窄十字脆杆藻 *Staurosirella leptostauron* (Ehrenberg) Williams & Round; 3-7. 羽纹窄十字脆杆藻 *Staurosirella pinnata* (Ehrenberg) Williams & Round

图版 50

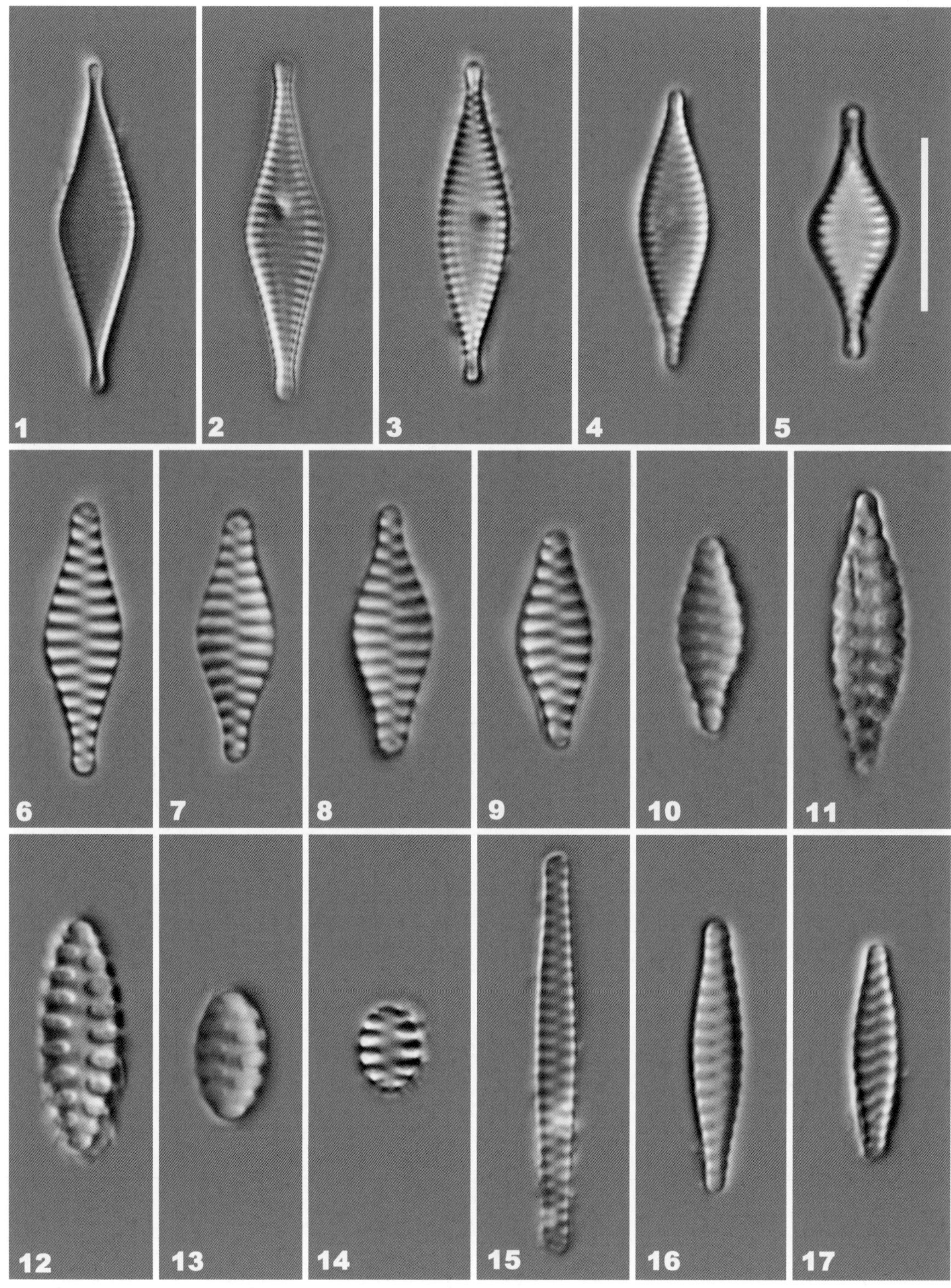

1-5. 寄生假十字脆杆藻 *Pseudostaurosira parasitica* (Smith) Morales; 6-10. 奥尔登堡窄十字脆杆藻 *Staurosirella oldenburgiana* (Hustedt) Morales; 11-12. 杜氏窄十字脆杆藻 *Staurosirella dubia* (Grunow) Morales & Manoylov; 13-14. 卵形窄十字脆杆藻 *Staurosirella ovata* Morales; 15. 柏林窄十字脆杆藻 *Staurosirella berolinensis* (Lemmermann) Bukhtiyarova; 16-17. 微小窄十字脆杆藻 *Staurosirella minuta* Morales & Edlund

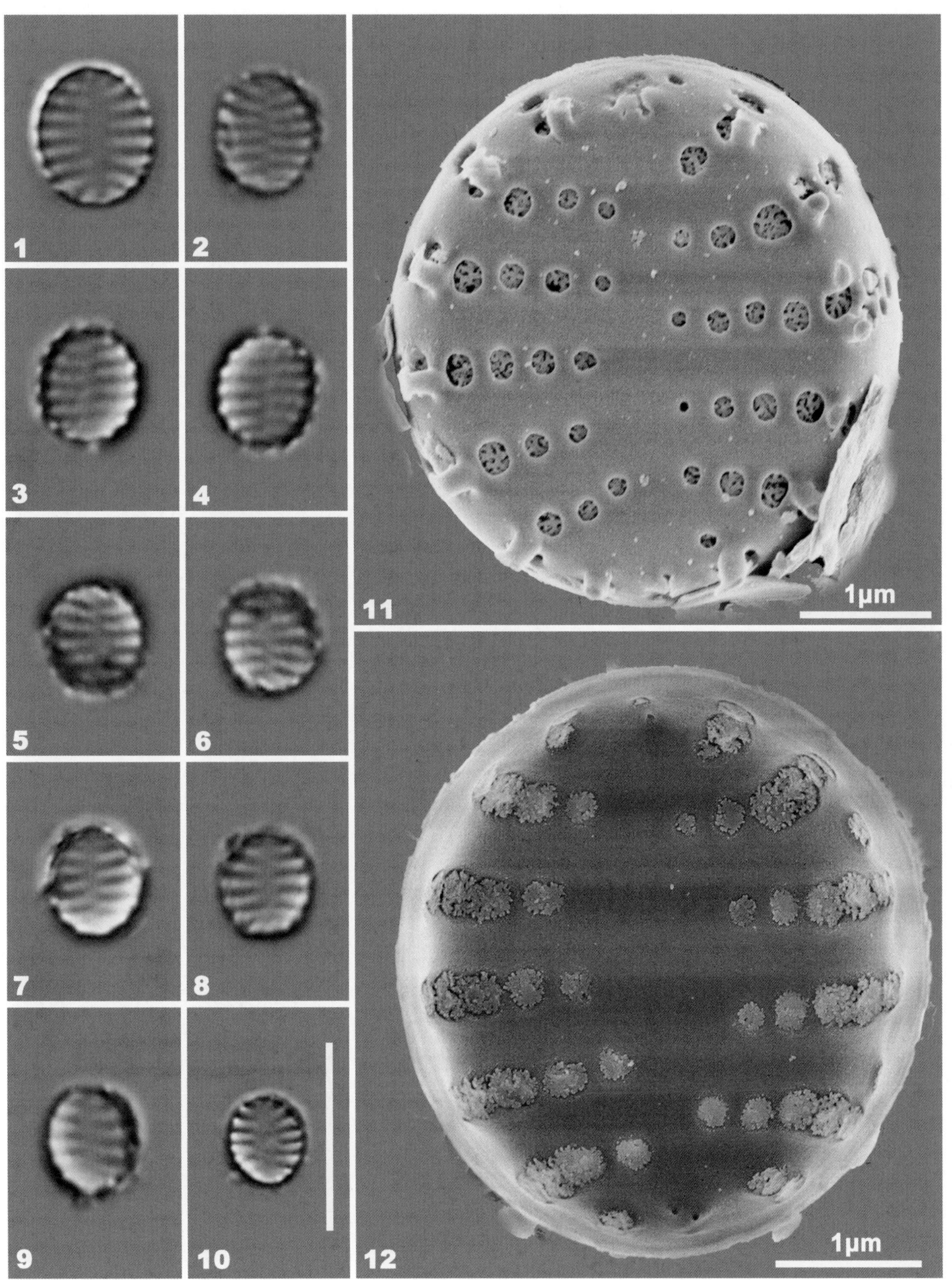

1-12. 施氏微壳藻 *Nanofrustulum sopotense* (Witkowski & Lange-Bertalot) Morales, Wetzel & Ector

图版 52

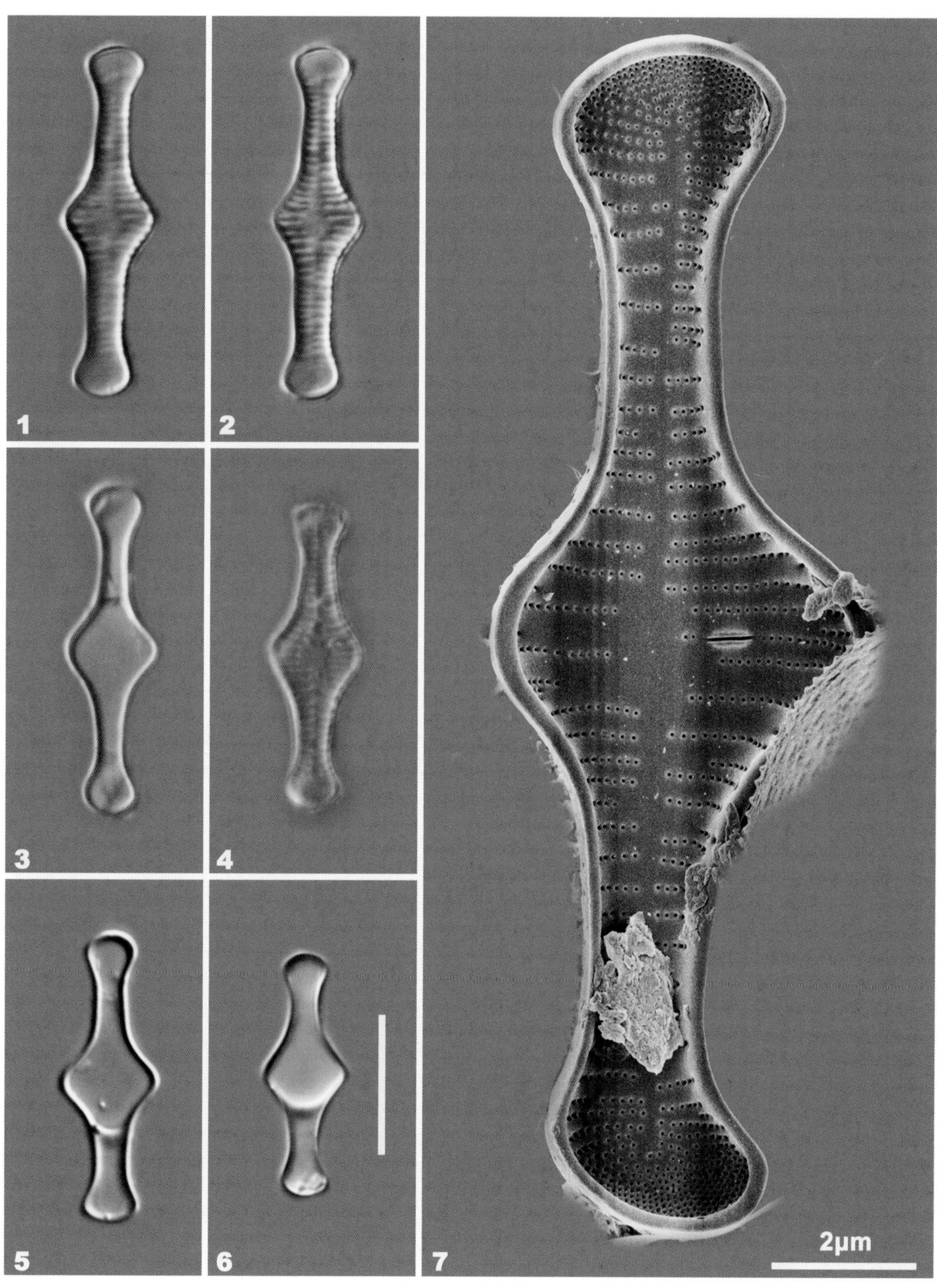

1-7. 绒毛平板藻 *Tabellaria flocculosa* (Roth) Kützing

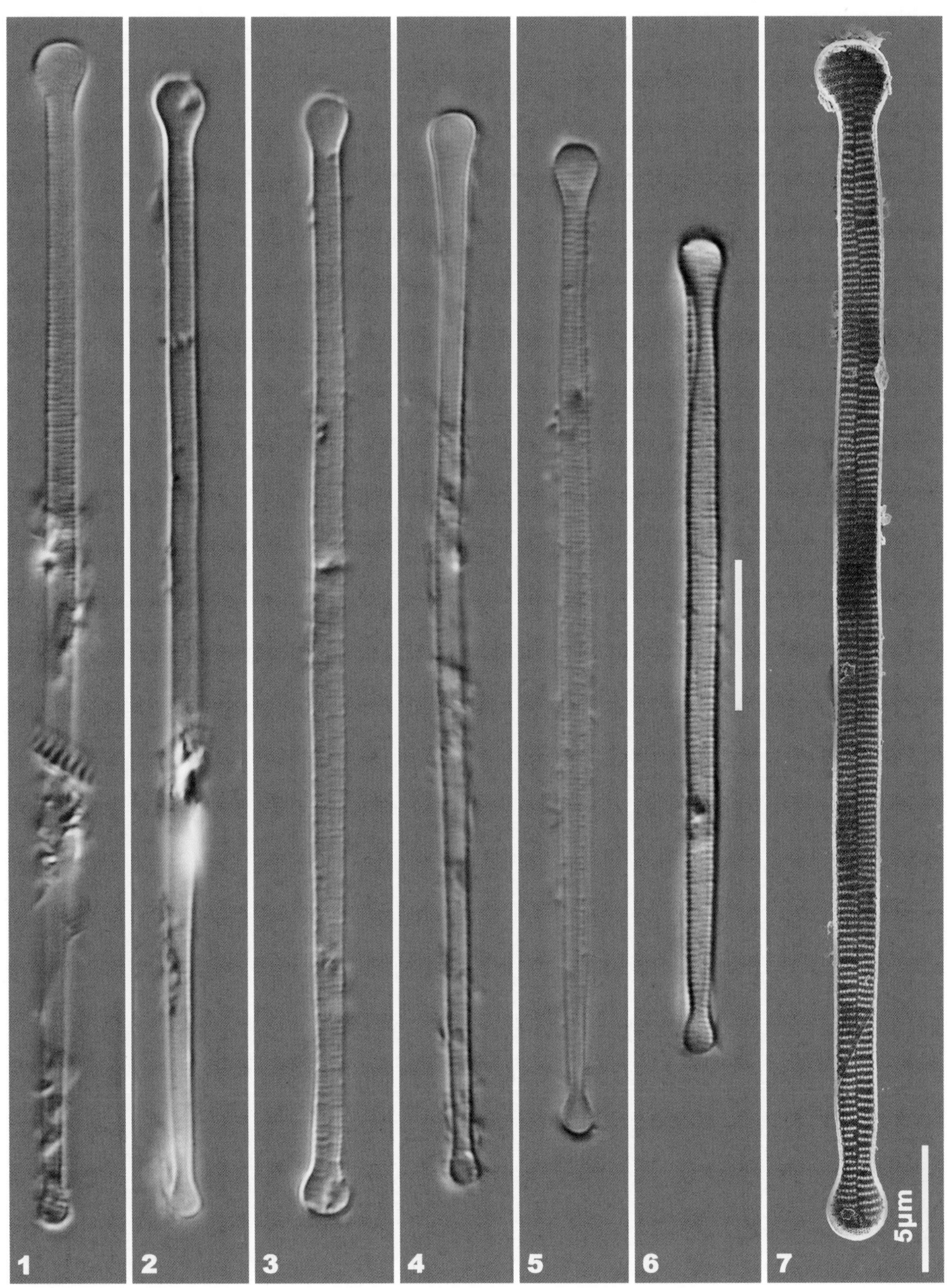

1-7. 华丽星杆藻 *Asterionella formosa* Hassall

图版 54

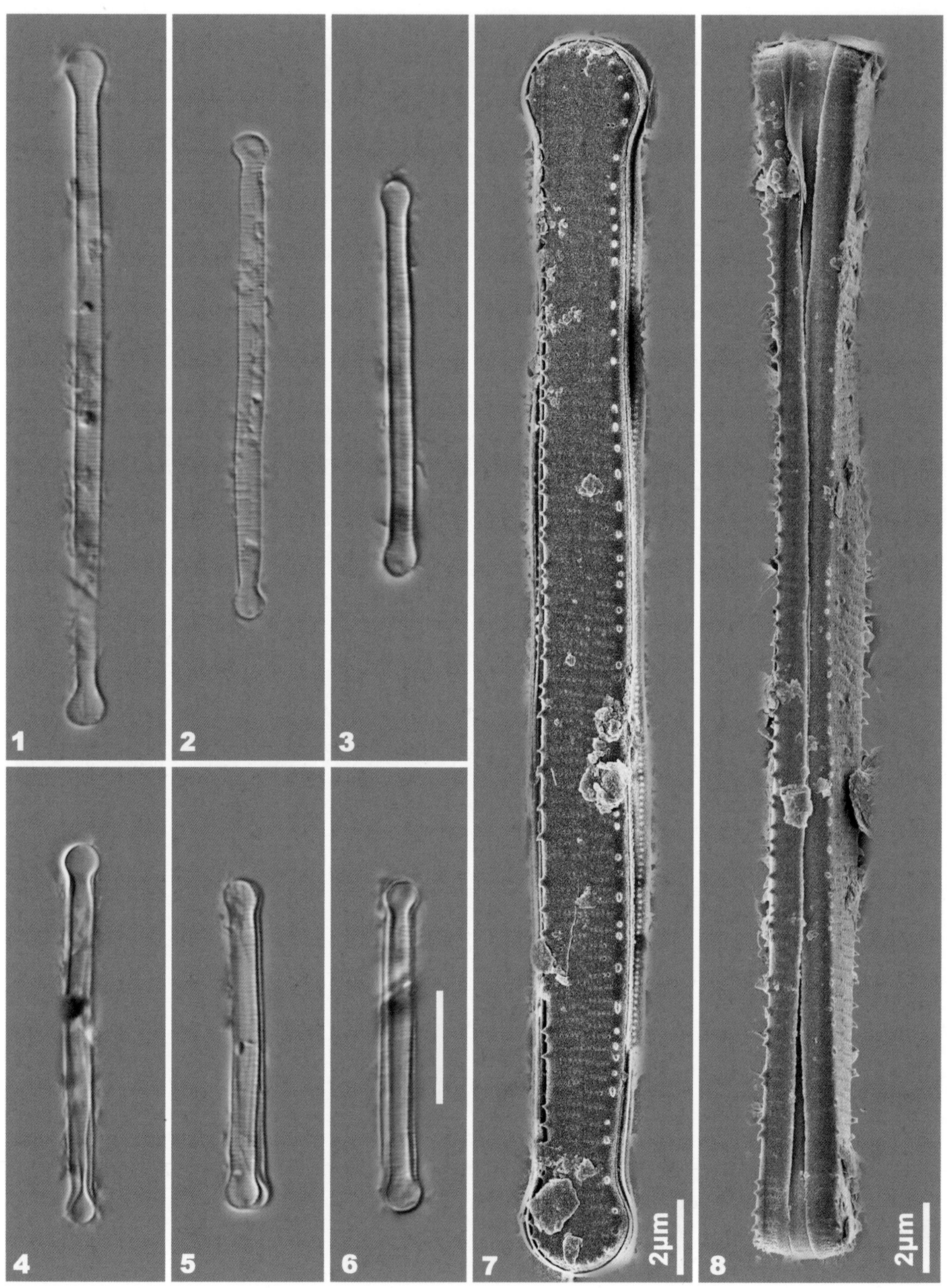

1-8. 华丽星杆藻纤细变种 *Asterionella formosa* var. *gracillima* (Hanztsch) Grunow

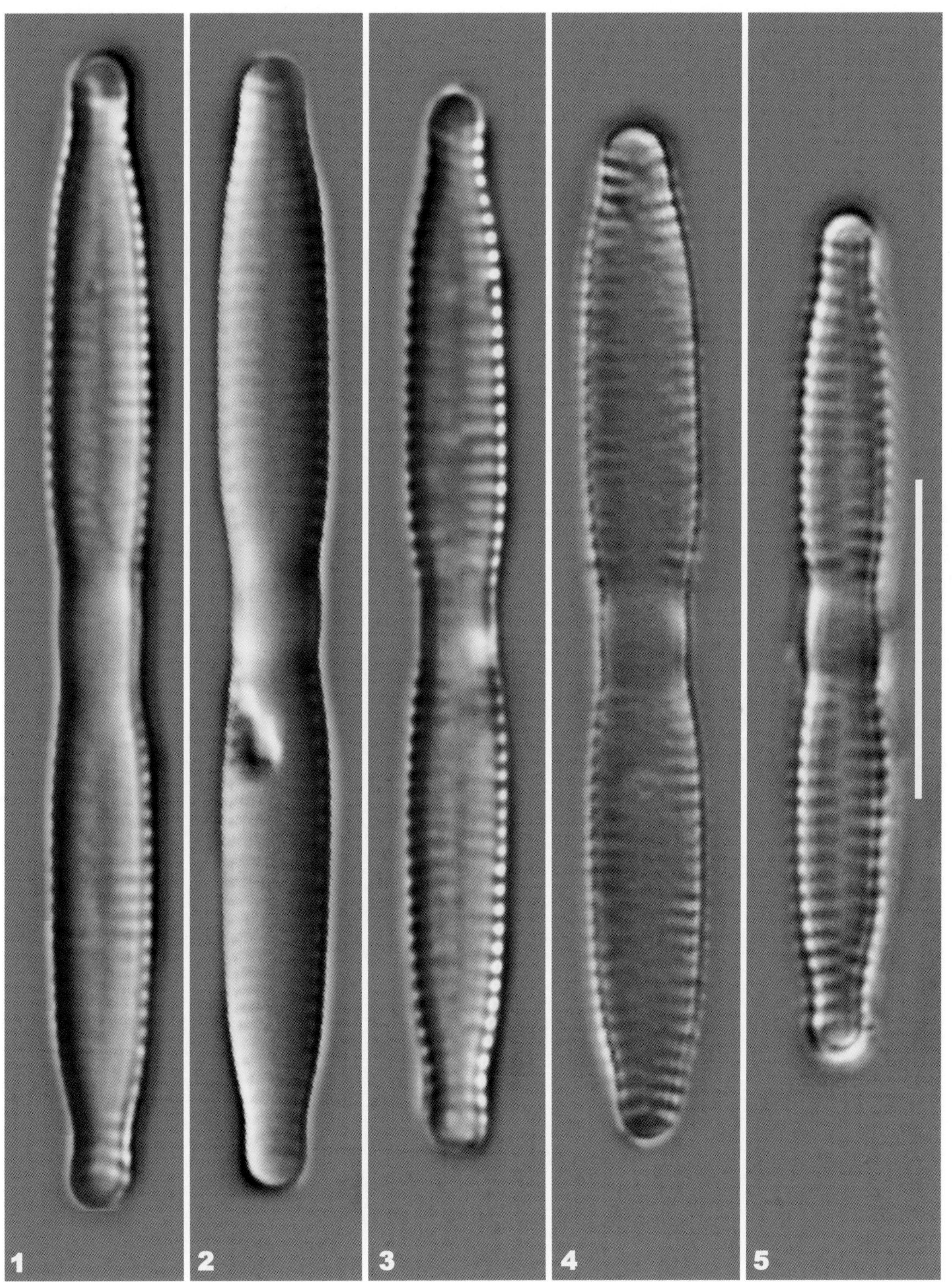

1-5. 中狭脆形藻 *Fragilariforma mesolepta* (Rabenhorst) Kharitonov

图版 56

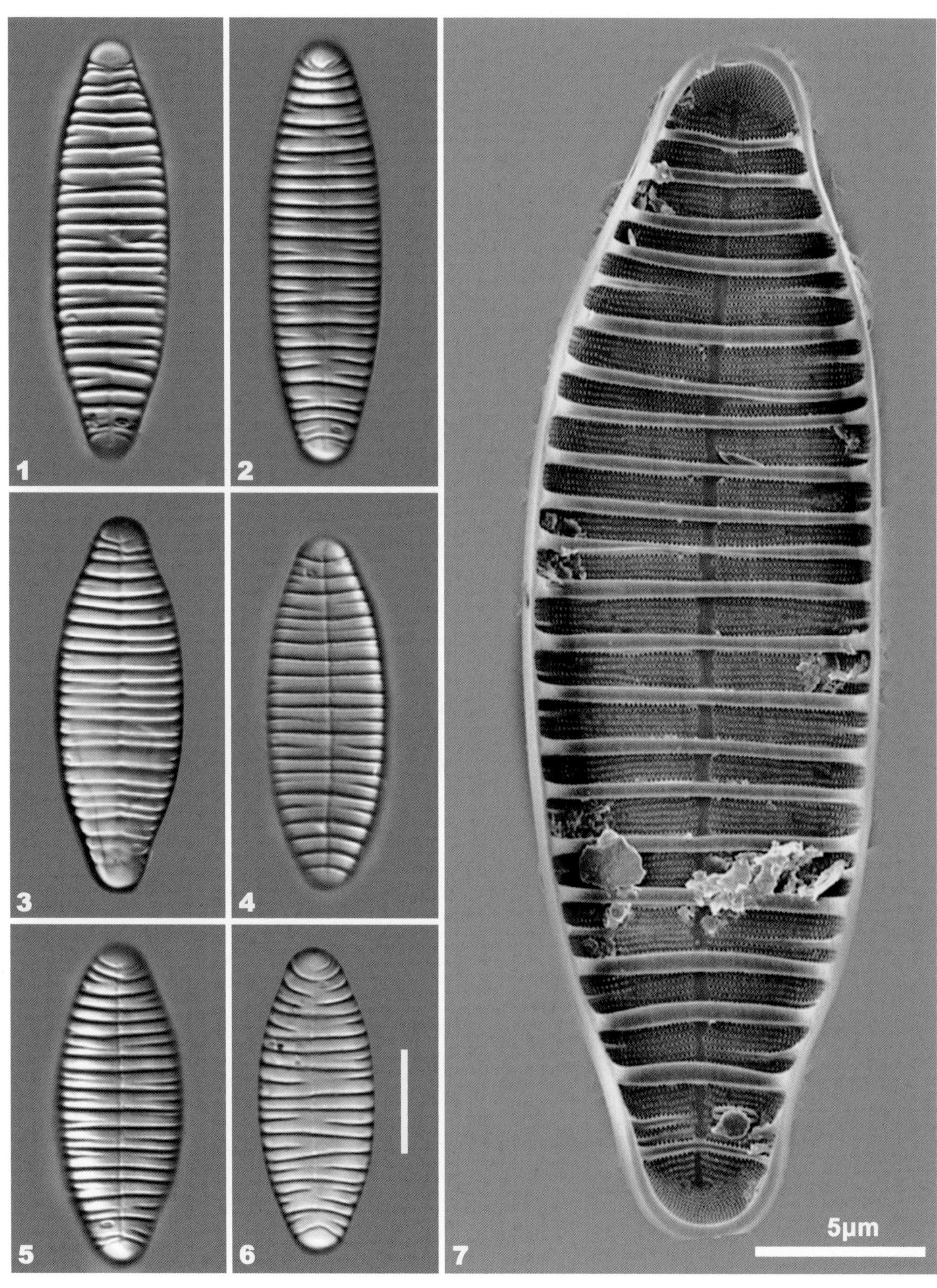

1-7. 普通等片藻 *Diatoma vulgaris* Bory

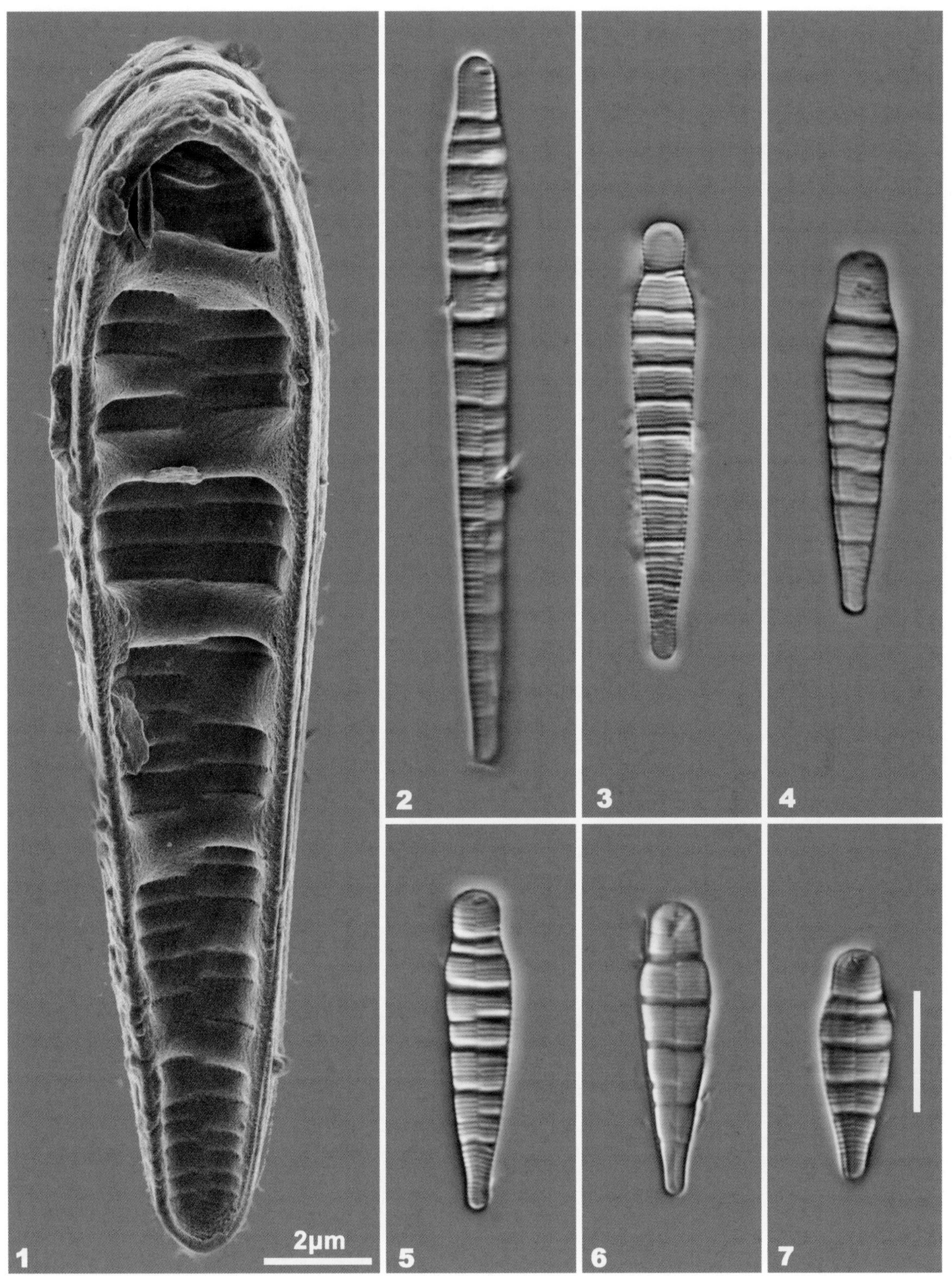

1. 环状扇形藻 *Meridion circulare* (Greville) Agardh; 2-7. 缢缩扇形藻 *Meridion constrictum* Ralfs

图版 58

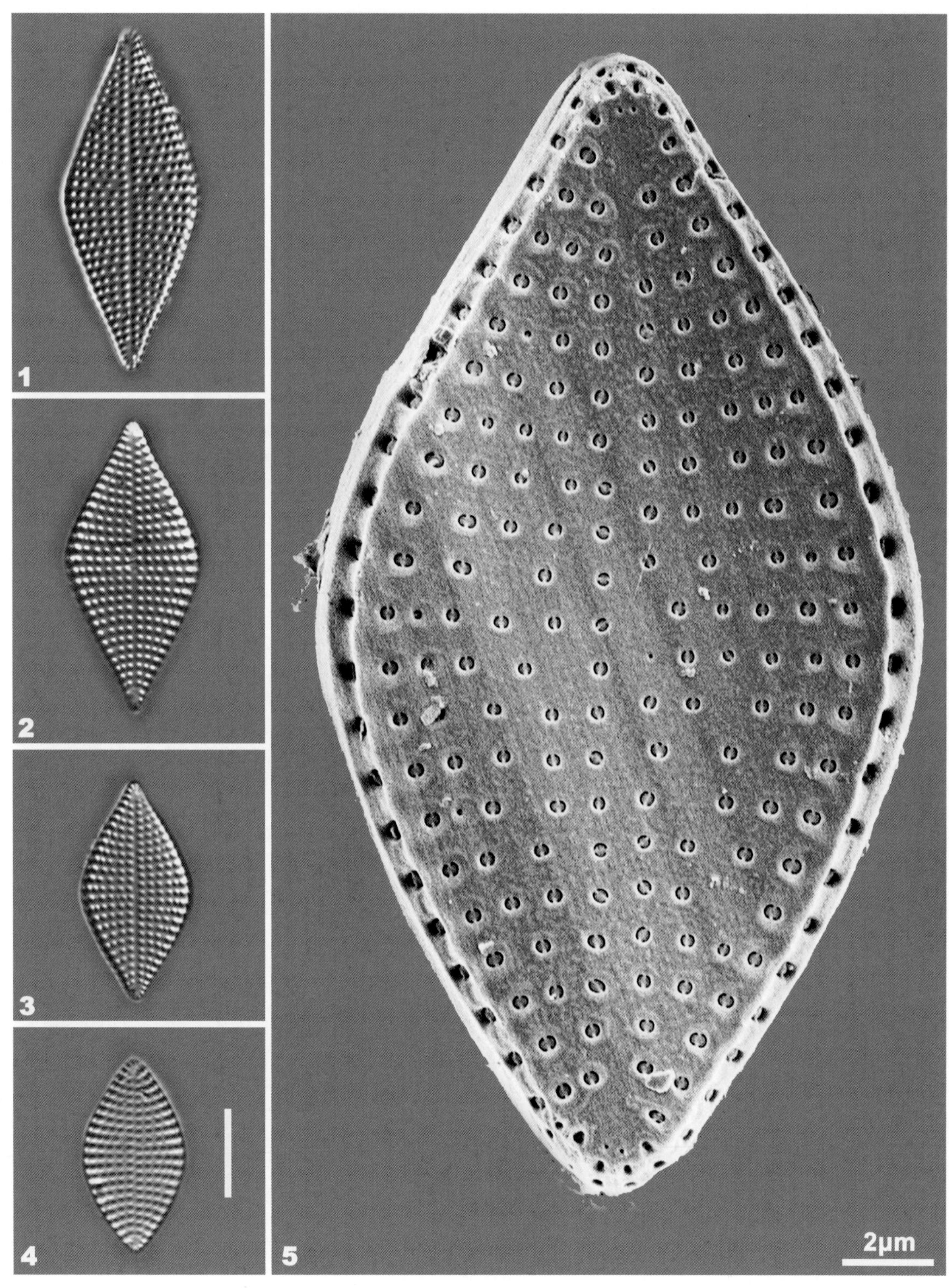

1-5. 菱形缝舟藻 *Rhaphoneis rhomboides* Hendey

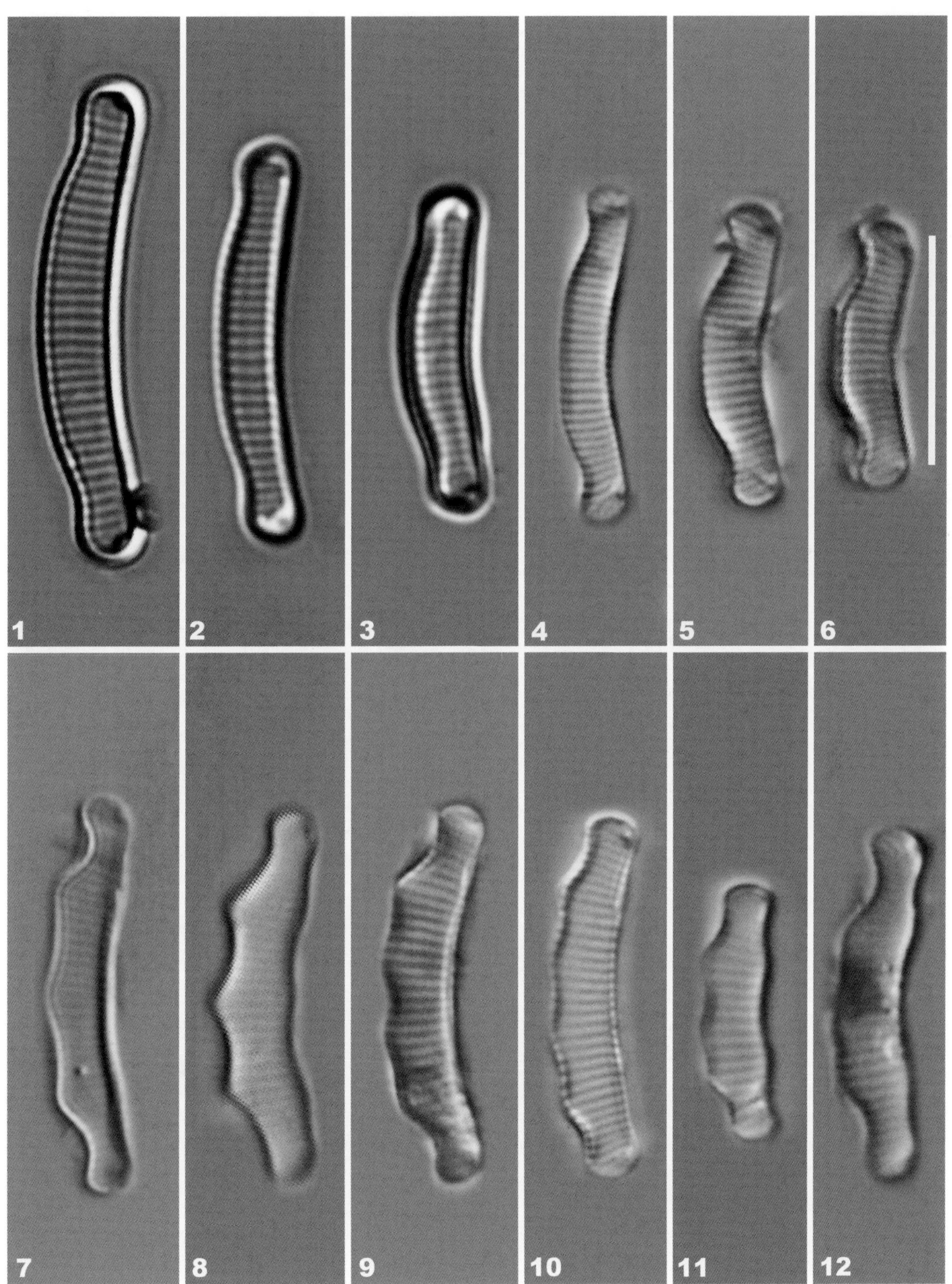

1-3. 伯特兰短缝藻 *Eunotia bertrandii* Lange-Bertalot & Tagliaventi; 4-6. 短小短缝藻 *Eunotia exigua* (Brébisson ex Kützing) Rabenhorst; 7-12. 似肌状短缝藻 *Eunotia paramuscicola* Krstić, Levkov & Pavlov

图版 60

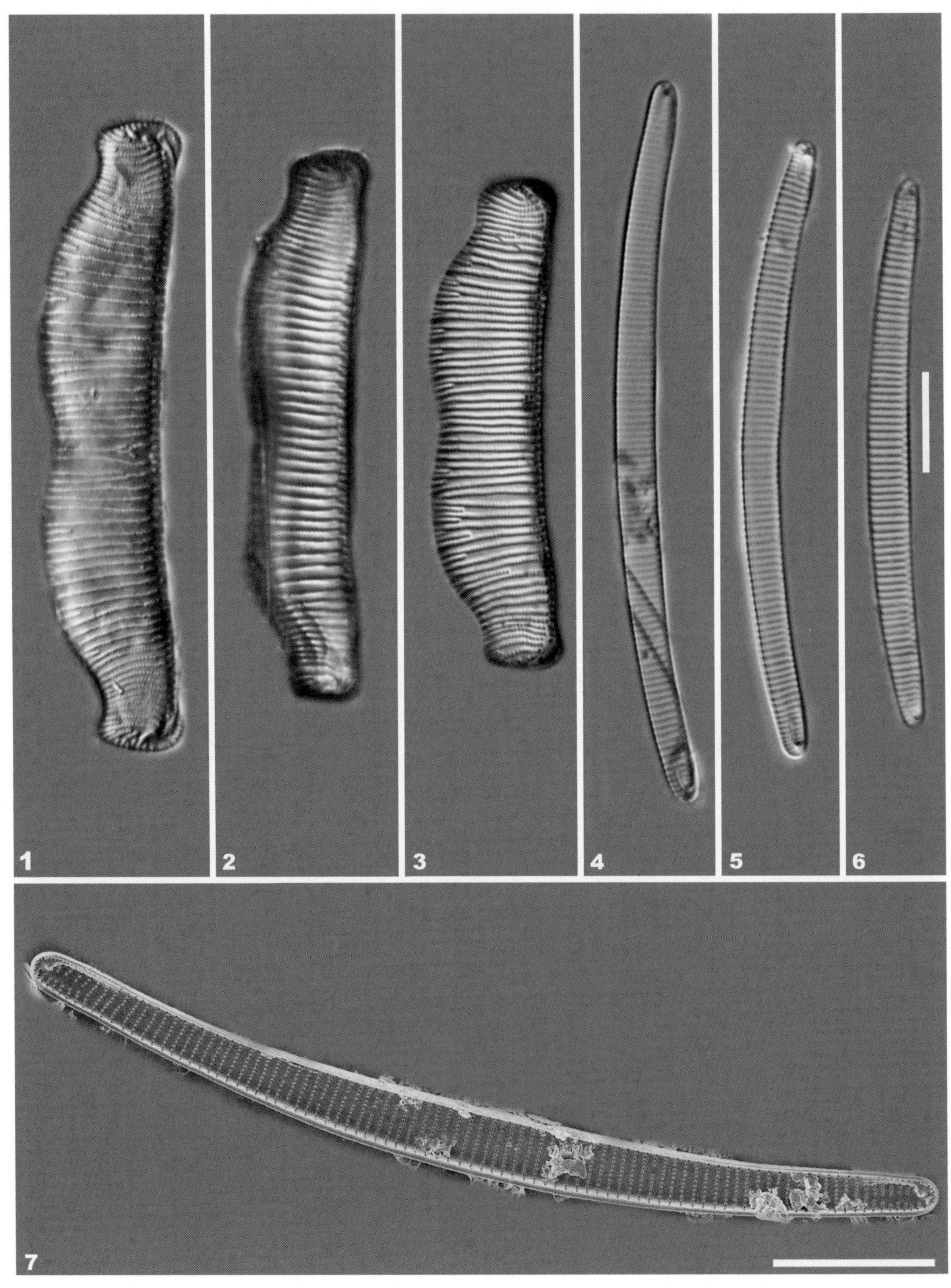

1-3. 二齿短缝藻 *Eunotia bidens* Ehrenberg; 4-7. 双月短缝藻 *Eunotia bilunaris* (Ehrenberg) Schaarschmidt

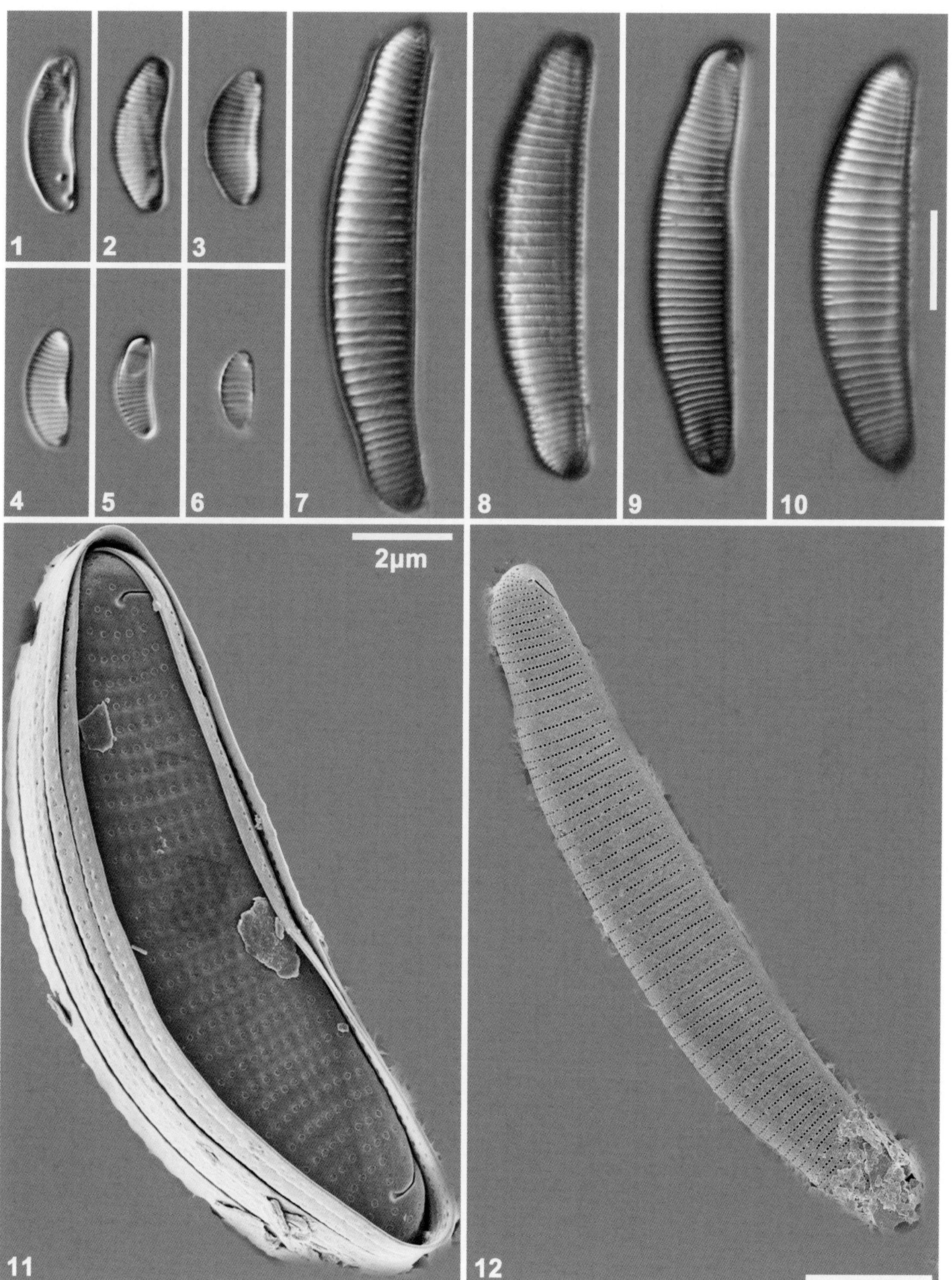

1-6, 11. 矮小短缝藻 *Eunotia praenana* Cleve-Euler; 7-10, 12. 博库短缝藻 *Eunotia botocuda* Costa, Bicudo & Wetzel

图版 62

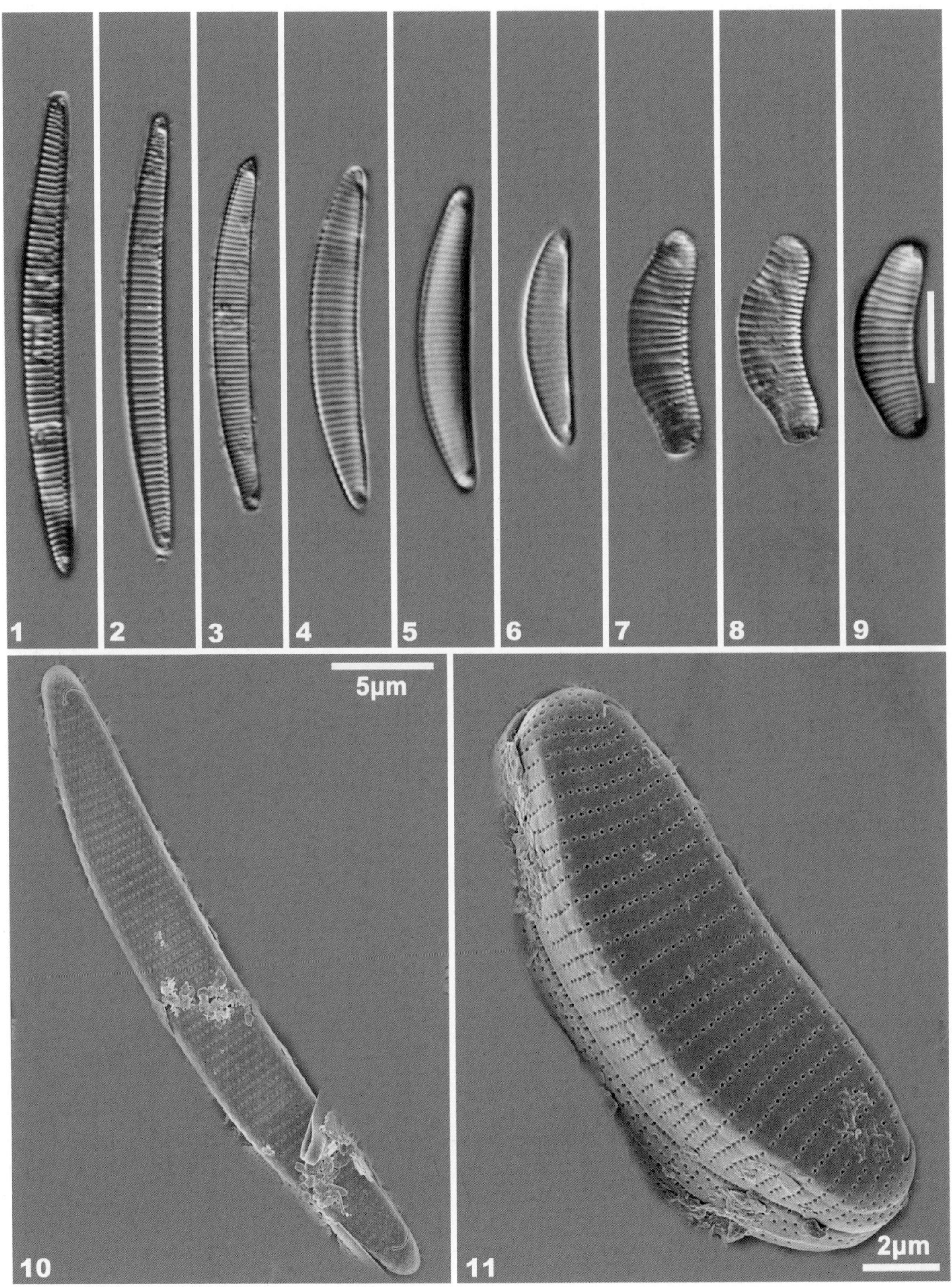

1-3, 10. 细短缝藻 *Eunotia caniculoides* Favaretto, Tremarin, Ludwig & Bueno; 4-6. 默里迪纳短缝藻 *Eunotia meridiana* Metzeltin & Lange-Bertalot; 7-9, 11. 库尔塔短缝藻 *Eunotia curtagrunowii* Nörpel-Schempp & Lange-Bertalot

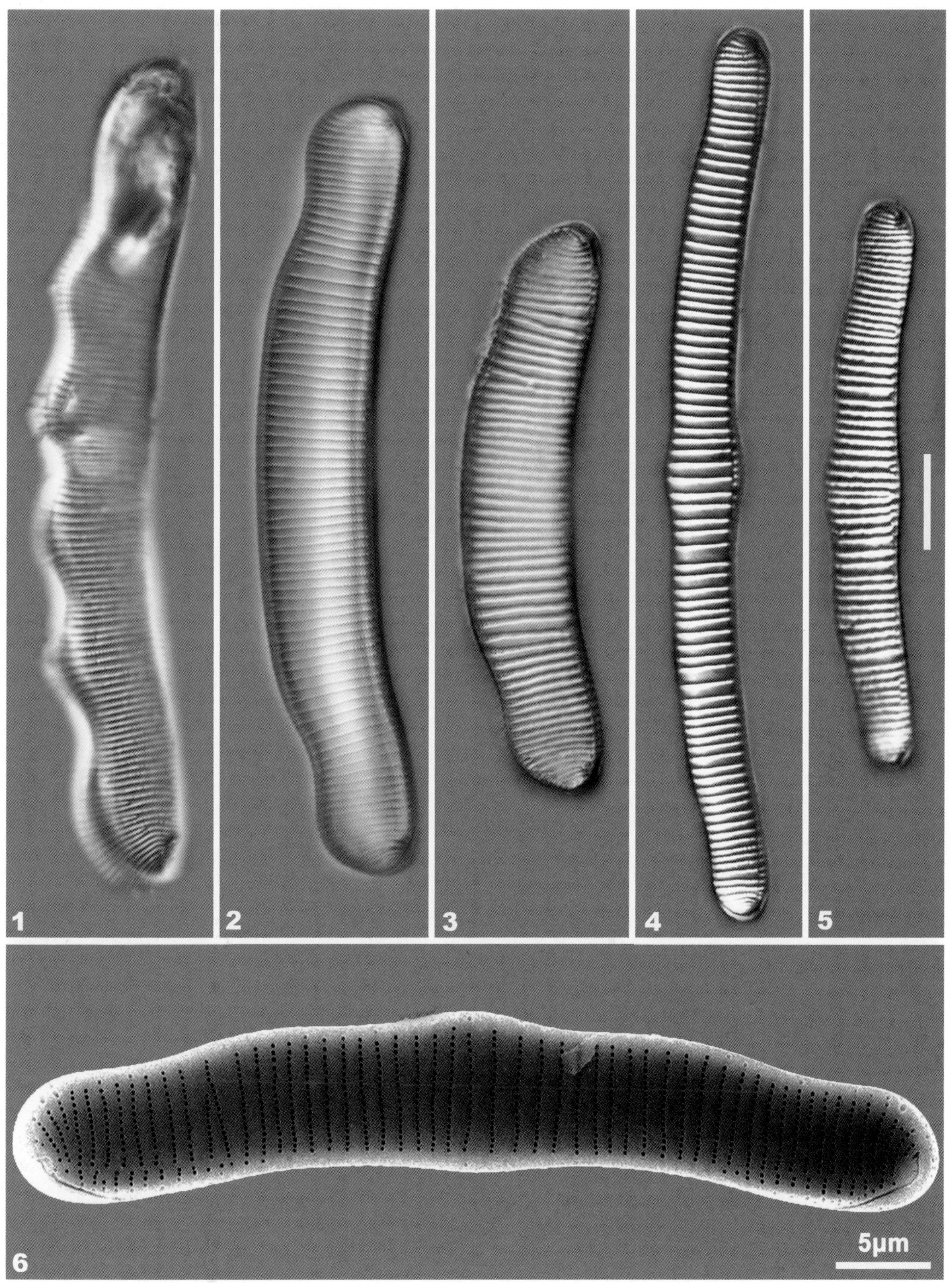

1. 热带短缝藻 *Eunotia tropica* Hustedt; 2. 埃娃短缝藻 *Eunotia ewa* Lange-Bertalot & Witkowski; 3. 伊贝短缝藻 *Eunotia yberai* Frenguelli; 4-6. 蚁形短缝藻 *Eunotia formica* Ehrenberg

图版 64

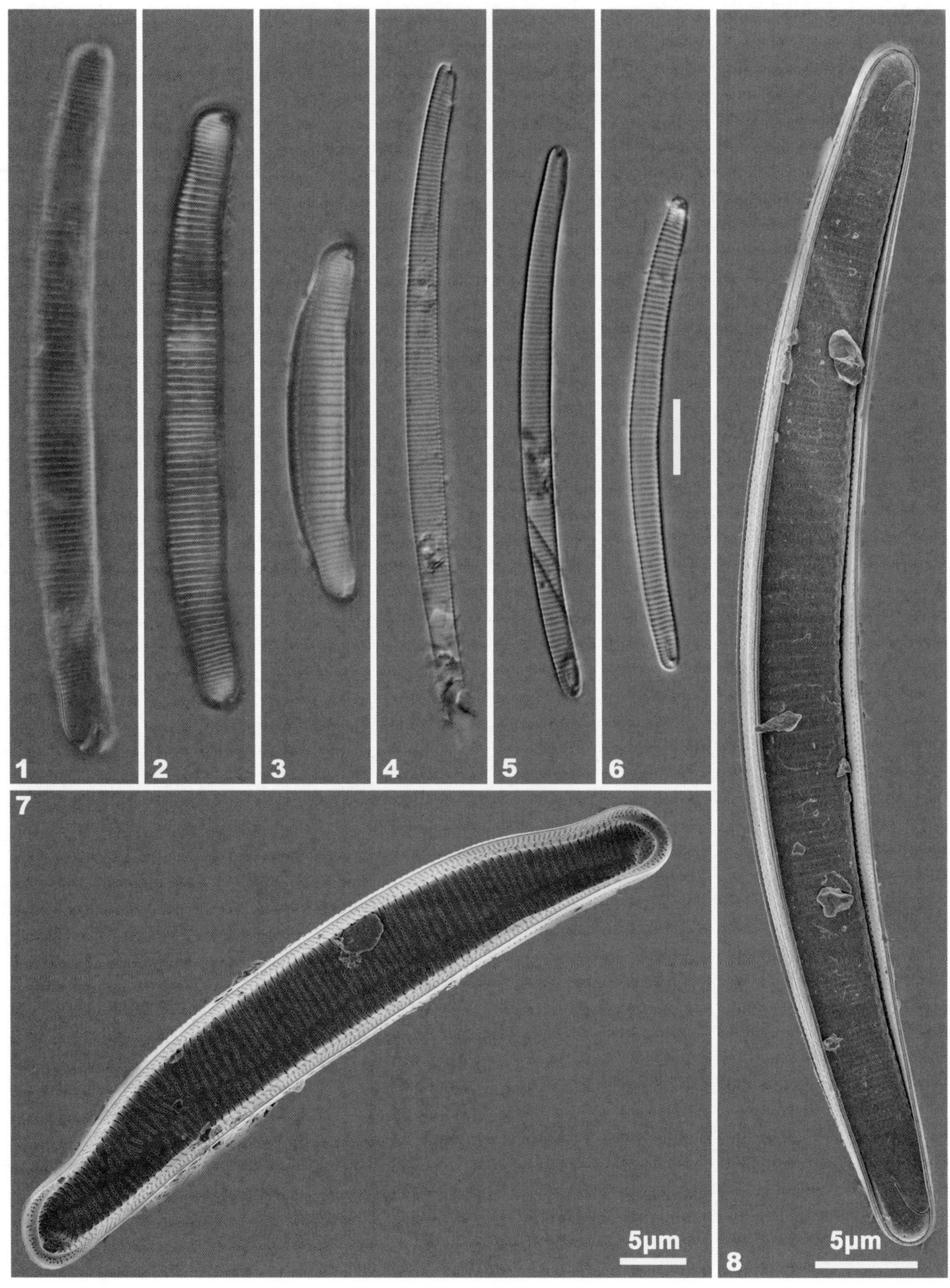

1-3, 7. 印度短缝藻 *Eunotia indica* Grunow; 4-6, 8. 线形短缝藻 *Eunotia linearis* (Carter) Vinsová, Kopalová & Van de Vijver

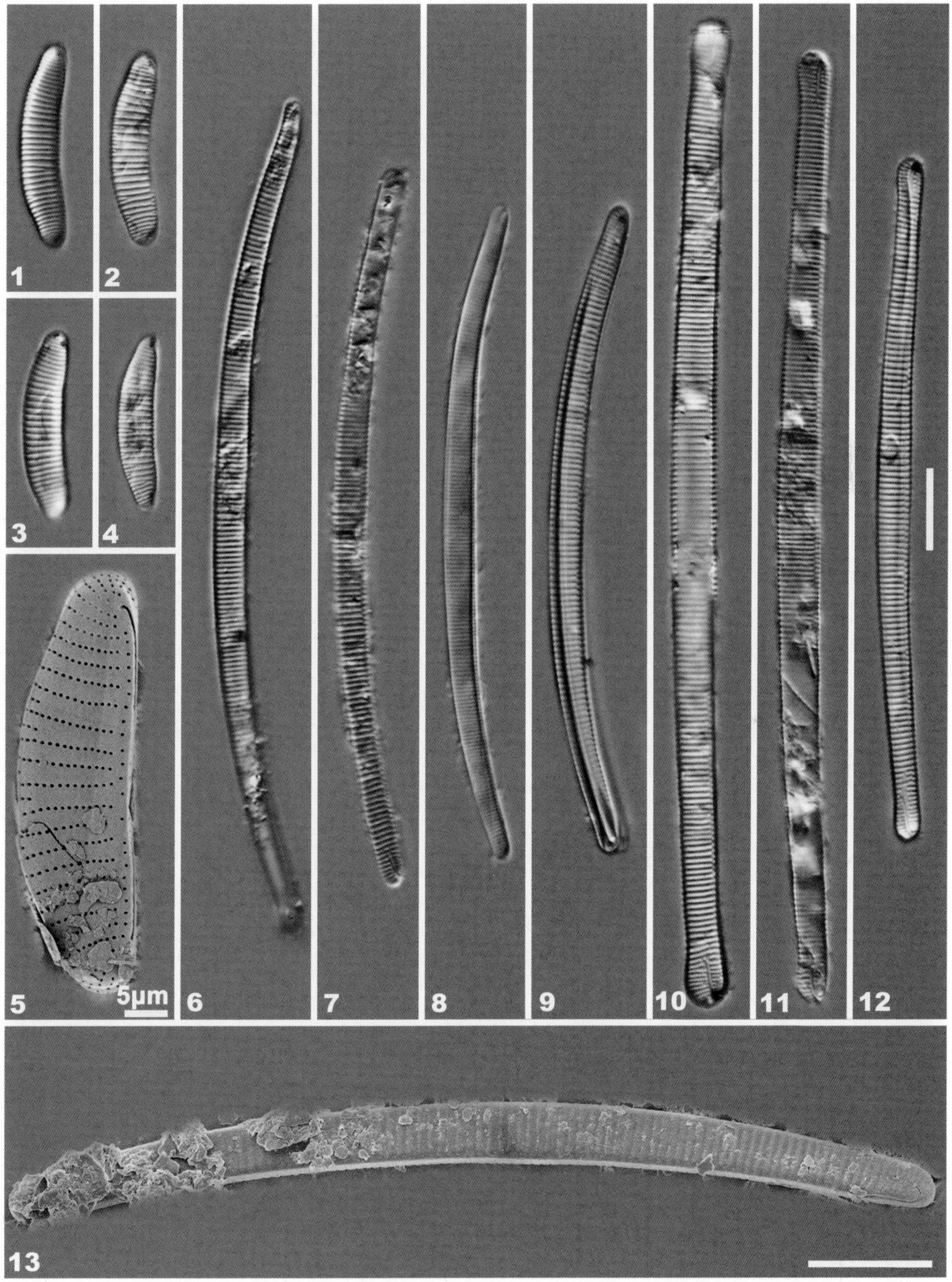

1-5. 较小短缝藻 *Eunotia minor* (Kützing) Grunow; 6-7, 13. 黏质短缝藻 *Eunotia mucophila* (Lange-Bertalot, Nörpel-Schempp & Alles) Lange-Bertalot; 8-9. 纳格短缝藻 *Eunotia naegelii* Migula; 10-11. 拟弯曲短缝藻 *Eunotia pseudoflexuosa* Hustedt; 12. 冰川短缝藻 *Eunotia glacialispinosa* Lange-Bertalot & Cantonati

图版 66

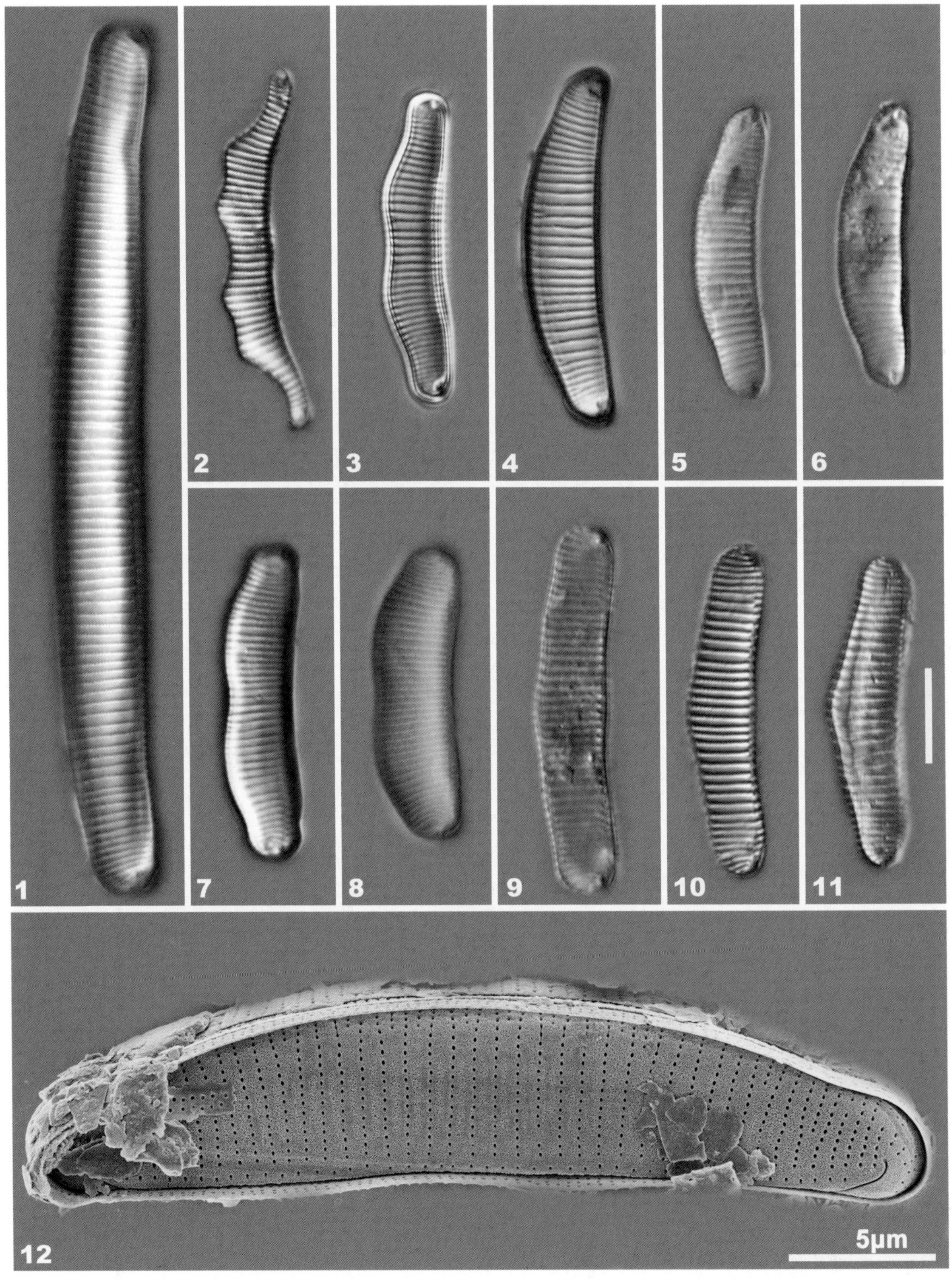

1. 新喀里短缝藻 *Eunotia novaecaledonica* Gerd Moser; 2. 驼峰短缝藻 *Eunotia camelus* Ehrenberg; 3. 圆贝短缝藻 *Eunotia circumborealis* Lange-Bertalot & Nörpel; 4-6, 12. 假泡短缝藻 *Eunotia pseudosudetica* Metzeltin, Lange-Bertalot & García-Rodríguez; 7-8. 里奇巴特短缝藻 *Eunotia richbuttensis* Furey, Lowe & Johansen; 9-11. 武巴短缝藻 *Eunotia vumbae* Cholnoky

1-2. 克氏双辐藻 *Amphorotia clevei* (Grunow) Williams & Reid

图版 68

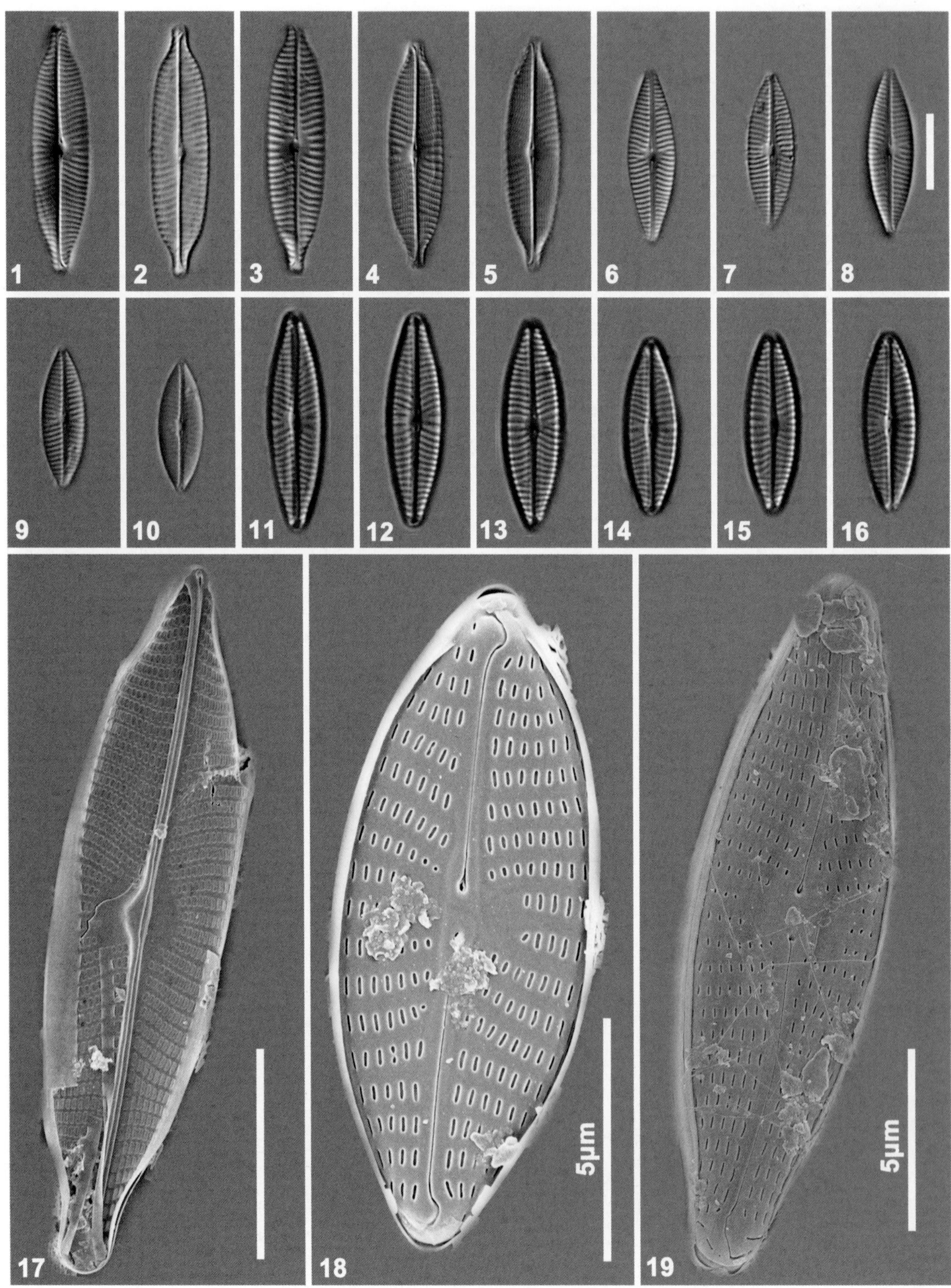

1-5, 17. 双头舟形藻 *Navicula amphiceropsis* Lange-Bertalot & Rumrich; 6-10, 18. 安东尼舟形藻 *Navicula antonii* Lange-Bertalot; 11-16, 19. 布赖滕舟形藻 *Navicula breitenbuchii* Lange-Bertalot

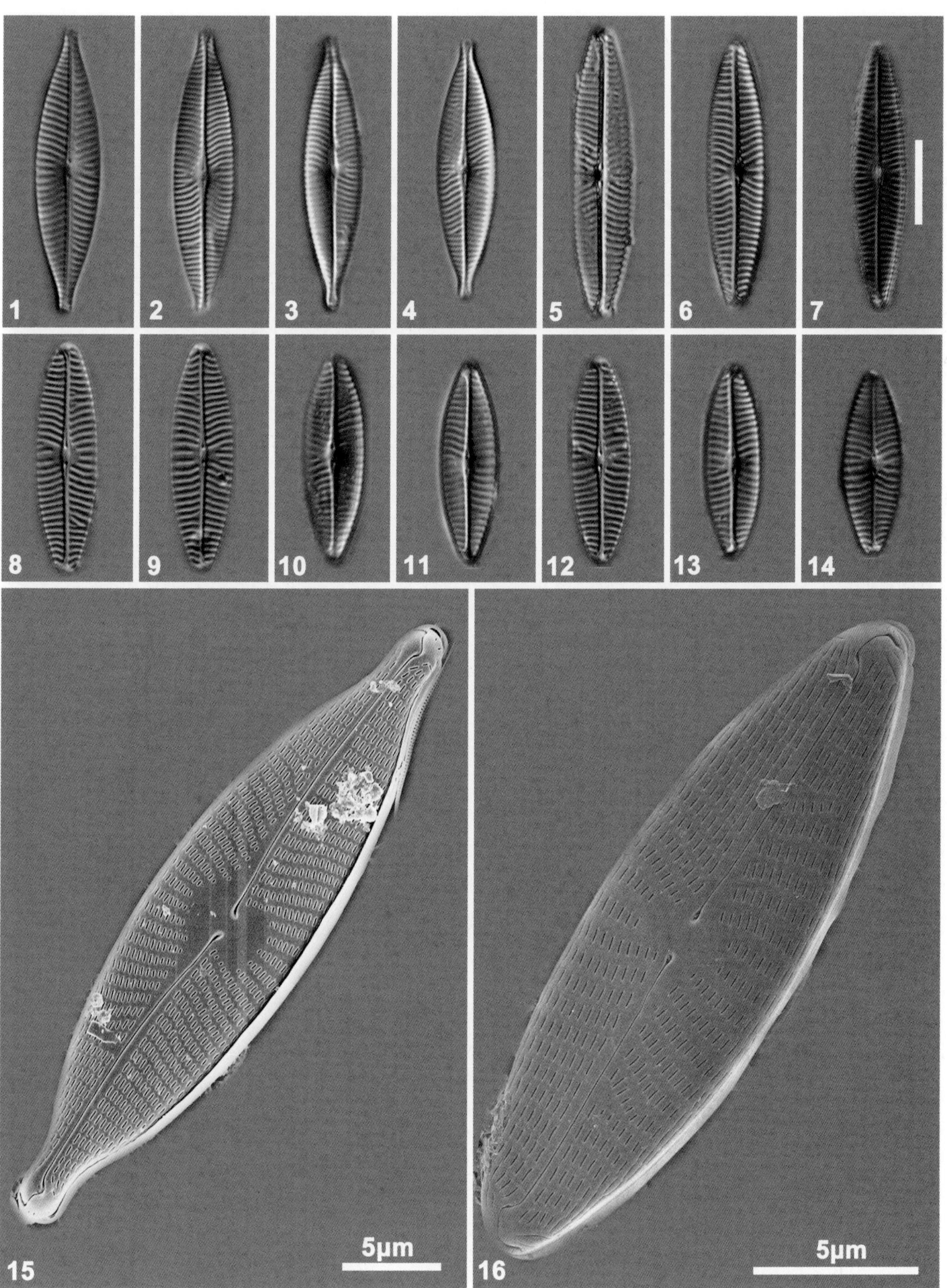

1-4, 15. 辐头舟形藻 *Navicula capitatoradiata* Germain ex Gasse; 5-7. 加泰罗尼亚舟形藻 *Navicula catalanogermanica* Lange-Bertalot & Hofmann; 8-14, 16. 剑状舟形藻 *Navicula cataracta-rheni* Lange-Bertalot

图版 70

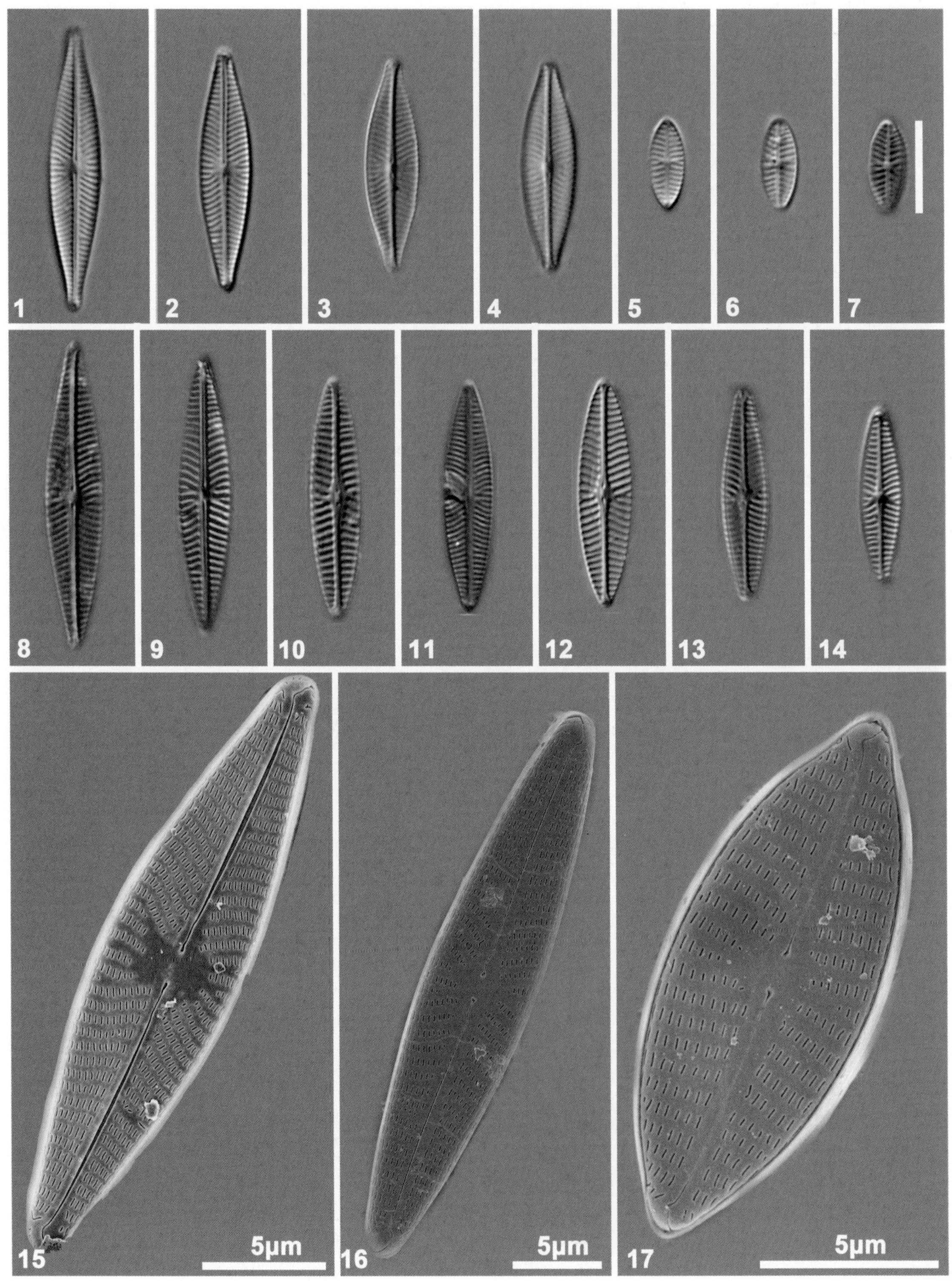

1-4, 15. 隐头舟形藻 *Navicula cryptocephala* Kützing; 5-7, 17. 似隐头状舟形藻 *Navicula cryptotenelloides* Lange-Bertalot; 8-14, 16. 隐柔弱舟形藻 *Navicula cryptotenella* Lange-Bertalot

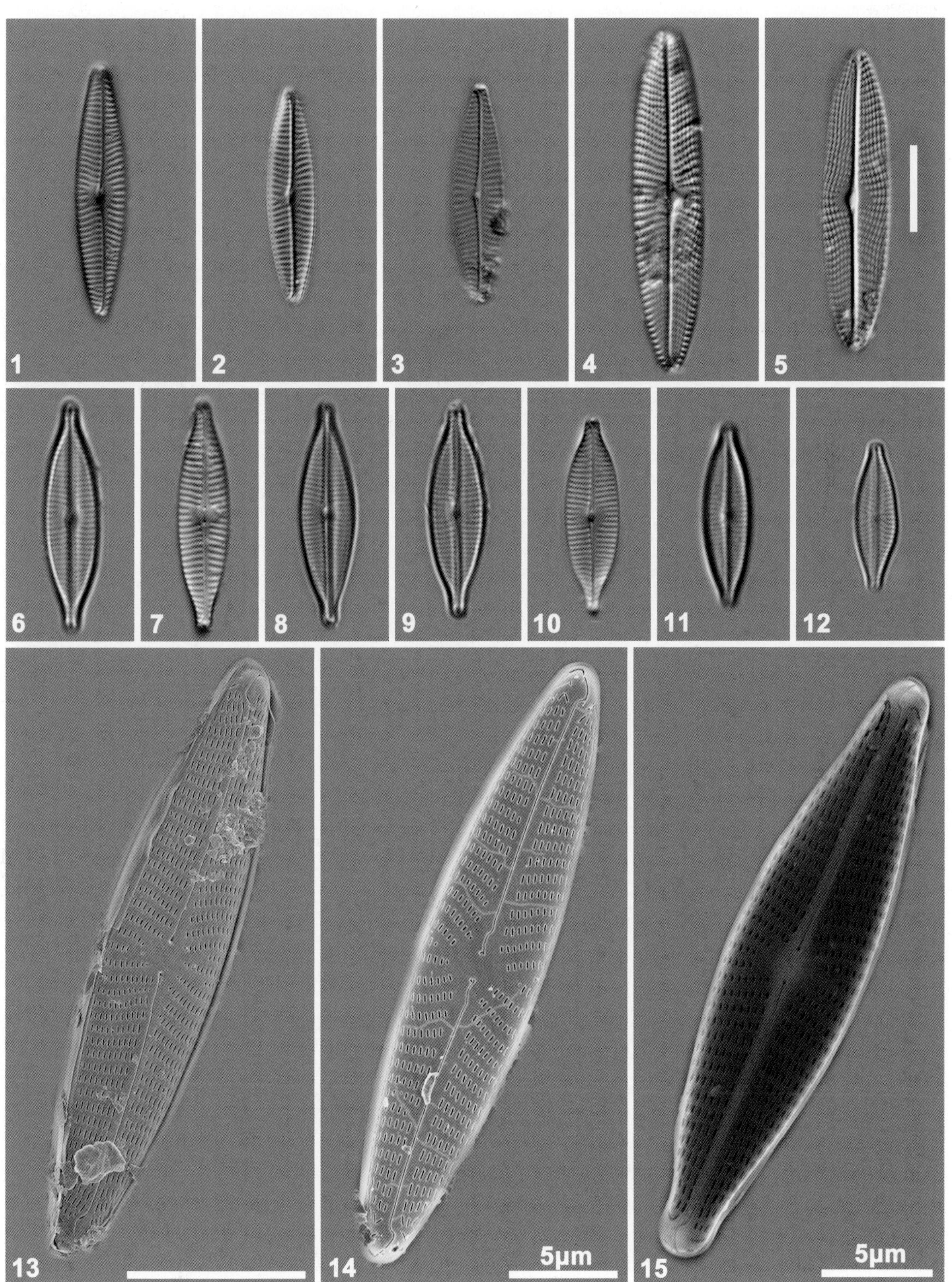

1-3, 13. 艾瑞菲格舟形藻 *Navicula erifuga* Lange-Bertalot; 4-5, 14. 埃斯坎比亚舟形藻 *Navicula escambia* (Patrick) Metzeltin & Lange-Bertalot; 6-12, 15. 群生舟形藻 *Navicula gregaria* Donkin

图版 72

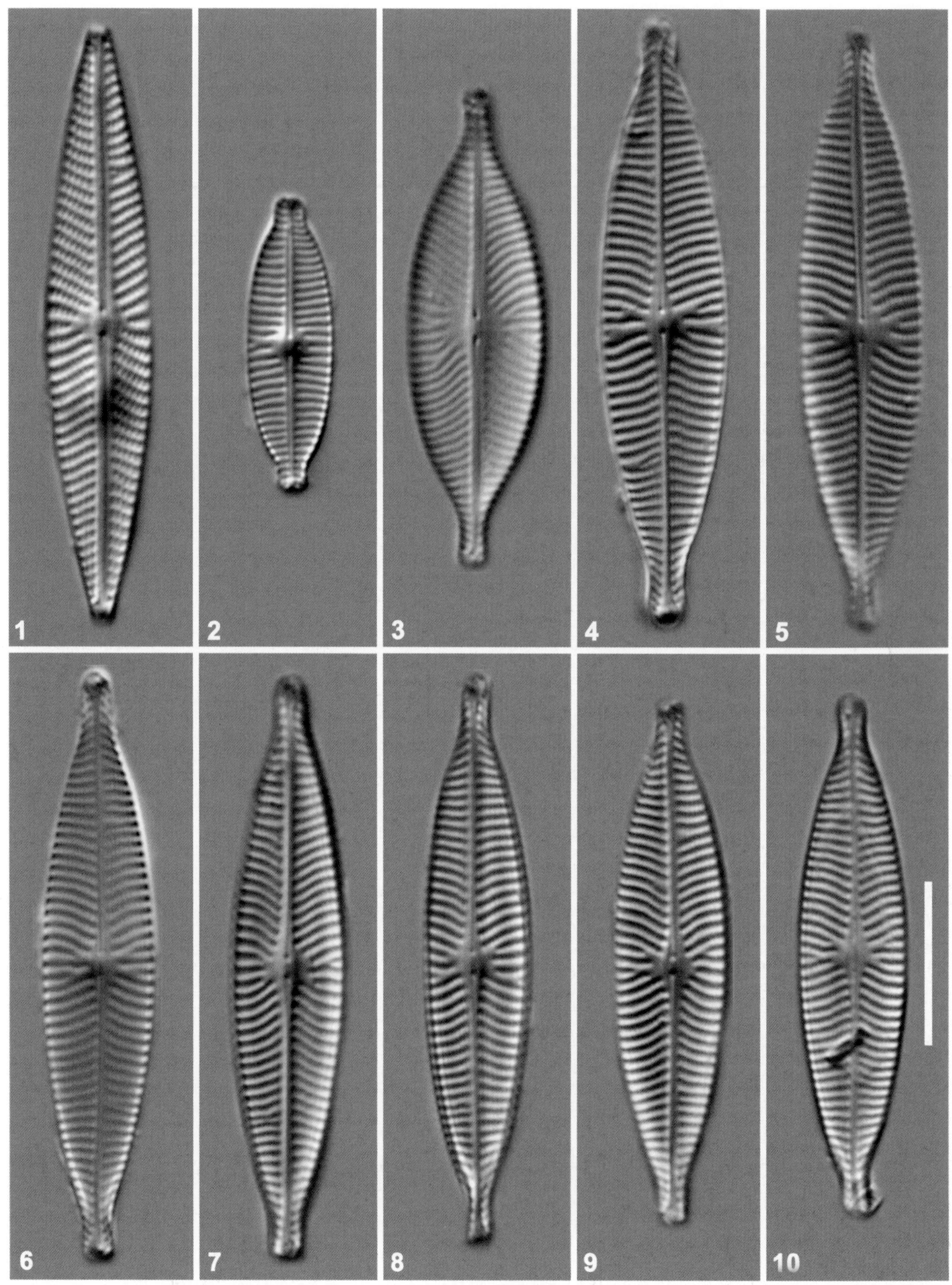

1. 密矛形舟形藻 *Navicula denselineolata* (Lange-Bertalot) Lange-Bertalot; 2. 多勒罗沙舟形藻 *Navicula dolosa* Manguin; 3. 寒生舟形藻 *Navicula frigidicola* Metzeltin, Lange-Bertalot & Soninkhishig; 4-10. 克莱默舟形藻 *Navicula krammerae* Lange-Bertalot

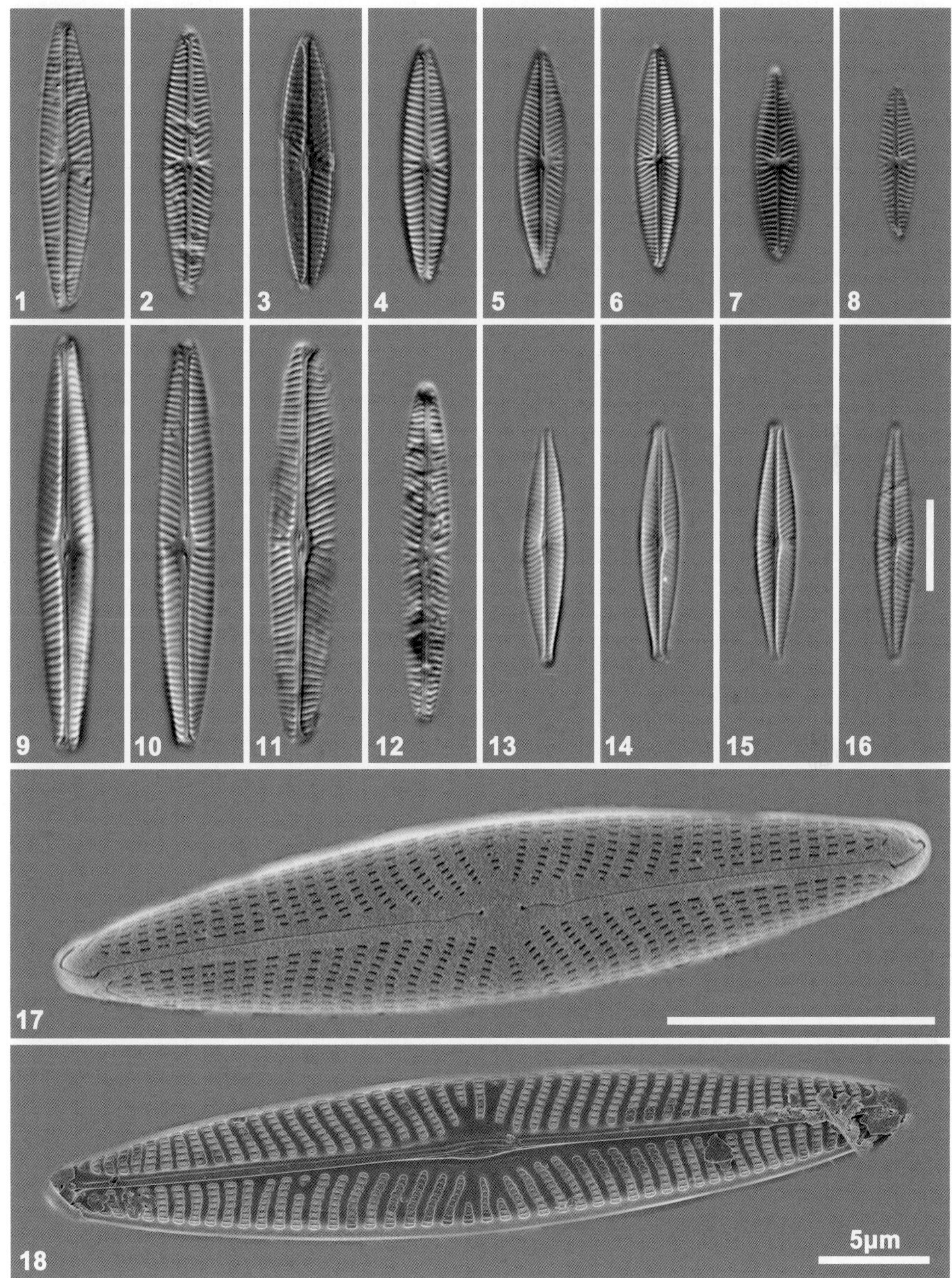

1-8, 17. 隆德舟形藻 *Navicula lundii* Reichardt; 9-12, 18. 美拉尼西亚舟形藻 *Navicula melanesica* Lange-Bertalot & Steindorf; 13-16. 假舟形藻 *Navicula notha* Wallace

图版 74

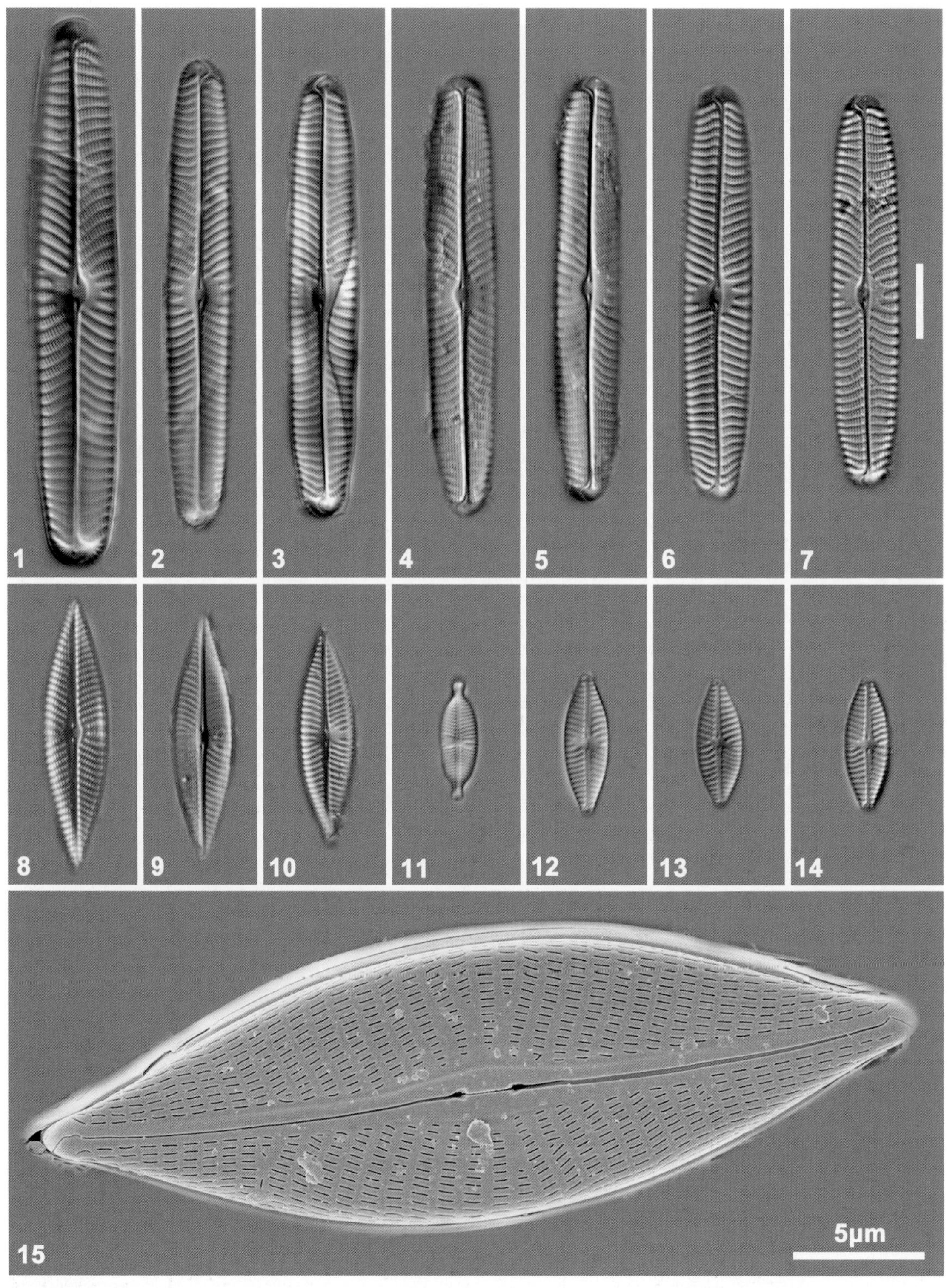

1-7. 长圆舟形藻 *Navicula oblongata* (Kützing) Kützing; 8-10, 15. 贫瘠舟形藻 *Navicula oligotraphenta* Lange-Bertalot & Hofmann; 11. 科奇多罗藻 *Dorofeyukea kotschyi* (Grunow) Kulikovskiy, Kociolek, Tusset & Ludwig; 12-14. 伪安东尼舟形藻 *Navicula pseudoantonii* Levkov & Metzeltin

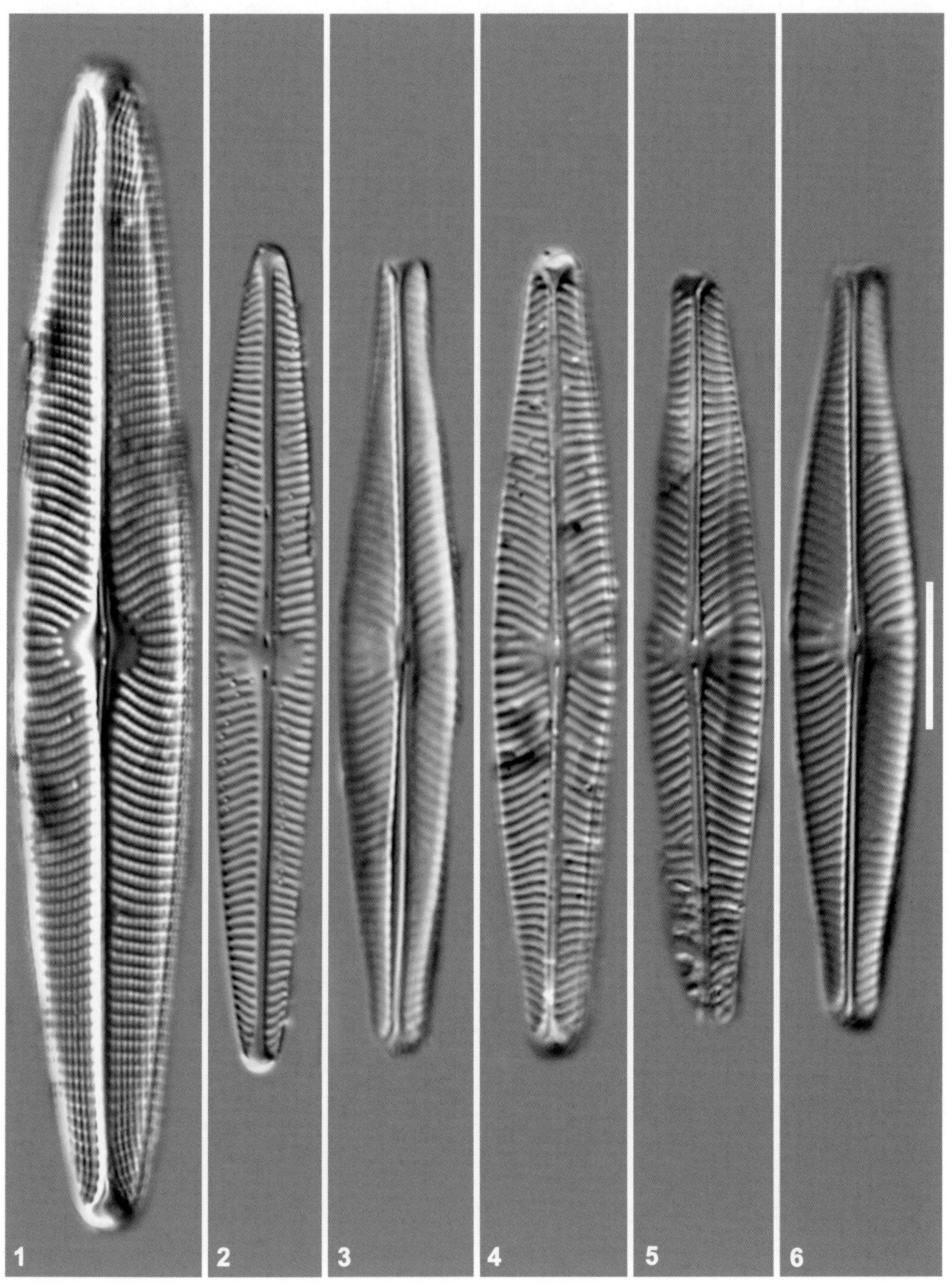

1. 放射舟形藻 *Navicula radiosa* Kützing; 2. 冈瓦纳舟形藻 *Navicula gondwana* Lange-Bertalot; 3-6. 庄严舟形藻 *Navicula venerablis* Hohn & Hellerman

图版 76

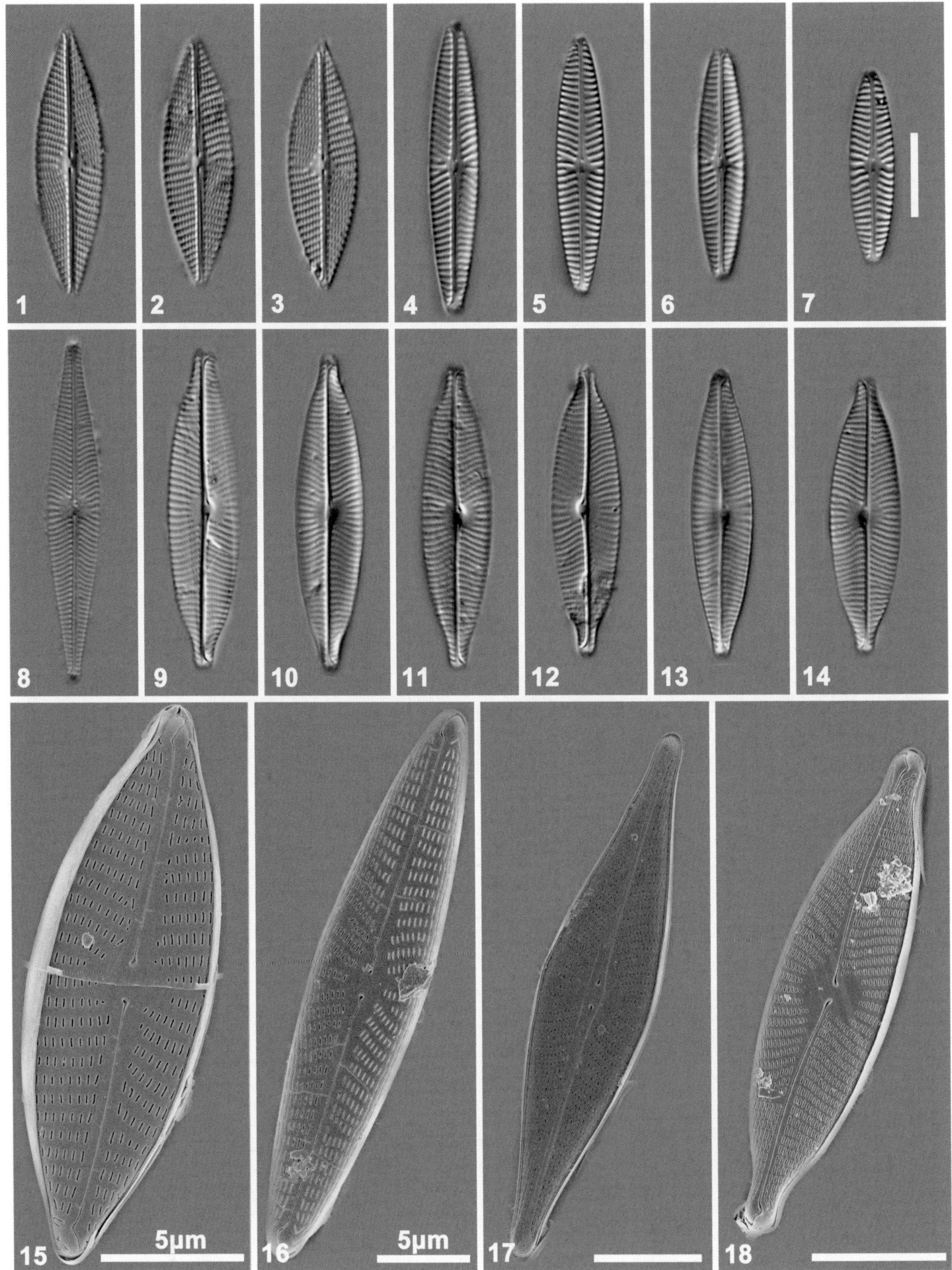

1-3, 15. 假披针形舟形藻 *Navicula pseudolanceolata* Lange-Bertalot; 4-7, 16. 新近舟形藻 *Navicula recens* (Lange-Bertalot) Lange-Bertalot; 8, 17. 喙头舟形藻 *Navicula rhynchocephala* Kützing; 9-14, 18. 短喙形舟形藻 *Navicula rostellata* Kützing

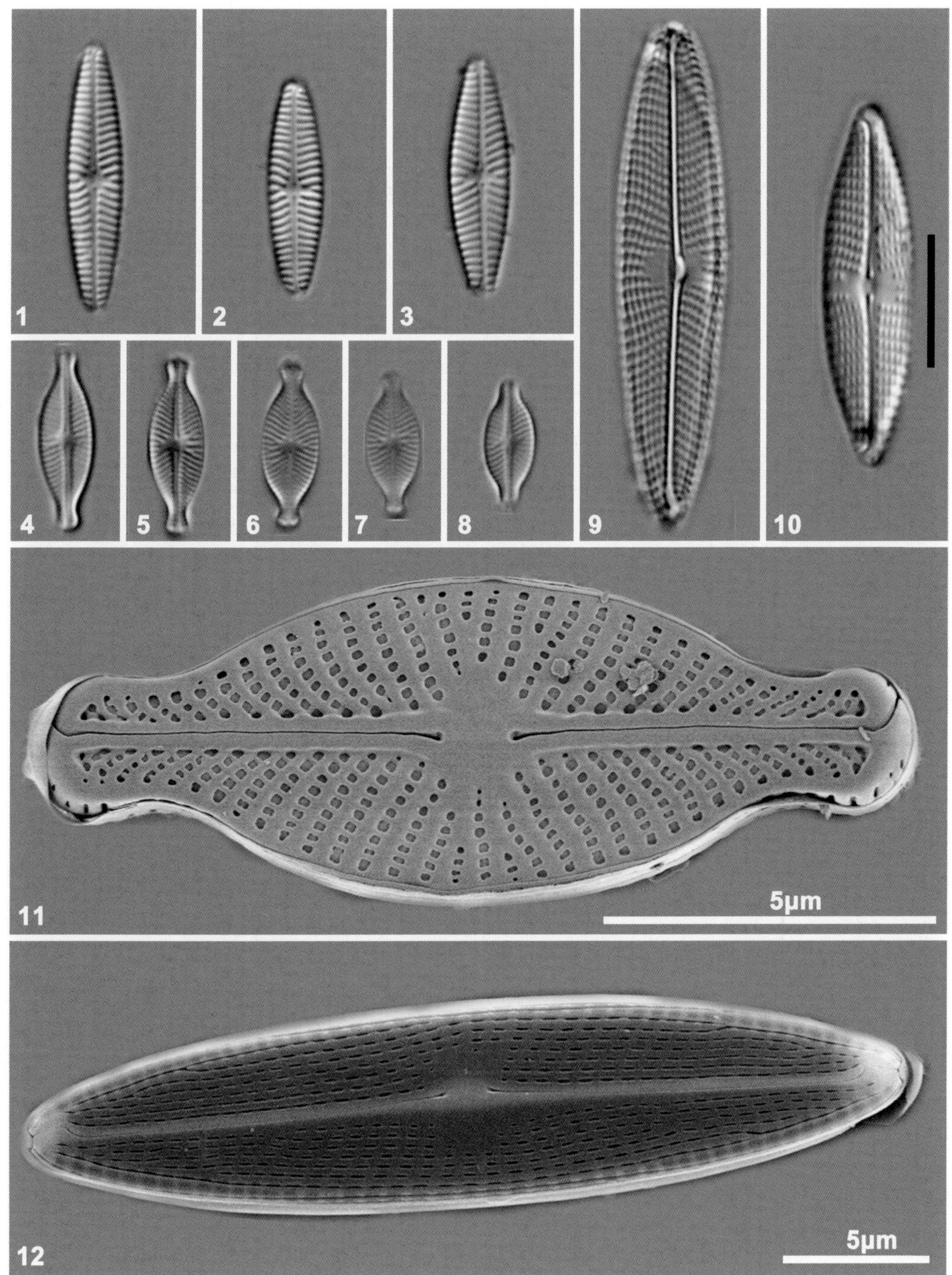

1-3. 栖咸舟形藻 *Navicula salinicola* Hustedt; 4-8, 11. 沙德鞍型藻 *Sellaphora schadei* (Krasske) Wetzel, Ector, Van de Vijver, Compère & Mann; 9, 12. 斯氏舟形藻 *Navicula schroeteri* Meister; 10. 斯特雷克舟形藻 *Navicula streckerae* Lange-Bertalot & Witkowski

图版 78

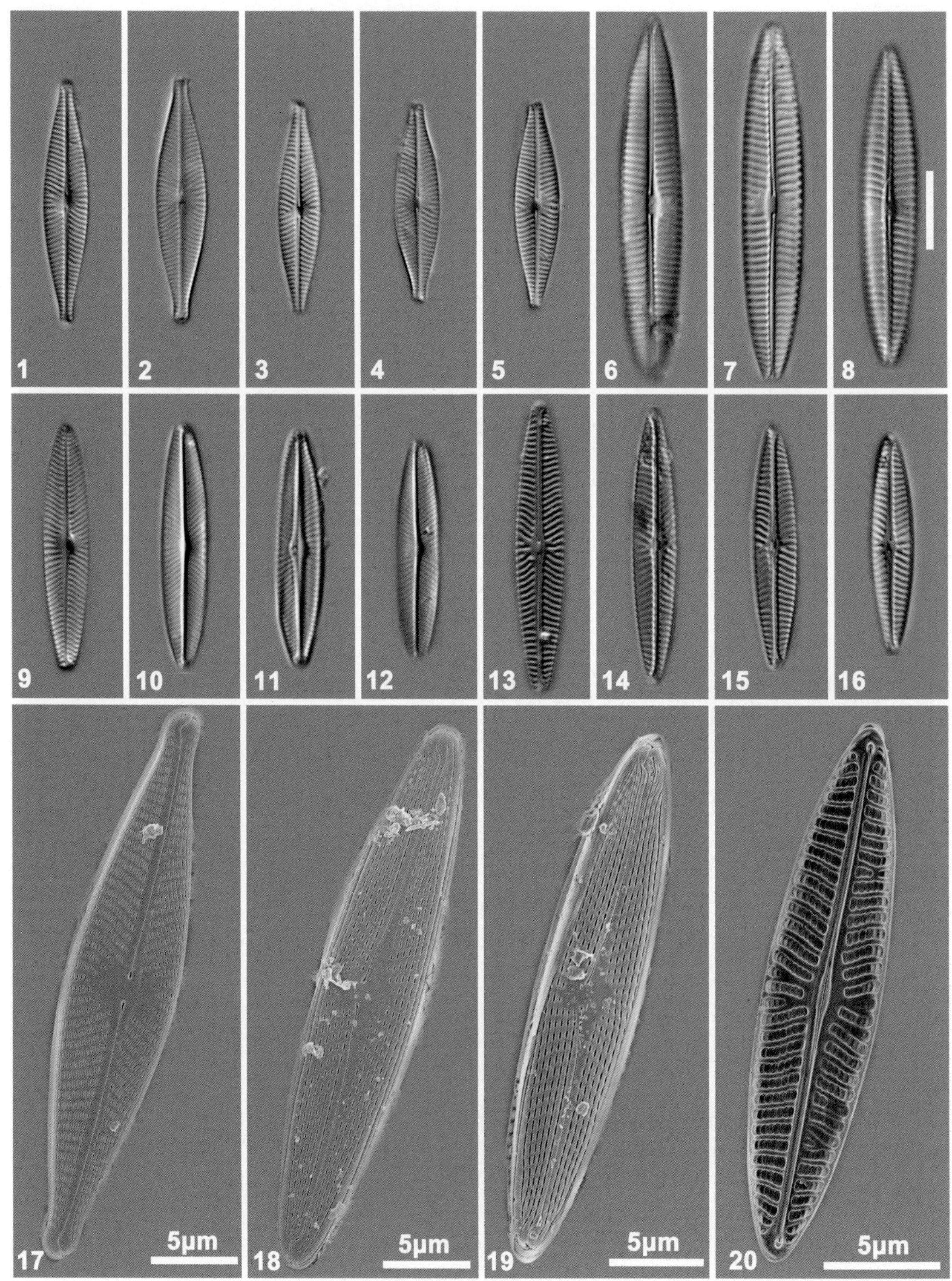

1-5, 17. 苏普舟形藻 *Navicula supleeorum* Bahls; 6-8, 18. 三斑点舟形藻 *Navicula tripunctata* (Müller) Bory de Saint-Vincent; 9-12, 19. 对称舟形藻 *Navicula symmetrica* Patrick; 13-16, 20. 似柔舟形藻 *Navicula tenelloides* Hustedt

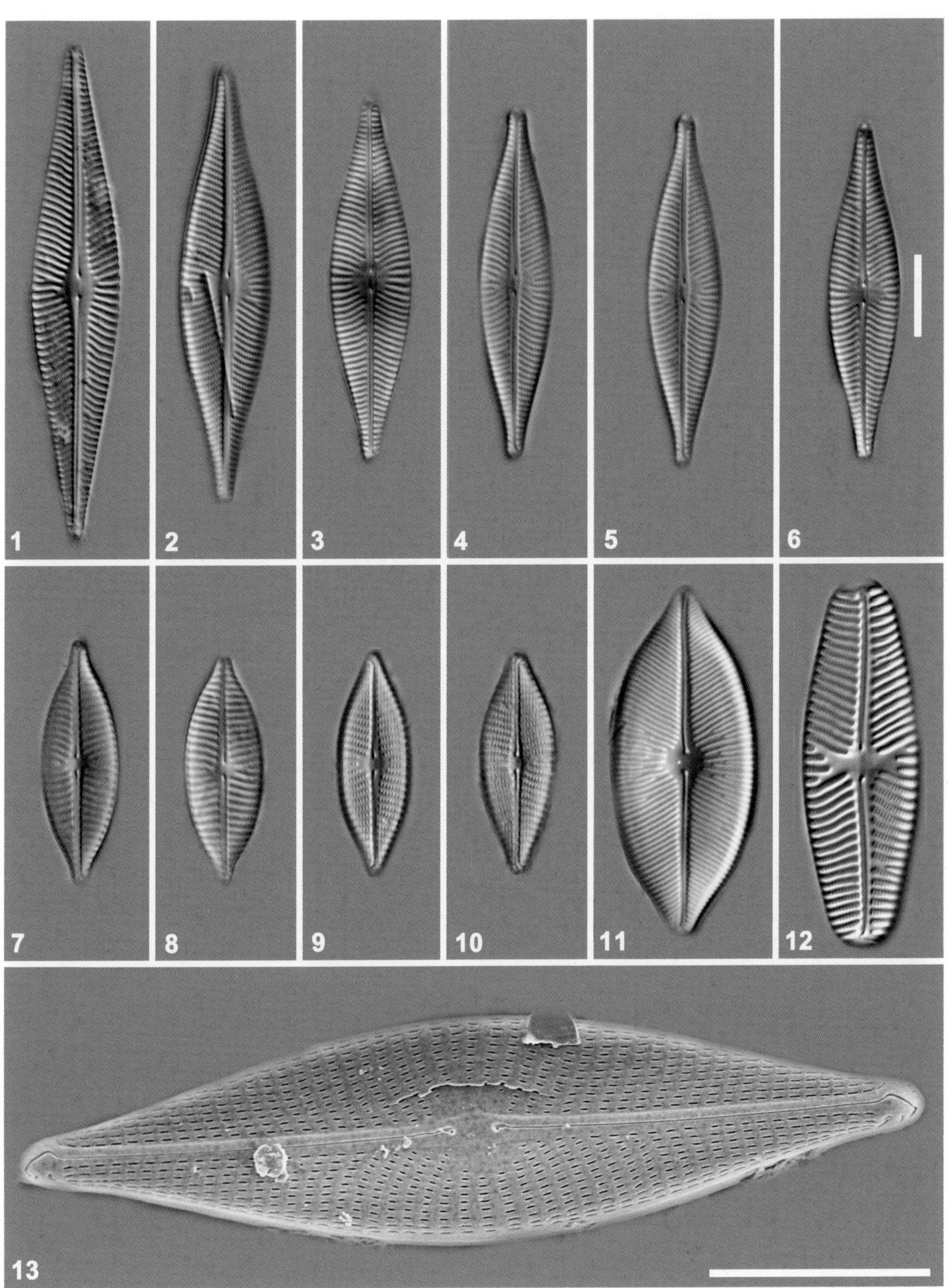

1-6, 13. 平凡舟形藻 *Navicula trivialis* Lange-Bertalot; 7-10. 乌普萨舟形藻 *Navicula upsaliensis* (Grunow) Peragallo; 11. 卵形舟形藻 *Navicula omegopsis* Hustedt; 12. 莱茵哈尔德舟形藻 *Navicula reinhardtii* (Grunow) Grunow

图版 80

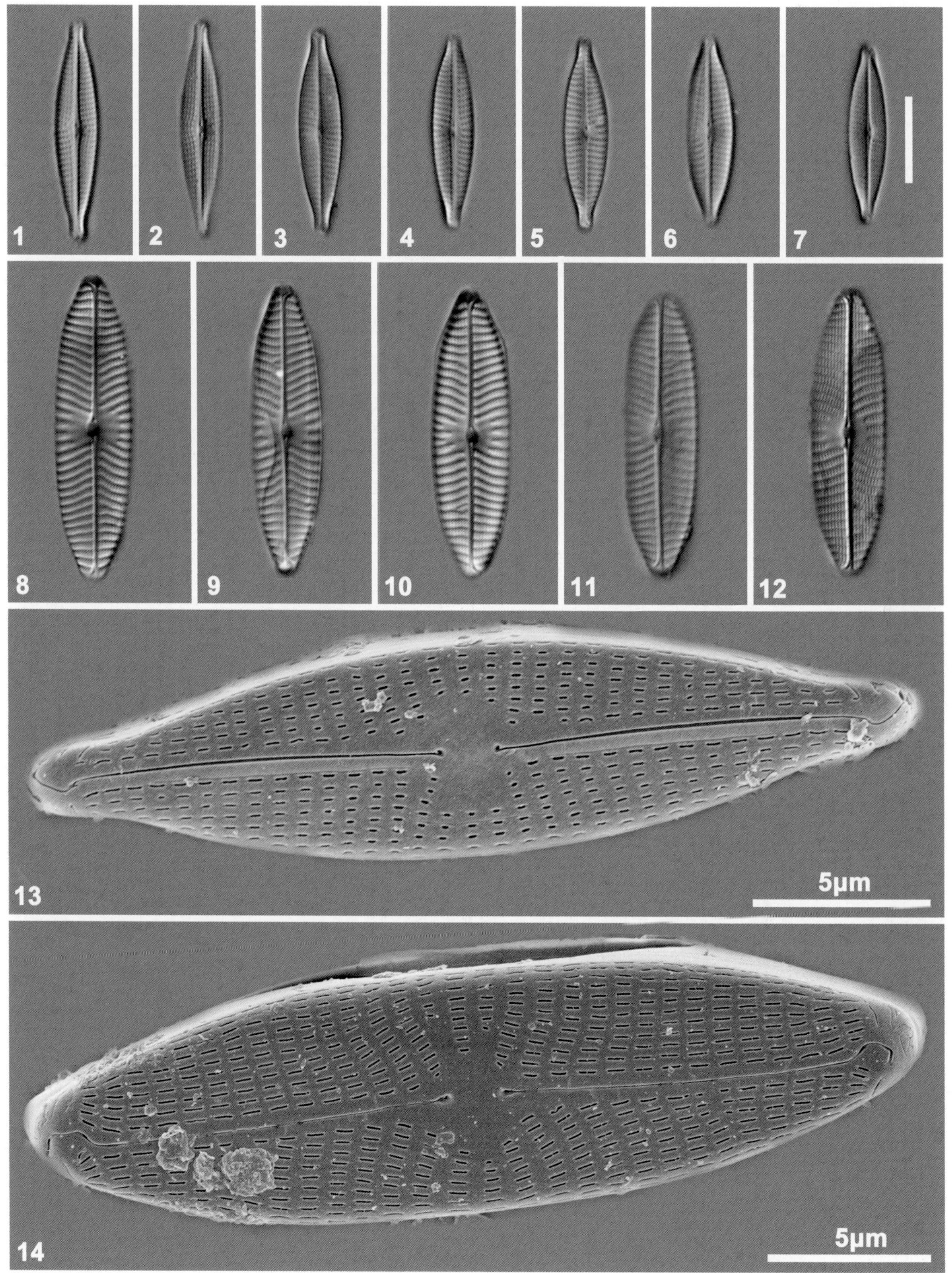

1-7, 13. 万达米舟形藻 *Navicula vandamii* Schoeman & Archibald; 8-12, 14. 微绿舟形藻 *Navicula viridulacalcis* Lange-Bertalot

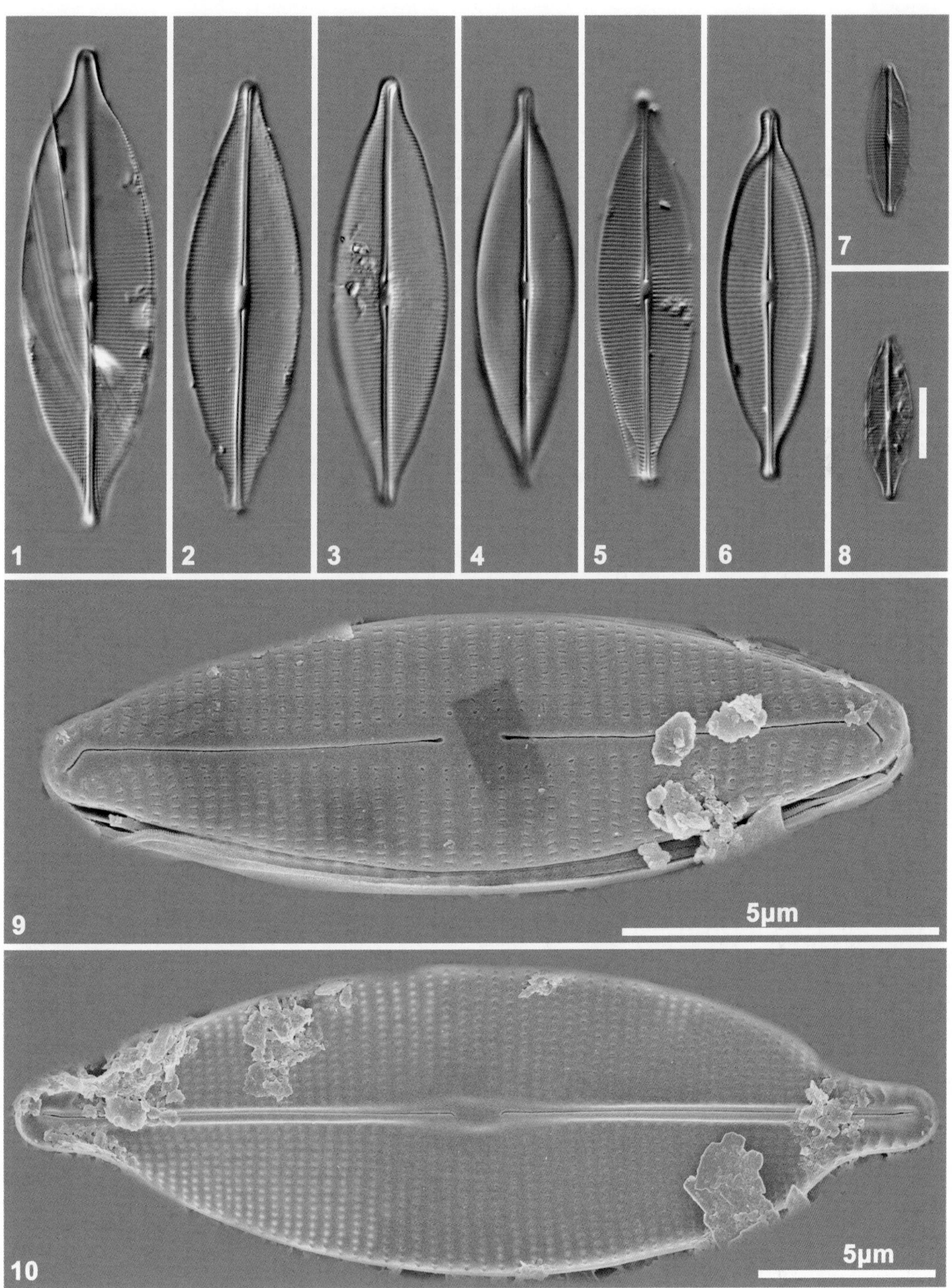

1-6, 10. 模糊格形藻 *Craticula ambigua* (Ehrenberg) Mann; 7-9. 适中格形藻 *Craticula accomoda* (Hustedt) Mann

图版 82

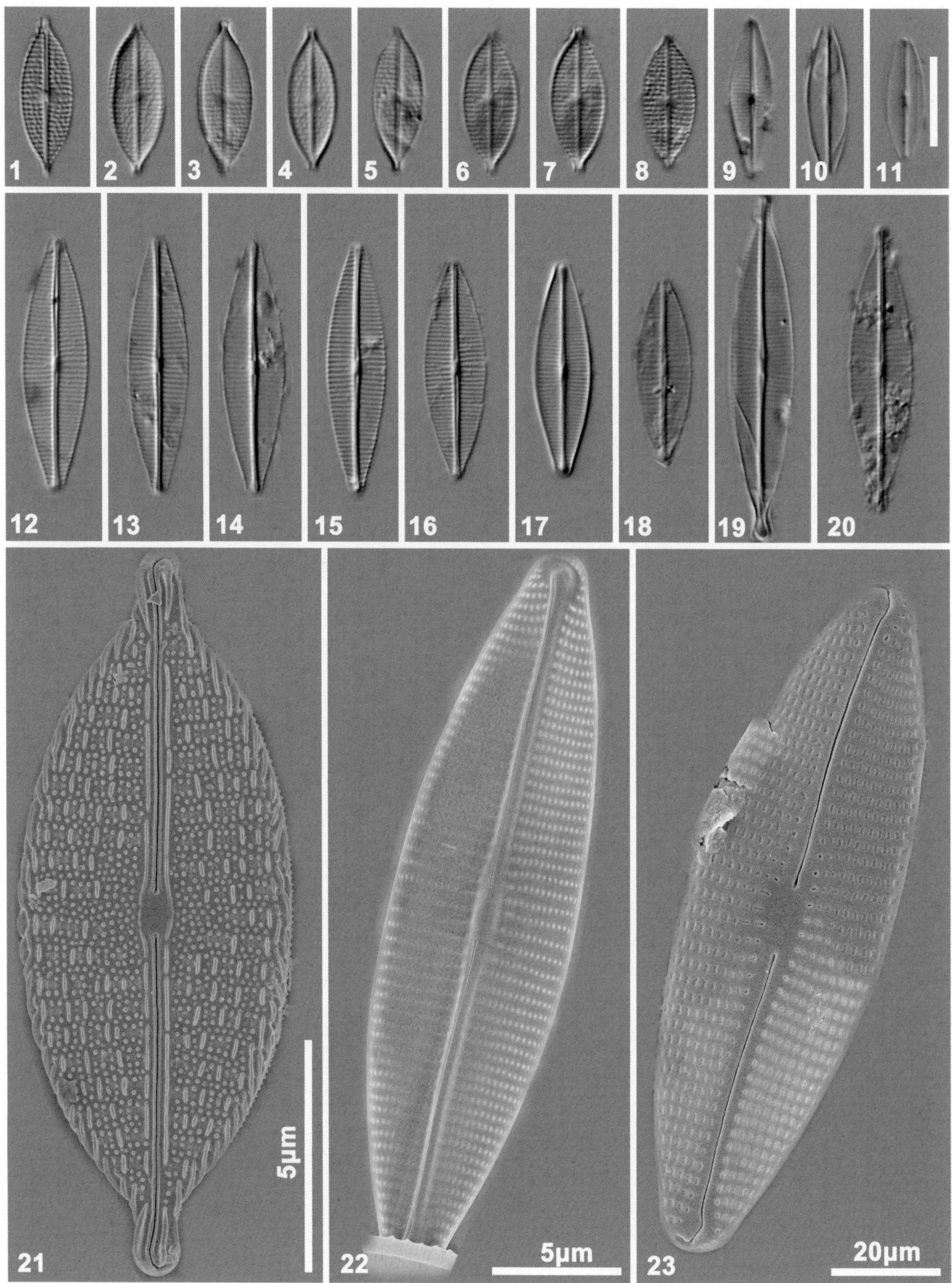

1-8, 21. 橘形格形藻 *Craticula citrus* (Krasske) Reichardt; 9-11, 23. 极小格形藻 *Craticula minusculoides* (Hustedt) Lange-Bertalot; 12-18, 22. 类嗜盐生格形藻 *Craticula halophilioides* (Hustedt) Lange-Bertalot; 19. 嗜盐生格形藻细嘴变型 *Craticula halophila* f. *tenuirostris* (Hustedt) Czarnecki; 20. 河岸格形藻 *Craticula riparia* (Hustedt) Lange-Bertalot

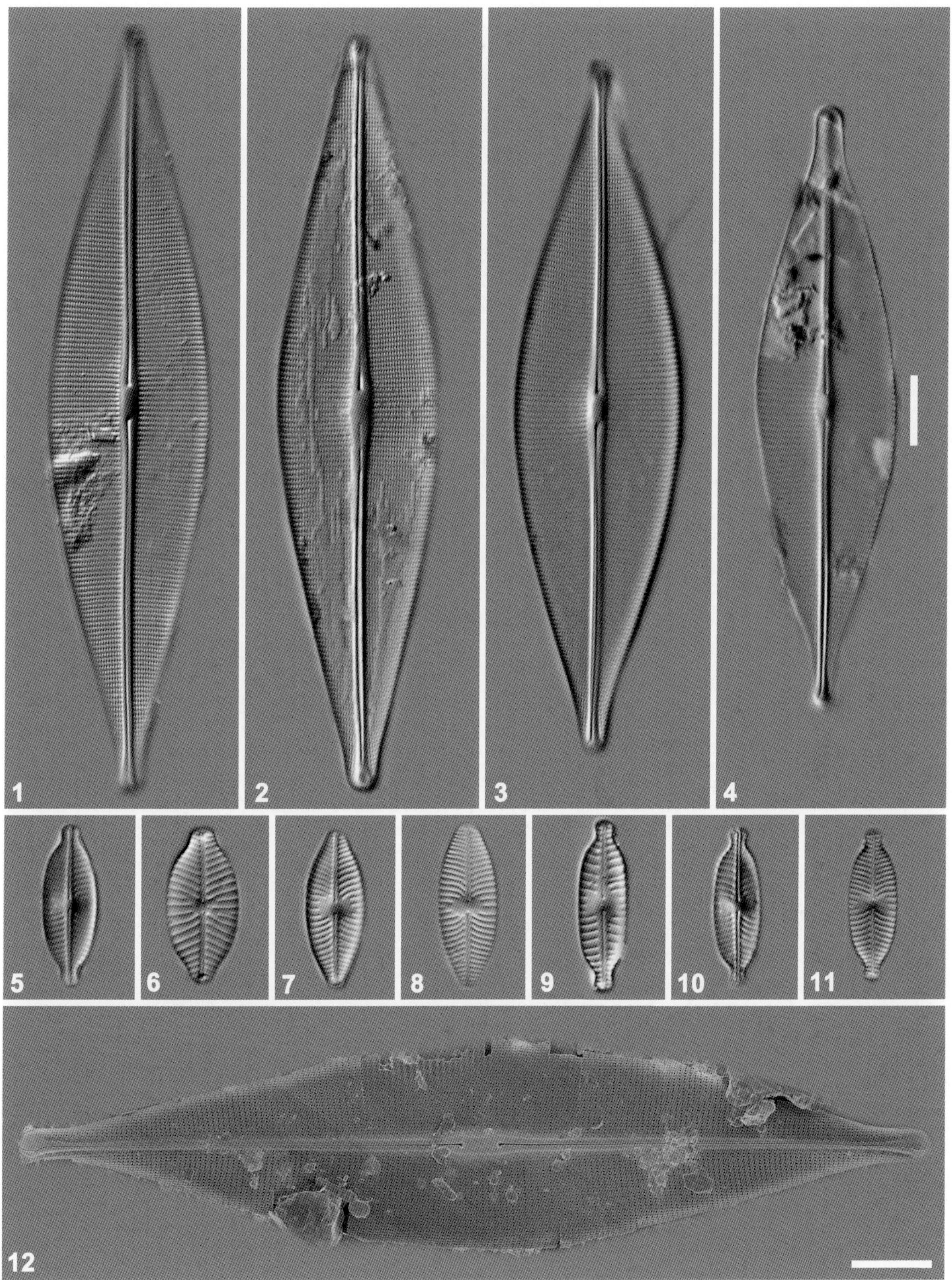

1-4, 12. 急尖格形藻 *Craticula cuspidata* (Kützing) Mann; 5. 英国盘状藻 *Placoneis anglica* (Ralfs) Cox; 6. 温和盘状藻 *Placoneis clementis* (Grunow) Cox; 7. 埃尔金盘状藻 *Placoneis elginensis* (Gregory) Cox; 8. 忽略盘状藻 *Placoneis ignorata* (Schimanski) Lange-Bertalot; 9-10. 帕拉尔金盘状藻 *Placoneis paraelginensis* Lange-Bertalot; 11. 佩雷尔盘状藻 *Placoneis perelginensis* Metzeltin, Lange-Bertalot & García-Rodríguez

图版 84

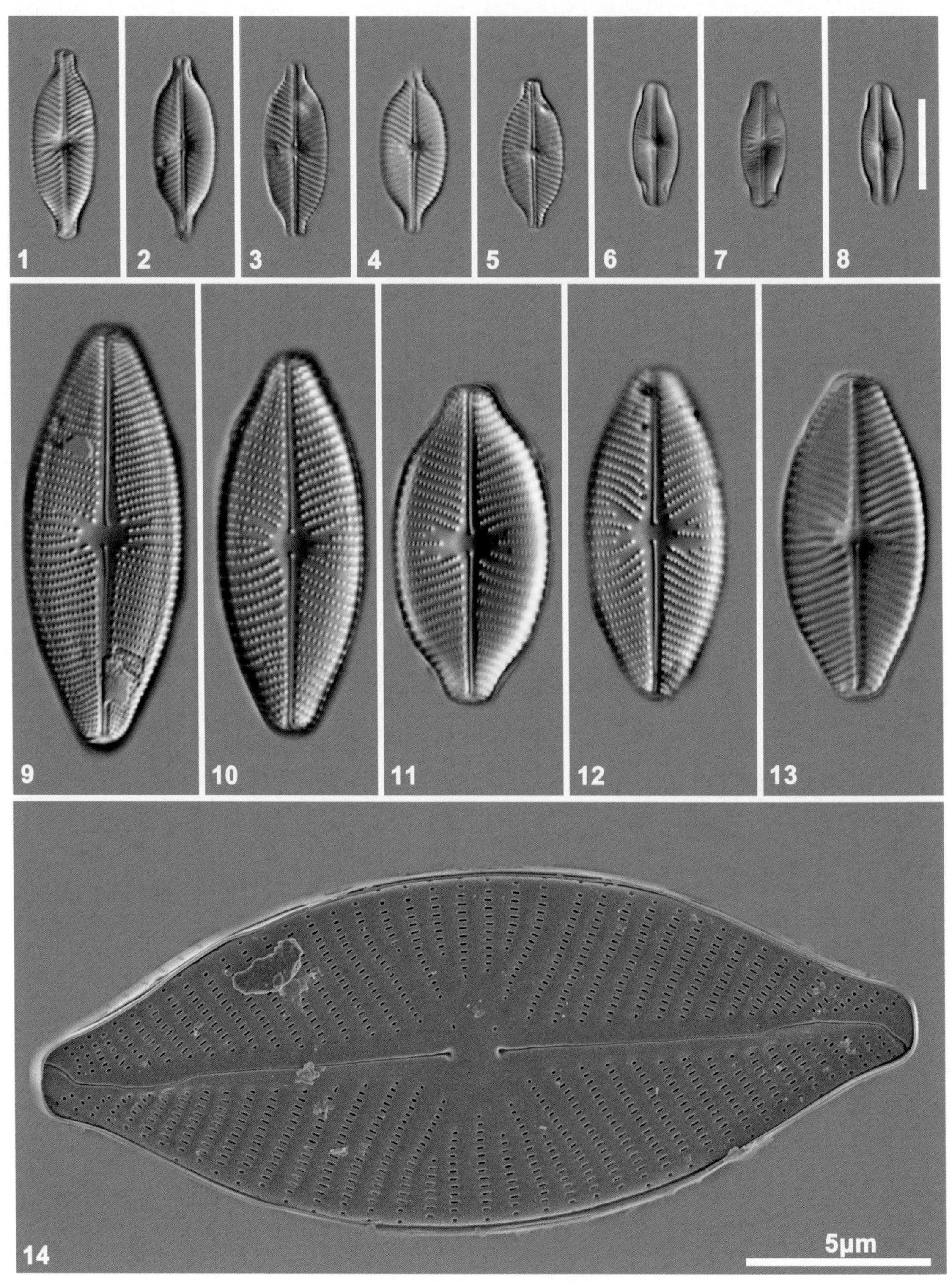

1-5, 14. 温和盘状藻线形变种 *Placoneis clementis* var. *linearis* (Brander ex Hustedt) Li & Qi; 6-8. 波塔波夫盘状藻 *Placoneis potapovae* Kociolek; 9-13. 胃形盘状藻 *Placoneis gastrum* (Ehrenberg) Mereschkowsky

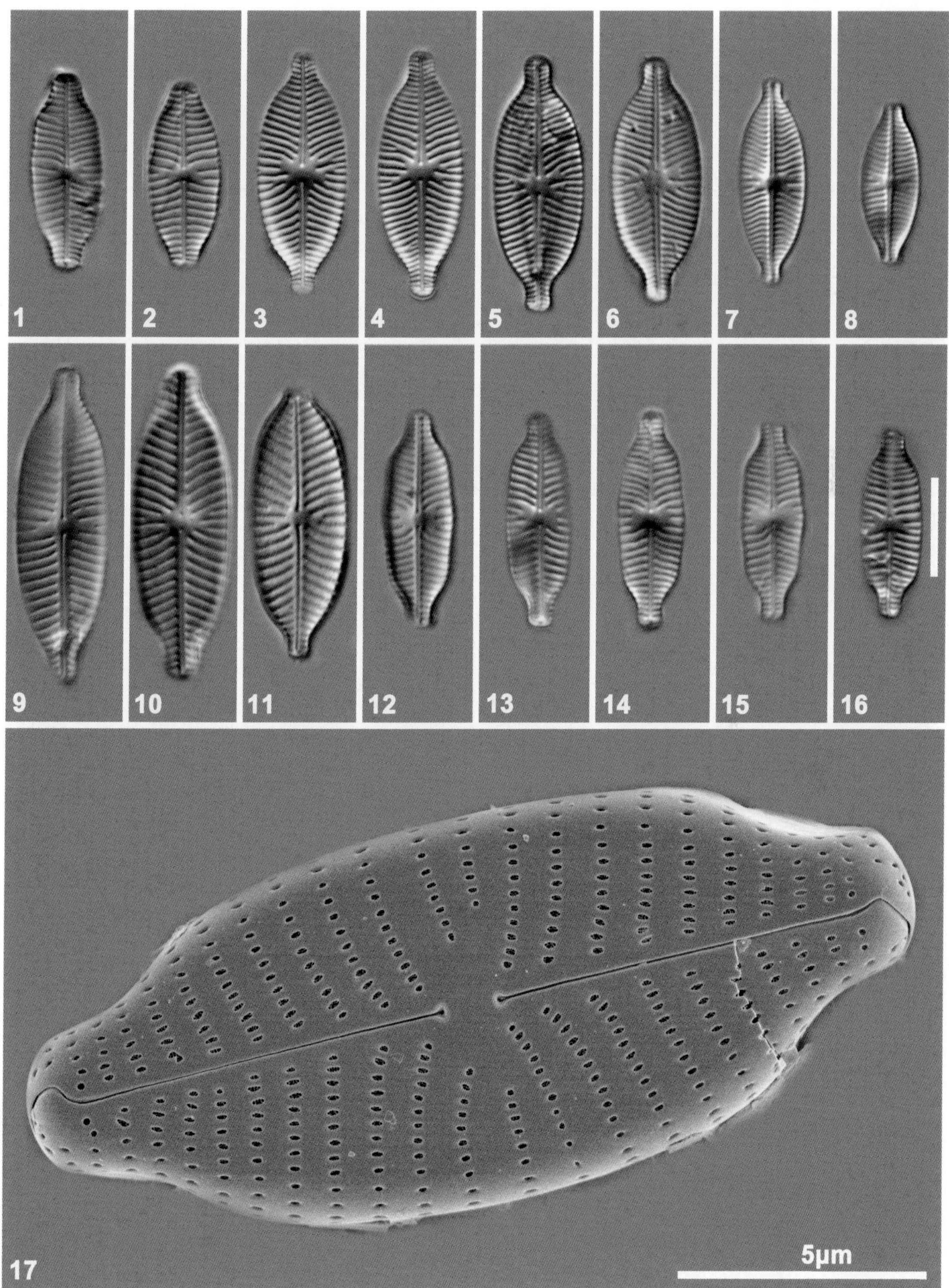

1-2, 17. 马达加斯加盘状藻 *Placoneis madagascariensis* Lange-Bertalot & Metzeltin; 3-6. 对称盘状藻 *Placoneis symmetrica* (Hustedt) Lange-Bertalot; 7-8. 显著盘状藻 *Placoneis significans* Lange-Bertalot; 9-11. 英格兰盘状藻 *Placoneis anglophila* (Lange-Bertalot) Lange-Bertalot; 12-16. 波状盘状藻 *Placoneis undulata* (Østrup) Lange-Bertalot

图版 86

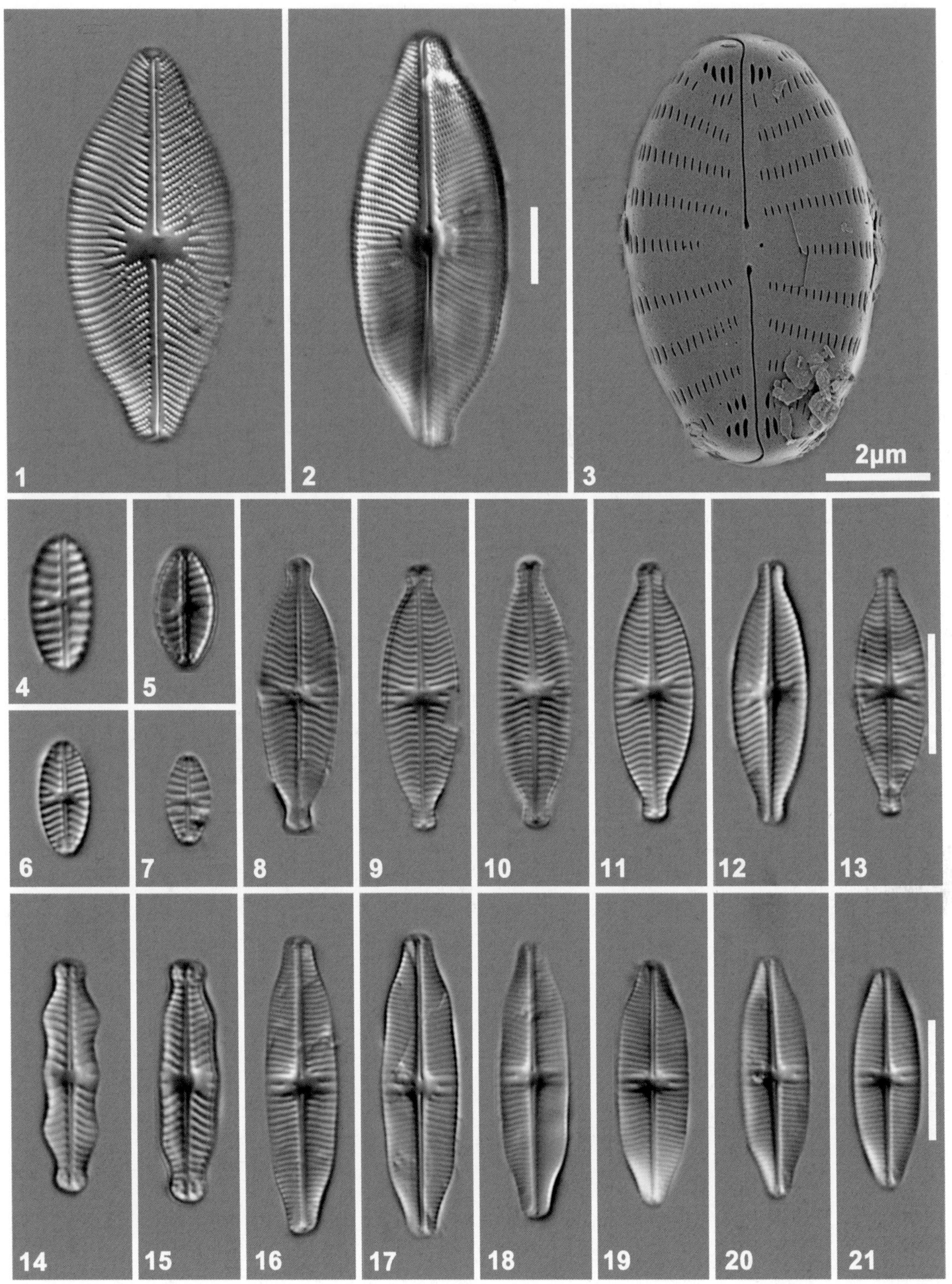

1. 科基盘状藻 *Placoneis cocquytiae* Fofana, Sow, Taylor, Ector & van de Vijver; 2. 中华盘状藻 *Placoneis sinensis* Li & Metzeltin; 3-7. 适意盖斯勒藻 *Geissleria acceptata* (Hustedt) Lange-Bertalot & Metzeltin; 8-13. 美容纳维藻 *Navigeia decussis* (Østrup) Bukhtiyarova; 14-15. 无名纳维藻 *Navigeia ignota* (Krasske) Bukhtiyarova; 16-21. 点状盖斯勒藻 *Geissleria punctifera* (Hustedt) Metzeltin, Lange-Bertalot & García-Rodríguez

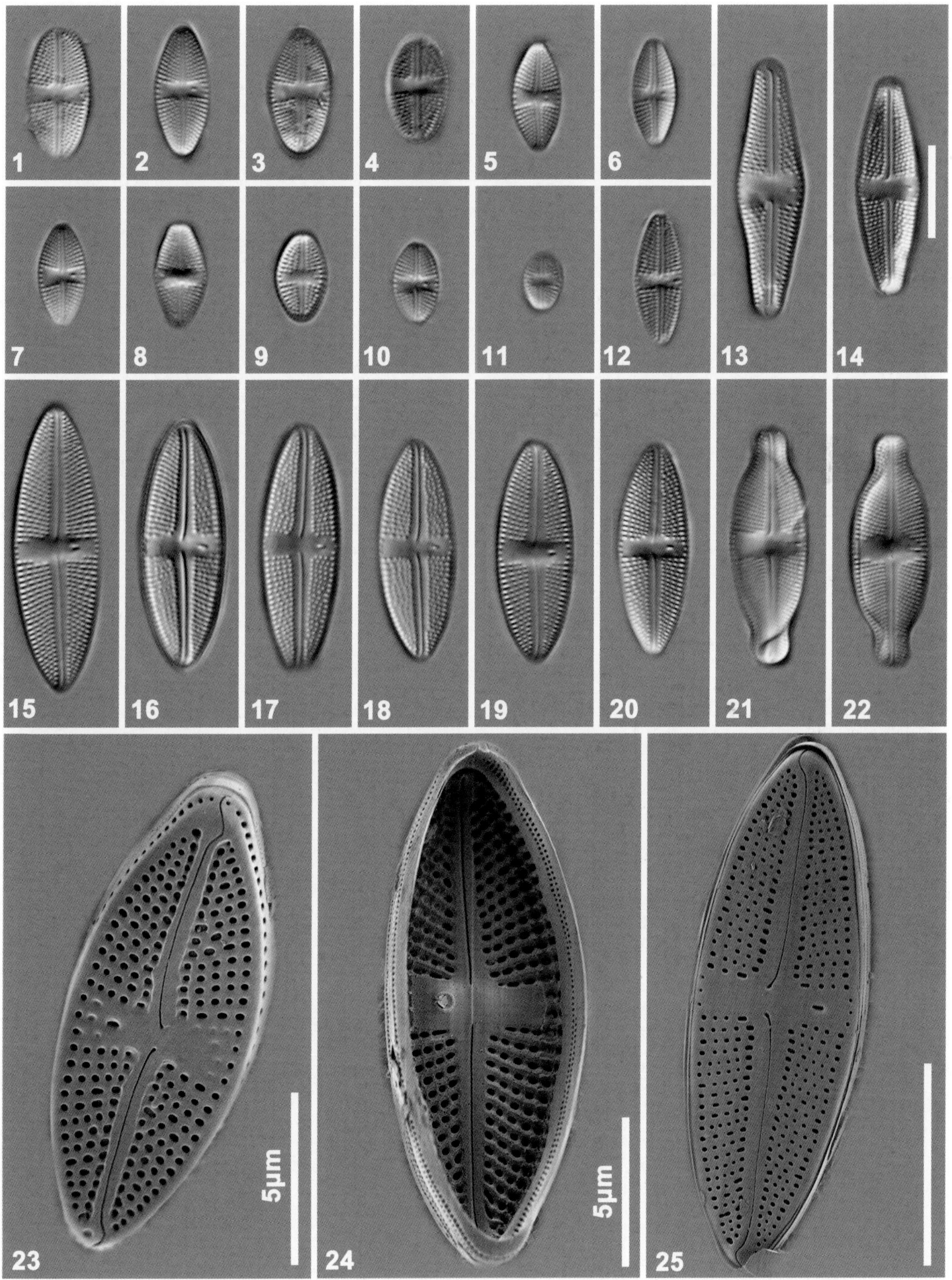

1-11. 斜形泥栖藻 *Luticola acidoclinata* Lange-Bertalot; 12, 23-24. 桥佩蒂泥栖藻 *Luticola goeppertiana* (Bleisch) Mann ex Rarick, Wu, Lee & Edlund; 13-14. 简单泥栖藻 *Luticola simplex* Metzeltin, Lange-Bertalot & García-Rodríguez; 15-20, 25. 赫卢比科泥栖藻 *Luticola hlubikovae* Levkov, Metzeltin & Pavlov; 21-22. 圭亚那泥栖藻 *Luticola guianaensis* Metzeltin & Levkov

图版 88

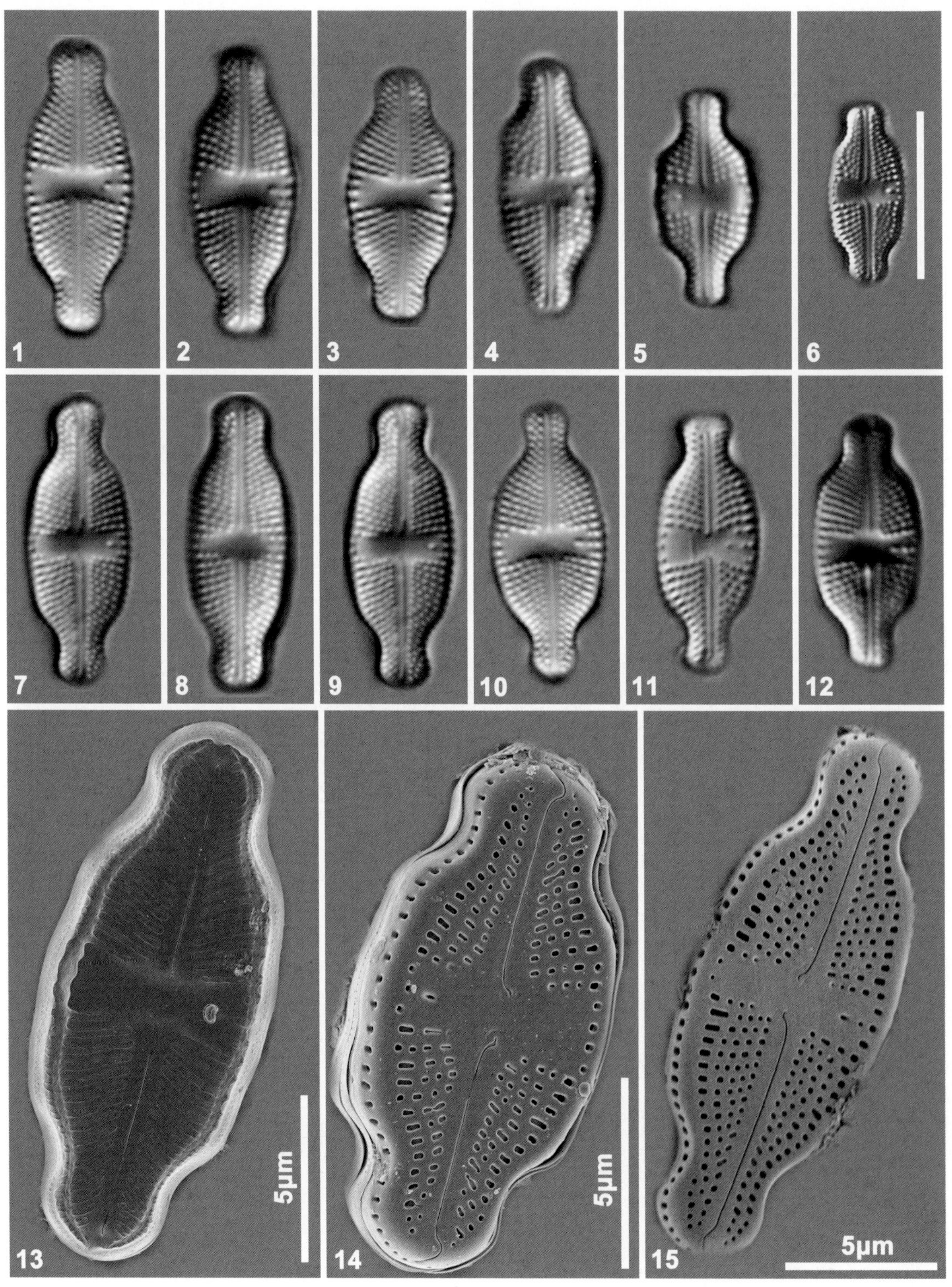

1-6, 13-14. 雪白泥栖藻 *Luticola nivalis* (Ehrenberg) Mann; 7-12, 15. 偏凸泥栖藻 *Luticola ventricosa* (Kützing) Mann

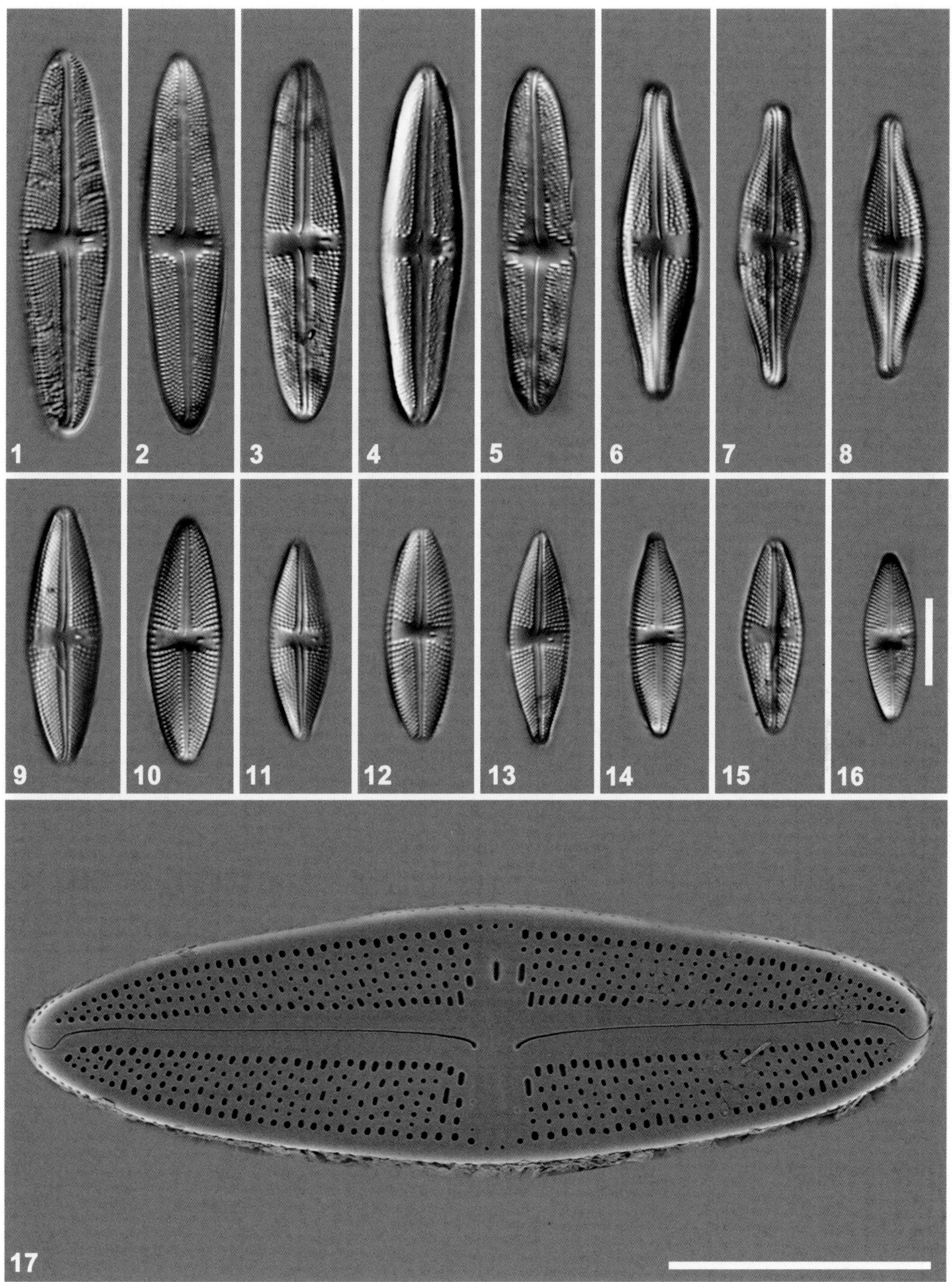

1-5, 17. 豆粒泥栖藻 *Luticola peguana* (Grunow) Mann ex Rarick, Wu, Lee & Edlund; 6-8. 孤点泥栖藻 *Luticola stigma* (Patrick) Johansen; 9-16. 近菱形泥栖藻 *Luticola pitranensis* Levkov, Metzeltin & Pavlov

图版 90

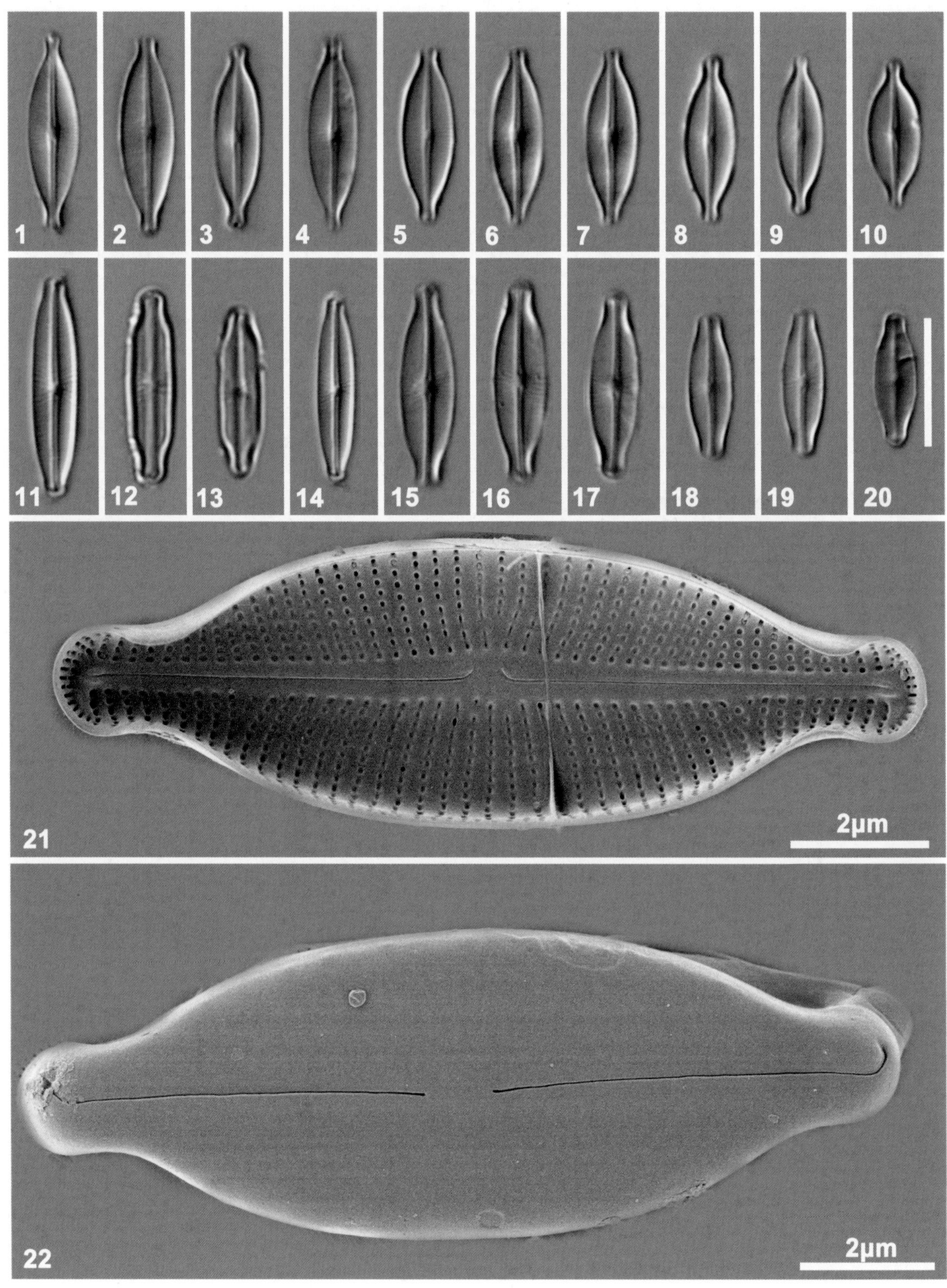

1-10, 21-22. 蒙诺拉菲亚藻 *Adlafia multnomahii* Morales & Lee; 11-14. 嗜碱拉菲亚藻 *Adlafia parabryophila* (Lange-Bertalot) Gerd Moser, Lange-Bertalot & Metzeltin; 15-20. 中华拉菲亚藻 *Adlafia sinensis* Liu & Williams

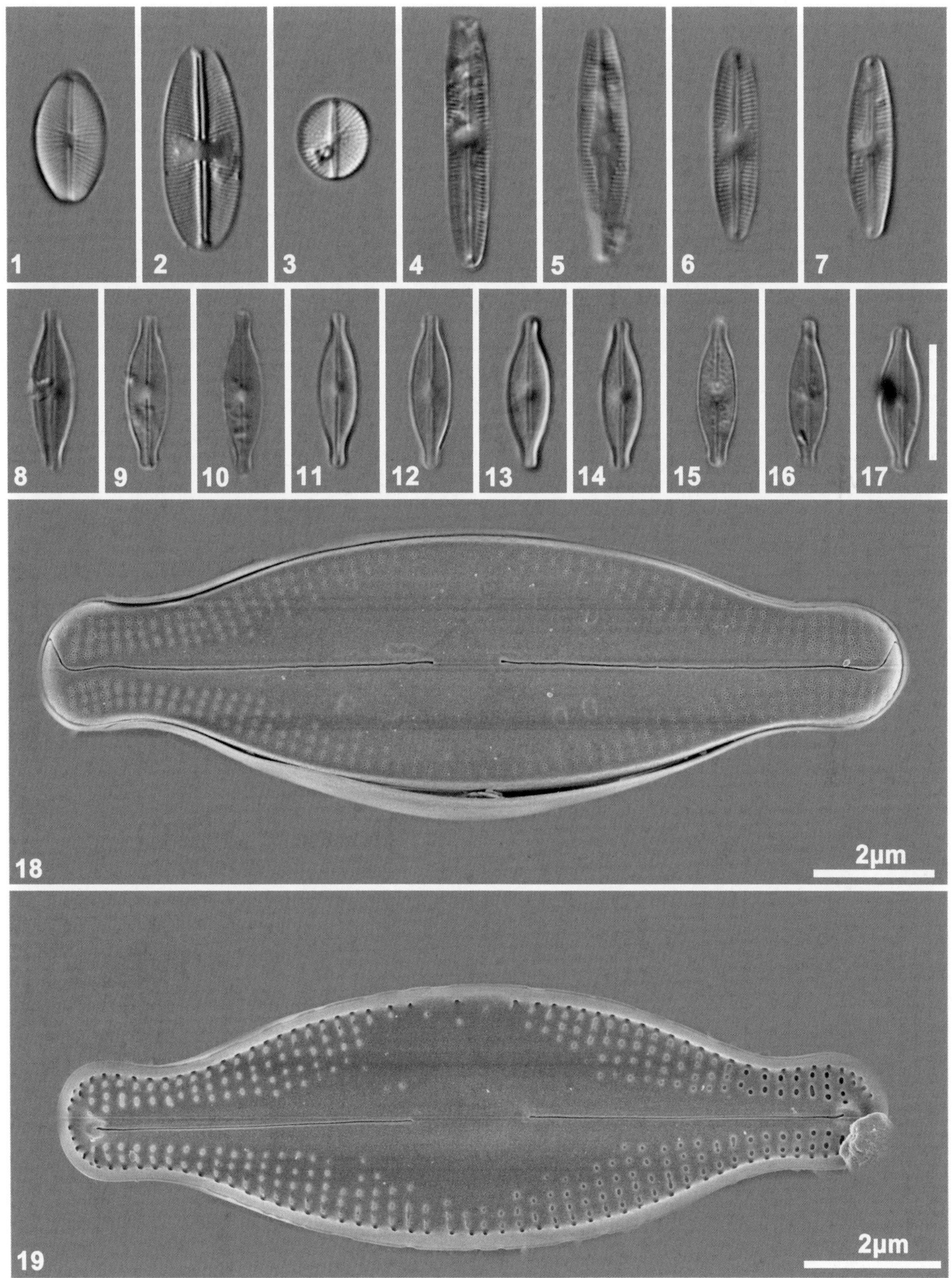

1. 卵形洞穴形藻 *Cavinula cocconeiformis* (Gregory ex Greville) Mann & Stickle; 2. 石生洞穴形藻 *Cavinula lapidosa* (Krasske) Lange-Bertalot; 3. 伪楯形洞穴形藻 *Cavinula pseudoscutiformis* (Hustedt) Mann & Stickle; 4-7. 弗雷泽努佩藻 *Nupela frezelii* Potapova; 8-19. 威尔莱瑞努佩藻 *Nupela wellneri* (Lange-Bertalot) Lange-Bertalot

图版 92

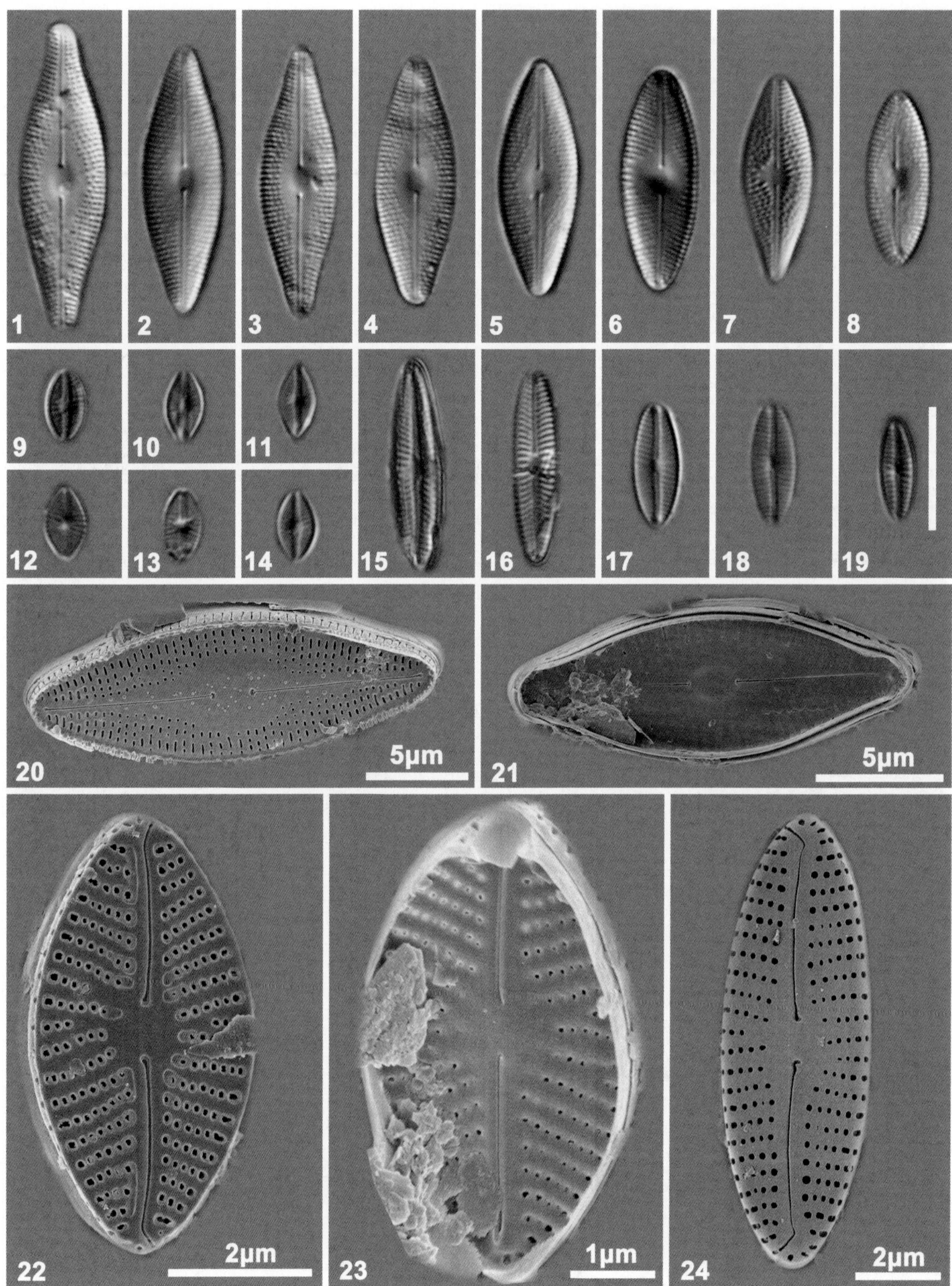

1-8, 20-21. 丝状全链藻 *Diadesmis confervacea* Kützing; 9-14, 22-23. 阿奇博尔德鞍型藻 *Sellaphora archibaldii* (Taylor & Lange-Bertalot) Ács, Wetzel & Ector; 15-19, 24. 康佩尔塘生藻 *Eolimna comperei* Ector, Coste & Iserentant

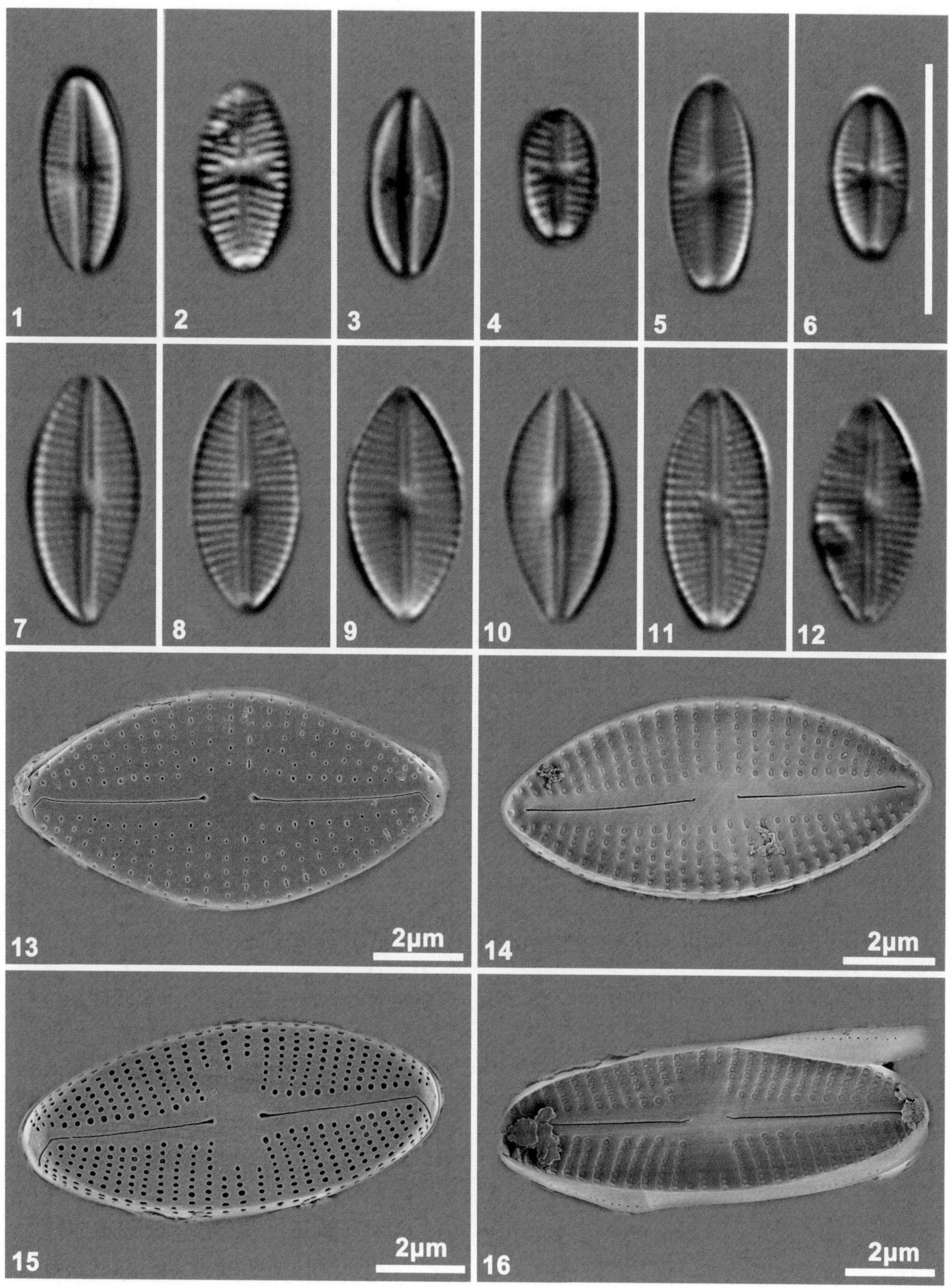

1-4. 微小塘生藻 *Eolimna minima* (Grunow) Lange-Bertalot; 5-6, 15-16. 万氏鞍型藻 *Sellaphora vanlandinghamii* (Kociolek) Wetzel; 7-14. 小格形藻 *Craticula subminuscula* (Manguin) Wetzel & Ector

图版 94

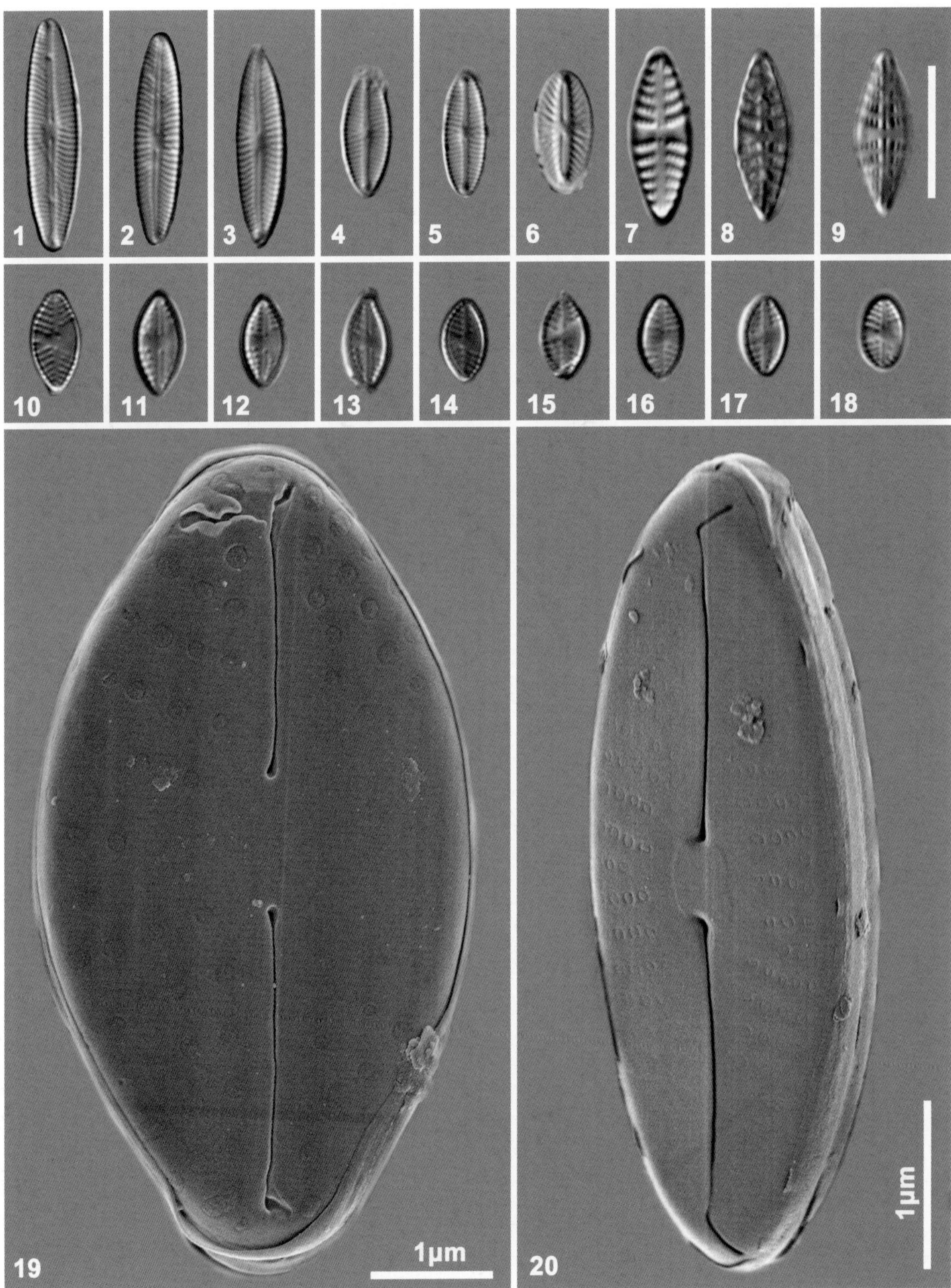

1-5, 20. 阿奎斯提马雅美藻 *Mayamaea agrestis* (Hustedt) Lange-Bertalot; 6. 细柱马雅美藻 *Mayamaea atomus* (Kützing) Lange-Bertalot; 7. 丰富宽纹藻 *Hippodonta abunda* Pavlov, Levkov, Williams & Edlund; 8-9. 中肋宽纹藻 *Hippodonta costulata* (Grunow) Lange-Bertalot, Metzeltin & Witkowski; 10-19. 小型马雅美藻 *Mayamaea ingenua* (Hustedt) Lange-Bertalot & Hofmann

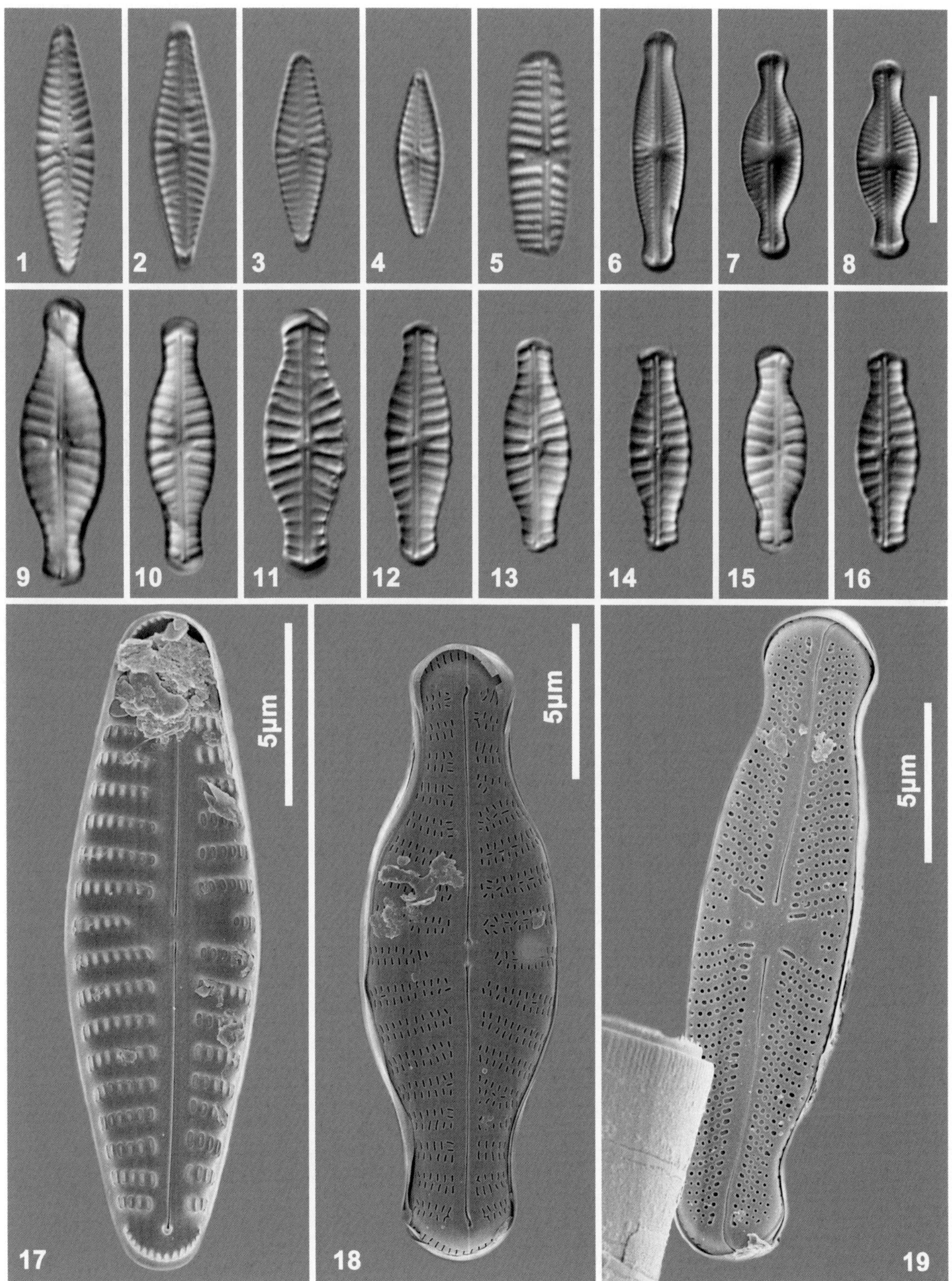

1-4, 17. 阿维塔宽纹藻 *Hippodonta avittata* (Cholnoky) Lange-Bertalot, Metzeltin & Witkowski; 5. 线形宽纹藻 *Hippodonta linearis* (Østrup) Lange-Bertalot, Metzeltin & Witkowski; 6, 19. 专制鞍型藻 *Sellaphora absoluta* (Hustedt) Wetzel, Ector, Van de Vijver, Compère & Mann; 7-8. 巴拉瑟夫鞍型藻 *Sellaphora balashovae* Andreeva, Kulikovskiy & Kociolek; 9-16, 18. 头端宽纹藻 *Hippodonta capitata* (Ehrenberg) Lange-Bertalot, Metzeltin & Witkowski

图版 96

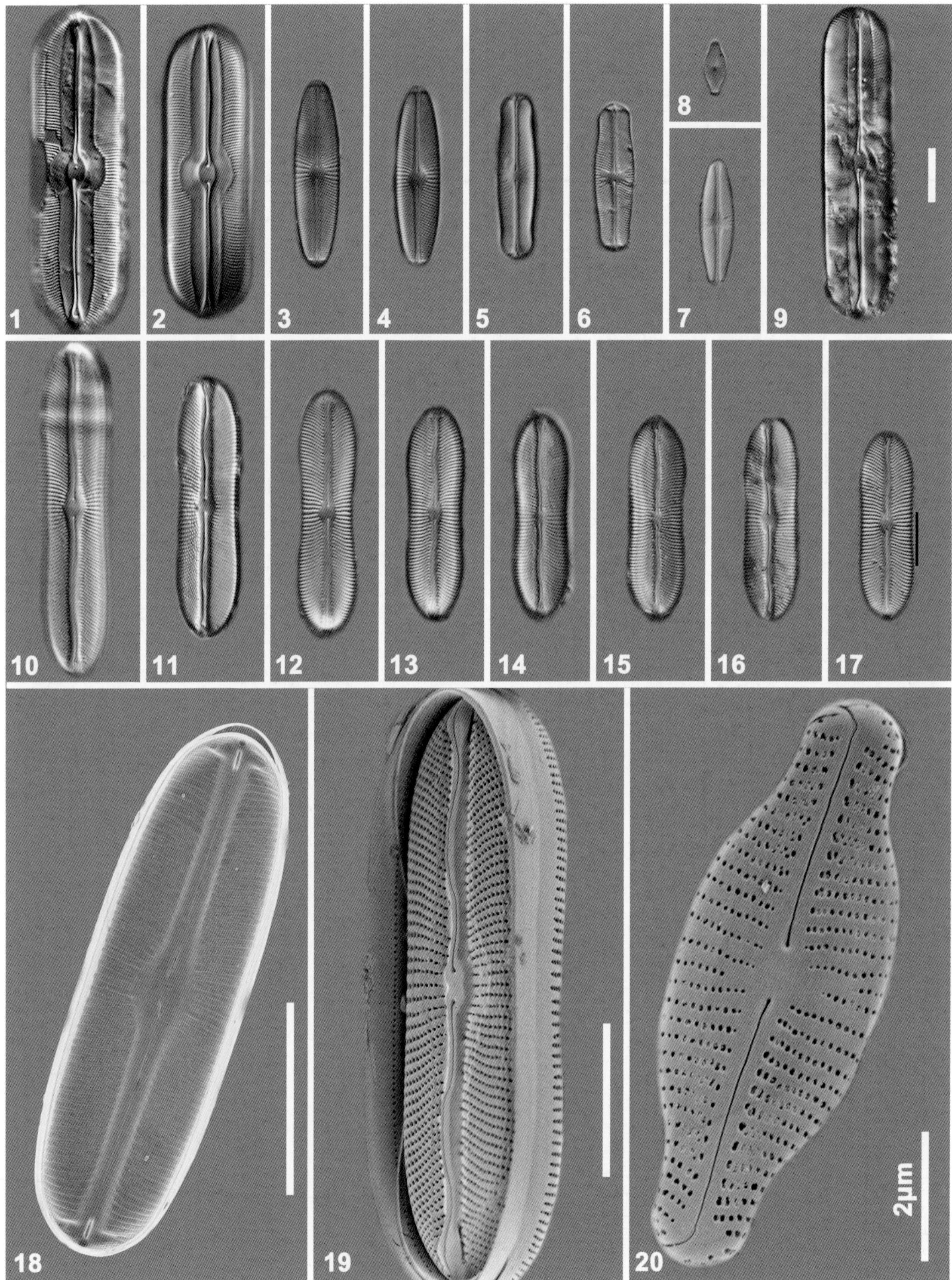

1-2. 美利坚鞍型藻 *Sellaphora americana* (Ehrenberg) Mann; 3-4, 18. 杆状鞍型藻 *Sellaphora bacillum* (Ehrenberg) Mann; 5-6. 布莱克福德鞍型藻 *Sellaphora blackfordensis* Mann & Droop; 7, 20. 达武鞍型藻 *Sellaphora davoutiana* Heudre, Wetzel, Moreau & Ector; 8. 披针鞍型藻 *Sellaphora lanceolata* Mann & Droop; 9. 波尔斯鞍型藻 *Sellaphora boltziana* Metzeltin, Lange-Bertalot & Soninkhishig; 10-17, 19. 缢缩鞍型藻 *Sellaphora constricta* Kociolek & You

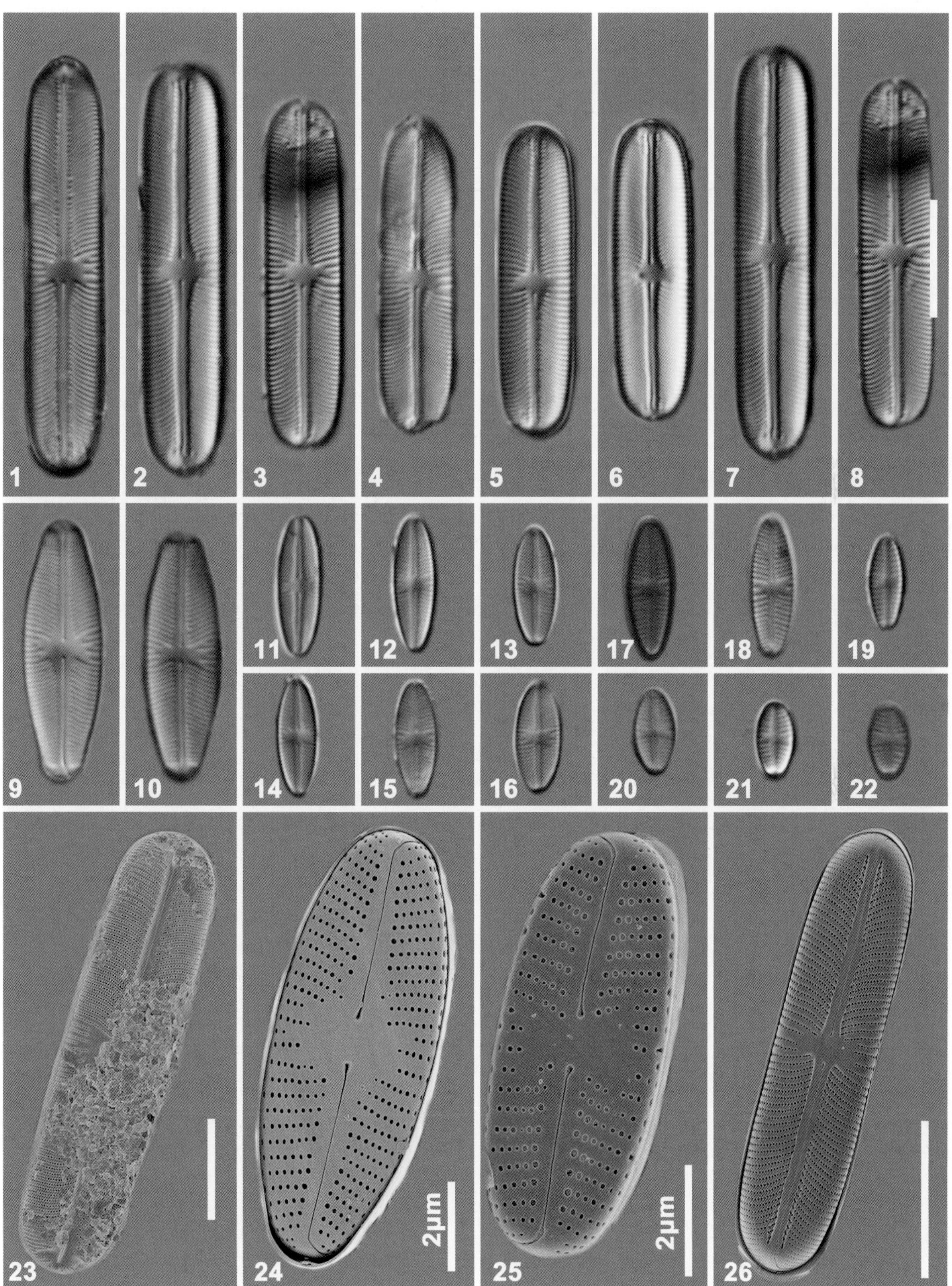

1-4, 23. 光滑鞍型藻 *Sellaphora laevissima* (Kützing) Mann; 5-6. 佩拉戈鞍型藻 *Sellaphora pelagonica* Kochoska, Zaova, Videska & Levkov; 7-8, 26. 全光滑鞍型藻 *Sellaphora perlaevissima* Metzeltin, Lange-Bertalot & Soninkhishig; 9-10. 南欧鞍型藻 *Sellaphora meridionalis* Potapova & Ponader; 11-16, 24. 极小鞍型藻 *Sellaphora minima* (Grunow) Mann; 17-22, 25. 尼格里鞍型藻 *Sellaphora nigri* (De Notaris) Wetzel & Ector

图版 98

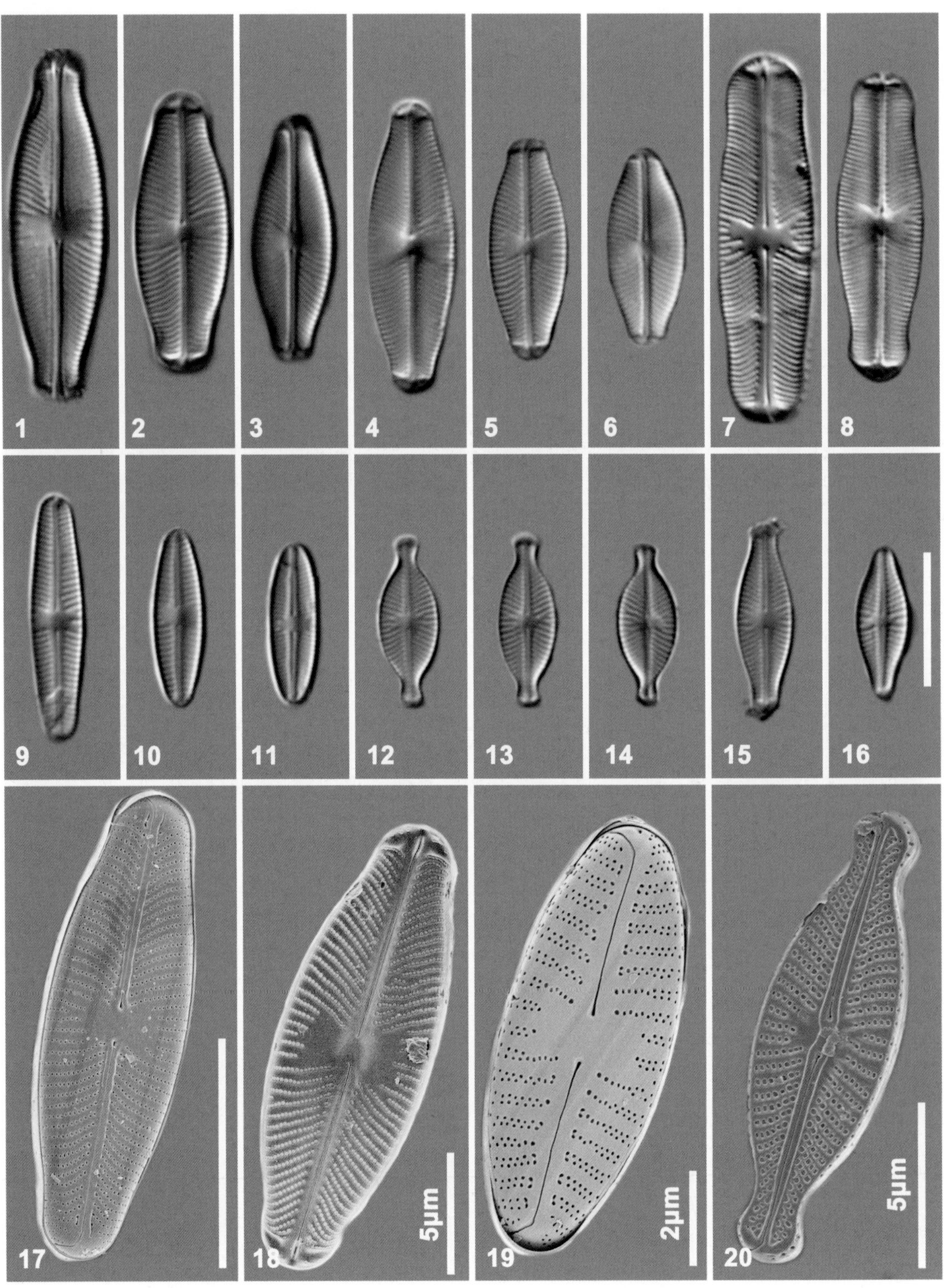

1-3, 17. 亚头状鞍型藻 *Sellaphora perobesa* Metzeltin, Lange-Bertalot & Soninkhishig; 4-6, 18. 腐生鞍型藻 *Sellaphora saprotolerans* Lange-Bertalot, Hofmann & Cantonati; 7-8. 施罗西鞍型藻 *Sellaphora schrothiana* Metzeltin, Lange-Bertalot & Soninkhishig; 9-11, 19. 索日鞍型藻 *Sellaphora saugerresii* (Desmazières) Wetzel & Mann; 12-14, 20. 沙德鞍型藻 *Sellaphora schadei* (Krasske) Wetzel, Ector, Van de Vijver, Compère & Mann; 15-16. 近瞳孔鞍型藻 *Sellaphora subpupula* Levkov & Nakov

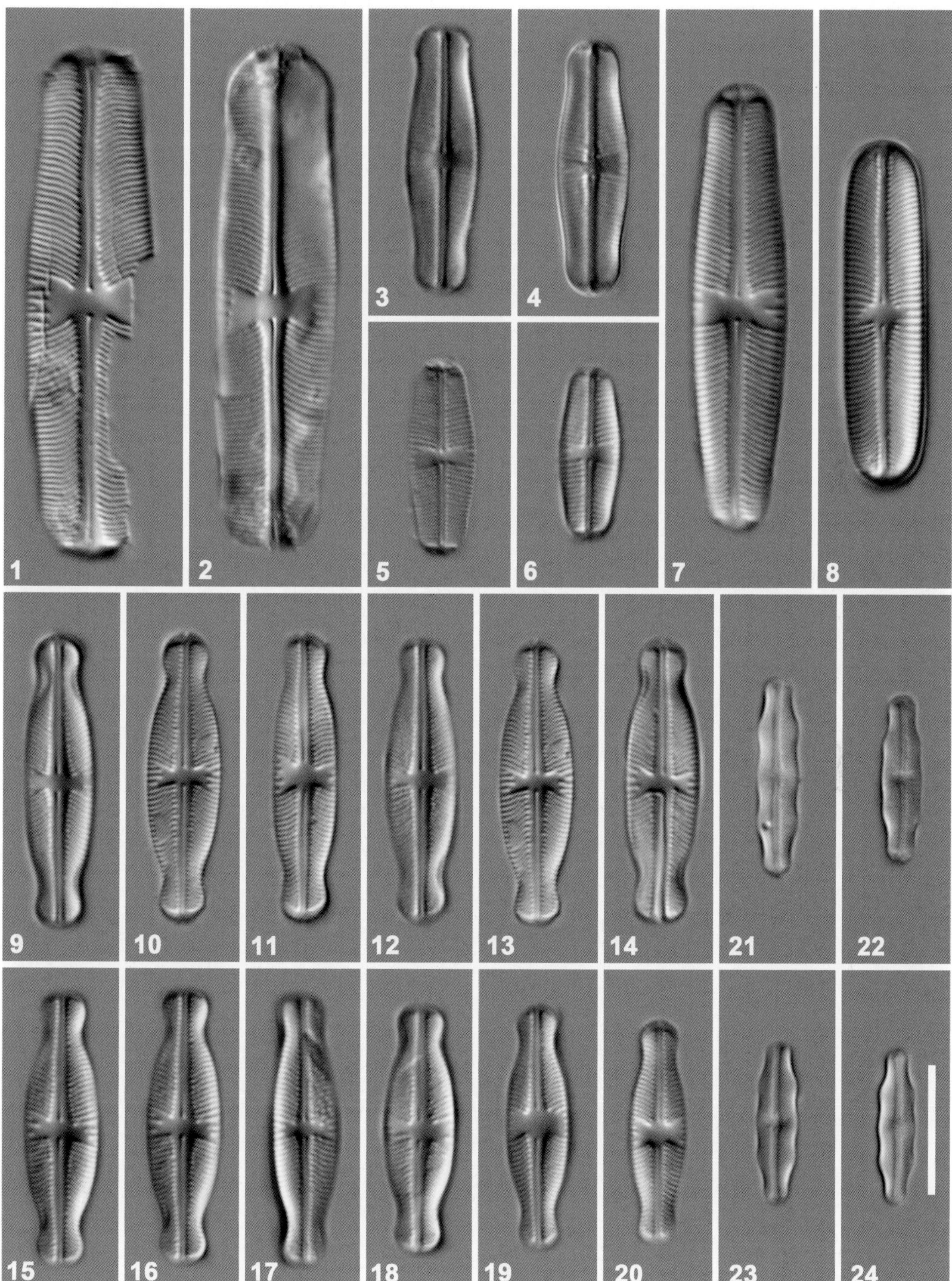

1-2. 类鞍型藻 *Sellaphora simillima* Metzeltin, Lange-Bertalot & Soninkhishig; 3-6. 班达鞍型藻 *Sellaphora vitabunda* (Hustedt) Mann; 7. 头状鞍型藻 *Sellaphora capitata* Mann & McDonald; 8. 马达加斯加鞍型藻 *Sellaphora madagascariensis* Metzeltin & Lange-Bertalot; 9-20. 腹糊鞍型藻 *Sellaphora ventraloconfusa* (Lange-Bertalot) Metzeltin & Lange-Bertalot; 21-24. 三齿鞍型藻 *Sellaphora tridentula* (Krasske) Wetzel

图版 100

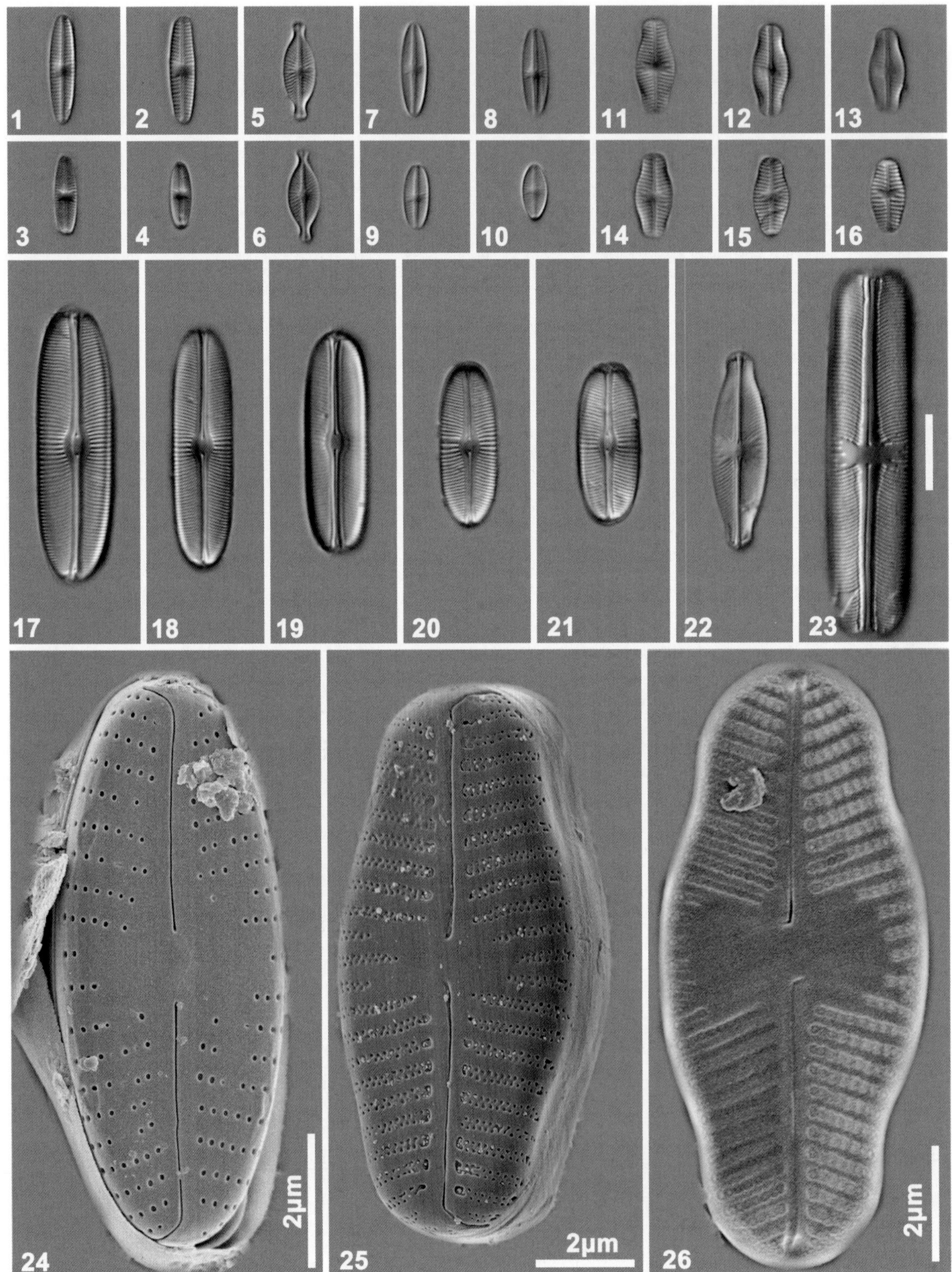

1-4, 24. 原子鞍型藻 *Sellaphora atomoides* (Grunow) Wetzel & Van de Vijver; 5-6. 胡斯特鞍型藻 *Sellaphora hustedtii* (Krasske) Lange-Bertalot & Werum; 7-10, 25-26. 半裸鞍型藻 *Sellaphora seminulum* (Grunow) Mann; 11-16. 假凸腹鞍形藻 *Sellaphora pseudoventralis* (Hustedt) Chudaev & Gololobova; 17-21. 蒙古鞍型藻 *Sellaphora mongolocollegarum* Metzeltin & Lange-Bertalot; 22. 变化鞍型藻 *Sellaphora mutatoides* Lange-Bertalot & Metzeltin; 23. 矩形鞍型藻 *Sellaphora rectangularis* (Gregory) Lange-Bertalot & Metzeltin

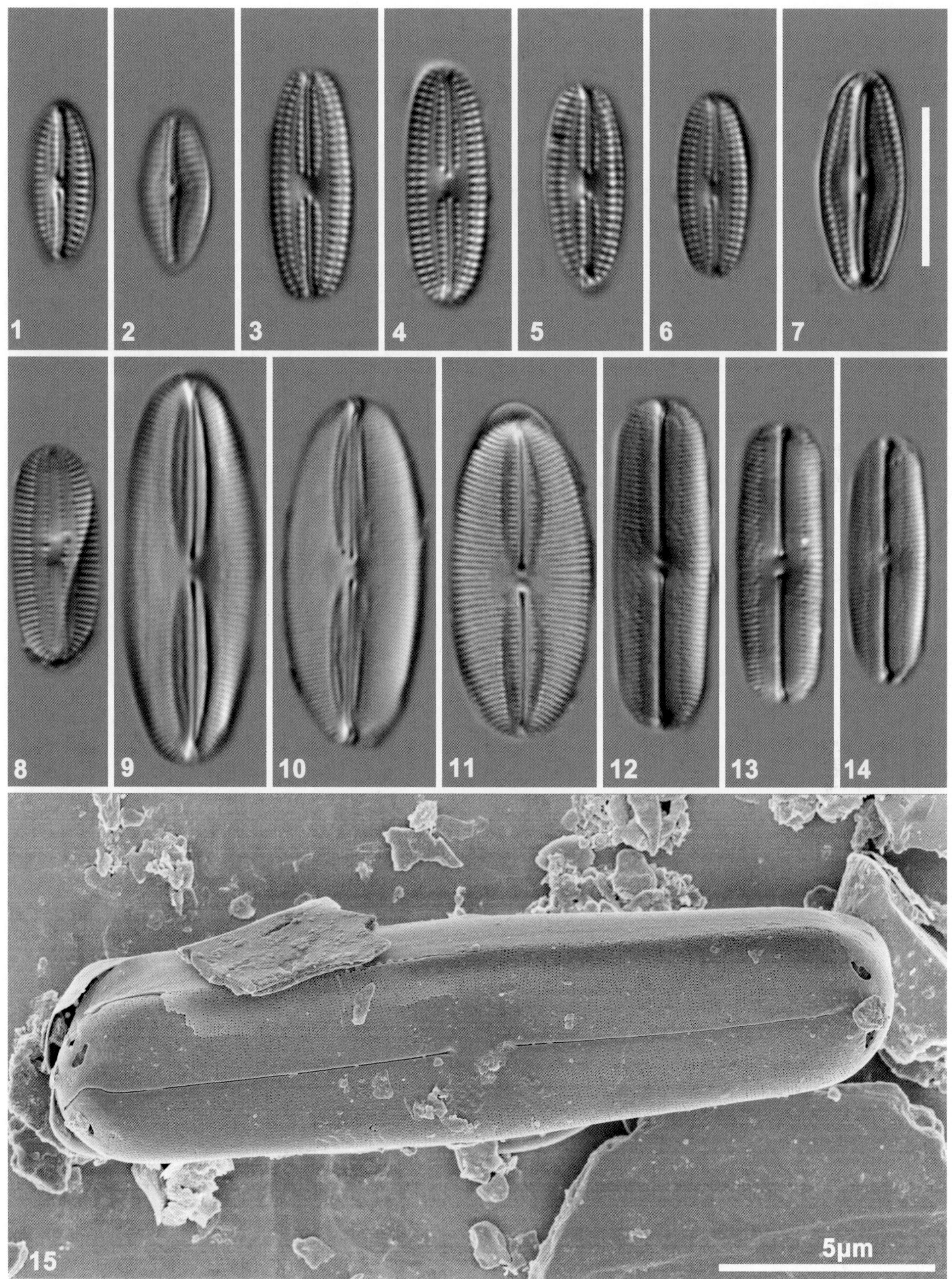

1-2. 串珠假伪形藻 *Pseudofallacia monoculata* (Hustedt) Liu, Kociolek & Wang; 3-6. 柔嫩假伪形藻 *Pseudofallacia tenera* (Hustedt) Liu, Kociolek & Wang; 7. 卡氏微肋藻 *Microcostatus krasskei* (Hustedt) Johansen & Sray; 8. 霍氏伪形藻 *Fallacia hodgeana* (Patrick & Freese) Li & Suzuki; 9-11. 矮小伪形藻 *Fallacia pygmaea* (Kützing) Stickle & Mann; 12-15. 小近钩状伪形藻 *Fallacia subhamulata* (Grunow) Mann

图版 102

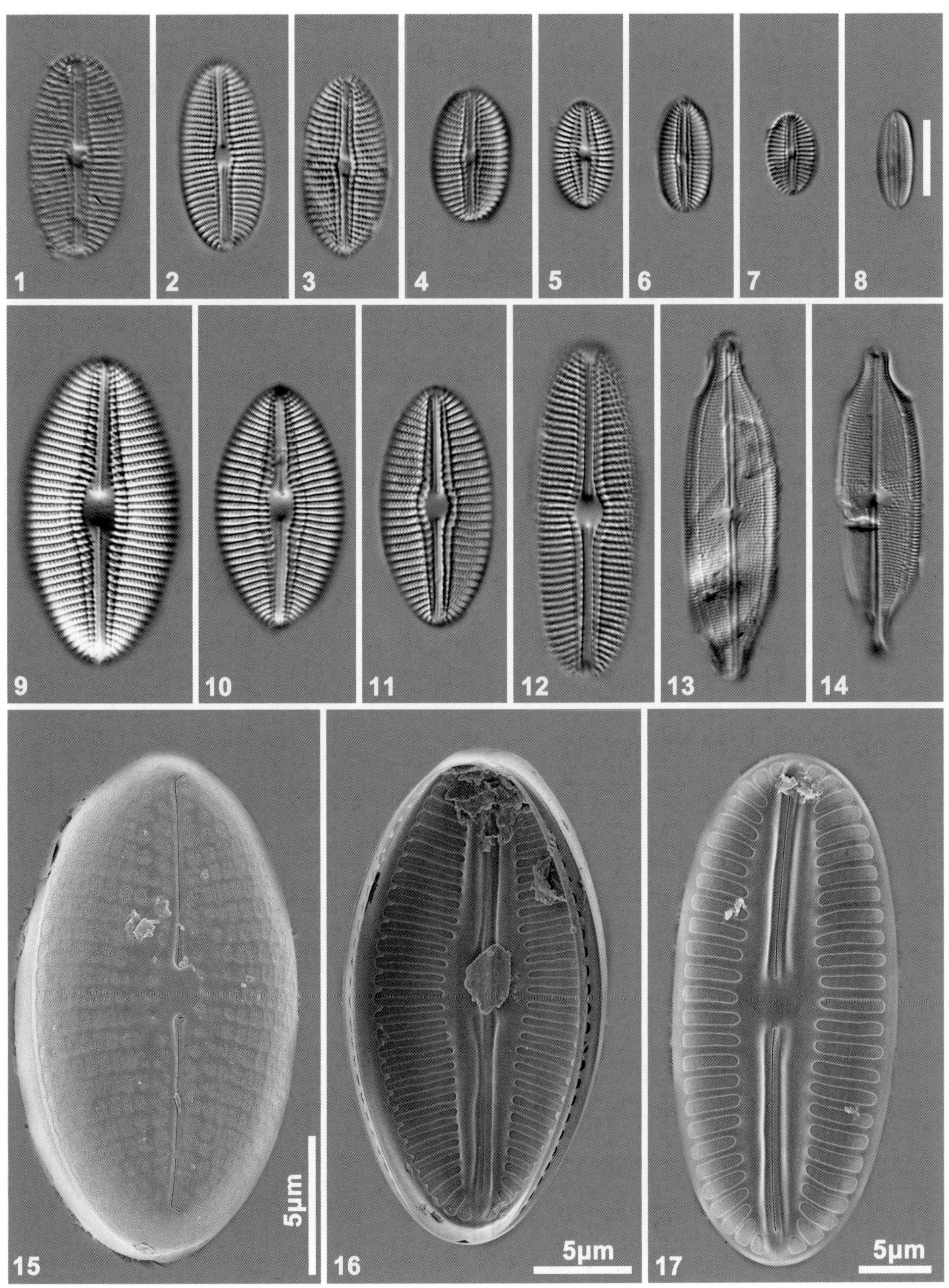

1-5. 灰岩双壁藻 *Diploneis calcicolafrequens* Lange-Bertalot & Fuhrmann; 6-7. 小圆盾双壁藻 *Diploneis parma* Cleve; 8. 眼斑双壁藻 *Diploneis oculata* (Brébisson) Cleve; 9-11, 15-16. 椭圆双壁藻 *Diploneis elliptica* (Kützing) Cleve; 12, 17. 长圆双壁藻 *Diploneis oblongella* (Nägeli ex Kützing) Cleve-Euler; 13-14. 细纹长篦藻乌马变种 *Neidium affine* var. *humeris* Reimer

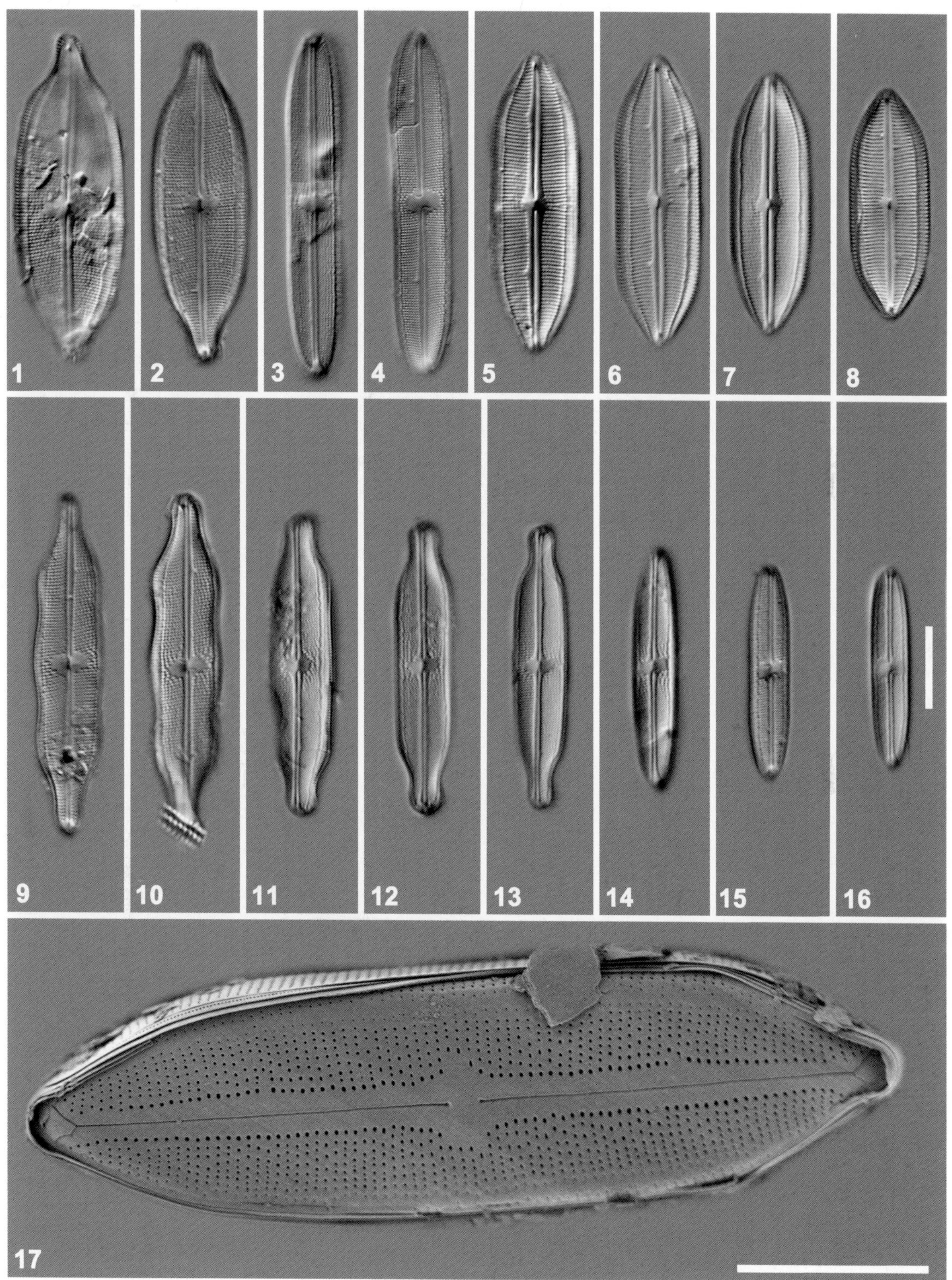

1-2. 短尖头长篦藻 *Neidium apiculatoides* Liu, Wang & Kociolek; 3-4. 二哇长篦藻 *Neidium bisulcatum* (Lagerstedt) Cleve; 5-8, 17. 楔形长篦藻 *Neidium cuneatiforme* Levkov; 9-10. 弯钩长篦藻 *Neidium hitchcockii* (Ehrenberg) Cleve; 11-13. 黎母长篦藻 *Neidium limuae* Liu & Kociolek; 14-16. 极小长篦藻 *Neidium perminutum* Cleve-Euler

图版 104

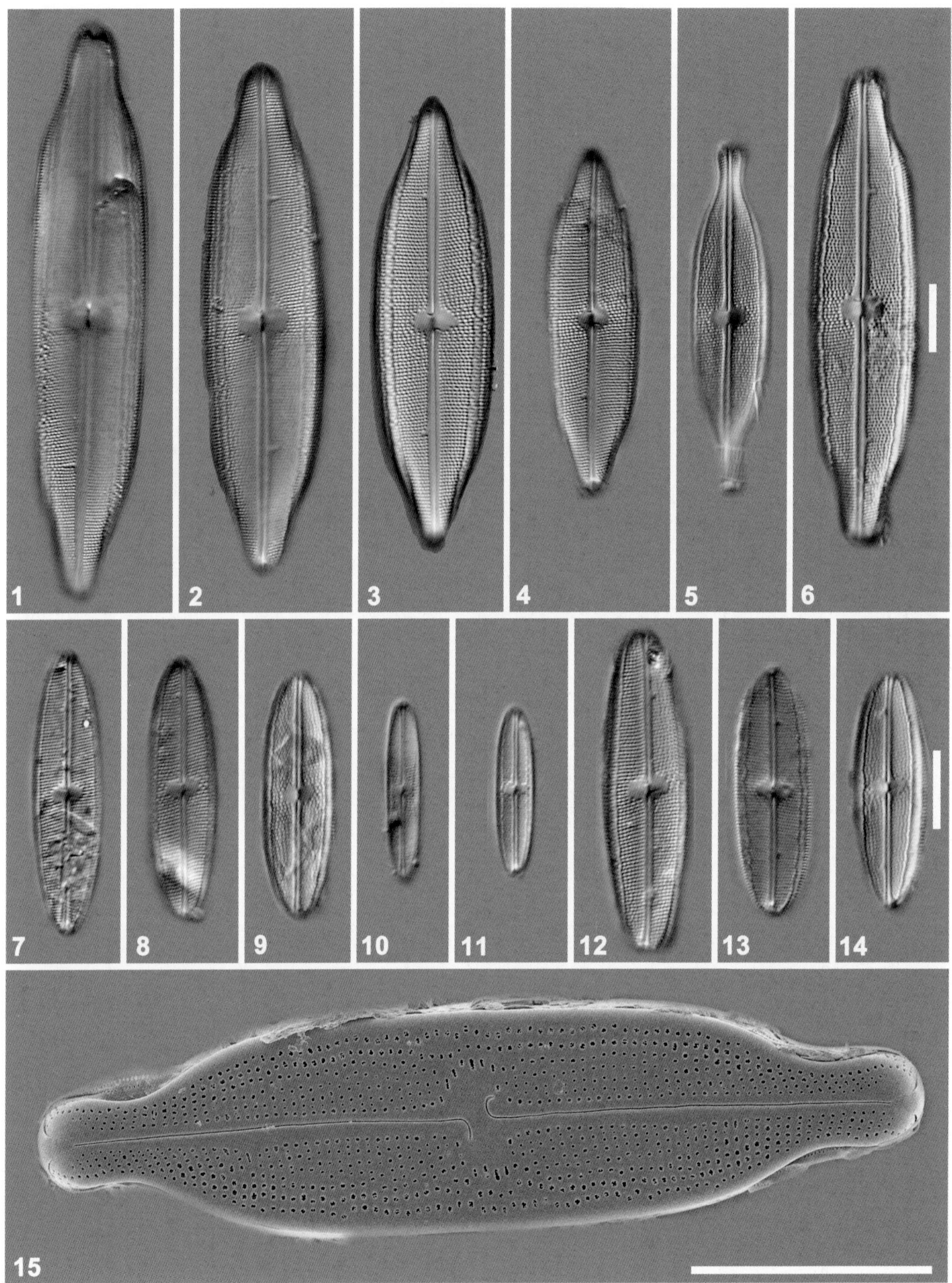

1-4. 舌状长篦藻 *Neidium ligulatum* Liu, Wang & Kociolek; 5, 15. 伸长长篦藻较小变种 *Neidium productum* var. *minus* Cleve-Euler; 6. 三波长篦藻 *Neidium triundulatum* Liu, Wang & Kociolek; 7-9. 扭曲长篦藻 *Neidium tortum* Liu, Wang & Kociolek; 10-11. 土栖长篦藻 *Neidium terrestre* Bock; 12-14. 短喙长篦藻 *Neidium rostratum* Liu, Wang & Kociolek

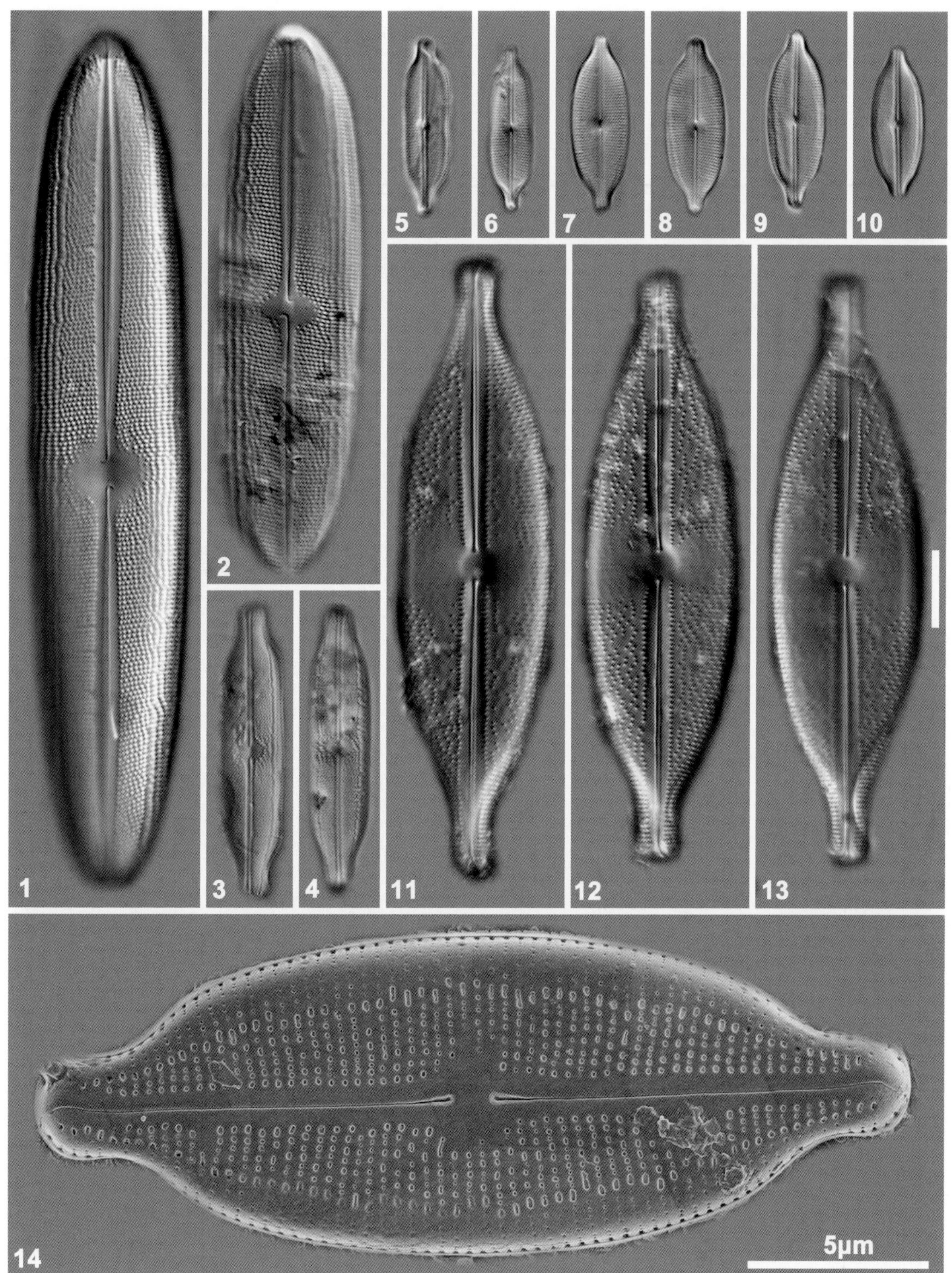

1. 若尔盖长篦藻 *Neidium zoigeaeum* Liu, Wang & Kociolek; 2. 花湖长篦藻 *Neidium lacusflorum* Liu, Wang & Kociolek; 3-4. 近长圆长篦藻 *Neidium suboblongum* Liu, Wang & Kociolek; 5-6. 双结形长篦形藻 *Neidiomorpha binodiformis* (Krammer) Cantonati, Lange-Bertalot & Angeli; 7-10, 14. 淀山湖长篦形藻 *Neidiomorpha dianshaniana* Luo, You & Wang; 11-13. 具球异菱藻 *Anomoeoneis sphaerophora* Pfitzer

图版 106

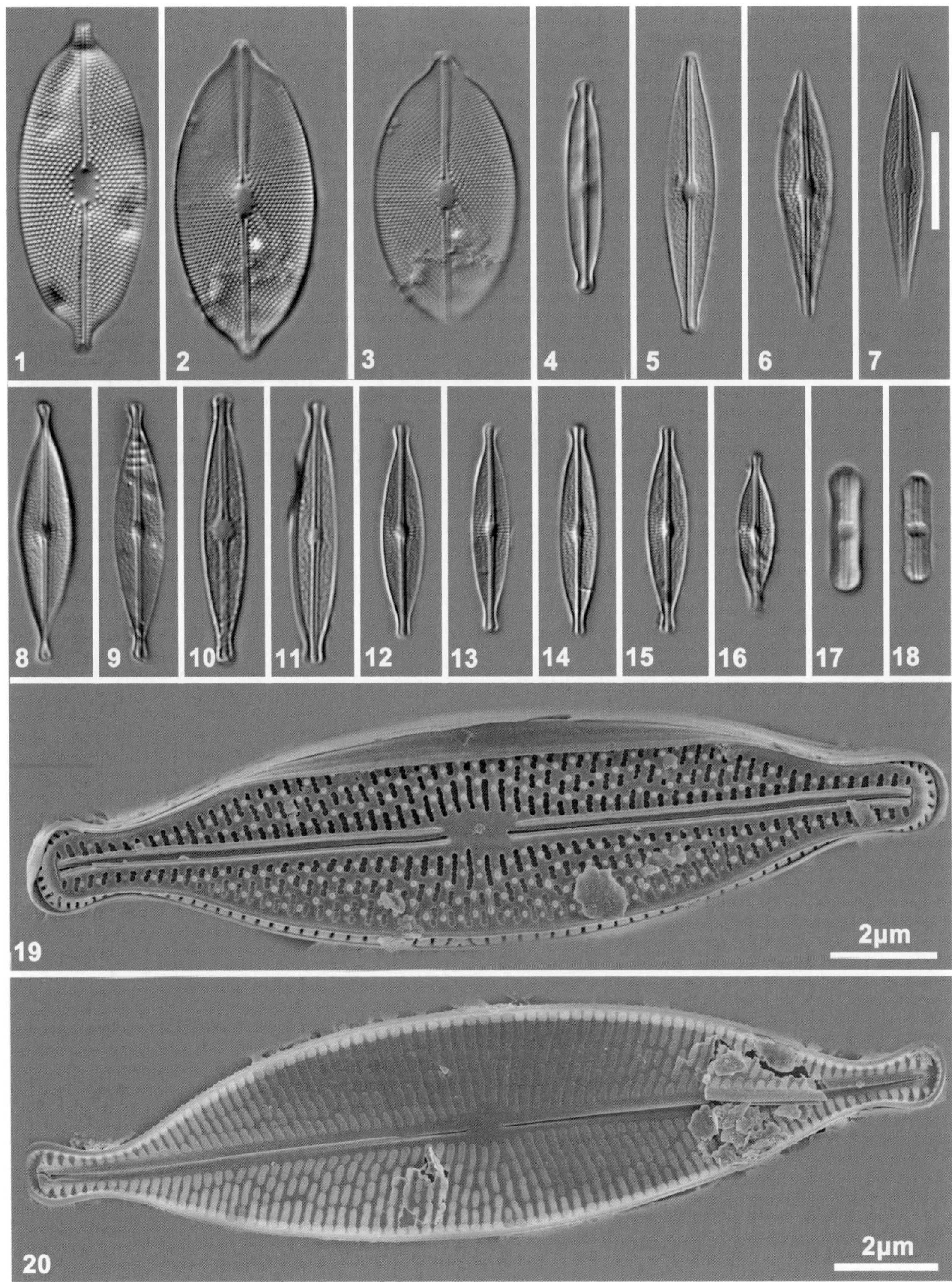

1-3. 扁圆交互对生藻 *Decussiphycus placenta* (Ehrenberg) Guiry & Gandhi; 4. 微细小林藻 *Kobayasiella parasubtilissima* (Kobayasi & Nagumo) Lange-Bertalot; 5-7. 伊拉万短纹藻 *Brachysira irawanae* (Podzorski & Håkansson) Lange-Bertalot & Podzorski; 8-9. 透明短纹藻 *Brachysira vitrea* (Grunow) Ross; 10-16, 19-20. 新瘦短纹藻 *Brachysira neoexilis* Lange-Bertalot; 17-18. 爬虫形喜湿藻 *Humidophila sceppacuerciae* Kopalová

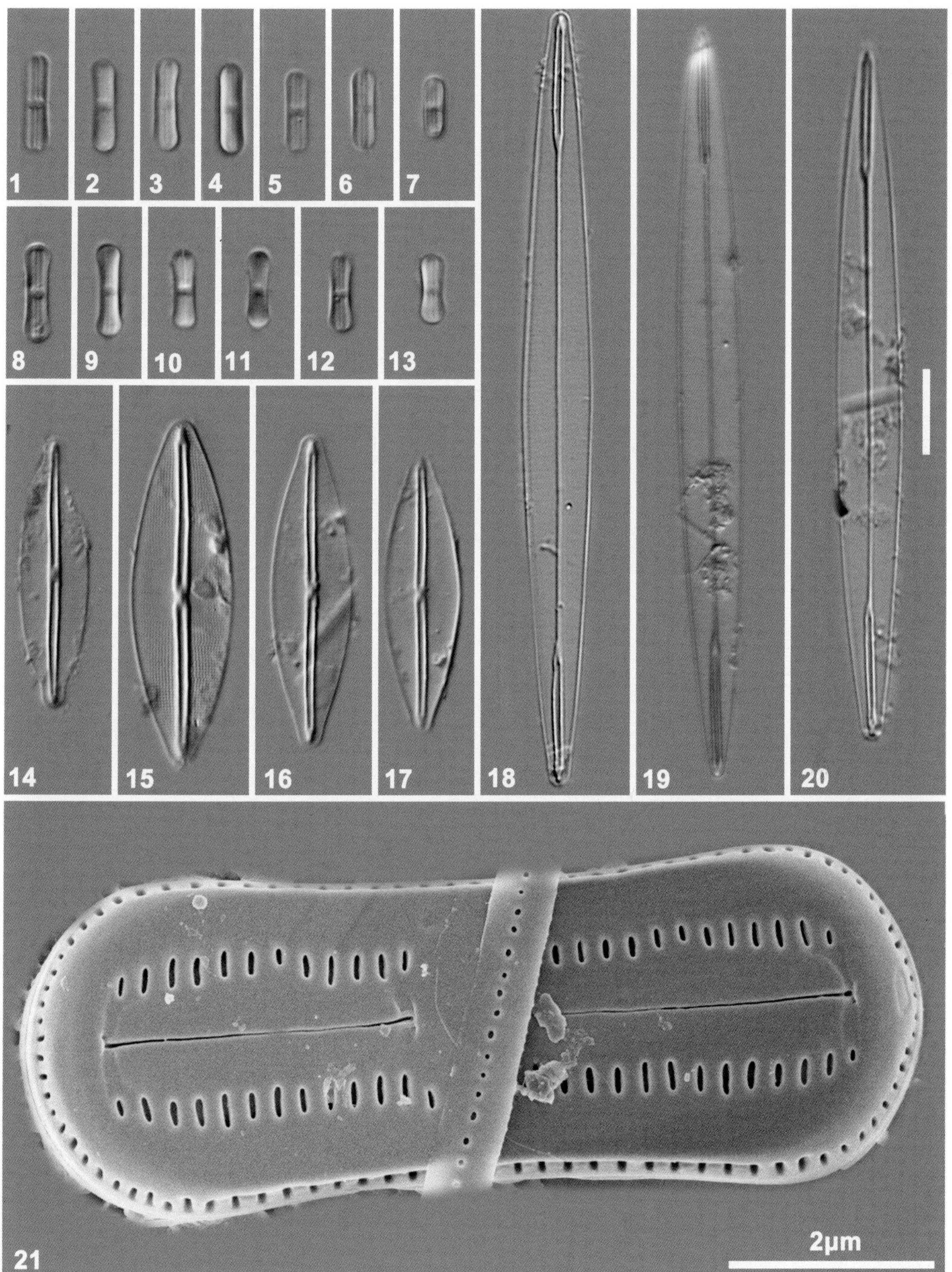

1-7, 21. 孔塘喜湿藻 *Humidophila contenta* (Grunow) Lowe, Kociolek, Johansen, Van de Vijver, Lange-Bertalot & Kopalová; 8-13. 伪装喜湿藻 *Humidophila deceptionensis* Kopalová, Zidarova & Van de Vijver; 14. 边缘肋缝藻 *Frustulia marginata* Amossé; 15. 类菱形肋缝藻密集变种 *Frustulia rhomboides* var. *compacta* Cleve-Euler; 16-17. 静水肋缝藻 *Frustulia stagnalis* Moser; 18-20. 明晰双肋藻 *Amphipleura pellucida* (Kützing) Kützing

图版 108

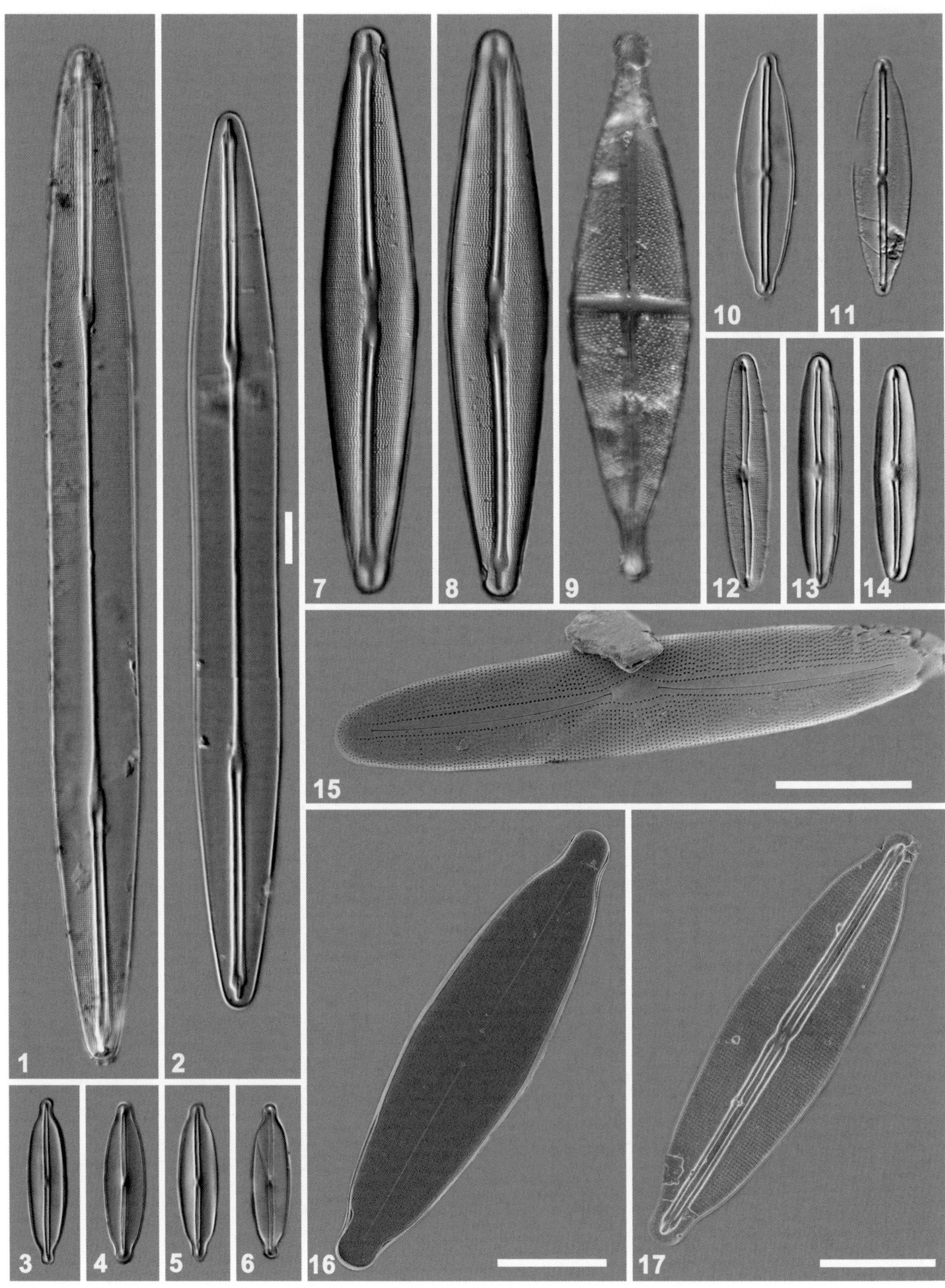

1-2. 林氏双肋藻直变型 *Amphipleura lindheimeri* f. *recta* (Kitton) Kobayasi; 3-6. 萨克森肋缝藻较小变型 *Frustulia saxonica* f. *minor* Gandhi; 7-8. 似茧形肋缝藻 *Frustulia amphipleuroides* (Grunow) Cleve-Euler; 9. 两头辐节藻 *Stauroneis amphicephala* Kützing; 10-11, 16-17. 粗脉肋缝藻 *Frustulia crassinervia* (Brébisson ex Smith) Lange-Bertalot & Krammer; 12-15. 普通肋缝藻 *Frustulia vulgaris* (Thwaites) De Toni

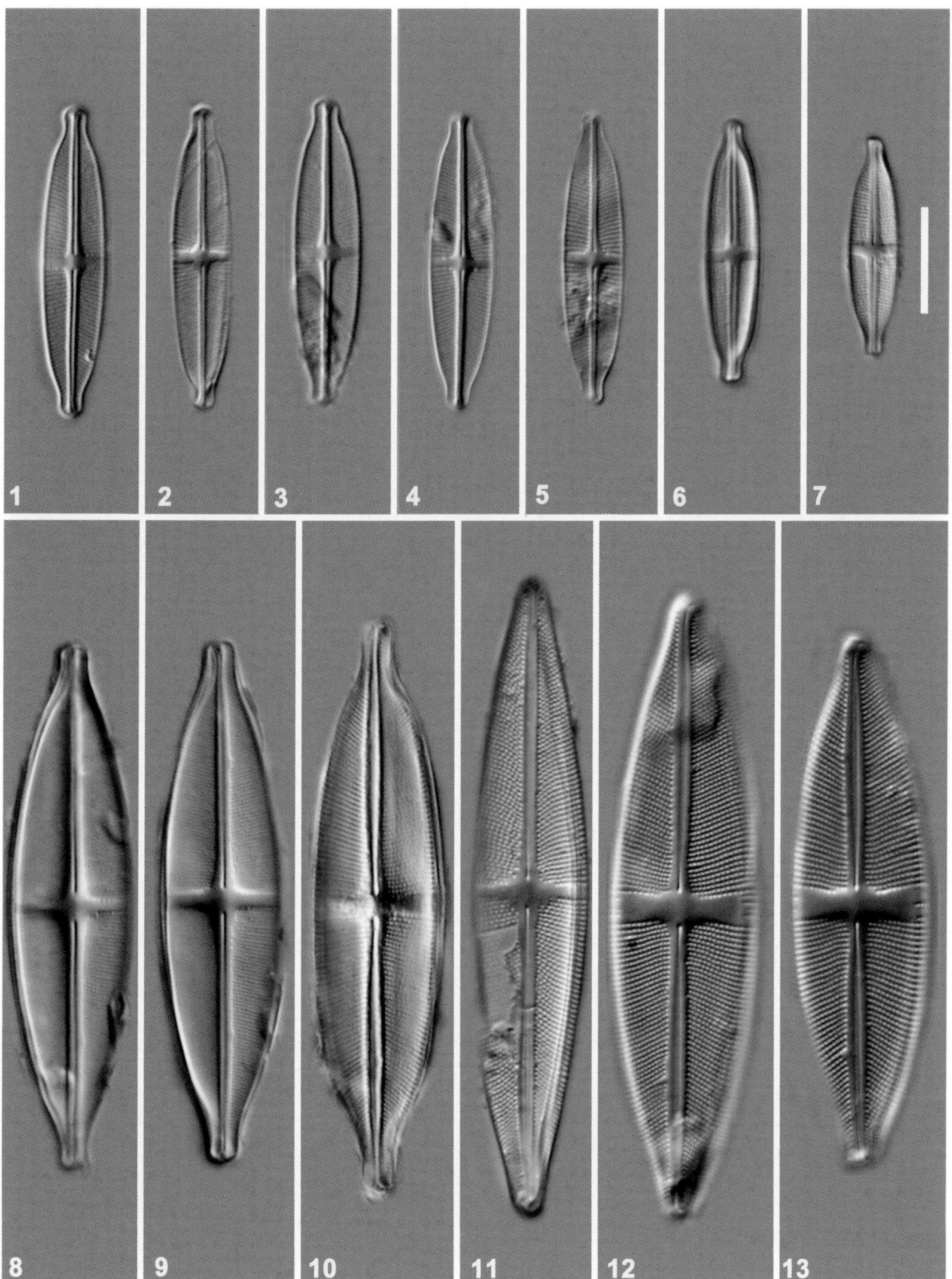

1-5. 田地辐节藻膨大变种 *Stauroneis agrestis* var. *inflata* Kobayasi & Ando; 6-7. 伯特兰德辐节藻 *Stauroneis bertrandii* Van de Vijver & Lange-Bertalot; 8-9. 博因顿辐节藻 *Stauroneis boyntoniae* Bahls; 10. 梭形辐节藻 *Stauroneis fusiformis* Lohman & Andrews; 11. 盖瑟雷辐节藻 *Stauroneis gaiserae* Metzeltin & Lange-Bertalot; 12-13. 近尖细辐节藻 *Stauroneis parasubgracilis* Metzeltin & Lange-Bertalot

图版 110

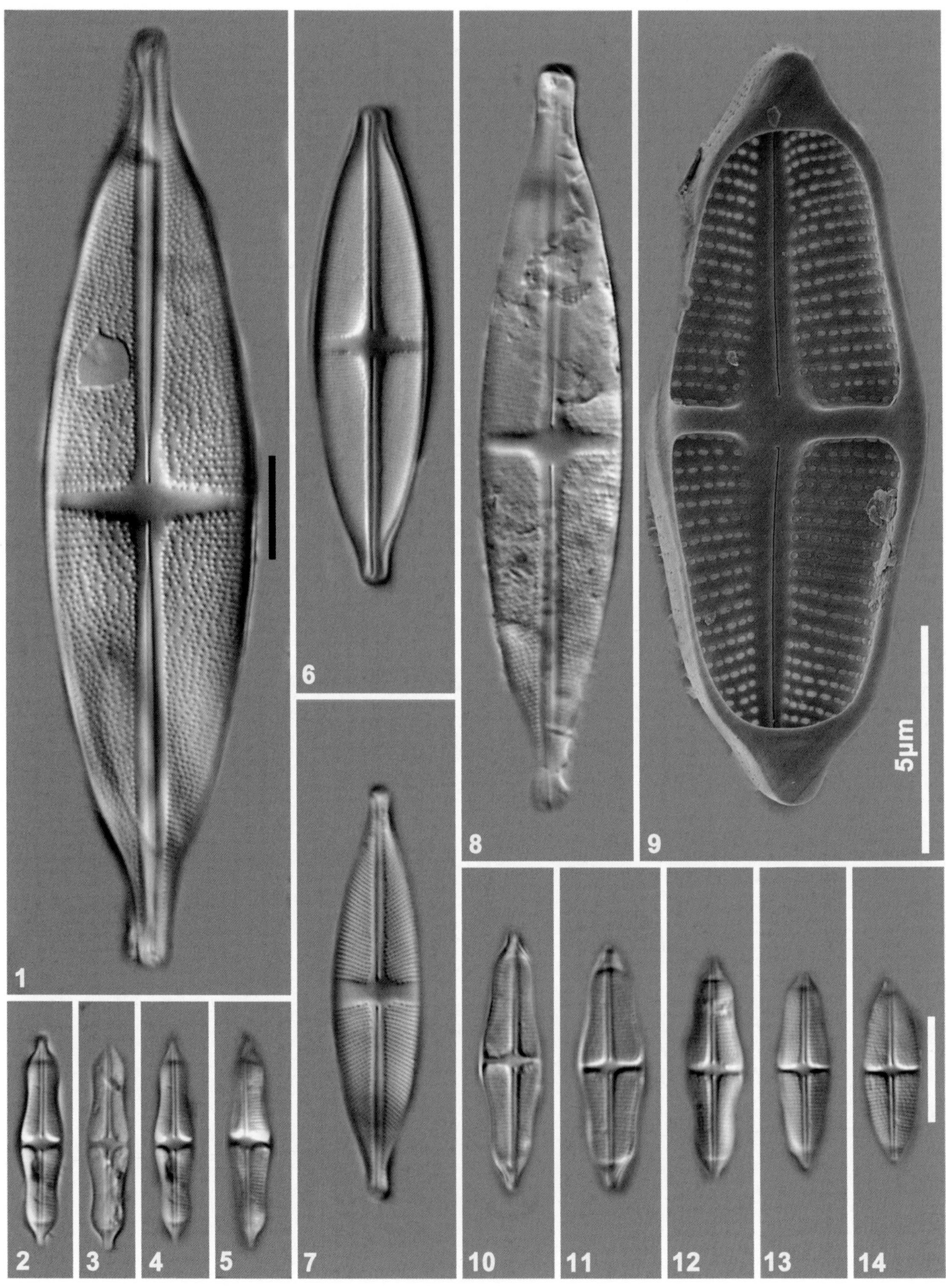

1. 叶状辐节藻中间变种 *Stauroneis phyllodes* var. *intermedia* Amossé; 2-5. 分离辐节藻 *Stauroneis separanda* Lange-Bertalot & Werum; 6. 西伯利亚辐节藻 *Stauroneis siberica* (Grunow) Lange-Bertalot & Krammer; 7. 斯氏辐节藻 *Stauroneis strelnikovae* Lange-Bertalot & Van de Vijver; 8. 斯波尔丁辐节藻 *Stauroneis spauldingiae* Bahls; 9-14. 施密斯辐节藻 *Stauroneis smithii* Grunow

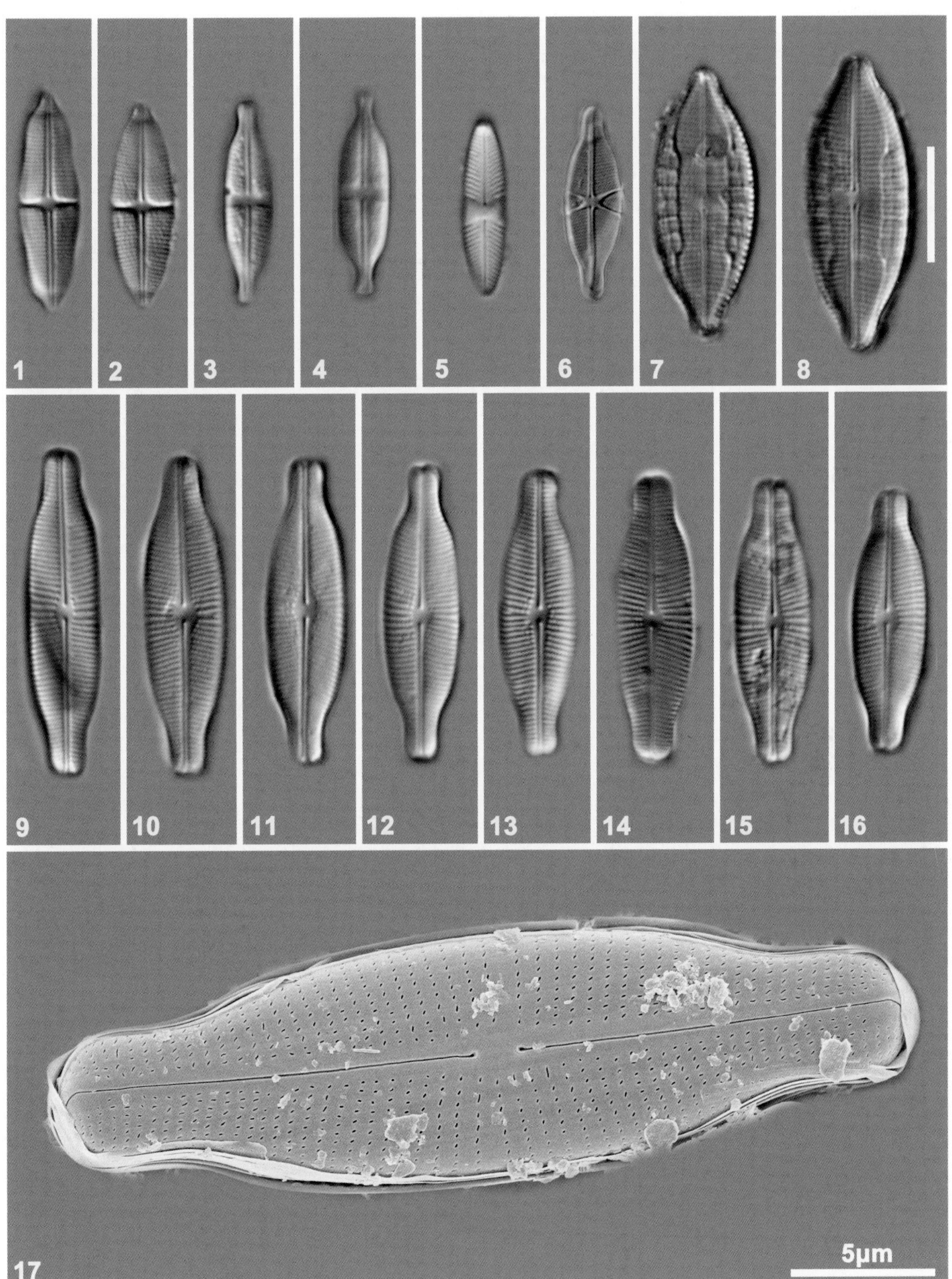

1-2. 西藏辐节藻 *Stauroneis tibetica* Mereschkowsky; 3-4. 克里格辐节藻 *Stauroneis kriegeri* Patrick; 5. 色姆辐节藻长变种 *Stauroneis thermicola* var. *elongata* Lund; 6. 十字卡帕克藻 *Capartogramma crucicula* (Grunow) Ross; 7-8. 凸出前辐节藻 *Prestauroneis protracta* (Grunow) Kulikovskiy & Glushchenko; 9-17. 哈里森胸膈藻 *Mastogloia harrisonii* Cholnoky

图版 112

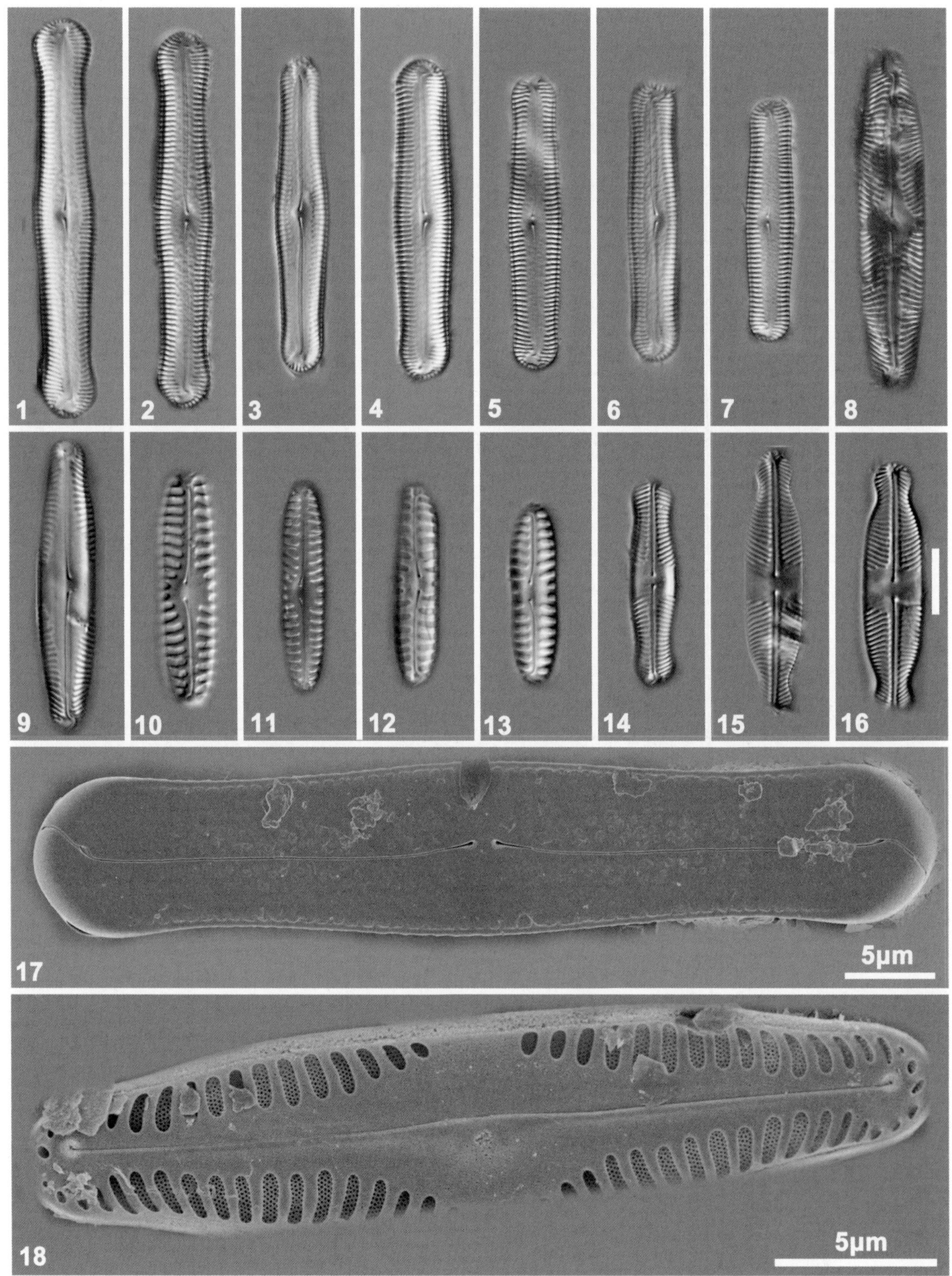

1-7, 17. 圆顶羽纹藻 *Pinnularia acrosphaeria* Smith; 8. 渐弱羽纹藻 *Pinnularia decrescens* (Grunow) Krammer; 9, 18. 具附属物羽纹藻 *Pinnularia appendiculata* (Agardh) Schaarschmidt; 10-13. 北方羽纹藻 *Pinnularia borealis* Ehrenberg; 14. 头端羽纹藻 *Pinnularia globiceps* Gregory; 15-16. 隆德羽纹藻 *Pinnularia lundii* Hustedt

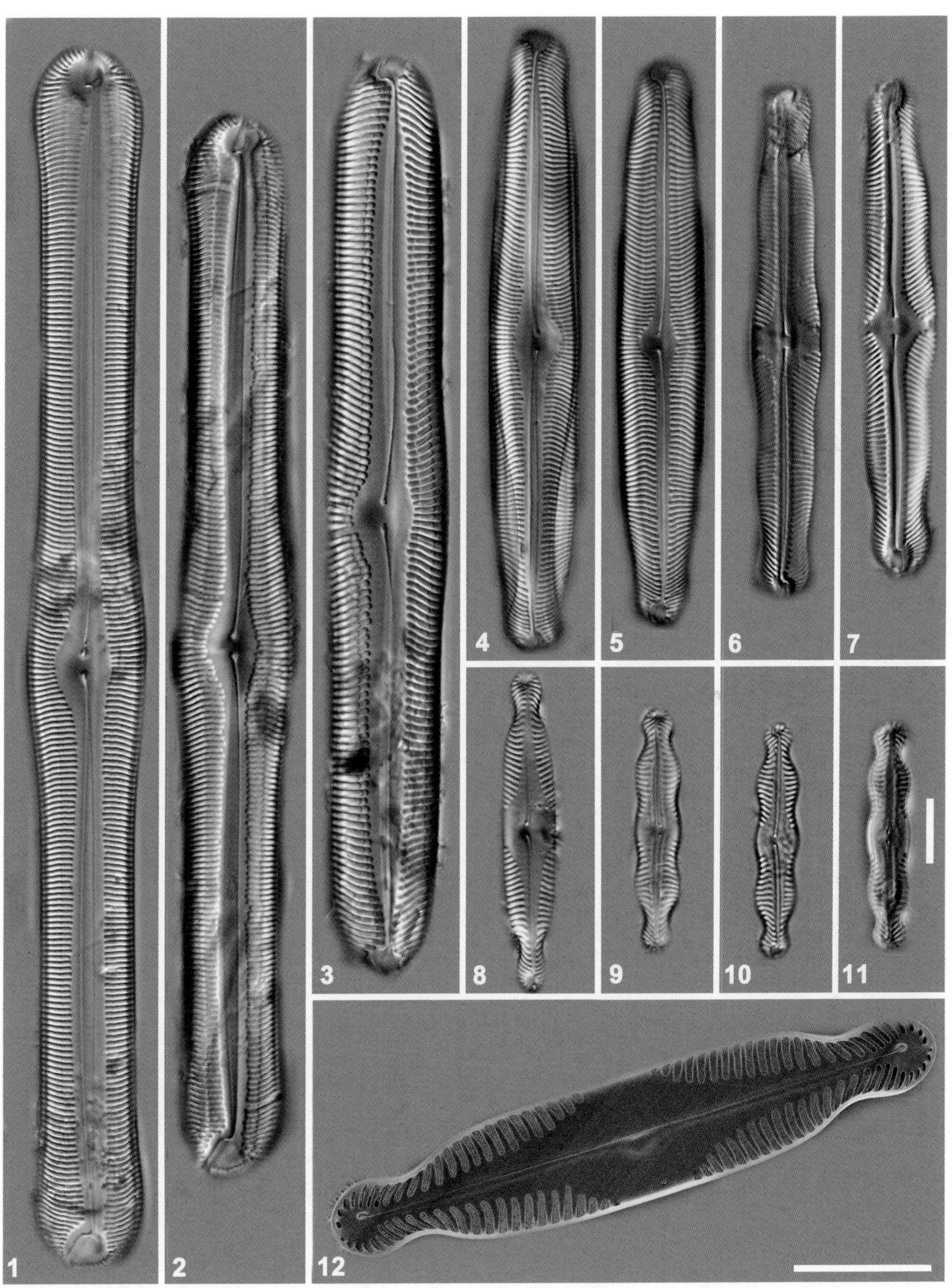

1-2. 拉特维特塔羽纹藻多明变种 *Pinnularia latevittata* var. *domingensis* Cleve; 3. 拉特维特塔羽纹藻 *Pinnularia latevittata* Cleve; 4-5. 歧纹羽纹藻 *Pinnularia divergens* Smith; 6-7. 线形羽纹藻鲁姆变种 *Pinnularia graciloides* var. *rumrichiae* Krammer; 8, 12. 侧身羽纹藻 *Pinnularia latarea* Krammer; 9-11: 具节羽纹藻粗壮变种 *Pinnularia nodosa* var. *robusta* (Foged) Krammer

图版 114

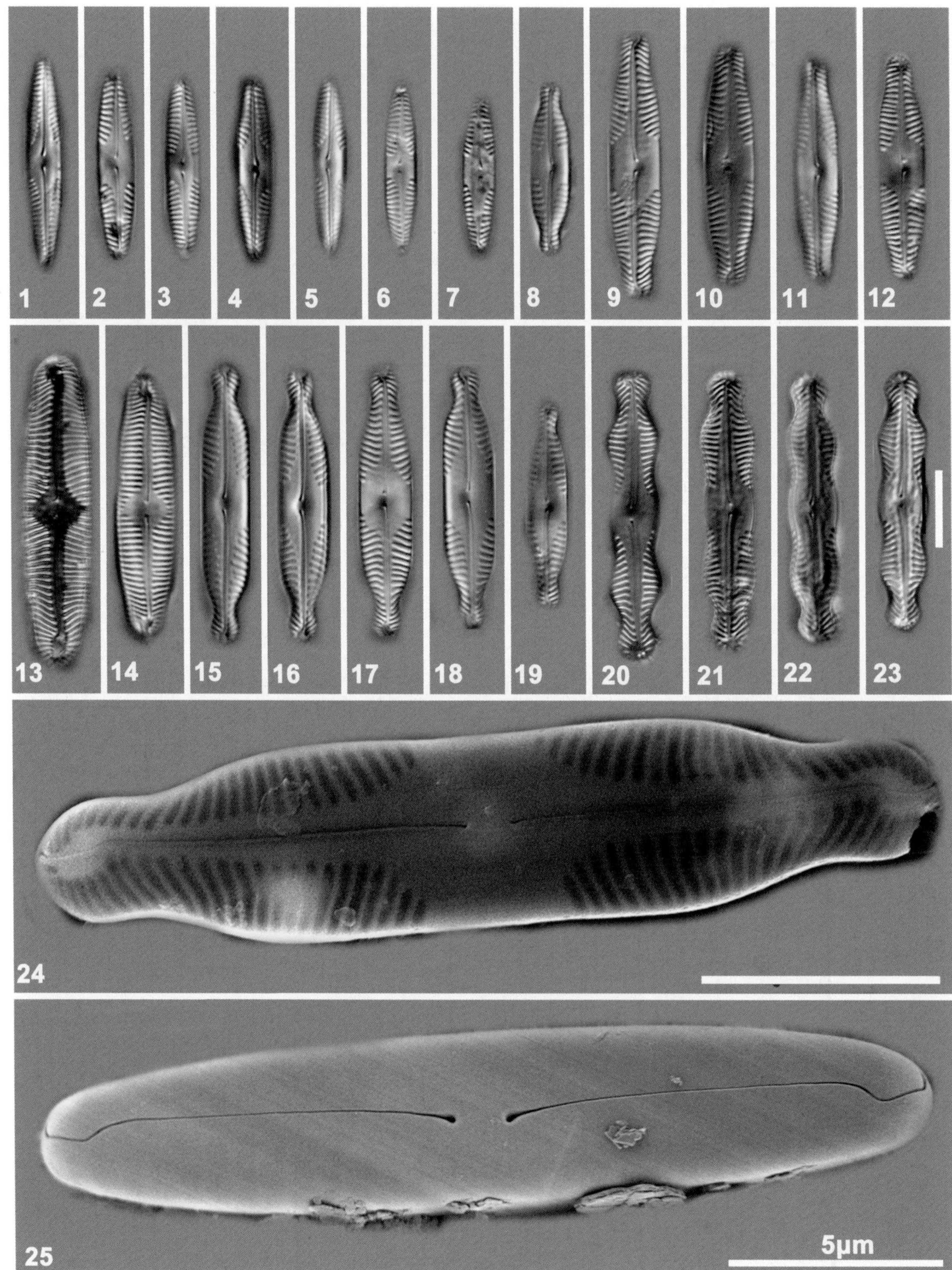

1-7, 25. 模糊羽纹藻 *Pinnularia obscura* Krasske; 8. 施罗德羽纹藻 *Pinnularia schroeterae* Krammer; 9-12. 近小头羽纹藻 *Pinnularia subcapitata* Gregory; 13-14. 雷娜塔羽纹藻 *Pinnularia renata* Krammer; 15-19, 24. 腐生羽纹藻 *Pinnularia saprophila* Lange-Bertalot, Kobayasi & Krammer; 20-23. 三波羽纹藻 *Pinnularia turbulenta* (Cleve-Euler) Krammer

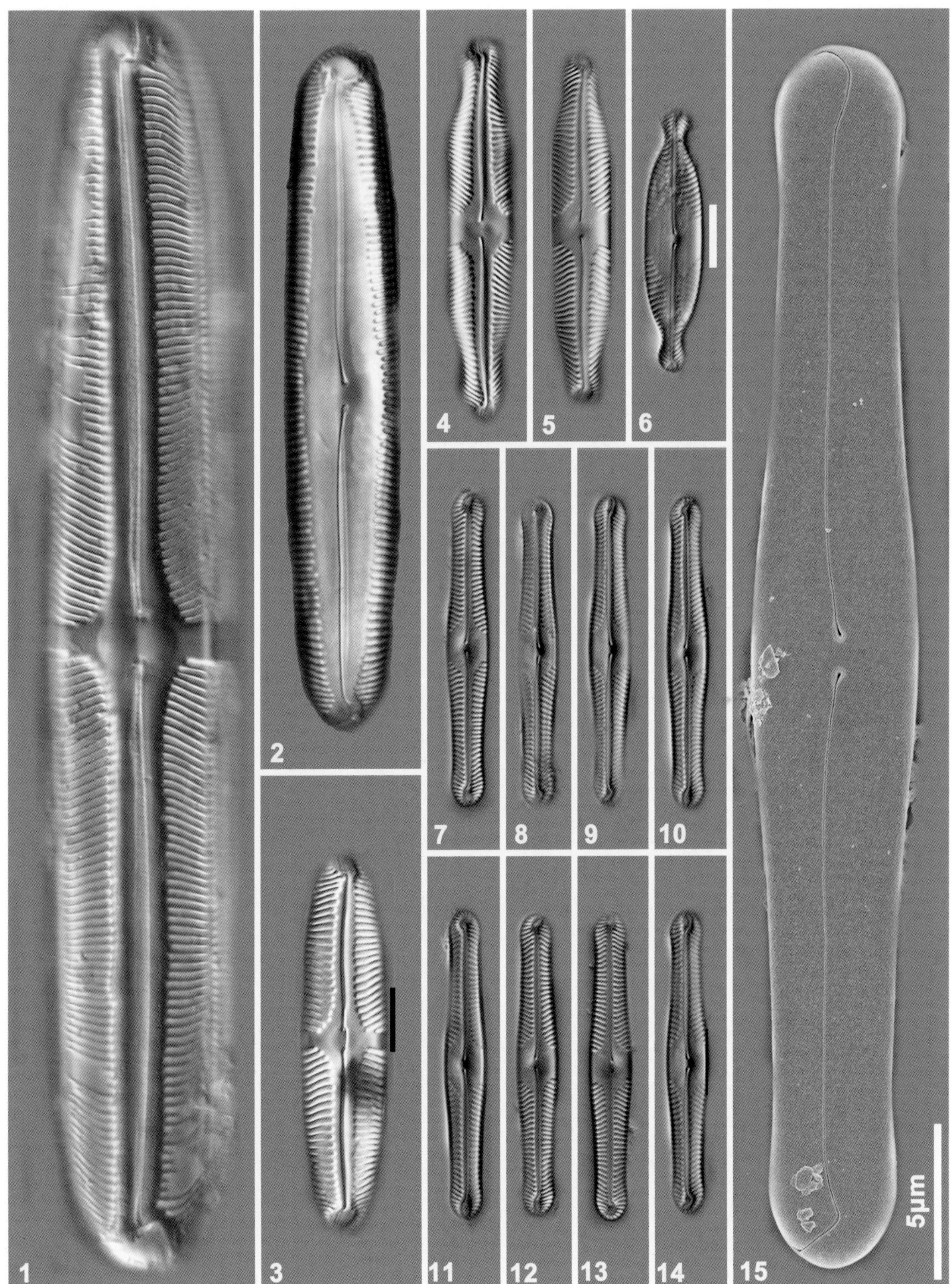

1. 巨大羽纹藻 *Pinnularia episcopalis* Cleve; 2. 短肋羽纹藻 *Pinnularia brevicostata* Cleve; 3. 加拿大羽纹藻 *Pinnularia canadodivergens* Kulikovskiy, Lange-Bertalot & Metzeltin; 4-5. 可爱羽纹藻 *Pinnularia amabilis* Krammer; 6. 布氏羽纹藻 *Pinnularia brauniana* (Grunow) Studnicka; 7-15. 武夷羽纹藻 *Pinnularia wuyiensis* Zhang, Pereira & Kociolek

图版 116

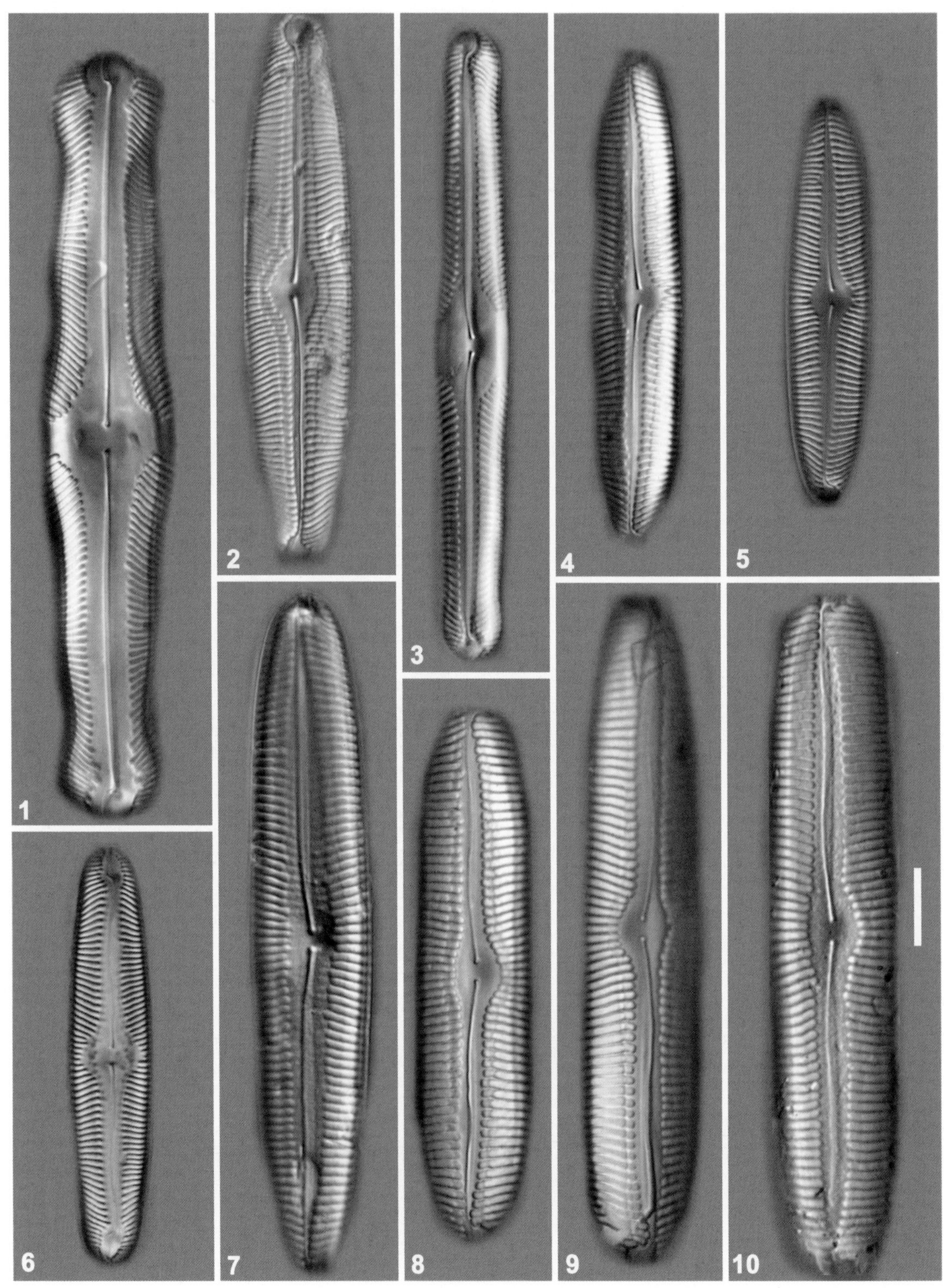

1. 线形羽纹藻三波变种 *Pinnularia graciloides* var. *triundulata* (Fontell) Krammer; 2. 卡雷尔羽纹藻 *Pinnularia karelica* Cleve; 3. 北欧羽纹藻 *Pinnularia nordica* Kulikovskiy, Lange-Bertalot & Witkowski; 4-5. 近变异羽纹藻 *Pinnularia subcommutata* Krammer; 6. 豆荚形羽纹藻 *Pinnularia legumen* Ehrenberg; 7. 卷边型羽纹藻 *Pinnularia viridiformis* Krammer; 8-10. 瑞卡德羽纹藻 *Pinnularia reichardtii* Krammer

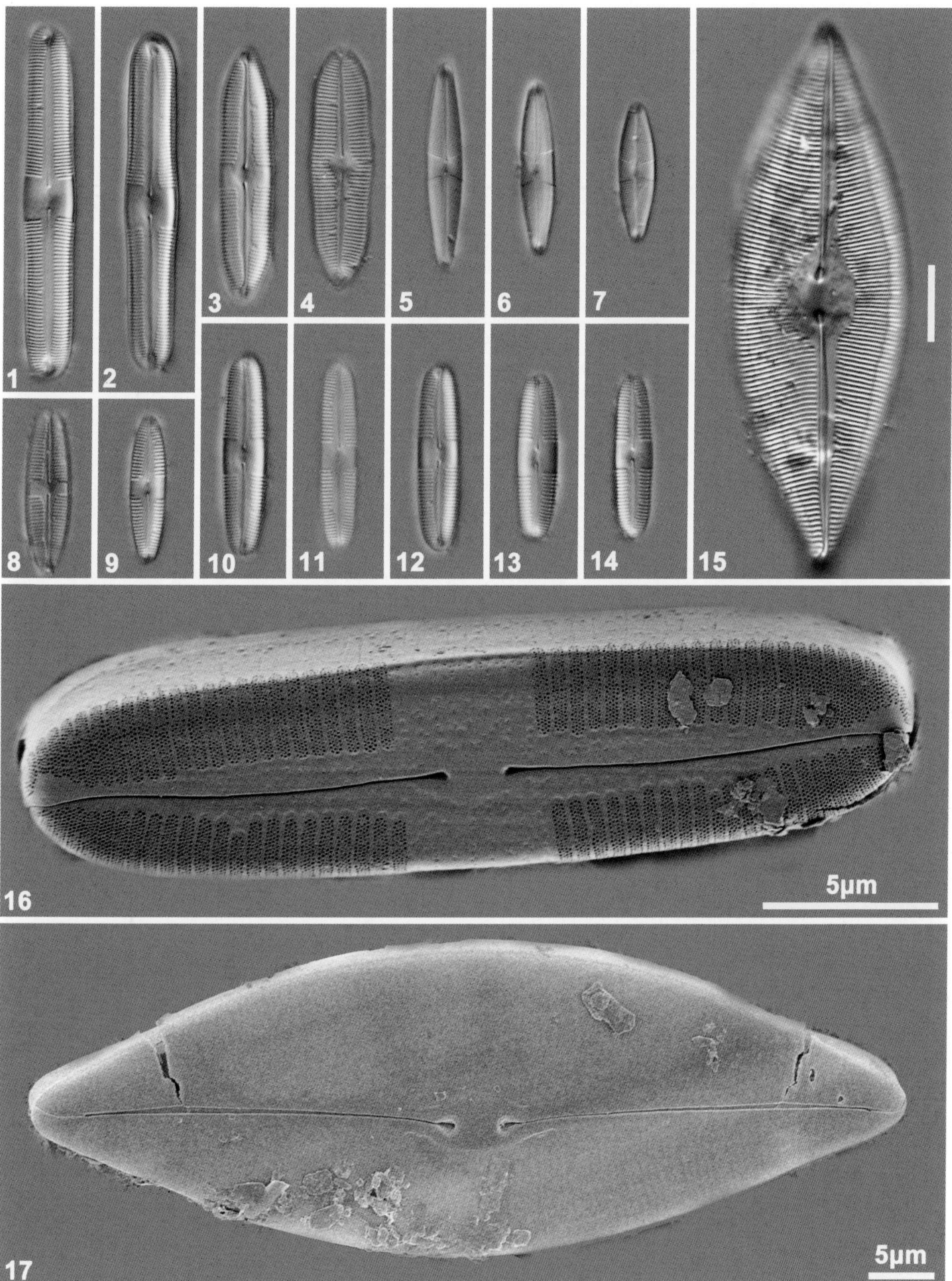

1-2. 镰形美壁藻 *Caloneis falcifera* Lange-Bertalot, Genkal & Vekhov; 3-4. 尖美壁藻 *Caloneis acuta* Levkov & Metzeltin; 5-7. 普兰德美壁藻 *Caloneis branderi* (Hustedt) Krammer; 8-9. 杆状美壁藻 *Caloneis bacillum* (Grunow) Cleve; 10-14, 16. 福尔曼美壁藻 *Caloneis coloniformans* Kulikovskiy , Lange-Bertalot & Metzeltin; 15, 17. 蛇形美壁藻 *Caloneis amphisbaena* (Bory) Cleve

图版 118

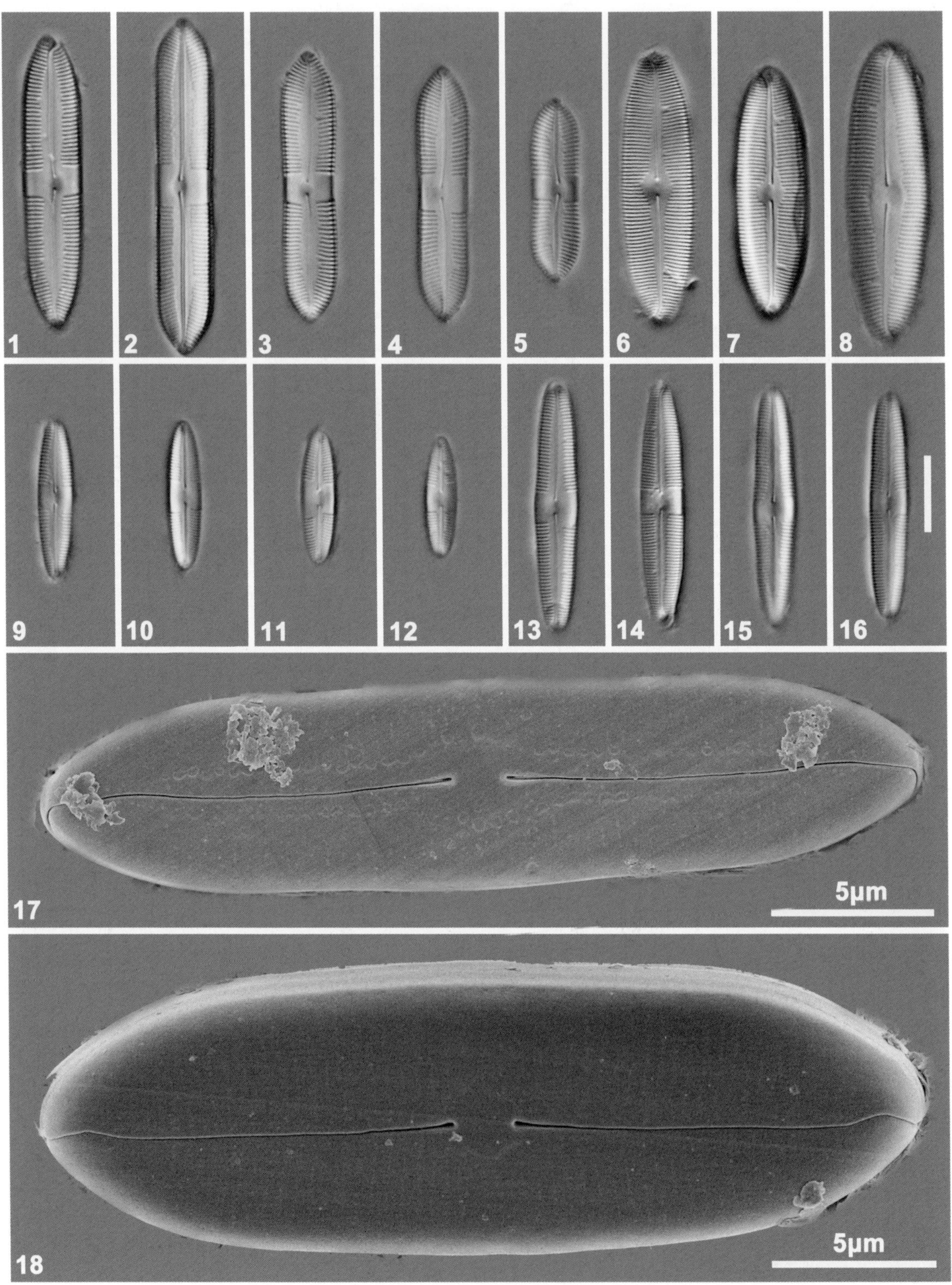

1, 17. 膨大美壁藻 *Caloneis inflata* (Hustedt) Metzeltin & Lange-Bertalot; 2-5. 华美美壁藻 *Caloneis lauta* Carter; 6-7. 披针美壁藻钝变种 *Caloneis lanceolata* var. *obtusa* Tynni; 8, 18. 宽叶美壁藻微小变种 *Caloneis latiuscula* var. *parvula* Zanon; 9-12. 矛状美壁藻 *Caloneis lancettula* (Schulz) Lange-Bertalot & Witkowski; 13-16. 克氏美壁藻 *Caloneis kristinae* Moser

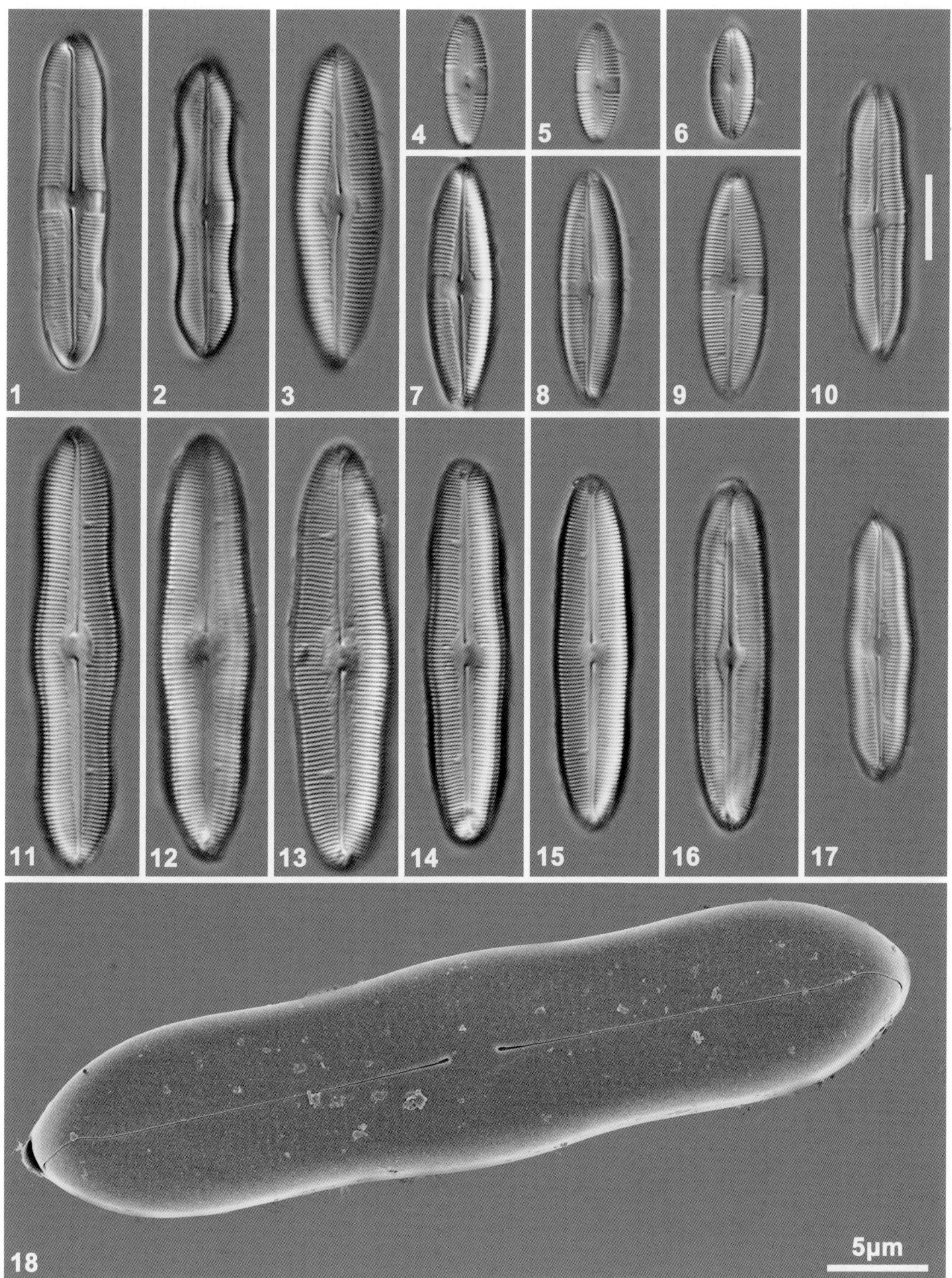

1-2, 18. 舒曼美壁藻 *Caloneis schumanniana* (Grunow) Cleve; 3. 短角美壁藻膨大变种 *Caloneis silicula* var. *inflata* (Grunow) Cleve; 4-6. 短角美壁藻椭圆变种 *Caloneis silicula* var. *elliptica* Mayer; 7-9. 辐节形美壁藻 *Caloneis stauroneiformis* (Amossé) Metzeltin & Lange-Bertalot; 10. 极小美壁藻 *Caloneis minuta* (Grunow) Ohtsuja & Fujita; 11-17. 短角美壁藻 *Caloneis silicula* (Ehrenberg) Cleve

图版 120

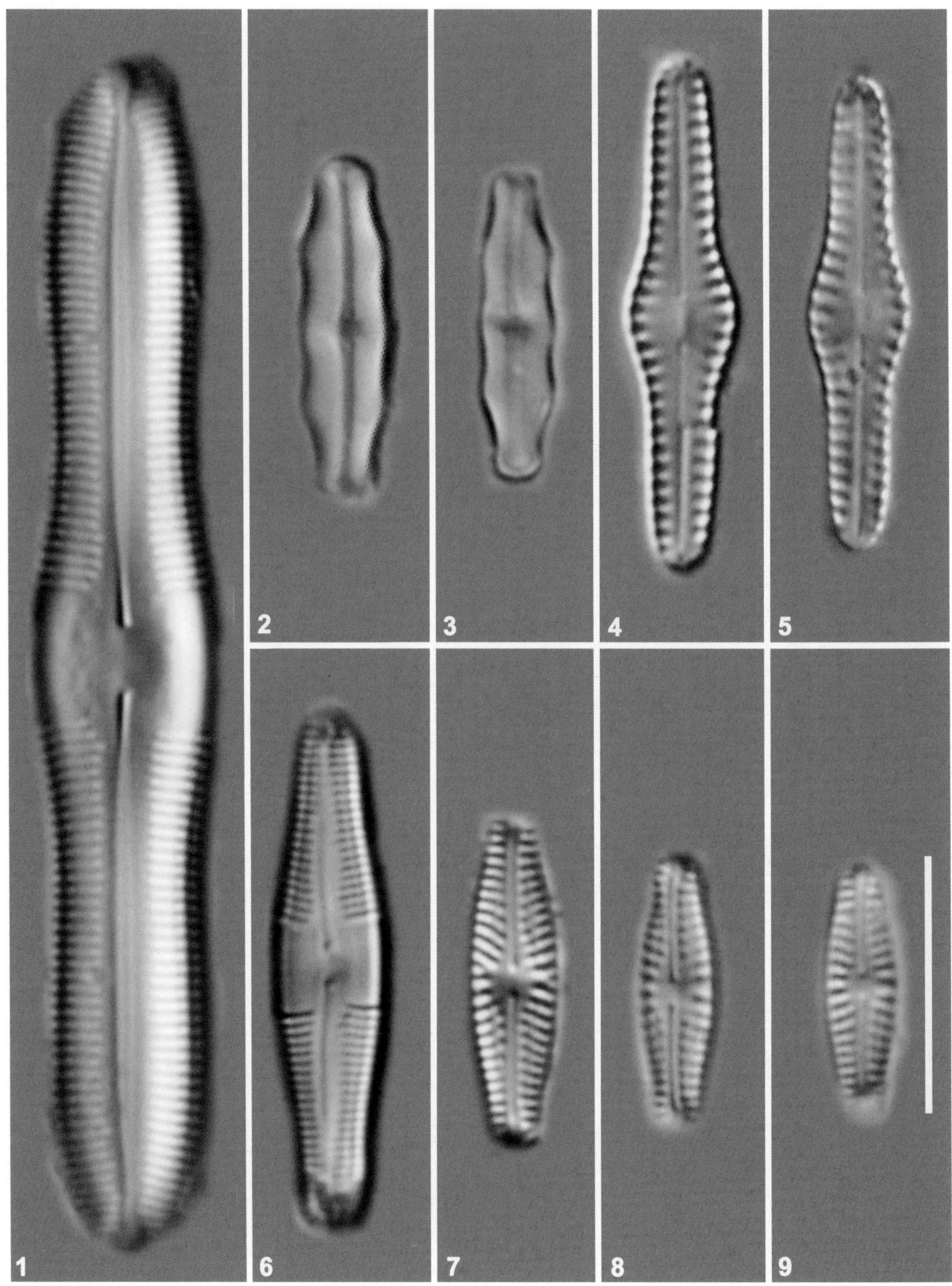

1. 伊舒尔顿美壁藻 *Calone ishultenii* Krammer; 2-3. 索氏矮羽藻 *Chamaepinnularia soehrensis* (Krasske) Lange-Bertalot & Krammer; 4-5. 驼峰尼娜藻 *Ninastrelnikovia gibbosa* (Hustedt) Lange-Bertalot & Fuhrmann; 6. 湿生美壁藻 *Caloneis paludosa* Manguin; 7-9. 近土栖矮羽藻 *Chamaepinnularia submuscicola* (Krasske) Lange-Bertalot

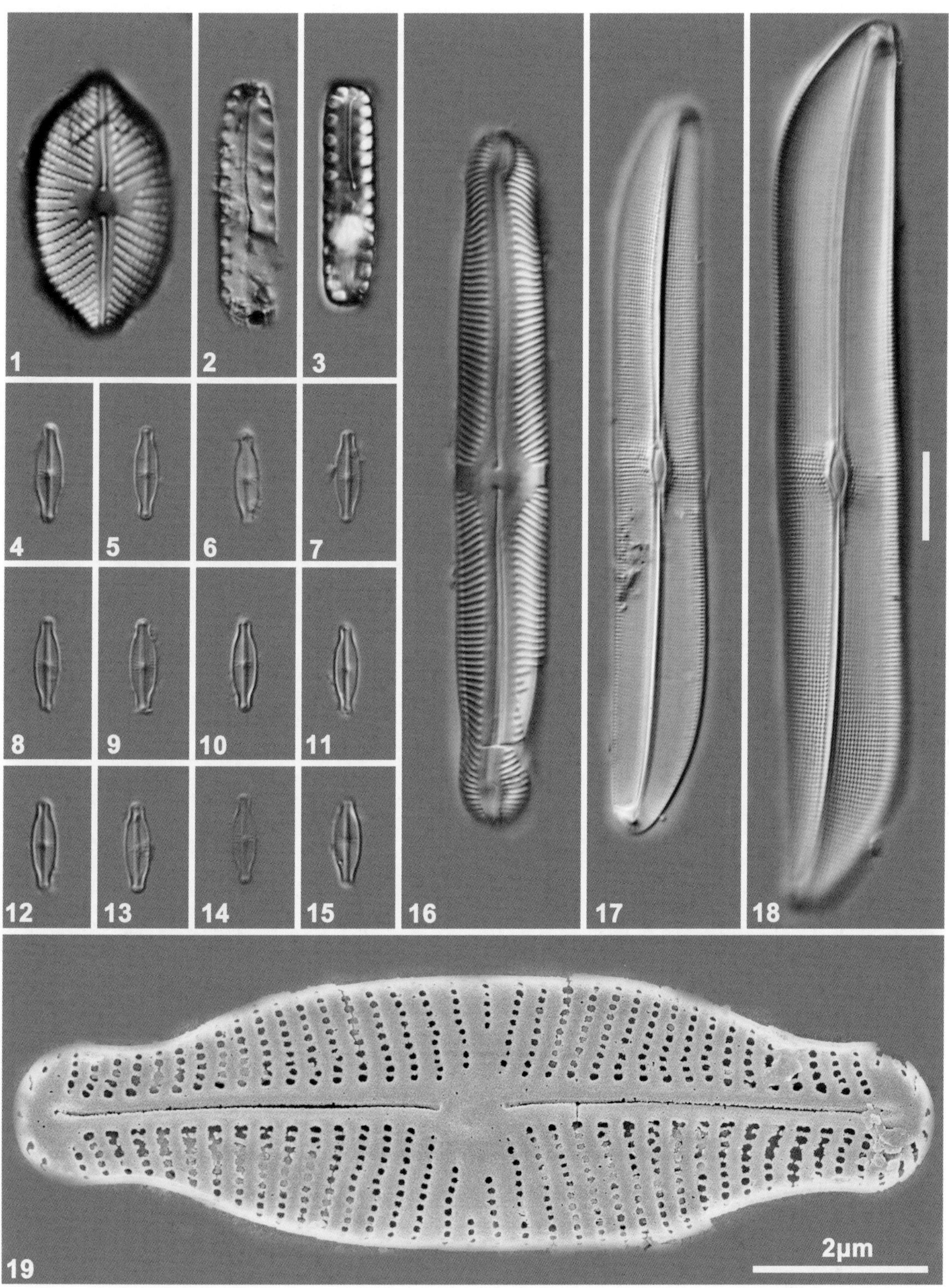

1. 两栖形盘状藻 *Placoneis amphiboliformis* (Metzeltin, Lange-Bertalot & Soninkhishig) Vishnyakov; 2-3. 角形羽纹藻 *Pinnularia angulosa* Krammer; 4-15, 19. 广生鞍型藻 *Sellaphora cosmopolitana* (Lange-Bertalot) Wetzel & Ector; 16. 线形羽纹藻 *Pinnularia graciloides* Hustedt; 17. 优美布纹藻 *Gyrosigma eximium* (Thwaites) Boyer; 18. 影伸布纹藻 *Gyrosigma sciotoense* (Sullivant) Cleve

图版 122

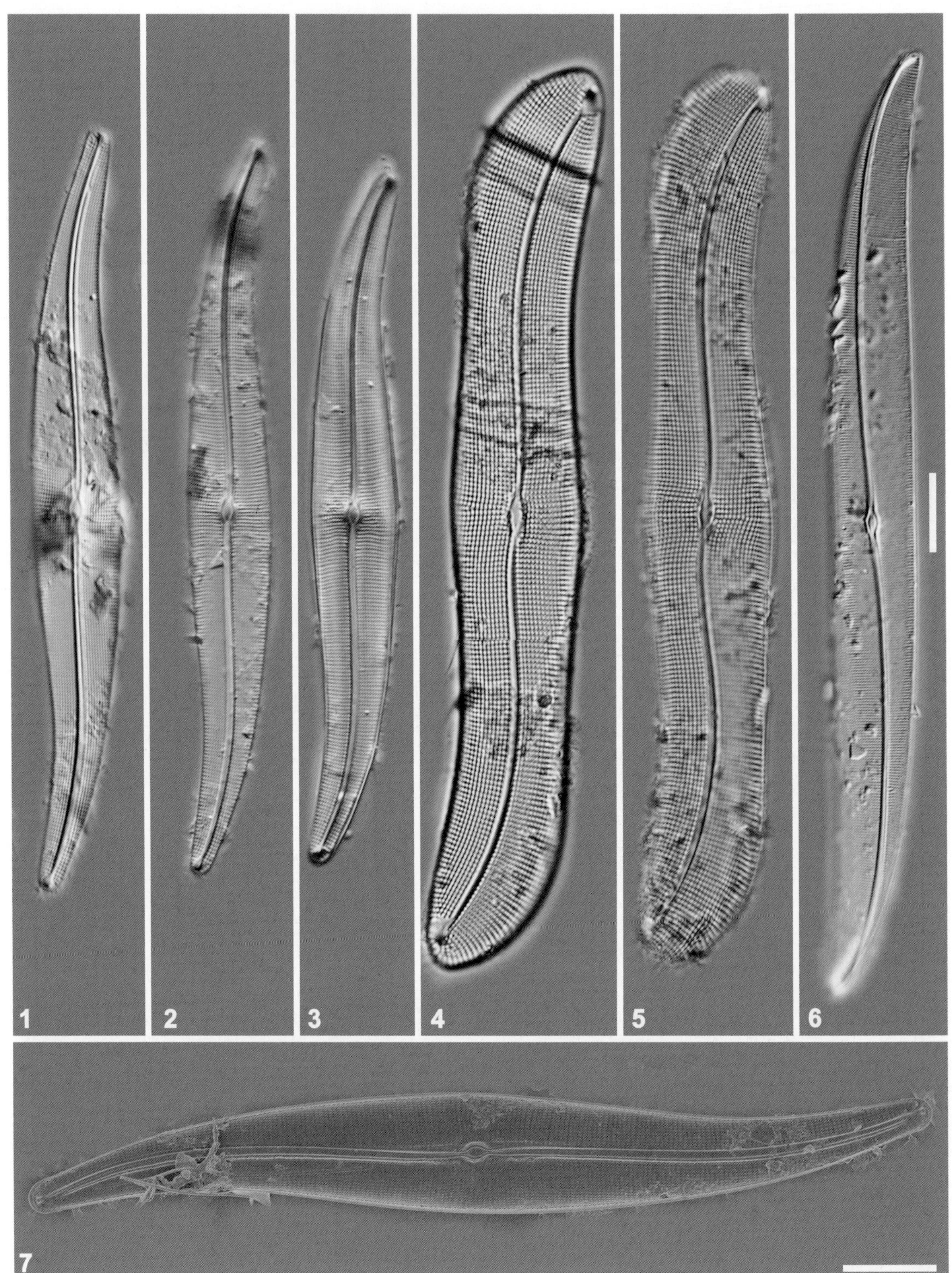

1-3, 7. 尖布纹藻 *Gyrosigma acuminatum* (Kützing) Rabenhorst; 4-5. 对布纹藻 *Gyrosigma dissimile* Mikishin; 6. 模糊布纹藻 *Gyrosigma obscurum* (Smith) Griffith & Henfrey

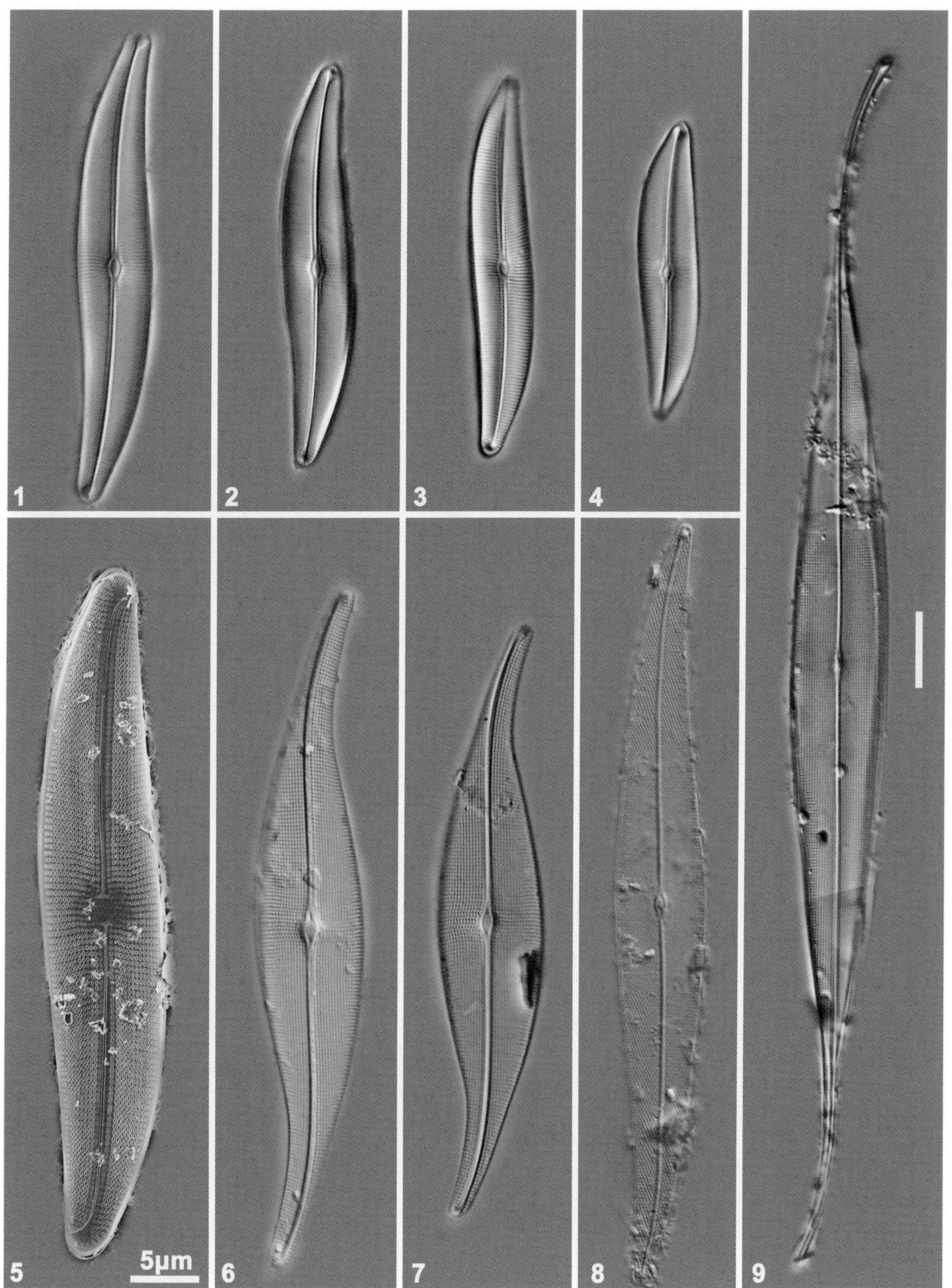

1-5. 锉刀状布纹藻 *Gyrosigma scalproides* (Rabenhorst) Cleve; 6-7. 澳立布纹藻 *Gyrosigma wormleyi* (Sullivant) Boyer; 8. 长斜纹藻 *Pleurosigma elongatum* Smith; 9. 簇生布纹藻细端变种 *Gyrosigma fasciola* var. *tenuirostris* (Grunow) Cleve

图版 124

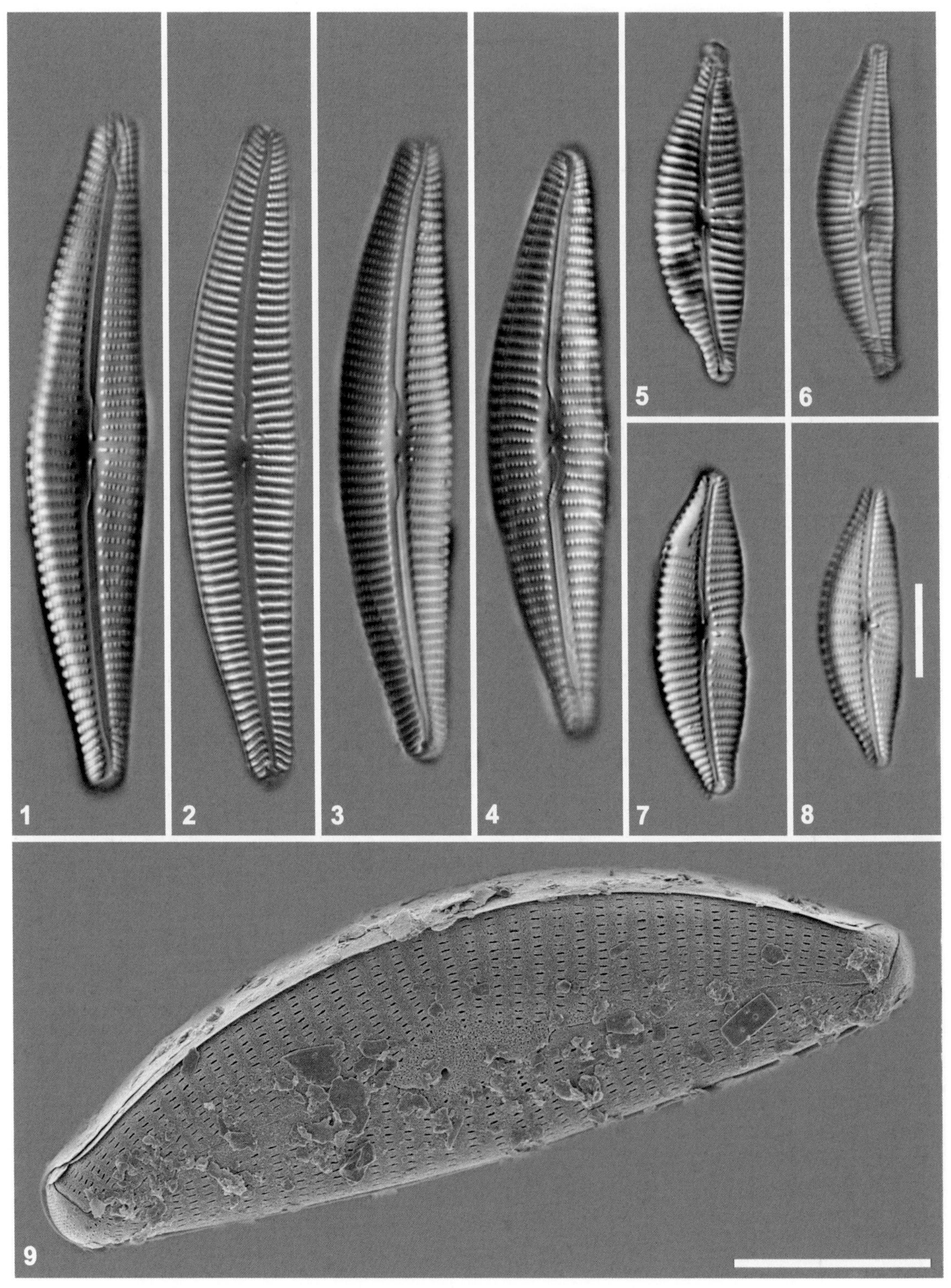

1-4. 近缘桥弯藻 *Cymbella affinis* Kützing; 5-9. 高山桥弯藻 *Cymbella alpestris* Krammer

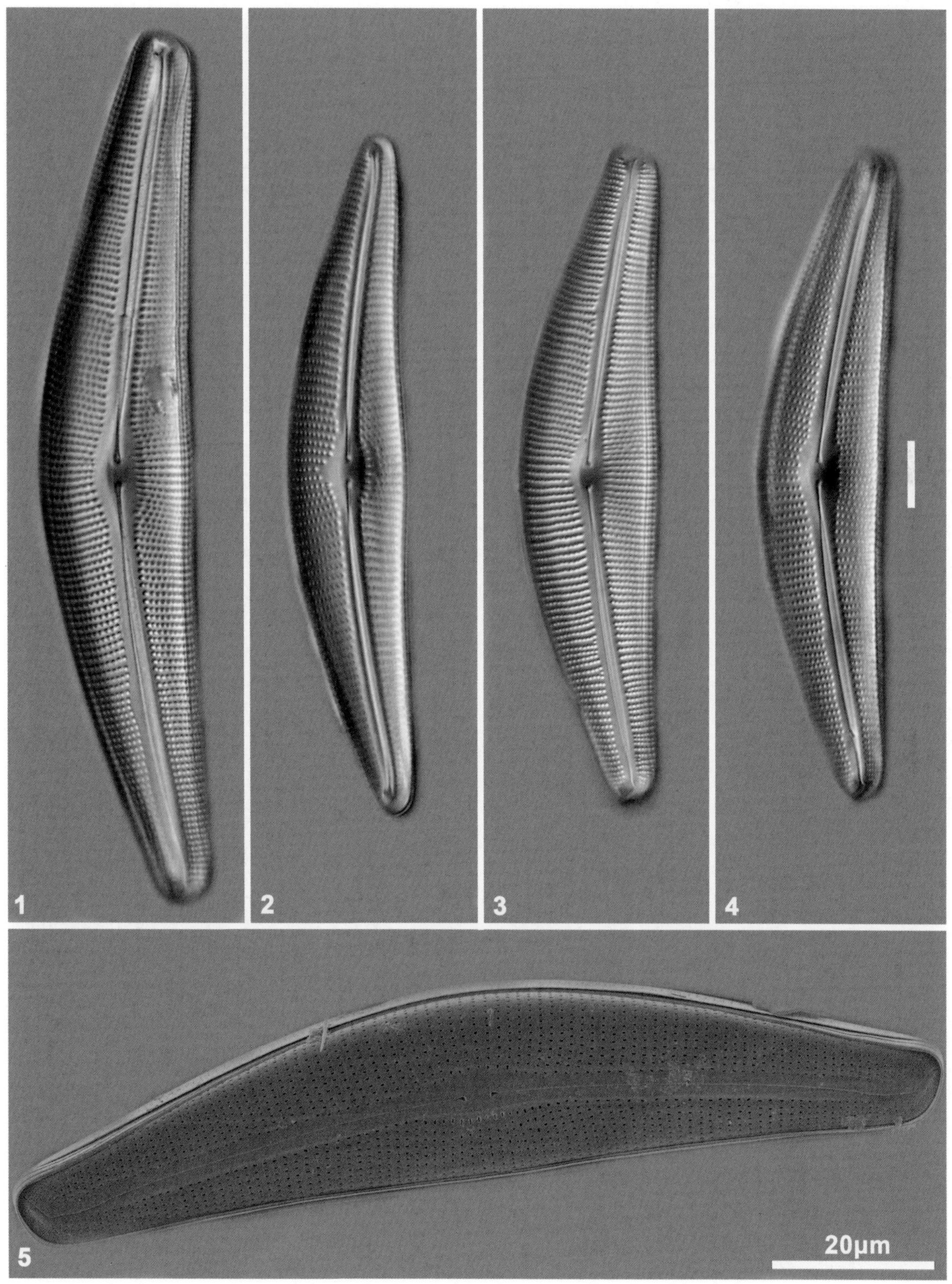

1-5. 粗糙桥弯藻 *Cymbella aspera* (Ehrenberg) Cleve

图版 126

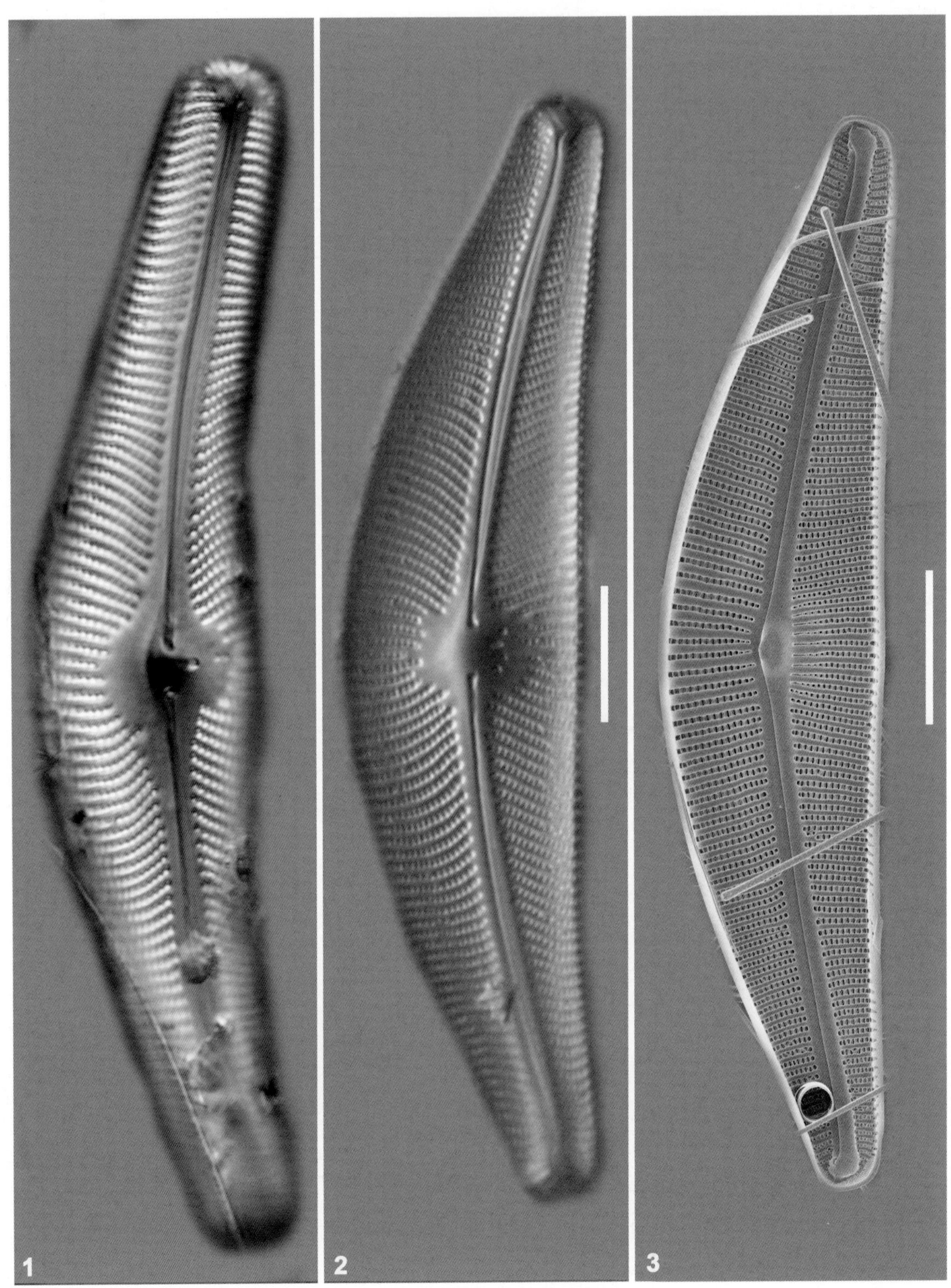

1-3. 澳洲桥弯藻 *Cymbella australica* (Schmidt) Cleve

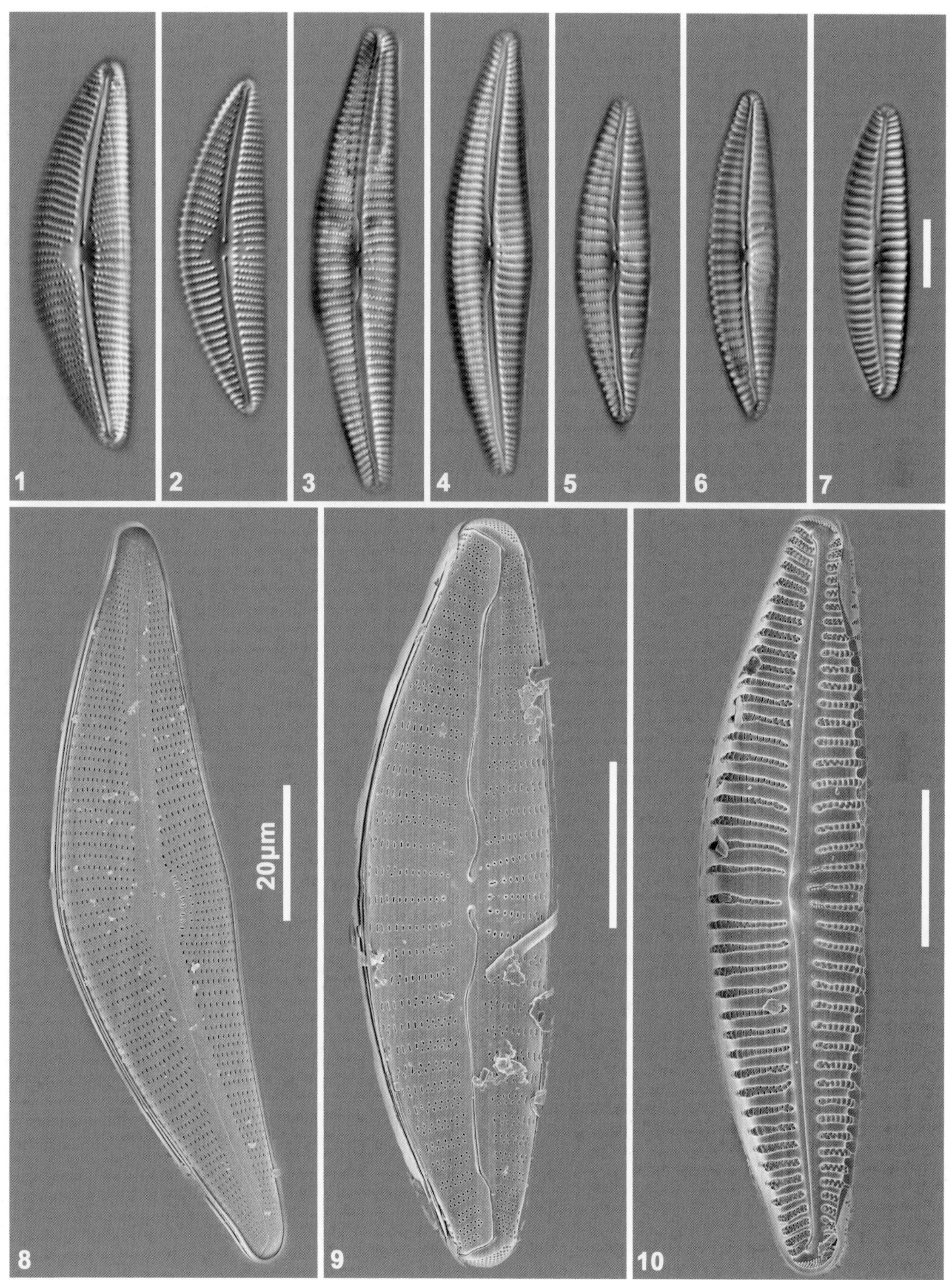

1-2, 8. 箱形桥弯藻 *Cymbella cistula* (Ehrenberg) Kirchner; 3-7, 9-10. 末端二列桥弯藻 *Cymbella distalebiseriata* Liu & Williams

图版 128

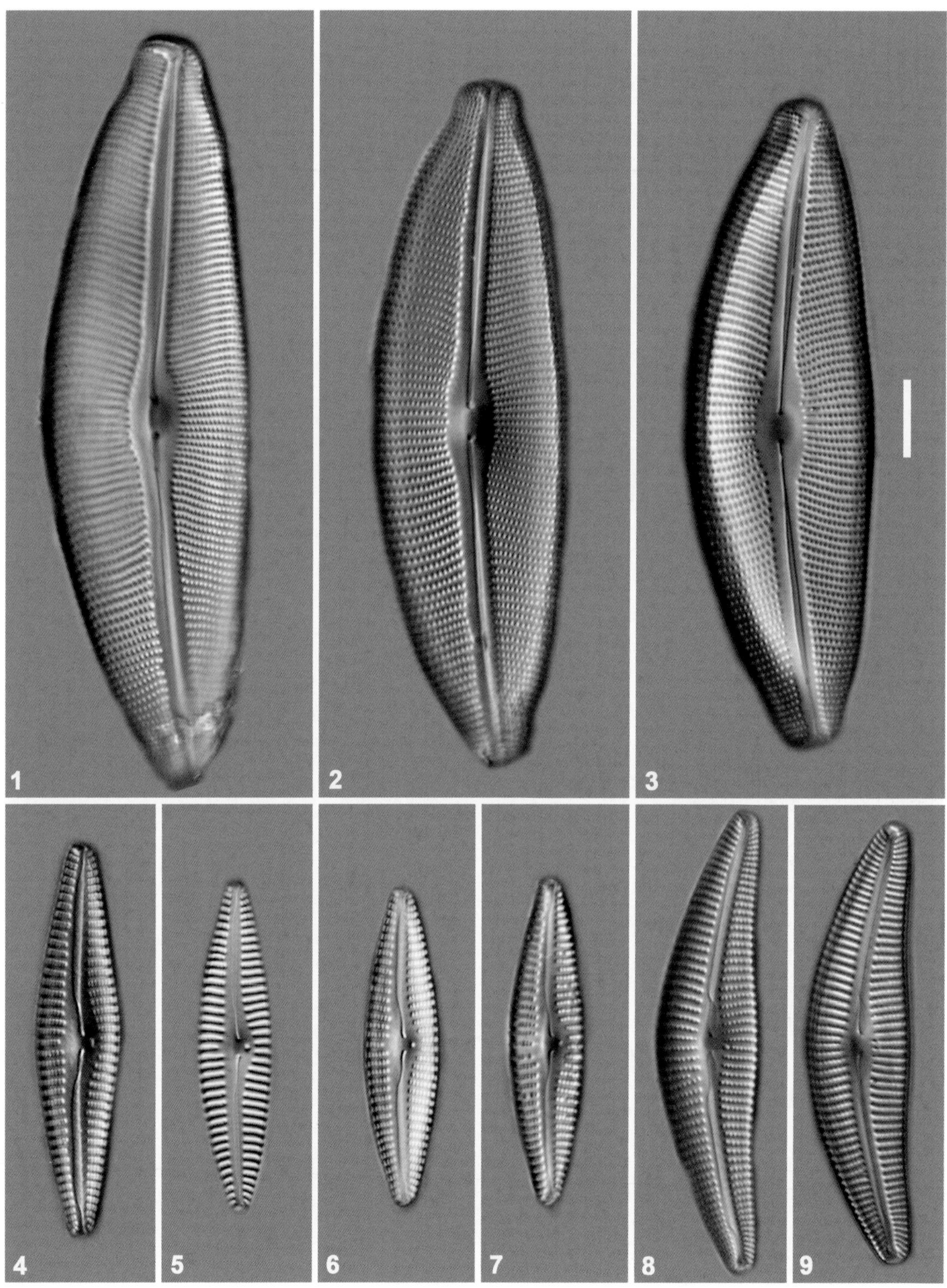

1-3. 瓜形桥弯藻 *Cymbella cucumis* Schmidt; 4-7. 日本桥弯藻 *Cymbella japonica* Reichelt; 8-9. 新月形桥弯藻 *Cymbella cymbiformis* Agardh

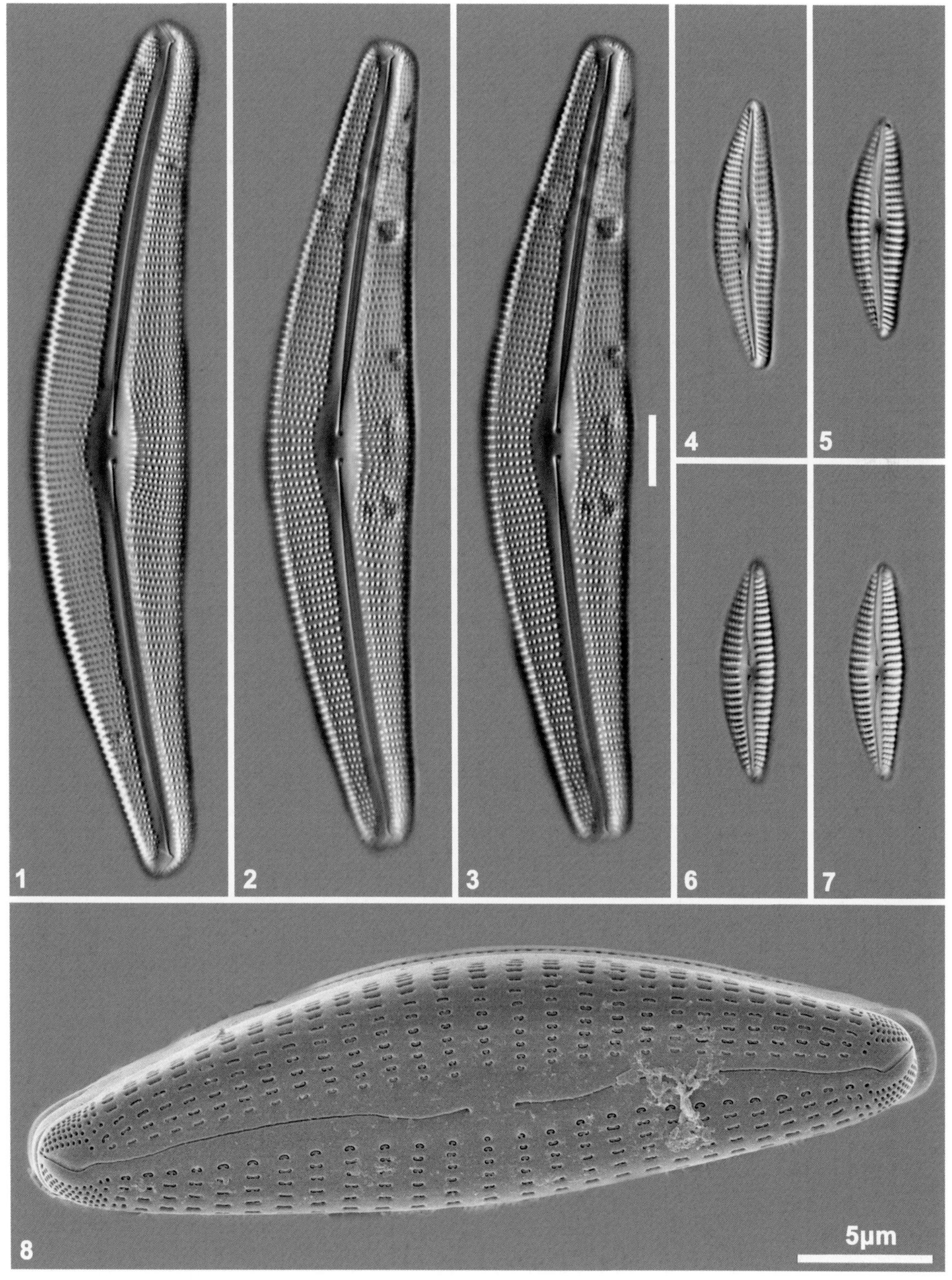

1-3. 黑尔姆克桥弯藻 *Cymbella helmckei* Krammer; 4-8. 新细角桥弯藻 *Cymbella neoleptoceros* Krammer

图版 130

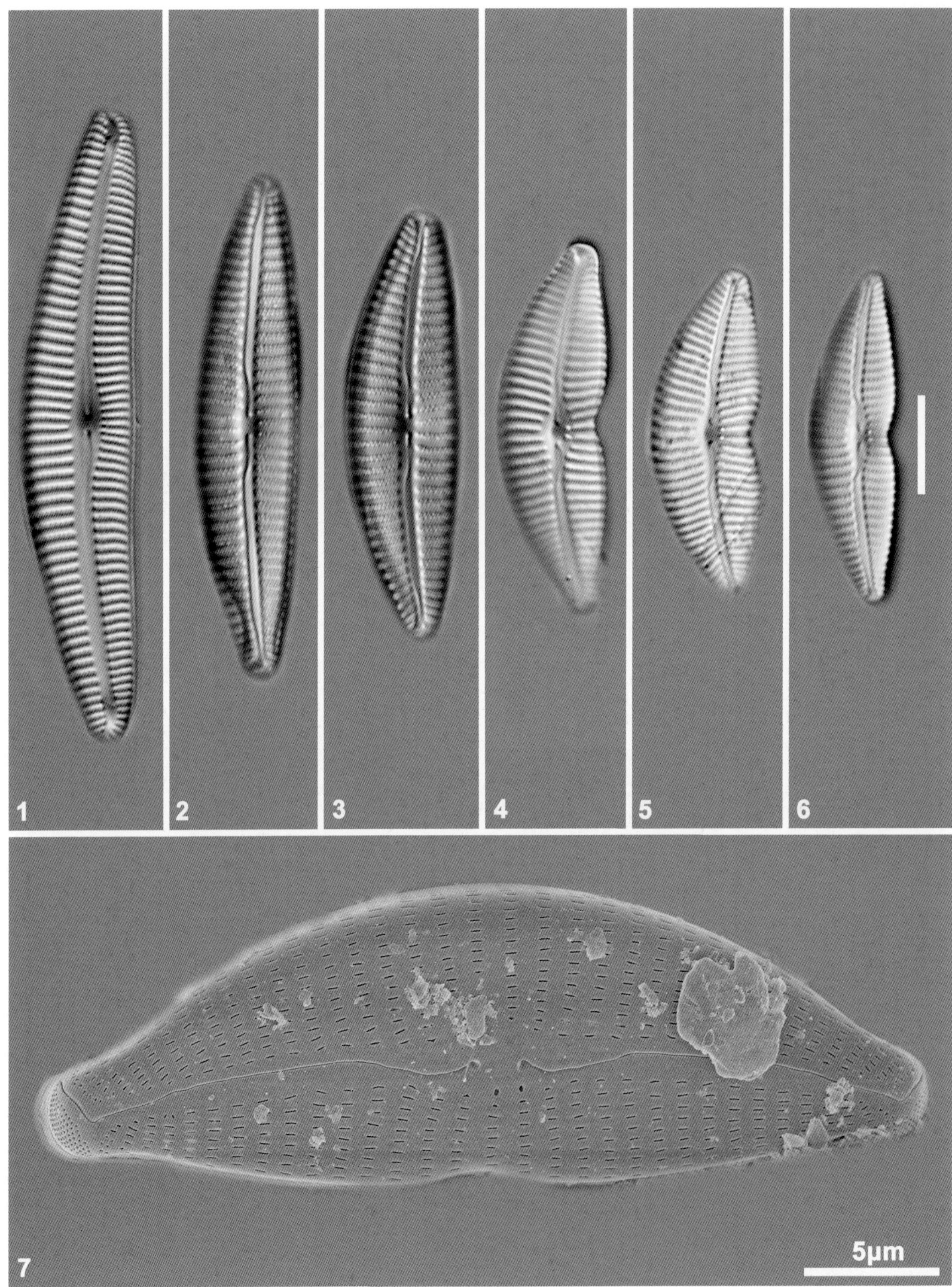

1. 淡黄桥弯藻 *Cymbella helvetica* Kützing; 2-3. 溧阳桥弯藻 *Cymbella liyangensis* Zhang, Jüttner & Cox; 4-7. 切断桥弯藻 *Cymbella excisa* Kützing

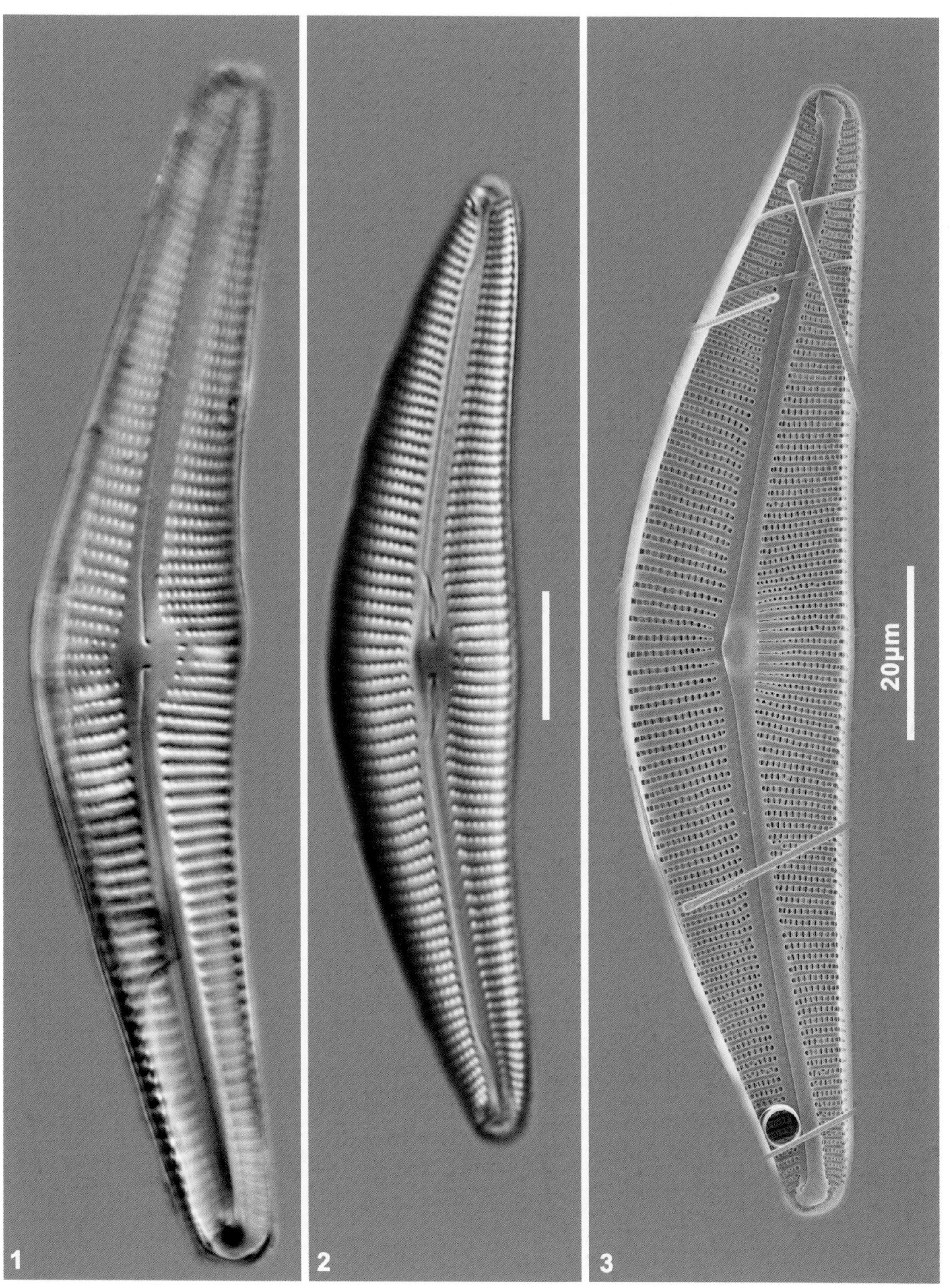

1-3. 新箱形桥弯藻 *Cymbella neocistula* Krammer

图版 132

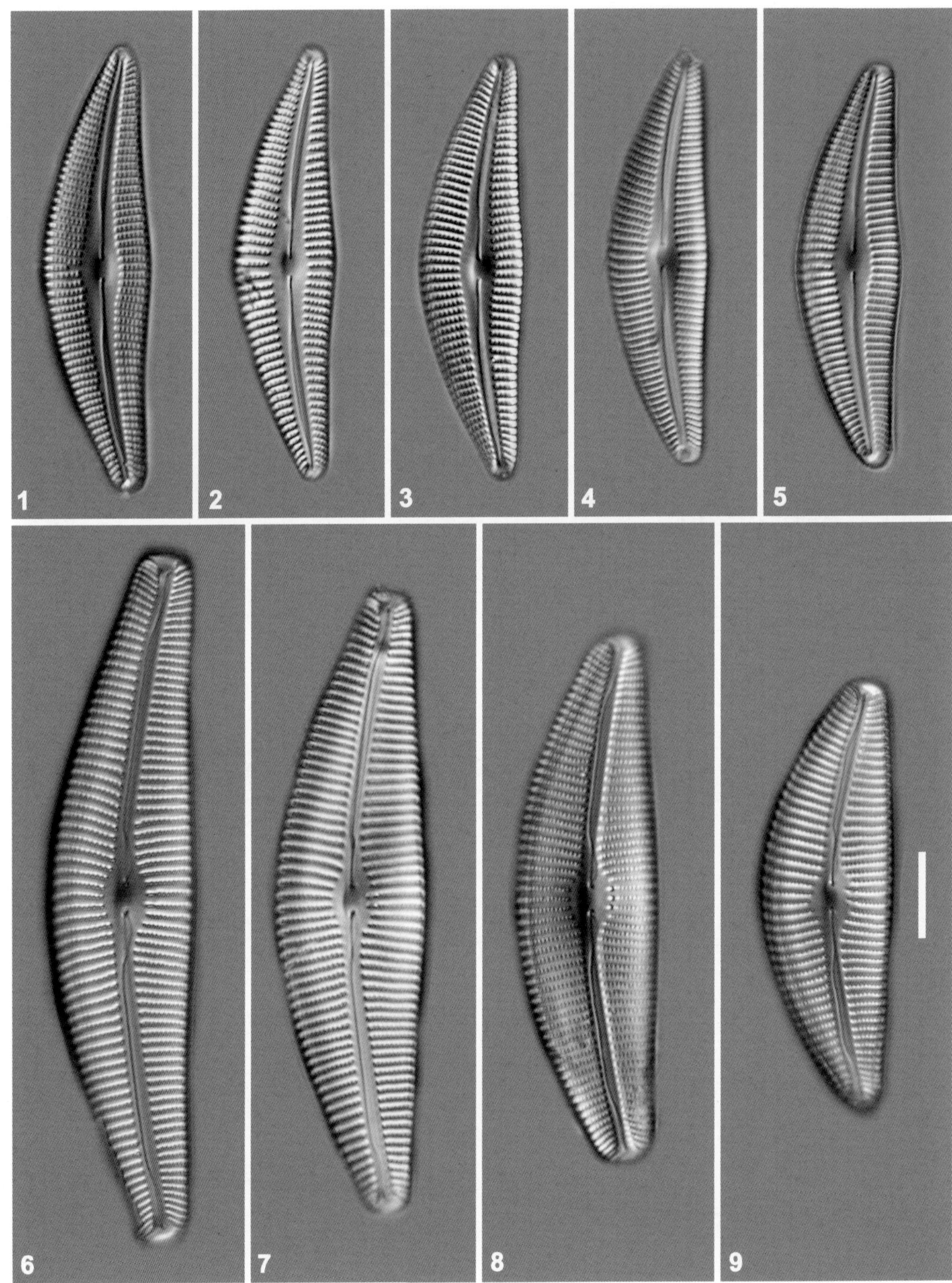

1-5. 孤点桥弯藻 *Cymbella stigmaphora* Østrup; 6-9. 近箱形桥弯藻 *Cymbella subcistula* Krammer

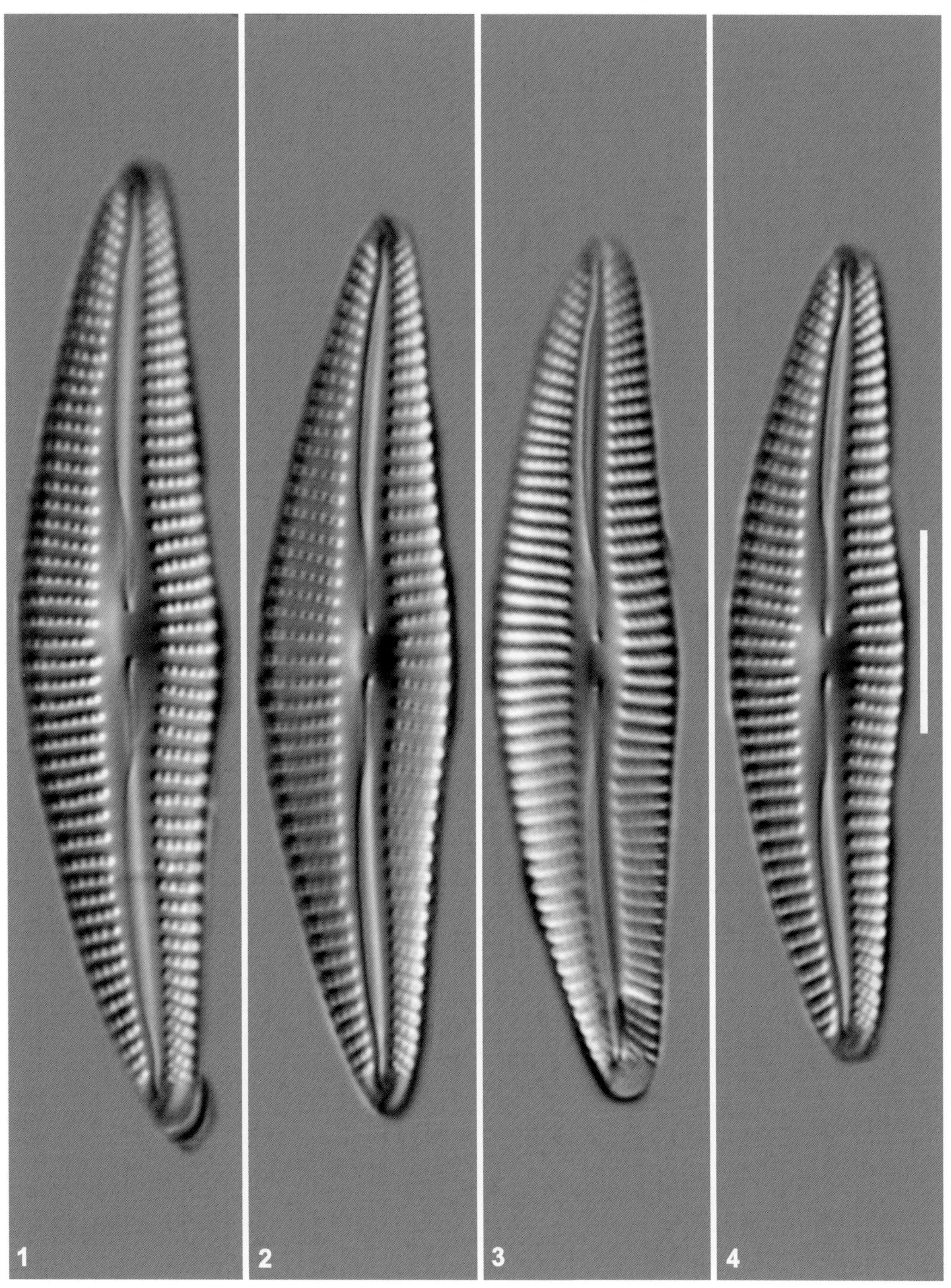

1-4. 近淡黄桥弯藻 *Cymbella subhelvetica* Krammer

图版 134

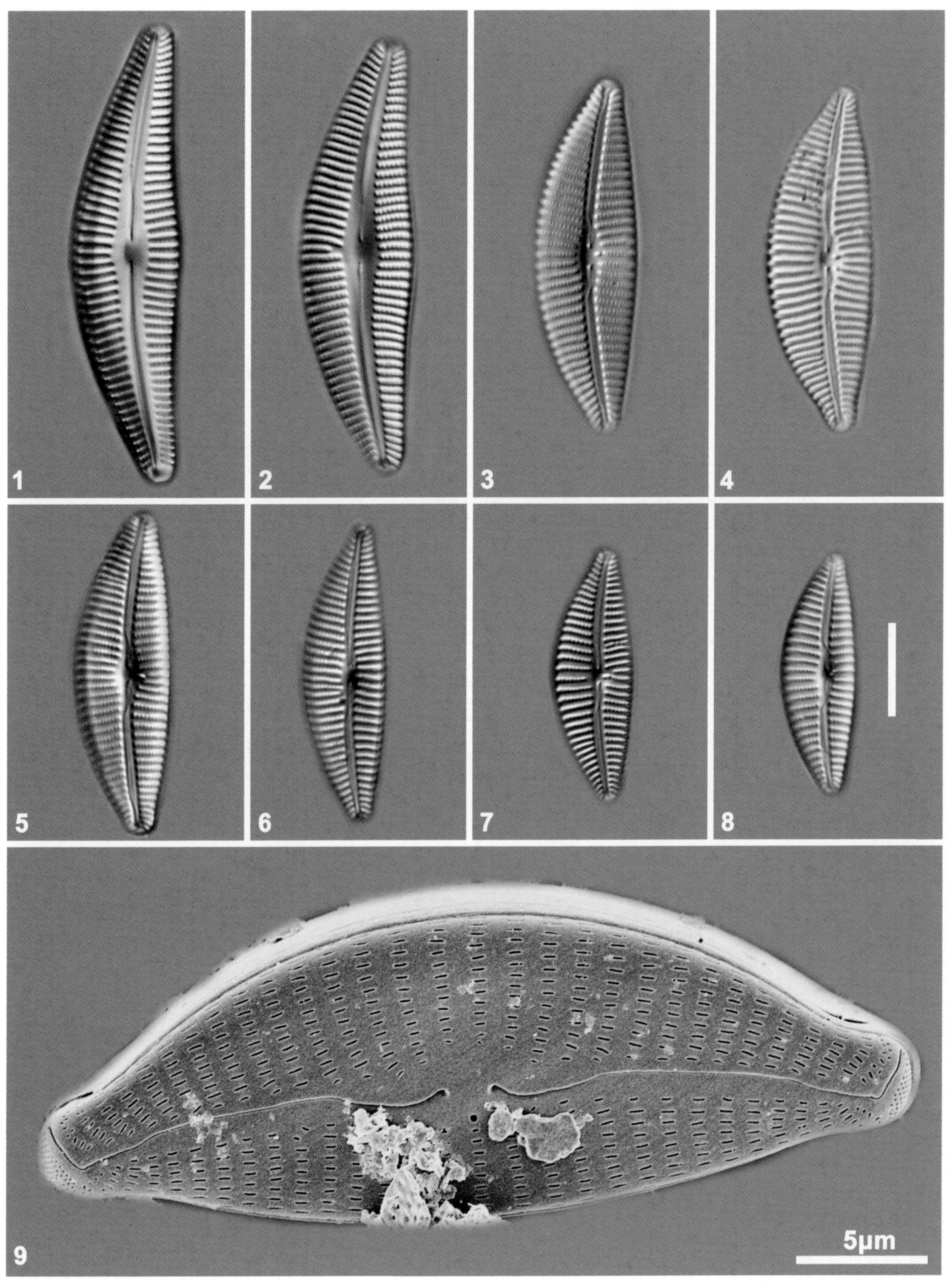

1-2. 中华桥弯藻 *Cymbella sinensis* Metzeltin & Krammer; 3-9. 热带桥弯藻 *Cymbella tropica* Krammer

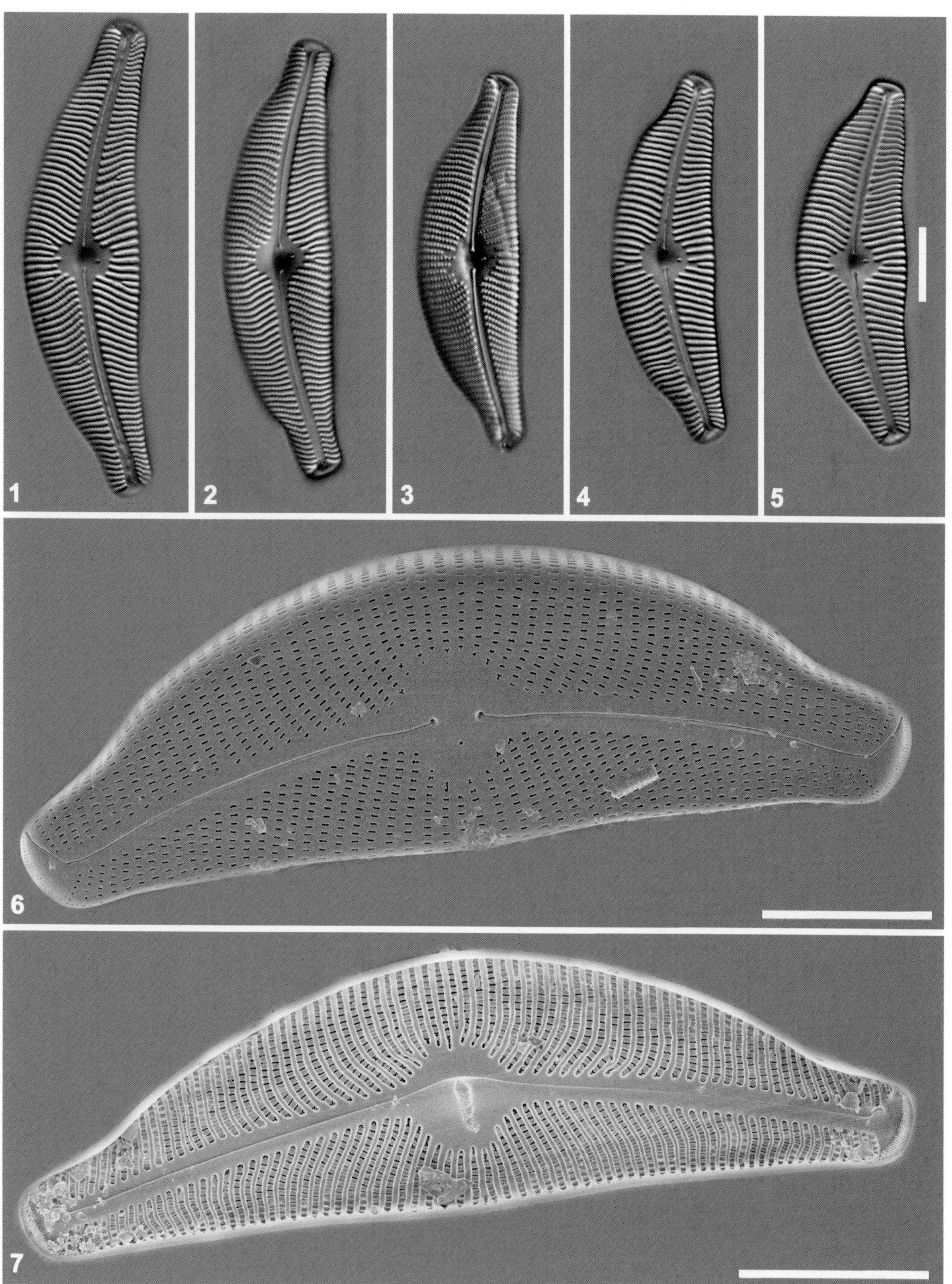

1-7. 膨胀桥弯藻 *Cymbella tumida* (Brébisson) Van Heurck

图版 136

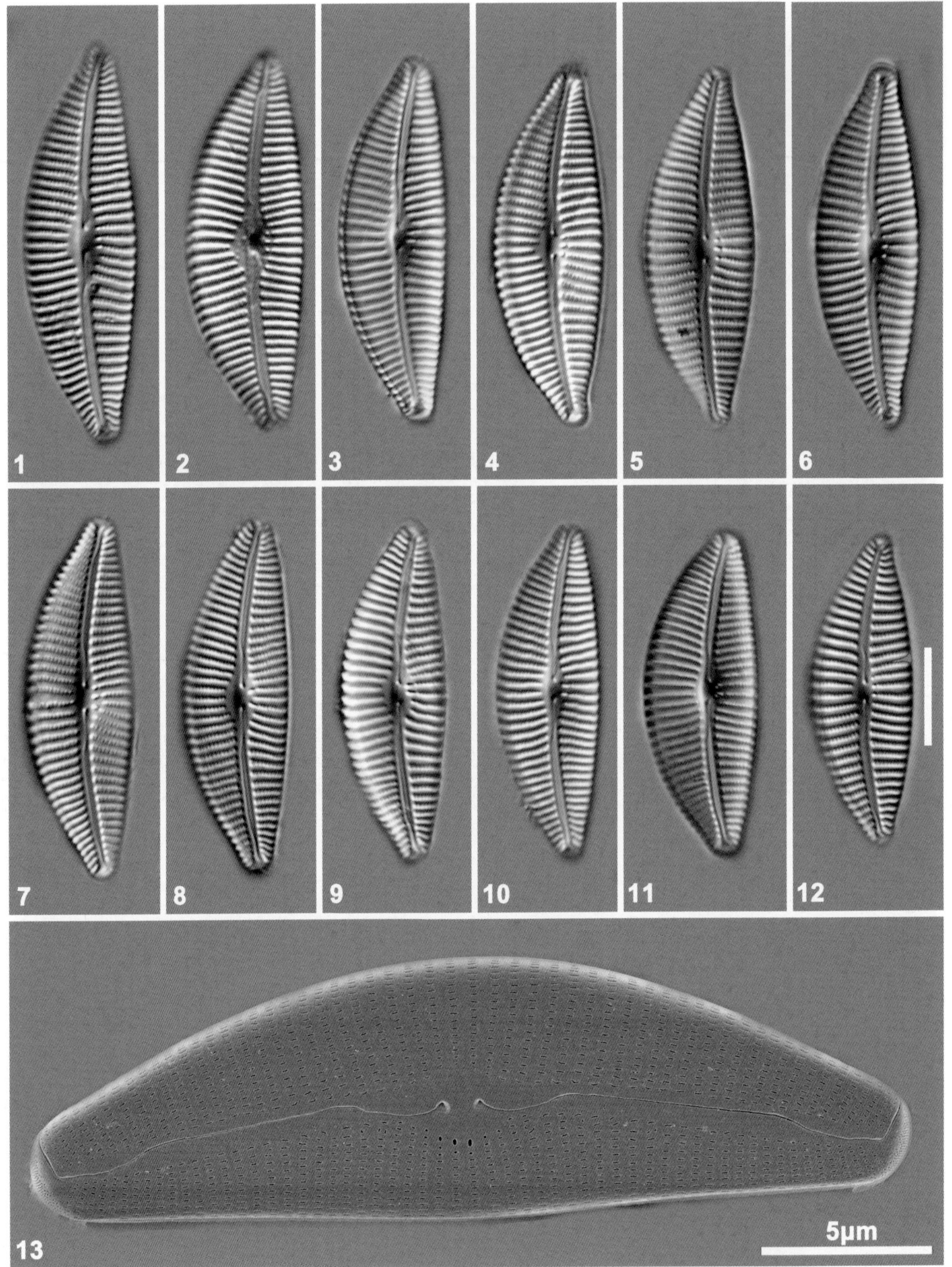

1-13. 膨大桥弯藻 *Cymbella turgidula* Grunow

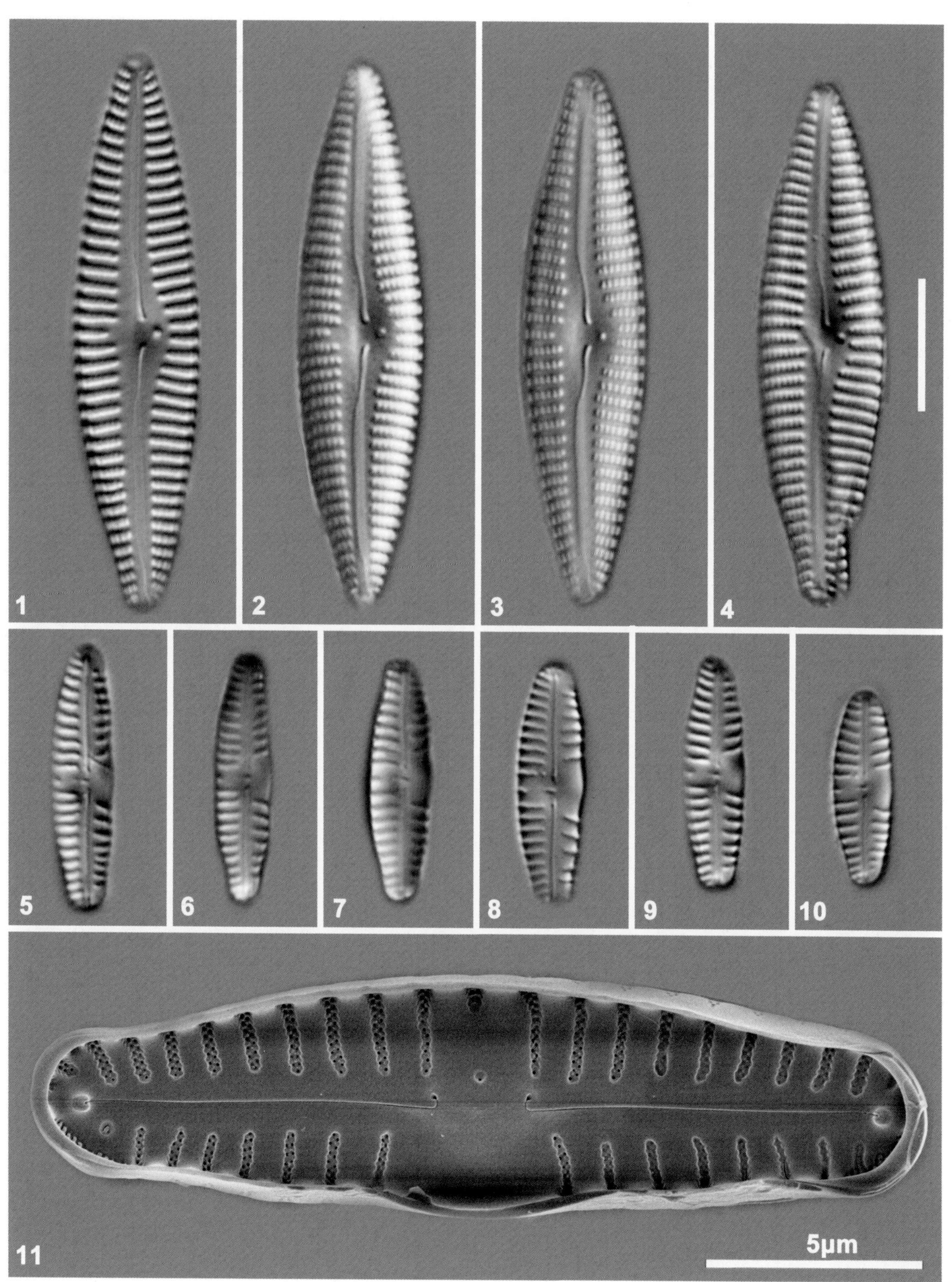

1-4. 沃龙基纳弯缘藻 *Oricymba voronkinae* Glushchenko, Kulikovskiy & Kociolek; 5-11. 波状瑞氏藻 *Reimeria sinuata* (Gregory) Kociolek & Stoermer

图版 138

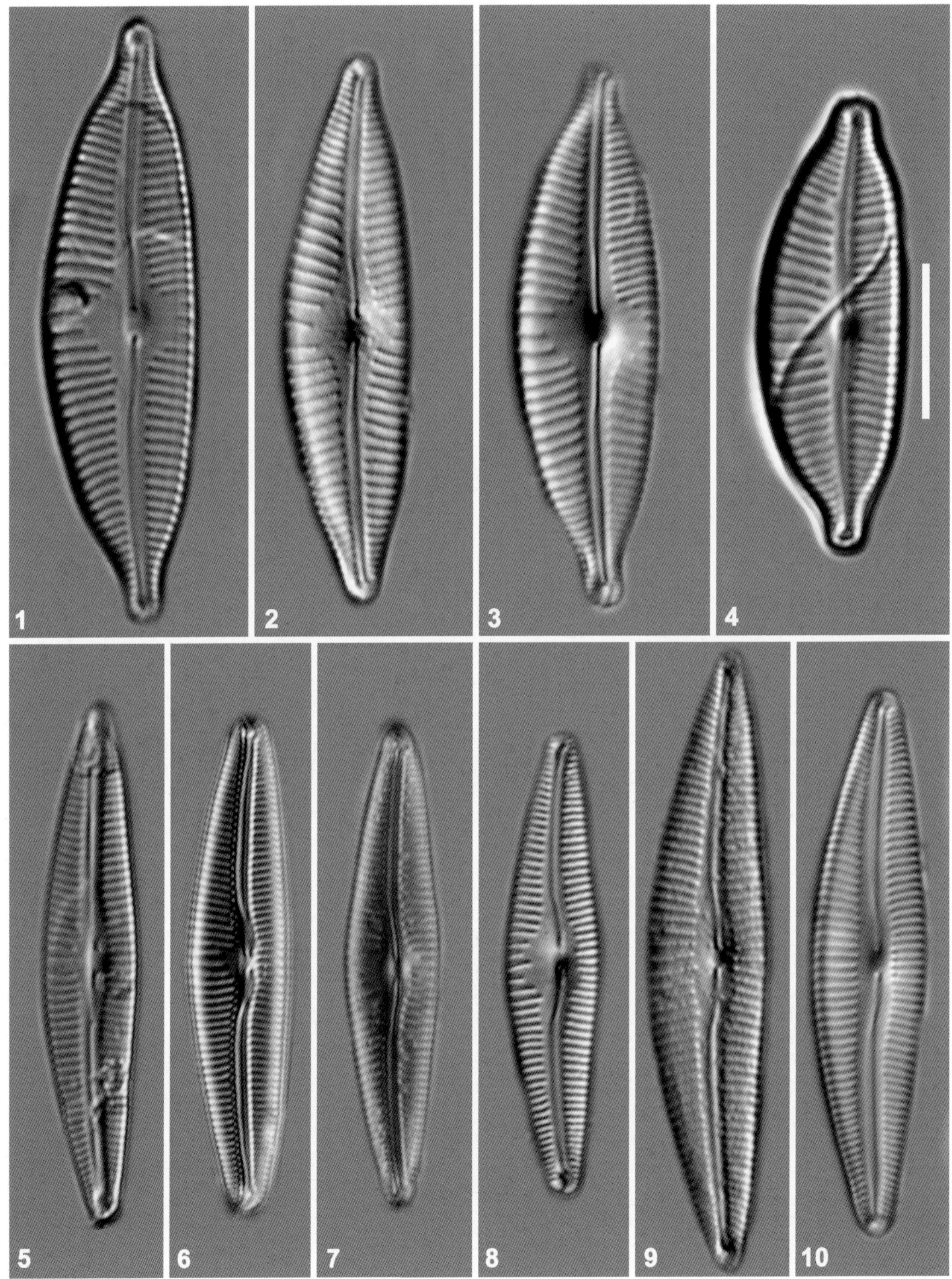

1-4. 赫西尼弯肋藻 *Cymbopleura hercynica* (Schmidt) Krammer; 5-8. 不定弯肋藻 *Cymbopleura incerta* (Grunow) Krammer; 9-10. 亚泰纳弯肋藻 *Cymbopleura yateana* (Maillard) Krammer

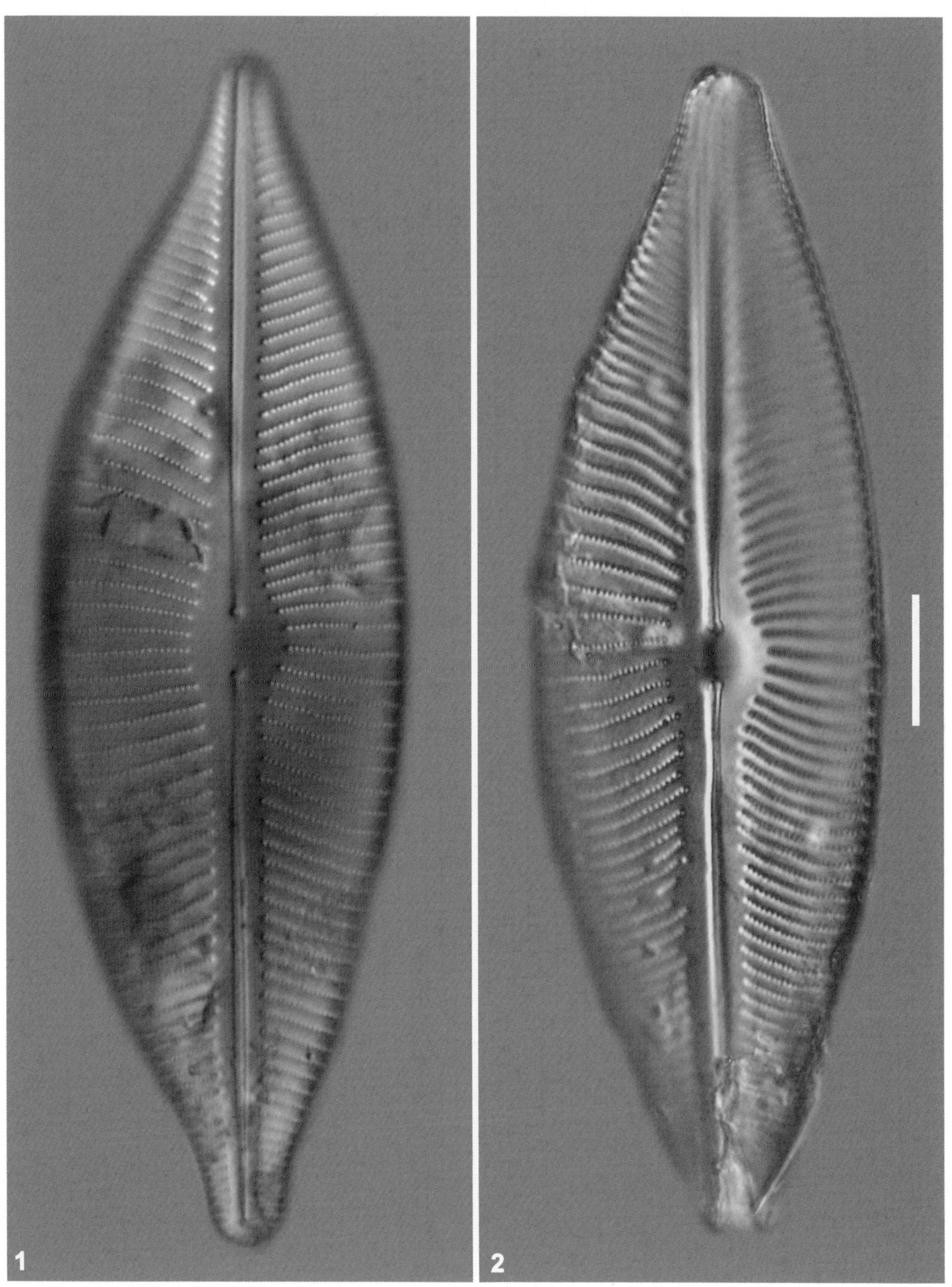

1-2. 不等弯肋藻 *Cymbopleura inaequalis* (Ehrenberg) Krammer

图版 140

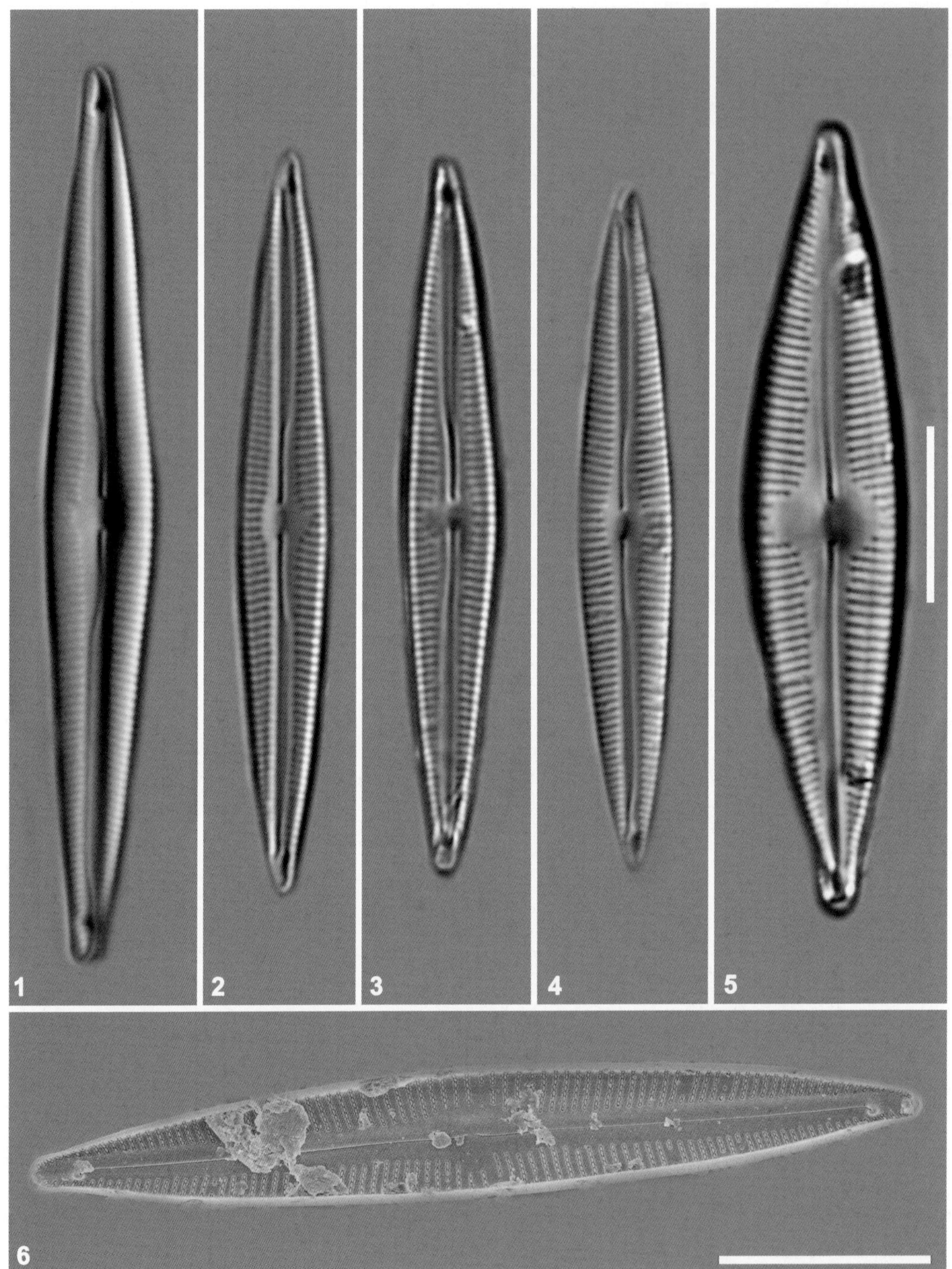

1-4, 6. 梅茨弯肋藻茱莉马变种 *Cymbopleura metzeltinii* var. *julma* Krammer; 5. 拉普兰弯肋藻 *Cymbopleura lapponica* (Grunow ex Cleve) Krammer

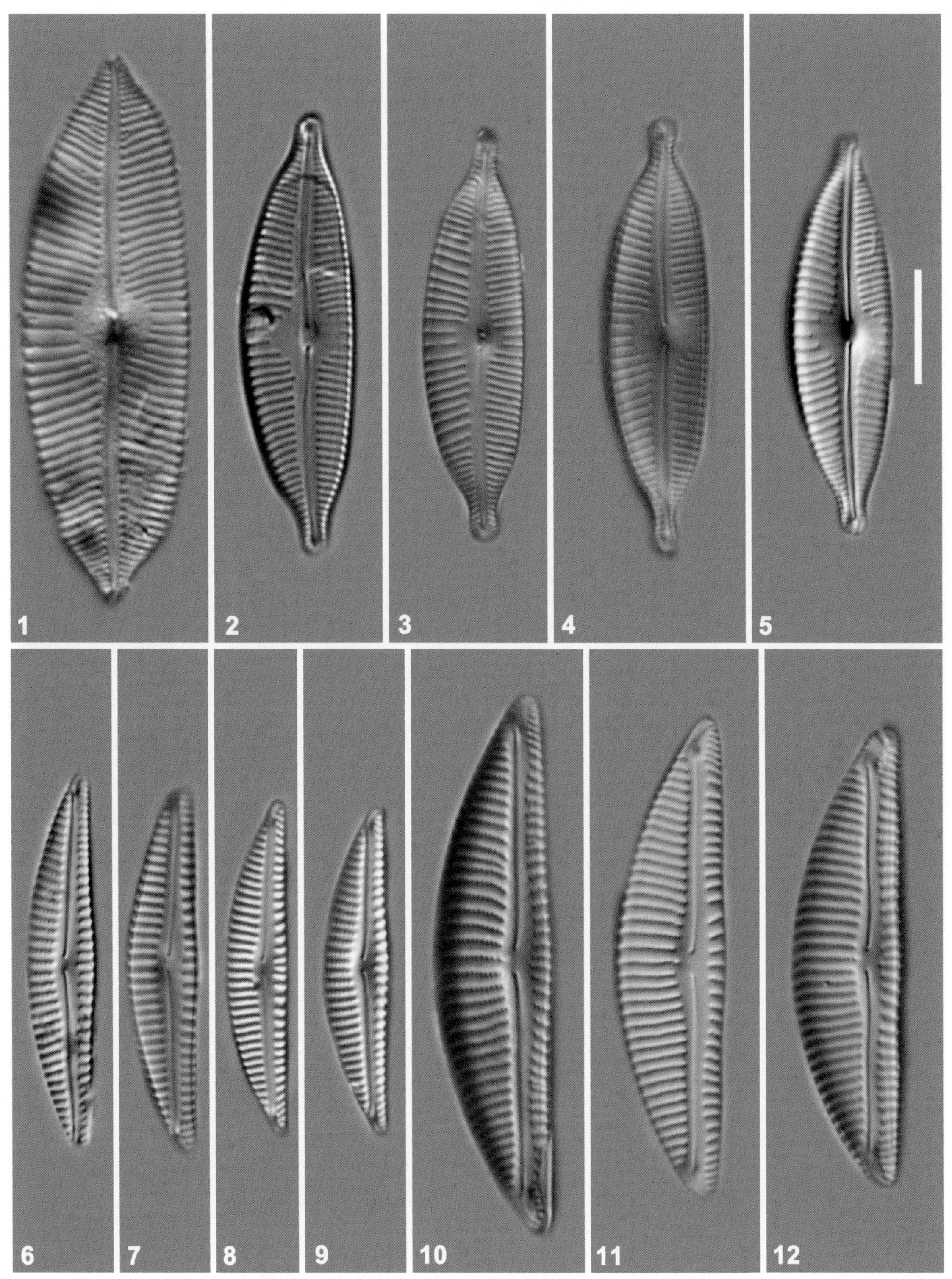

1. 冈瓦纳弯肋藻 *Cymbopleura gondwana* Lange-Bertalot, Krammer & Rumrich; 2-3. 佩兰格里弯肋藻 *Cymbopleura peranglica* Krammer; 4-5. 宽头弯肋藻 *Cymbopleura laticapitata* (Krammer) Kulikovskiy & Lange-Bertalot; 6-9. 新纤细内丝藻 *Encyonema neogracile* Krammer; 10-12. 普通内丝藻 *Encyonema vulgare* Krammer

图版 142

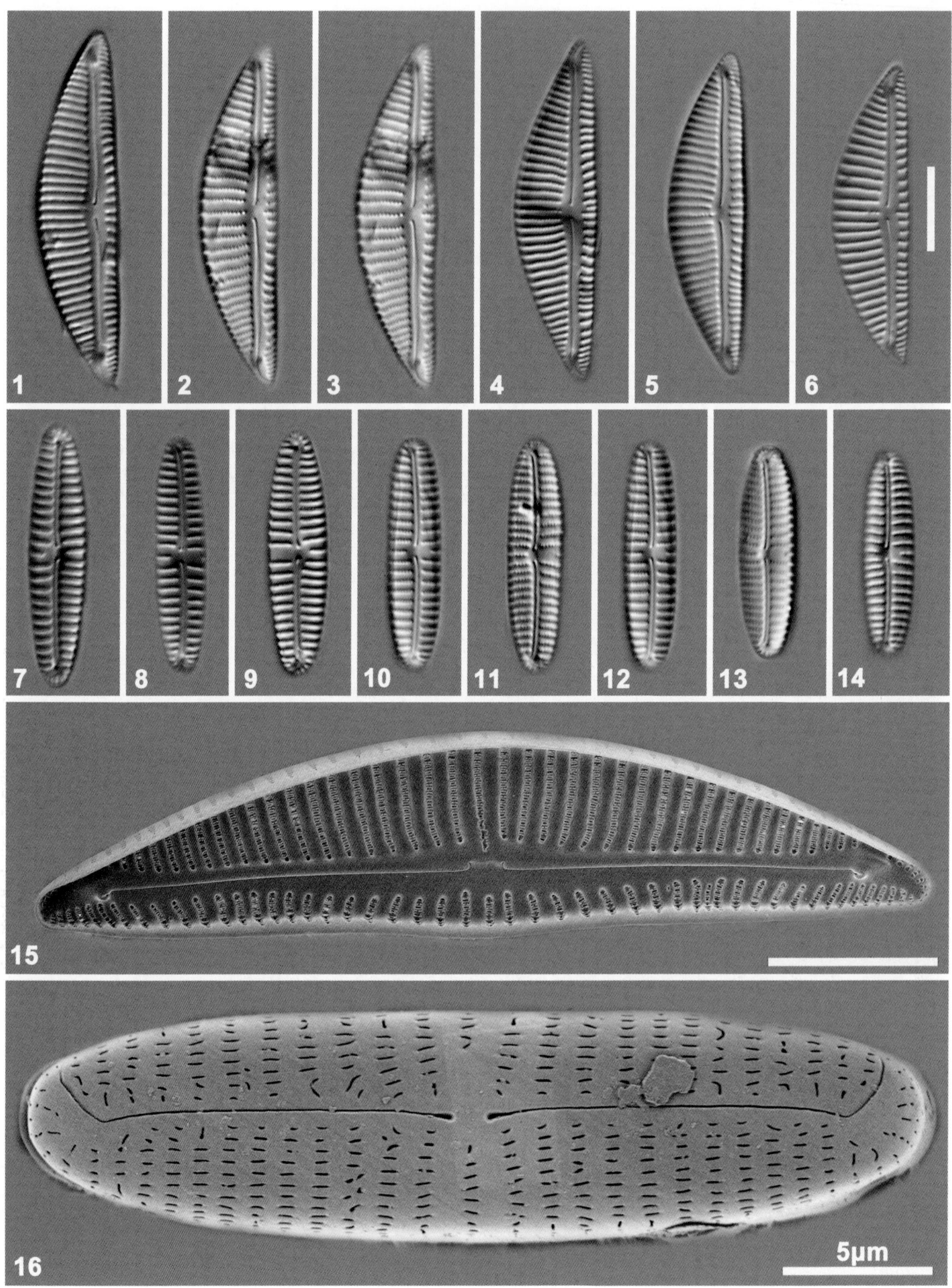

1-6, 15. 长贝尔塔内丝藻 *Encyonema lange-bertalotii* Krammer; 7-14, 16. 阿巴拉契内丝藻 *Encyonema appalachianum* Potapova

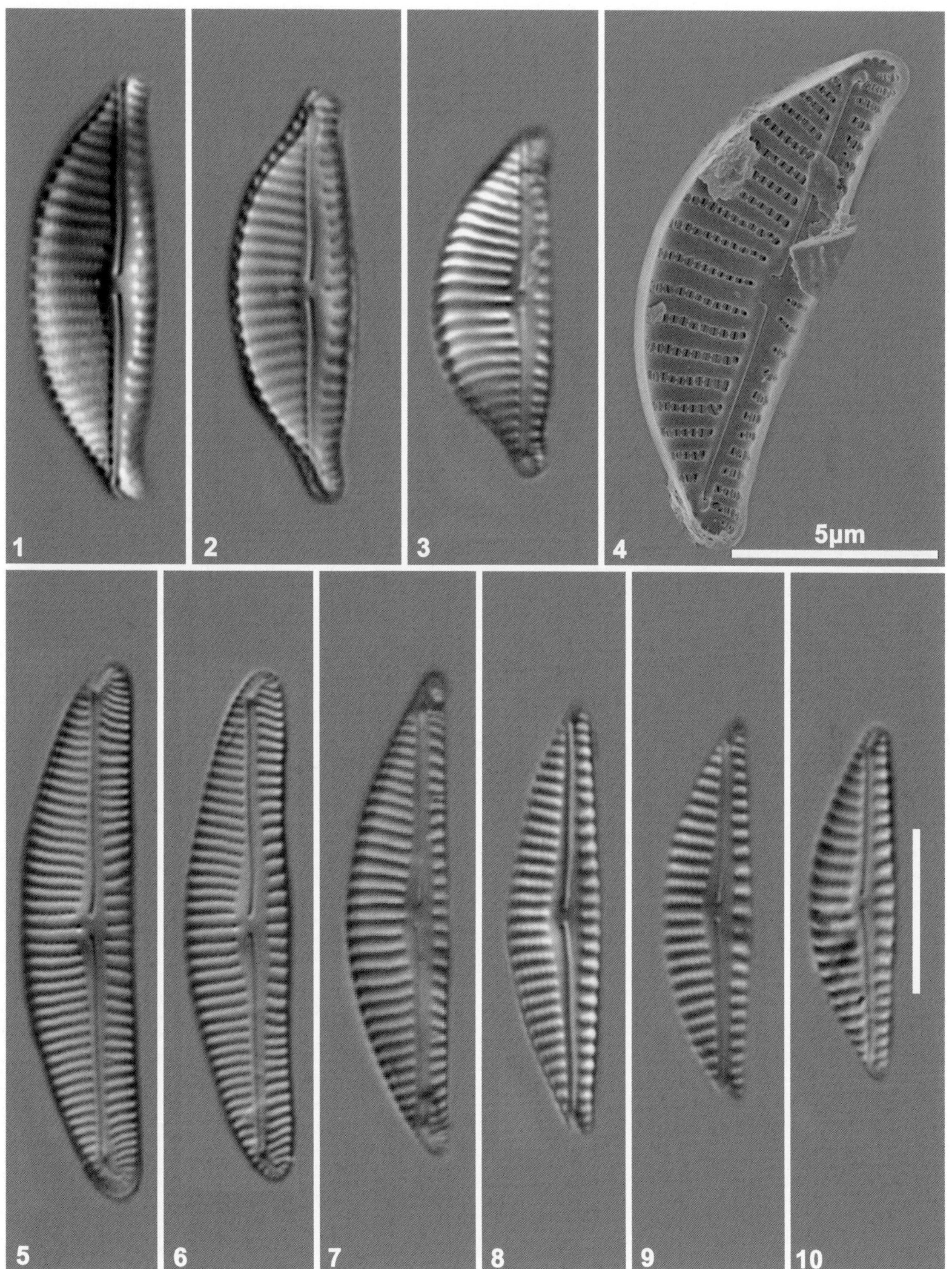

1-4. 隐内丝藻 *Encyonema latens* (Krasske) Mann; 5-6. 挪威内丝藻 *Encyonema norvegicum* (Grunow) Mayer; 7-10. 半月内丝藻委内瑞拉变种 *Encyonema jemtlandicum* var. *venezolanum* Krammer

图版 144

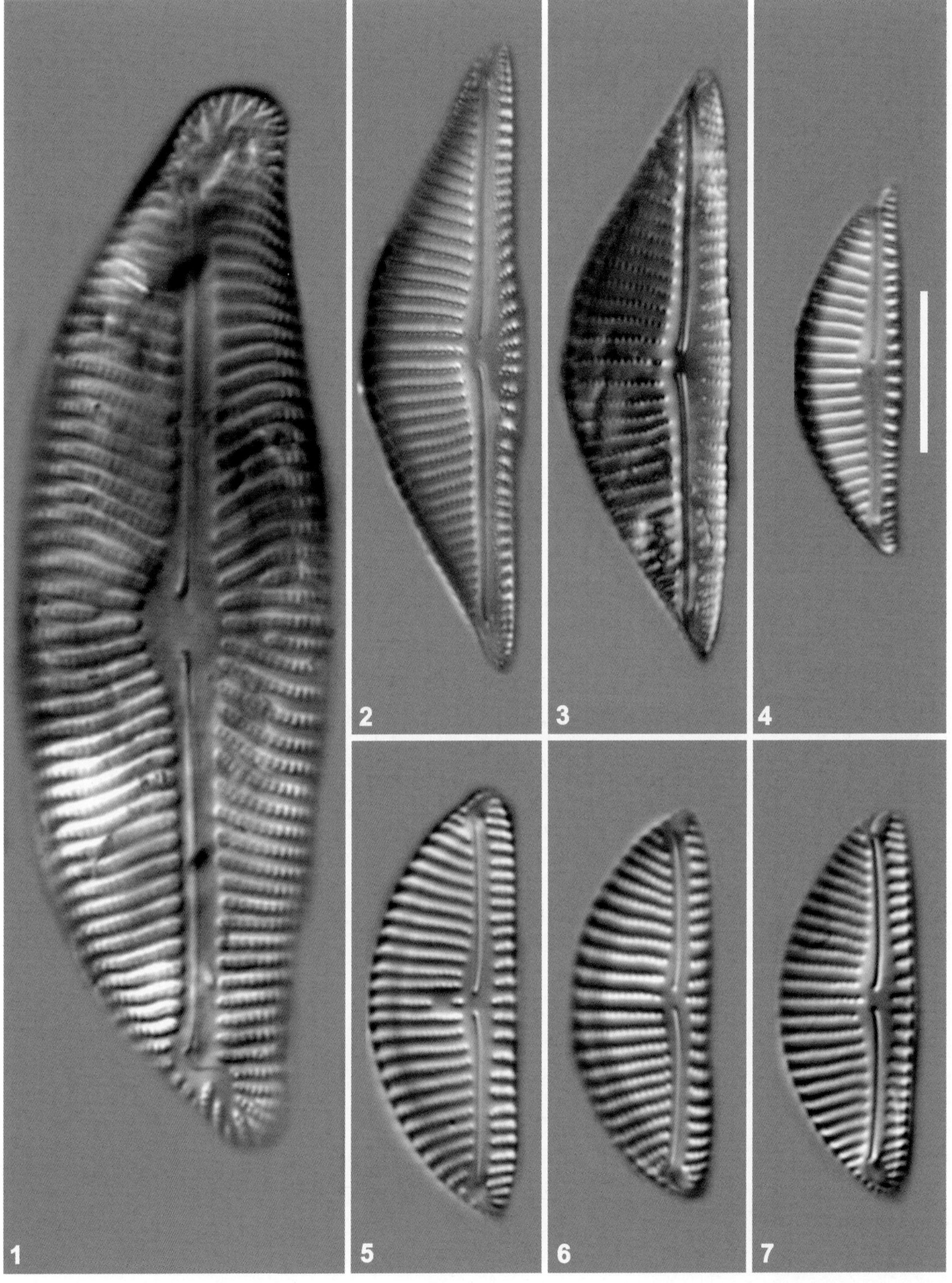

1. 莱布内丝藻 *Encyonema leibleinii* (Agardh) Silva, Jahn, Ludwig & Menezes; 2-3: 埃尔金内丝藻孤点变种 *Encyonema elginense* var. *stigmoideum* Krammer & Metzeltin; 4. 微小内丝藻 *Encyonema minutum* (Hilse) Mann; 5-7. 奥尔斯瓦尔德内丝藻 *Encyonema auerswaldii* Rabenhorst

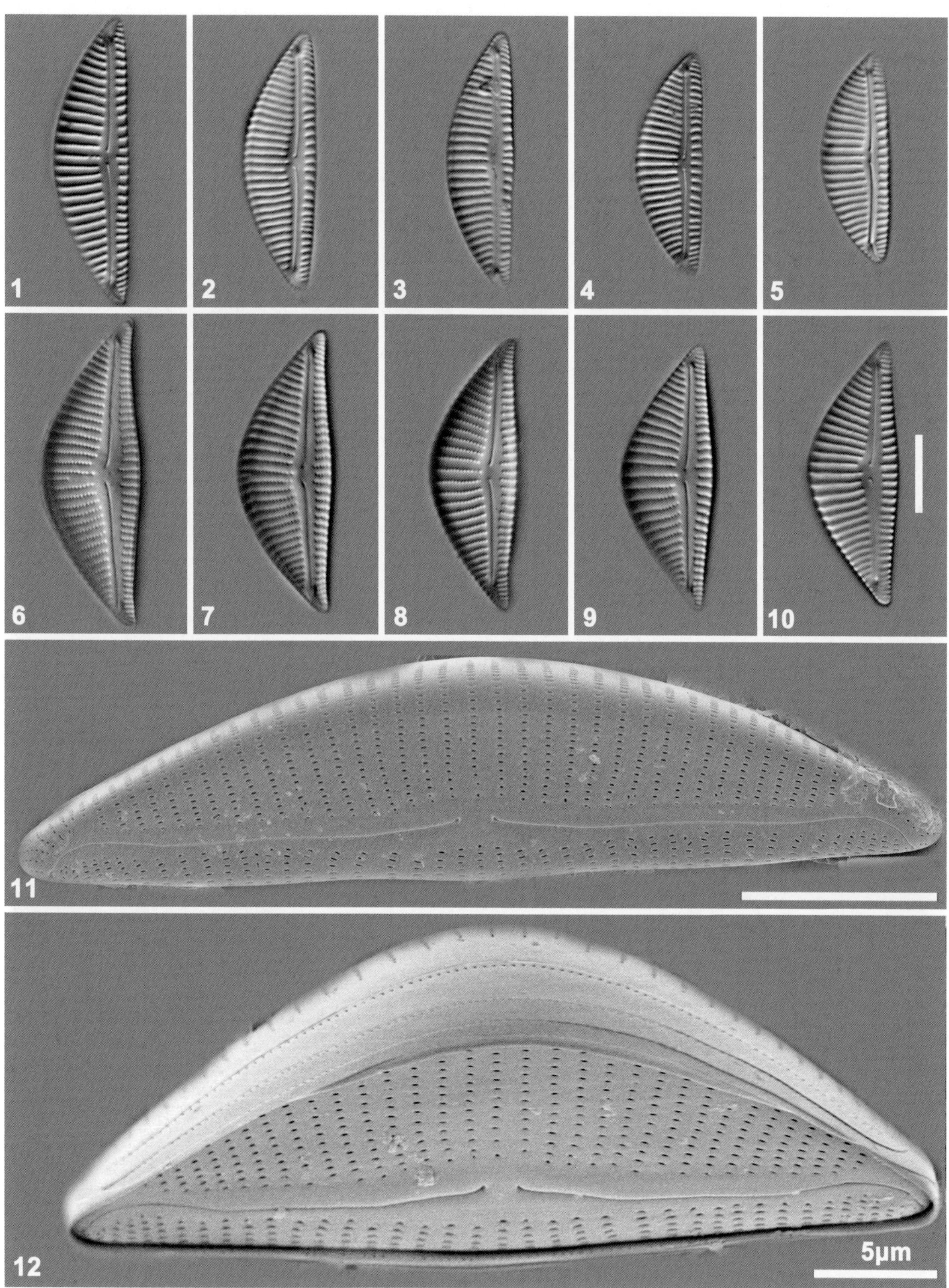

1-5, 11. 西里西亚内丝藻 *Encyonema silesiacum* (Bleisch) Mann; 6-10, 12. 三角型内丝藻 *Encyonema trianguliforme* Krammer

图版 146

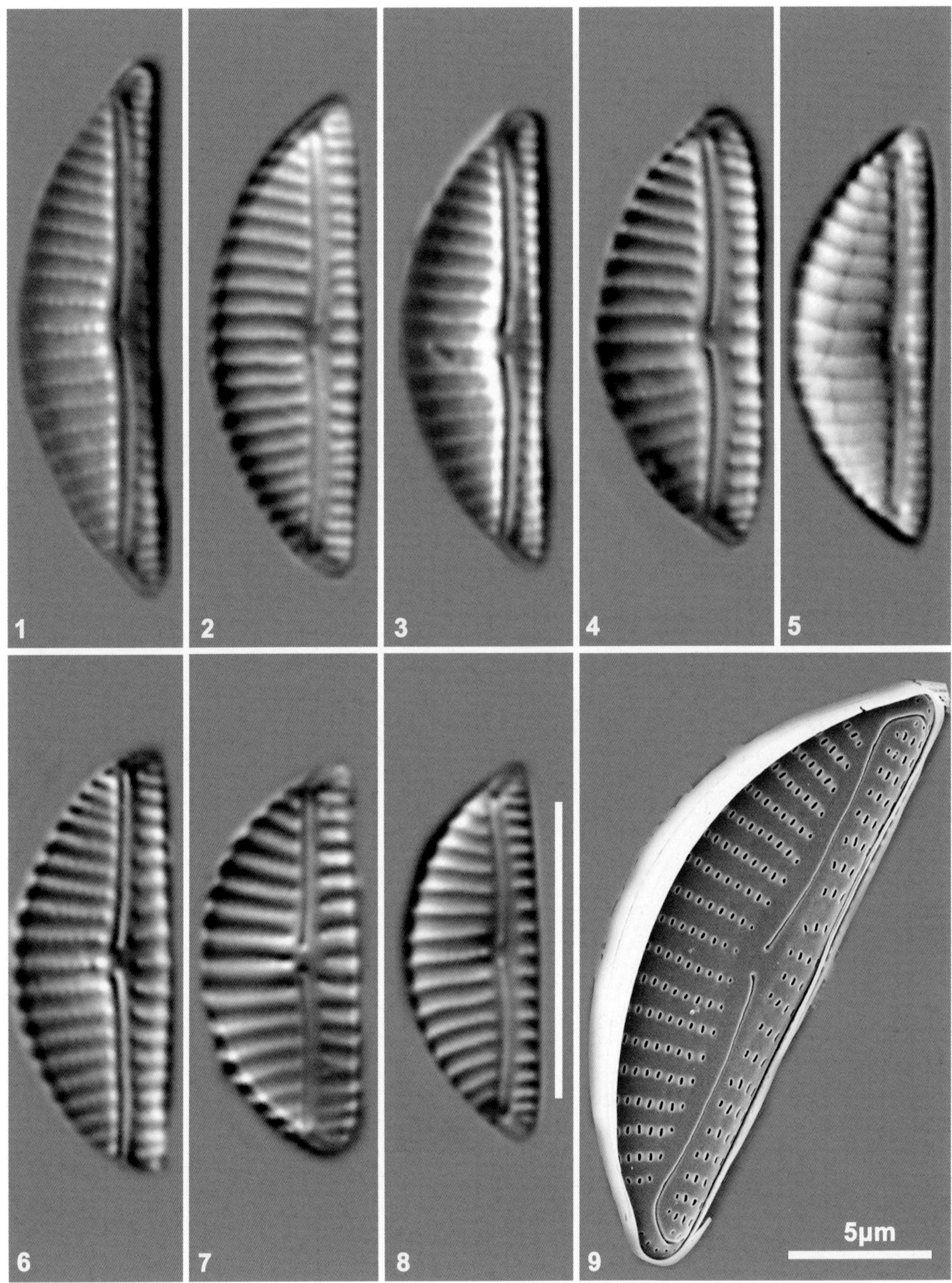

1-9. 偏肿内丝藻 *Encyonema ventricosum* (Agardh) Grunow

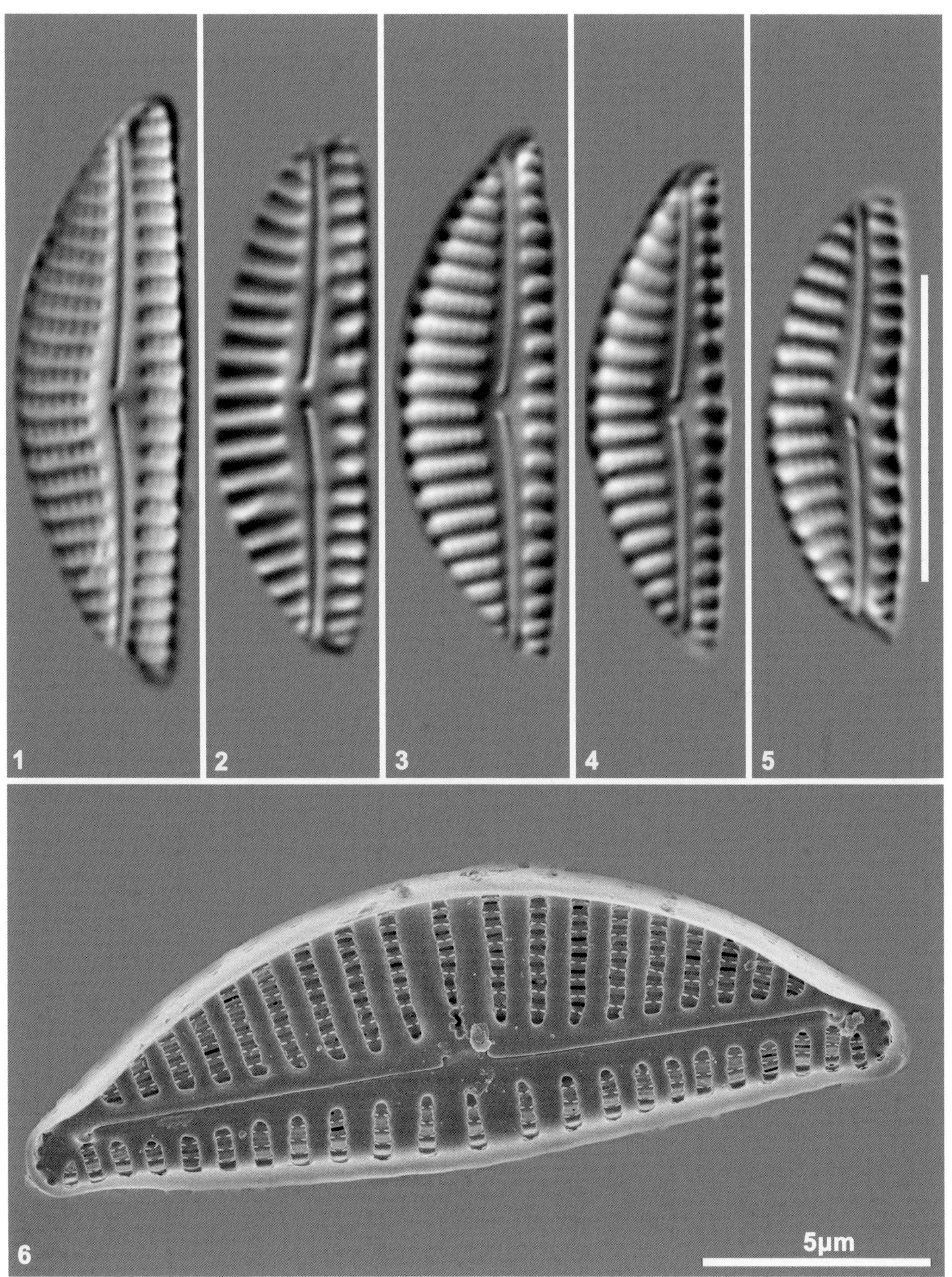

1-6. 清晰内丝藻 *Encyonema distinctum* Lange-Bertalot & Krammer

图版 148

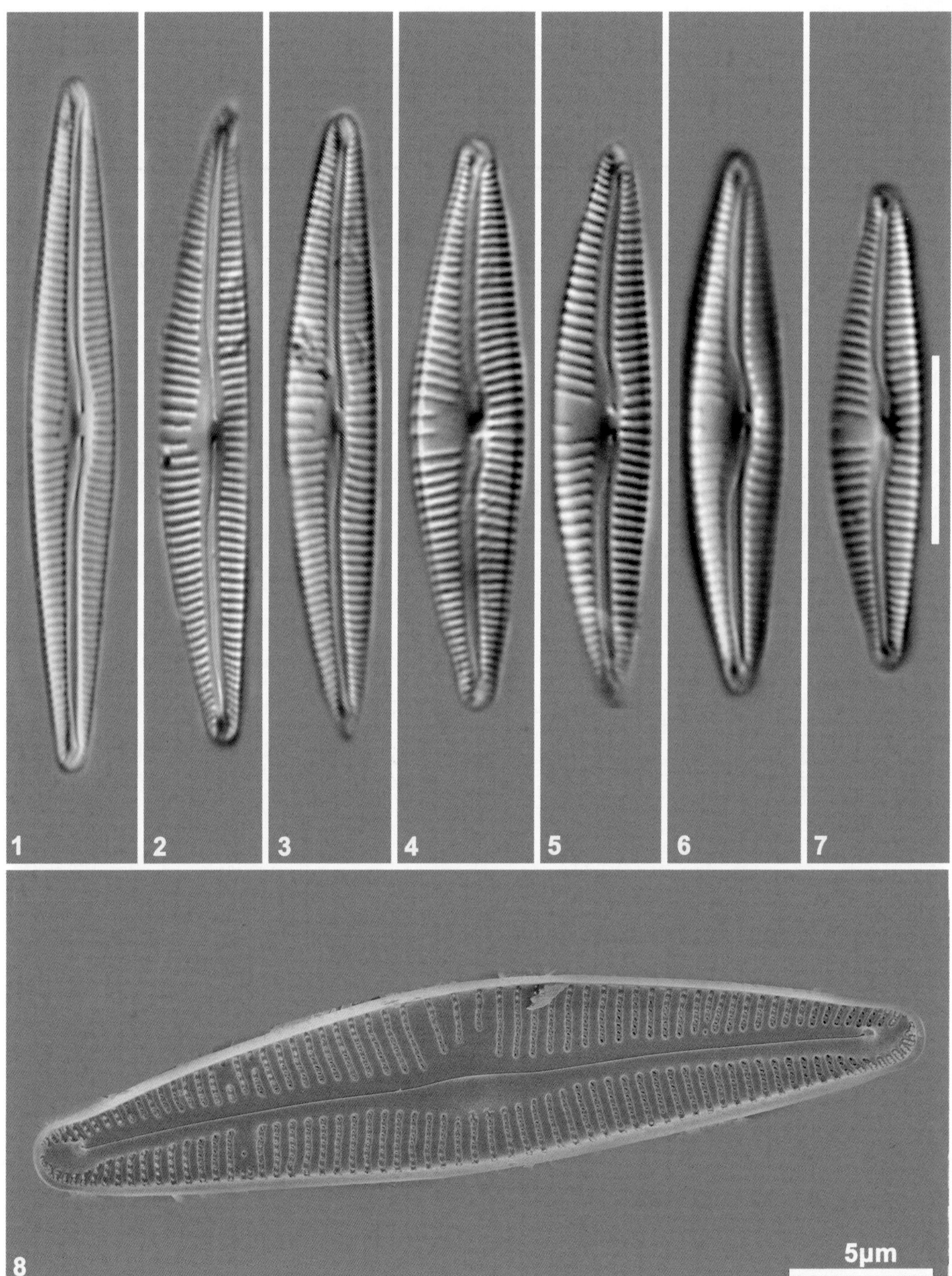

1-8. 优美藻 *Delicatophycus delicatulus* (Kützing) Wynne

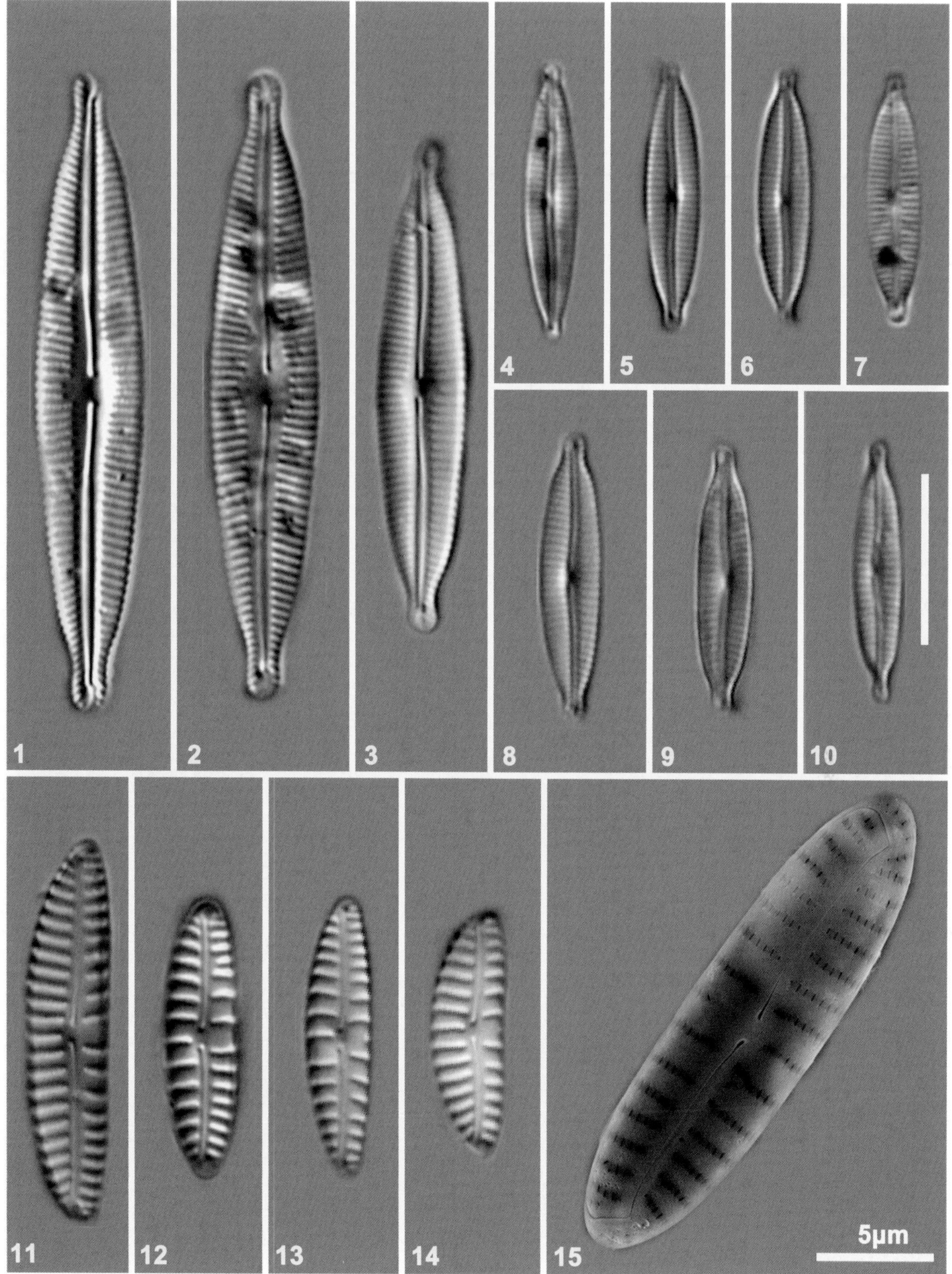

1-3. 达科塔拟内丝藻 *Encyonopsis dakotae* Bahls; 4-7. 杂拟内丝藻 *Encyonopsis descripta* (Hustedt) Krammer; 8-10. 微小拟内丝藻 *Encyonopsis minuta* Krammer & Reichardt; 11-15. 李氏内丝藻 *Encyonema leei* (Krammer) Ohtsuka, Hanada & Nakamura

图版 150

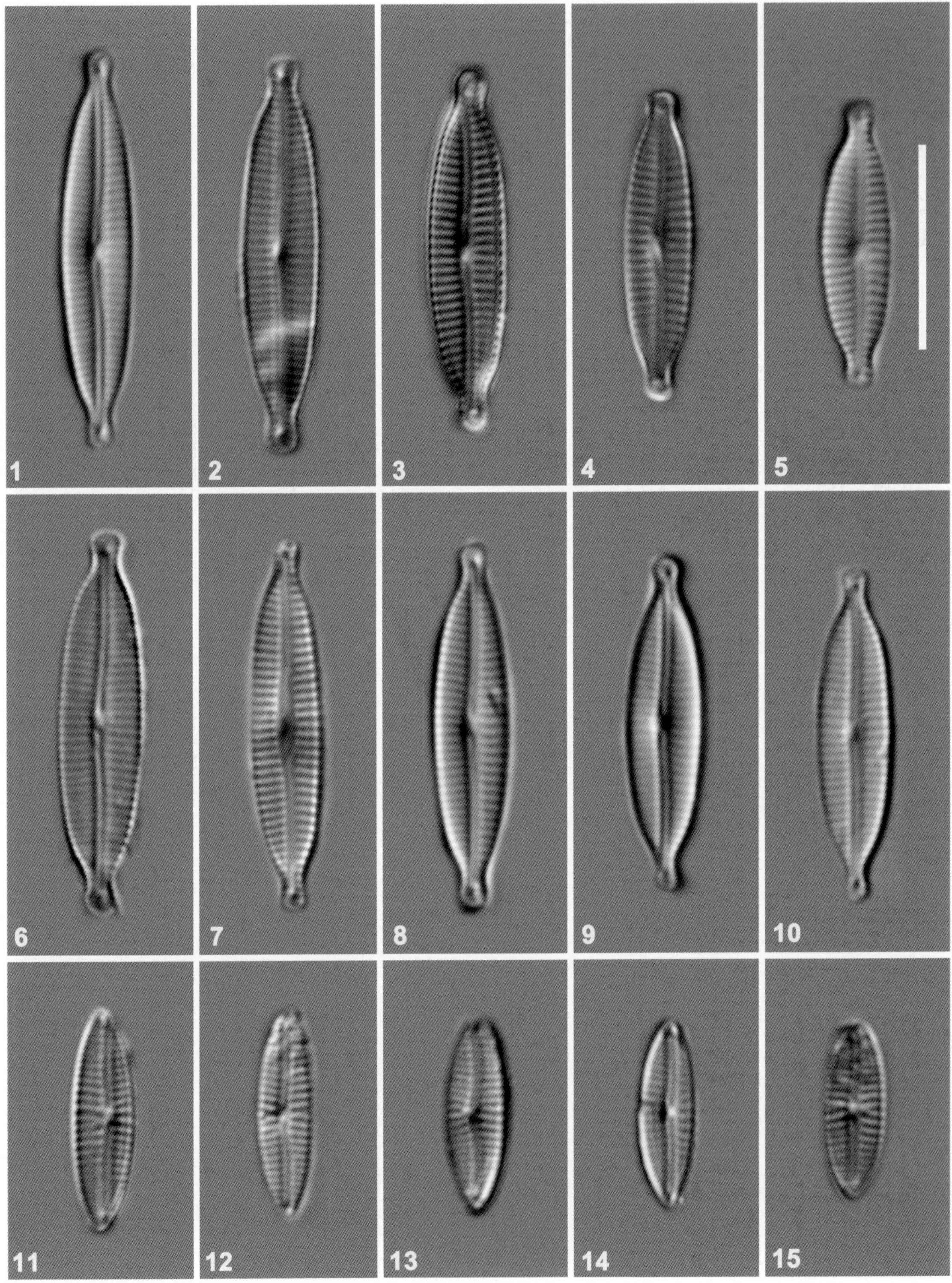

1-5. 小头拟内丝藻 *Encyonopsis microcephala* (Grunow) Krammer; 6-10. 长趾拟内丝藻 *Encyonopsis subminuta* Krammer & Reichardt; 11-15. 钝姆拟内丝藻 *Encyonopsis thumensis* Krammer

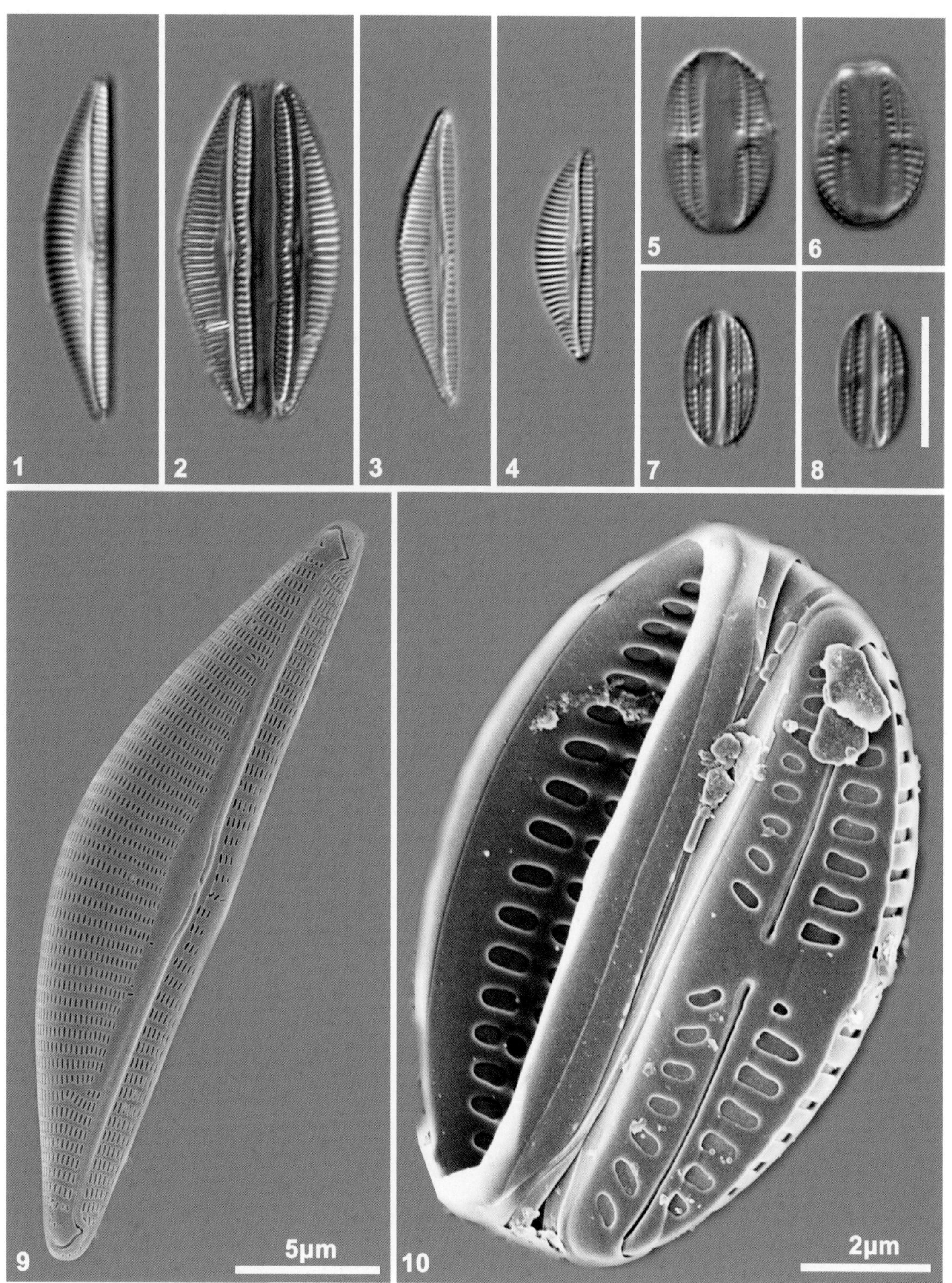

1-4, 9. 薄壁半舟藻 *Seminavis strigosa* (Hustedt) Danieledis & Economou-Amilli; 5-8, 10. 虱形双眉藻 *Amphora pediculus* (Kützing) Grunow

图版 152

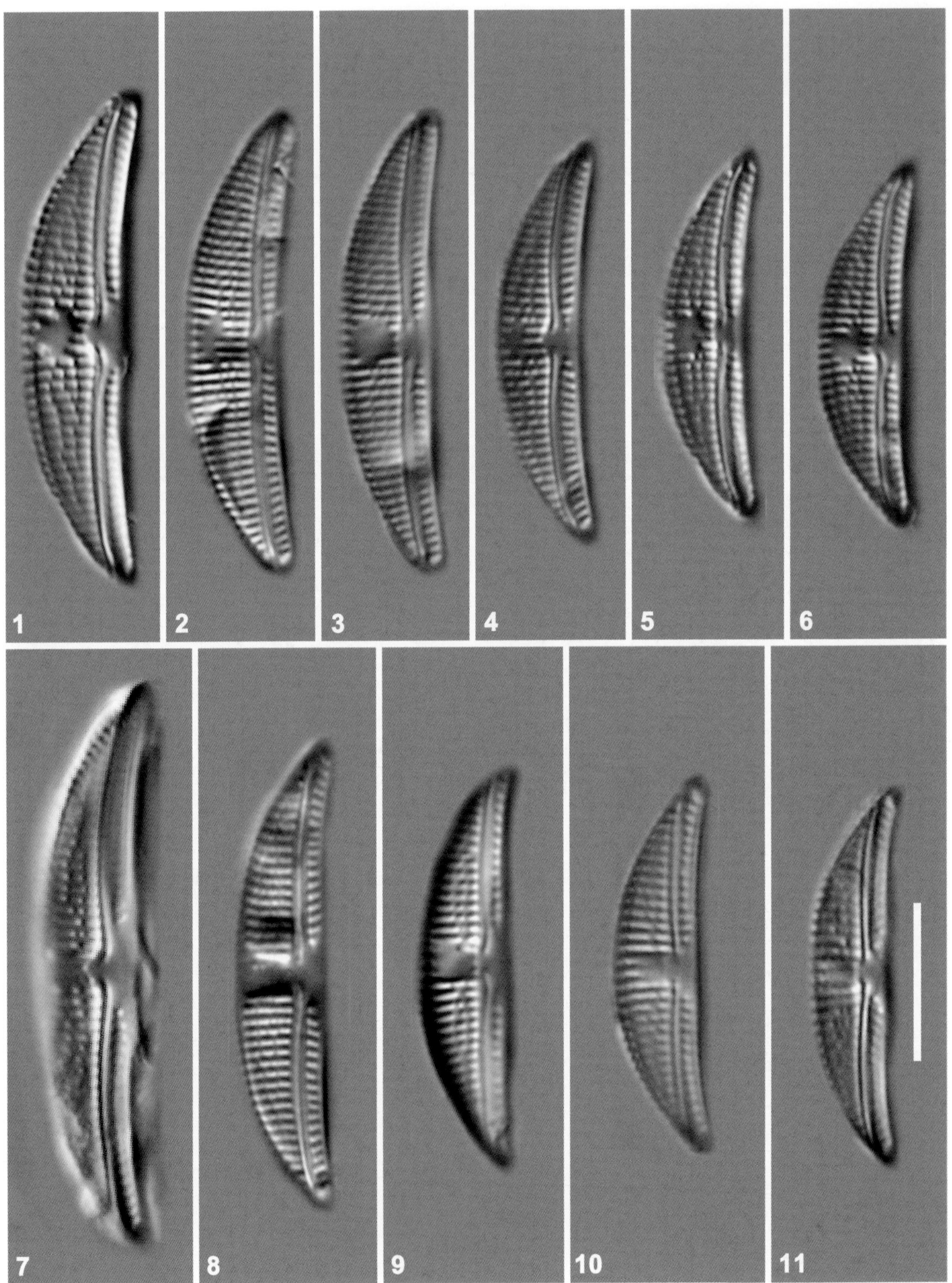

1-6. 结合双眉藻 *Amphora copulata* (Kützing) Schoeman & Archibald; 7-11. 近缘双眉藻 *Amphora affinis* Kützing

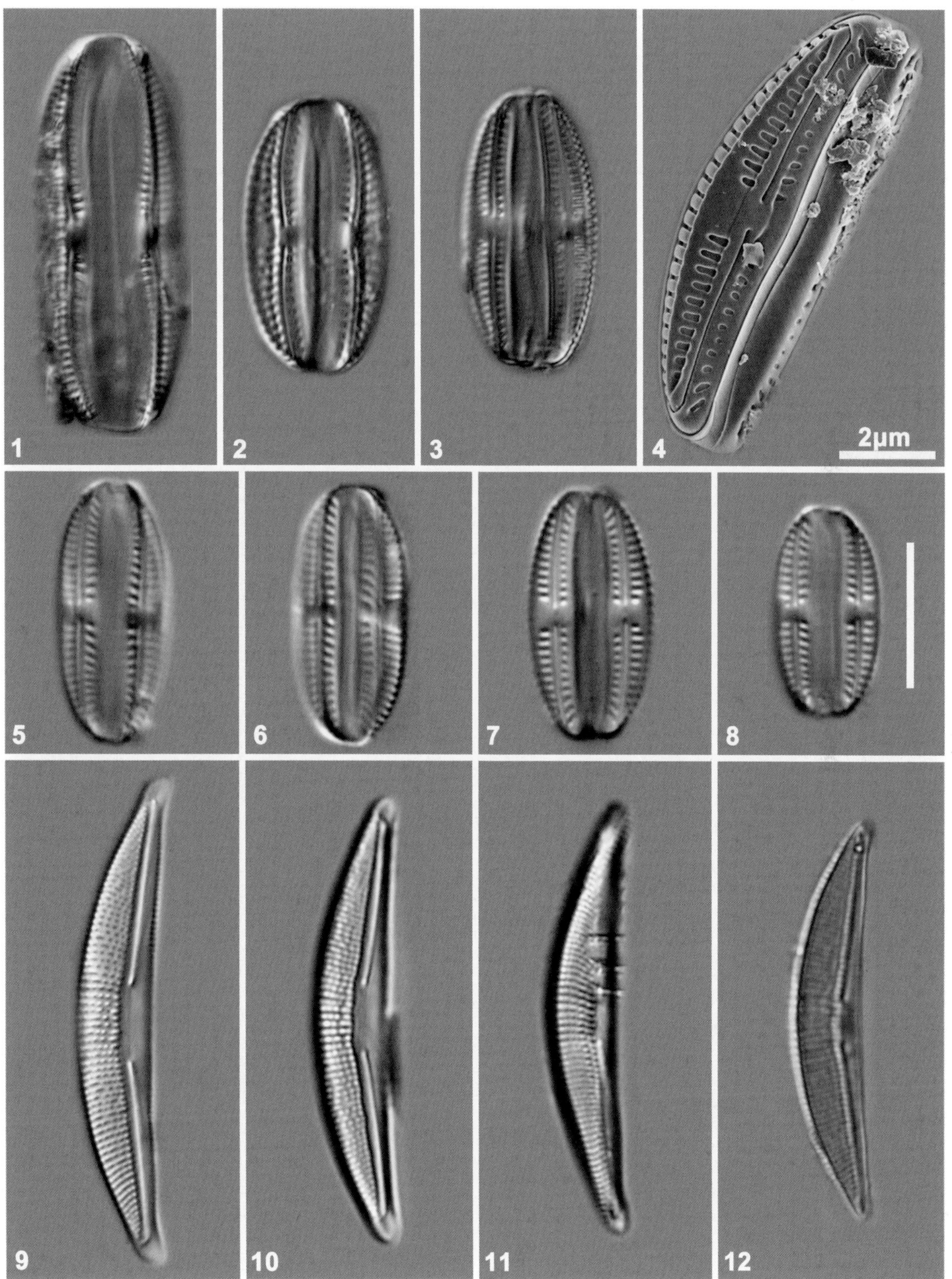

1. 相等双眉藻 *Amphora aequalis* Krammer; 2-4. 模糊双眉藻 *Amphora inariensis* Krammer; 5-8. 不显双眉藻 *Amphora indistincta* Levkov; 9-12. 凯韦伊海双眉藻 *Halamphora kevei* Levkov

图版 154

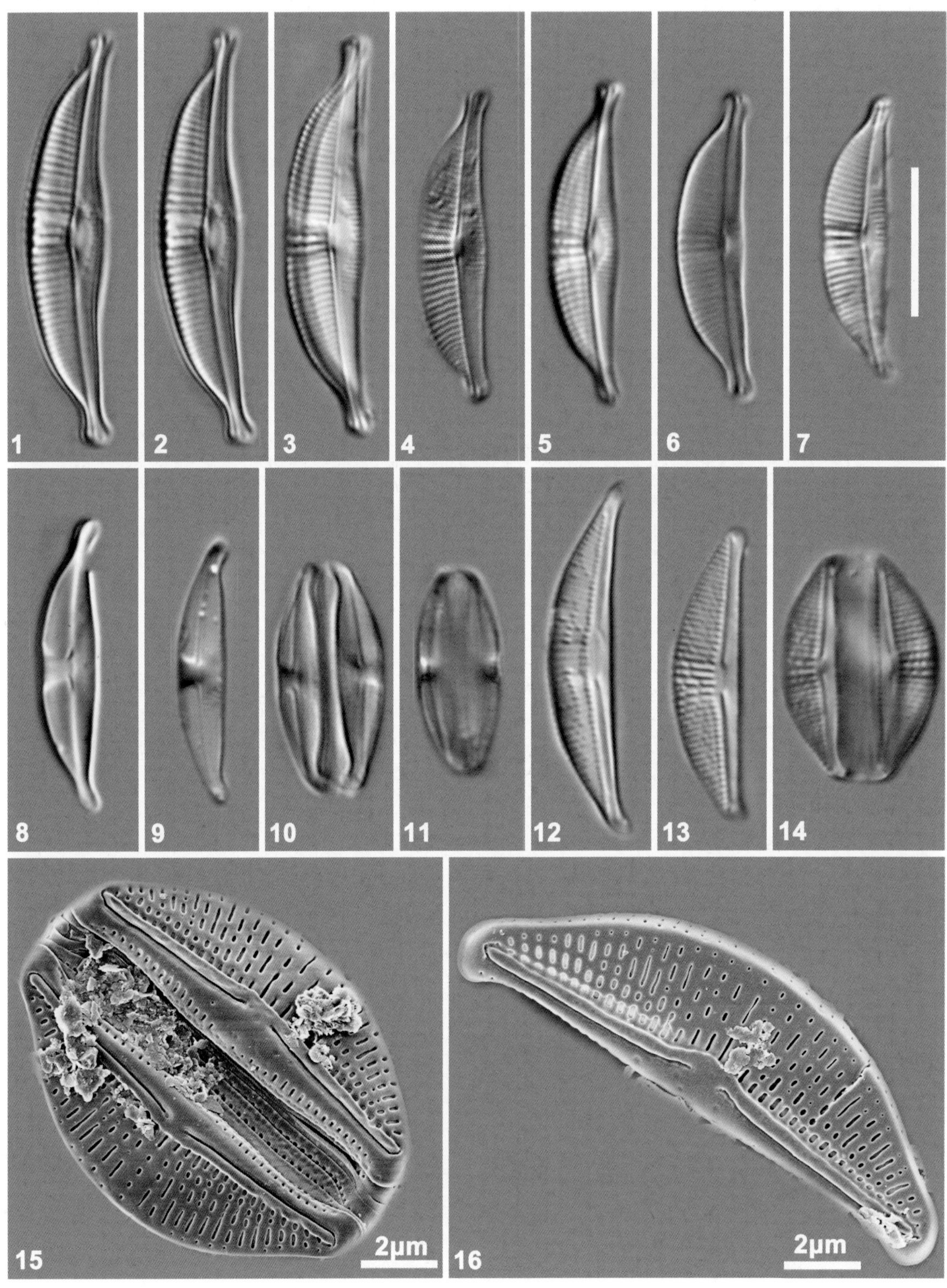

1-7. 泡状海双眉藻 *Halamphora bullatoides* (Hohn & Hellerman) Levkov; 8-11. 山地海双眉藻 *Halamphora montana* (Krasske) Levkov; 12-16. 蓝色海双眉藻 *Halamphora veneta* (Kützing) Levkov

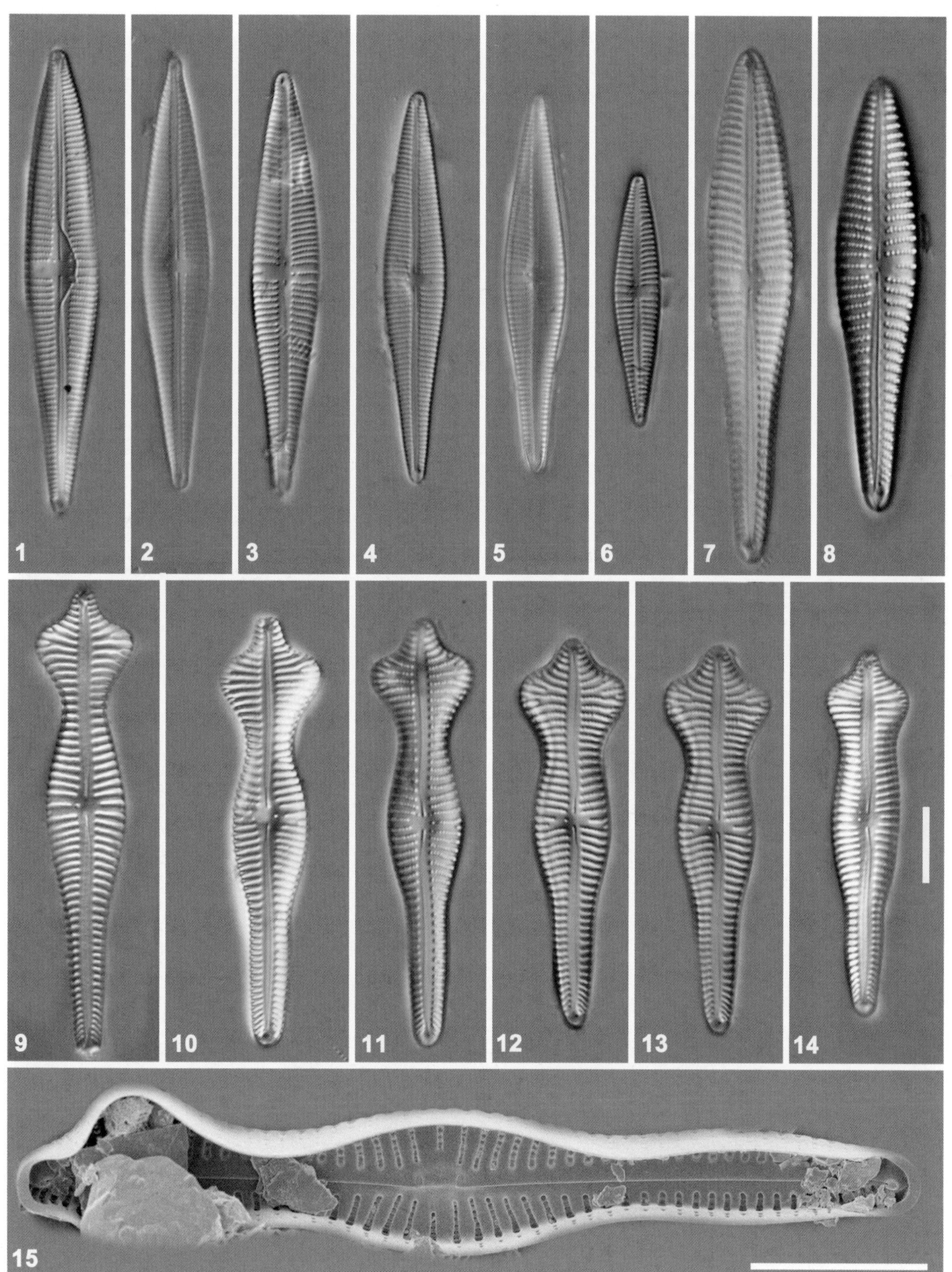

1. 斜形异极藻 *Gomphonema acidoclinatiforme* Metzeltin & Lange-Bertalot; 2-6. 狭状披针异极藻 *Gomphonema acidoclinatum* Lange-Bertalot & Reichardt; 7-8. 边缘异极藻斜方变种 *Gomphonema affine* var. *rhombicum* Reichardt; 9-15. 尖异极藻 *Gomphonema acuminatum* Ehrenberg

图版 156

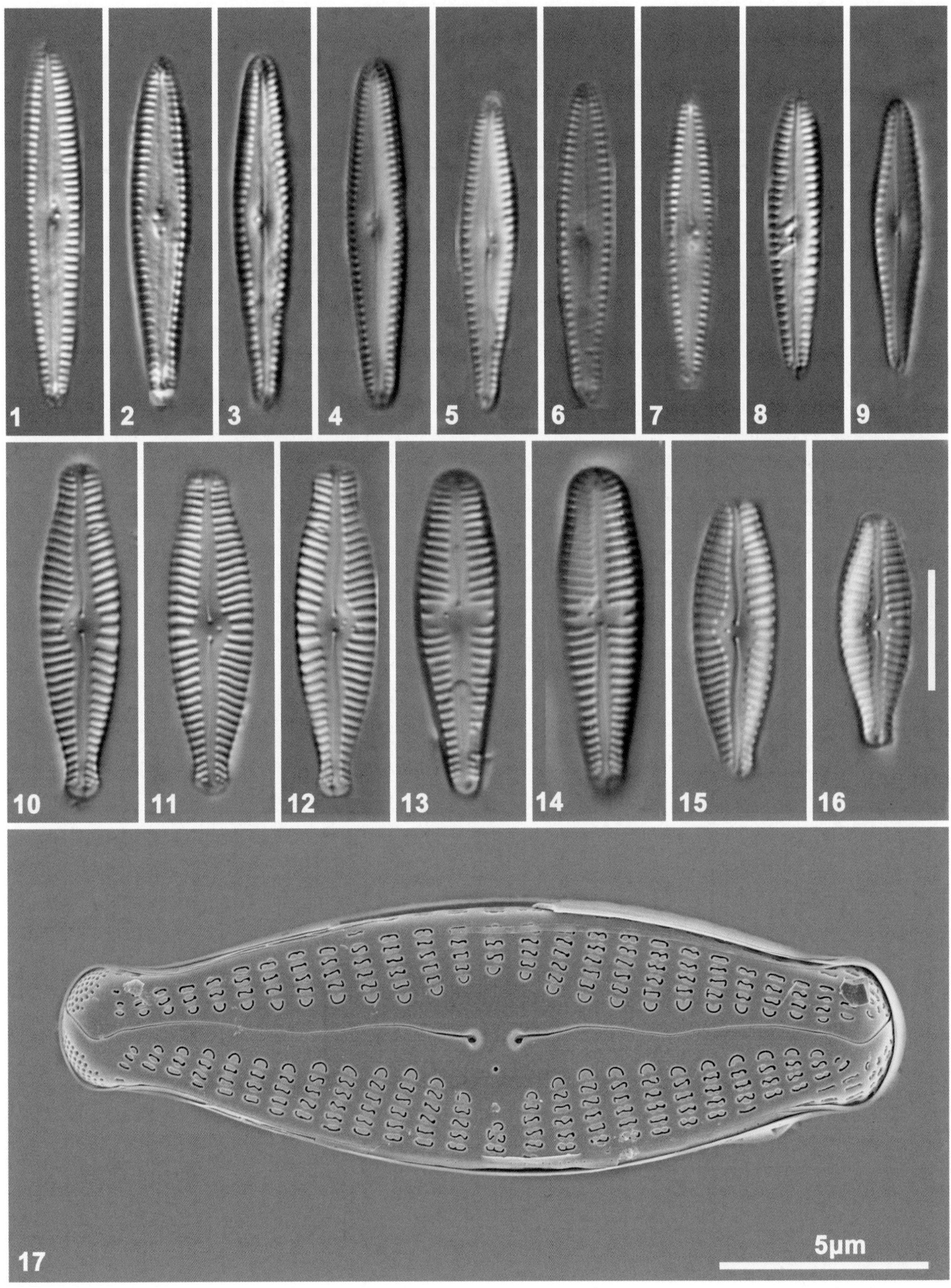

1-9. 无孔异极藻 *Gomphonema apuncto* Wallace; 10-17. 美洲钝异极藻 *Gomphonema americobtusatum* Reichardt & Lange-Bertalot

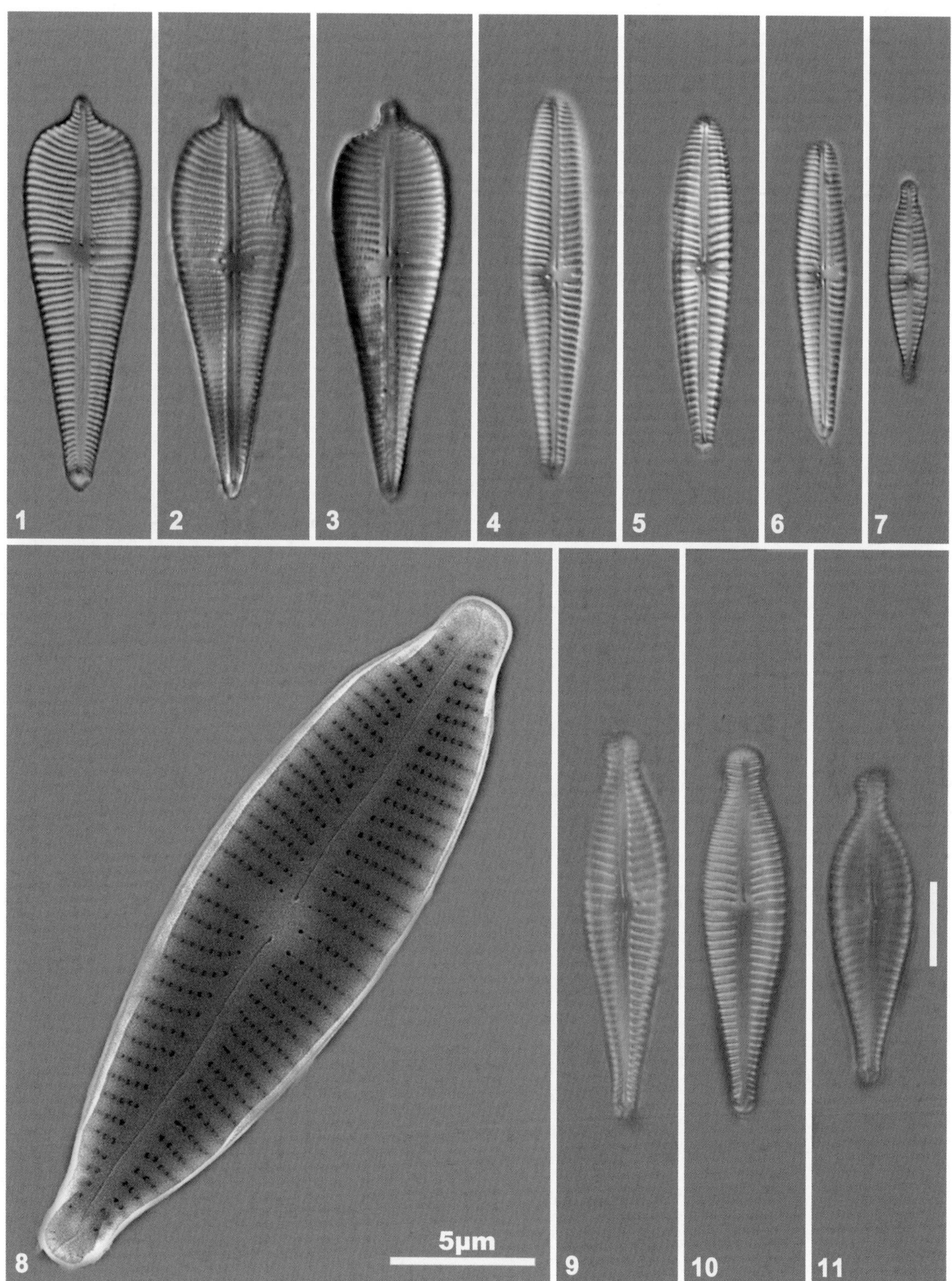

1-3. 顶尖异极藻 *Gomphonema augur* Ehrenberg; 4-6. 窄颈异极藻 *Gomphonema angusticlavatum* Levkov, Mitic-Kopanja & Reichardt; 7. 狭形异极藻 *Gomphonema angustiundulatum* Metzeltin, Lange-Bertalot & Soninkhishig; 8-11. 彼格勒异极藻 *Gomphonema berggrenii* Cleve

图版 158

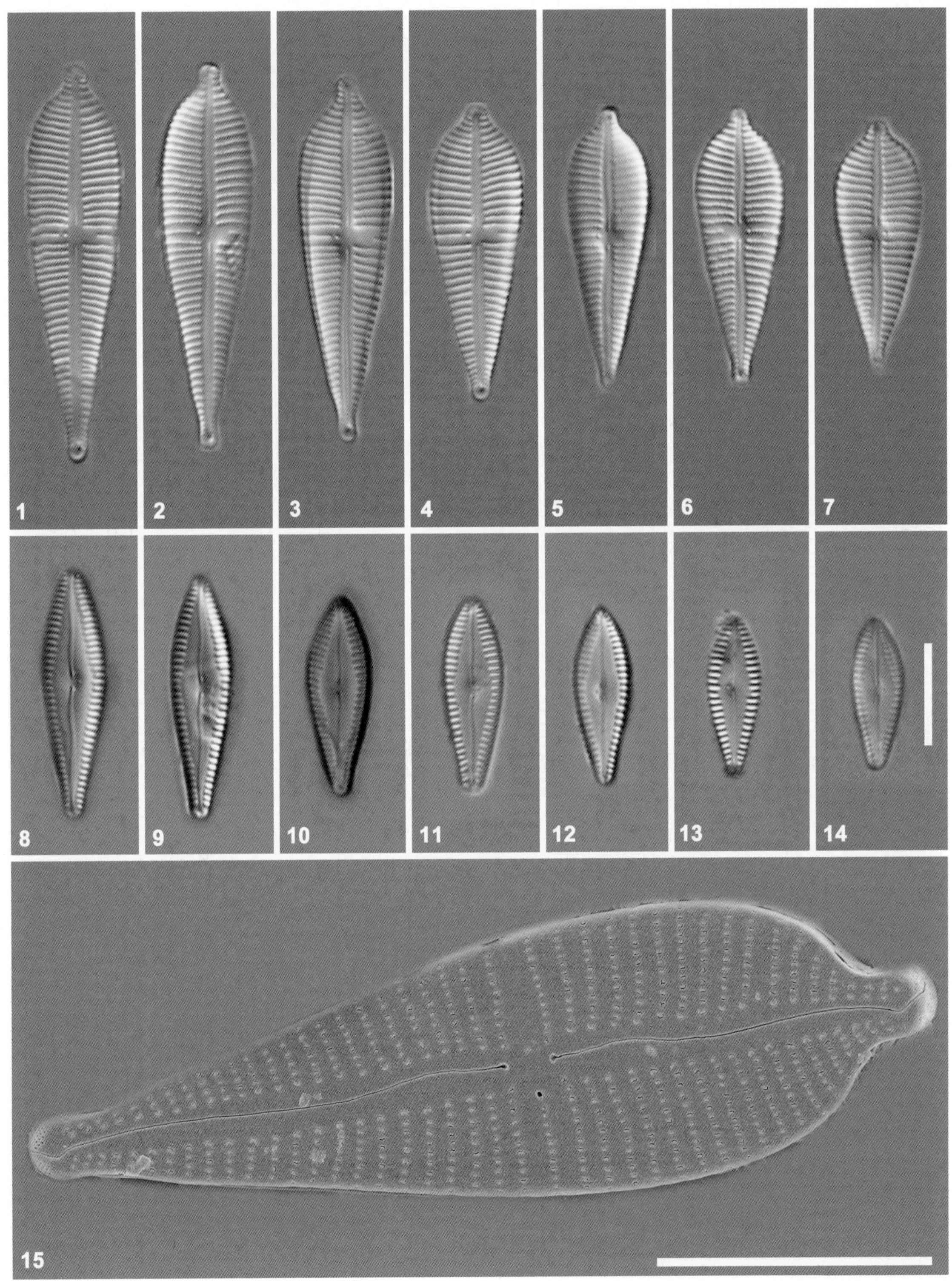

1-7, 15. 尖顶型异极藻 *Gomphonema auguriforme* Levkov, Mitic-Kopanja, Wetzel & Ector; 8-14. 巴西异极藻 *Gomphonema brasiliensoides* Metzeltin, Lange-Bertalot & García-Rodríguez

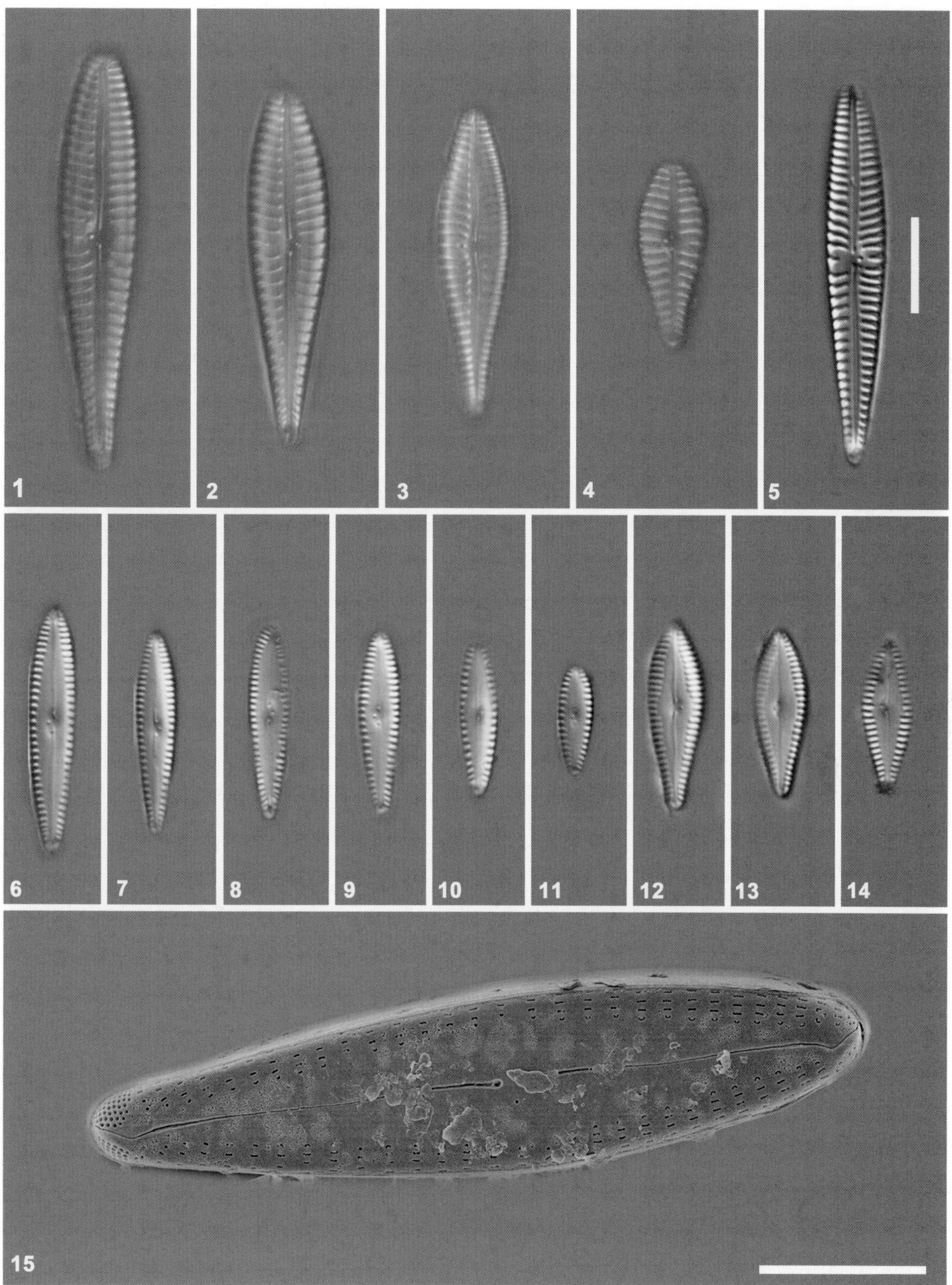

1-4. 棒状异极藻 *Gomphonema clavatulum* Reichardt; 5. 乔尔诺基异极藻 *Gomphonema cholnokyi* Passy, Kociolek & Lowe; 6-11, 15. 克利夫异极藻 *Gomphonema clevei* Fricke; 12-14. 克利夫异极藻中华变种 *Gomphonema clevei* var. *sinensis* Voigt

图版 160

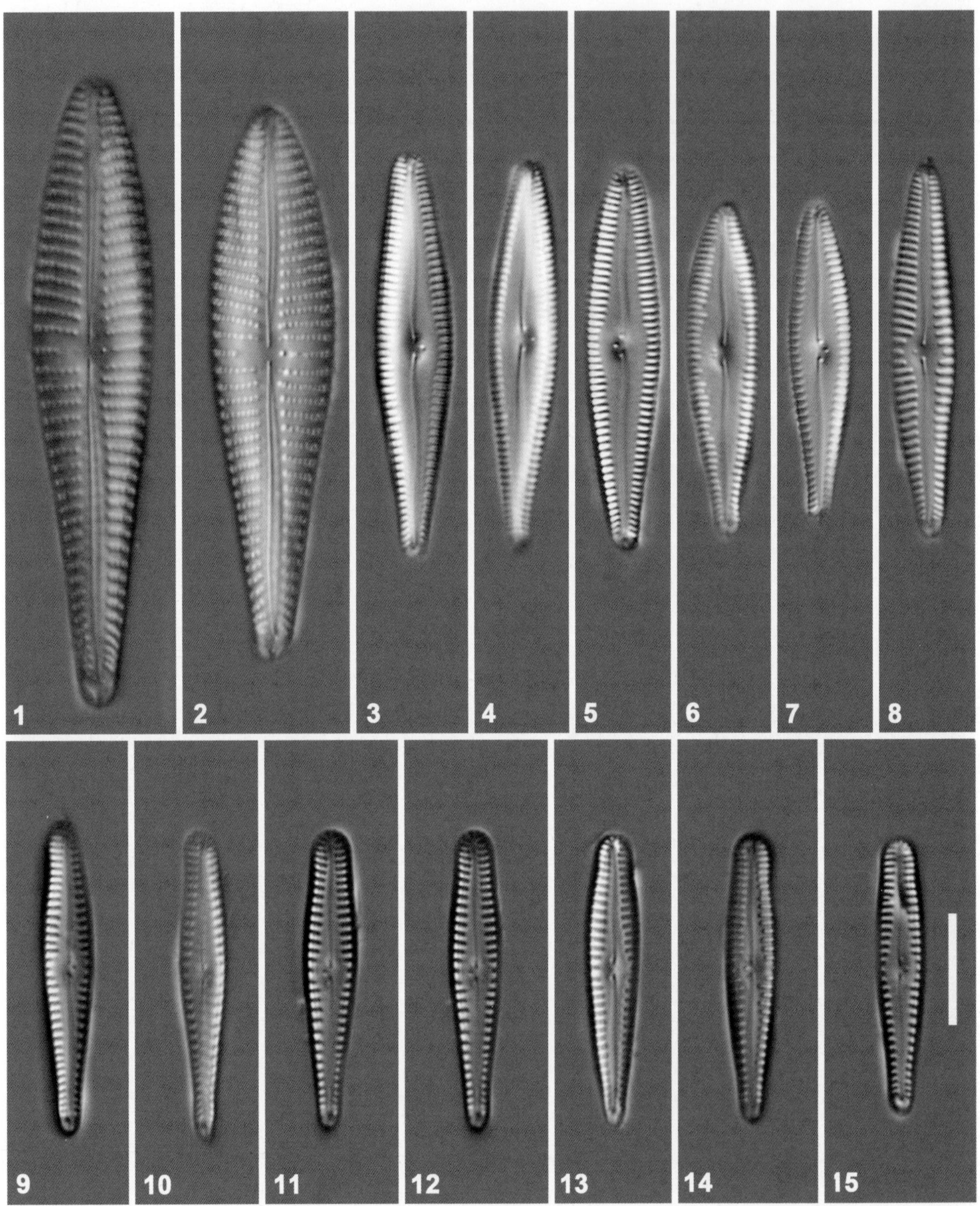

1-2. 圆头异极藻 *Gomphonema daphnoides* Reichardt; 3-7. 弯曲异极藻 *Gomphonema curvipedatum* Kobayasi ex Osada; 8. 似桥弯异极藻 *Gomphonema cymbelloides* Frenguelli & Orlando; 9-15. 二叉形异极藻 *Gomphonema dichotomiforme* (Mayer) Shi

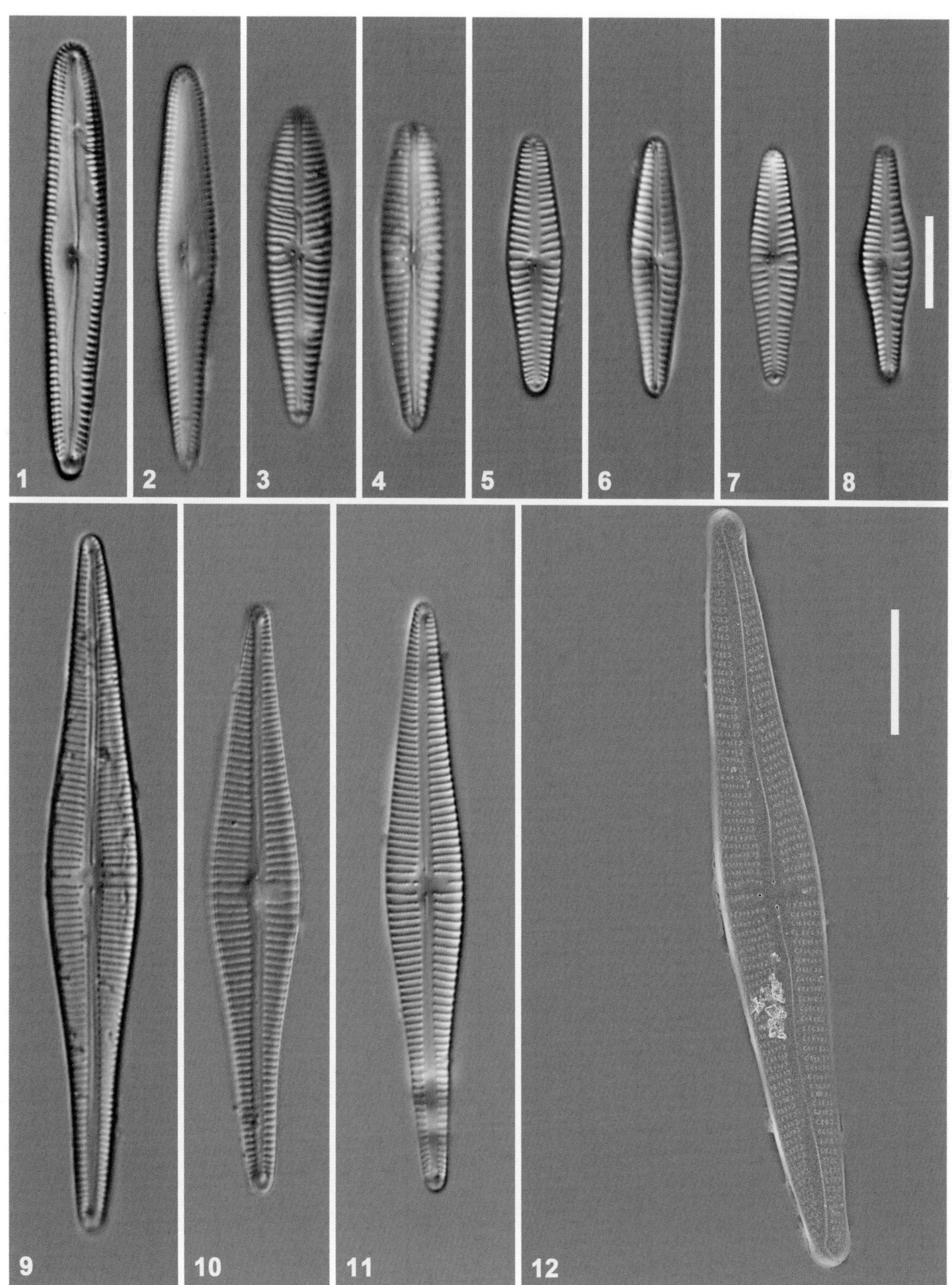

1-2. 弗里兹异极藻 *Gomphonema freesei* Lowe & Kociolek; 3-4. 宽头异极藻 *Gomphonema eurycephalus* Spaulding & Kociolek; 5-8. 费雷福莫斯异极藻 *Gomphonema fereformosum* Metzeltin, Lange-Bertalot & García-Rodríguez; 9-12. 纤细异极藻 *Gomphonema gracile* Ehrenberg

图版 162

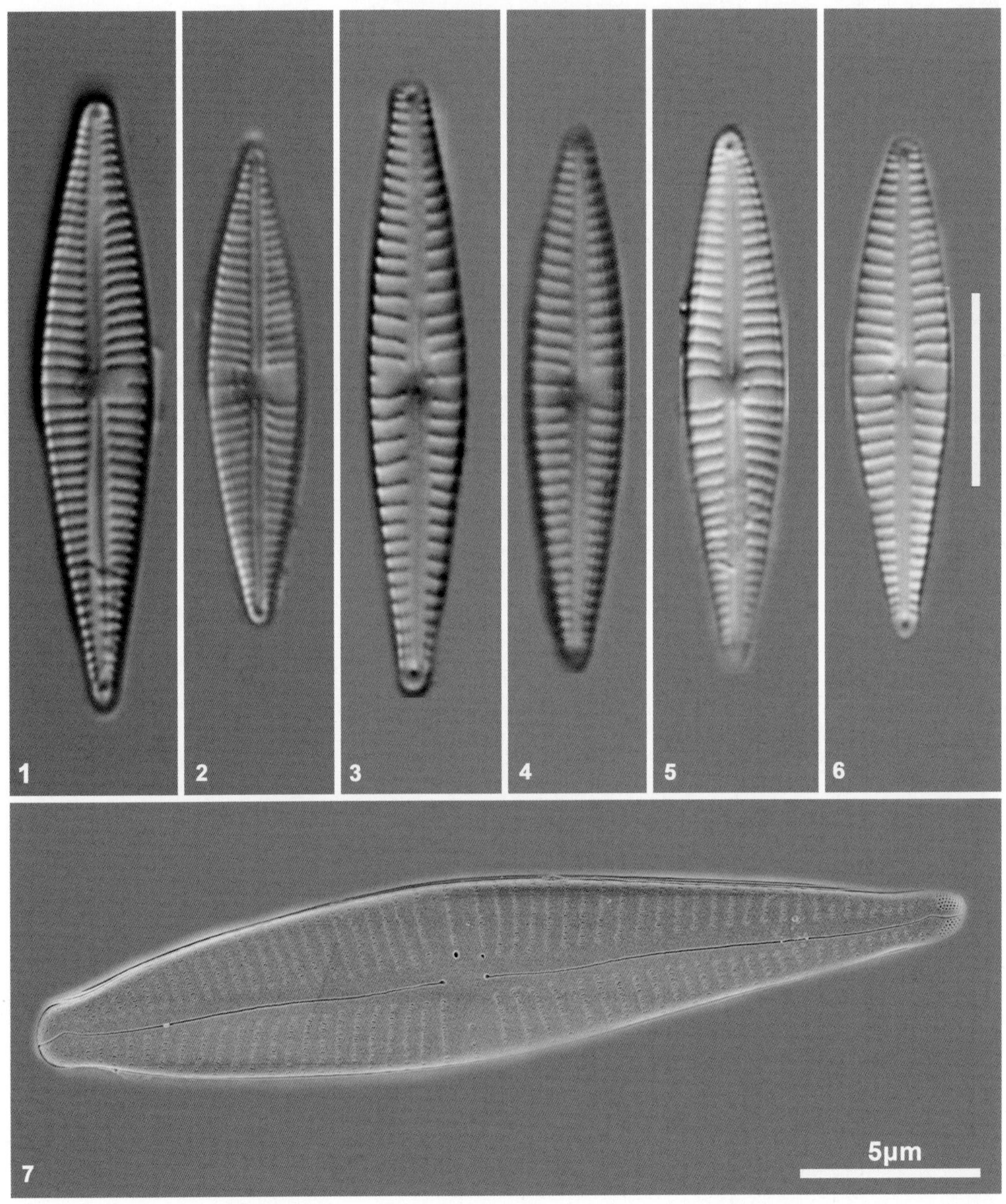

1-2. 长耳异极藻 *Gomphonema auritum* Braun ex Kützing; 3-7. 纤细型异极藻 *Gomphonema graciledictum* Reichardt

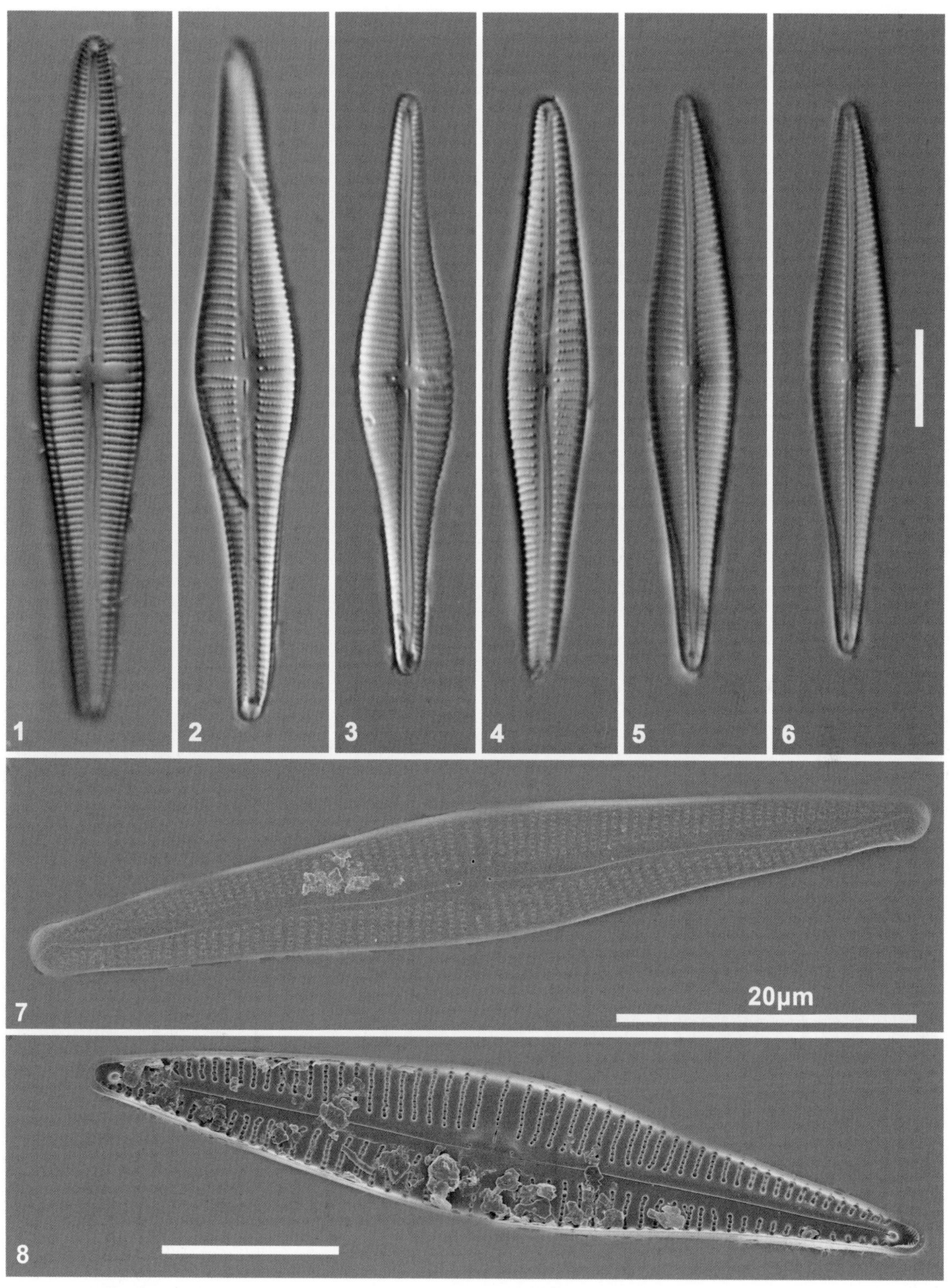

1-3. 赫布里底群岛异极藻 *Gomphonema hebridense* Gregory; 4-8. 瓜拉尼异极藻 *Gomphonema guaraniarum* Metzeltin & Lange-Bertalot

图版 164

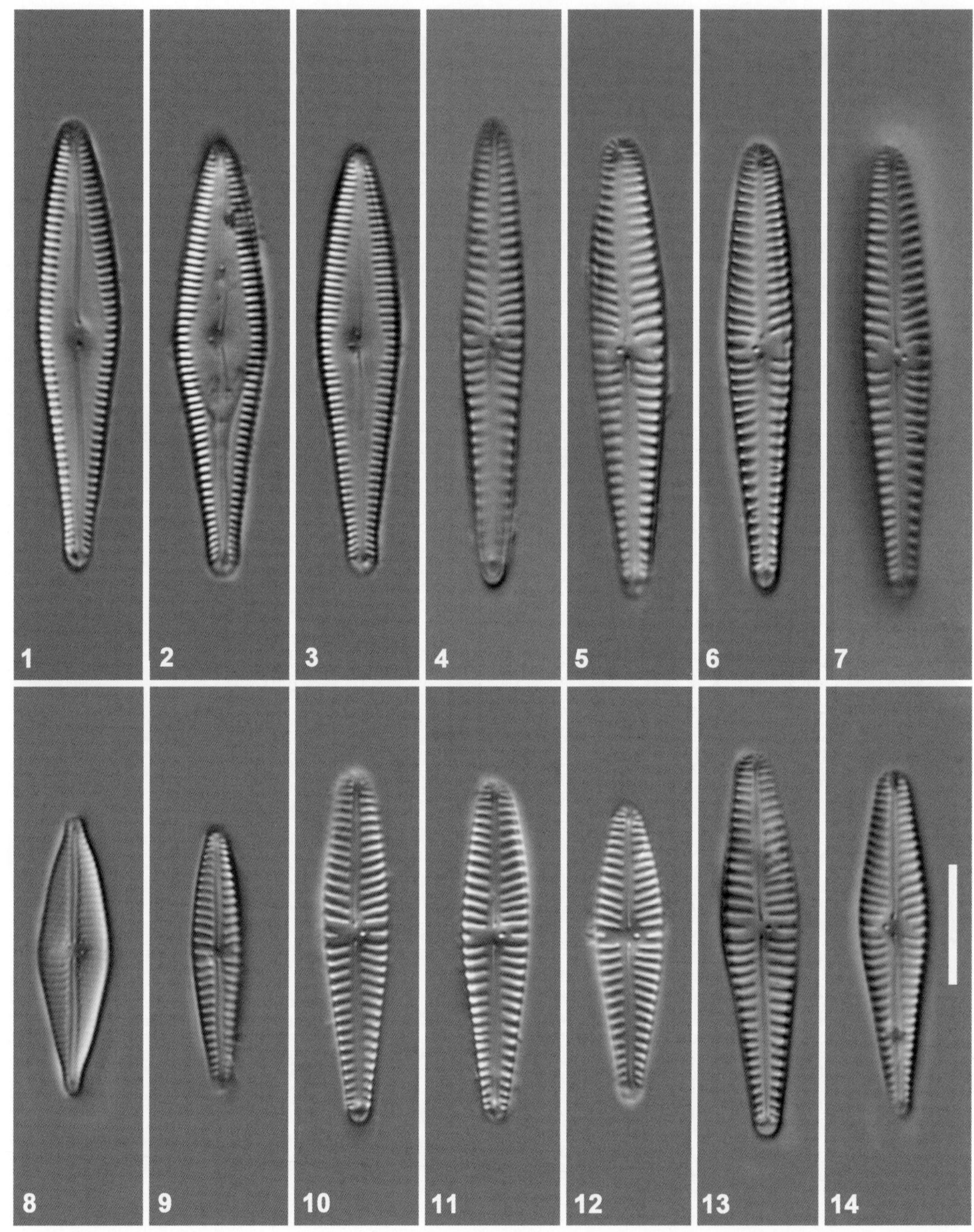

1-3. 夏威夷异极藻 *Gomphonema hawaiiense* Reichardt; 4-7. 不完全异极藻 *Gomphonema imperfecta* Manguin; 8. 标帜异极藻 *Gomphonema insigne* Gregory; 9. 爪哇异极藻 *Gomphonema javanicum* Hustedt; 10-12. 杰加基亚异极藻 *Gomphonema jergackianum* Reichardt; 13-14. 钟状异极藻 *Gomphonema leptocampum* Kociolek & Stoermer

1-4. 意大利异极藻 *Gomphonema italicum* Kützing

图版 166

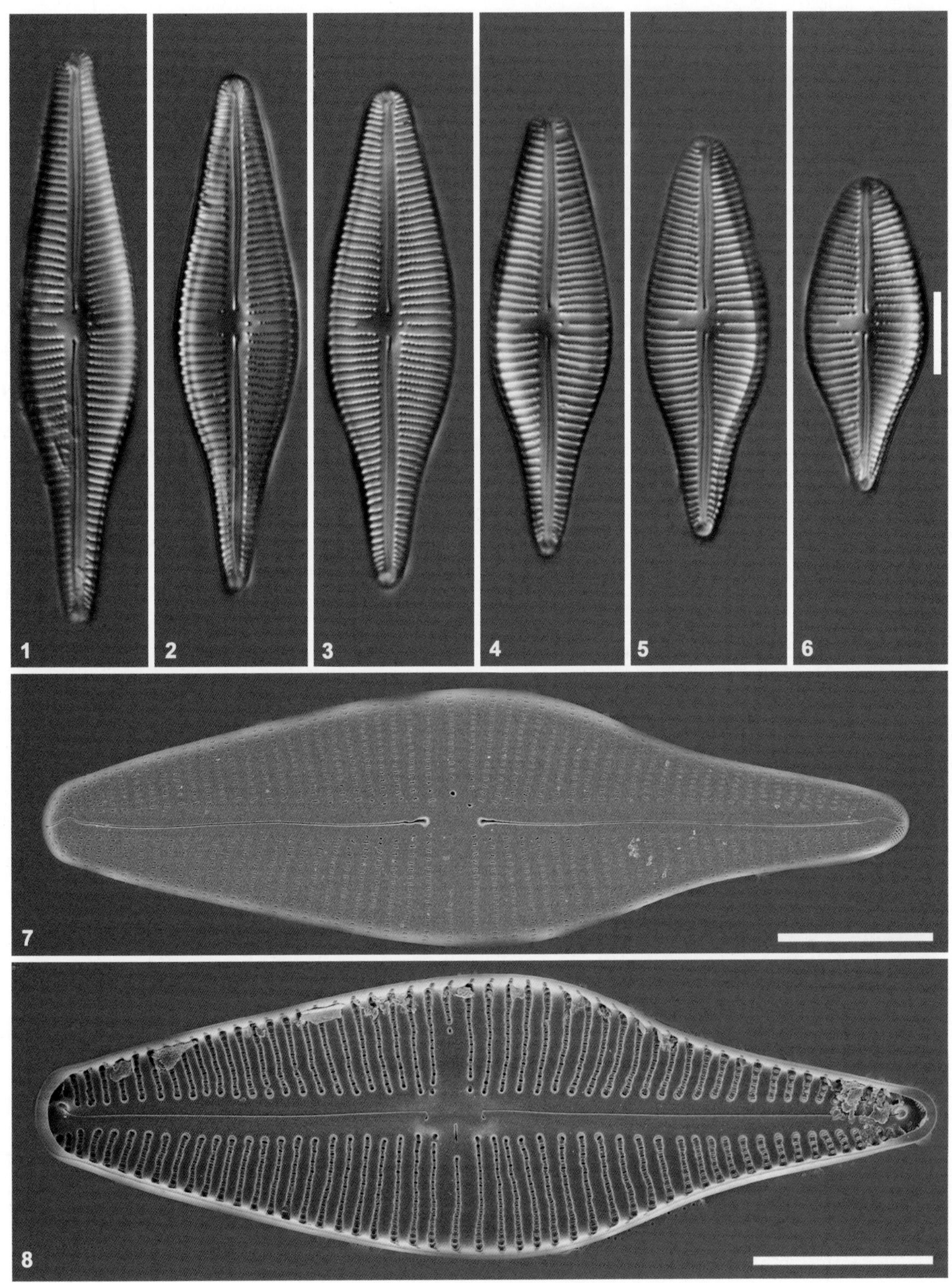

1-8. 齐氏异极藻 *Gomphonema qii* Yu, You, Kociolek & Wang

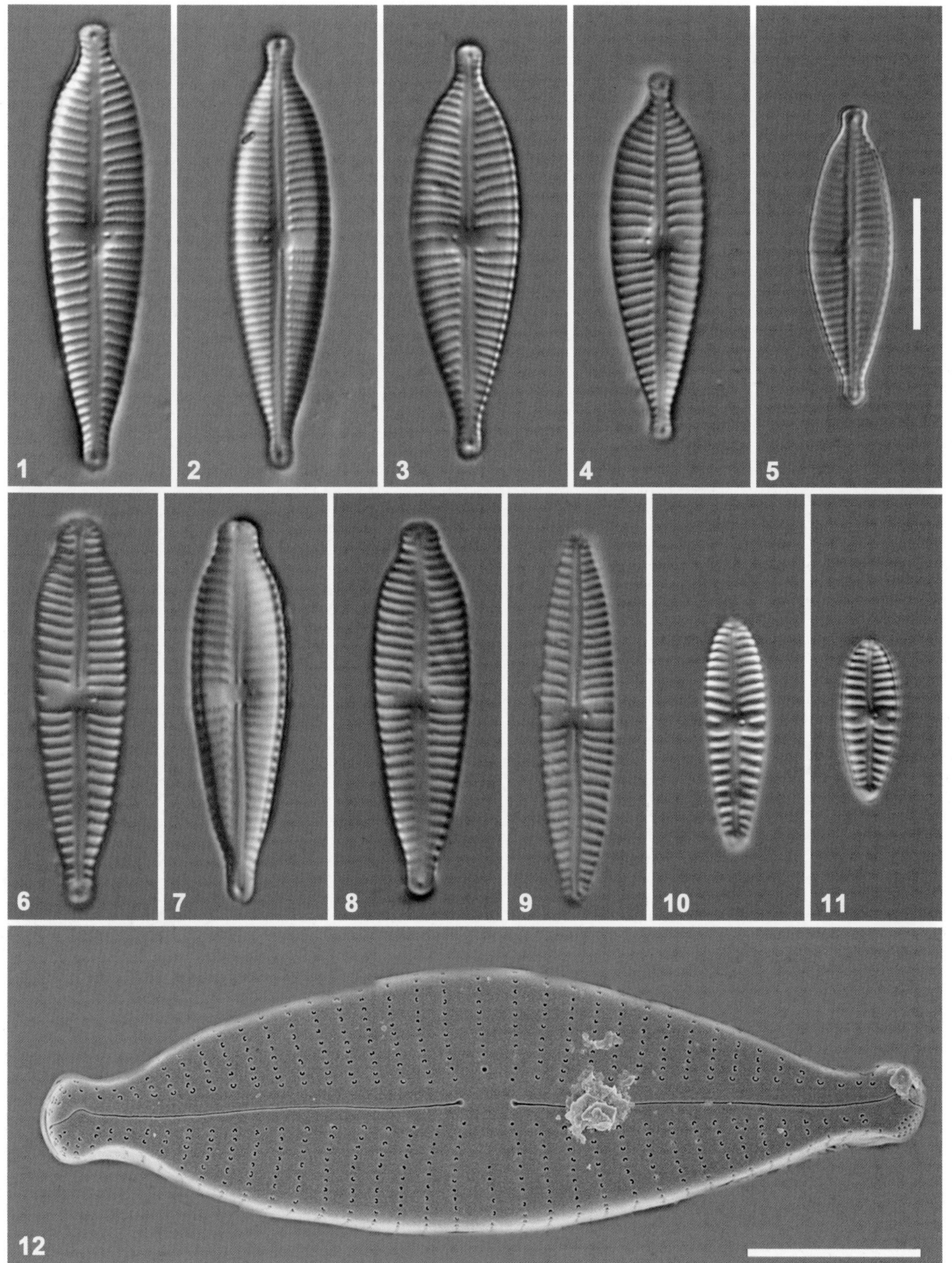

1-5, 12. 壶型异极藻 *Gomphonema lagenula* Kützing; 6-8. 细小异极藻 *Gomphonema leptoproductum* Lange-Bertalot & Genkal; 9. 长线形异极藻 *Gomphonema longilineare* Reichardt; 10-11. 小型异极藻近椭圆变种 *Gomphonema parvulum* var. *subellipticum* Cleve

图版 168

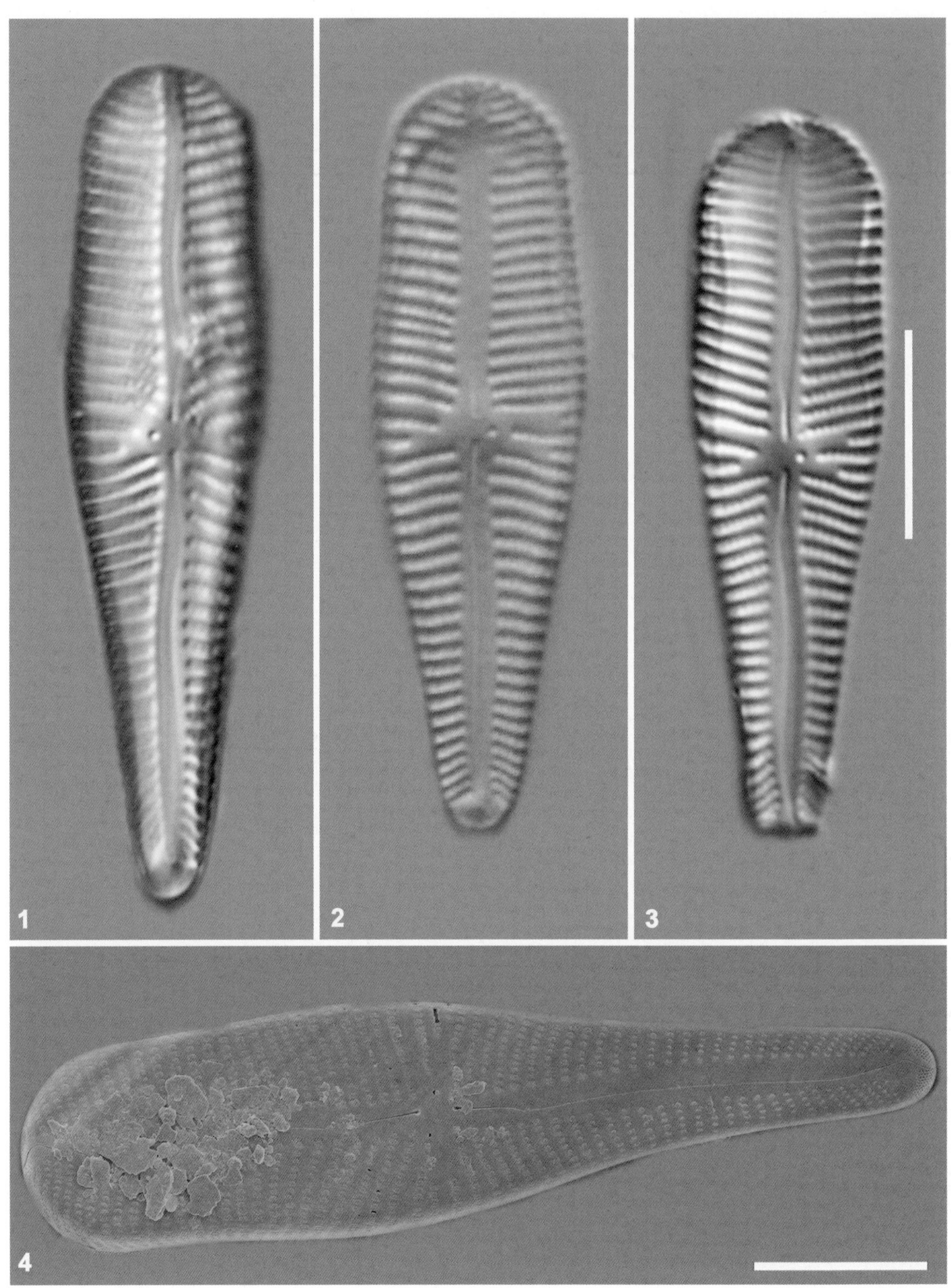

1-4. 宽颈异极藻 *Gomphonema laticollum* Reichardt

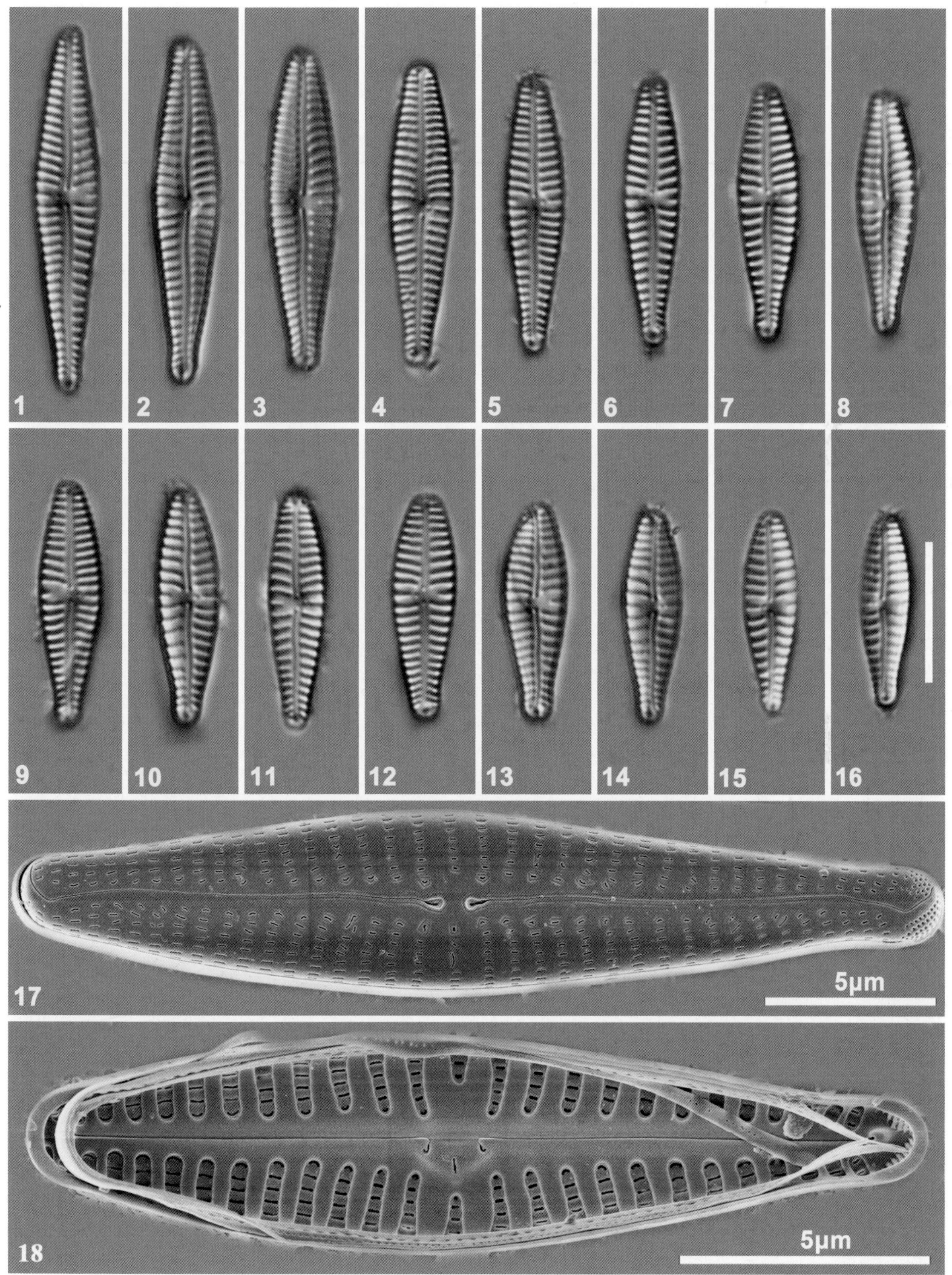

1-18. 龙感异极藻 *Gomphonema longganense* You, Yu, Kociolek & Wang

图版 170

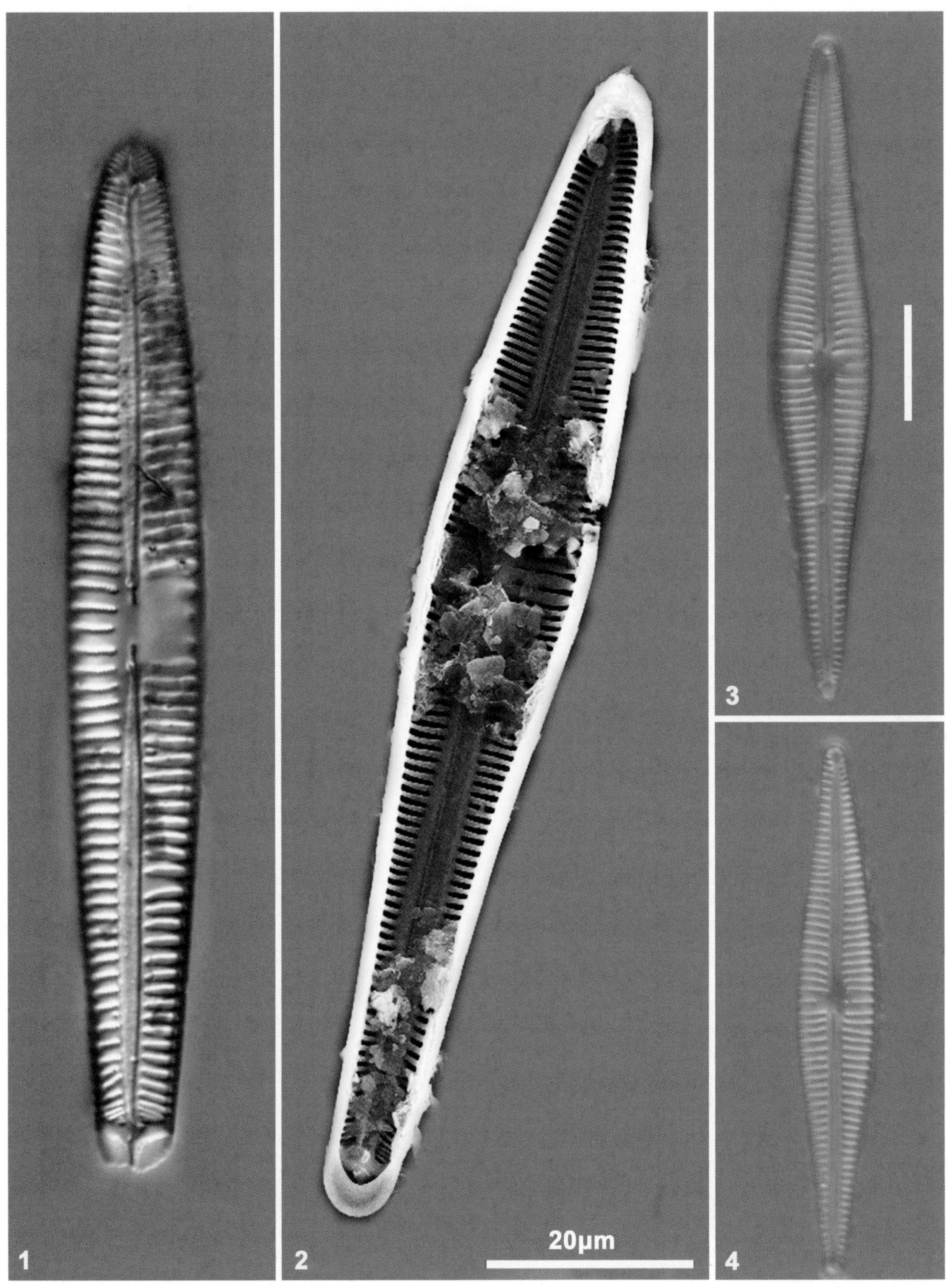

1-2. 卡兹那科夫异极藻 *Gomphonema kaznakowii* Mereschkowsky; 3-4. 似舟形异极藻 *Gomphonema naviculoides* Smith

1-3. 长头异极藻瑞典变型 *Gomphonema longiceps* f. *suecicum* (Grunow) Hustedt

图版 172

1-6. 橄榄绿异极藻 *Gomphonema olivaceum* (Hornemann) Ehrenberg

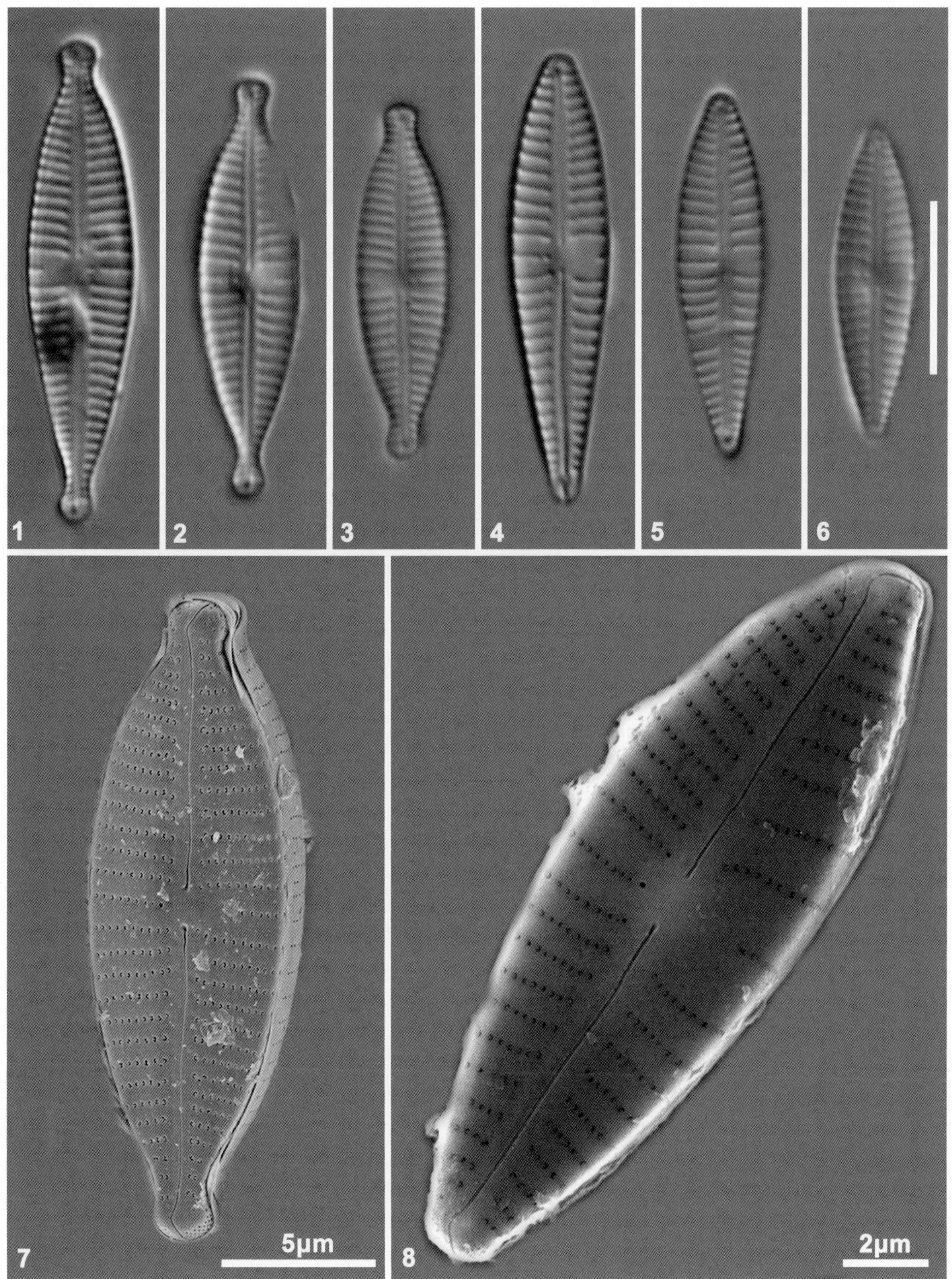

1-3, 7. 微细异极藻 *Gomphonema parvulius* (Lange-Bertalot & Reichardt) Lange-Bertalot & Reichardt; 4-6, 8. 小型异极藻 *Gomphonema parvulum* (Kützing) Kützing

图版 174

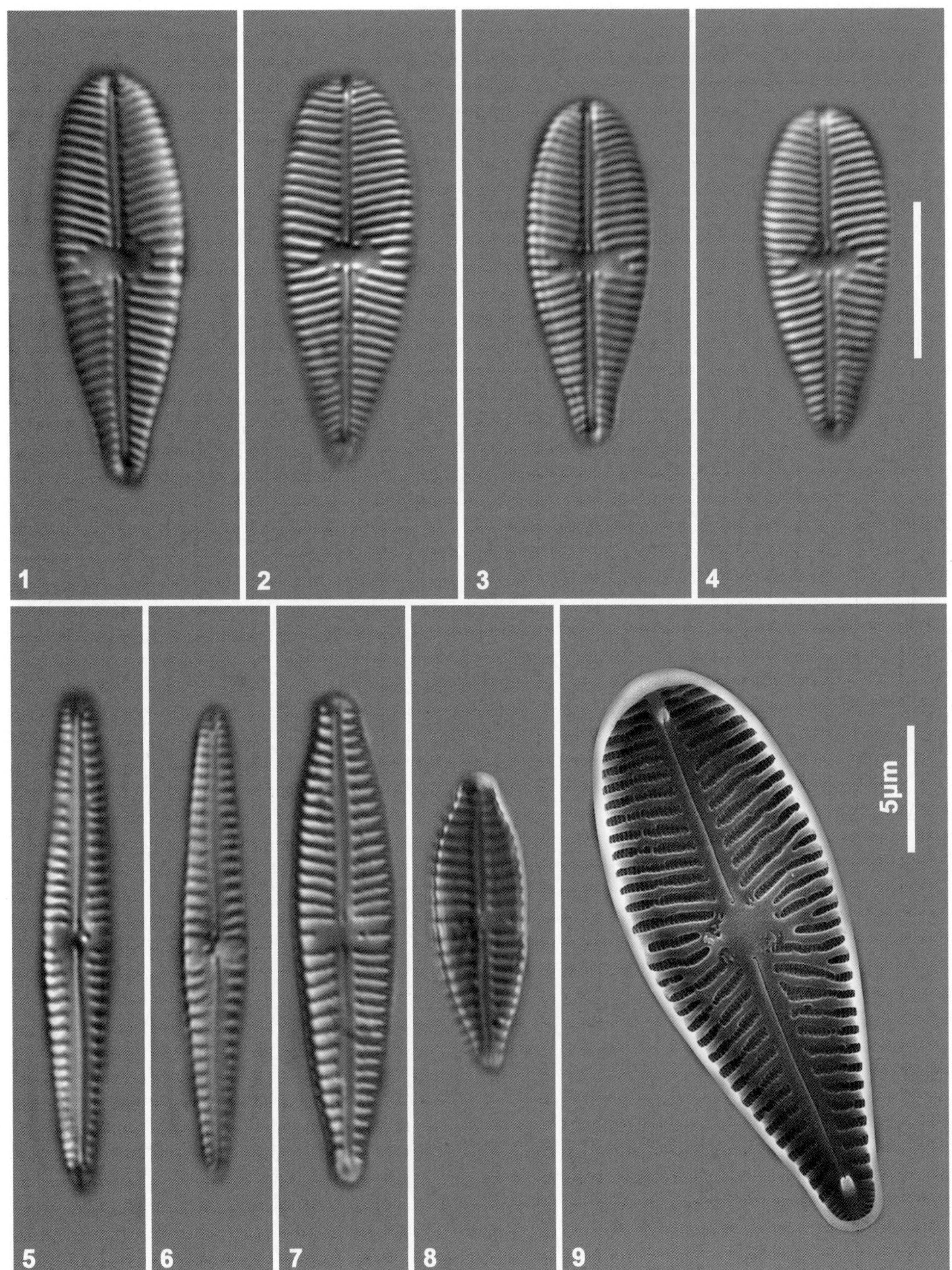

1-4, 9. 似橄榄状异极藻 *Gomphonema perolivaceoides* Levkov; 5-6. 伸长异极藻 *Gomphonema productum* (Grunow) Lange-Bertalot & Reichardt; 7-8. 矮小异极藻 *Gomphonema pygmaeum* Kociolek & Stoermer

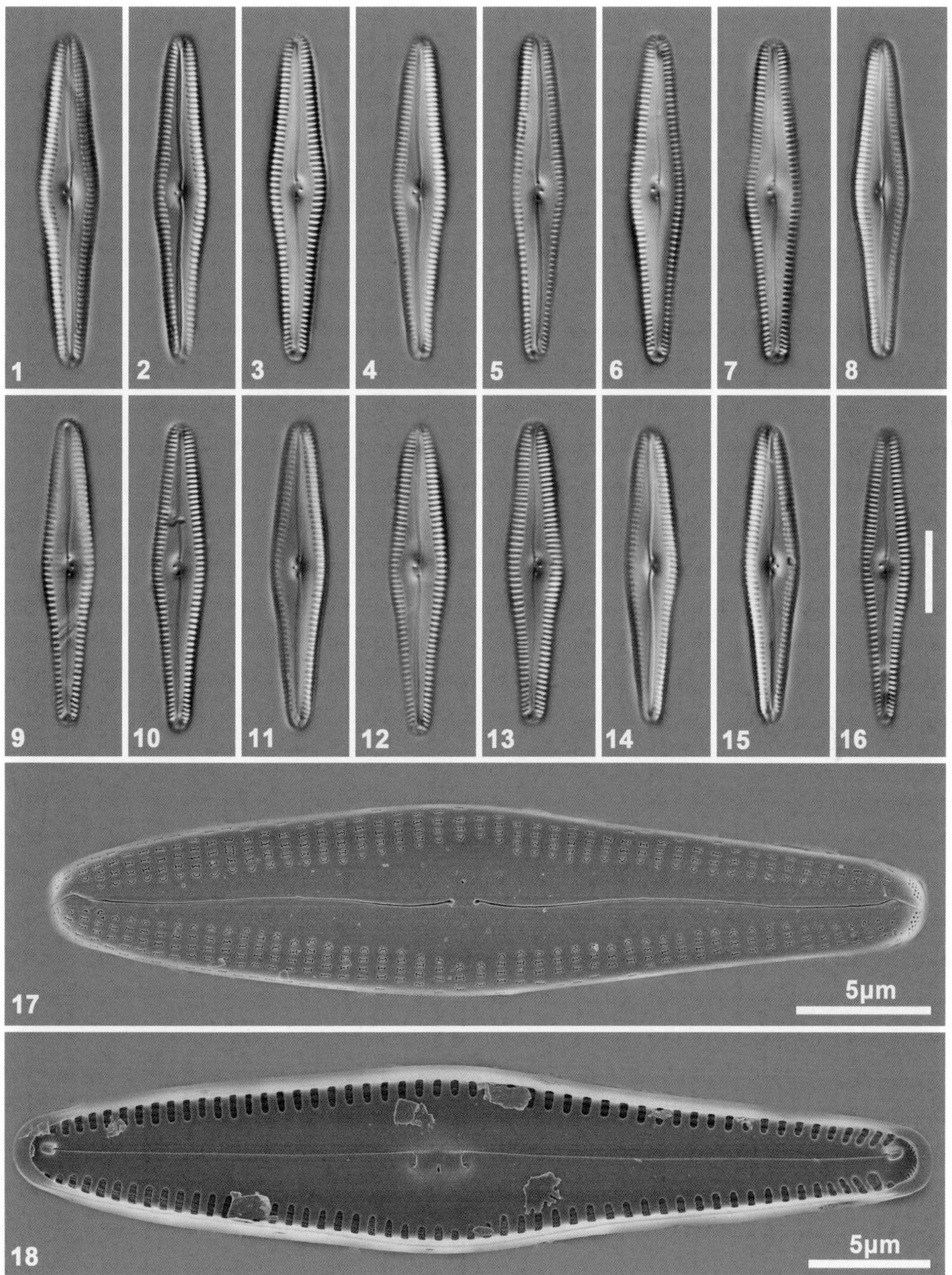

1-18. 鄱阳异极藻 *Gomphonema poyangense* Yu, You, Kociolek & Wang

图版 176

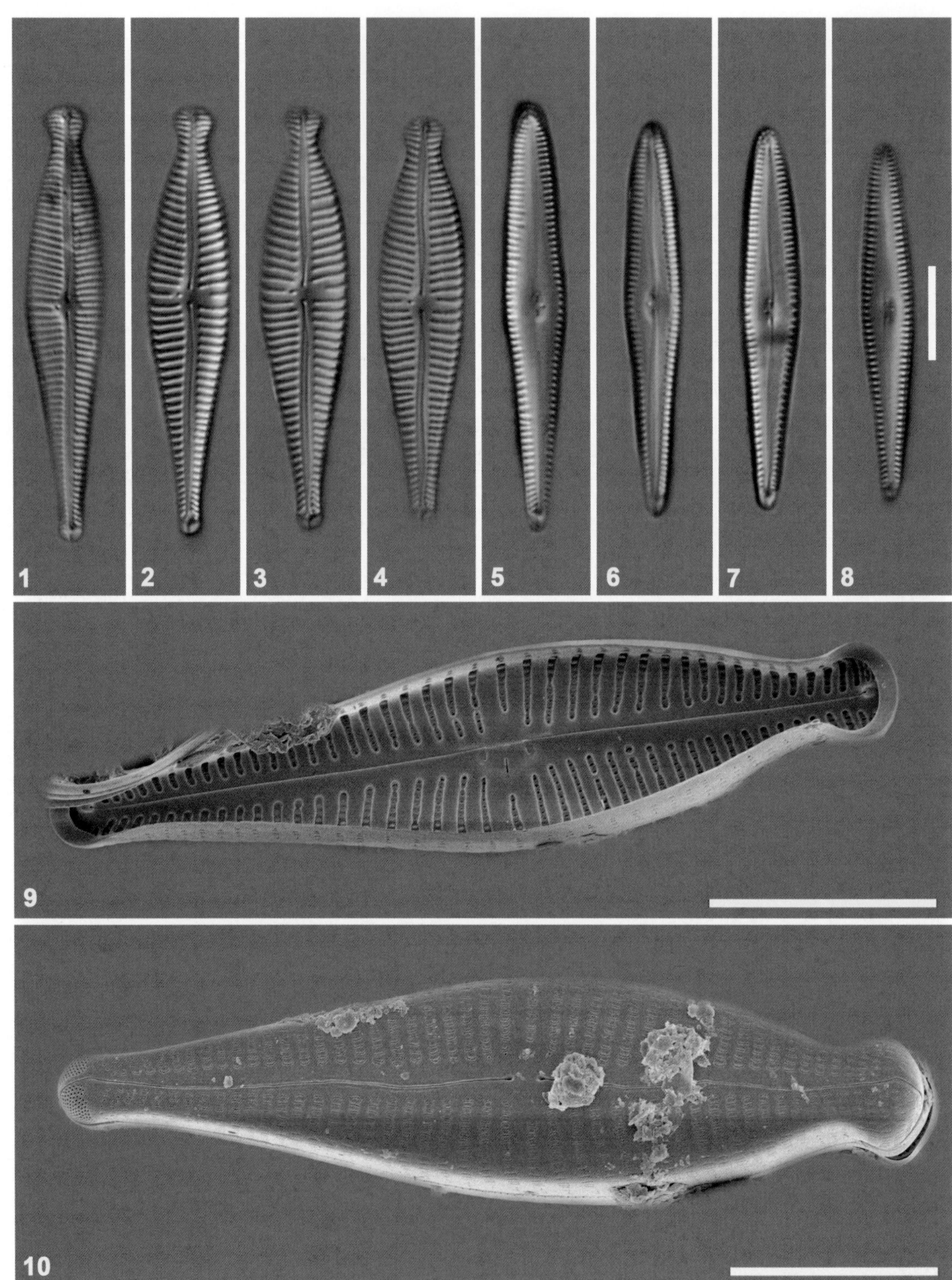

1-4, 9-10. 假具球异极藻 *Gomphonema pseudosphaerophorum* Kobayasi; 5-8. 斜方异极藻 *Gomphonema rhombicum* Fricke

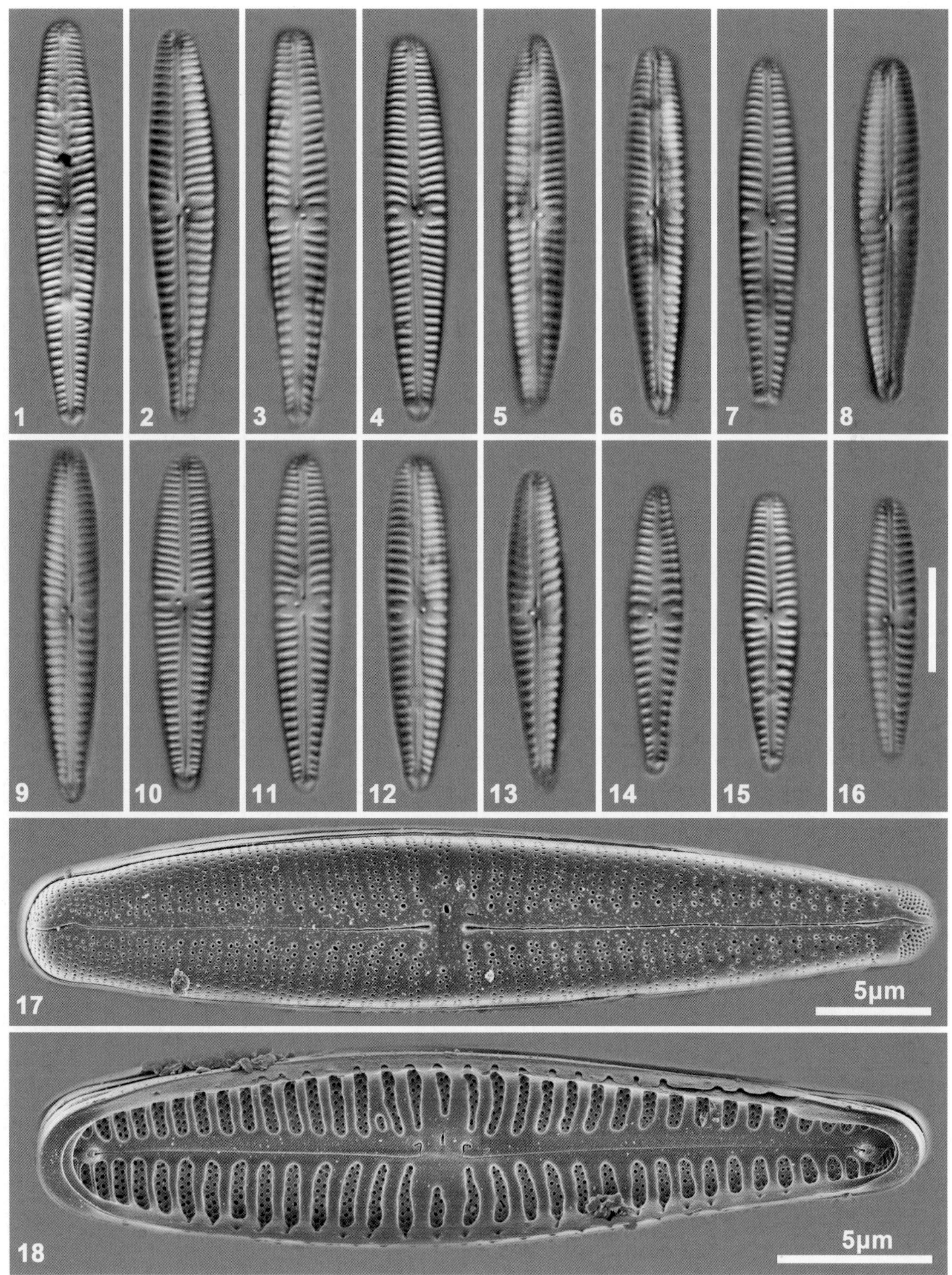

1-18. 青弋异极藻 *Gomphonema qingyiense* Zhang, Yu & You

图版 178

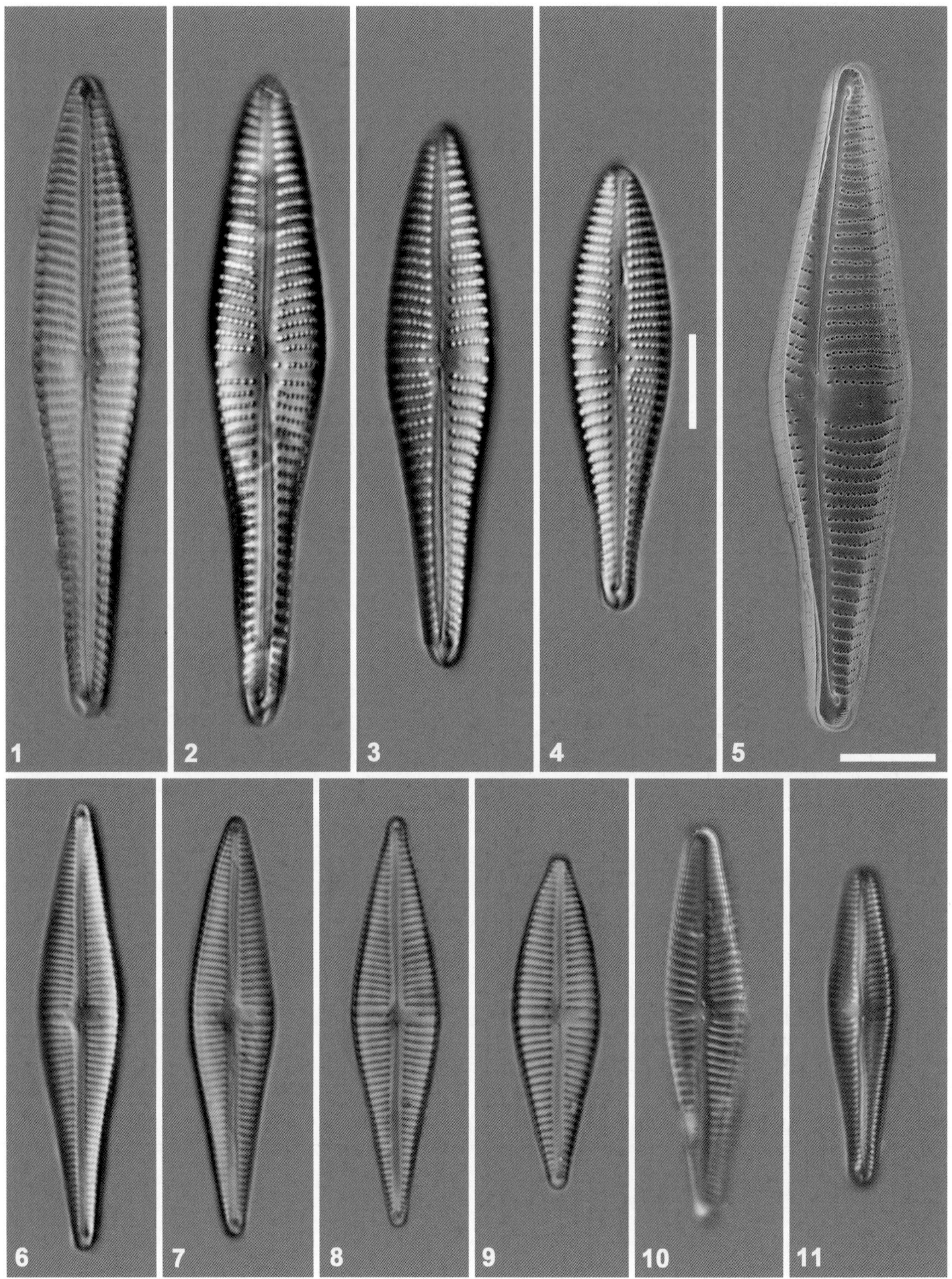

1-4. 棒状异极藻尖变种 *Gomphonema clavatum* var. *acuminatum* (Peragallo & Héribaud) Harper; 5-9. 锥形异极藻 *Gomphonema spatiosum* Thomas & Kociolek; 10-11. 近棒形异极藻 *Gomphonema subclavatum* (Grunow) Grunow

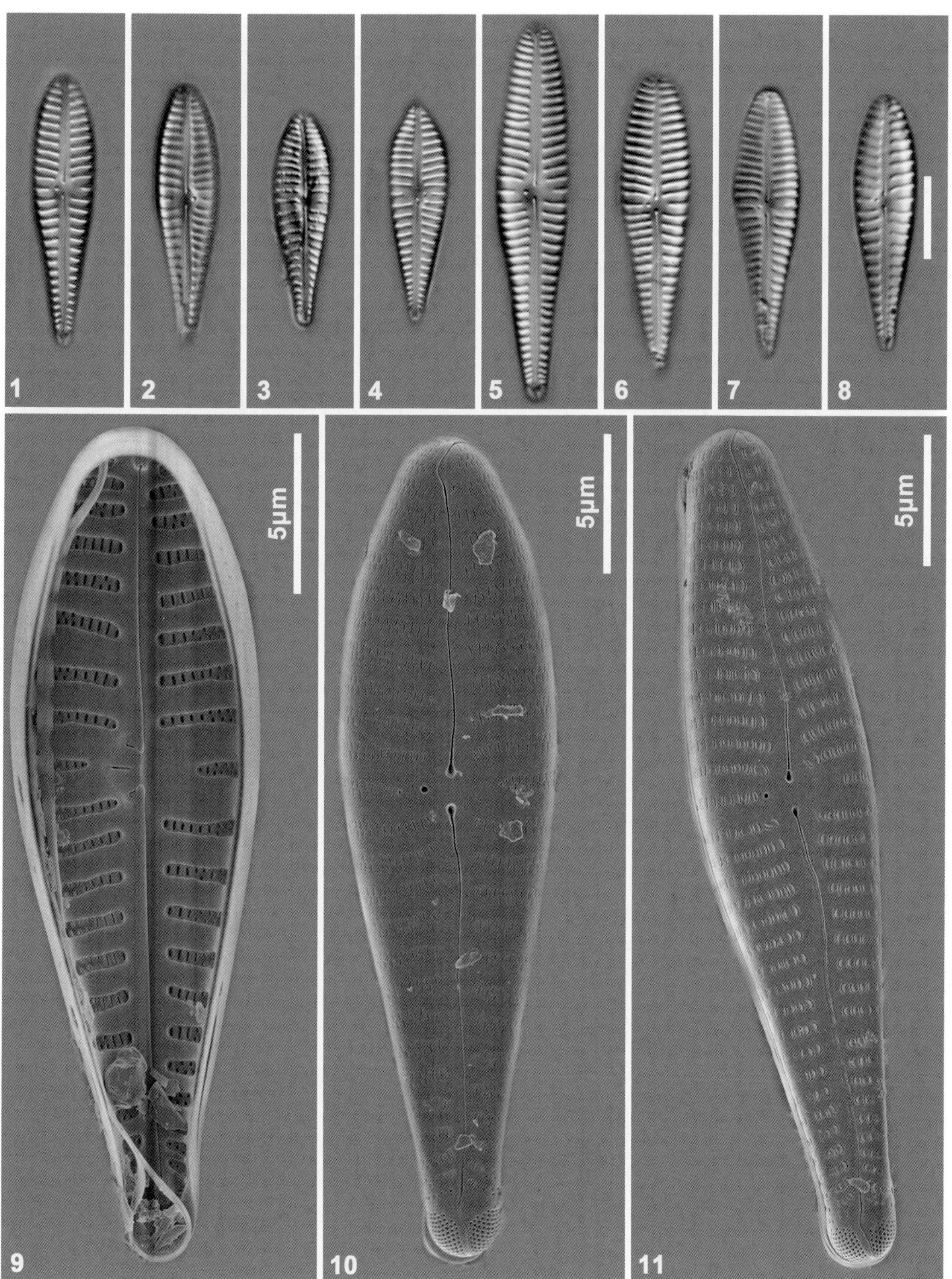

1-4, 9-10. 泰米伦斯异极藻 *Gomphonema tamilense* Karthick & Kociolek; 5-8, 11. 泽尔伦斯异极藻 *Gomphonema zellense* Reichardt

图版 180

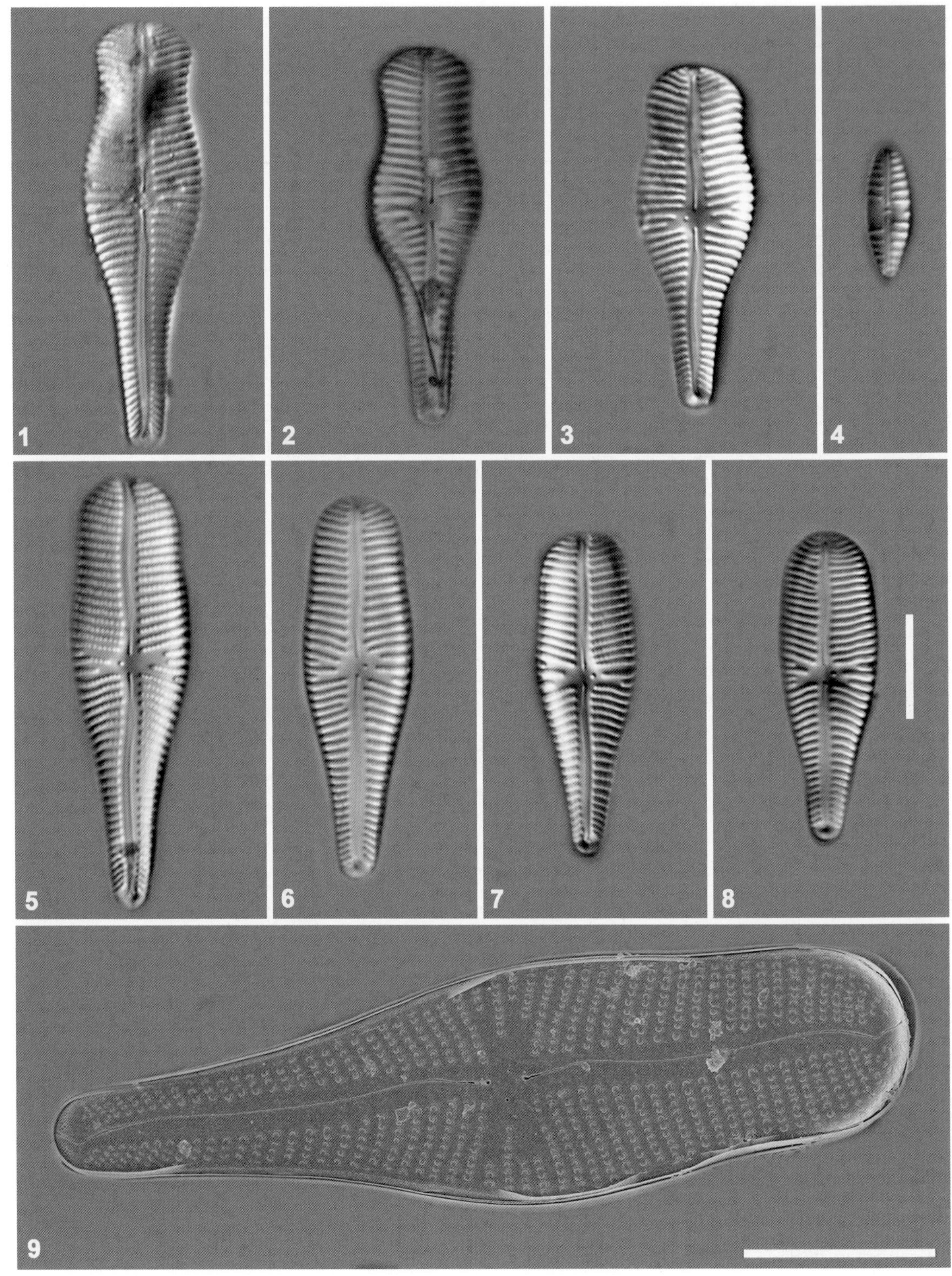

1-3. 缢缩异极藻 *Gomphonema constrictum* Ehrenberg; 4. 泰尔盖斯特异极藻 *Gomphonema tergestinum* (Grunow) Fricke; 5-9. 缢缩异极藻膨大变种 *Gomphonema constrictum* var. *turgidum* (Ehrenberg) Grunow

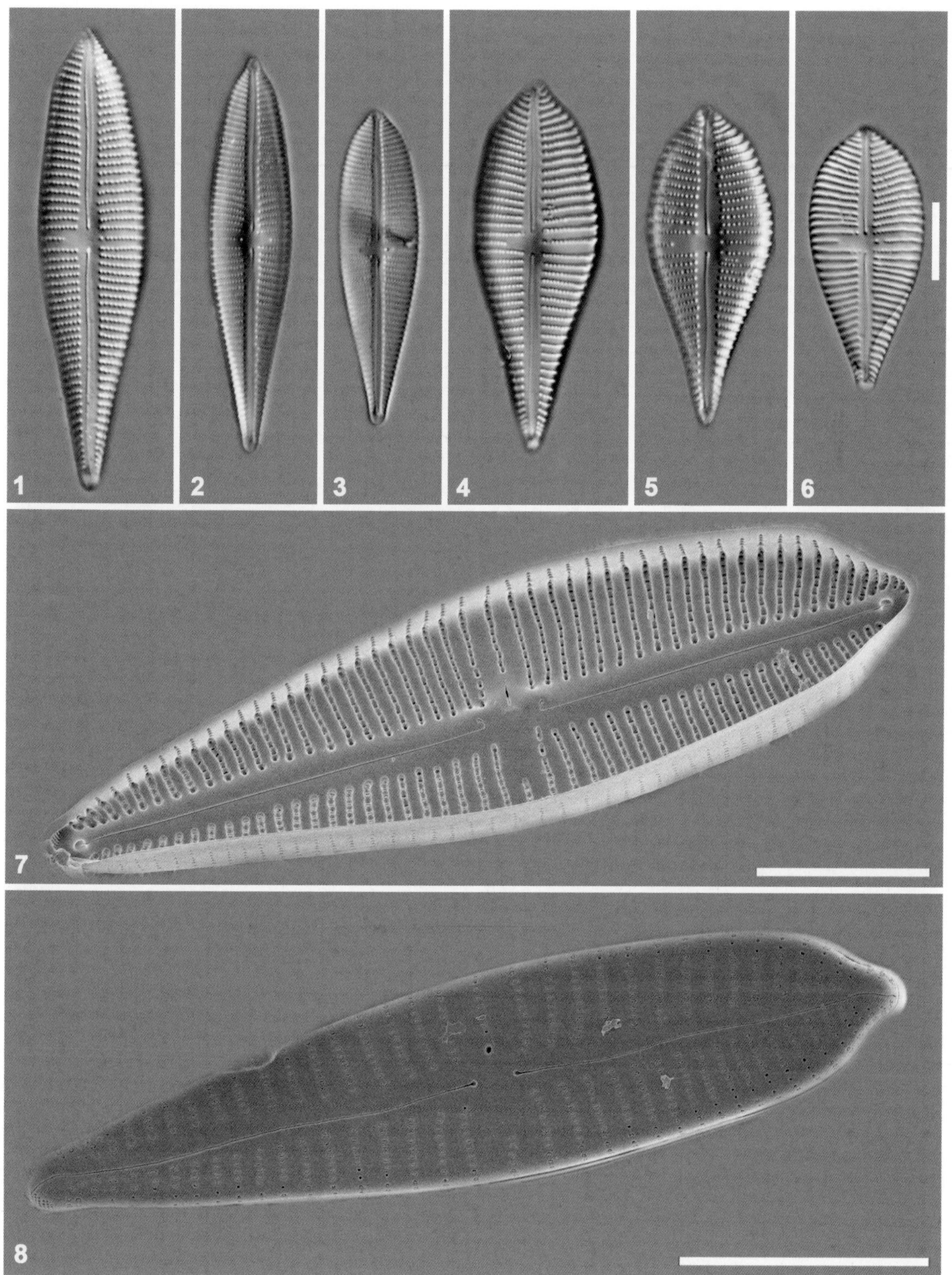

1-3, 7-8. 塔形异极藻 *Gomphonema turris* Ehrenberg; 4-6. 塔形异极藻中华变种 *Gomphonema turris* var. *sinicum* (Skvortzov) Shi

图版 182

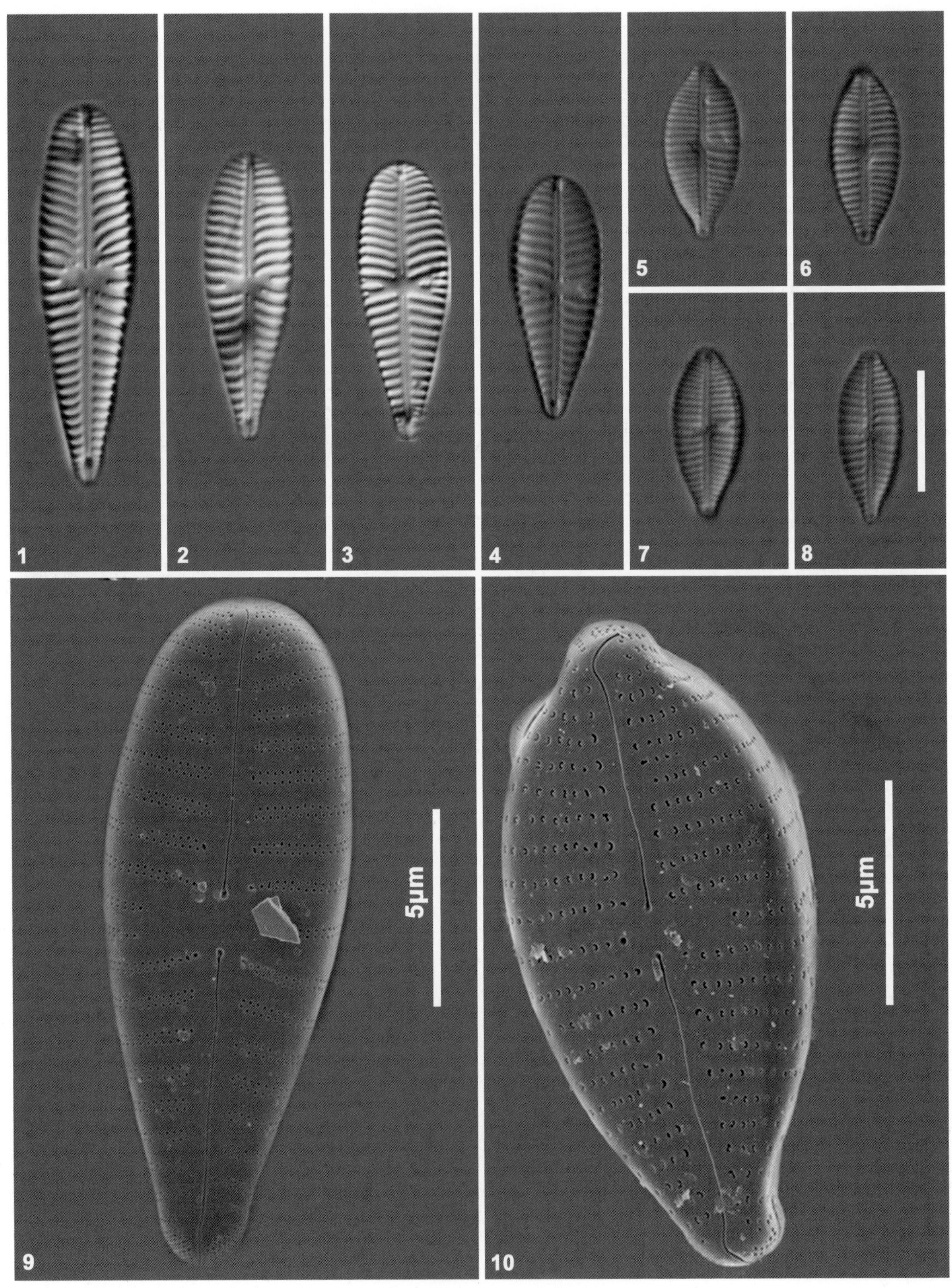

1-4, 9. 橄榄绿异纹藻 *Gomphonella olivacea* (Hornemann) Rabenhorst; 5-8, 10. 微小型异极藻 *Gomphonema parvuliforme* Levkov, Mitic-Kopanja & Reichardt

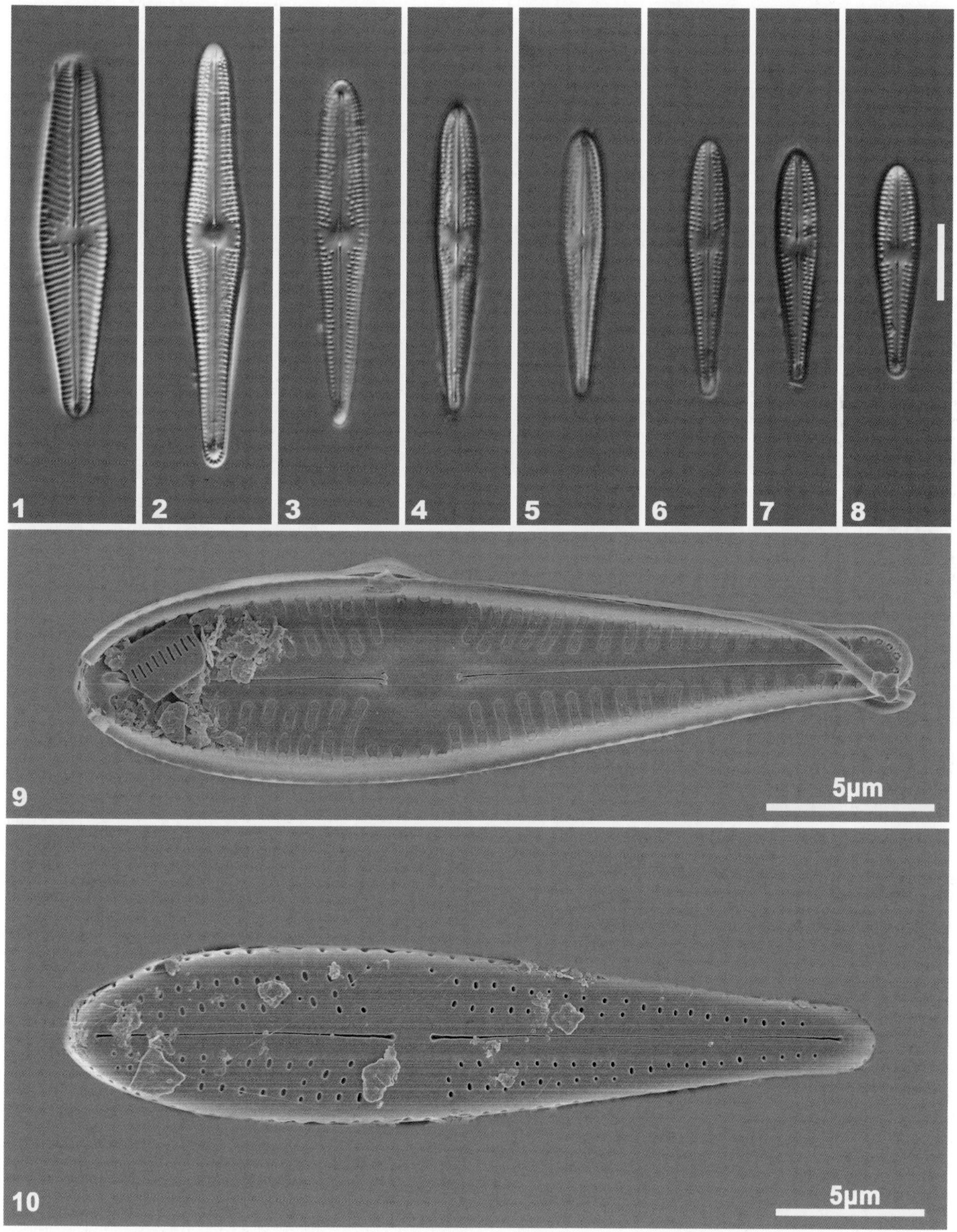

1. 四点异楔藻 *Gomphoneis quadripunctata* (Østrup) Dawson ex Ross & Sims; 2-10. 琵琶湖楔异极藻 *Gomphosphenia biwaensis* Ohtsuka & Nakai

图版 184

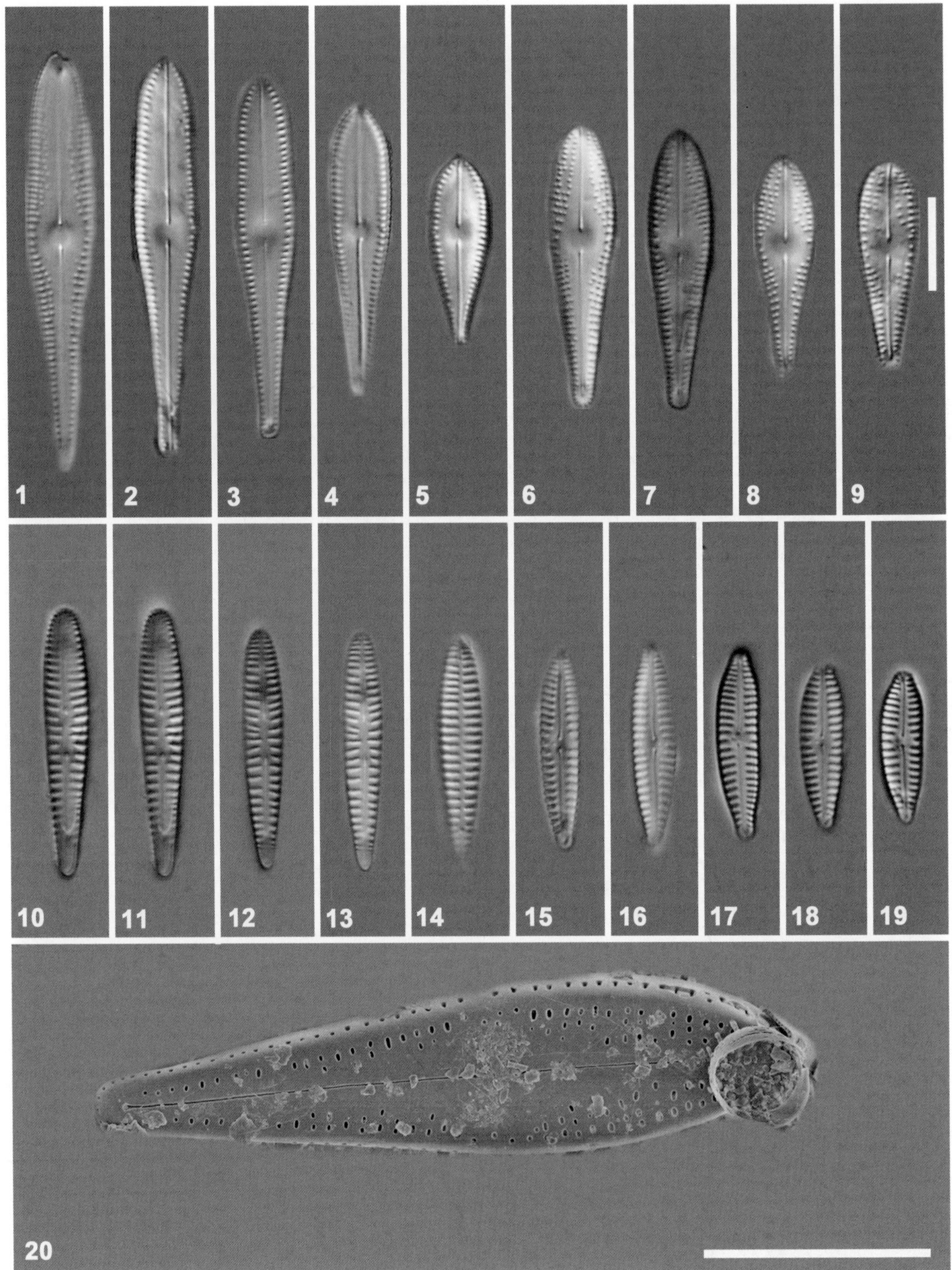

1-5. 舌状楔异极藻 *Gomphosphenia lingulatiformis* (Lange-Bertalot & Reichardt) Lange-Bertalot; 6-9, 20. 格罗夫楔异极藻 *Gomphosphenia grovei* (Schmidt) Lange-Bertalot; 10-14. 加利福尼亚弯楔藻 *Rhoicosphenia californica* Thomas & Kociolek; 15-19. 变异异极藻 *Gomphonema variscohercynicum* Lange-Bertalot & Reichard

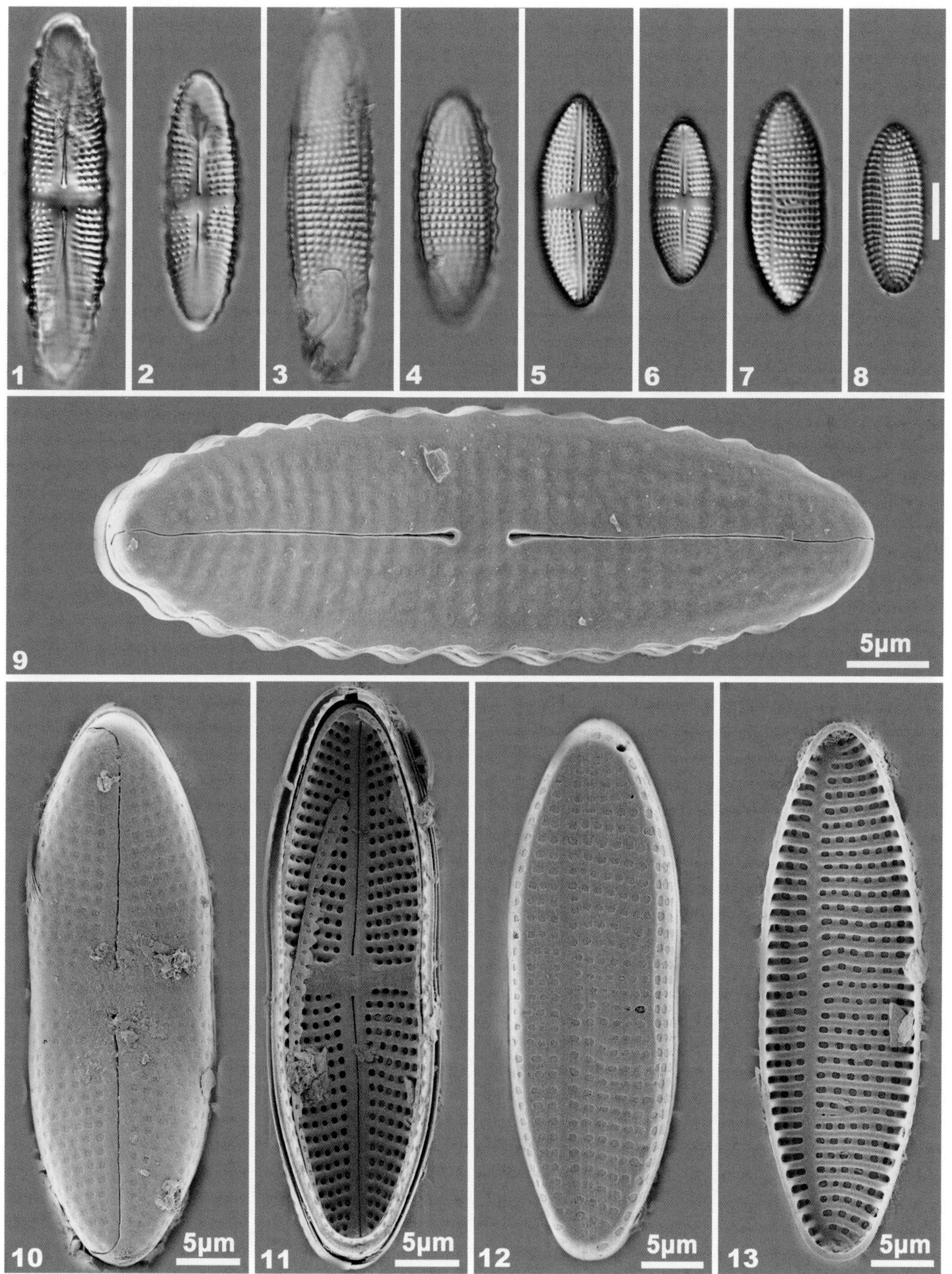

1-4, 9. 波缘曲壳藻 *Achnanthes crenulata* Grunow; 5-8, 10-13. 贴生曲壳藻 *Achnanthes adnata* Bory

图版 186

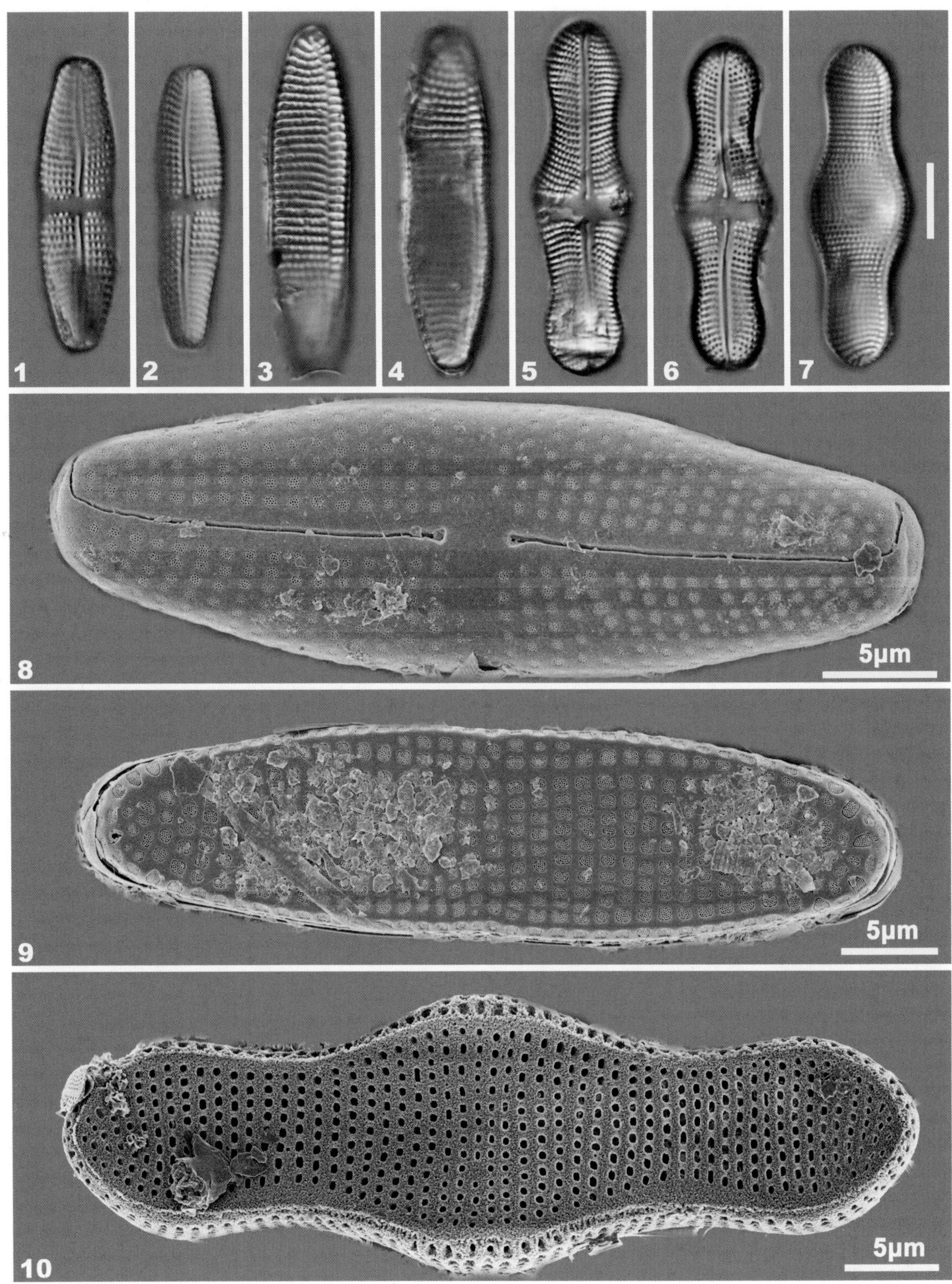

1-4, 8-9. 狭曲壳藻 *Achnanthes coarctata* (Brébisson ex Smith) Grunow;5-7, 10. 膨大曲壳藻 *Achnanthes inflata* (Kützing) Grunow

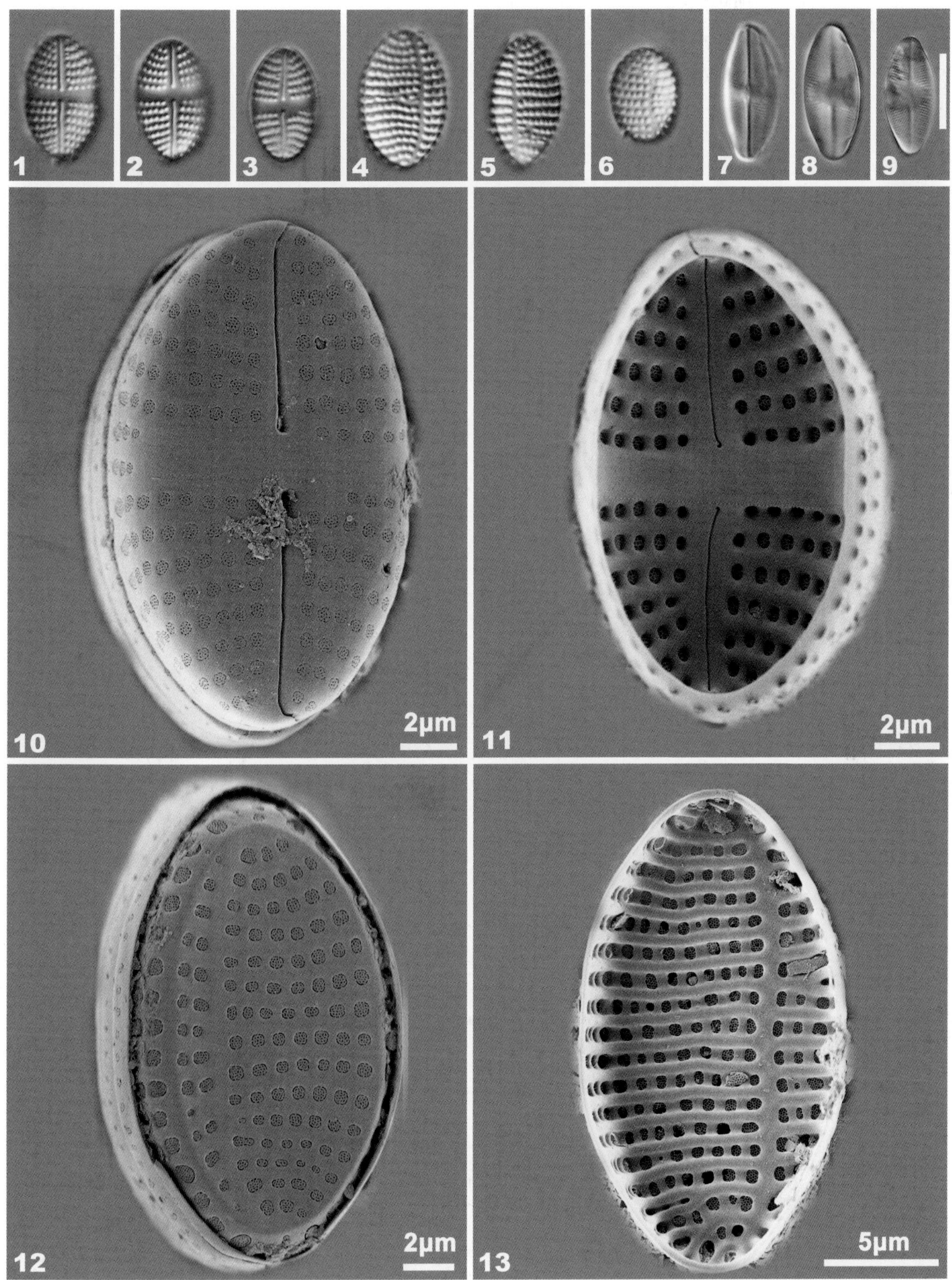

1-6, 10-13. 小曲壳藻 *Achnanthes parvula* Kützing; 7-9. 平滑真卵形藻 *Eucocconeis laevis* (Østrup) Lange-Bertalot

图版 188

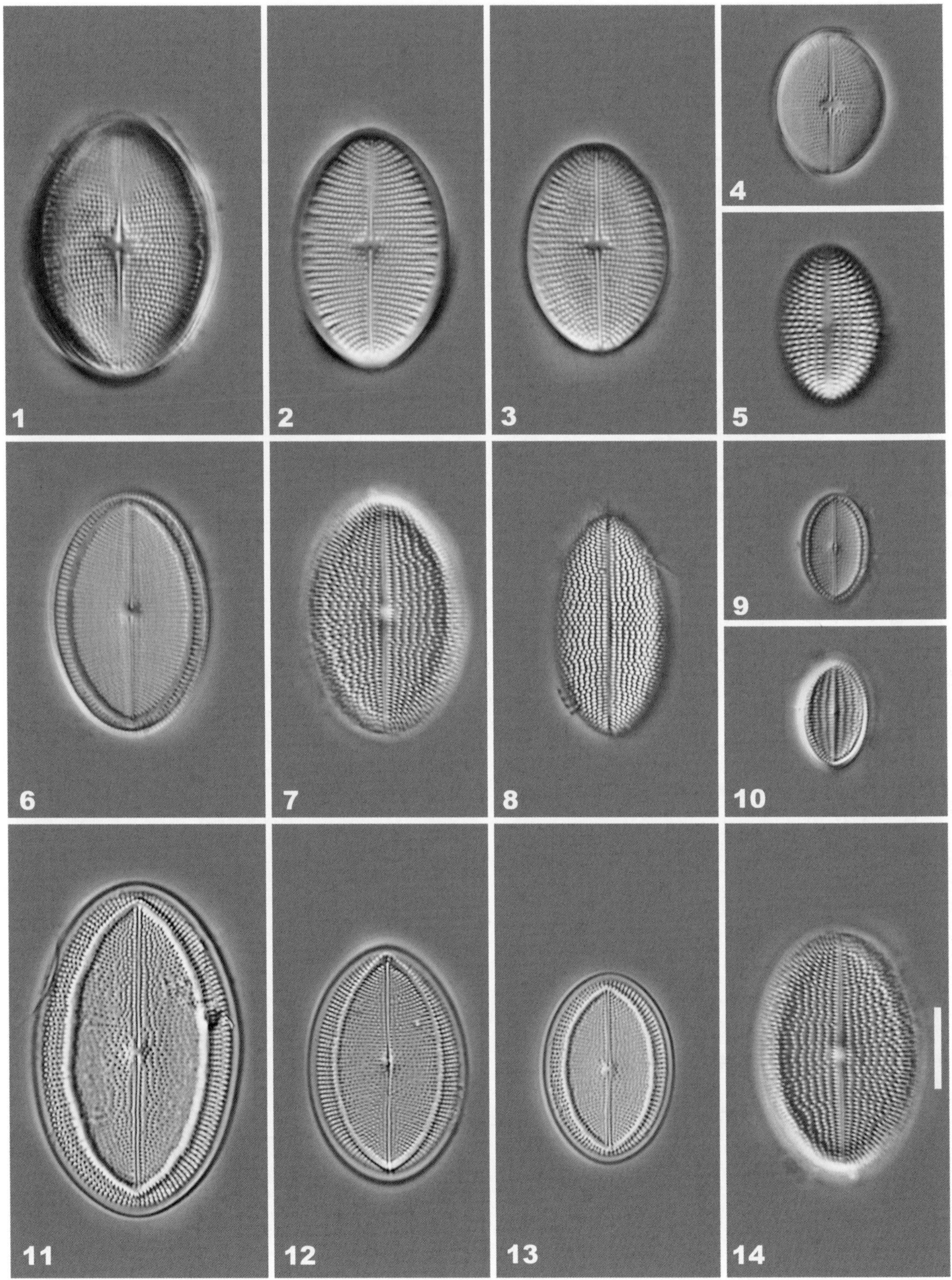

1-5. 虱形卵形藻 *Cocconeis pediculus* Ehrenberg; 6-10. 扁圆卵形藻 *Cocconeis placentula* Ehrenberg; 11-14. 贝加尔卵形藻 *Cocconeis baikalensis* (Skvortzov & Meyer) Skvortzov

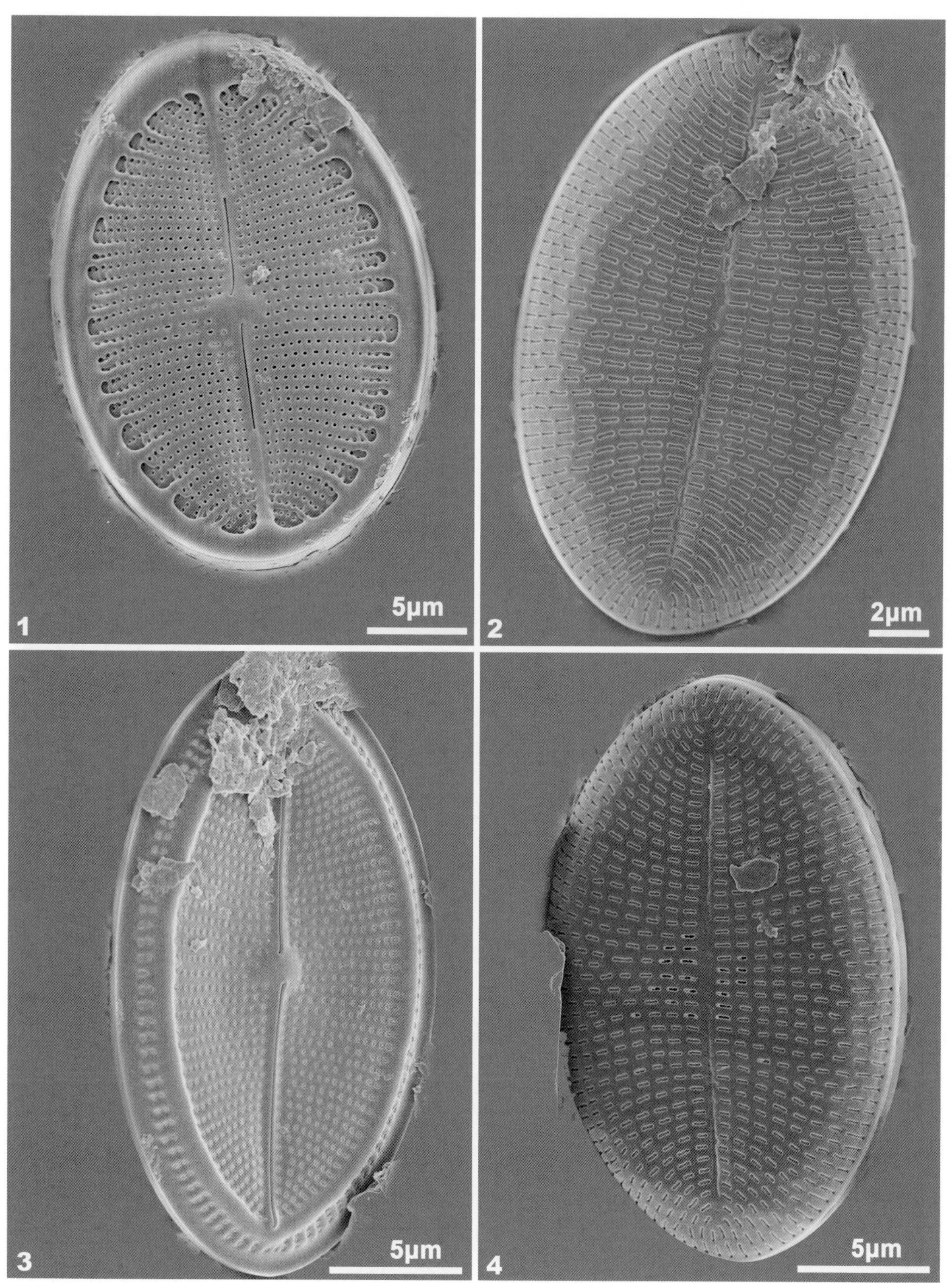

1-2. 虱形卵形藻 *Cocconeis pediculus* Ehrenberg; 3-4. 扁圆卵形藻 *Cocconeis placentula* Ehrenberg

图版 190

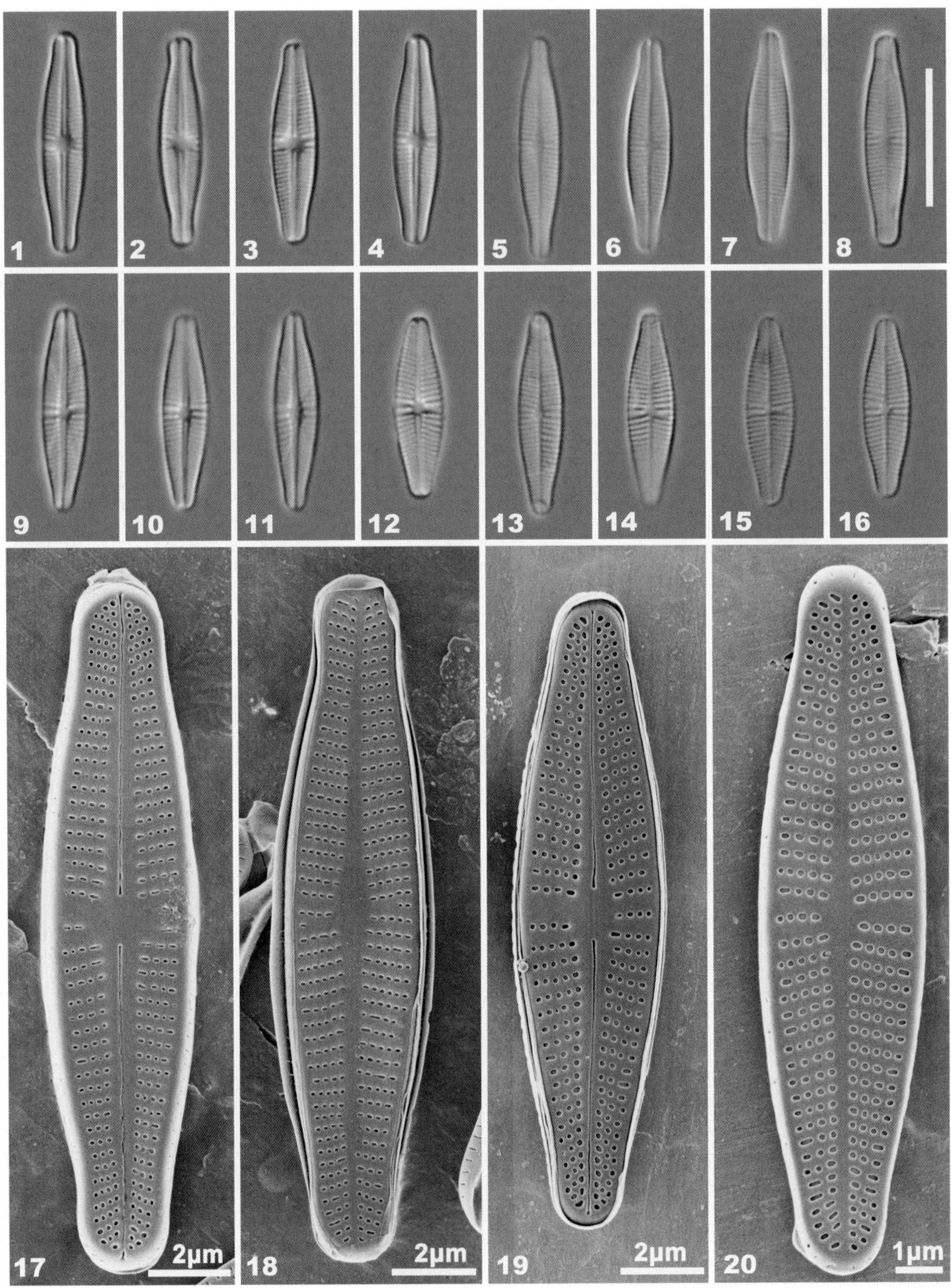

1-8, 17-18. 波兰曲丝藻 *Achnanthidium polonicum* Van de Vijver, Wojtal, Morales & Ector; 9-16, 19-20. 富营养曲丝藻 *Achnanthidium eutrophilum* (Lange-Bertalot) Lange-Bertalot

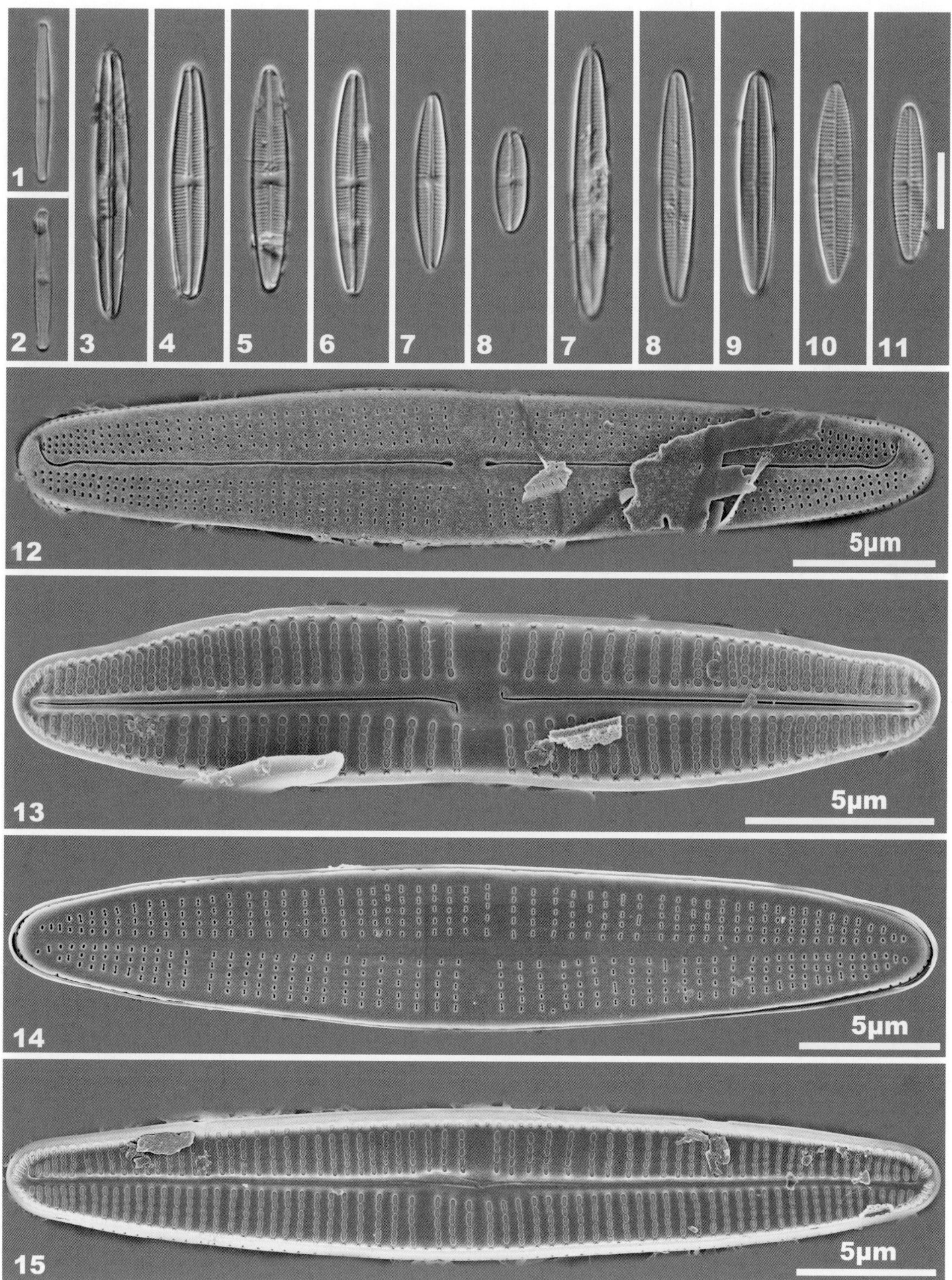

1-2. 新卡尔多尼亚曲丝藻 *Achnanthidium neocaledonica* (Manguin) Yu & You; 3-15. 安徽曲丝藻 *Achnanthidium anhuense* Yu, You & Wang

图版 192

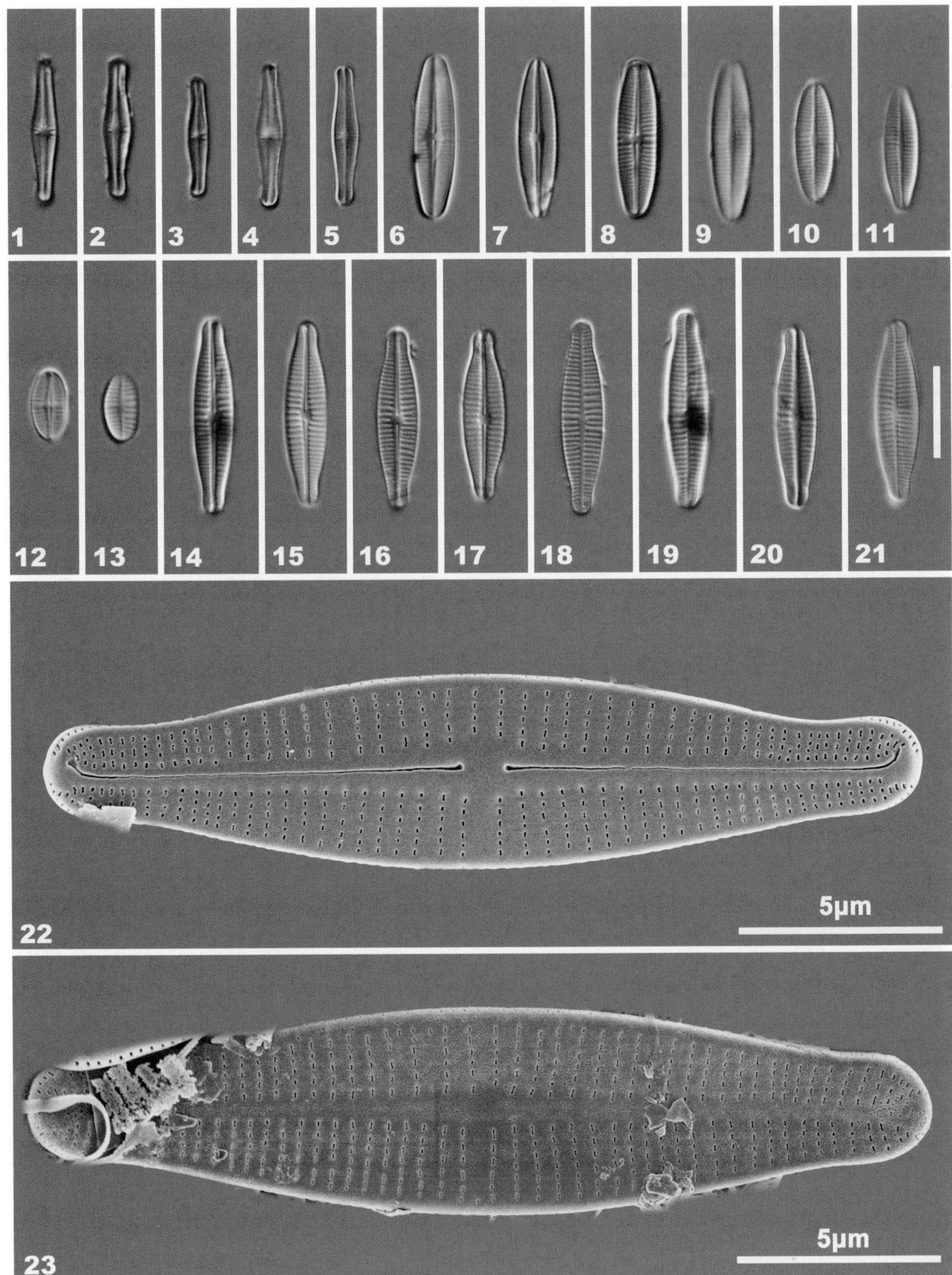

1-5. 链状曲丝藻 *Achnanthidium catenatum* (Bily & Marvan) Lange-Bertalot; 6-11. 弯曲曲丝藻 *Achnanthidium deflexum* (Reimer) Kingston; 12-13. 德尔蒙曲丝藻 *Achnanthidium delmontii* Pérès, Le Cohu & Barthès; 14-23. 杜氏曲丝藻 *Achnanthidium druartii* Rimet & Couté

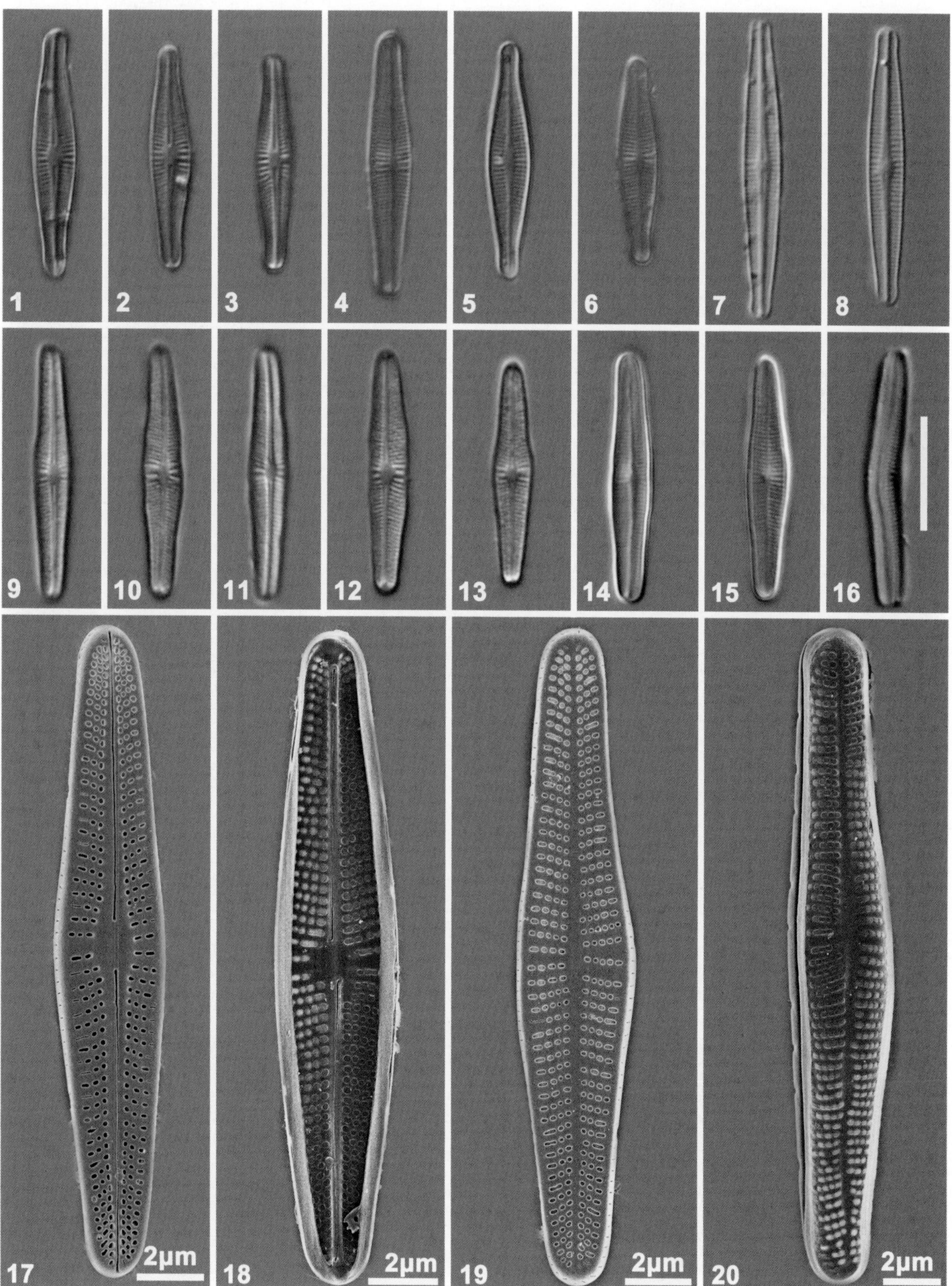

1-6. 瘦曲丝藻 *Achnanthidium exile* (Kützing) Heiberg; 7-8. 纤细曲丝藻 *Achnanthidium gracillimum* (Meister) Lange-Bertalot; 9-20. 湖生曲丝藻 *Achnanthidium lacustre* Yu, You & Kociolek

图版 194

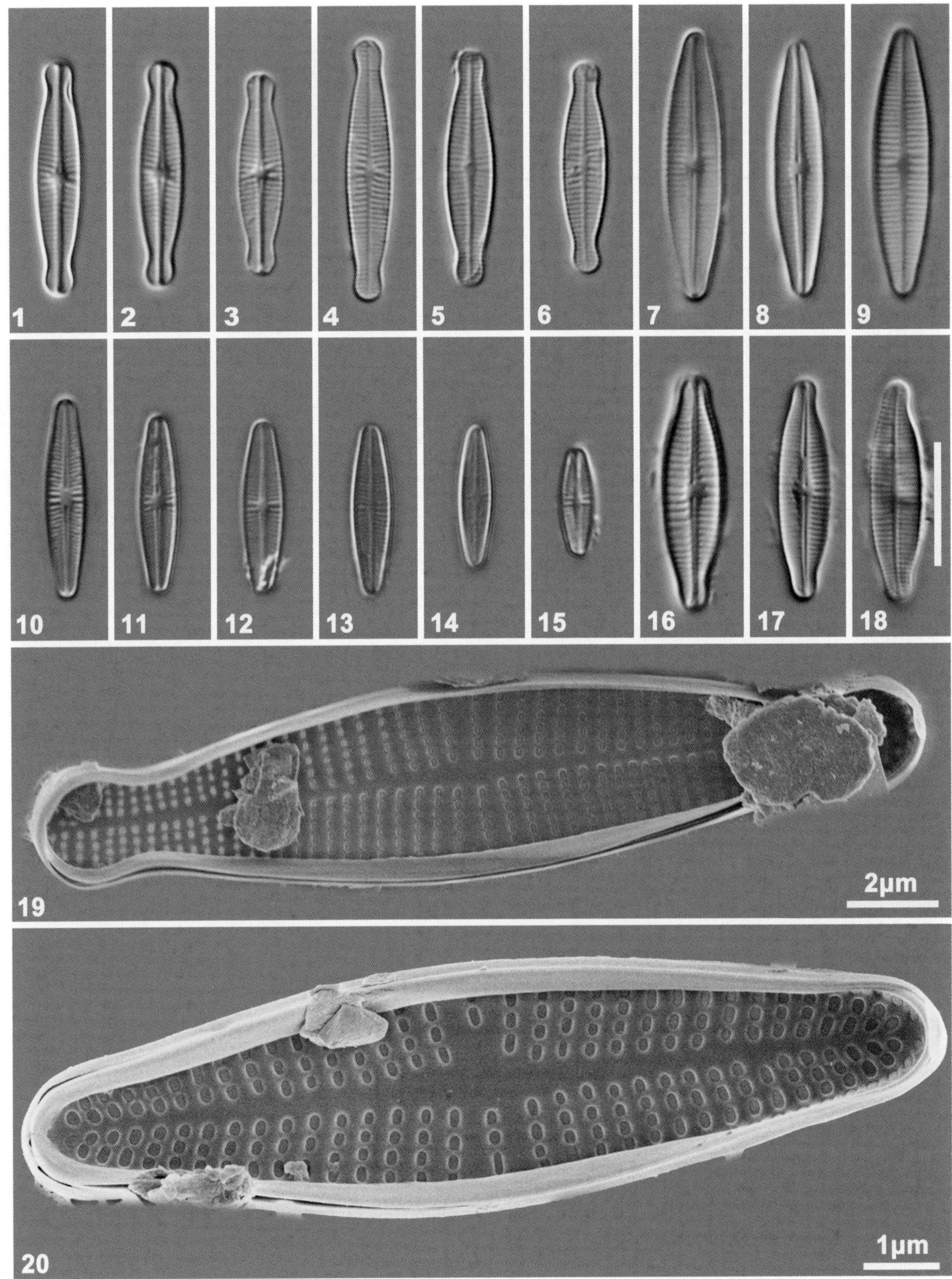

1-6, 19. 三角帆曲丝藻 *Achnanthidium laticephalum* Kobayasi; 7-9. 庇里牛斯曲丝藻 *Achnanthidium pyrenaicum* (Hustedt) Kobayasi; 10-15, 20. 极小曲丝藻 *Achnanthidium minutissimum* (Kützing) Czarnecki; 16-18. 喙状庇里牛斯曲丝藻 *Achnanthidium rostropyrenaicum* Jüttner & Cox

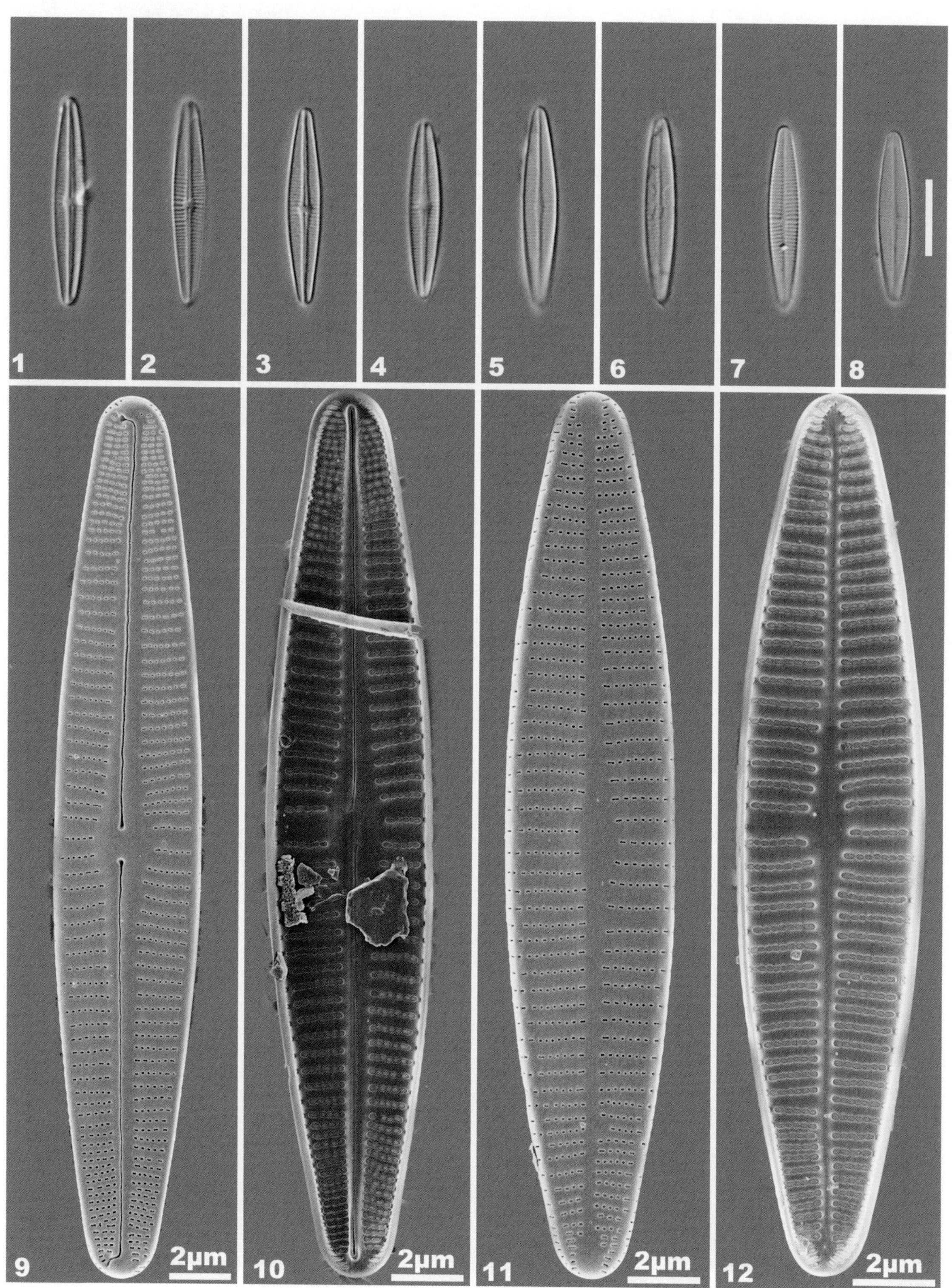

1-12. 清溪曲丝藻 *Achnanthidium qingxiense* You, Yu & Wang

图版 196

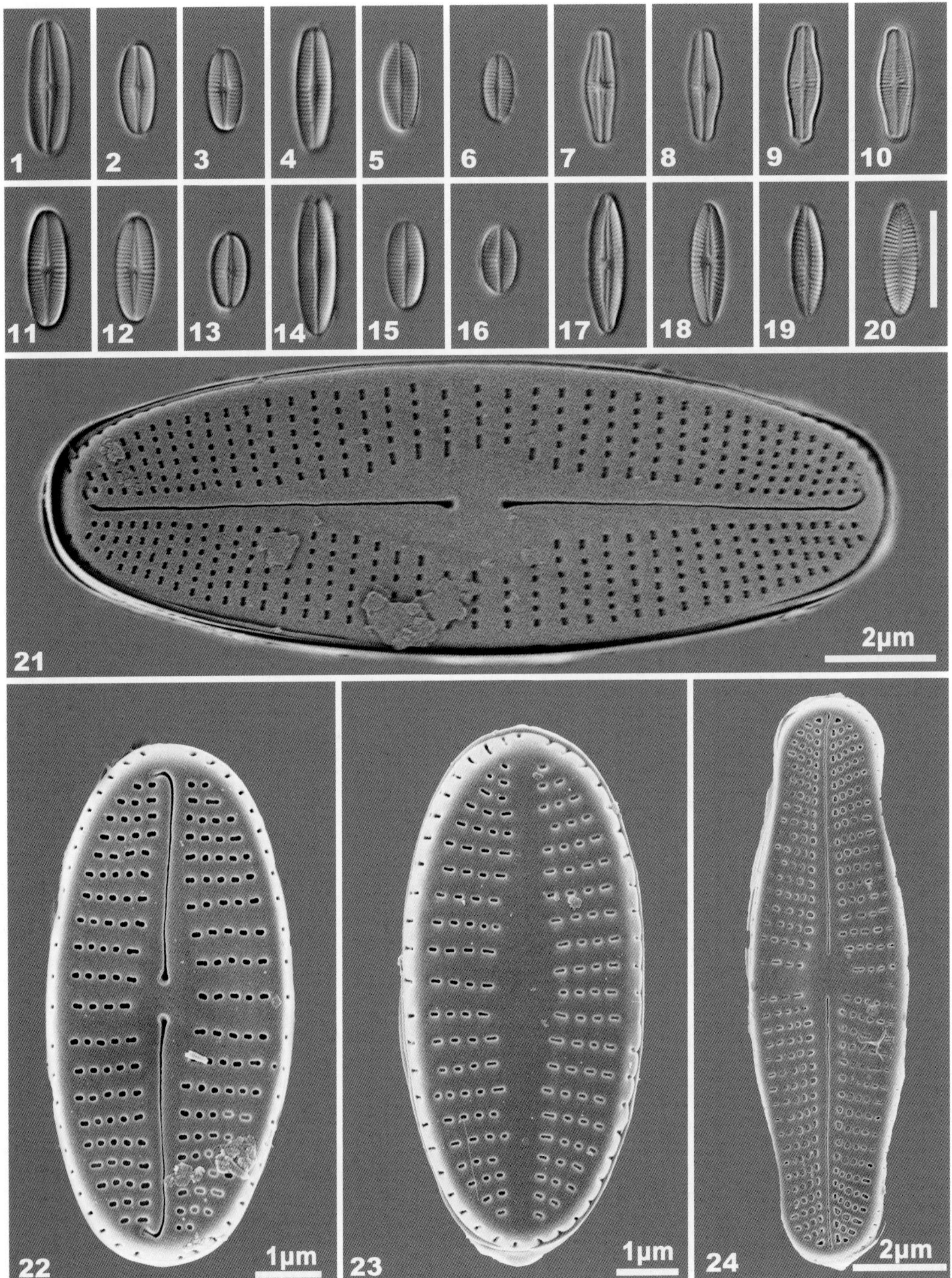

1-6, 21. 河流曲丝藻 *Achnanthidium rivulare* Potapova & Ponader; 7-10, 24. 腐生曲丝藻 *Achnanthidium saprophilum* (Kobayashi & Mayama) Round & Bukhtiyarova; 11-16, 22-23. 克拉萨姆曲丝藻 *Achnanthidium crassum* (Hustedt) Potapova & Ponader; 17-20. 近赫德森曲丝藻 *Achnanthidium subhudsonis* (Hustedt) Kobayasi

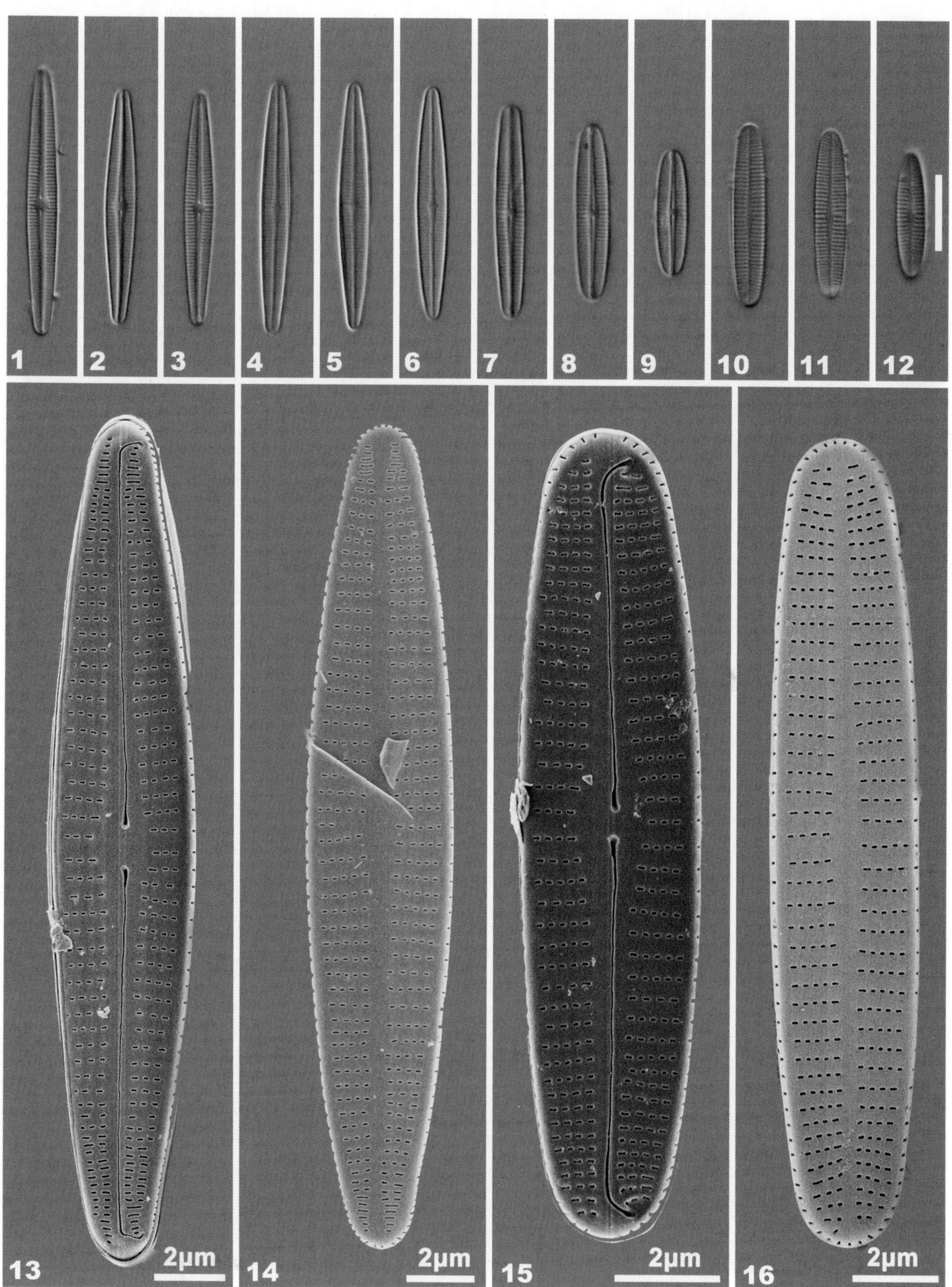

1-6, 13-14. 近披针曲丝藻 *Achnanthidium sublanceolatum* Yu, You & Kociolek; 8-12, 15-16. 太平曲丝藻 *Achnanthidium taipingense* Yu, You & Kociolek

图版 198

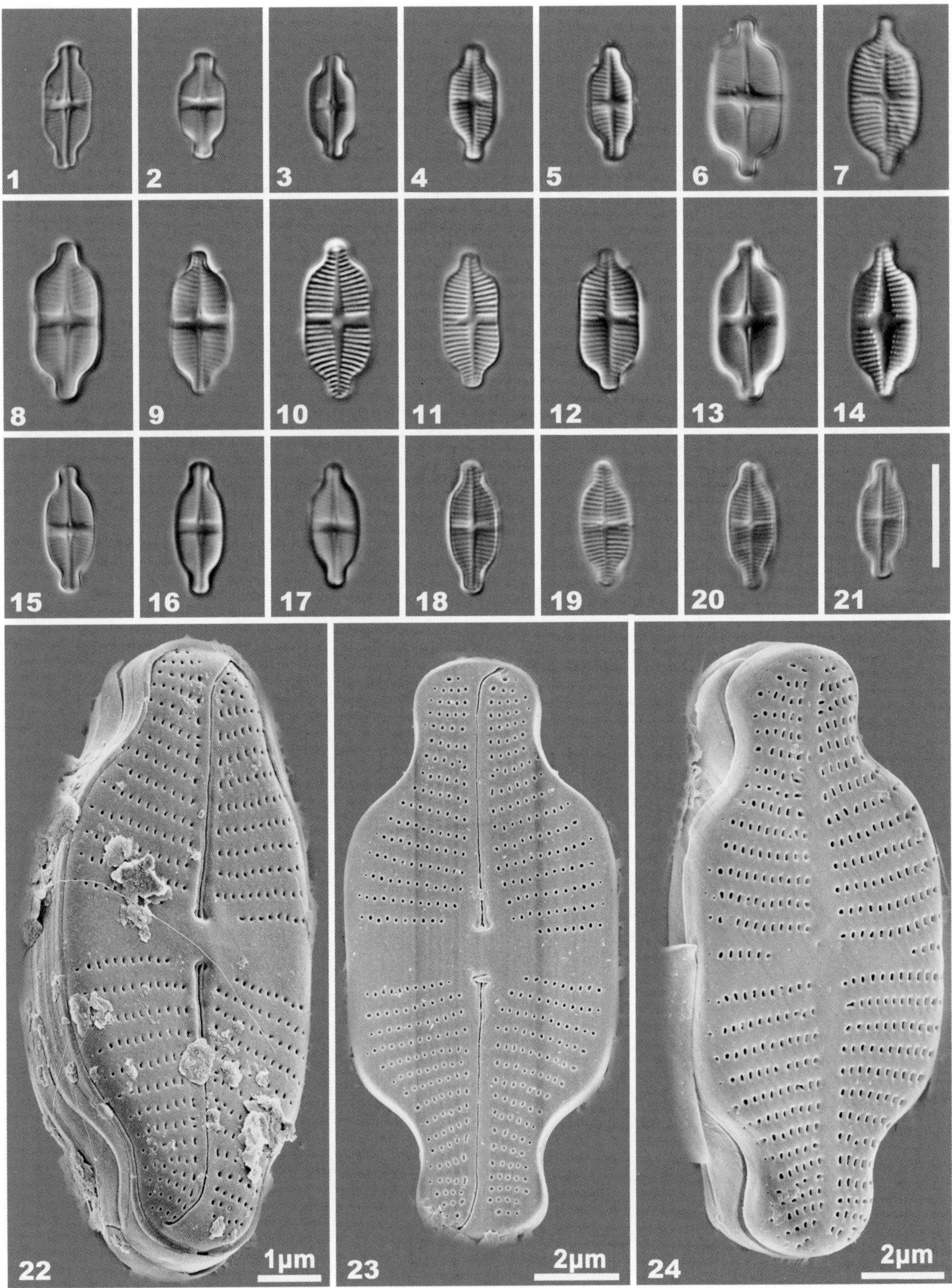

1-6, 23-24. 异壳高氏藻 *Gogorevia heterovalvum* (Krasske) Czarnecki; 6-7. 窄喙高氏藻 *Gogorevia angustirostrata* (Krasske)Yu & You; 8-12. 缢缩高氏藻 *Gogorevia constricta* (Torka) Kulikovskiy & Kociolek; 13-14. 宽轴高氏藻 *Gogorevia profunda* (Manguin) Yu & You; 15-22. 短小高氏藻 *Gogorevia exilis* (Kützing) Kulikovskiy & Kociolek

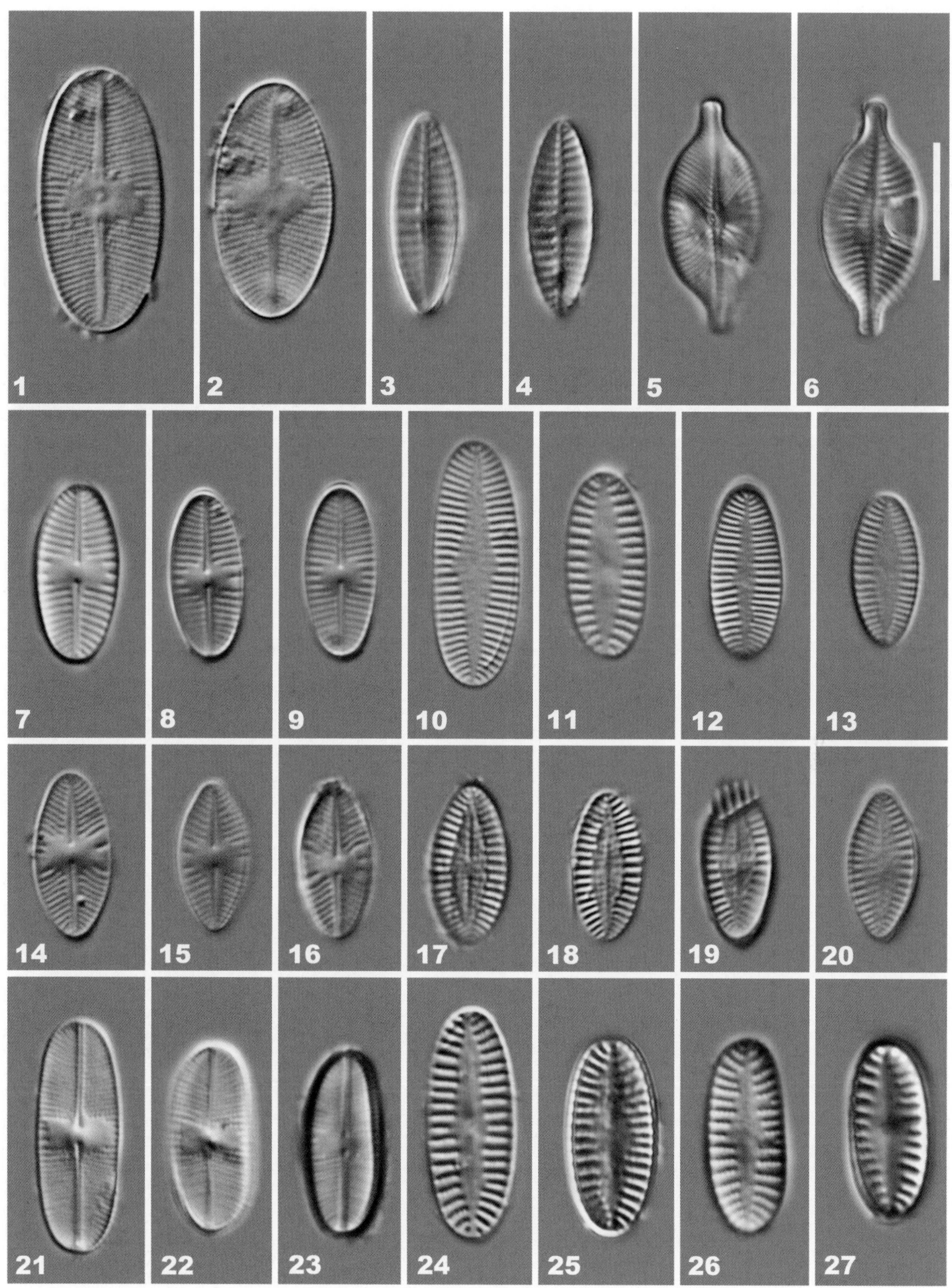

1-2. 比奥蒂沙生藻 *Psammothidium bioretii* (Germain) Bukhtiyarova & Round; 3-4. 显著片状藻 *Platessa conspicua* (Mayer) Lange-Bertalot; 5-6. 佩拉加斯卡藻 *Skabitschewskia peragalloi* (Brun & Héribaud) Kuliskovskiy & Lange-Bertalot; 7-13. 胡斯特平片藻 *Platessa hustedtii* (Krasske) Lange-Bertalot; 14-20. 瀑布平片藻 *Platessa cataractarum* (Hustedt) Lange-Bertalot; 21-27. 椭圆平片藻 *Platessa oblongella* (Østrup) Wetzel, Lange-Bertalot & Ector

图版 200

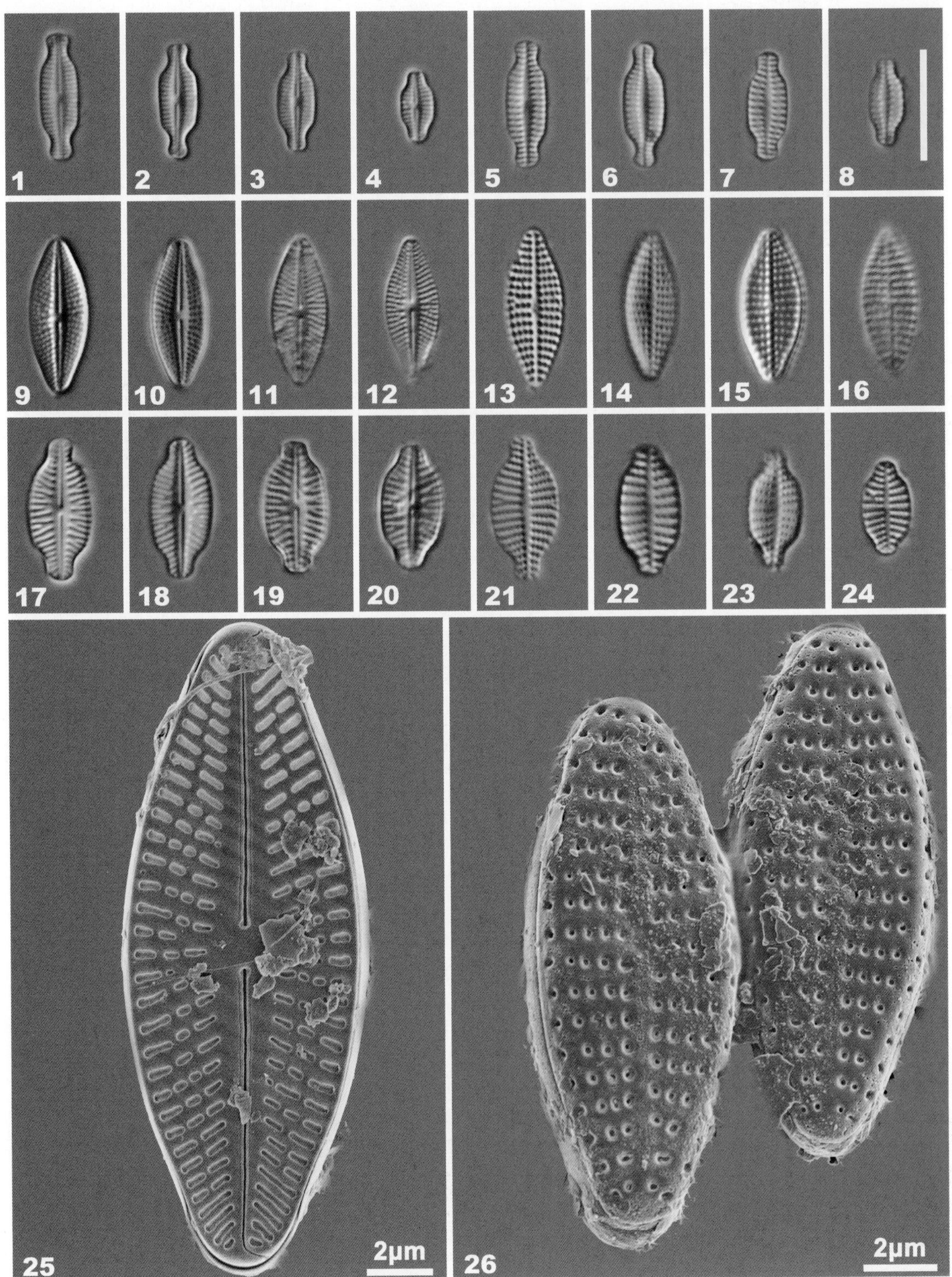

1-8. 悦目卡氏藻 *Karayevia amoena* (Hustedt) Bukhtiyarova; 9-16, 25-26. 克里夫卡氏藻 *Karayevia clevei* (Grunow) Bukhtiyarova; 17-24. 线咀卡氏藻 *Karayevia laterostrata* (Hustedt) Bukhtiyarova

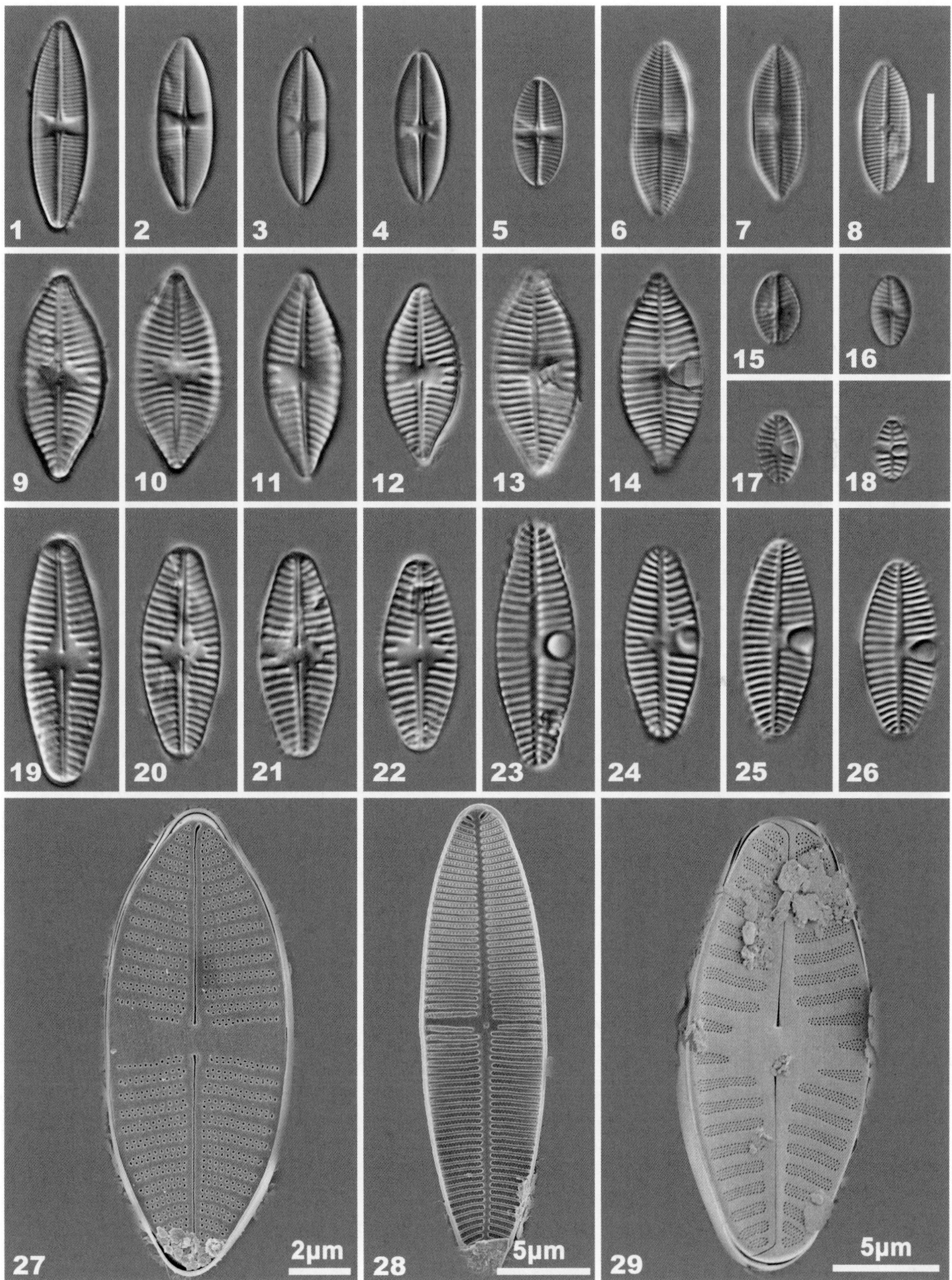

1-8, 27-28. 匈牙利附萍藻 *Lemnicola hungarica* (Grunow) Round & Basson; 9-14. 尖型平面藻 *Planothidium apiculatum* (Patrick) Lowe; 15-18. 椭圆平面藻 *Planothidium ellipticum* (Cleve) Edlund; 19-26, 29. 巴古平面藻 *Planothidium bagualense* Wetzel & Ector

图版 202

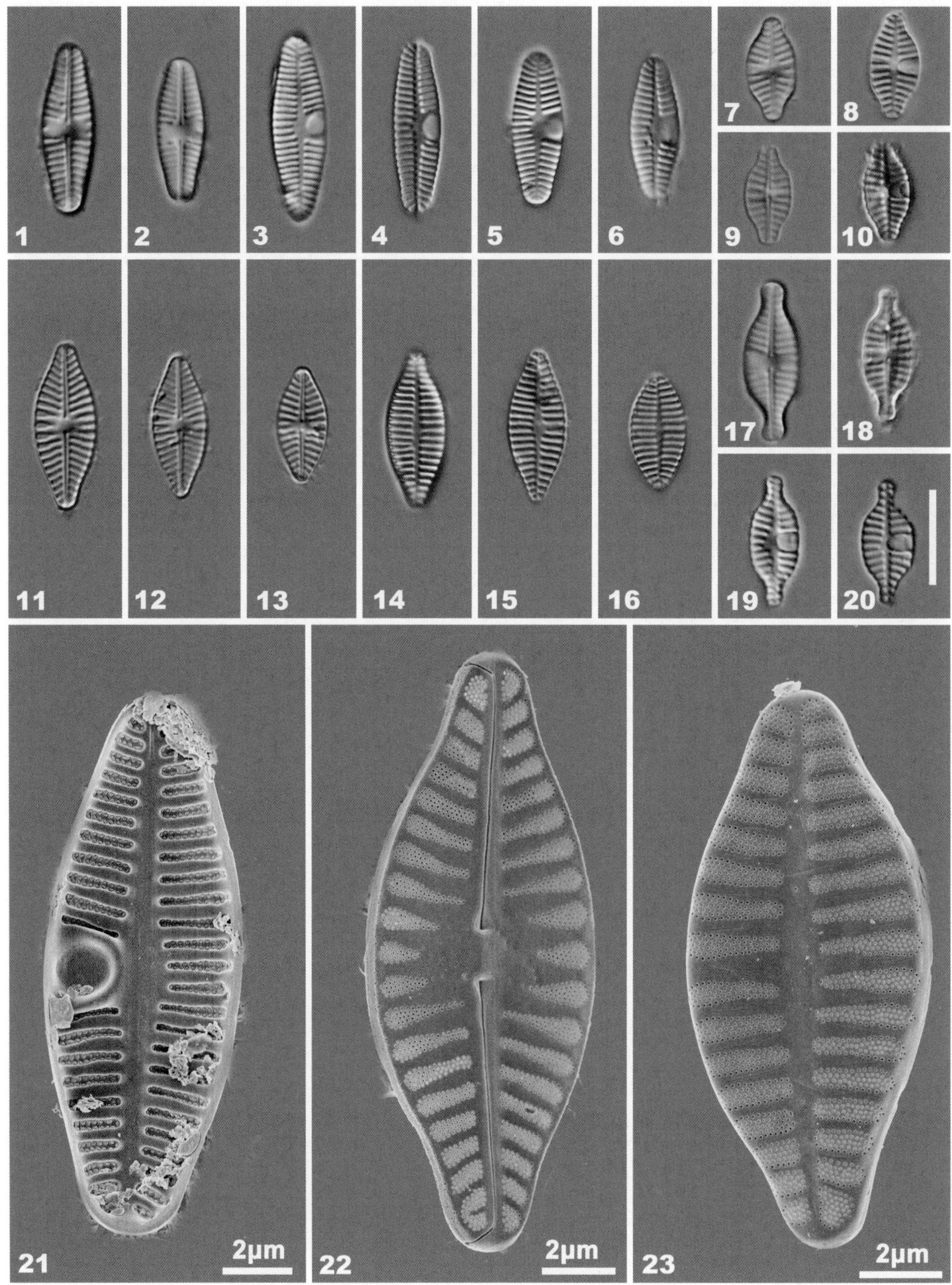

1-6, 21. 隐披针平面藻 *Planothidium cryptolanceolatum* Jahn & Abarca; 7-10, 17-20. 喙头平面藻 *Planothidium rostratum* (Østrup) Lange-Bertalot; 11-16, 22-23. 优美平面藻 *Planothidium delicatulum* (Kützing) Round & Bukhtiyarova

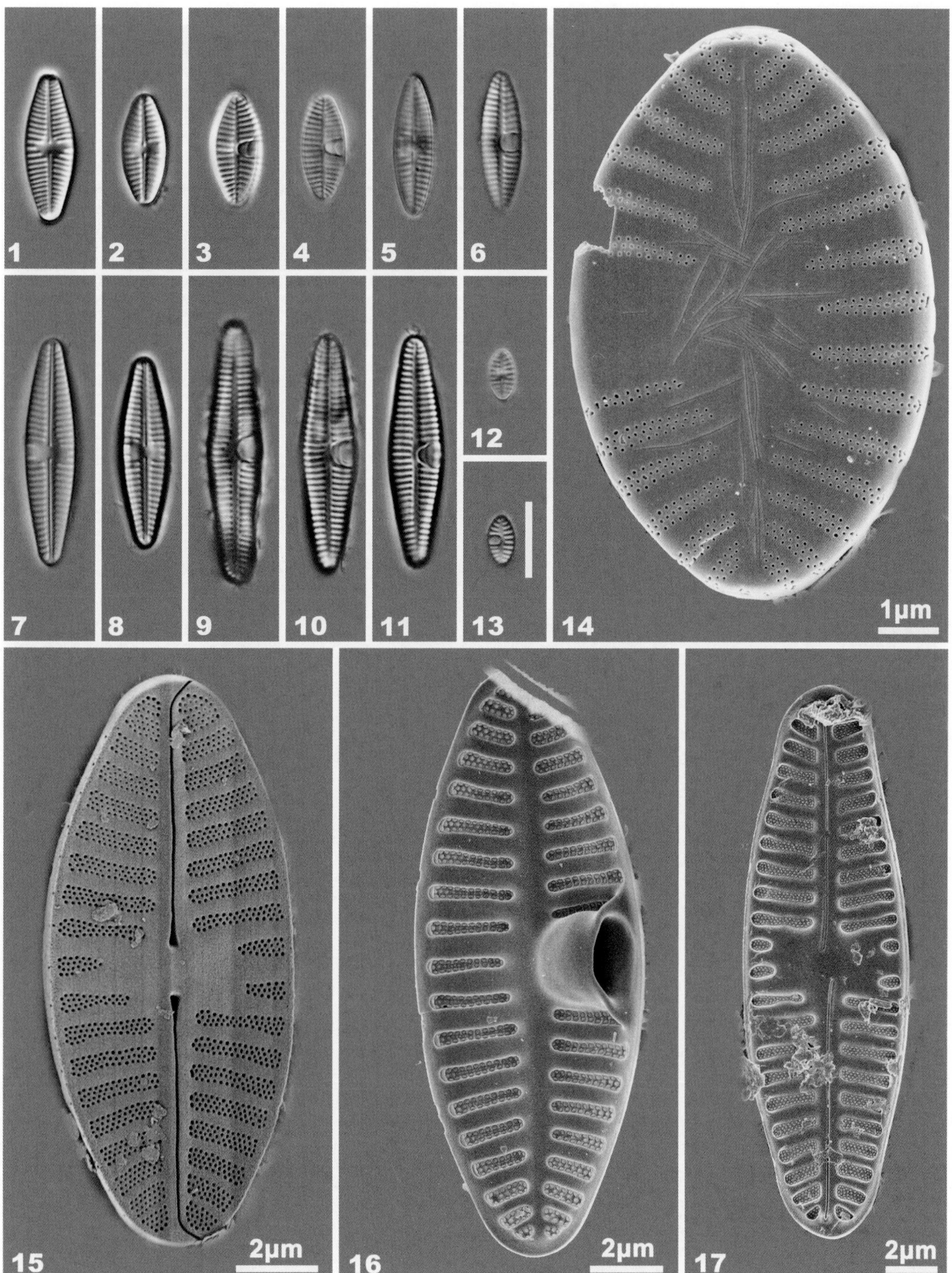

1-4, 15-16. 普生平面藻 *Planothidium frequentissimum* (Lange-Bertalot) Lange-Bertalot; 5-6. 维氏平面藻 *Planothidium victorii* Novis, Braidwood & Kilroy; 7-11, 17. 普生平面藻马格南变种 *Planothidium frequentissimum* var. *magnum* (Straub) Lange-Bertalot; 12-14. 普生平面藻小型变种 *Planothidium frequentissimum* var. *minus* (Schulz) Lange-Bertalot

图版 204

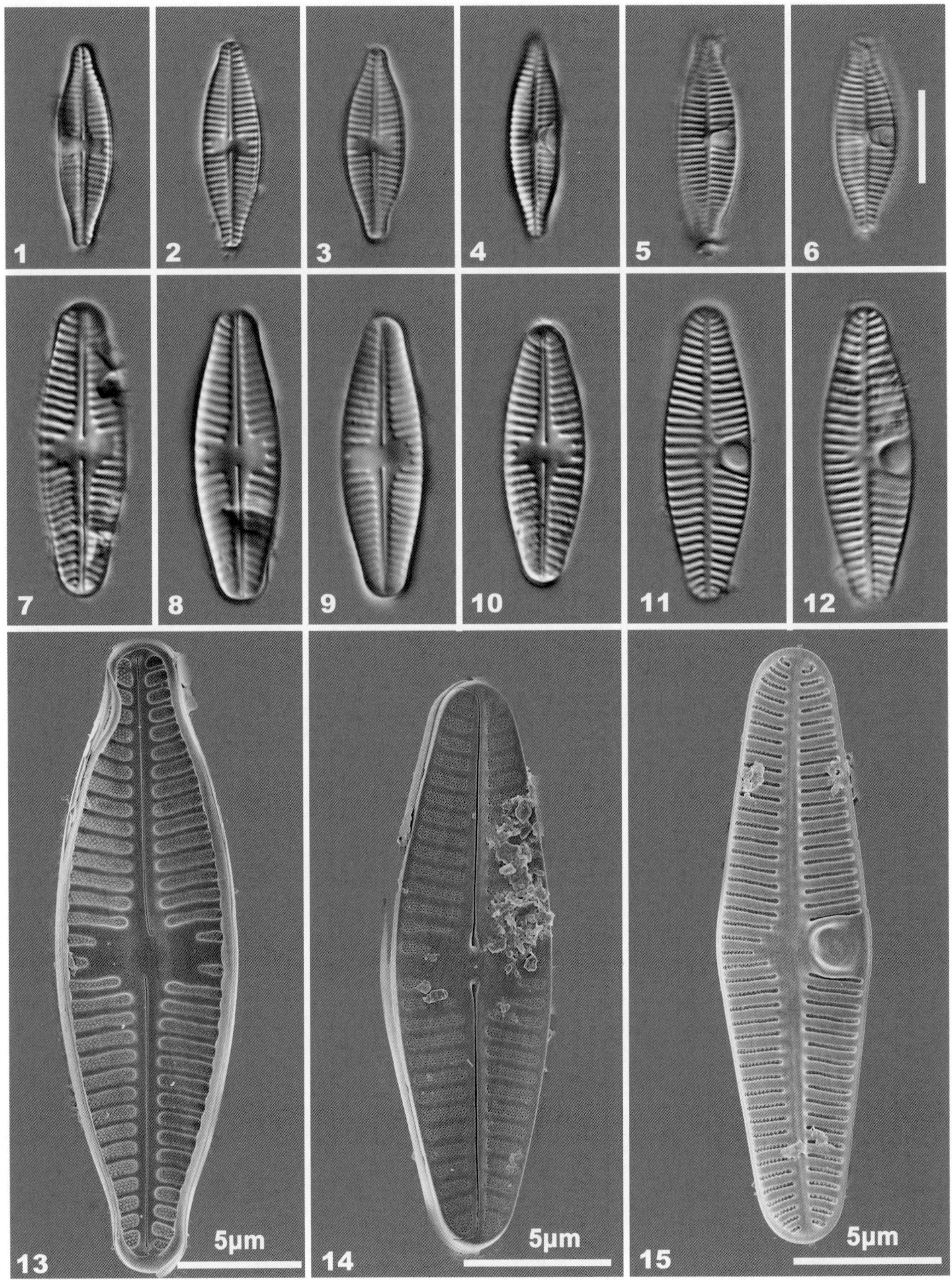

1-6, 13. 忽略平面藻 *Planothidium incuriatum* Wetzel, Van de Vijver & Ector; 7-12, 14-15. 披针形平面藻 *Planothidium lanceolatum* (Brébisson ex Kützing) Lange-Bertalot

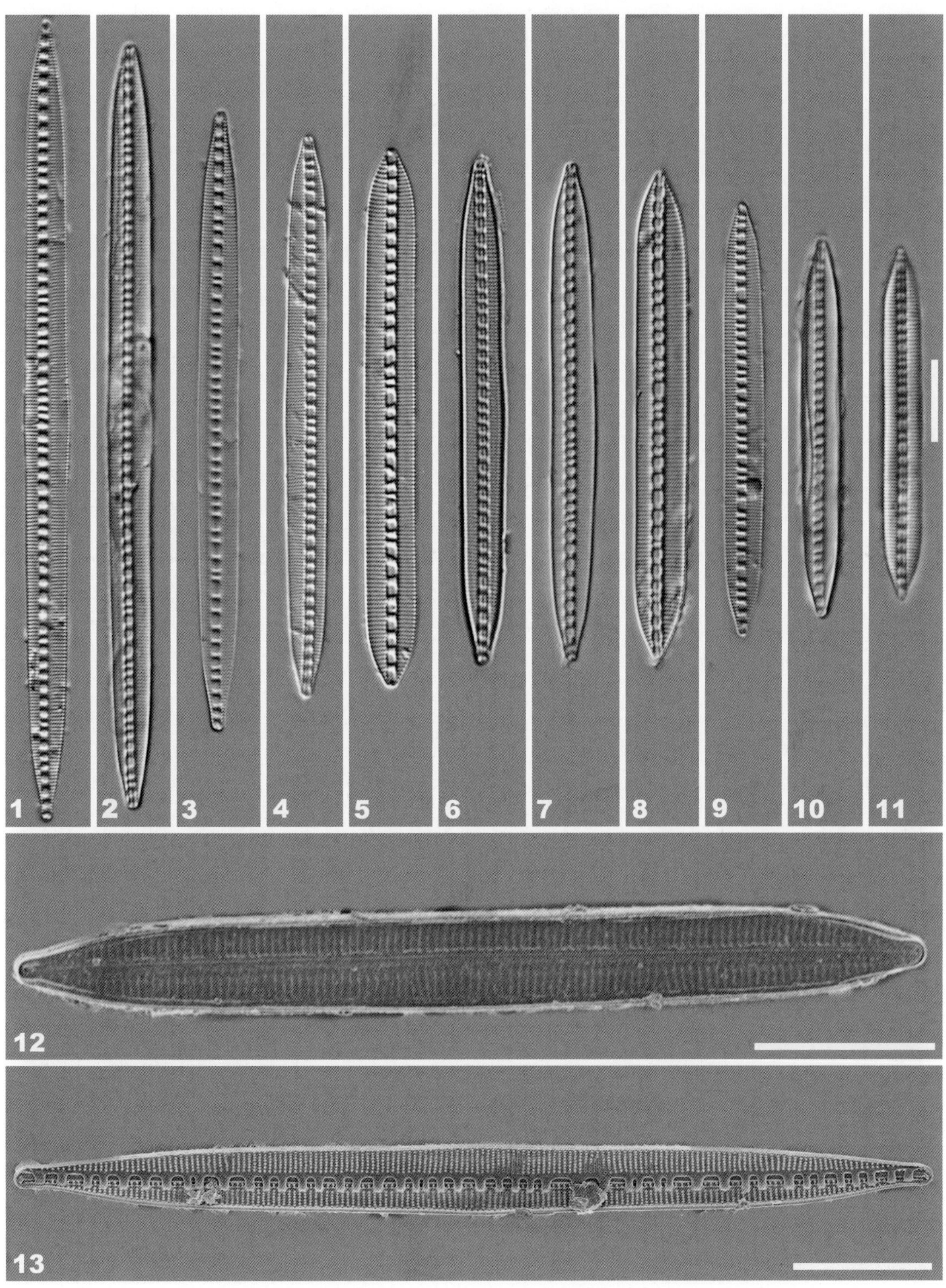

1-13. 奇异杆状藻 *Bacillaria paxillifera* (Müller) Marsson

图版 206

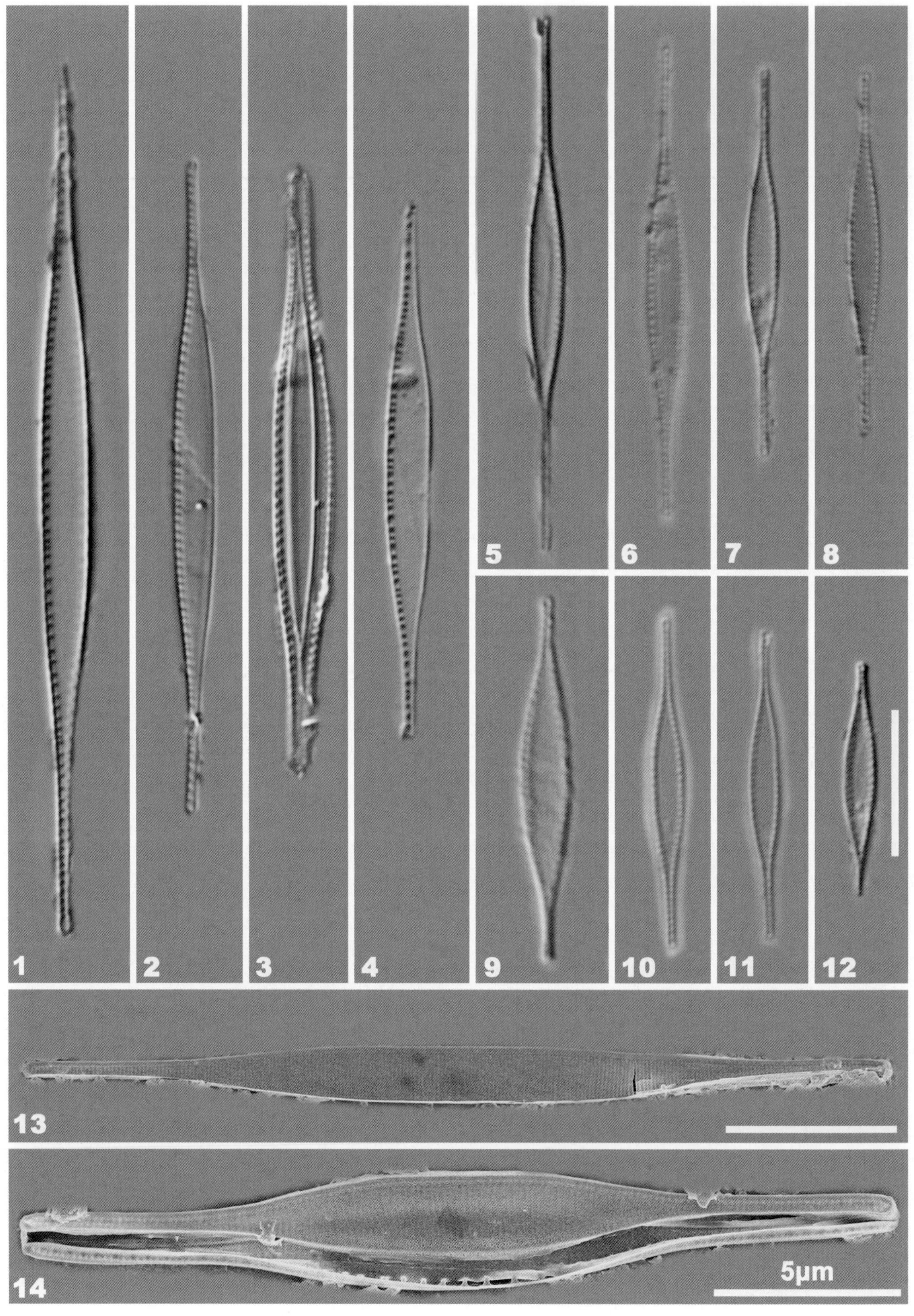

1-4, 13. 针形菱形藻 *Nitzschia acicularis* (Kützing) Smith; 5-12, 14. 阿格纽菱形藻 *Nitzschia agnewii* Cholnoky

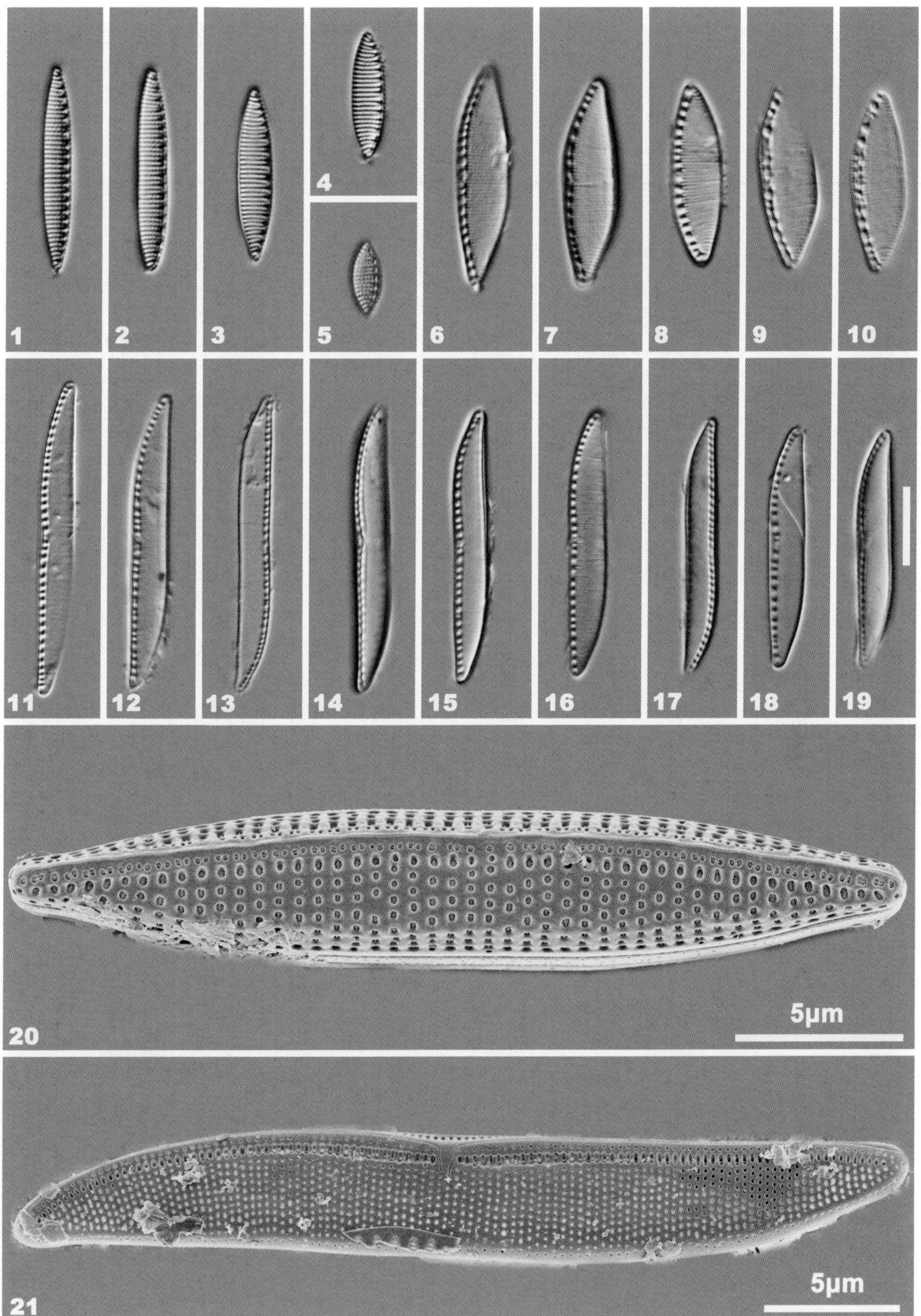

1-5, 20. 两栖菱形藻 *Nitzschia amphibia* Grunow; 6-10. 短形菱形藻 *Nitzschia brevissima* Grunow; 11-19, 21. 克劳斯菱形藻 *Nitzschia clausii* Hantzsch

图版 208

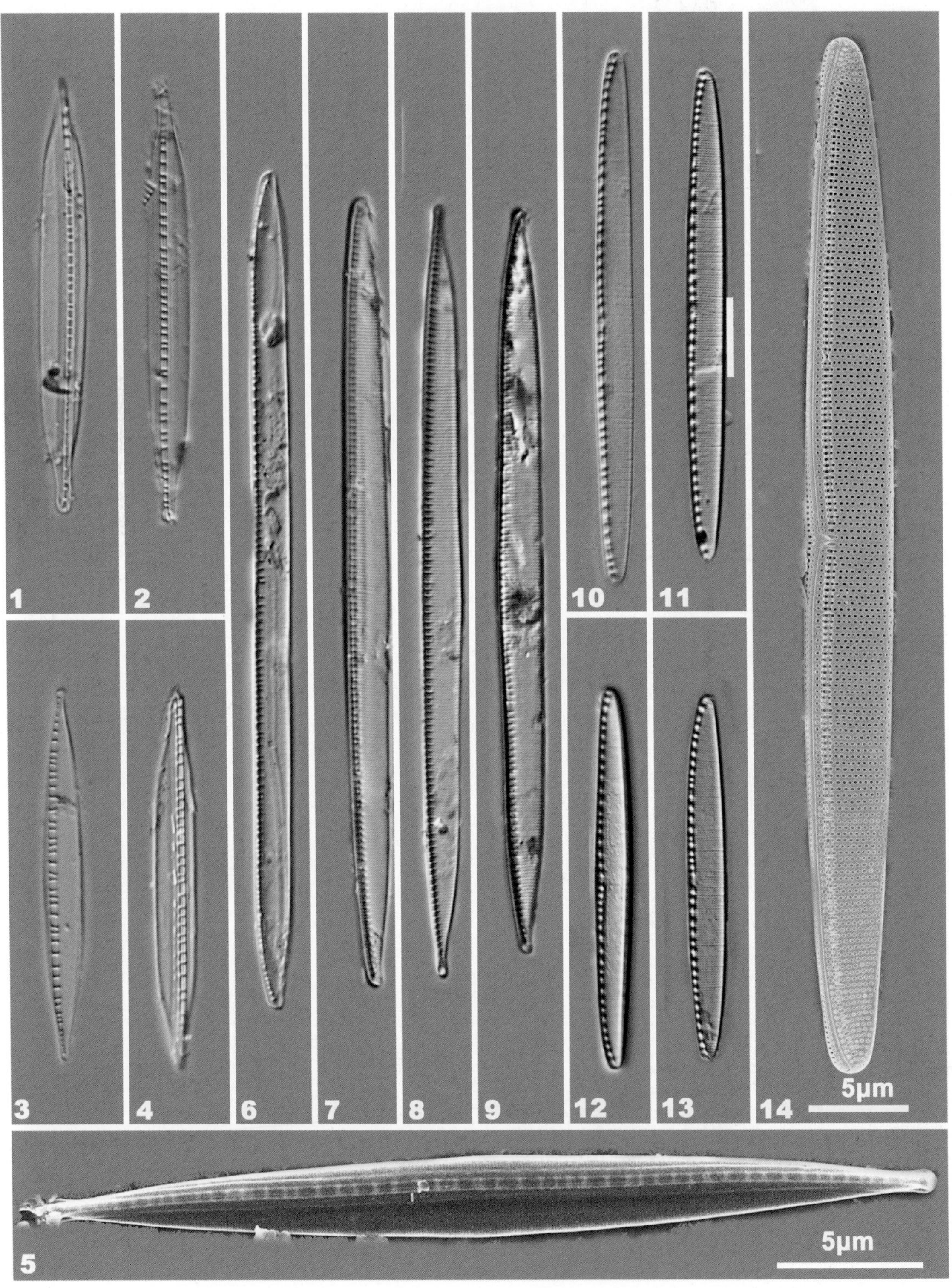

1-5. 细端菱形藻 *Nitzschia dissipata* (Kützing) Rabenhorst; 6-9. 额雷菱形藻 *Nitzschia eglei* Lange-Bertalot; 10-14. 丝状菱形藻 *Nitzschia filiformis* (Smith) Van Heurck

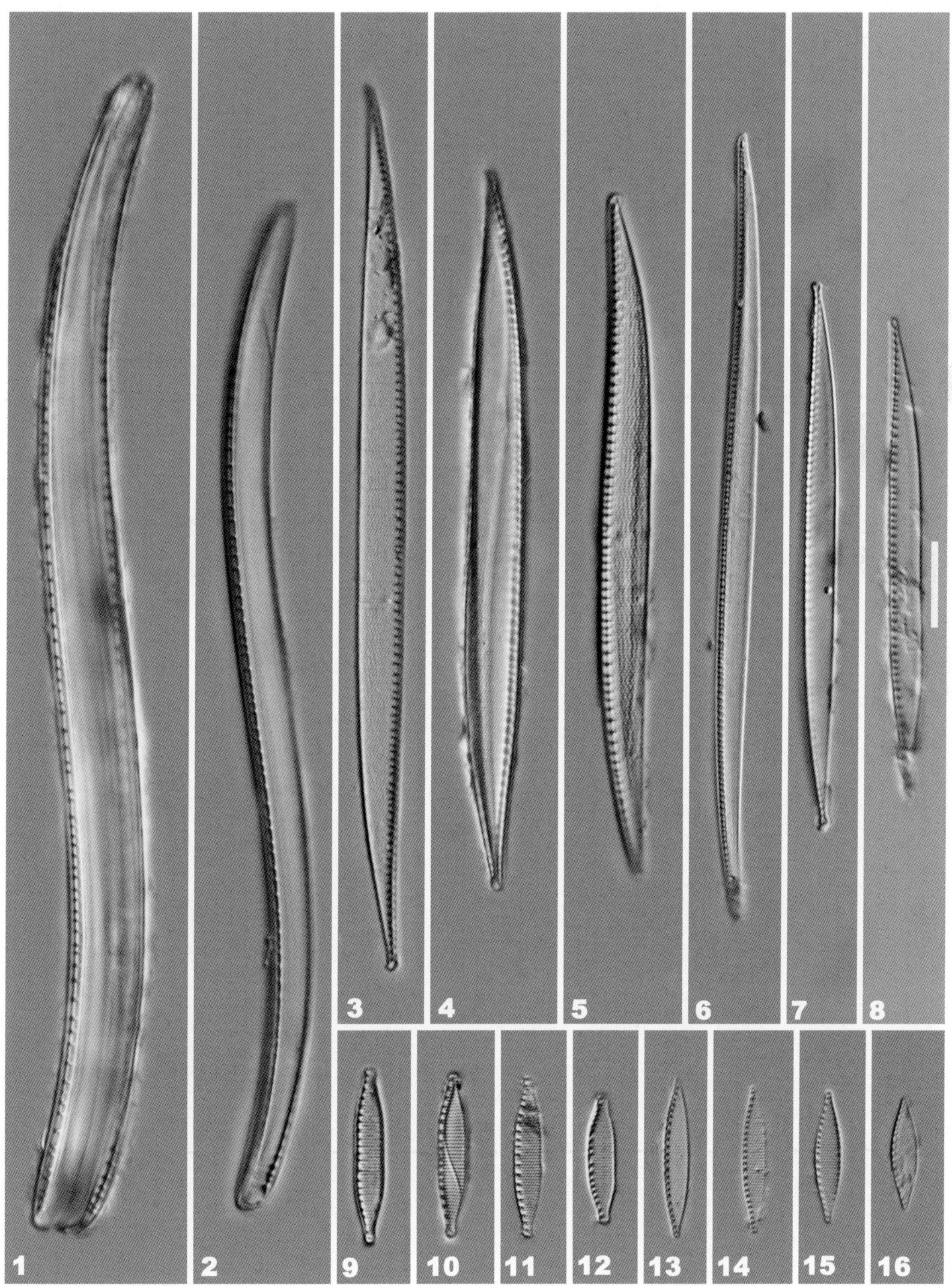

1-2：折曲菱形藻 *Nitzschia flexa* Schumann; 3-5：弯菱形藻 *Nitzschia sigma* (Kützing) Smith; 6：屈肌菱形藻 *Nitzschia flexoides* Geitler; 7-8：蠕虫状菱形藻 *Nitzschia vermicularis* (Kützing) Hantzsch; 9-12：汉氏菱形藻 *Nitzschia hantzschiana* Rabenhorst; 13-16：拉库姆菱形藻 *Nitzschia lacuum* Lange-Bertalot

图版 210

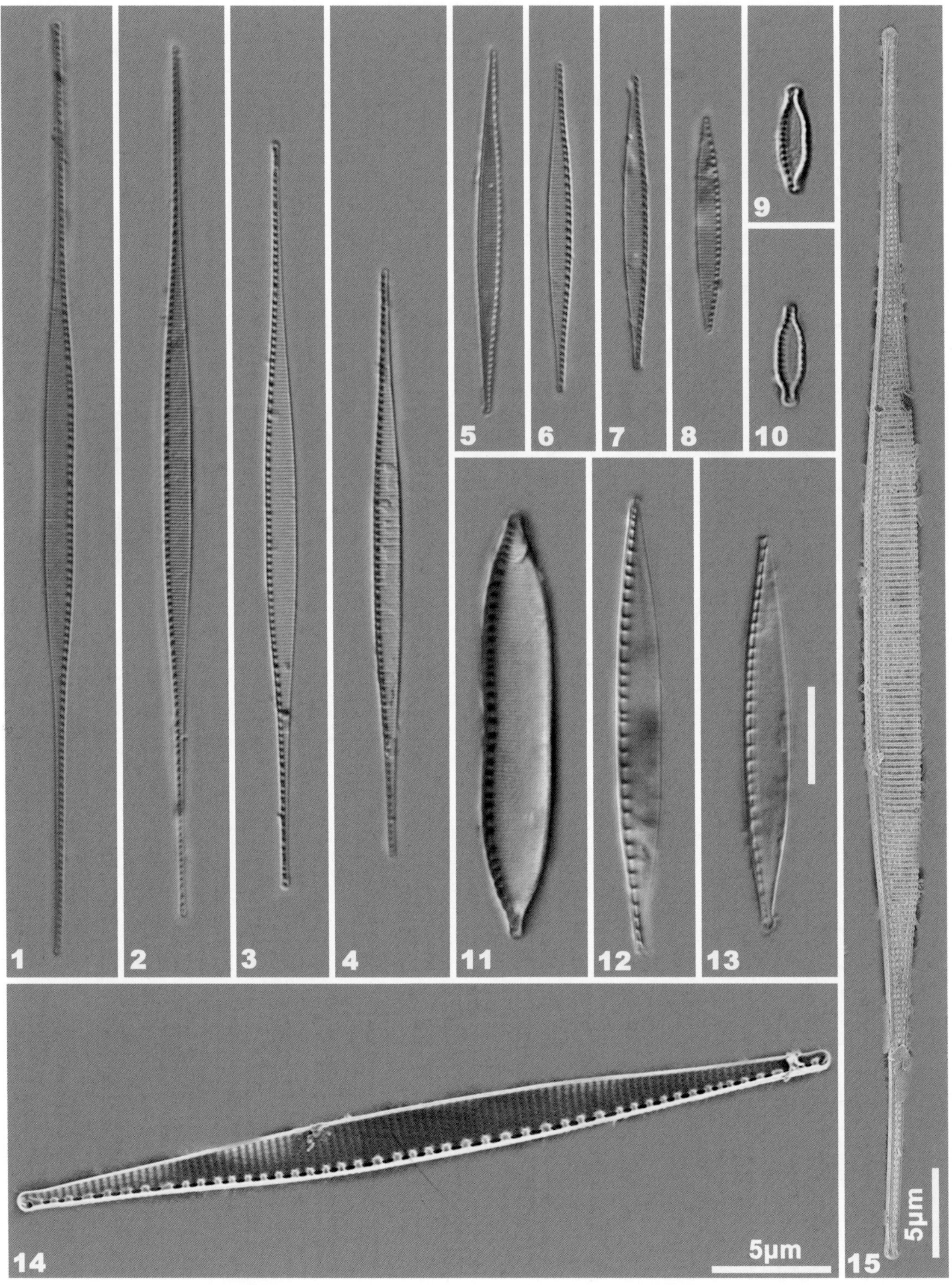

1-4, 15. 细长菱形藻针形变型 *Nitzschia gracilis* f. *acicularoides* Coste & Ricard; 5-8, 14. 近针形菱形藻 *Nitzschia subacicularis* Hustedt; 9-10. 小头菱形藻 *Nitzschia microcephala* Grunow; 11. 小型菱形藻 *Nitzschia parvula* Smith; 12-13. 交际菱形藻 *Nitzschia sociabilis* Hustedt

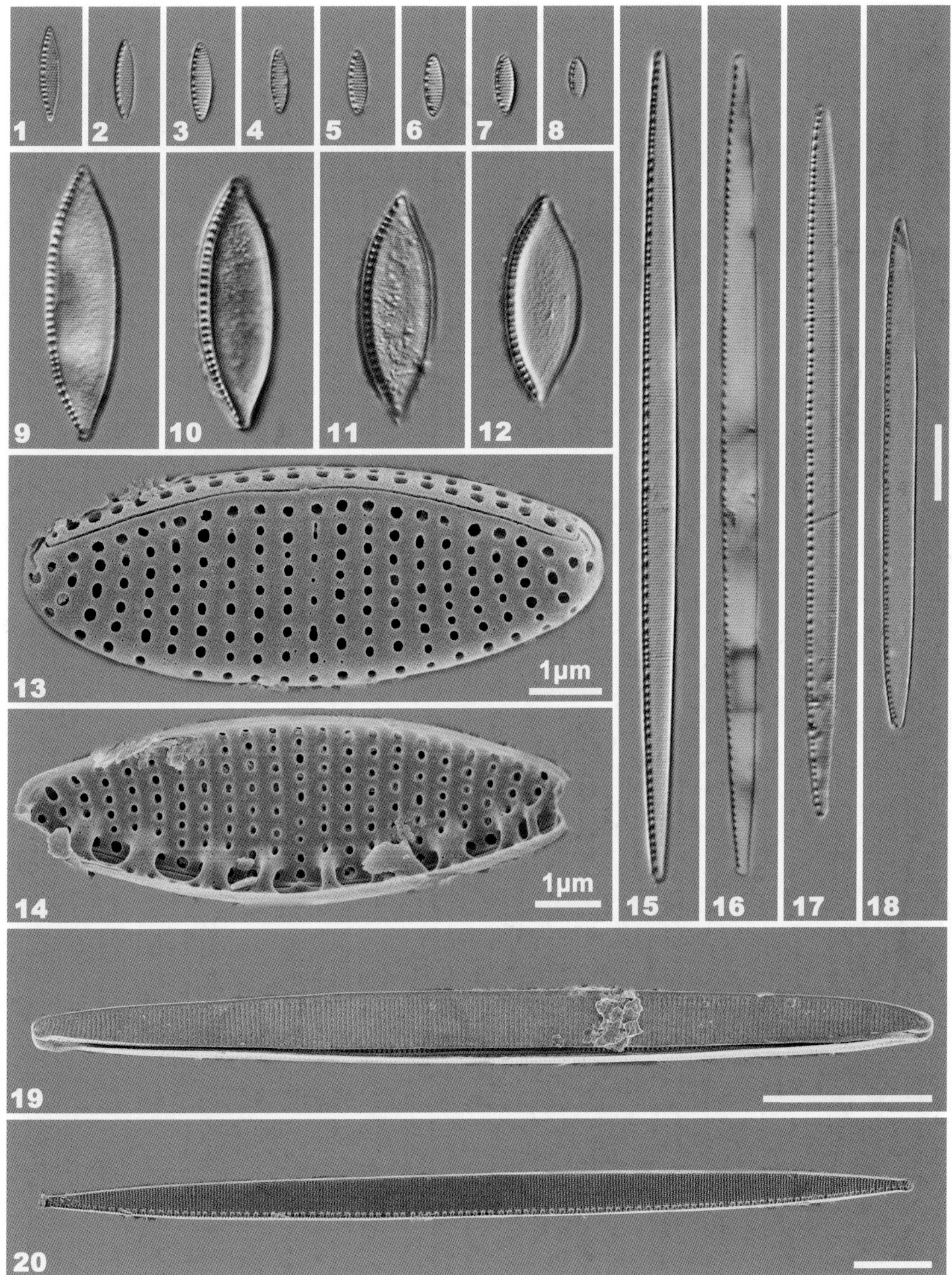

1-8, 13-14. 平庸菱形藻 *Nitzschia inconspicua* Grunow; 9-12. 平滑菱形藻 *Nitzschia laevis* Hustedt; 15-20. 中型菱形藻 *Nitzschia intermedia* Hantzsch ex Cleve & Grunow

图版 212

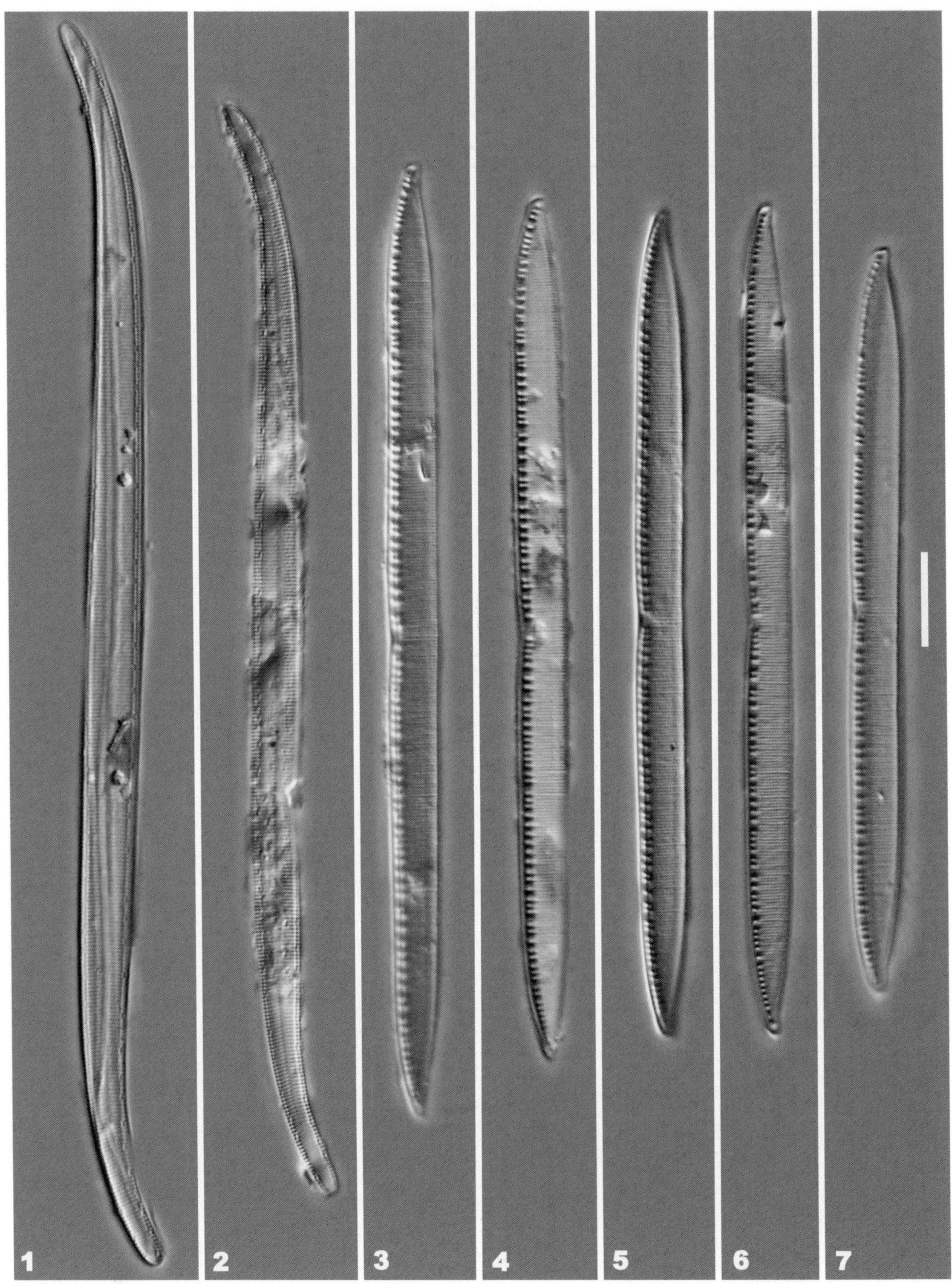

1-2. 中型长羽藻 *Stenopterobia intermedia* (Lewis) Van Heurck & Hanna; 3-7. 线形菱形藻 *Nitzschia linearis* Smith

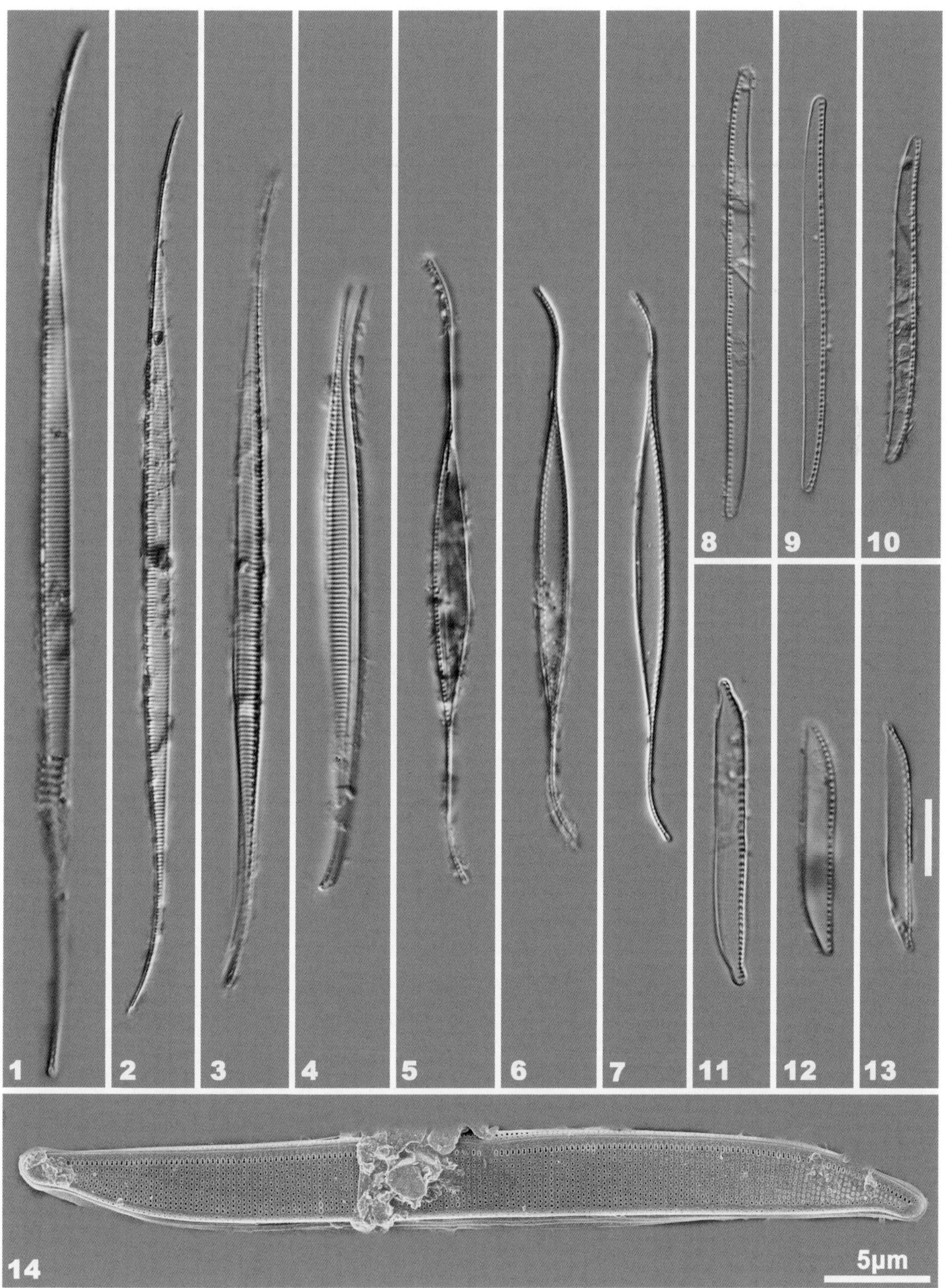

1-4. 洛伦菱形藻 *Nitzschia lorenziana* Grunow; 5-7. 反曲菱形藻 *Nitzschia reversa* Smith; 8-10. 微型菱形藻 *Nitzschia nana* Grunow; 11-14: 刀形菱形藻 *Nitzschia scalpelliformis* Grunow

图版 214

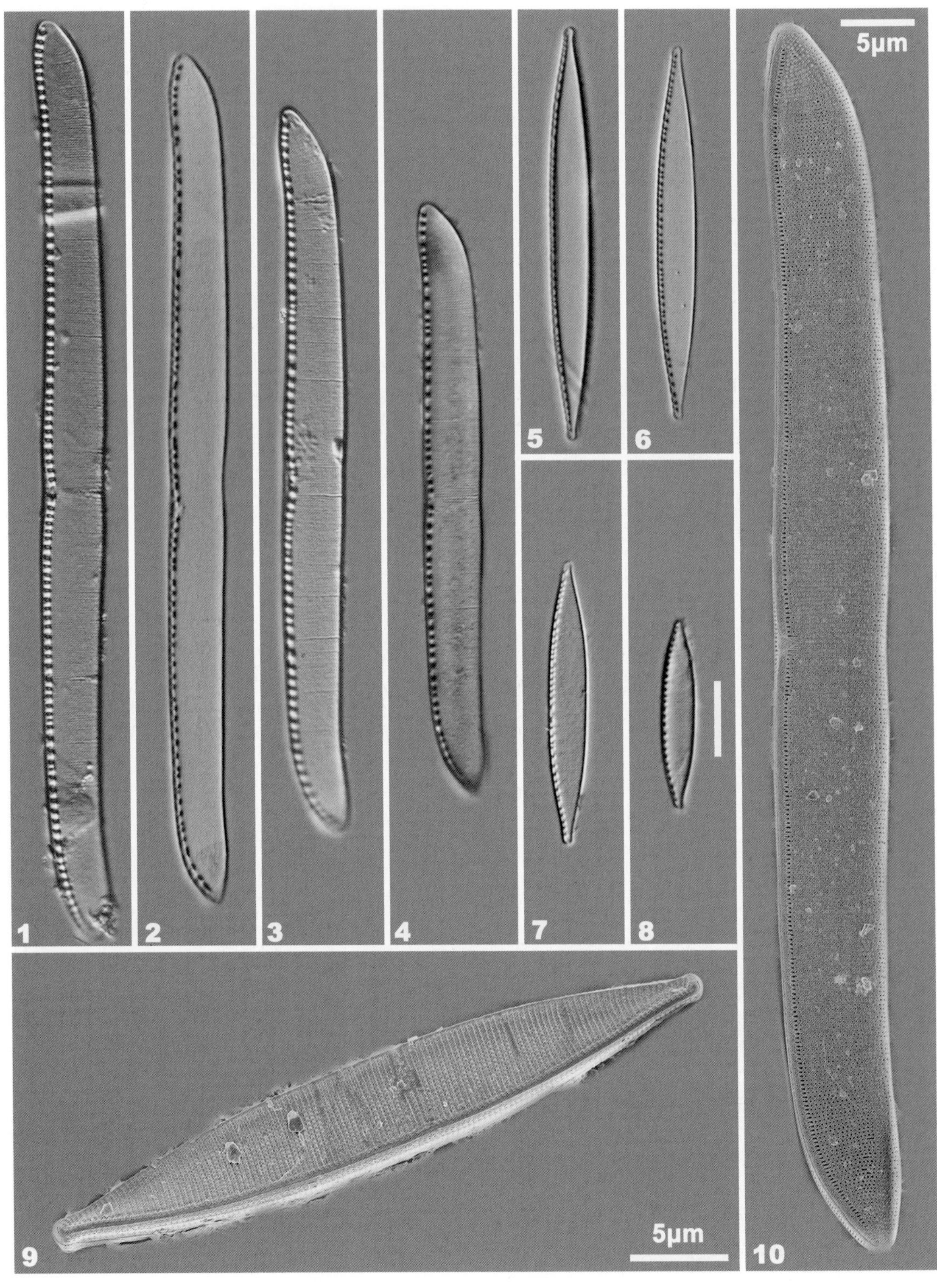

1-4, 10. 钝端菱形藻 *Nitzschia obtusa* Smith; 5-9. 谷皮菱形藻 *Nitzschia palea* (Kützing) Smith

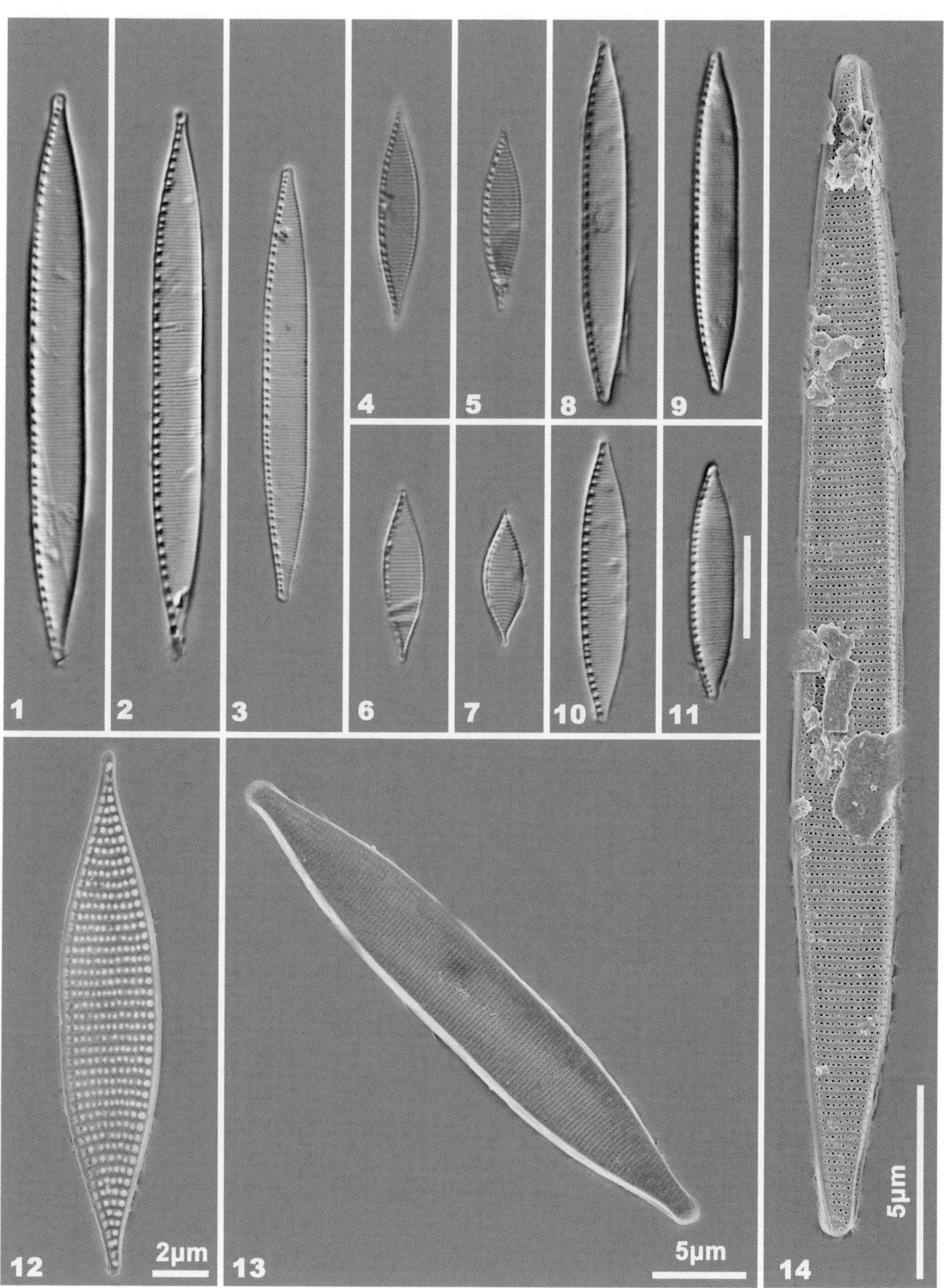

1-3, 14. 直菱形藻 *Nitzschia recta* Hantzsch ex Rabenhorst; 4-7, 12. 斜方矛状菱形藻 *Nitzschia rhombicolancettula* Lange-Bertalot & Werum; 8-11, 13. 常见菱形藻 *Nitzschia solita* Hustedt

图版 216

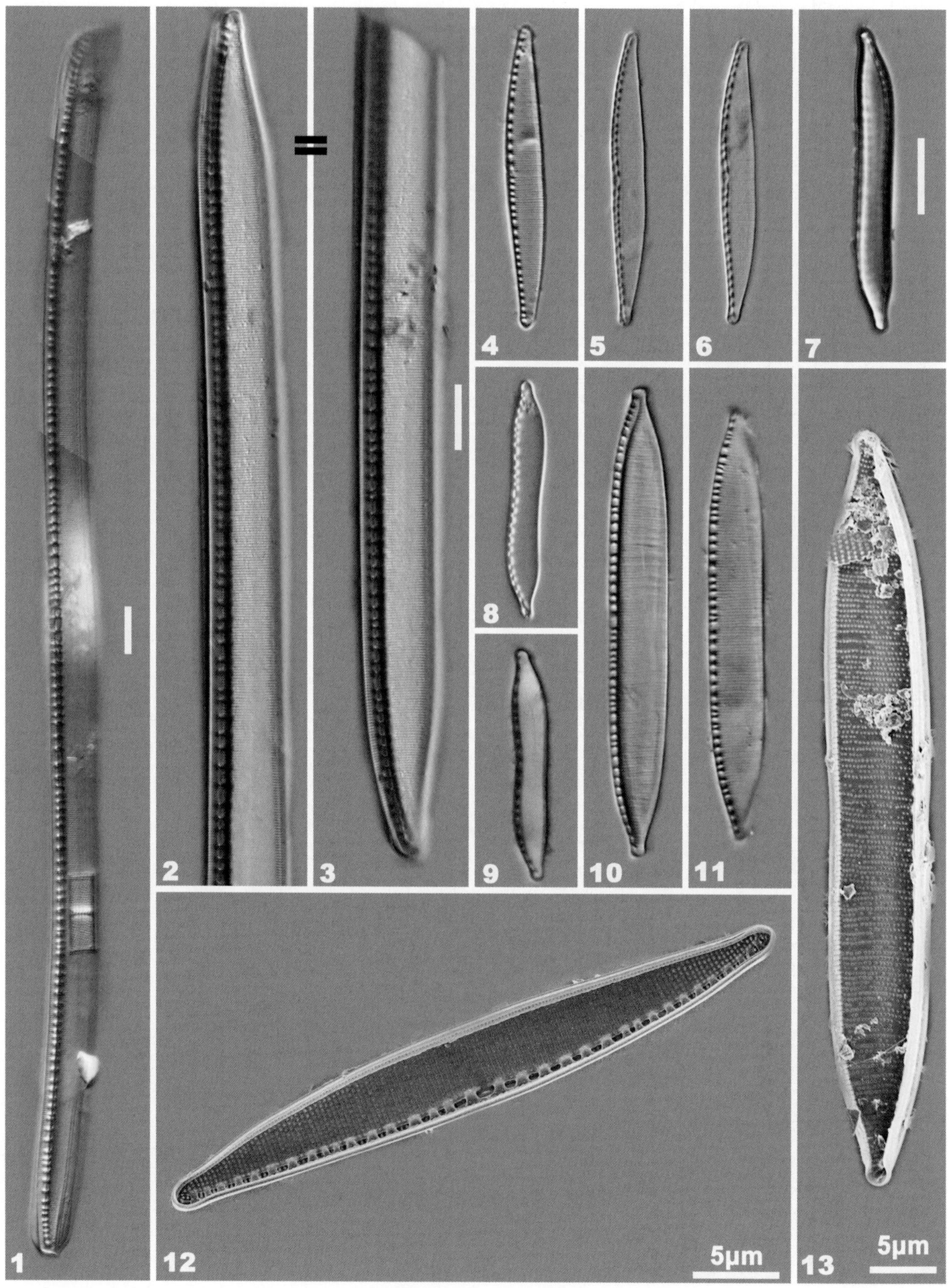

1-3. 类 S 状菱形藻 *Nitzschia sigmoidea* (Nitzsch) Smith; 4-6, 12. 近粘连菱形藻斯科舍变种 *Nitzschia subcohaerens* var. *scotica* (Grunow) Van Heurck; 7-9. 土栖菱形藻 *Nitzschia terrestris* (Petersen) Hustedt; 10-11, 13. 脐形菱形藻 *Nitzschia umbonata* (Ehrenberg) Lange-Bertalot

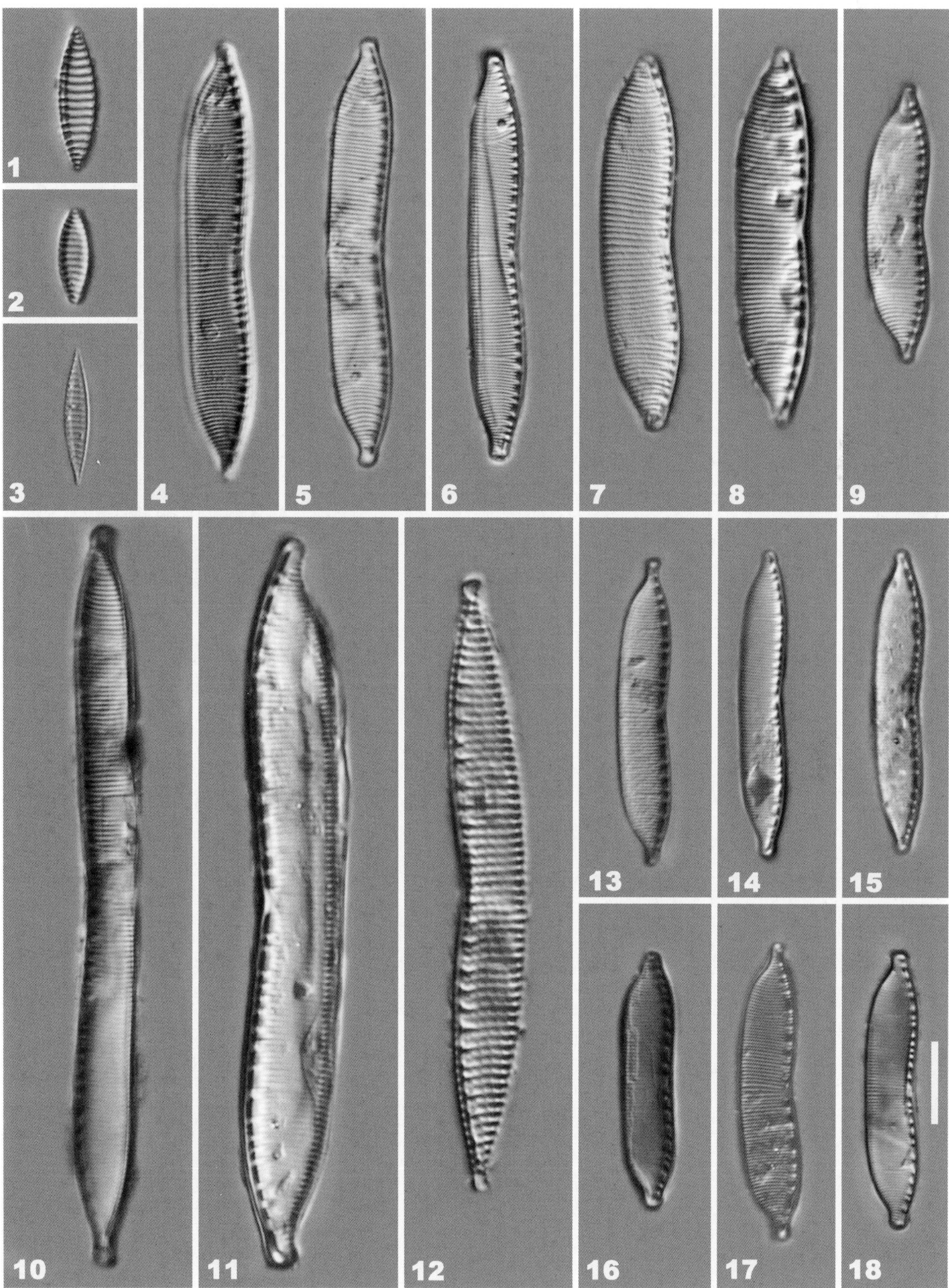

1-2. 德洛西蒙森藻 *Simonsenia delognei* (Grunow) Lange-Bertalot; 3. 茂兰西蒙森藻 *Simonsenia maolaniana* You & Kociolek; 4-6. 丰富菱板藻 *Hantzschia abundans* Lange-Bertalot; 7-9, 17-18. 仿密集菱板藻 *Hantzschia paracompacta* Lange-Bertalot; 10. 嫌钙菱板藻 *Hantzschia calcifuga* Reichardt & Lange-Bertalot; 11. 近石生菱板藻 *Hantzschia subrupestris* Lange-Bertalot; 12. 显点菱板藻 *Hantzschia distinctepunctata* Hustedt; 13. 两尖菱板藻头端变型 *Hantzschia amphioxys* f. *capitata* Müller; 14-15. 两尖菱板藻 *Hantzschia amphioxys* (Ehrenberg) Grunow; 16. 两尖菱板藻相等变种 *Hantzschia amphioxys* var. *aequalis* Cleve-Euler

图版 218

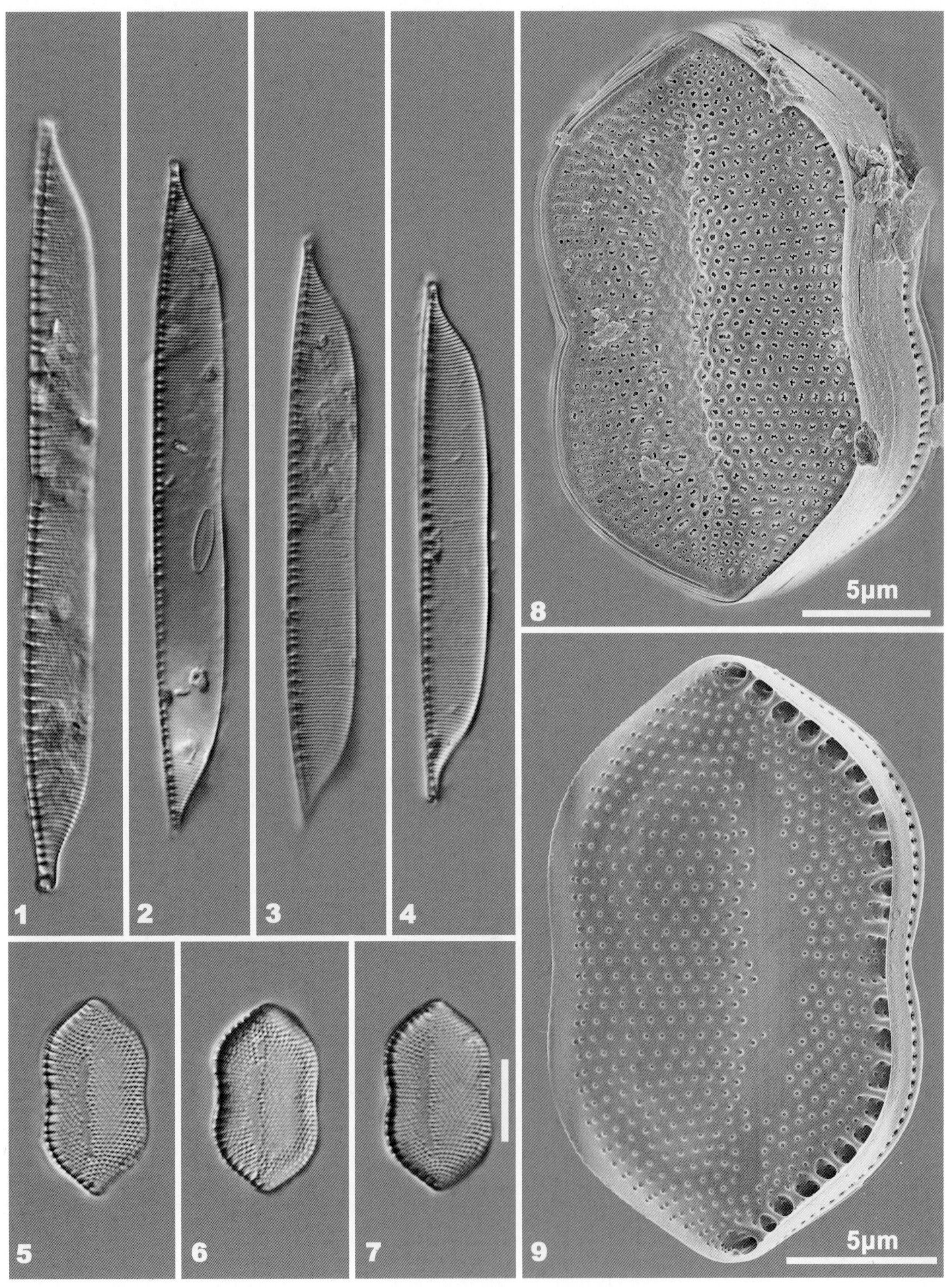

1. 拟巴德菱板藻 *Hantzschia pseudobardii* You & Kociolek; 2-4. 盖斯纳菱板藻 *Hantzschia giessiana* Lange-Bertalot & Rumrich; 5-9. 太湖沙网藻 *Psammodictyon taihuense* Yang, You & Wang

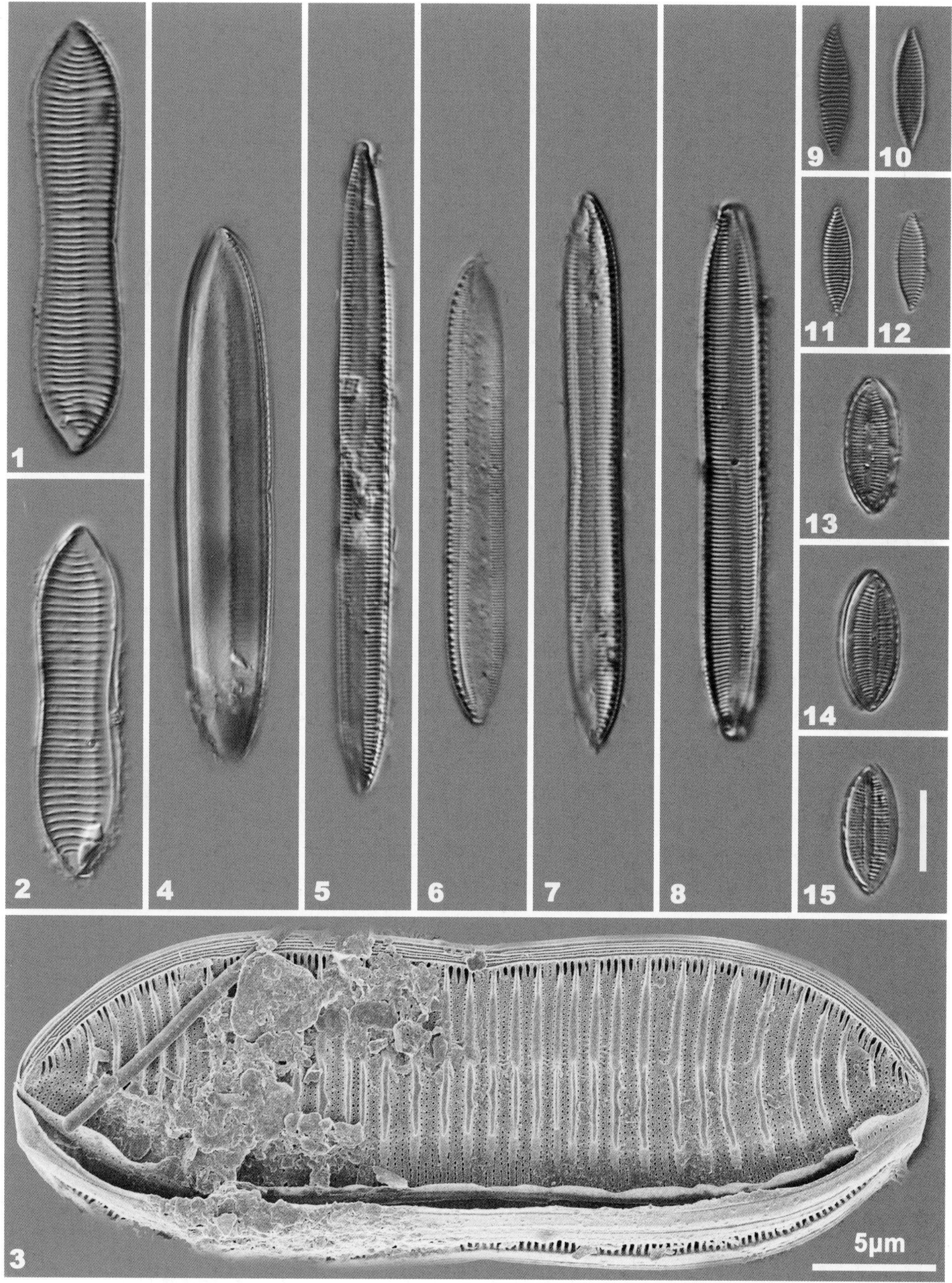

1-3. 尖锥盘杆藻 *Tryblionella acuminata* Smith; 4. 汉氏盘杆藻 *Tryblionella hantzschiana* Grunow; 5-6. 匈牙利盘杆藻 *Tryblionella hungarica* (Grunow) Frenguelli; 7-8. 细尖盘杆藻 *Tryblionella apiculata* Gregory; 9-12: 狭窄盘杆藻 *Tryblionella angustatula* (Lange-Bertalot) Cantonati & Lange-Bertalot; 13-15. 柔弱盘杆藻 *Tryblionella debilis* Arnott & Meara

图版 220

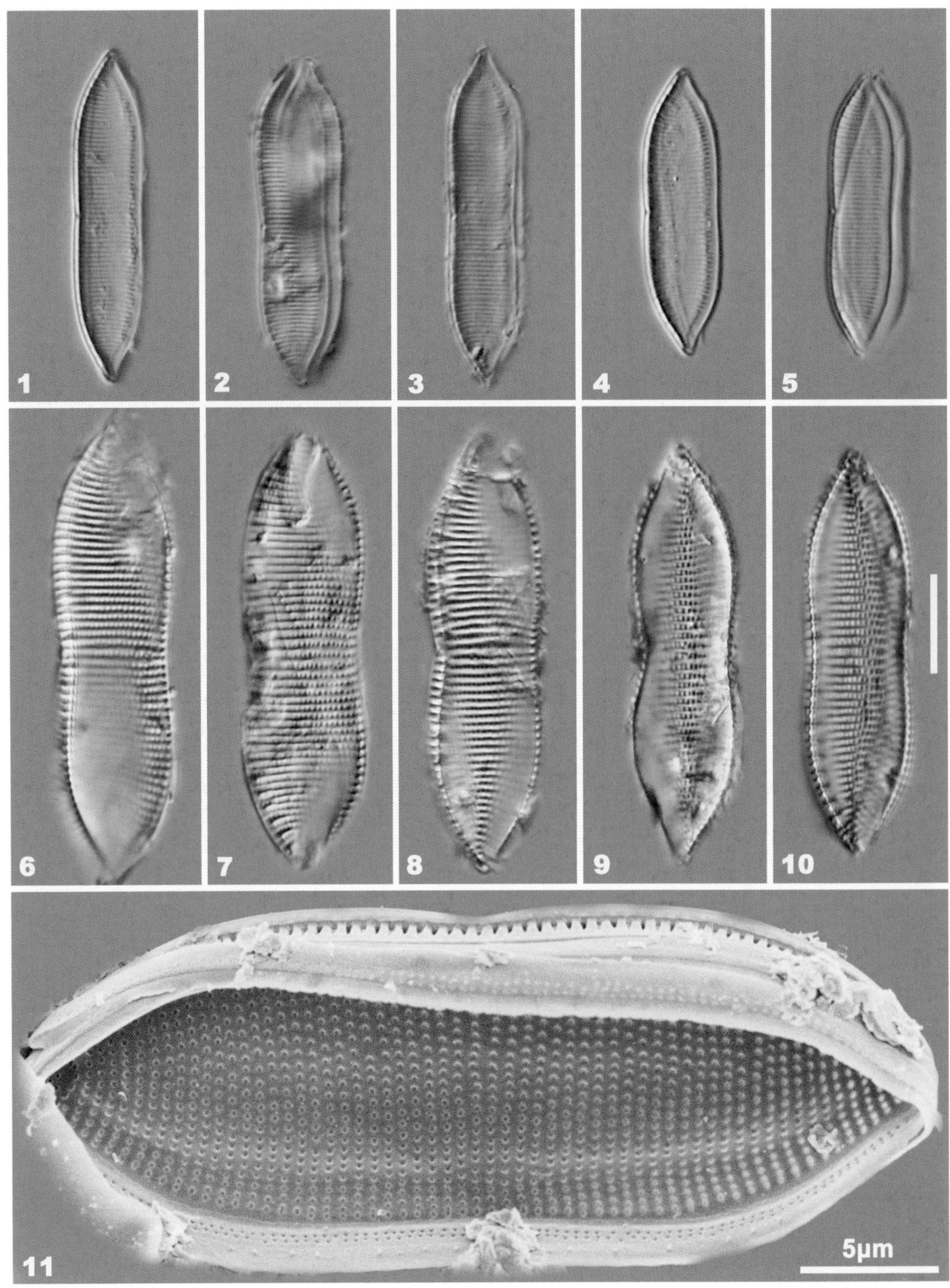

1-5, 11. 暖温盘杆藻 *Tryblionella calida* (Grunow) Mann; 6-10. 狭盘杆藻 *Tryblionella coarctata* (Grunow) Mann

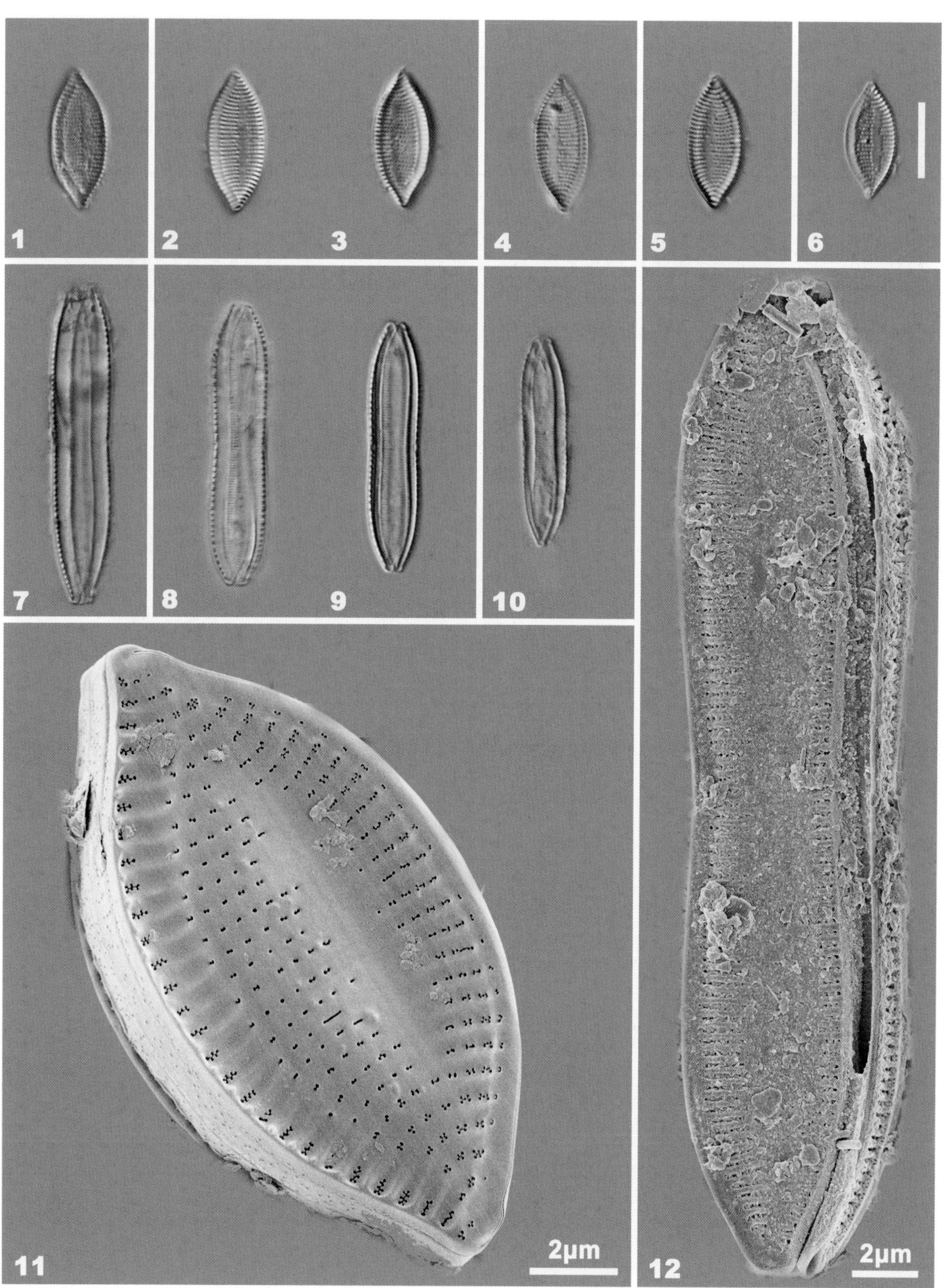

1-6, 11. 扁形盘杆藻 *Tryblionella compressa* (Bailey) Poulin; 7-10, 12. 缢缩盘杆藻 *Tryblionella constricta* (Kützing) Poulin

图版 222

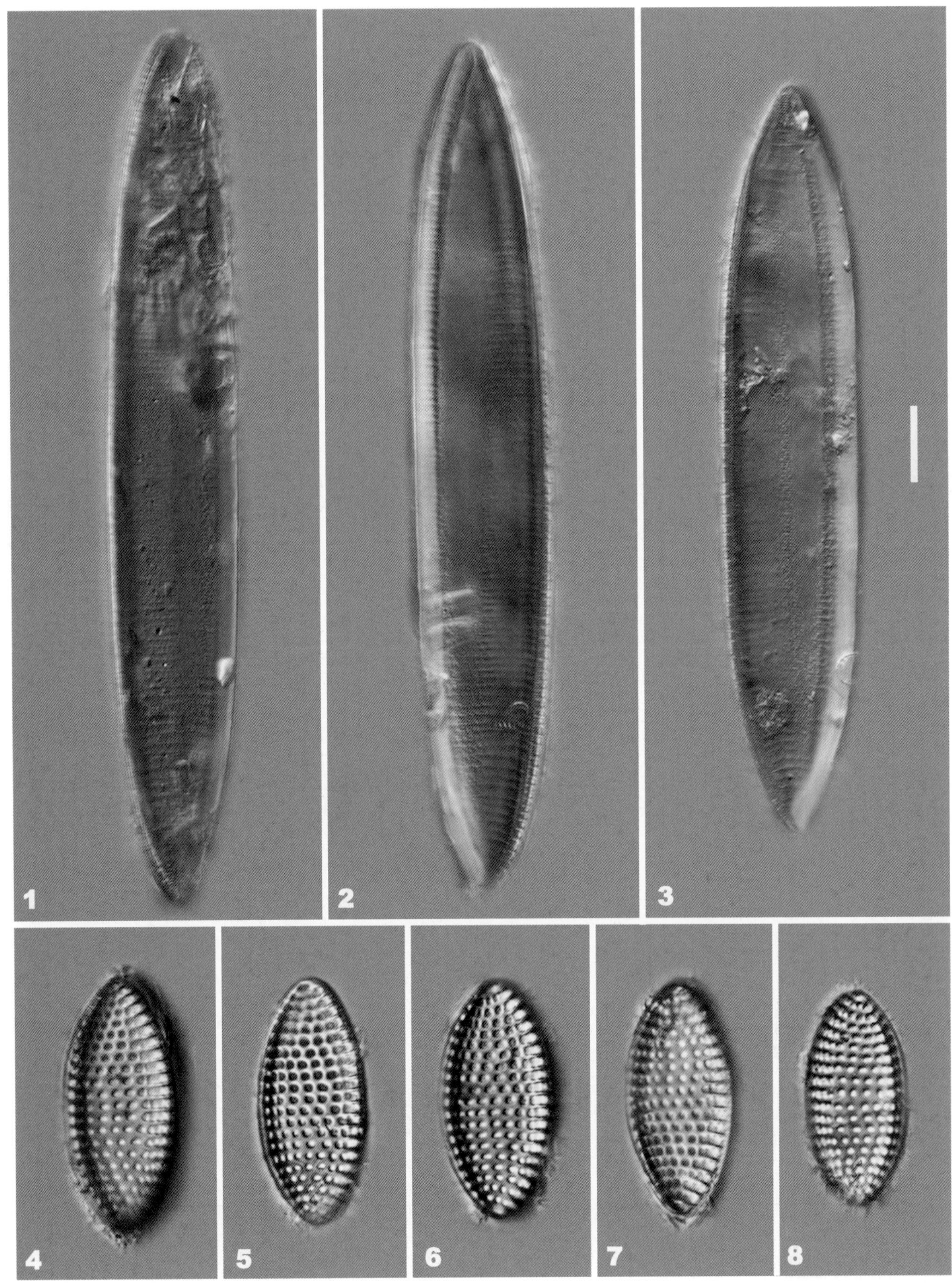

1-3. 细长盘杆藻 *Tryblionella gracilis* Smith; 4-8. 颗粒盘杆藻 *Tryblionella granulata* (Grunow) Mann

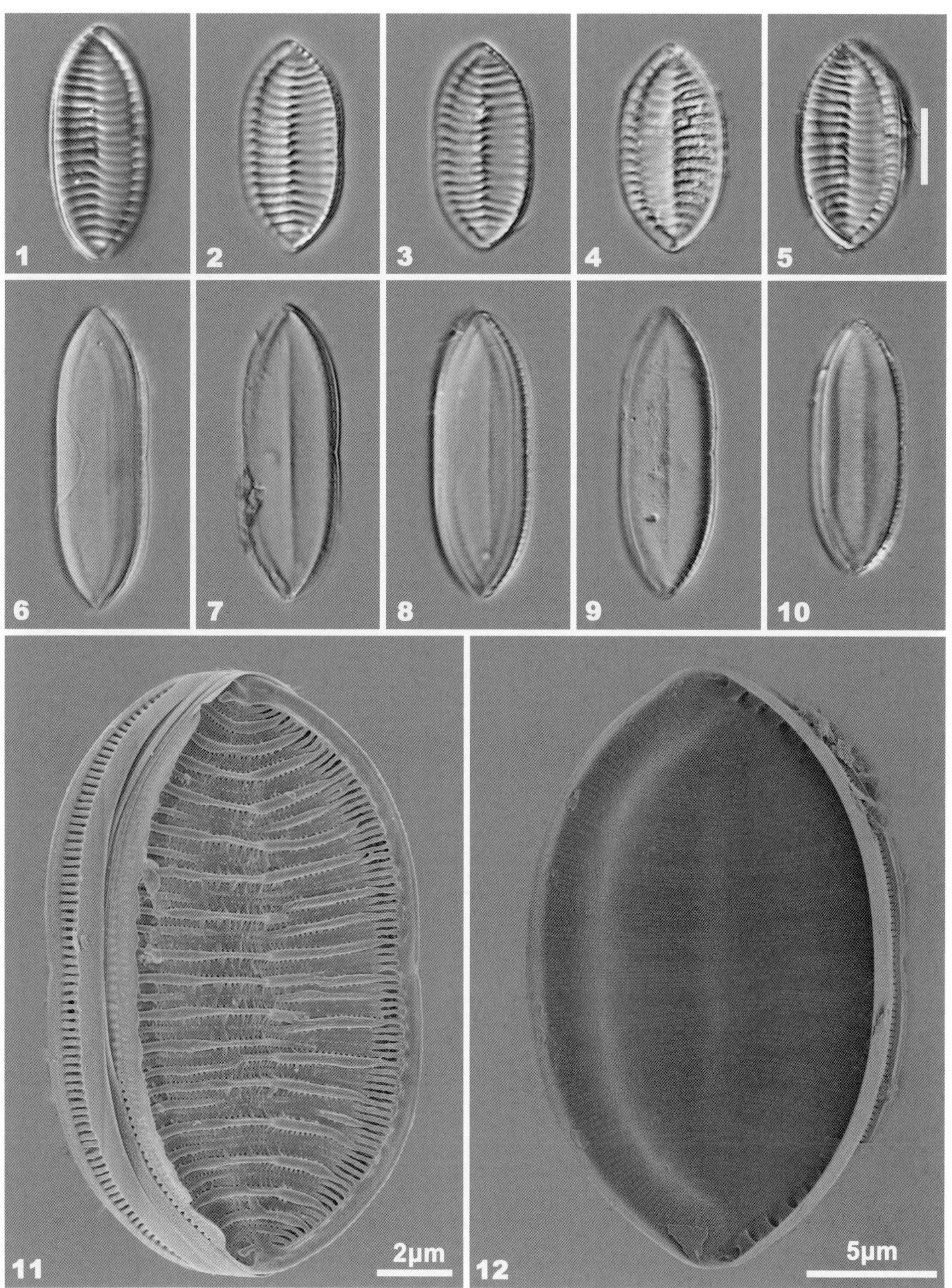

1-5, 11-12. 莱维迪盘杆藻 *Tryblionella levidensis* Smith; 6-10. 维多利亚盘杆藻 *Tryblionella victoriae* Grunow

图版 224

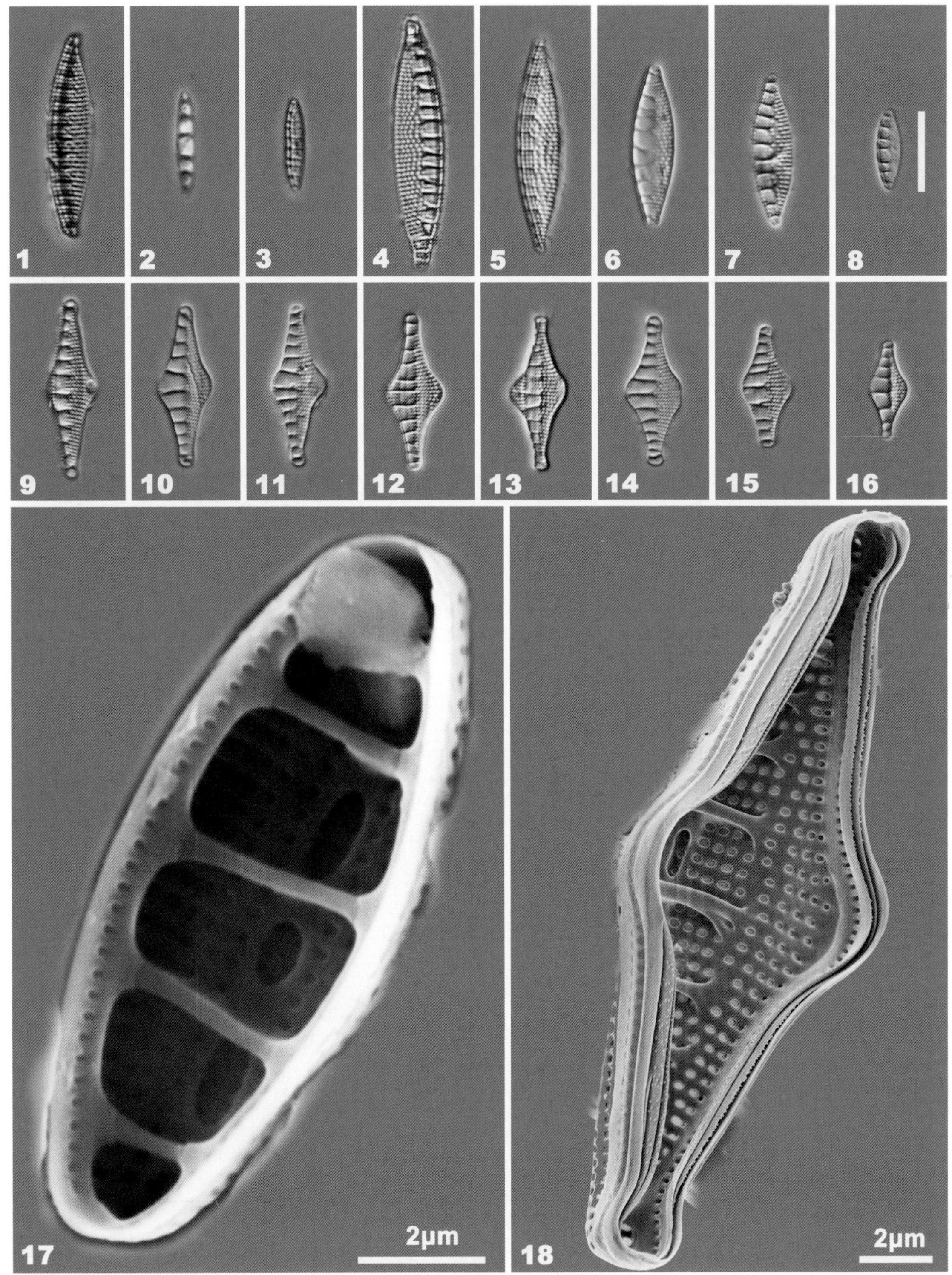

1. 库津细齿藻 *Denticula kuetzingii* Grunow; 2-3, 17. 华美细齿藻 *Denticula elegans* Kützing; 4-8. 索尔根格鲁诺藻 *Grunowia solgensis* (Cleve-Euler) Aboal; 9-16, 18. 平片格鲁诺藻 *Grunowia tabellaria* (Grunow) Rabenhorst

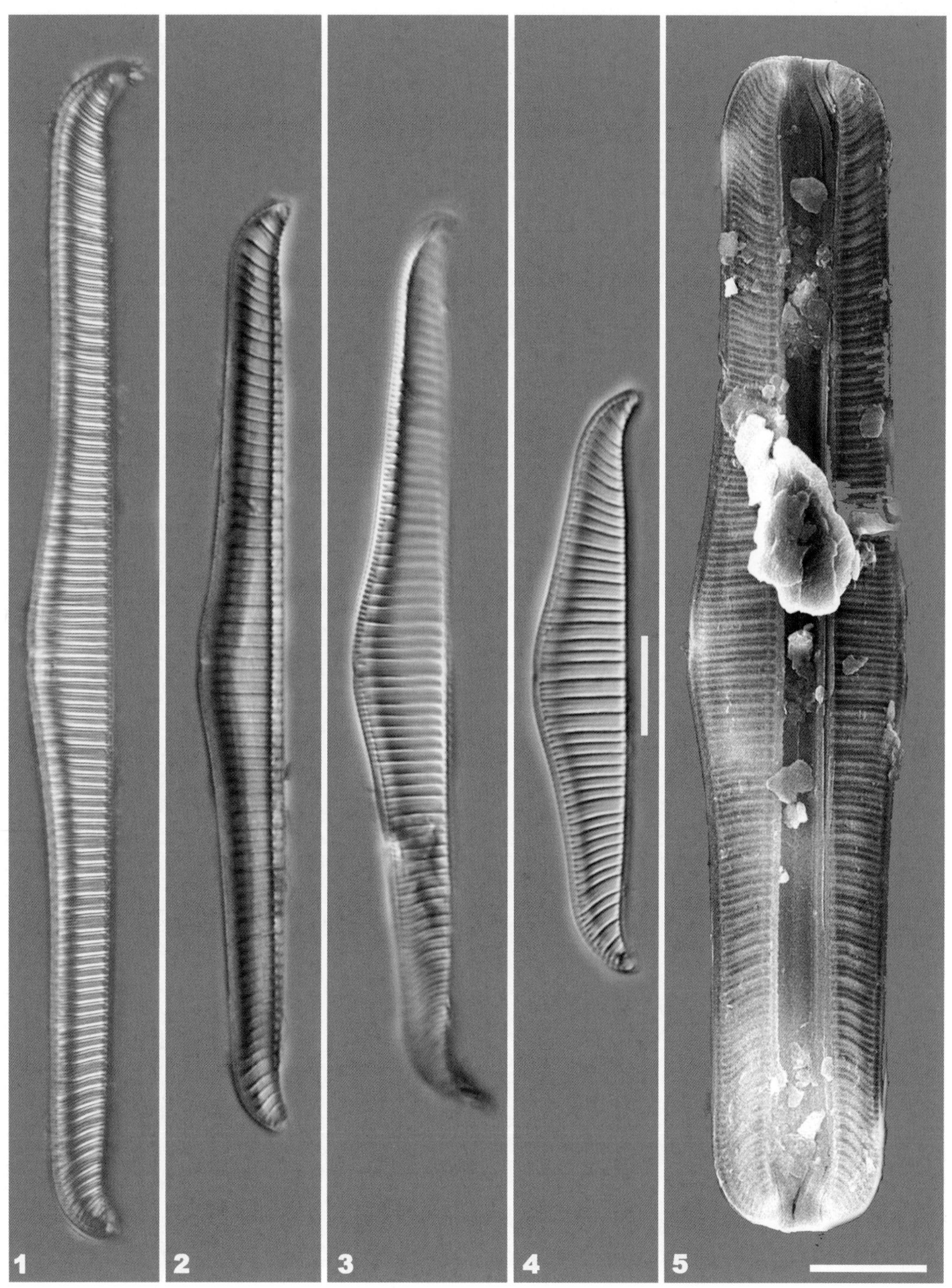

1-5. 弯棒杆藻 *Rhopalodia gibba* (Ehrenberg) Müller

图版 226

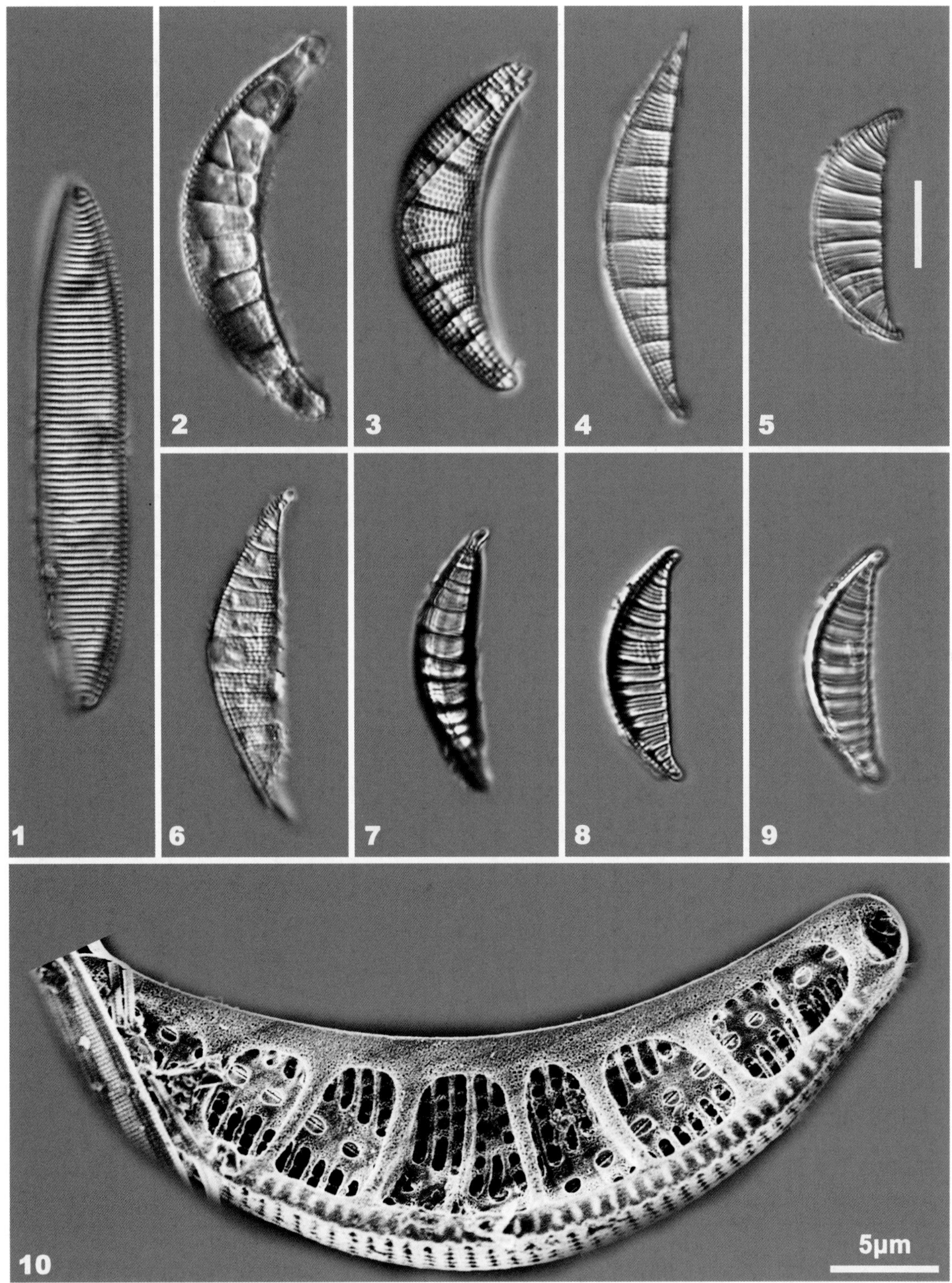

1. 渐窄盘杆藻 *Tryblionella angustata* Smith; 2-3, 10. 驼峰棒杆藻 *Rhopalodia gibberula* (Ehrenberg) Müller; 4. 石生棒杆藻 *Rhopalodia rupestris* (Smith) Krammer; 5. 肌状棒杆藻 *Rhopalodia musculus* (Kützing) Müller; 6-9. 具盖棒杆藻 *Rhopalodia operculata* (Agardh) Håkanasson

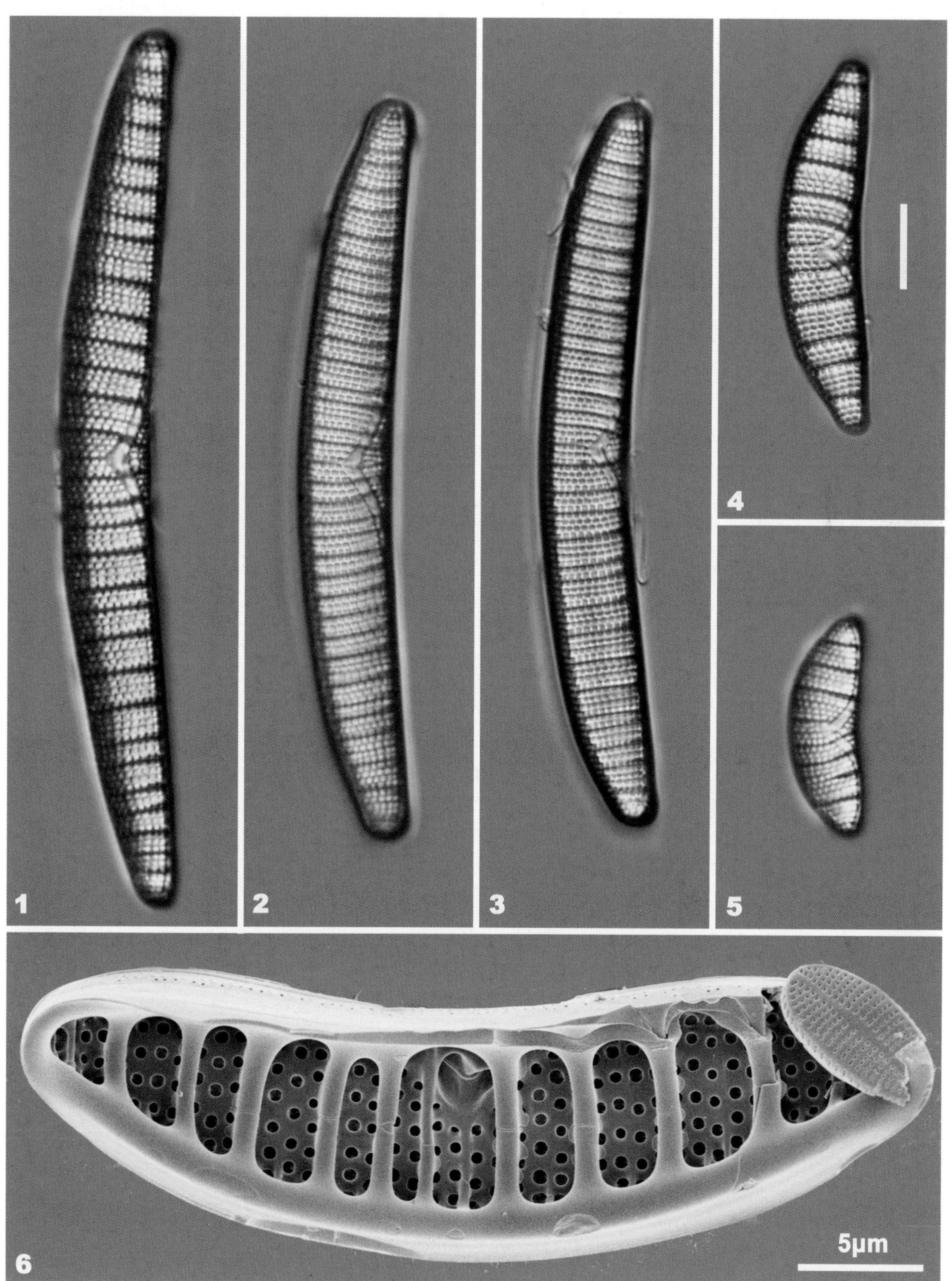

1-6. 侧生窗纹藻 *Epithemia adnata* (Kützing) Brébisson

图版 228

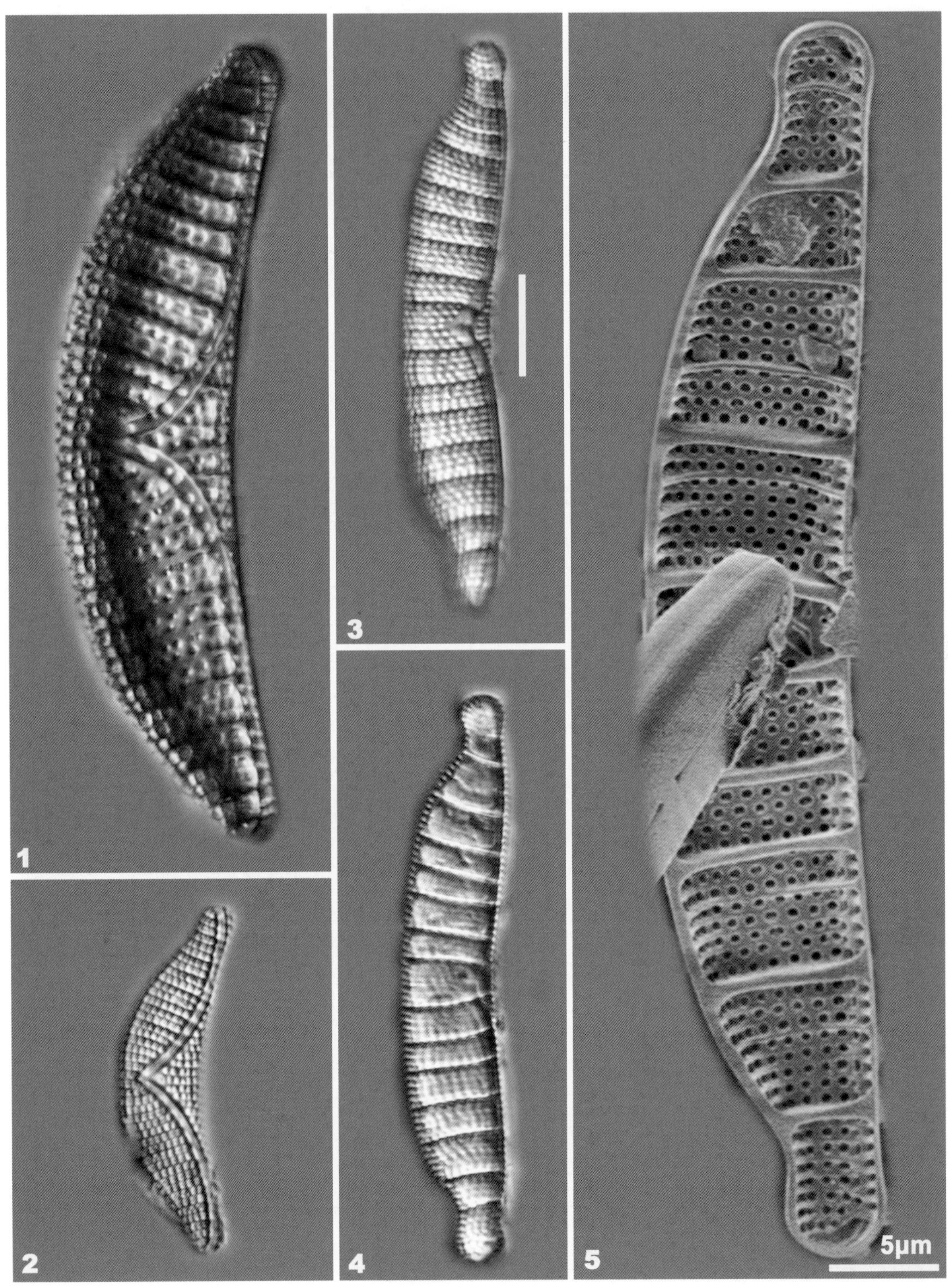

1. 膨大窗纹藻 *Epithemia turgida* (Ehrenberg) Kützing; 2. 鼠形窗纹藻 *Epithemia sorex* Kützing; 3-5. 侧生窗纹藻顶生变种 *Epithemia adnata* var. *proboscidea* (Kützing) Hendey

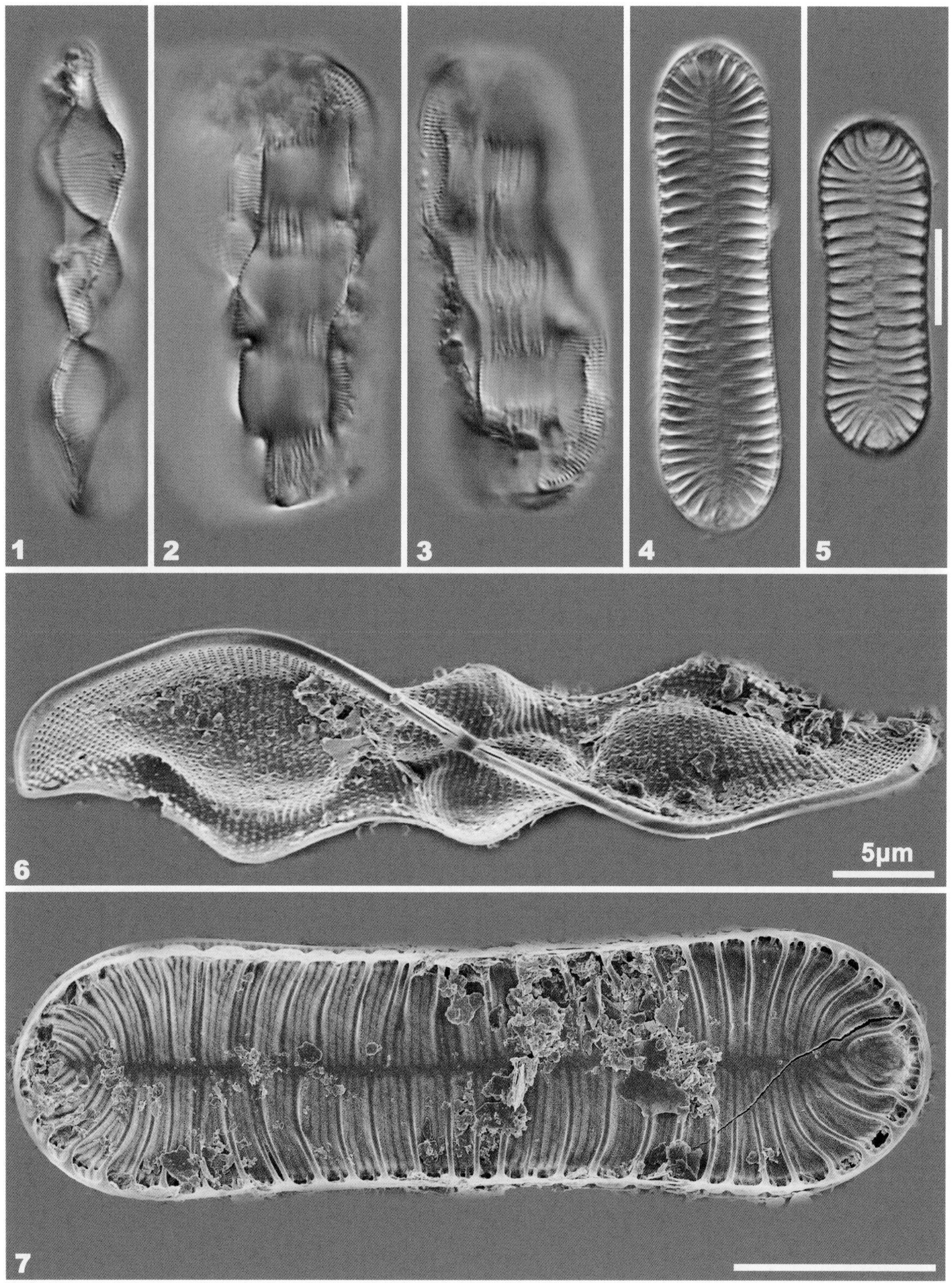

1-3, 6. 三波曲茧形藻 *Entomoneis triundulata* Liu & Williams; 4-5, 7. 霍里达双菱藻缢缩变型 *Surirella horrida* f. *constricta* Hustedt

图版 230

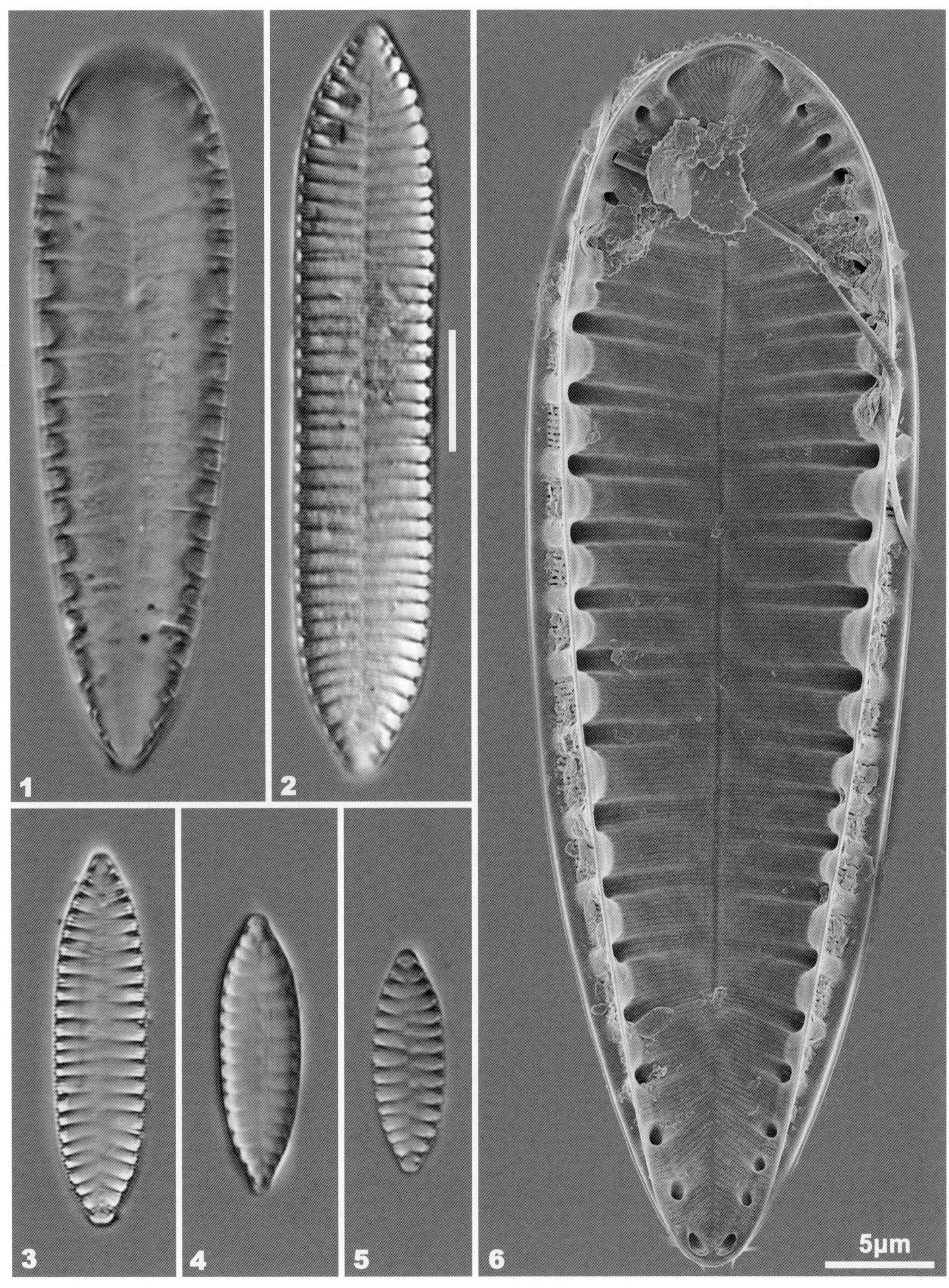

1, 6. 岩生双菱藻 *Surirella agmatilis* Camburn; 2. 细长双菱藻 *Surirella gracilis (Smith) Grunow*; 3-5. 窄双菱藻 *Surirella angusta* Kützing

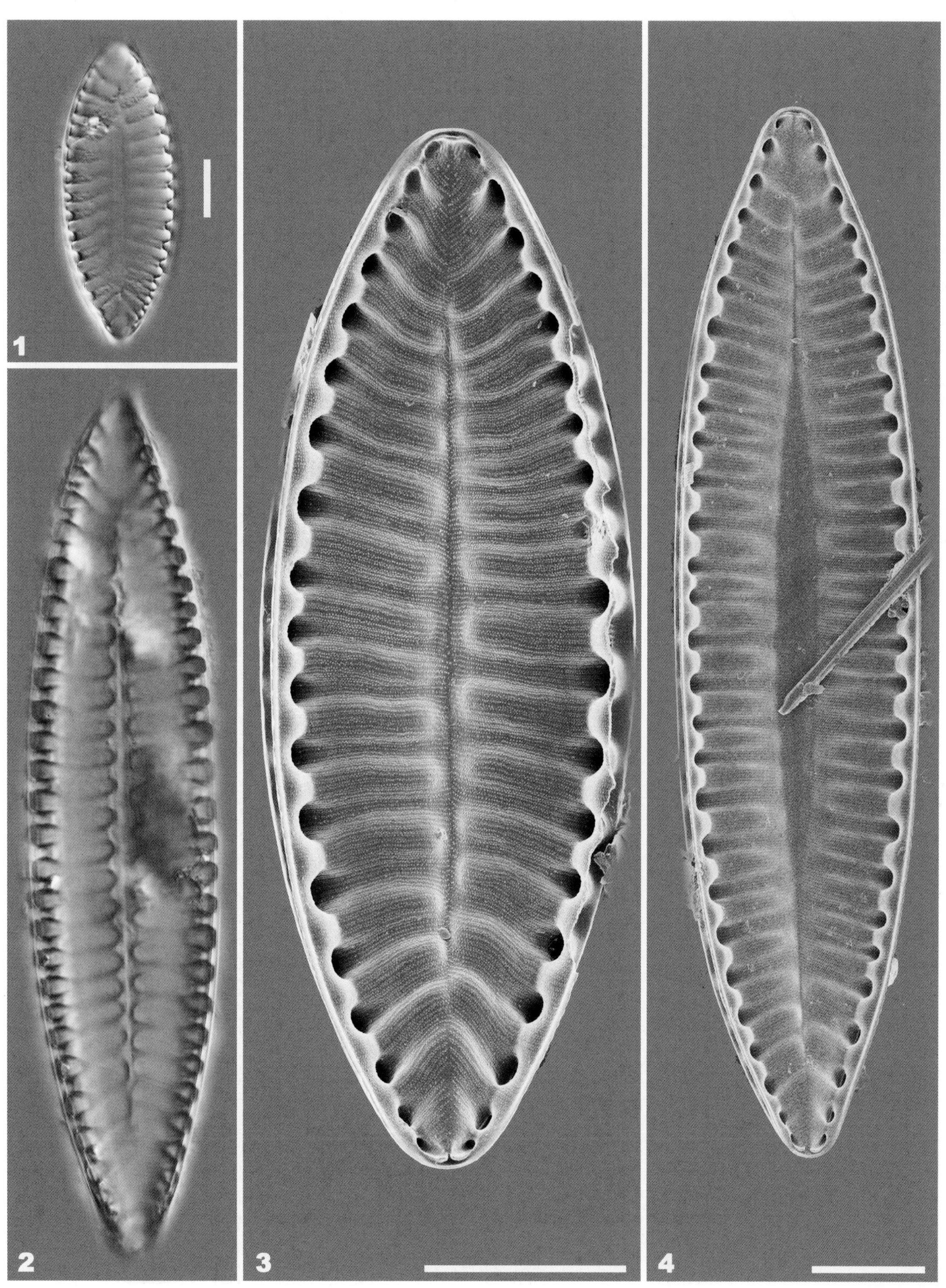

1, 3. 二额双菱藻 *Surirella bifrons* (Ehrenberg) Ehrenberg; 2, 4. 二列双菱藻 *Surirella biseriata* Brébisson

图版 232

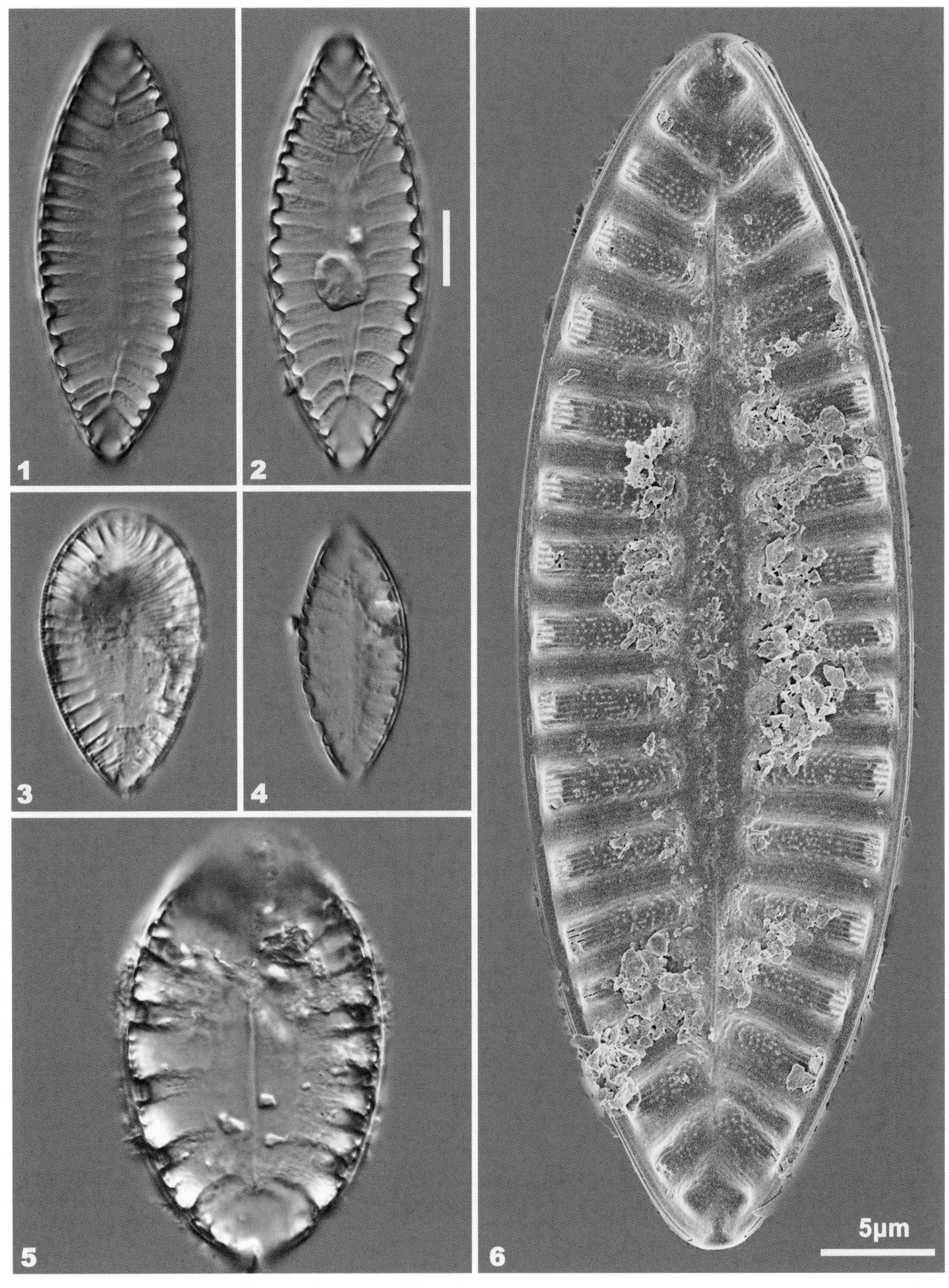

1-2, 4, 6. 二列双菱藻缩小变种 *Surirella biseriata* var. *diminuta* Cleve; 3. 布列双菱藻 *Surirella brebissonii* Krammer & Lange-Bertalot; 5. 流线双菱藻 *Surirella fluviicygnorum* John

1. 卡普龙双菱藻 *Surirella capronii* Brébisson & Kitton; 2. 流水双菱藻 *Surirella fluminensis* Grunow; 3. 美丽双菱藻 *Surirella elegans* Ehrenberg

图版 234

1, 3. 十字双菱藻 *Surirella cruciata* Schmidt; 2, 4. 线性双菱藻 *Surirella linearis* Smith

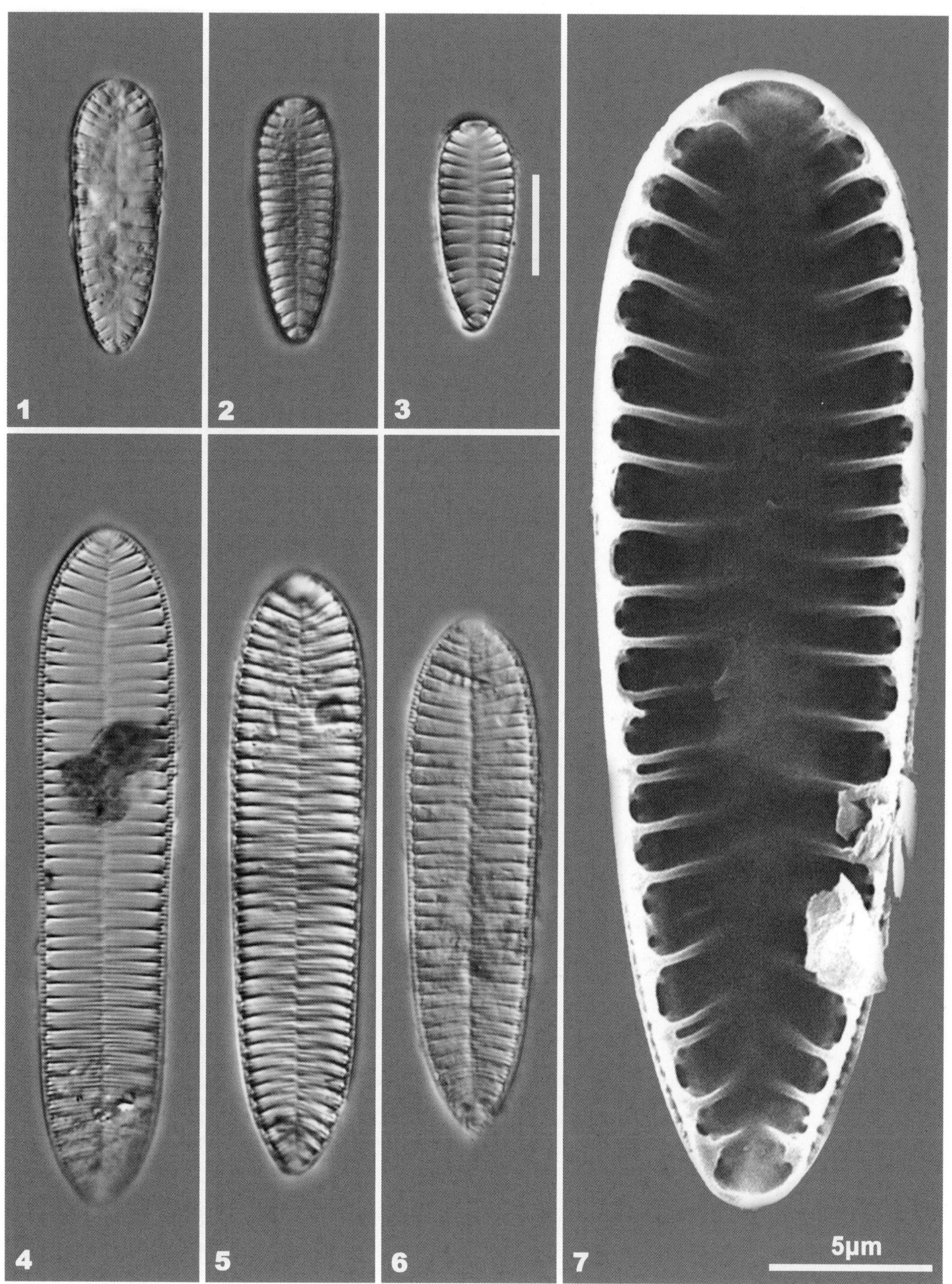

1-3, 7. 微小双菱藻 *Surirella minuta* Brébisson ex Kützing; 4-6. 羽纹双菱藻 *Surirella pinnata* Smith

图版 236

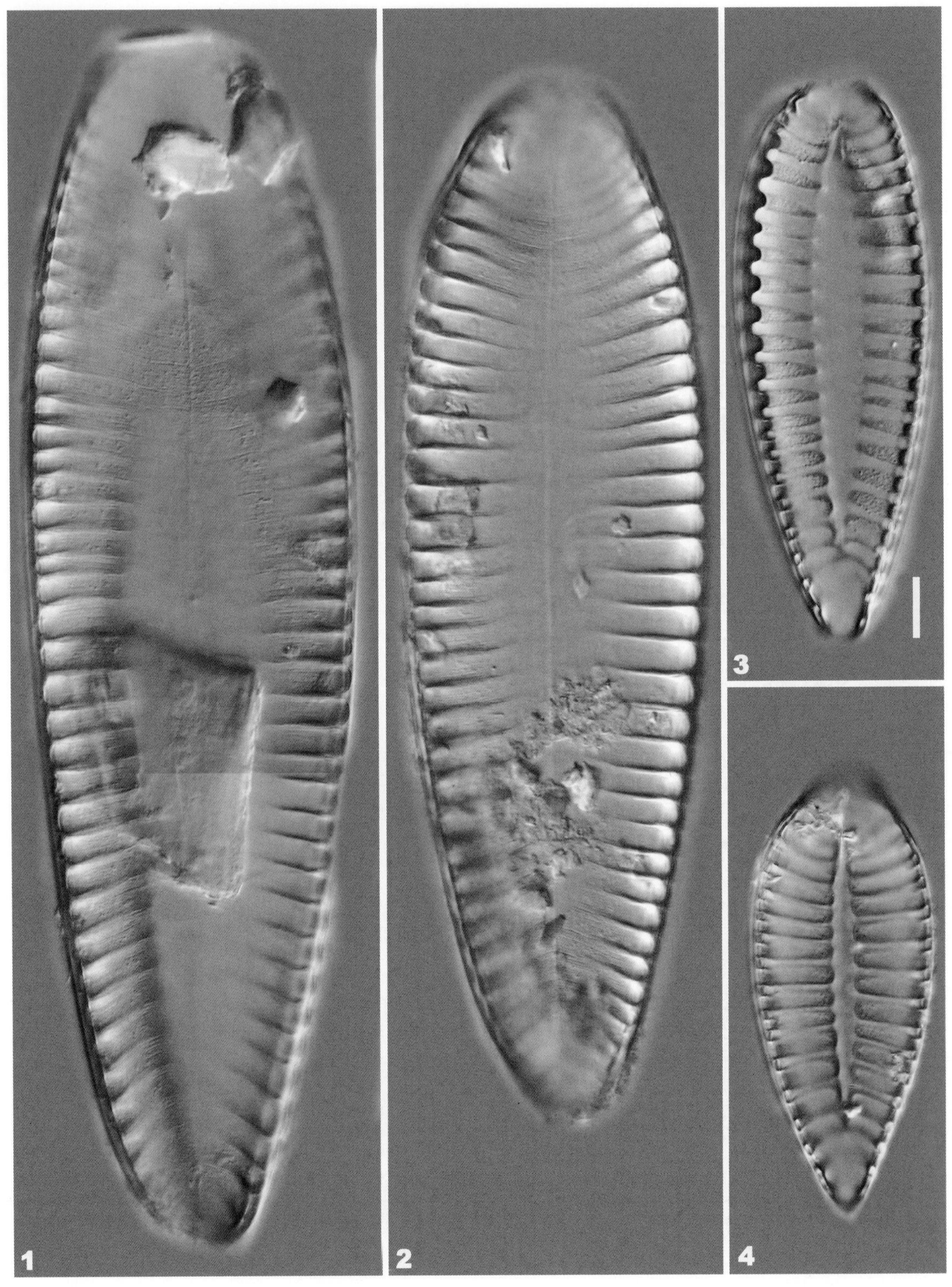

1-2. 粗壮双菱藻 *Surirella robusta* Ehrenberg; 3-4. 华彩双菱藻 *Surirella splendida* (Ehrenberg) Ehrenberg

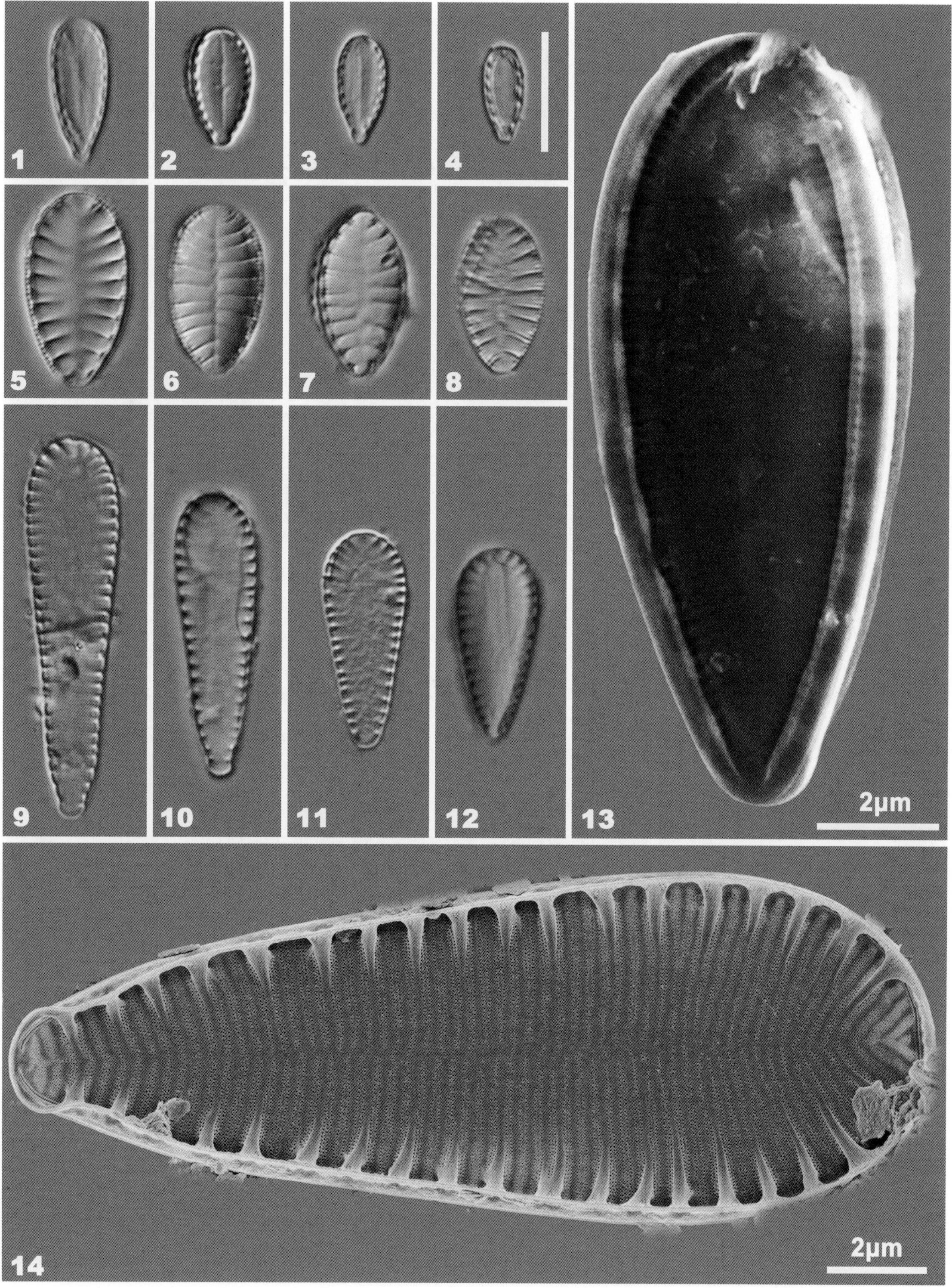

1-4, 13. 石笋双菱藻 *Surirella stalagma* Hohn & Hellerman; 5-8. 近盐生双菱藻 *Surirella subsalsa* Smith; 9-12, 14. 瑞典双菱藻 *Surirella suecica* Grunow

图版 238

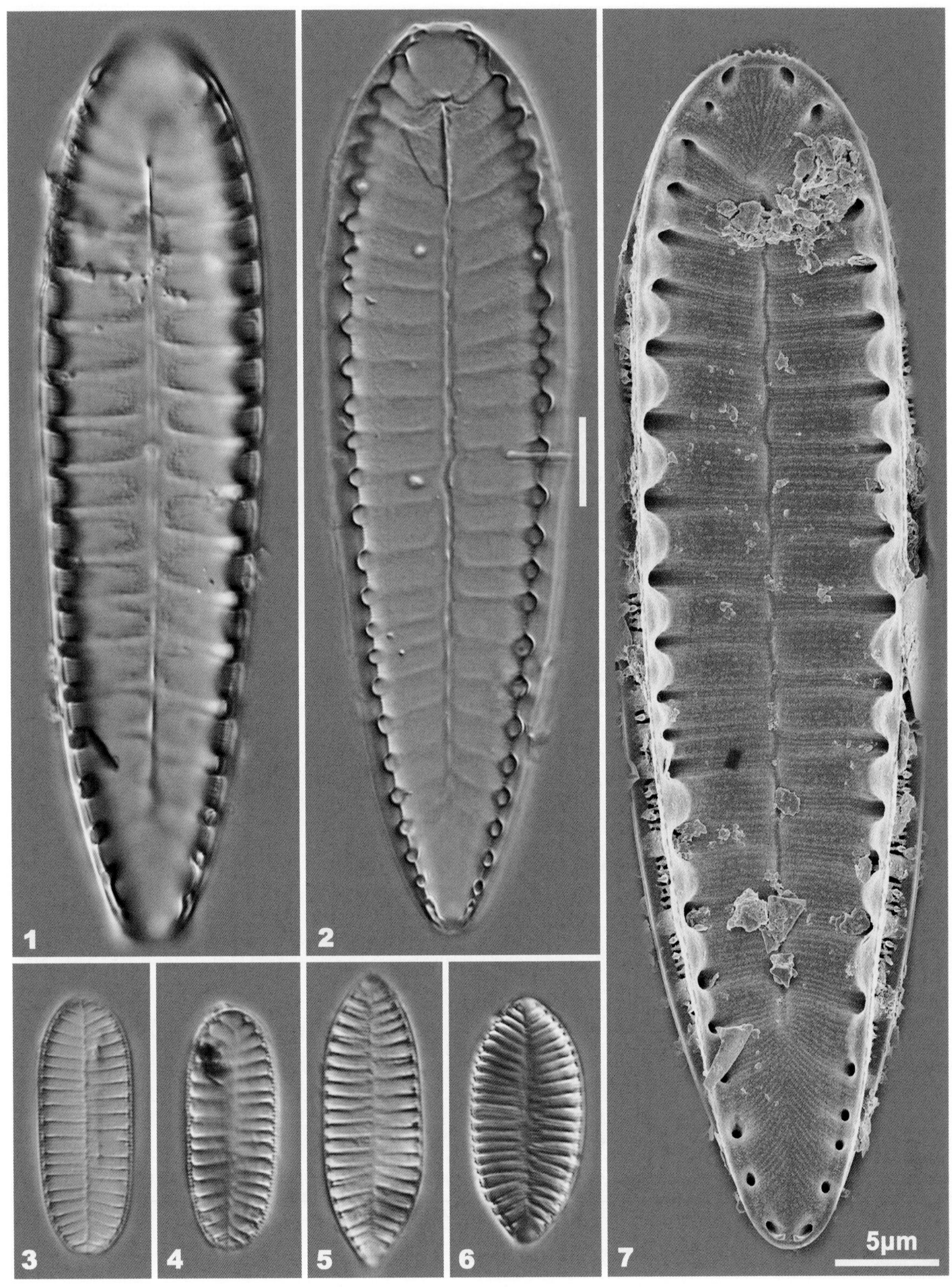

1-2, 7. 柔软双菱藻 *Surirella tenera* Gregory; 3-4. 澳大利亚双菱藻 *Surirella australovisurgis* Van de Vijver, Cocquyt, Kopalová & Zidarova; 5-6. 两尖双菱藻 *Surirella amphioxys* Smith

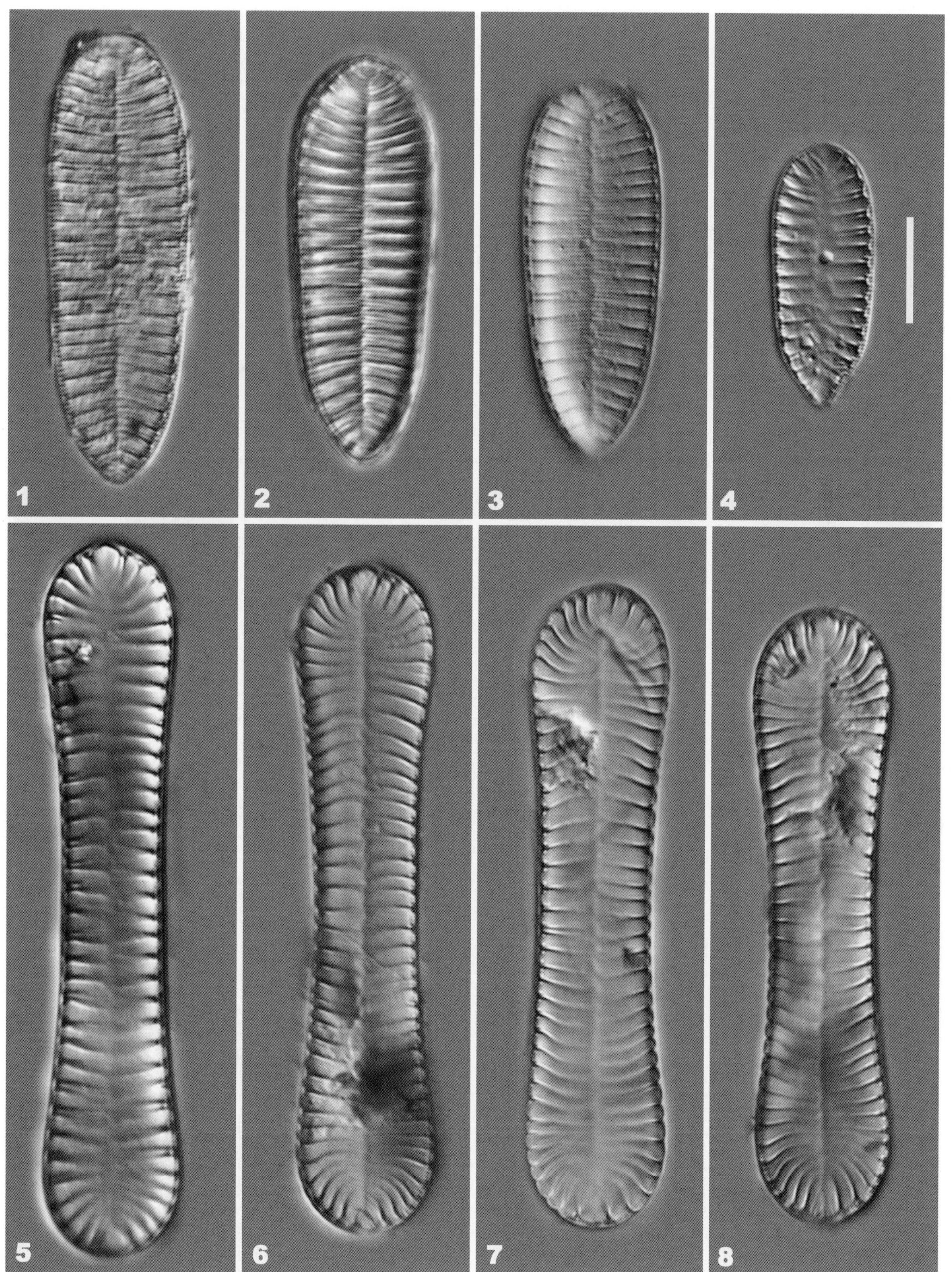

1-4. 维苏双菱藻 *Surirella visurgis* Hustedt; 5-8. 泰特尼斯双菱藻 *Surirella tientsinensis* Skvortzow

图版 240

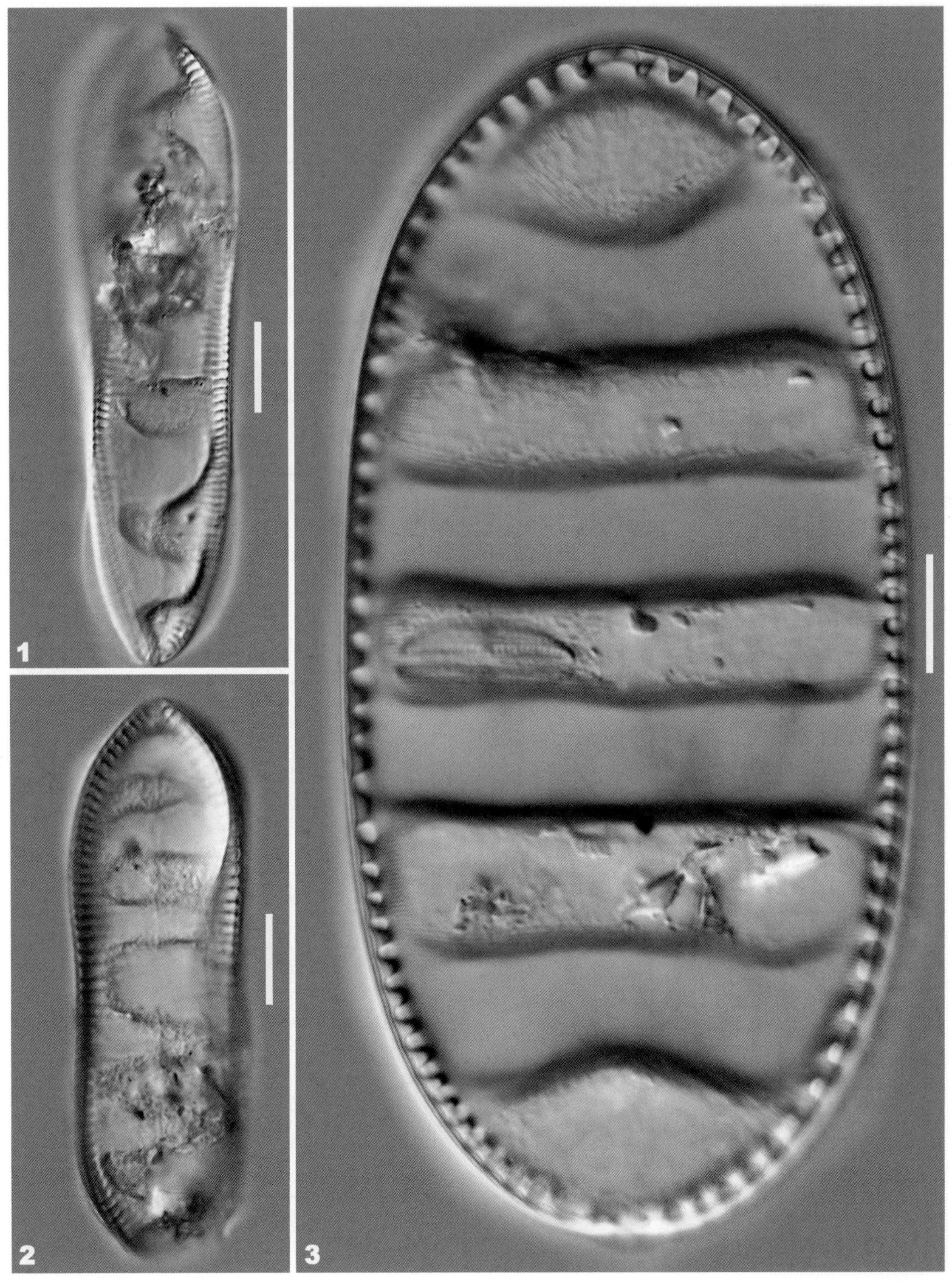

1-2. 扭曲波缘藻 *Cymatopleura aquastudia* Kociolek & You; 3. 椭圆波缘藻 *Cymatopleura elliptica* (Brébisson) Smith

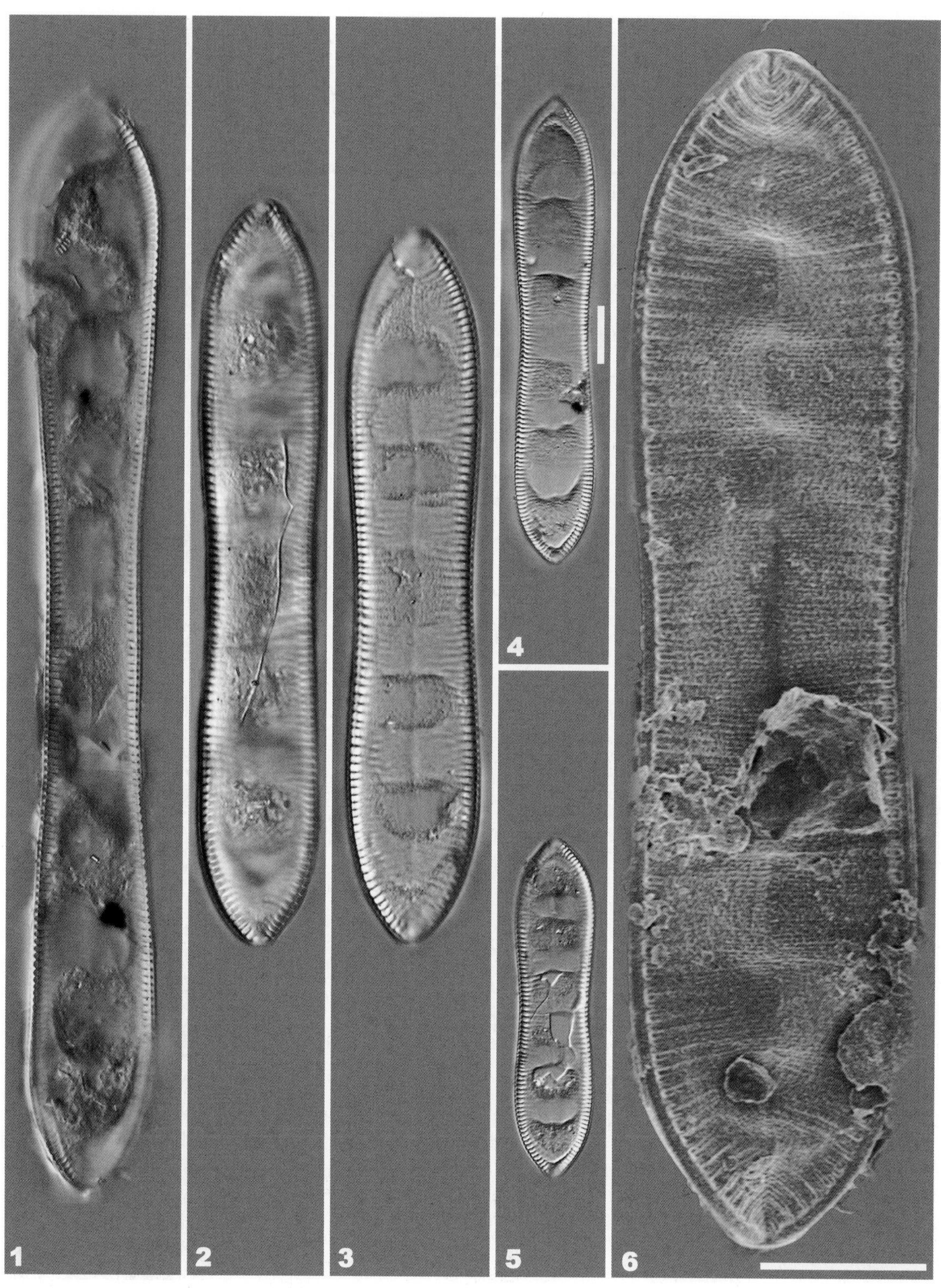

1. 草鞋形波缘藻细长变种 *Cymatopleura solea* var. *gracilis* Grunow; 2-6. 草鞋形波缘藻 *Cymatopleura solea* (Brébisson) Smith

图版 242

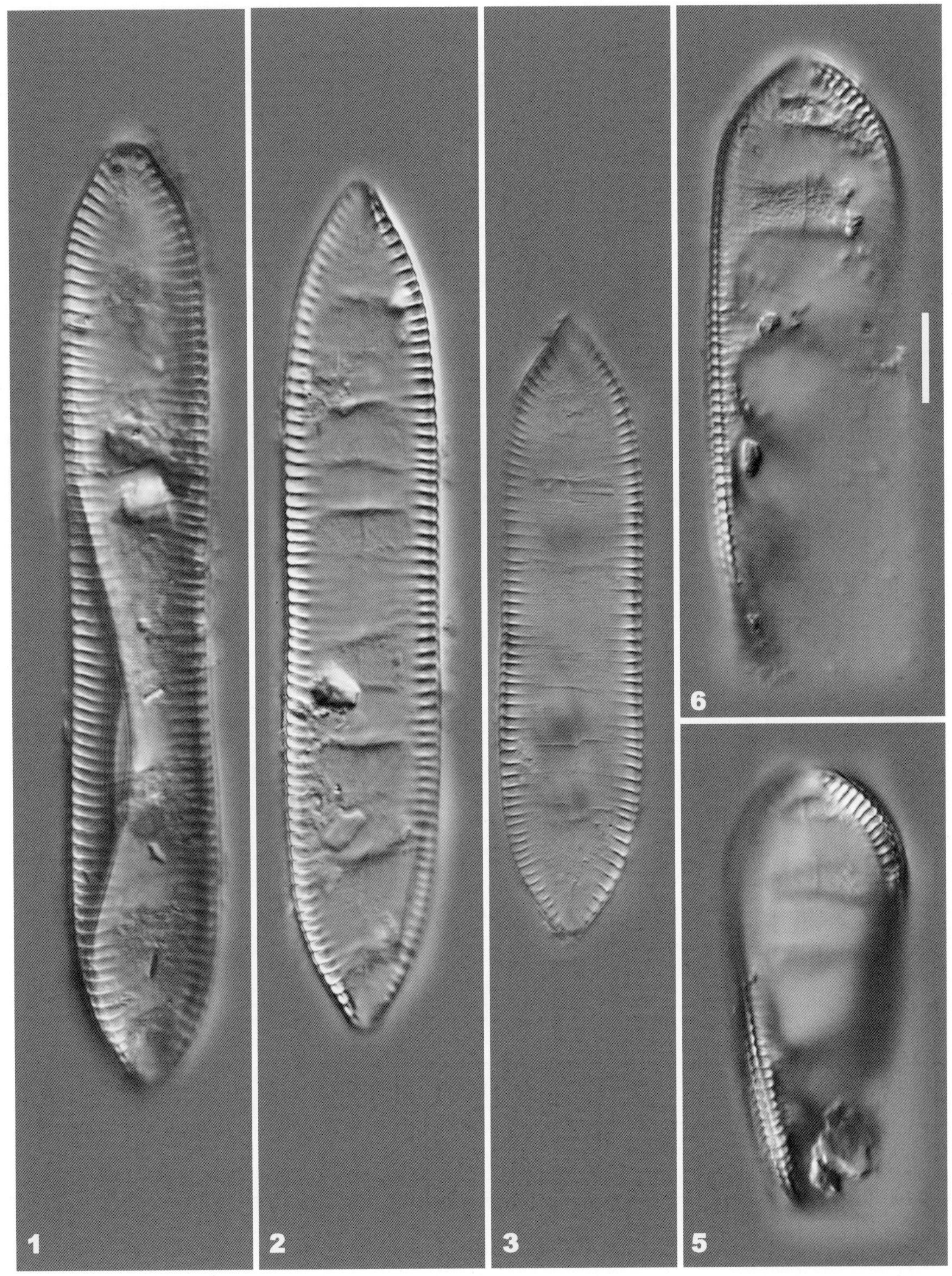

1-3. 草鞋形波缘藻整齐变种 *Cymatopleura solea* var. *regula* (Ehrenberg) Grunow; 4-5. 新疆波缘藻 *Cymatopleura xinjiangiana* You & Kociolek